内容提要

针对中国盆地深层—超深层油气勘探面临的重大难题，本书介绍了深层—超深层“多种烃源、全程生烃，储层相控、裂—缝沟通，规模运聚、近源优先、低位广布、高点富集”的油气地质新理论以及油气勘探实验—探测—评价系列新技术；全面总结了中国主要盆地深层—超深层油气资源富集条件和分布规律；评价了深层油气资源潜力；展示了新的理论技术在深层—超深层油气勘探中得到的广泛应用并取得的良好效果。

本书适合从事石油地质研究和勘探开发的科研技术人员以及高等院校相关专业教师和学生参考。

图书在版编目（CIP）数据

深层—超深层油气形成与富集：理论、技术与实践 / 朱日祥等编著．—北京：石油工业出版社，2023.10

（国家科技重大专项·大型油气田及煤层气开发成果丛书：2008—2020）

ISBN 978-7-5183-6224-0

Ⅰ．①深…　Ⅱ．①朱…　Ⅲ．①油气藏形成 – 研究

Ⅳ．①P618.130.2

中国国家版本馆 CIP 数据核字（2023）第 163275 号

责任编辑：冉毅凤　陈子丹　孙　娟

责任校对：刘晓雪

装帧设计：李　欣　周　彦

审图号：GS 京（2023）1988 号

出版发行：石油工业出版社

（北京安定门外安华里 2 区 1 号　100011）

网　址：www.petropub.com

编辑部：(010) 64251539　图书营销中心：(010) 64523633

经　销：全国新华书店

印　刷：北京中石油彩色印刷有限责任公司

2023 年 10 月第 1 版　2023 年 10 月第 1 次印刷

787×1092 毫米　开本：1/16　印张：28.5

字数：720 千字

定价：300.00 元

国家科技重大专项

大型油气田及煤层气开发成果丛书

（2008—2020）

卷9

深层—超深层油气形成与富
理论、技术与实践

朱日祥　罗晓容　姚根顺　等编著

石油工業出版社

《国家科技重大专项·大型油气田及煤层气开发成果丛书（2008—2020）》

编委会

《深层—超深层油气形成与富集：理论、技术与实践》

编写组

组　长： 朱日祥

副组长： 罗晓容　姚根顺

成　员：（按姓氏拼音排序）

陈汉林　胡圣标　雷裕红　李　忠　刘礼农　彭平安

沈　扬　王清晨　王云鹏　吴晓智　杨长春　杨　涛

丛书·序

能源安全关系国计民生和国家安全。面对世界百年未有之大变局和全球科技革命的新形势，我国石油工业肩负着坚持初心、为国找油、科技创新、再创辉煌的历史使命。国家科技重大专项是立足国家战略需求，通过核心技术突破和资源集成，在一定时限内完成的重大战略产品、关键共性技术或重大工程，是国家科技发展的重中之重。大型油气田及煤层气开发专项，是贯彻落实习近平总书记关于大力提升油气勘探开发力度、能源的饭碗必须端在自己手里等重要指示批示精神的重大实践，是实施我国“深化东部、发展西部、加快海上、拓展海外”油气战略的重大举措，引领了我国油气勘探开发事业跨入向深层、深水和非常规油气进军的新时代，推动了我国油气科技发展从以“跟随”为主向“并跑、领跑”的重大转变。在“十二五”和“十三五”国家科技创新成就展上，习近平总书记两次视察专项展台，充分肯定了油气科技发展取得的重大成就。

大型油气田及煤层气开发专项作为《国家中长期科学和技术发展规划纲要（2006—2020年）》确定的10个民口科技重大专项中唯一由企业牵头组织实施的项目，以国家重大需求为导向，积极探索和实践依托行业骨干企业组织实施的科技创新新型举国体制，集中优势力量，调动中国石油、中国石化、中国海油等百余家油气能源企业和70多所高等院校、20多家科研院所及30多家民营企业协同攻关，参与研究的科技人员和推广试验人员超过3万人。围绕专项实施，形成了国家主导、企业主体、市场调节、产学研用一体化的协同创新机制，聚智协力突破关键核心技术，实现了重大关键技术与装备的快速跨越；弘扬伟大建党精神、传承石油精神和大庆精神铁人精神，以及石油会战等优良传统，充分体现了新型举国体制在科技创新领域的巨大优势。

经过十三年的持续攻关，全面完成了油气重大专项既定战略目标，攻克了一批制约油气勘探开发的瓶颈技术，解决了一批“卡脖子”问题。在陆上油气勘探、陆上油气开发、工程技术、海洋油气勘探开发、海外油气勘探开发、非常规油气勘探开发领域，形成了6大技术系列、26项重大技术；自主研发20项重大工程技术装备；建成35项示范工程、26个国家级重点实验室和研究中心。我国油气科技自主创新能力大幅提升，油气能源企业被卓越赋能，形成产量、储量增长高峰期发展新态势，为落实习近平总书记“四个革命、一个合作”能源安全新战略奠定了坚实的资源基础和技术保障。

《国家科技重大专项·大型油气田及煤层气开发成果丛书（2008—2020）》（62卷）是专项攻关以来在科学理论和技术创新方面取得的重大进展和标志性成果的系统总结，凝结了数万科研工作者的智慧和心血。他们以“功成不必在我，功成必定有我”的担当，高质量完成了这些重大科技成果的凝练提升与编写工作，为推动科技创新成果转化为现实生产力贡献了力量，给广大石油干部员工奉献了一场科技成果的饕餮盛宴。这套丛书的正式出版，对于加快推进专项理论技术成果的全面推广，提升石油工业上游整体自主创新能力和科技水平，支撑油气勘探开发快速发展，在更大范围内提升国家能源保障能力将发挥重要作用，同时也一定会在中国石油工业科技出版史上留下一座书香四溢的里程碑。

在世界能源行业加快绿色低碳转型的关键时期，广大石油科技工作者要进一步认清面临形势，保持战略定力、志存高远、志创一流，毫不放松加强油气等传统能源科技攻关，大力提升油气勘探开发力度，增强保障国家能源安全能力，努力建设国家战略科技力量和世界能源创新高地；面对资源短缺、环境保护的双重约束，充分发挥自身优势，以技术创新为突破口，加快布局发展新能源新事业，大力推进油气与新能源协调融合发展，加大节能减排降碳力度，努力增加清洁能源供应，在绿色低碳科技革命和能源科技创新上出更多更好的成果，为把我国建设成为世界能源强国、科技强国，实现中华民族伟大复兴的中国梦续写新的华章。

中国石油董事长、党组书记
中国工程院院士 戴厚良

丛书·前言

石油天然气是当今人类社会发展最重要的能源。2020年全球一次能源消费量为134.0×10^8t油当量，其中石油和天然气占比分别为30.6%和24.2%。展望未来，油气在相当长时间内仍是一次能源消费的主体，全球油气生产将呈长期稳定趋势，天然气产量将保持较高的增长率。

习近平总书记高度重视能源工作，明确指示“要加大油气勘探开发力度，保障我国能源安全”。石油工业的发展是由资源、技术、市场和社会政治经济环境四方面要素决定的，其中油气资源是基础，技术进步是最活跃、最关键的因素，石油工业发展高度依赖科学技术进步。近年来，全球石油工业上游在资源领域和理论技术研发均发生重大变化，非常规油气、海洋深水油气和深层—超深层油气勘探开发获得重大突破，推动石油地质理论与勘探开发技术装备取得革命性进步，引领石油工业上游业务进入新阶段。

中国共有500余个沉积盆地，已发现松辽盆地、渤海湾盆地、准噶尔盆地、塔里木盆地、鄂尔多斯盆地、四川盆地、柴达木盆地和南海盆地等大型含油气大盆地，油气资源十分丰富。中国含油气盆地类型多样、油气地质条件复杂，已发现的油气资源以陆相为主，构成独具特色的大油气分布区。历经半个多世纪的艰苦创业，到20世纪末，中国已建立完整独立的石油工业体系，基本满足了国家发展对能源的需求，保障了油气供给安全。2000年以来，随着国内经济高速发展，油气需求快速增长，油气对外依存度逐年攀升。我国石油工业担负着保障国家油气供应安全，壮大国际竞争力的历史使命，然而我国石油工业面临着油气勘探开发对象日趋复杂、难度日益增大、勘探开发理论技术不相适应及先进装备依赖进口的巨大压力，因此急需发展自主科技创新能力，发展新一代油气勘探开发理论技术与先进装备，以大幅提升油气产量，保障国家油气能源安全。一直以来，国家高度重视油气科技进步，支持石油工业建设专业齐全、先进开放和国际化的上游科技研发体系，在中国石油、中国石化和中国海油建立了比较先进和完备的科技队伍和研发平台，在此基础上于2008年启动实施国家科技重大专项技术攻关。

国家科技重大专项“大型油气田及煤层气开发”（简称“国家油气重大专项”）是《国家中长期科学和技术发展规划纲要（2006—2020年）》确定的16个重大专项之一，目标是大幅提升石油工业上游整体科技创新能力和科技水平，支撑油气勘探开发快速发展。国家油气重大专项实施周期为2008—2020年，按照“十一五”“十二五”“十三五”3个阶段实施，是民口科技重大专项中唯一由企业牵头组织实施的专项，由中国石油牵头组织实施。专项立足保障国家能源安全重大战略需求，围绕“6212”科技攻关目标，共部署实施201个项目和示范工程。在党中央、国务院的坚强领导下，专项攻关团队积极探索和实践依托行业骨干企业组织实施的科技攻关新型举国体制，加快推进专项实施，攻克一批制约油气勘探开发的瓶颈技术，形成了陆上油气勘探、陆上油气开发、工程技术、海洋油气勘探开发、海外油气勘探开发、非常规油气勘探开发6大领域技术系列及26项重大技术，自主研发20项重大工程技术装备，完成35项示范工程建设。近10年我国石油年产量稳定在2×10^8t左右，天然气产量取得快速增长，2020年天然气产量达$1925\times10^8\mathrm{m}^3$，专项全面完成既定战略目标。

通过专项科技攻关，中国油气勘探开发技术整体已经达到国际先进水平，其中陆上油气勘探开发水平位居国际前列，海洋石油勘探开发与装备研发取得巨大进步，非常规油气开发获得重大突破，石油工程服务业的技术装备实现自主化，常规技术装备已全面国产化，并具备部分高端技术装备的研发和生产能力。总体来看，我国石油工业上游科技取得以下七个方面的重大进展：

（1）我国天然气勘探开发理论技术取得重大进展，发现和建成一批大气田，支撑天然气工业实现跨越式发展。围绕我国海相与深层天然气勘探开发技术难题，形成了海相碳酸盐岩、前陆冲断带和低渗—致密等领域天然气成藏理论和勘探开发重大技术，保障了我国天然气产量快速增长。自2007年至2020年，我国天然气年产量从$677\times10^8\mathrm{m}^3$增长到$1925\times10^8\mathrm{m}^3$，探明储量从$6.1\times10^{12}\mathrm{m}^3$增长到$14.41\times10^{12}\mathrm{m}^3$，天然气在一次能源消费结构中的比例从2.75%提升到8.18%以上，实现了三个翻番，我国已成为全球第四大天然气生产国。

（2）创新发展了石油地质理论与先进勘探技术，陆相油气勘探理论与技术继续保持国际领先水平。创新发展形成了包括岩性地层油气成藏理论与勘探配套技术等新一代石油地质理论与勘探技术，发现了鄂尔多斯湖盆中心岩性地层大油区，支撑了国内长期年新增探明 10×10^8t 以上的石油地质储量。

（3）形成国际领先的高含水油田提高采收率技术，聚合物驱油技术已发展到三元复合驱，并研发先进的低渗透和稠油油田开采技术，支撑我国原油产量长期稳定。

（4）我国石油工业上游工程技术装备（物探、测井、钻井和压裂）基本实现自主化，具备一批高端装备技术研发制造能力。石油企业技术服务保障能力和国际竞争力大幅提升，促进了石油装备产业和工程技术服务产业发展。

（5）我国海洋深水工程技术装备取得重大突破，初步实现自主发展，支持了海洋深水油气勘探开发进展，近海油气勘探与开发能力整体达到国际先进水平，海上稠油开发处于国际领先水平。

（6）形成海外大型油气田勘探开发特色技术，助力“一带一路”国家油气资源开发和利用。形成全球油气资源评价能力，实现了国内成熟勘探开发技术到全球的集成与应用，我国海外权益油气产量大幅度提升。

（7）页岩气、致密气、煤层气与致密油、页岩油勘探开发技术取得重大突破，引领非常规油气开发新兴产业发展。形成页岩气水平井钻完井与储层改造作业技术系列，推动页岩气产业快速发展；页岩油勘探开发理论技术取得重大突破；煤层气开发新兴产业初见成效，形成煤层气与煤炭协调开发技术体系，全国煤炭安全生产形势实现根本性好转。

这些科技成果的取得，是国家实施建设创新型国家战略的成果，是百万石油员工和科技人员发扬艰苦奋斗、为国找油的大庆精神铁人精神的实践结果，是我国科技界以举国之力团结奋斗联合攻关的硕果。国家油气重大专项在实施中立足传统石油工业，探索实践新型举国体制，创建“产学研用”创新团队，创新人才队伍建设，创新科技研发平台基地建设，使我国石油工业科技创新能力得到大幅度提升。

为了系统总结和反映国家油气重大专项在科学理论和技术创新方面取得的重大进展和成果，加快推进专项理论技术成果的推广和提升，专项实施管理办公室与技术总体组规划组织编写了《国家科技重大专项·大型油气田及煤层气开发成果丛书（2008—2020）》。丛书共 62 卷，第 1 卷为专项理论技术成果总论，第 2～9 卷为陆上油气勘探理论技术成果，第 10～14 卷为陆上油气开发理论技术成果，第 15～22 卷为工程技术装备成果，第 23～26 卷为海洋油气理论技术装备成果，第 27～30 卷为海外油气理论技术成果，第 31～43 卷为非常规油气理论技术成果，第44～62卷为油气开发示范工程技术集成与实施成果（包括常规油气开发7卷，煤层气开发5卷，页岩气开发4卷，致密油、页岩油开发3卷）。

各卷均以专项攻关组织实施的项目与示范工程为单元，作者是项目与示范工程的项目长和技术骨干，内容是项目与示范工程在2008—2020年期间的重大科学理论研究、先进勘探开发技术和装备研发成果，代表了当今我国石油工业上游的最新成就和最高水平。丛书内容翔实，资料丰富，是科学研究与现场试验的真实记录，也是科研成果的总结和提升，具有重大的科学意义和资料价值，必将成为石油工业上游科技发展的珍贵记录和未来科技研发的基石和参考资料。衷心希望丛书的出版为中国石油工业的发展发挥重要作用。

国家科技重大专项“大型油气田及煤层气开发”是一项巨大的历史性科技工程，前后历时十三年，跨越三个五年规划，共有数万名科技人员参加，是我国石油工业史上一项壮举。专项的顺利实施和圆满完成是参与专项的全体科技人员奋力攻关、辛勤工作的结果，是我国石油工业界和石油科技教育界通力合作的典范。我有幸作为国家油气重大专项技术总师，全程参加了专项的科研和组织，倍感荣幸和自豪。同时，特别感谢国家科技部、财政部和发改委的规划、组织和支持，感谢中国石油、中国石化、中国海油及中联公司长期对石油科技和油气重大专项的直接领导和经费投入。此次专项成果丛书的编辑出版，还得到了石油工业出版社大力支持，在此一并表示感谢！

中国科学院院士 贾承造

《国家科技重大专项·大型油气田及煤层气开发成果丛书（2008—2020）》

分卷目录

序号	分卷名称
卷 1	总论：中国石油天然气工业勘探开发重大理论与技术进展
卷 2	岩性地层大油气区地质理论与评价技术
卷 3	中国中西部盆地致密油气藏“甜点”分布规律与勘探实践
卷 4	前陆盆地及复杂构造区油气地质理论、关键技术与勘探实践
卷 5	中国陆上古老海相碳酸盐岩油气地质理论与勘探
卷 6	海相深层油气成藏理论与勘探技术
卷 7	渤海湾盆地（陆上）油气精细勘探关键技术
卷 8	中国陆上沉积盆地大气田地质理论与勘探实践
卷 9	深层—超深层油气形成与富集：理论、技术与实践
卷 10	胜利油田特高含水期提高采收率技术
卷 11	低渗—超低渗油藏有效开发关键技术
卷 12	缝洞型碳酸盐岩油藏提高采收率理论与关键技术
卷 13	二氧化碳驱油与埋存技术及实践
卷 14	高含硫天然气净化技术与应用
卷 15	陆上宽方位宽频高密度地震勘探理论与实践
卷 16	陆上复杂区近地表建模与静校正技术
卷 17	复杂储层测井解释理论方法及 CIFLog 处理软件
卷 18	成像测井仪关键技术及 CPLog 成套装备
卷 19	深井超深井钻完井关键技术与装备
卷 20	低渗透油气藏高效开发钻完井技术
卷 21	沁水盆地南部高煤阶煤层气 L 型水平井开发技术创新与实践
卷 22	储层改造关键技术及装备
卷 23	中国近海大中型油气田勘探理论与特色技术
卷 24	海上稠油高效开发新技术
卷 25	南海深水区油气地质理论与勘探关键技术
卷 26	我国深海油气开发工程技术及装备的起步与发展
卷 27	全球油气资源分布与战略选区
卷 28	丝绸之路经济带大型碳酸盐岩油气藏开发关键技术

序号	分卷名称
卷 29	超重油与油砂有效开发理论与技术
卷 30	伊拉克典型复杂碳酸盐岩油藏储层描述
卷 31	中国主要页岩气富集成藏特点与资源潜力
卷 32	四川盆地及周缘页岩气形成富集条件、选区评价技术与应用
卷 33	南方海相页岩气区带目标评价与勘探技术
卷 34	页岩气气藏工程及采气工艺技术进展
卷 35	超高压大功率成套压裂装备技术与应用
卷 36	非常规油气开发环境检测与保护关键技术
卷 37	煤层气勘探地质理论及关键技术
卷 38	煤层气高效增产及排采关键技术
卷 39	新疆准噶尔盆地南缘煤层气资源与勘查开发技术
卷 40	煤矿区煤层气抽采利用关键技术与装备
卷 41	中国陆相致密油勘探开发理论与技术
卷 42	鄂尔多斯盆缘过渡带复杂类型气藏精细描述与开发
卷 43	中国典型盆地陆相页岩油勘探开发选区与目标评价
卷 44	鄂尔多斯盆地大型低渗透岩性地层油气藏勘探开发技术与实践
卷 45	塔里木盆地克拉苏气田超深超高压气藏开发实践
卷 46	安岳特大型深层碳酸盐岩气田高效开发关键技术
卷 47	缝洞型油藏提高采收率工程技术创新与实践
卷 48	大庆长垣油田特高含水期提高采收率技术与示范应用
卷 49	辽河及新疆稠油超稠油高效开发关键技术研究与实践
卷 50	长庆油田低渗透砂岩油藏 CO_2 驱油技术与实践
卷 51	沁水盆地南部高煤阶煤层气开发关键技术
卷 52	涪陵海相页岩气高效开发关键技术
卷 53	渝东南常压页岩气勘探开发关键技术
卷 54	长宁—威远页岩气高效开发理论与技术
卷 55	昭通山地页岩气勘探开发关键技术与实践
卷 56	沁水盆地煤层气水平井开采技术及实践
卷 57	鄂尔多斯盆地东缘煤系非常规气勘探开发技术与实践
卷 58	煤矿区煤层气地面超前预抽理论与技术
卷 59	两淮矿区煤层气开发新技术
卷 60	鄂尔多斯盆地致密油与页岩油规模开发技术
卷 61	准噶尔盆地砂砾岩致密油藏开发理论技术与实践
卷 62	渤海湾盆地济阳坳陷致密油藏开发技术与实践

本卷·前言

跨入新世纪，我国国民经济快速高质量发展，国家工业及人民生活对油气的需求量越来越大，我国油气的对外依存度不断突破战略安全红线。从世界能源格局和地缘政治的角度，我国只有立足国内油气勘探开发，才能保障国家油气能源战略安全。

伴随着盆地中浅层油气勘探开发程度的逐年提升及技术的快速发展，油气勘探对象的深度也在不断地向下延伸，深层—超深层油气资源受到国内外政府和石油公司的高度重视（贾承造，2012；孙龙德等，2013）。世界上最深的油气勘探井已达到9583m，全球共发现1614个埋深大于4500m的深层工业油气藏，其中超过149个埋深大于6000m，主要分布于108个盆地（白国平等，2014）。我国深层—超深层油气勘探领域广阔，资源十分丰富。据2015年国土资源部的数据，我国深层石油和天然气资源量分别为304.08×10^8t和$29.12\times10^{12}m^3$，分别占石油和天然气总资源量的28%和52%。近些年，我国深层—超深层油气勘探不断获得重大突破，相继发现了塔北、塔中、库车、川中、川东北等深层大型油气区和一批深层—超深层大中型油气田（孙龙德等，2013）。尤其是我国的西部盆地，新生代以来独特的构造活动造就了盆地基底地壳厚度大、温度梯度低、油气藏埋深大的油气地质背景，新增地质储量中85%以上来自深层（田军等，2021）；同时，我国东部松辽盆地和渤海湾盆地东营凹陷、歧口凹陷、冀中凹陷深层—超深层油气勘探也取得良好成效（吴富强等，2006）。因此，深层—超深层已经成为我国当前和未来相当长时间内油气勘探开发的重点领域。

与盆地中浅层相比，由于深层经历了更加复杂而漫长的盆地演化和埋藏历史，深层油气藏的形成遭受了多期、多种地质作用的影响，油气藏地质特征具有诸多的特殊性。主要包括：（1）地层温度压力高，常发育异常高压，地层环境复杂；（2）储层成岩程度高，总体为低孔渗—超低孔渗型介质，但非均质性极强，储集条件复杂；（3）油气相态多样，总体以轻质油、凝析气或天然气为主，经历多期生烃、多期运移、多期成藏及调整改造，成藏过程复杂。盆地深层的这些地质特点使得传统石油地质学遇到前所未有的挑战，人们基于中浅层研究建立的油气地质基础理论和方法体系，无法清楚地认识深层油气藏的形成和富集规律，造成深层油气勘探面临巨大困难。因此，迫切需要通过深层油气成藏理论认识和预测方法的进步，降低其油气勘探开发难度，推动深层油气勘探的新发现。

然而，由于深层—超深层长期被认为处在油气勘探的“黄金带”之外，人们对于深层油气成藏的研究和认识都十分有限。直到近十多年，随着深层—超深层油气勘探发现的不断增多和勘探需求的不断提高，才越来越多地引起学界和业界的重视。面对诸多尚未涉及的科学前沿问题，国家科技重大专项设立了“深层—超深层高温高压油气成藏规律、关键技术及目标评价”项目，由中国科学院地质与地球物理研究所承担，联合中国石油勘探开发研究院、中国科学院广州地球化学研究所、中国石油大学（华东）、中国地质大学（北京）、浙江大学、南京大学、成都理工大学等多家科研院所、高校及企业的优势团队共同完成。

针对我国深层—超深层油气勘探遇到的科学问题，开展盆地形成与构造演化、烃源岩及有效储层的形成改造、油气生成运聚成藏机制与过程等方面的综合研究，丰富完善深层—超深层油气地质理论，建立深层—超深层油气目标预测和资源评价方法，同时开展地球物理勘探技术研发、MEMS 检波器技术产业化实现，力争突破当前面临的深层—超深层油气勘探开发技术瓶颈。

从“十一五”到“十三五”，国家深层—超深层油气成藏重大研究项目遵循国家油气重大专项“超前布局、探索研究、自主研发”的精神，积极探索、孜孜追求、努力攻关，取得了显著的理论方法和技术成果。项目在“十二五”研究基础上，“十三五”共取得五项创新性成果：

（1）我国盆地多层结构和多期改造决定深层—超深层油气地质条件。我国大地构造格架主要由三大克拉通和四条造山带构成，决定了我国主要盆地具有多层结构，控制着深层—超深层的油气地质条件；也导致了古老克拉通盆地经历了多期构造改造，改变了深层—超深层的温度—应力场，改变了原型盆地的油气地质条件。这些改变使烃源岩经历了新的生烃过程，使储层经历了强烈改造，导致了深层—超深层的油气藏发生多期调整和晚期成藏，在深层—超深层形成了油气勘探新领域、新类型。

（2）深层—超深层的生排烃过程以多种烃源全过程生烃为特征。盆地的深层—超深层具有多种烃源，赋存于烃源岩体系和储层体系内，其种类包括干酪根、源内残留油、煤、固体沥青、源外储层原油等，所生成的油气类型为轻质油、凝析油（气）、湿气和干气，完全不同于盆地中浅层形成的正常油（气）。所建立的轻质油（凝析油）全过程生烃模式揭示出深层（R_o介于1.2%～2.0%）以轻质油和凝析油为主，超深层（R_o大于2.0%）以湿气和干气为主；进一步厘定了不同类型有机质在深层—超深层的生烃潜力，明确深层—超深层领域完全具备形成大中型油气田的物质基础。

（3）明确深层—超深层领域碳酸盐岩与碎屑岩规模性储集体成储机理。深层储层的非均质性主要受沉积单元结构控制，对中浅层具有明显的继承性；无论是碎屑岩储层，还是碳酸盐岩储层，在深埋过程中均受到高温、高压和流体的改造。烃源岩和储层内的烃—水—岩相互作用，经热硫酸盐还原、水解歧化等反应形成了深层—超深层中的含有机酸流体，为储层的改造提供了物质基础。含烃—酸的流体活动优先沿断裂、裂缝流动，导致储层中矿物的溶蚀和沉淀作用，进而改变储层的孔隙度和渗透率，促使深层—超深层储层发生建设性改造。总体看碳酸盐岩储层改造显著，碎屑岩储层继承性明显。

（4）提出深层—超深层多期运聚复合成藏模式。储层结构非均质性特征在深层—超深层更加突出，油气运移和聚集方式与传统认识完全不同。碎屑岩和碳酸盐岩储层的结构非均质性明显受到沉积相的控制，在深埋过程中被继承下来，这种结构非均质性一方面使深层—超深层的油气分布更加分散，另一方面避免了油气大规模破坏。在深层—超深层环境中，储集体和输导体“同体异工”，在多期构造活动中，断裂、裂缝的幕式开启为油气运聚提供了有效通道，储集体变身为输导体；而在构造平静期，储集体则回归为油气提供聚集场所的功能。深层—超深层多期运聚主要表现为“多期成藏、源导共控、规模运聚、近源优先、低位广布、高点富集”的成藏规律，为深层油气勘探指明了方向。

（5）重点攻关核心技术，发展配套技术，逐步形成深层—超深层油气勘探实验—探测—评价技术系列。针对性研发了深层高温高压生排烃动力学模拟装置，确保了深层生烃潜力评价的客观性和资源评价的准确性。研发了深层—超深层高分辨率成像、信号弱补偿、多次波压制配套适用技术，明显改善了深层地震资料处理时效和成像分辨率，提升了深层—超深层地质现象的识别能力，指导了勘探实践。研发了满足于大规模及快速评价要求的深层油气资源评价方法与技术，确保了深层油气资源客观评价，落实了深层油气资源潜力，服务于国家资源战略。

关于深层—超深层油气成藏地质理论的创新，有效指导了我国深层油气勘探，助推了深层多领域、多类型的重大发现，极大拓展了油气勘探领域。研发的配套技术有效支撑了我国深层油气规模储量区建设，天然气成功实现接替，正成为增储上产主体，为保障国家能源安全作出了应有贡献。

这里，我们总结项目的研究成果，编著出版，以飨读者；并期望能够相互借鉴、推陈出新，推动我国深层—超深层领域油气勘探地质理论的发展与完善，指导油气勘探开发实践，引领我国深层—超深层油气地质理论及方法技术的发展。

本专著是对项目取得的主要研究成果的梳理与总结，由参与项目的全体研究人员共同编写，共包括八章。

第一章——绪论，阐明我国深层油气领域的重大突破与指导意义、国外深层—超深层勘探进展与大油气田分布、深层油气勘探理论与技术研究现状；明确深层—超深层是未来主要勘探方向，资源潜力巨大，勘探前景广阔。由罗晓容、姚根顺主笔。

第二章——明确我国三大类沉积盆地深层结构特征，揭示深层构造控油气作用。包含含油气盆地深层构造特征、深层盆地原型、深层后期构造改造、深层温度场特征和典型含油气盆地深层构造剖析五个部分。由陈汉林、王清晨主笔。

第三章——介绍深层领域多类型烃源演化与产物特征。包含深层—超深层烃源岩分布、中高演化阶段干酪根生烃特征、深层—超深层原油裂解烃、四川盆地深层—超深层烃源特征与演化、塔里木盆地深层—超深层烃源特征与演化五个部分。由王云鹏、彭平安主笔。

第四章——明确深层规模储层发育地质条件，认识深层—超深层有效储层形成和保持的机制。包含深层—超深层储层地质特征与主要类型、深层—超深层碳酸盐岩储层形成—改造作用与演化、深层—超深层碎屑岩储层形成—改造作用与演化、深层—超深层储层流体—岩石作用模拟、深层—超深层油气储层分布规律与主控机制五个部分。由李忠主笔。

第五章——主要探索深层—超深层领域油气输导体系、运聚过程，总结深层—超深层油气成藏机制，明确深层勘探方向。包含深层—超深层油气藏形成与类型、深层输导体系形成演化及有效性、深层—超深层油气成藏动力学研究方法、深层—超深层油气运聚成藏典型实例四个部分。由罗晓容、雷裕红主笔。

第六章——重点介绍新研发的深层—超深层油气勘探配套实验—探测—评价技术及其实际推广应用。包含生排烃实验仪器研发与应用、深层—超深层古地温场恢复重建技术与方法、深层—超深层地层压力预测技术与方法、深层—超深层地震资料介质黏性吸收处理技术与方法、深层—超深层盆地构造极低频人工源电磁探测技术、深层—超深层地质—重磁电震综合探测技术与方法六个部分。由刘礼农、杨长春、王云鹏、胡圣标主笔。

第七章——主要阐明我国陆上主要含油气盆地深层—超深层成果与非常规油气资源潜力、分布规律、勘探方向、勘探领域。包含深层油气资源评价方法与技术、刻度区解剖与资源评价参数体系、我国深层常规油气资源评价、我国深层非常规油气资源评价、深层油气资源潜力与分布规律五个部分。由杨涛、吴晓智主笔。

第八章——通过展示典型深层勘探实践过程与成果，阐明我国陆上深层—超深层油气成藏条件、主控因素、成藏模式、资源潜力、勘探方向。包含深层—超深层大油气田形成条件与勘探方向、深层—超深层区带目标评价优选、四川盆地深层—超深层勘探实践、塔里木盆地深层—超深层勘探实践四个部分。由沈扬、吴晓智主笔。

结语——由朱日祥、罗晓容、姚根顺主笔。

最终统稿由罗晓容、姚根顺、王清晨、吴晓智、沈扬共同完成。

本专著编写得到了中国石油与天然气集团有限公司贾承造院士、戴金星院士、赵文智院士，中国石油大学（华东）郝芳院士，中国石油大学（北京）王铁冠院士大力支持与悉心指导。同时，中国科学院地质与地球物理研究所，中国石油塔里木油田公司、新疆油田公司、吉林油田公司、辽河油田公司、大港油田公司、华北油田公司、冀东油田公司、青海油田公司，中国石化胜利油田公司，中国海油勘探开发研究院相关领导与专家都给予了无私关怀与热情帮助，在此一并深表感谢。由于时间与研究水平所限，书中难免存在疏漏与不妥之处，恳请广大读者批评指正。

目录

第一章　绪论 …… 1

第一节　国外深层—超深层勘探发现与大油气田分布 …… 1

第二节　深层油气勘探理论与技术研究现状 …… 6

第三节　中国深层油气领域重大突破与指导意义 …… 12

第二章　含油气盆地深层构造与演化 …… 26

第一节　含油气盆地岩石圈热结构与基底构造 …… 26

第二节　主要克拉通盆地深层盆地原型 …… 47

第三节　含油气盆地深层后期构造改造 …… 58

第四节　含油气盆地深层构造类型与控油气作用 …… 75

第三章　深层—超深层烃源与生烃演化 …… 87

第一节　深层—超深层烃源岩分布 …… 87

第二节　中高成熟阶段干酪根生烃演化特征 …… 96

第三节　深层—超深层原油裂解生烃特征 …… 107

第四节　四川盆地深层—超深层烃源特征及演化 …… 119

第五节　塔里木盆地深层—超深层烃源特征及演化 …… 130

第四章　深层—超深层储层形成机制与分布 …… 146

第一节　深层—超深层储层地质特征与主要类型 …… 146

第二节　深层—超深层碳酸盐岩储层形成—改造作用与演化 …… 149

第三节　深层—超深层碎屑岩储层形成—改造作用与演化 …… 170

第四节　深层—超深层储层流体—岩石作用模拟 …… 180

第五节　深层—超深层油气储层分布规律与主控机制 …… 191

第五章　深层—超深层油气藏类型及成藏机制 …………………………… 198
第一节　深层—超深层油气地质条件与主要类型 …………………………… 198
第二节　深层输导体系形成演化及有效性 …………………………… 202
第三节　深层—超深层油气成藏机理与过程 …………………………… 217

第六章　深层—超深层油气探测技术与方法 …………………………… 244
第一节　生排烃实验仪器研发与应用 …………………………… 244
第二节　叠合盆地深层构造—热演化恢复方法体系 …………………………… 255
第三节　深层—超深层地层压力预测技术 …………………………… 260
第四节　深层—超深层地震资料黏性介质吸收处理技术 …………………………… 271
第五节　深层—超深层综合地球物理研究技术 …………………………… 282

第七章　中国含油气盆地深层油气分布与资源评价 …………………………… 295
第一节　深层油气资源评价方法与技术 …………………………… 295
第二节　刻度区解剖与资源评价参数体系 …………………………… 307
第三节　中国深层常规油气资源评价 …………………………… 317
第四节　中国深层非常规油气资源评价 …………………………… 331
第五节　深层油气资源潜力与分布规律 …………………………… 339

第八章　深层—超深层油气勘探实践 …………………………… 350
第一节　深层—超深层大油气田形成条件与勘探方向 …………………………… 350
第二节　深层—超深层有利勘探区带优选 …………………………… 377
第三节　四川盆地深层—超深层勘探实践 …………………………… 386
第四节　塔里木盆地深层—超深层勘探实践 …………………………… 397

结语 …………………………… 408

参考文献 …………………………… 412

第一章　绪　论

随着地质认识的深化与勘探技术的进步，油气勘探逐渐走向盆地深层。由于不同国家和地区含油气盆地存在地温梯度、地层年代的差异，不同的机构和学者对深层的定义也不尽相同。虽然目前学术界对深层的定义尚未形成统一的标准，但普遍接受的一种认识是，深层既有深度概念，又有层系内涵，即对应到“深”和“古老”是两个基本特点（贾承造，2012；赵文智等，2015）。

“深”即深度，是勘探领域划分深层层系最常采用的依据。如美国和巴西将埋深大于4500m的油气藏定义为深层油气藏，其中美国地质调查局（USGS）将埋深超过15000ft（4572m）定义为深层；俄罗斯将埋深超过4000m定义为深层；道达尔公司将埋深超过5000m定义为深层。在国内，2005年全国矿产储量委员会颁布的《石油天然气储量计算规范》将埋深3500～4500m的地层作为深层，大于4500m的地层作为超深层。在中国油气勘探开发实践中，根据中国东、西部地温场与油气成藏特点又做了进一步划分，将埋深3500～4500m和4500～6000m的地层分别定义为中国东部和西部地区的深层，将埋深大于等于4500m和大于等于6000m的地层分别定义为中国东部和西部地区的超深层（何登发等，2017；李剑等，2019；李阳等，2020）。在钻井工程领域，中国国家标准化管理委员会2012年发布的《石油天然气钻井工程术语》中将垂直深度4500m和6000m分别作为深层和超深层的划分界线（李阳等，2020；孙龙德等，2013）。在本书中，定义盆地中埋深小于4500m的层系为中浅层，4500～6000m为深层，大于6000m为超深层。

中国中西部三大克拉通盆地常规油气资源本身就主要赋存于深层—超深层，油气资源量巨大，例如塔里木盆地所发现的塔北油田、塔中油田、顺北油田及四川盆地发现的安岳气田、普光气田、元坝气田、龙岗气田均位于深层—超深层，已发现的油气储量均超10×10^8t油当量，剩余油气资源量巨大，现在已成为现实及接替的主要领域。而对于东部裂谷盆地、三大克拉通盆地和上叠的前陆盆地，以往油气勘探主要依靠现有地质认识及勘探开发技术，稳扎稳打，先易后难，由浅入深，由构造（断裂带）向斜坡（凹陷），由台缘带向台内滩及斜坡区、由碳酸盐岩向盐下白云岩、由碎屑岩向火山岩逐渐展开；总体是不断地由中浅层向深层—超深层领域不断探索；随着富油气凹陷深层斜坡区领域（玛湖凹陷二叠系砂砾岩、台南凹陷二叠系砂砾岩）、前陆冲断带深层砂岩（高探1、博孜9）、前陆火山岩风化壳及内幕（昆2、美8）、非常规页岩油深层（玛页1）的重大突破，展现了西部前陆盆地深层领域油气的巨大勘探潜力，走向深层领域已是中国油气勘探的必然。

第一节　国外深层—超深层勘探发现与大油气田分布

世界深层—超深层油气勘探始于20世纪50年代，至今已有70余年，自1956年在美国阿纳达科盆地 Carter–Knox 气田埋深 4663m 的中奥陶统 Simpson 群碳酸盐岩内发现世界上第一个深层气藏以来，全世界已有超过 100 个国家和地区开展过深层—超深层油气勘探。据 IHS 资料，截至 2018 年 12 月，全球发现含油气盆地约 1186 个，其中埋深超过 4500m 的有 171 个、超过 6000m 的有 29 个。在这些盆地中，已在深层（4500～6000m）发现 1290 个油气藏，在超深层（>6000m）发现 187 个油气藏。目前，深层石油探明可采储量（838×10^8t）约占全球总可采储量的 35.54%、天然气（659×10^8t 油当量）占 44.36%；超深层石油探明可采储量（105×10^8t）约占全球总可采储量的 4.45%、天然气（70×10^8t 油当量）占 4.71%。中国近 15 年来在含油气盆地超深层，尤其是中西部深层—超深层开展油气勘探，取得了令人振奋的成果，每年发现的油气储量所占比例逐年增加。例如，塔里木盆地在深层和超深层发现的油、气储量所占比例已从 2000 年的 66% 上升到 2013 年的 92%，展现了含油气盆地深层—超深层油气勘探发展的广阔前景。

一、地区分布特征

超深层油气田在全球各个地区均有发现，主要分布于美洲、独联体国家和地区。截至 2018 年 12 月，美洲地区发现数量最多，约有 54 个超深油气田，约占总体的 65%，探明可采储量约 11.4×10^8t 油当量，约占总体的 29%。但在独联体国家地区虽仅发现 11 个超深油气田，但探明可采储量达 23.3×10^8t 油当量，约占总体的 61%。世界其他地区，包括非洲、欧洲和大洋洲等地区仅发现 18 个超深油气田，约占总体的 22%，探明可采储量约 3.7×10^8t 油当量，约占总体的 10%（图 1–1–1、图 1–1–2）。

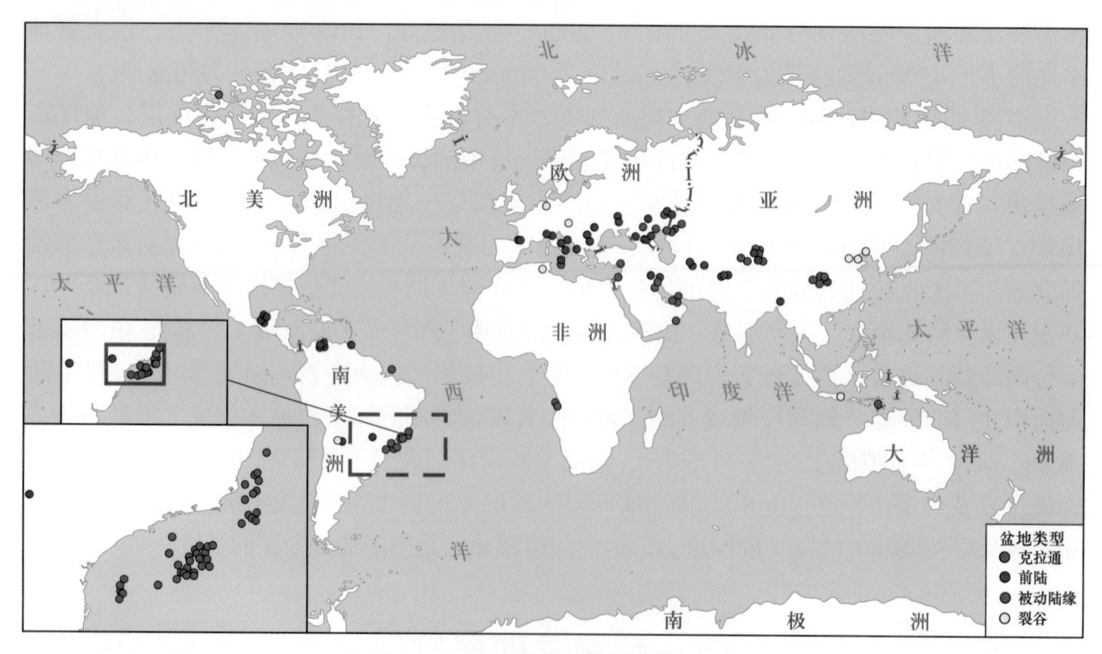

图 1–1–1 全球超深层油气田分布图

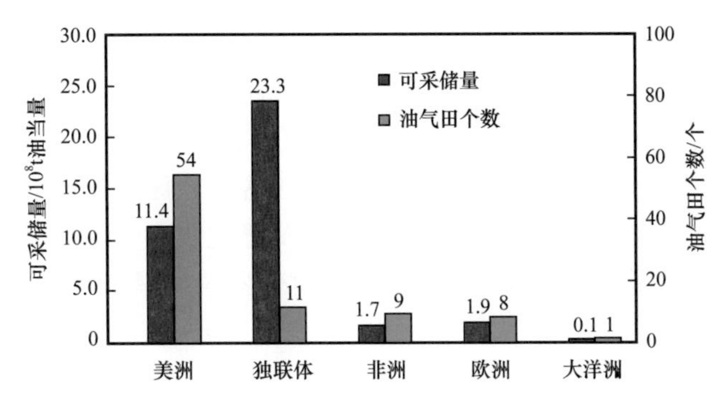

图 1-1-2 全球超深层油气田地区分布数量与储量统计直方图

二、盆地类型分布特征

统计分析结果表明，全球已发现的 83 个超深层油气田主要分布在被动陆缘盆地、克拉通盆地中（图 1-1-3）。

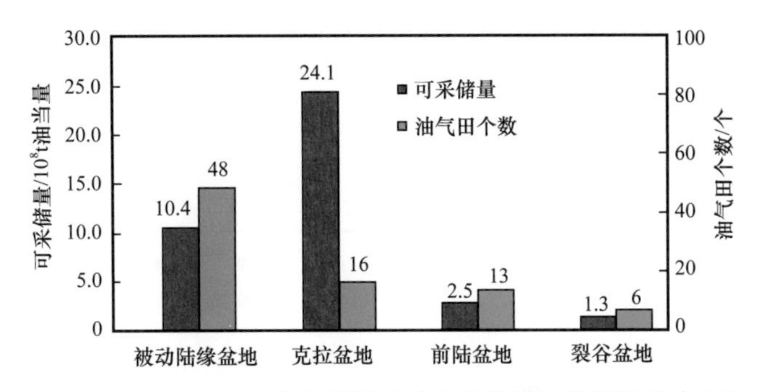

图 1-1-3 全球各类型盆地超深层油气田数量与储量统计直方图

被动陆缘盆地发现有 48 个超深层油气田，约占总数的 58%；探明可采储量约 10.4×10^8t 油当量，约占总数的 27%。全球被动陆缘盆地超深层油气田主要发现于墨西哥湾陆上、墨西哥湾深海盆地、墨西哥苏雷斯特盆地、巴西桑托斯盆地、东地中海列维坦盆地、澳大利亚西北陆架布劳斯盆地、尼日尔三角洲盆地、印度东部海域克里希达—格达瓦里盆地以及中国南海北部盆地等。这些超深层油气田主要分布在深水和超深水区，以白垩系—古近系—新近系砂岩油气藏为主。

克拉通盆地发现有 16 个超深层油气田，约占总数的 19%；探明可采储量约 24.1×10^8t 油当量，约占总数的 63%。全球克拉通超深层油气田主要发现于中东阿拉伯台盆区、滨里海盆地盐下、阿姆河盆地盐下、美国二叠盆地、塔里木盆地台盆区、四川盆地、鄂尔多斯盆地等。这些克拉通区超深层油气田以生物礁碳酸盐岩储层和地层—构造型圈闭为主，成藏多与盐岩密切相关。

前陆盆地超深油气田发现油田 13 个，约占总数 16%；探明可采储量约 2.5×10^8t 油当量，约占总数的 7%。全球前陆盆地超深层油气田主要发现于扎格罗斯褶皱带、安第斯前陆马拉开波盆地、东委内瑞拉盆地、查科盆地、南里海盆地、阿纳达科盆地、库车冲断带、塔西南南缘、川西北冲断带、酒泉盆地南缘等，以与褶皱—逆冲断层相关的构造圈闭为主，碳酸盐岩和砂岩储层均发育。

裂谷盆地无论是数量还是储量都是最少，发现超深层油气田数量为 6 个，约占总数的 7%；探明可采储量 1.3×10^8t 油当量，约占总数的 3%。全球裂谷盆地超深层油气田主要分布在北海中部地堑、维也纳盆地等。这些裂谷盆地超深层砂岩油气藏普遍具高温高压特征。以北海中部地堑为例，其深盆区侏罗系发育优质生—储—盖组合，古近系—新近系快速沉降形成的高压抑制了机械压实作用，上侏罗统滨岸和浅海相砂岩发育粒间孔。

三、地层分布特征

国外超深油气勘探发现，整体呈现为地层层位越老，发现油气田越少。通过统计 81 个超深油气田，发现超深油气田主要集中发现于新生代，有 53 个，约占总数的 65%，探明可采储量约 23.8×10^8t 油当量，约占整体的 62%；中生代发现有 20 个超深油气田，约占总数的 25%，探明可采储量约 13.4×10^8t 油当量，约占整体的 35%；古生代发现 8 个超深油气田，约占总数的 10%，探明可采储量约 1.1×10^8t，占总体的 3%（图 1-1-4）。从目前收集的资料来看，国外碎屑岩最古老的超深层油气田为阿尔及利亚 Hassi Messaoud（El Biod）High 的克拉通盆地的 El Agreb 油气田的寒武系砂岩，垂直深度约 6000m；国外最古老的碳酸盐岩超深层油气田为美国的 Anadarko 前陆盆地的 Mills Ranch 油田的志留系—泥盆系白云岩，垂直深度约 6100m。

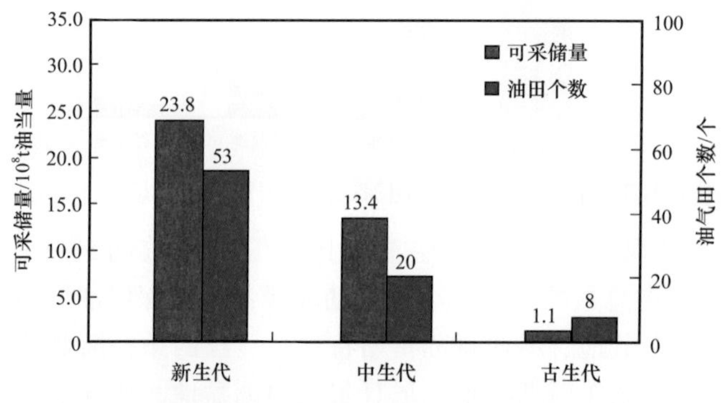

图 1-1-4 国外各地层超深层油气田数量与储量统计直方图

四、岩性分布特征

从岩性分布特征来看，国外超深油气田主要分布在碎屑岩和碳酸盐岩两大领域，其中以碎屑岩领域为主，通过对国外 83 个不同岩性的超深油气田分布情况来看，碎屑岩领域发现 75 个超深油气田，占总数的 90%，探明可采储量约 37.1×10^8t 油当量，约占总体的 97%；碳酸盐岩领域超深油气田有 8 个，约占总体的 10%，探明可采储量约 1.2×10^8t 油当量，约占总体的 3%（图 1-1-5）。

五、储量规模分布特征

从储量规模分布特征来看，国外超深层亿吨级油气田发现较少，但是规模储量集中发现于大油气田。通过统计 64 个超深油气田的数据（图 1-1-6），国外超深油气田可采储

量主要为 5×10^7t 油当量以下，亿吨级大油气田发现较少。目前超深层探明可采储量最大的油气田为 South Caspian Deep Sea 前陆盆地的 Shah Deniz 油田，可采储量 12.8×10^8t 油当量，储层深度约 6200m；如图 1-1-7 所示，面积大于 50km^2 的超深油气田仅有 10 个，约占总体的 17%，但是储量规模约有 24.8×10^8t 油当量，约占总体的 68%，而面积小于 50km^2 的超深油气田有 54 个，约占总数的 84%，但是探明可采储量为 11.6×10^8t 油当量，约占总体的 32%。

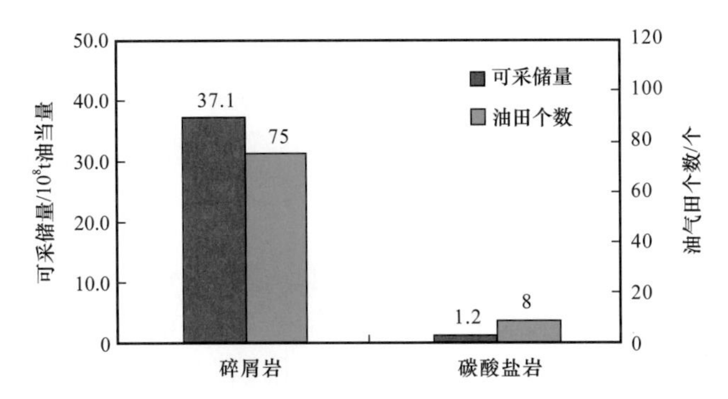

图 1-1-5　国外碎屑岩和碳酸盐岩超深层油气田数量与储量统计直方图

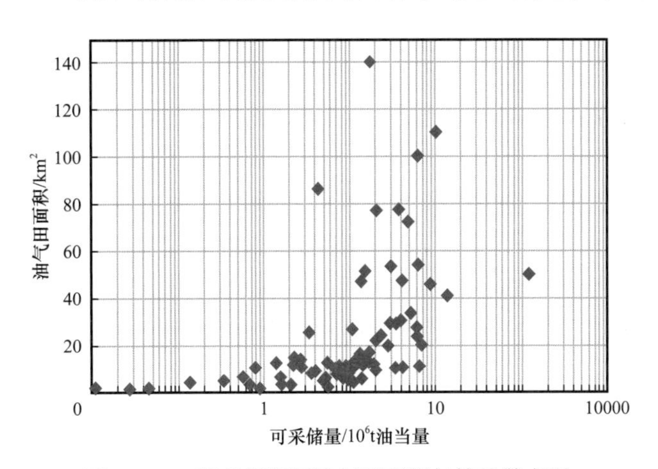

图 1-1-6　国外超深层油气田面积与储量散点图

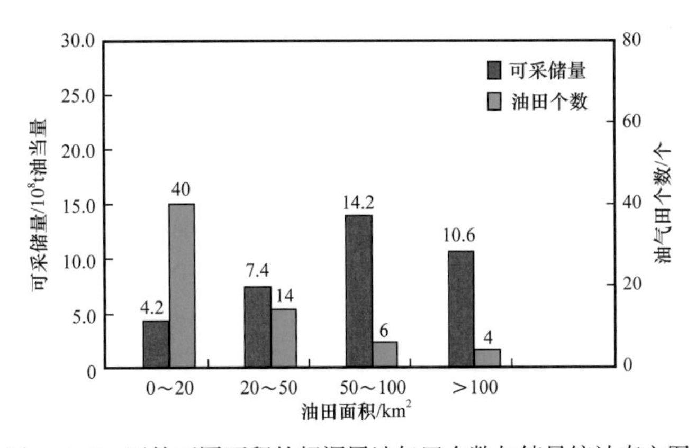

图 1-1-7　国外不同面积的超深层油气田个数与储量统计直方图

第二节　深层油气勘探理论与技术研究现状

盆地深层—超深层目前处于相对高温高压环境中，曾经历了多期的盆地演化和叠合过程，因而其油气赋存条件及成藏特征与盆地中—浅部相比必然存在着本质上的区别。随着勘探开发实践的深入，油气地质理论与勘探开发技术在盆地深层的不适应性日益显现，一系列深层油气勘探理论问题亟须研究，如地球动力学主要变革期盆地原型恢复、盆地叠合过程与古温压场特征，深部裂解天然气的来源与相对贡献量评价，深部有利储层次生孔隙的成因机制与预测方法，深部多源多阶段多种动力条件下的成藏机制与过程等。

一、构造研究方面进展

中国三个大型克拉通盆地：塔里木盆地、鄂尔多斯盆地和四川盆地，发育了完整的前寒武系—古生界层系。这些大型克拉通盆地台盆区深层油气藏往往受盆地的大型正向构造单元控制，这些大型正向构造单元的构造演化过程对前寒武系—下古生界油气形成与分布具有重要的影响，早期的构造抬升剥蚀作用、不整合面的发育和断裂活动对深层碳酸盐岩优质储层的形成、保存和破坏机理具有重要的控制作用，而后期多期次的构造活动对深层油气藏的形成、改造和保存等方面也具有重要的影响。

新生代时期，中国中西部地区受印度—青藏高原碰撞的影响发育一系列挤压型陆内前陆盆地，而中国东部地区受太平洋板块（菲律宾板块）的俯冲作用的影响发育了一系列伸展型的裂谷盆地，同时也发育了受印度—青藏高原碰撞和太平洋板块（菲律宾板块）的俯冲共同控制的走滑伸展型盆地。中国东部和西部这两种机制不同的盆地的共同点就是在新生代发生大规模的构造沉降，发育了巨厚的新生代沉积，如塔西南前陆盆地最大的新生代沉积厚度超过了10km，而东部的莺歌海盆地的新生代厚度达到17km，同时都发育了厚的塑性岩层；但是盆地的发育过程、温压场、储层和烃源岩的演化及其深部的成藏过程具有重要的差异性。

沉积盆地深层经历了浅埋到深埋的复杂过程，地质结构、构造变形、流体活动和资源矿产分布与中浅层有很大不同。近年来，在盆地深层地质结构与变形系统、盆地古构造形成演化过程、原型盆地恢复、大陆构造动力学机制及深层构造对油气系统控制作用等方面取得了重要进展。

（1）建立了叠合盆地分类方案和深层构造叠加样式。

基于盆地性质与结构类型、盆地叠合样式，将叠合盆地划分为继承型叠合、延变型叠合、改造型叠合三大类6种类型。基于不同阶段盆地地质结构与演变机制研究，认识到不同阶段发育不同性质的原型盆地，同一时期可以多个不同性质的原型盆地复合，将叠合盆地划分为前陆型叠合、坳陷型叠合、断陷型叠合以及走滑型叠合4种类型。建立了深层构造叠加样式，中国发育的叠合盆地具有两种构造叠加样式：第一类是裂解过程中拉张形成断陷盆地，拉张停止后逐渐发展成为克拉通内坳陷型盆地，沉积范围扩大，其后在会聚过程中形成前陆盆地。第二类是先形成前陆盆地，最后形成地堑、半地堑盆地，将前期挤压型盆地、克拉通内坳陷盆地掀斜、改造。

（2）深层原型盆地恢复与构造—古地理重建。

油气在盆地中从生成运移到聚集成藏受盆地演化制约。盆地的原型控制着生油岩有机质的丰度和体积，还控制着储盖组合等油气成藏要素。中国中新元古代—三叠纪海相克拉通盆地主要发育在自成系统的塔里木、华北、扬子等克拉通沉降陆块之上及其边缘。这些盆地都具有多旋回发育特点，有些原型盆地被后一阶段盆地叠加，仍保存完整，具有较好的油气勘探前景；大陆边缘盆地在数次陆—陆碰撞中被卷入褶皱造山带之下，盆地原型面目全非，含油气远景较差。基于全球沉积盆地原型在地质历史时期的分布研究，提出“时代越新，原型盆地数量越多，其中被动陆缘、前陆、弧后及弧前盆地新生代最多，但裂谷盆地在中生代最广泛，内克拉通盆地晚古生代最发育”的新认识。

（3）阐明了深层构造变形系统，初步形成三维构造建模技术。

深部地层经历多期构造运动的叠加改造，构造变形系统复杂，致使深层与中浅层比，不整合面、断裂系统与地质结构更为复杂，构造变形由深至浅由韧性、脆—韧性向韧—脆性、脆性过渡，因而沉积盆地及其下岩石圈的多层次滑脱的构造现象将从深部的韧性剪切与拆离滑脱向沉积盖层的脆性变形、多层滑脱变形逐渐过渡，从而出现多层次、多阶段、多类型滑脱变形现象。并且利用野外地质露头资料、钻井资料以及高精度地震资料，恢复隆起演化历史，构建三维地质模型，实现了对古隆起形态、产状、内部构成以及前陆冲断片的精细刻画，为深层古老碳酸盐岩以及前陆冲断带勘探提供了重要的地质模式指导。

（4）构造演化阶段与构造格局控制油气宏观分布。

深部构造作用影响着盆地的热结构，控制着盆地的古地温场，进而影响流体压力场，因而深层构造作用对油气藏的形成与分布有重要控制作用。勘探研究表明，伸展期克拉通内坳陷的下斜坡、克拉通边缘，或断陷湖盆中心常发育优质烃源岩；聚敛期则形成岩溶系统、构造或构造—岩性圈闭。形成的油气藏多分布在盆地相对较高的隆起及斜坡区、二级构造带的高部位。大型隆起背景控制克拉通盆地油气区域运聚与成藏。古隆起形成演化过程能为油气生成、运移、聚集创造有利条件，大型古隆起背景、大型网状供烃系统、规模化岩溶储集体以及区域优质盖层的有机配置，决定油气区域成藏与富集。

二、烃源与生烃机理方面研究进展

与中浅层相比，深层烃源岩年代古老、热演化程度高是其基本特征。近年来，从事深层油气地质研究的地质学家和地球化学家，围绕深层古老烃源岩发育机制、油型干酪根高—过成熟阶段生气潜力、滞留烃源岩内分散有机质高—过成熟阶段生气潜力、深层—超深层烃源岩热演化过程中的有机—无机作用以及高成熟—过成熟阶段天然气成因判识方法等，开展了大量探索性研究，取得了以下 4 个方面的重要进展。

（1）认识到古大洋环流的形成和演变是控制海相层系高有机质丰度烃源岩形成的主要因素，上升洋流富磷、富硅、富铁族元素等营养盐和富绿硫细菌，极大地促进了有机质生产力、埋藏率的激增。

（2）提出古老烃源岩的形成与大气中的中等含氧量、干热的气候、冰期—后冰期转换的气温快速转暖、冰川快速融化所导致的海平面快速上升等密切相关。

（3）提出欠补偿盆地、蒸发潟湖、台缘斜坡和半闭塞—闭塞欠补偿海湾等是高丰度烃源岩发育的有利环境，低的无机物输入和低的沉积速率，有利于高有机质丰度烃源岩形成。

（4）通过华北地区中元古界下马岭组高有机质丰度烃源岩高分辨率精细研究，观察到长达数千万年时间尺度内控制大气哈德里环流的热带位置变化和在较短时间尺度内轨道力控制的风型变化，联合影响了初级生产力的速率和微量元素的聚集，提出初级生产力和有机碳聚集可能也受米氏旋回对海洋循环控制的影响新认识。

多年来很多研究都关注了烃源岩中干酪根的晚期生气潜力，这对深层—超深层资源潜力评价至关重要。例如，有研究通过低熟和成熟页岩的气态烃生成动力学过程对比来分析烃源岩主要生气阶段和资源量（Hill et al.，2007；Jia et al.，2014），认为残留油对晚期生气潜力有很大贡献，Ⅱ/Ⅲ型干酪根比Ⅰ型干酪根在过成熟阶段具有明显偏高的生气潜力（Erdmann et al.，2006；Mahlstedt et al.，2012）。近期研究还建立了烃源岩生烃潜力和排烃效率、残留油量的定量关系（Gai et al.，2015；2018）。

固体沥青是在储层、运移层和烃源岩里发生的油裂解成气反应过程中形成的次生、不可溶残余物（Hill et al.，2003）。硫酸盐热化学还原（TSR）作用会形成一类不同于热裂解成因的固体沥青（Kelemen et al.，2006），它属于一种特殊条件下的热裂解成因固体沥青。近些年，加氢催化裂解和连续提取生标法（Wu et al.，2012；Liao et al.，2015）被用于释放固体沥青中残存的生物标志物信息，为重建固体沥青的母源和成因信息，以及油/源对比提供了新的技术和方法。

三、沉积储层研究方面进展

勘探研究实践表明，深层成岩系统与中浅层比，成岩过程变得复杂，并呈非线性延伸关系。以往研究表明当沉积物的埋深超过3000m时，多数原生孔隙（洞）将消失殆尽（Loucks，1999；Moore et al.，2013）。因此，深层储层的形成分布，总体而言无非是原生保存、次生改造两个方面。在原生保存方面，储层超压被认为是孔隙得以保存的最主要的因素，而烃类对储层孔隙的早期侵位可阻止化学压实作用的进行，也有利于孔隙的保存（李忠，2016）。除此以外，低地温和快速埋藏、早期颗粒黏土膜发育等也被认为是深层储层发育的重要“保存”机制（李忠等，2009a）。相比之下，对深层储层流体溶蚀等次生改造机制及其效应的争议较大。

深埋背景下，次生孔隙的发育与石油形成、运移过程中产生的CO_2和有机酸（Surdam et al.，1984，1993），以及原油裂解、运移过程（因热化学硫酸盐还原作用）产生的CO_2+H_2S（Machel et al.，1995），对碳酸盐以及硅酸盐矿物产生的溶解而形成次生孔隙，溶解产生的$CaCO_3$将在其他地方形成新的胶结物（Heydari，1997；Moore et al.，2013）。但对上述机制的效应一些学者持有明显不同的看法（Bjørlykke，1993），其最主要的论据就是对深层充足的有机酸、大规模流体活动和搬运效应的质疑。此外，深层碱性溶蚀机制也在部分研究中被提及，但其规模效应仍然存在巨大争议。

经过多期次的沉积构造演化，深部储层发育既有阶段性，也有规模性。研究发现，含油气盆地深层沉积地层，经历多期次构造抬升剥蚀与构造挤压，既发育大面积分布的碎屑岩和碳酸盐岩储层，也有局部分布的火山岩储层和变质岩储层，且每一类型储层历经多次期构造运动叠加改造，都有规模。因而深层储层研究须以获得重要发现的储层类型为研究对象，以岩心观察、样品分析与模拟实验为手段，以规模有效储层成因机制与分布模式为重点。热模拟实验及岩石物理微观宏观物理性质测定装置目前已发展得比较成熟，通用的设备已可满足常规的实验研究要求，但是对于一些特殊条件的分析测试则必须根据具体的科学问题有针对性地对现有仪器设备进行改进或重新设计。设备的研发应尽量地模拟真实的地质条件，尽可能地考虑到多种影响因素，使得实验结果具有坚实的基础，研制要点应围绕“微观孔隙、块状样品、在线分析、气体充填”四个关键技术要求进行。另一个方向就是结构的轻量化、自动化及在线化，这些措施可以有效地提高实验效率，增加实验精度。在线实验可以把实验产物直接送到分析仪器进行测试，避免或减少样品转移过程中的损失或者性状的变化，从而可提高分析的准确性。

深层储层的研究需要综合考虑沉积、成岩和构造作用因素叠加；另一方面，对油气储层成岩改造的时空分布和界定已经提出了越来越高的精度要求，该领域的国际前沿研究在 20 世纪 90 年代以来，特别是近十余年来得到了极大推进（Morad et al.，2000，2010；Laubach et al.，2010；Worden et al.，2000；Moore et al.，2013）。储层应力—应变是盆地沉积—热—构造—流体动力综合作用的结果，而不只是简单的上覆岩石的机械压实（寿建峰等，2006，2007）。目前对相关岩石储集物性（孔渗性）的构造地质基础研究已取得进展（Gibson，1994；Taylor et al.，2010；Gale et al.，2010）；但将构造应变与流体—岩石作用及油气储层有效性结合的研究则尚属起步阶段（李忠等，2009b；Laubach et al.，2010），还处于构造样式和孔—缝成岩表征阶段。热流体的大规模运移及由此引起的一系列地质作用都与断裂作用有关，并且对一些特殊的构造背景有一定的偏好，这些有利的构造背景包括伸展断层（上盘）、张扭断层、断层交会处。热卤水流体充注引起的水力压裂，形成碳酸盐岩层内丰富的裂缝和角砾，并发生灰质的溶蚀作用和广泛的白云岩化作用，引起白云岩孔隙度的增加，成为潜在的优质储层。值得指出，流体地球化学研究为探讨碳酸盐岩成岩作用和规模储层形成，提供了定量、可靠的证据（Gregg et al.，2013；Worden et al.，1996，2000）。

深层沉积岩规模成储建模是预测技术研究的基础，而深层成储建模的关键是对沉积期后构造—成岩改造过程与效应的认识程度。换言之，应细化、完善多层系岩溶发育及其深埋转换构造—流体改造与差异保存储层模型、交代和自调节白云岩化及其深部构造—热流体差异改造储层模型、碎屑岩有效改造与储层保存模型。另一方面，储层建模必须基于沉积（层序）、构造、流体作用等宏观尺度演变框架和综合效应的研究（李忠等，2009a，2016，2018）。

四、成藏方面研究进展

深层处于高温高压地质环境，钻井揭示的油气藏地层温度可达 150～230℃，致使深部油气成藏环境与中浅层比具有明显的差异。从目前的研究认识来看，深层—超深层低渗储层 / 输导层具有强烈的非均质性，这种非均质性受到沉积作用及在埋藏过程中的成岩作用控制，表现出一定的空间结构性，经历了差异性的成岩演化和油气充注（罗晓容等，2016a，b；Shi et al.，2017），成岩早期受沉积结构控制形成的各类致密岩石引起早期石油运移和聚集的强非均一性，造成非均质储层润湿性和运移阻力条件的差异性变化，反过来极大影响后期成岩作用和晚期油气运移聚集过程（Wilkinson et al.，2006；罗晓容等，2010），先前被油占据过的储层内成岩作用受到抑制、岩石颗粒表面润湿性受到改造，可能在盆地深层形成规模性有效储层，并且有利于晚期阶段油气的运移聚集，构成深层条件下油气得以有效运聚成藏的空间。

围绕深层油气成藏环境与条件，取得了对油气勘探实践有重要意义的成果认识：

（1）提出深层烃源岩具“双峰式”生烃特点，源灶类型多样，都可以规模供烃。

基于烃源岩生烃演化历史分析与模拟实验，发现古老地层发育的烃源岩生烃过程充分，早期生油，晚期生气，具有双峰式生烃特点，建立了古老烃源岩双峰式生烃模式。基于油气藏解剖与烃源灶有效性分析，提出盆地深层发育有机质（干酪根）热降解作用，以及滞留于烃源岩内分散液态烃和排出烃源岩后呈半聚半散型聚集的液态烃后期热裂解作用两类气源灶，都是形成深层大气田的重要气源。

（2）多期次的沉积构造演化，深部储层发育既有阶段性，也有规模性。

研究发现，含油气盆地深层沉积地层，经历多期次构造抬升剥蚀与构造挤压，既发育大面积分布的碎屑岩和碳酸盐岩储层，也有局部分布的火山岩储层和变质岩储层，且每一类型储层历经多期次构造运动叠加改造，都有规模。

（3）盖层的封闭性与有效性控制深部油气藏的形成与富集。

油气藏解剖研究表明，盖层质量控制油气的富集程度与分布。封盖有效性模拟实验揭示，盖层的封闭机制主要有毛细管封闭和水动力封闭两种，由于油—水界面张力和气—水界面张力随温度增加而降低的速率不同，不同类型盖层对油和气的封闭能力也不相同，膏盐岩盖层封闭能力最强，其次为泥质岩，其他岩类封闭油气的能力相对较差。

（4）深层形成的油气可以跨构造期成藏。

基于烃源岩埋藏受热演化历史分析，结合逼近地下环境（温、压共控）生烃模拟实验，深层部分古老烃源岩生排烃高峰延缓，生烃时间延长，油气可以跨越多个构造期成藏。基于油气成藏解剖研究，发现中国含油气盆地深层具有多期成藏、多期调整、晚期定型的特点，保存与构造破坏两大作用的抗衡决定晚期成藏的有效性，深层油气具有多层段成藏、多层系富集的特征。

（5）定量的动力学研究方法。

由于盆地深层油气成藏是地质历史时期中各种地质作用耦合的过程，定性的成藏地质要素分析和简单叠加难以确定油气运聚方向和空间分布，加之深层油气地质条件的非均质性对于油气成藏的重要性越发突出，增加了定性分析与概率统计方法的风险性，成藏过程的定量动力学研究势在必行。

五、深层勘探技术进展

随着简单构造油气资源的勘探历程基本结束，油气资源勘探已进入深层油气资源、老油田、深水、非常规等更加复杂的构造，钻井的费用呈几何级数增长，这就需要地震勘探技术提供更准确、更精细的地下成像，降低钻探的风险。

单点高密度采集作为一种近年新发展的野外采集方式，是对传统检波器组合采集方式的一项革新。所谓组合，就是指在一个地震道上同时使用多个地震检波器，这些检波器按一定形式分布，组成检波器阵列来接收地震信号。组合作为地震勘探发展历程中的三大技术进步之一，它的主要优势在于压制近地表规则干扰波和部分随机干扰。但这种方式也存在很大的缺陷：其一，干扰波假频为主的残余噪声能量造成信号保真度差；其二，组合内检波器非同相叠加有高频滤波作用，高频信号存在损失。因而，野外应用单点高密度采集方式代替组合采集方式后，室内配套的单点高密度采集资料处理技术关心的问题也主要有两点：第一，能否压制近地表干扰波；第二，能否充分挖掘单点高密度采集方式带来的信号高频优势。做到以上两点，就可以充分利用单点高密度采集覆盖次数大、信号保真、高频成分丰富的特点，提升地震资料对深层—超深层勘探目标的识别能力。

对于提升地震资料偏移成像的信噪比，除在预处理环节对近地表干扰进行压制外，在偏移成像环节实现基于菲涅尔带的稳相叠加，进一步消除偏移噪声，是一个可行的技术实现路径。而基于品质因子模型，发展黏滞介质叠前成像方法，是提升地震记录高频段信噪比，克服大地介质对地震波吸收引起的高频衰减、相位畸变，进而提升地震资料对深层—超深层勘探目标的分辨能力，是地震偏移成像方法针对深层—超深层勘探需求的技术发展趋势。

地震记录上由于上覆地层存在强屏蔽层产生的层间多次波，其产生机制与目前主流多次波技术关注的表面多次波不同，必须发展新的理论技术予以压制。如运用逆散射级数展开方法消除层间多次波，可以通过逆散射级数正演、逆散射级数反演、逆散射级数多次波预测等步骤；在此基础上，经过多道、多信息、多相位匹配，消除层间多次波。与表面多次波不同，预测出来不同层位的层间多次波同真实的层间多次波之间不满足相差固定的子波这一规律，因而，发展多模态的层间多次波衰减方法是这一陆上层间多次波压制与消除技术的发展趋势。

常规储层异常地层压力一般表现为高孔隙度、低密度、低速度、低电阻率等地质、地球物理特征，因此，凡是可以反映这些特点的各种地球物理方法均可用于检测地层压力。那么深层—超深层储层的地球物理特征是否与常规储层一样？地层压力预测方法根据使用资料的不同可分为基于测井资料的压力预测方法和基于地震资料（含岩石物理）的压力预测方法，基于测井资料的预测方法被认为是“事后”技术，而基于地震资料的压力预测为钻前预测，具有指导意义；但是岩石物理分析和基于测井资料的压力预测可对地震压力预测的质量进行把控。因此，综合地质、岩石物理、测井和地震数据开展多学科、跨尺度研究是深层—超深层压力预测技术的发展趋势。而地震非线性反演储层压力预测技术在深层—超深层储层高效勘探开发中也将发挥重要作用。

对于综合地球物理技术研究而言，为满足深层油气资源探测的需要，非地震勘查技术探测目标与其分辨能力相比，往往具有储层规模小、几何形态和内部结构复杂等问题，因而提高对深层信号的识别能力是研究深层—超深层的基础之一。比如重磁研究，如何从总异常中分离出深层构造的重磁异常并进一步开展深层结构反演是该研究领域关注的重点之一；而对于WEM这个最近几年电法勘探研究热点技术之一，可利用其有源信号的优势，进一步提高反映深部信息的低频弱信号的数据采集质量、预处理技术和和反演精度，实现深部精细结构探测。

第三节　中国深层油气领域重大突破与指导意义

从“十一五”到“十三五”，国家油气重大专项超前布局、超前研究、超前研发，持之以恒推动，强化理论研究对勘探实际指导，中国陆上深层—超深层油气勘探取得27项战略发现，形成7项10亿吨级规模储量区，为国家增储上产，保障能源安全作出了突出贡献。不仅引领着中国深层—超深层油气地质理论及配套技术发展，而且也全面推动了全国陆上深层—超深层领域油气勘探，方兴未艾，深层—超深层领域天然气储量与产量已实现接替，成为增储上产的主体。深层—超深层领域新增石油探明地质储量保持在年度新增总探明地质储量的10.5%左右，新增天然气探明地质储量保持在年度新增总探明地质储量的38.5%左右；年度新增深层天然气探明地质储量占比由2011年的38.8%提高到2020年的62.9%。深层—超深层领域当年石油产量保持在当年总产量的7.5%左右，当年天然气产量保持在当年总产量的33.5%；当年天然气产量占比由2011年的26.9%，提高到2020年的34.5%（图1-3-1）。

一、深层—超深层油气勘探重大突破

1. 海相碳酸盐岩领域

塔里木盆地塔北南斜坡—轮探1（风险井）实现盐下寒武系重大突破，突破8000m超深层，证实8000m之下仍具液态烃良好保存，将深度界线引向9000m；开拓台盆区寒武系盐下全新勘探领域。深入总结克拉通盆地深层成藏理论，明确了塔里木盆地台盆区深层总体勘探思路，即逼近烃源岩，寻找岩性、构造—岩性油气藏。具体来说，就是对于寒武系盐下勘探领域，要寻找构造稳定区和膏盐分布区，在靠近烃源岩的地区寻找储层有利丘滩体，在远离烃源岩的地区要寻找油源断裂附近的岩性/构造圈闭；对于寒武系盐上勘探领域，要围绕沟通油源的走滑断裂/大型逆冲断裂寻找岩性、构造油气藏。

按照此研究思路与勘探思路，优选塔北隆起南斜坡震旦系—寒武系丘滩带作为重点论证与突破目标。塔北隆起南斜坡下寒武统玉尔吐斯组优质烃源岩已经由星火1、轮探1、旗探1等钻井证实，并经地震标定和追踪解释后被认为在本区广泛分布。紧邻玉尔吐斯组烃源岩发育震旦系奇格布拉克组滩相白云岩—寒武系玉尔吐斯组泥页岩盖层

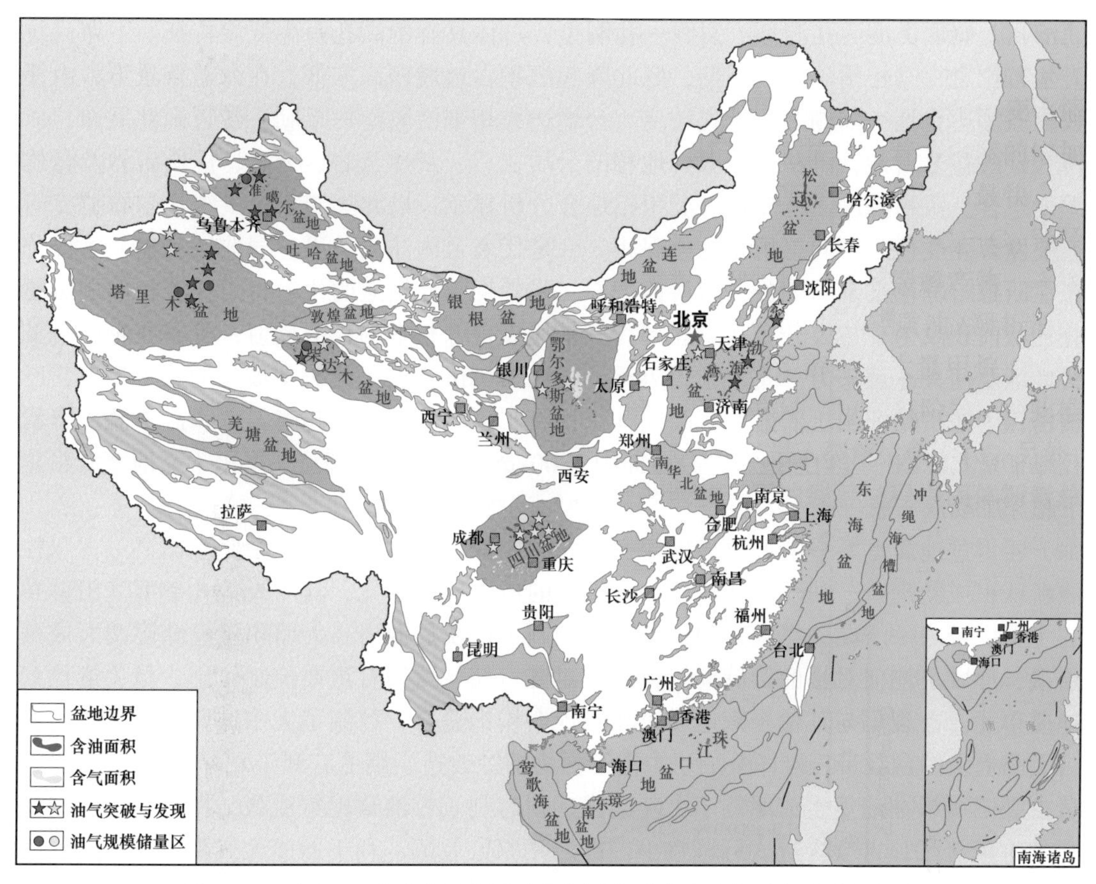

图 1-3-1 “十三五”期间我国陆上深层油气重大发现与重大进展分布图

和下寒武统滩相白云岩—中寒武统膏盐岩盖层两套优质储盖组合。轮探 1 井的成功表明，塔北隆起南斜坡震旦系—寒武系丘滩带是塔里木盆地台盆区深层最现实的勘探区带之一。通过沉积相编图，发现了 3 个震旦系奇格布拉克组储层有利沉积相带—新玉丘滩带、塔河丘滩带和外围槽缘丘滩带，面积分别为 $3657km^2$、$7614km^2$ 和 $6754km^2$，总面积 $18025km^2$，估算资源量分别为天然气 $2.2\times10^{12}m^3$、凝析油 15.3×10^8t。通过古地貌恢复、地震相刻画和厚度成图，落实了轮南、塔北西部两个重点区的油气资源潜力。其中，轮南三维地震区东部发育岩性圈闭 8 个，总面积 $155.6km^2$；塔北西部震旦系奇格布拉克组刻画出 10 个高能滩体，面积 $1800km^2$，刻画出 21 个丘滩体，面积 $590km^2$。据此，推动轮探 1 风险探井上钻并获得战略性突破，于盐下寒武系 7940～7996m、8203～8260m 沙依里克组与吾松格尔组酸化压裂试产，10mm 油嘴，日产原油 $134m^3$、日产天然气 $4.6\times10^4m^3$，属层状白云岩缝洞型岩性轻质油油藏。轮探 1 井的重大突破，不仅证实下寒武统玉尔吐斯组具有巨大的生烃潜力，而且证实 8000m 之下能够形成油气的良好保存。

塔里木盆地下寒武统肖尔布拉克组、沙依里克组、吾松格尔组发育台地相白云岩储层，储层岩性主要为藻砂屑 / 鲕粒白云岩、叠层石白云岩、凝块石白云岩、泡沫绵层石白云岩、粉—细晶白云岩，储集空间主要为藻格架孔、溶蚀孔洞、粒间孔、粒间溶孔、晶间溶孔，储层类型为孔洞型、裂缝—孔洞型，总体具有中高孔—中低渗特征。下寒武统肖尔布拉克—吾松格尔组沉积期，塔北隆起沉积古地貌西高东低，在海退背景下，由缓坡向弱镶边台地—陆棚沉积模式转变。台地边缘相带沿轮南—果勒一带近南北展布，以西为碳酸盐岩台地，沉积了局限台地相的云质灰岩、灰质云岩、云岩、泥质云岩及膏质泥岩组合。沉积厚度、地震相与沉积相综合分析显示，塔北隆起下寒武统肖尔布拉克组主要发育4类代表不同沉积相的地震相。一是代表台内洼陷的平行弱连续反射，主要分布在哈拉哈塘南部和哈德逊—玉科西部；二是轮探1井钻遇的代表台内丘滩相的弱振幅叠瓦状前积反射，主要分布在东北部；三是代表台缘相带的丘形反射，分布在轮南—玉科地区及柯坪—英买力一线，宽约7km，长约320km；四是代表斜坡相的斜交反射，已被塔深1井实钻证明。依据下寒武统沉积相展布预测，塔北隆起南斜坡区盐下储层有利丘滩带呈北宽南窄三角形展布，分布面积3800km^2，从而极大拓展了塔里木盆地寒武系盐下超深层勘探领域。

四川盆地震旦系—下古生界勘探实践表明，深层海相碳酸盐岩主要遵循“三古”控藏新认识或新理论；油气古裂陷是十分重要的成藏地质单元，其周缘是大中型气田分布的主要区带之一。在该类区带中，古裂陷控制了优质烃源岩、大面积规模储层两大成藏要素，形成了侧向对接的源储配置模式，对源、储、藏均有重要控制作用，是关键控藏地质单元。古裂陷与其他控藏地质单元、现今构造叠合，控制了大中型气田的分布。若古裂陷周缘的台缘带丘滩体叠加了古侵蚀面的溶蚀改造，则更有利于发育台缘优质储层；若古裂陷周缘在油气生成期位于古隆起区，则有利于古油藏聚集成藏，在继承性稳定演化的古隆起区，古今构造变形调整小，古油藏原位裂解，利于形成大气藏；构造变形较强区，形成构造、构造—岩性圈闭气藏。构造平缓区，以岩性、构造—岩性圈闭气藏为主。寒武系—震旦系沉积期古隆起多为同沉积期水下古隆起，后期历经多期构造运动抬升隆起，形成大型古隆起。古隆起控制大面积展布的厚层储层、大型圈闭两大成藏要素，是气田形成的关键。这类古隆起与其他成藏地质单元、现今构造叠合，控制了大中型气田的分布。若与古裂陷叠合，则烃源条件优越；若古隆起控制的储层与古侵蚀面叠合，则储集条件更为优越；若古隆起后期继承性稳定演化，构造变形调整小，则油气聚集和保存更为有利；现今构造变形较强区，形成构造—地层、构造—岩性圈闭气藏；构造平缓区，以构造背景下的岩性圈闭气藏为主。这类区带中，发育的大型古隆起对储层与油气聚集条件有利，需要重点关注的是烃源条件。

对照四川盆地深层下寒武统筇竹寺组—二叠系龙潭组有效烃源岩，盆地中西部德阳—安岳裂陷发育震旦系—二叠系复式含油气系统：该含油气系统以德阳—安岳古裂陷内筇竹寺组优质源灶和川中古隆起及周缘为核心，是持续探索大中型气田的重要领域和区带。该含油气系统内不同区带在烃源、储层等条件与安岳气田基本类似，最大的差别在于油气成藏过程中经历了较大幅度的构造调整，成藏过程的构造圈闭继承性较差，以寻找大中型的岩性、构造—岩性、构造—地层圈闭为主。盆地东部鄂西裂陷震旦系—三叠系复式含油气系统：鄂西古裂陷边缘及达州—开江古隆起周缘震旦系灯影组二段和四段、寒武系龙王庙组上段、沧浪铺组和洗象池组、上古生界黄龙组和长兴组、三叠系飞仙关组等多个层系发育丘滩、颗粒滩相白云岩储层；鄂西古裂陷筇竹寺组、陡山沱组、大塘坡组优质烃源岩发育，川东—鄂西龙马溪组优质烃源岩广泛分布；该地区处于川东—鄂西高陡构造带，现今构造圈闭众多，是构造—岩相圈闭气藏群的重要勘探方向。通过对两大复式含油气系统不同区带成藏条件对比，综合考虑裂陷槽展布、优质源灶发育、有利储集相带展布、继承古隆起与构造枢纽带、输导体系与圈闭类型等对油气富集的控制作用，开展区块划分与优选，在两大复含油气系统内评价优选出6个有利区带，并根据目前勘探现状及油气成藏条件优劣，优选川中古隆起北斜坡—川北多层系作为首选突破区带或目标。

该区带成藏有利条件主要表现在以下几方面，一是该地区已证实发育麦地坪组—筇竹寺组、五峰组—龙马溪组两套优质源灶，并且预测发育陡山沱组烃源岩，烃源条件好；二是发育灯二段、灯四段、沧浪铺组、洗象池组、栖霞组和茅口组等多套丘滩、颗粒滩白云岩规模储层；三是处于川中古隆起斜坡区，构造相带稳定，构造背景下的岩性圈闭群发育，有利于油气聚集和保存；四是发育走滑断裂—不整合—孔渗层复合输导体系，油气可高效运聚。主要风险在于岩性圈闭的上倾封堵有效性，储层发育的非均质性。该有利区带勘探面积超过10000km^2，预测震旦系—寒武系天然气资源量约12400×10^{8}m^3，应是川中隆起高隆起带高石梯—磨溪向北拓展深层—超深层天然气勘探最为现实的区带。为此与西南油田公司研究团队一起攻关、一起论证，基本明确了沧浪铺组沉积期德阳—安岳台洼东侧滩相白云岩储层规模发育；川中古隆起北斜坡—川北地区发育筇竹寺组优质源灶，沧浪铺组与下伏优质烃源岩直接接触，源储配置条件好；微古地貌控制了古隆起北斜坡龙王庙组滩相白云岩储层分布。研究认为，川中古隆起北斜坡在单斜背景下存在发育岩性气藏的可能，侵蚀沟谷与潮道内的低能致密岩性形成上倾封堵带，具备发育岩性圈闭的条件。立足北斜坡灯影组台缘带，兼顾多层系立体勘探，部署风险探井角探1井。依据理论指导和扎实的基础工作，有力支撑了角探1井上钻论证和寒武系沧浪铺组试油方案，后期试产获得高产。2020年10月，角探1井在沧浪铺组测试获日产51.62×10^{4}m^{3}高产工业气流，四川盆地沧浪铺组油气勘探首次获得突破性发现；2021年1月，该井在二叠系茅口组测试获日产112.8×10^{4}m^{3}高产工业气流，川北地区茅口组勘探获重大发现；新增天然气预测地质储量1427×10^{8}m^3，整个北部斜坡区角探1—蓬探1井，预测天然气地质储量达3530×10^{8}m^3，区带有利勘探面积上万平方千米。角探1井重大发现展示了川中古隆起北斜坡—川北地区多层系勘探的巨大勘探前景，不仅实现川中隆起区勘探领域接替，并且为“十四五”规模增储又开辟一新的“主战场”。

海相碳酸盐岩领域深层—超深层油气勘探重大突破（轮探1、角探1、蓬探1、中古70、顺北53x、元坝7、满深1、苏东45），不仅实现了油气勘探深度上的重大突破，同时也实现了多类型的重大突破；深化了三大克拉通盆地深层领域油气受“古裂陷、古台缘、古隆起”三古成藏控制，台缘隆起斜坡带“主干走滑断裂控储、控输、控藏、控富”成藏地质认识；极大拓展了深层—超深层油气勘探领域，由8000m推进到9000m，由台缘礁滩推进到“断溶体”，由继承性隆起区推进到斜坡区。例如，四川盆地从川中隆起区走向北部斜坡区、川西深层台缘礁滩，由碳酸盐岩拓展到火山岩。塔里木盆地由奥陶系推进到寒武系，由台缘礁滩拓展到斜坡区“断溶体”。鄂尔多斯盆地由奥陶系“盐上”推进到“盐下”，由石灰岩岩溶拓展到白云岩岩溶。

2. 东部裂谷盆地

东部裂谷盆地—渤海湾盆地深层前古近系（中生界、石炭系—二叠系、奥陶系、寒武系、元古宇、太古宇）潜山是一个重要的油气勘探开发领域；随着勘探开发的不断深入，从中浅层向深层拓展，从高位潜山向低位潜山拓展，从陆上向海域拓展。渤海湾盆地海域的渤中坳陷逐渐向大于3500m的深埋潜山拓展；渤中19-6单层太古宇变质岩潜山大气田发现之后，多层结构的潜山成藏潜力大小成为急需解决的瓶颈。通过钻井、地震资料和地球化学数据，开展区域地质构造演化研究及成藏条件分析，结果表明：基于成山成储受控于区域构造活动及其相关的裂缝作用的认识，获得了渤中13-2油气田勘探发现（探明地质储量亿吨级油气当量），证实多层结构潜山的太古宇变质花岗岩具有极好的成藏条件；通过进一步对渤中13-2油气田的成藏要素分析及其与渤中19-6大气田的对比，表明多期立体网状裂缝及其与供烃窗口的连通性是潜山成储—成藏的关键，与断裂伴生的短轴状不连续反射可以作为太古宇潜山优质储层的识别标志；超压宽窗供烃—多元联合输导驱动了双层结构潜山成藏，网状连通的孔—缝体系为油气在潜山内部的运移聚集提供了有效空间。

渤中13-2构造带位于渤海湾盆地渤中凹陷西南部，北部为渤中凹陷主洼，西南、东南侧分别与埕北低凸起、渤南低凸起相邻，距离南侧储量超千亿立方米的渤中19-6大型凝析气田约35km。已有钻井揭示渤中13-2潜山地层为双层结构，自下而上为太古宇构造层和中生界构造层，缺失古生代地层记录。太古宇构成潜山的结晶基底，岩性以形成于距今1.7～2.6Ga的花岗片麻岩为主，同时花岗片麻岩为该构造带主要储层。中生界直接覆盖在太古宇花岗片麻岩之上，厚度变化较大，为100～1500m，其岩性自下而上为厚层凝灰质砂砾岩、沉凝灰岩夹凝灰岩。潜山之上依次发育新生界古近系沙河街组（$E_{2-3}s$）、东营组（E_3d），新近系馆陶组（N_1g）与明化镇组（N_2m），以及第四系平原组（Qp）。沙河街组发育暗色泥岩，为辫状河三角洲相及湖泊相；东营组岩性为湖泊相及辫状河三角洲相暗色泥岩及砂岩；馆陶组岩性为辫状河砂岩；明化镇组岩性为曲流河砂岩。渤中13-2潜山整体经历了印支期—燕山早期挤压逆冲成山、燕山中期拉张反转改造、喜马拉雅期埋藏定型3个阶段。潜山顶面总体为南高北低，受北东—南西向断裂影响，潜山顶部被切割成一系列反向翘倾断块。据渤海海域“结构—成因”潜山分类方案，渤中13-2潜山为双层—皱褶断块型潜山。渤中13-2构造带位于渤中凹陷西南部，左临渤中凹陷西南次洼，右靠渤中凹陷南次洼。这两个洼陷烃源岩品质优且生烃量充足，使得渤中13-2构造带具备很好的烃源条件；并且渤中13-2构造带太古宇潜山西部和南部边界断层直接与有效烃源岩接触，接触面积达7.3km^2，最大供油窗口可达1000m，为烃源岩的排烃和太古宇潜山储层油气的充注提供了有利条件。

渤中13-2潜山储层岩性以富含长英质矿物的混合花岗岩为主，上覆中生界盖层，为典型双层结构潜山。在中生界盖层发育之前，潜山经历了长期的风化暴露期，中生代地层发育时期，对潜山顶部风化淋滤带有强烈的改造作用，使得中生界覆盖区残存的风化淋滤带较少，而暴露区具有与渤中 19-6 类似的风化淋滤带特征。渤中 13-2 靠近区域断裂系统，潜山内幕基岩多呈碎裂状，表生流体沿断裂系统对内幕储层具有改造作用。表生流体对潜山顶部具有强烈的改造作用，暴露区保留风化淋滤带，流体通过断裂系统对潜山内幕储层同样具有建设性改造作用；含有二氧化碳的深部热液流体同样对储层具有改造作用，形成的铁白云石交代作用广泛发育，并且溶蚀成孔；主要发育裂缝和溶蚀孔洞两类储集空间。由于矿物组成的差异及断裂系统的控制，潜山内幕多碎裂成缝，但局部具有相对致密夹层。在优势岩性—多期构造—双向流体的共同作用下，发育大型网状缝洞储层系统，形成渤中 13-2 大型双层结构潜山油气藏。渤中 13-2 构造带为超压宽窗供烃、断层—不整合面—裂缝联合输导双层结构潜山成藏模式。古近系沙三段、沙一段及东三段烃源岩成熟后，生成的大量油气主要沿太古宇顶部区域不整合面运移至潜山边缘断裂处。在烃源岩内部高压及浮力等超强动力驱动下，大量油气沿宽阔的断层面（供油窗口）进入潜山内幕裂缝储层，并顺着网状裂缝进一步运移，在合适的圈闭中聚集成藏。

任丘碳酸盐岩潜山油田发现以来，渤海湾盆地的潜山领域历经 50 余年曲折的勘探历程。潜山油田的发现时断时续，每个相对较大的发现都是经历 10 多年以上的沉寂，反映出潜山油气成藏机制相对于常规油气复杂得多，勘探理论认识创新需要很长一段时间积累。渤中 19-6 大型凝析气田的勘探实践表明，区域尺度的基础地质认识对潜山勘探极为重要。在此基础上，基于对双层结构潜山储层发育控制因素和成藏机制的深化认识，最终获得渤中 13-2 油气田的发现（探明地质储量亿吨级油气当量），再次证实成山成储机制与区域构造活动及其相关裂缝作用密切相关，配合超压驱动，成就了渤中 13-2 油气田的形成。渤中 13-2 油气田的发现，一方面大大拓展了潜山勘探面积，从寻找暴露侵蚀的太古宇山头延伸到被潜山地层覆盖的内幕；另一方面，也启示出过去认为似乎无规律可循的潜山勘探是有成藏规律的，即多期裂缝发育规律及其与供烃窗口的连通性是潜山成储成藏的主线。渤中 13-2 双层结构潜山油气发现，再次证实了裂缝为主导的非沉积岩潜山勘探思路，对中国东部裂谷盆地陆上及海域深层潜山油气勘探均具有重要指导意义。

东部裂谷深层断陷斜坡区及潜山带油气受“岩相 + 岩溶 + 断裂”三元控藏，差异聚集，形成沿断裂、优势岩相、输导通道富集成藏地质新认识；有效指导了东部裂谷盆地—渤海湾与松辽盆地深层油气勘探（安探 1x、驾探 1、月探 1、歧古 8、丰深斜 1、渤中 19-6-2、渤中 13-2、隆平 1、长岭 40），渤海湾盆地实现了深层变质岩潜山风化壳与潜山内幕突破，实现了上古生界碎屑岩、下古生界碳酸盐岩（安探 1x）、古近系火山岩（驾探 1）天然气多类型的新发现；实现了非常规页岩油深层的新突破（义页平 1）。松辽盆地实现了深层基岩勘探重大突破。

3. 西部前陆盆地

中国西部前陆盆地不同构造单元在沉积构造特征、烃源岩发育程度、圈闭类型及形成时间、有利储层埋深、油气运移和聚集方式、保存条件等方面存在差异，因而不同构造单元油气分布特征存在差异：前陆冲断带以发育构造油气藏为特征，空间上成排成带分布，以油藏或残余油藏为主；前渊坳陷以发育岩性、背斜—岩性油气藏为特征，主要为高—过成熟的天然气；斜坡带和前缘隆起带以发育地层、岩性和复合油气藏为特征，主要为油藏或凝析油气藏。由于各构造单元烃源岩演化、圈闭形成时间、油气成藏期存在差异，导致前陆盆地不同构造单元的成藏特征及油气分布规律亦存在明显差异。例如，准噶尔盆地南缘与造山带之间存在复杂的构造变形，分东、中、西三段。西段—中段山前存在三排由造山带向盆地方向的褶皱冲断带，构造变形强度由山前向盆地逐渐变弱，地层的抬升强度也逐渐变弱，由山前的三叠系、侏罗系被推举到地表剥蚀，向盆地内见上新统不整合于变形的老地层之上。该区深、浅层构造变形存在差异，浅层的新生界为滑脱褶皱构造变形，卷入最新地层为上新统，深层白垩系—侏罗系及以下地层表现为高陡断裂的冲断作用。东段博格达山前地层褶皱、冲断，形成三排背斜带，背斜核部的中二叠统下乌尔禾组（芦草沟组、红雁池组）出露，呈半背斜，存在向盆地方向逆冲的断裂，从博格达山前大断裂到盆地的阜康断裂带，整体形成三排叠瓦状的逆冲推覆构造组合。

受喜马拉雅运动的影响，在北天山山前依次形成了三排挤压背斜构造。自西向东依次划分为西段、中段、东段。南缘中段是准噶尔盆地天然气相对富集的构造单元，尤以霍玛吐背斜带最为富集，西段、东段则油气均有发现。在吐谷鲁、玛纳斯、安集海河组、呼图壁背斜带等地区发现的油气藏均与挤压背斜有关。目前在古近系、白垩系、侏罗系已经发现独山子、卡因迪克、齐古、甘河、三台等油田，呼图壁、玛河等气田，以及霍10井等多个油气藏。目前已经开发天然气藏层系为古近系紫泥泉子组，部分富集于古近系沙湾组。油气藏类型主要为背斜油气藏、背斜—岩性油气藏，其次为断层遮挡的背斜油气藏。沙湾—阜康凹陷是侏罗系主要沉积中心，发育了厚度大、有机质丰度高，热演化程度高的煤系气源岩，自白垩纪末开始生气，一直持续到第四纪，紧邻山前烃源中心的三排构造带为非常有利的油气聚集区。紫泥泉子组、沙湾组等发育三角洲前缘有利沉积砂体，与上覆安集海河组泥岩盖层形成优势的储盖配置关系，油气源经过断裂的垂向高效输导，在背斜圈闭中聚集成藏。南缘山前冲断带存在白垩系吐谷鲁群泥岩、古近系安集海河组泥岩及塔西河组膏泥岩层三套区域性盖层，与其下储层的配置，可划分为上、中、下三个成藏储盖组合。而深层下部成藏组合（简称下组合）以下白垩统吐谷鲁群和侏罗系为主要勘探目的层，主要烃源岩为二叠系与侏罗系煤系地层，油气主要储集层位为侏罗系的头屯河组、齐古组和喀拉扎组，盖层是吐谷鲁群。构造圈闭主要在燕山末期形成，喜马拉雅期改造定型，晚期成藏，以喜马拉雅期形成的断裂下盘遮挡型气藏为主，主要发育在储层物性被裂缝改善的部位，如齐古背斜侏罗系油气藏。上组合、中组合是下生上储成藏模式，下组合应主要是自生自储成藏模式；深层油气受“构造样式 + 规模储层 + 优质盖层”三位一体控制，沿区域盖层之下的冲断构造带、优势岩相带富集。西部四棵树凹陷南部高泉构造带高泉1井（风险井）与深层白垩系底部清水河组砂岩储层获得千吨高产油气流，极大地推动了南缘山前带深层领域勘探；为此与新疆油田公司研究团队一起攻关，整体研究、整体部署、整体勘探。研究表明，南缘中段霍玛吐构造深层下白垩统清水河组与上侏罗统喀拉扎组、齐古组扇三角洲砂岩、砂砾岩储层发育，具有规模展布特点；白垩系清水河组沿四大水系发育辫状河三角洲沉积体系，广泛稳定分布的优质储层，面积达12000km^2，砂岩厚度20～90m，孔隙度6.83%～18.4%；

喀拉扎组主要分布在南缘中东段，砂岩整体厚度 150～580m，面积达 11000km^2；同时，南缘中段呼图壁背斜构造完整，落实程度较高，背斜深层圈闭面积较大，达 156km^2。况且，前期所钻老井大丰 1 井钻遇喀拉扎组发育优质储层，砂岩厚度 220m，孔隙度 7.3%～19.1%，平均 10.2%；并且在白垩系底部清水河组与喀拉扎见到良好油气显示，喀拉扎组含砾中—细砂岩，综合录井解释气层 42m，遗憾的是由于工程原因此工程报废。因此，南缘中段深层具有巨大资源与勘探潜力，呼图壁构造是首选目标，论证上钻呼探 1 井。2020 年年底，呼探 1 井不负众望，于白垩系清水河组 7367～7374m、7377～7382m 井段，8mm 油嘴试油，日产原油 106.5m^3，日产天然气 61.9×10^4m^3（图 1-3-2）；在准噶

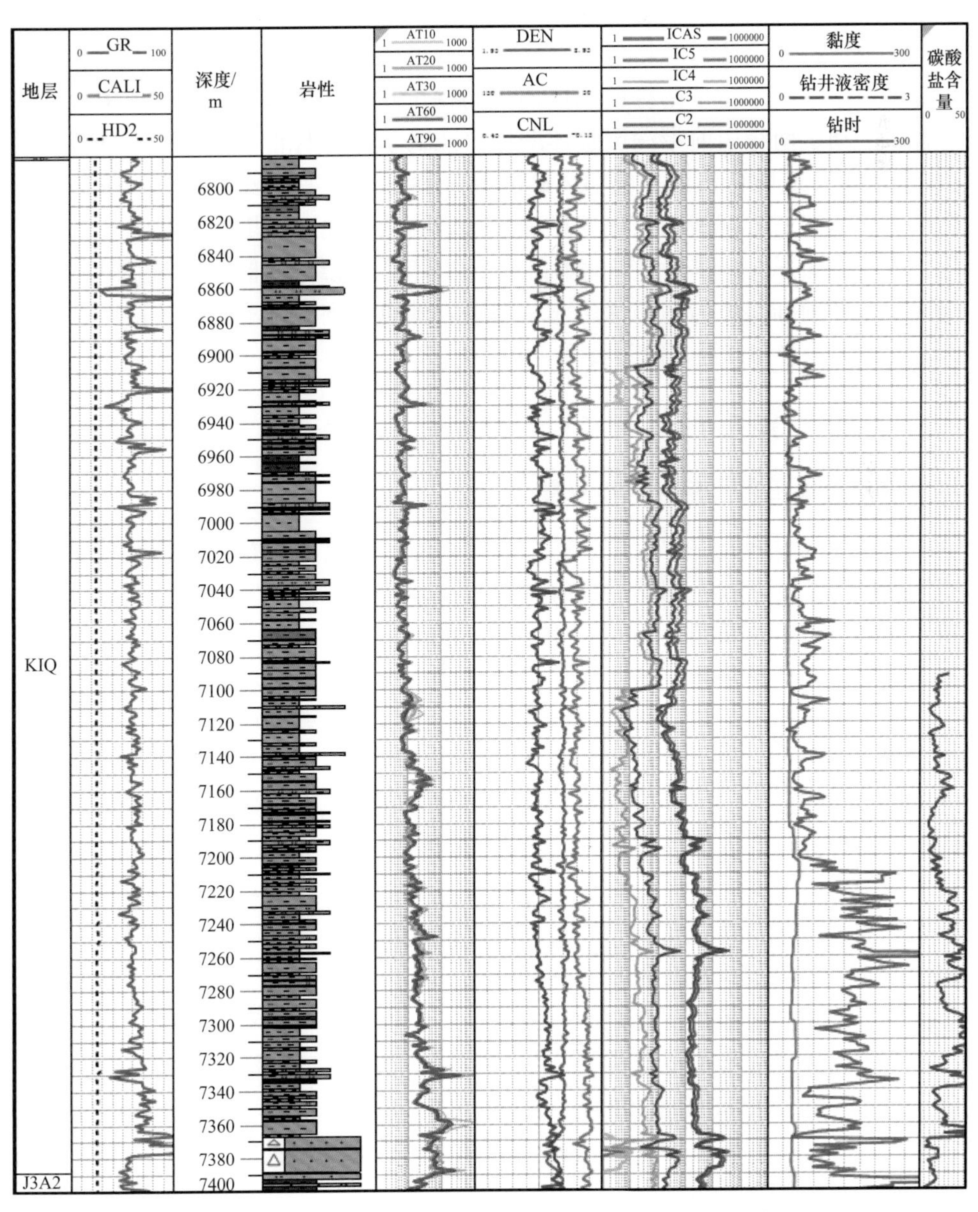

图 1-3-2　准噶尔盆地南缘前陆冲断带呼探 1 井白垩系地层综合柱状图

尔盆地勘探深度首次突破 7000m，新增天然气预测地质储量 $1090\times10^8m^3$；首次实现天山北麓下组合天然气勘探重大突破，成为盆地获得工业油气流最深井。不仅表明盆地碎屑岩 6000m 以下超深层仍然具有良好的油气成藏与保存地质条件，而且充分证实了南缘中段领域具备形成大型气田的地质条件；同时也证实准噶尔盆地南气北油，“满盆油、半盆气”分布格局，极大地拓展了深层天然气勘探领域。

西部前陆深层—超深层领域油气勘探重大突破（中秋 1、博孜 9、呼探 1、康探 1、沙探 1、切探 2、昆 2）受“构造样式＋规模储层＋优质盖层”三位一体控制，坐落于烃源中心之上，生储盖组合一体化；沿冲断带、优势岩相带、孔隙发育带、陆隆富集，表现为冲断带—凹陷、常规—非常规的有序成藏。塔里木库车前陆由山前中段向东西两端推进，发现博孜—大北与吐格尔明深层；向秋里塔格拓展，基本实现了山前带天然气勘探战略接替。准噶尔盆地南缘前陆继西段高探 1 井突破之后，成功实现中段呼探 1 井重大突破，推动了南缘山前带深层整体勘探。准噶尔盆地西北缘玛湖凹陷系斜坡区遵循“前陆有序成藏”地质新认识，成功突破二叠系砂砾岩、细粒云岩，从中浅层三叠系走向二叠系，从粗碎屑岩拓展到咸化湖相碳酸盐岩，从常规逐步拓展到非常规，基本实现常规与非常规勘探开发一体化。柴达木盆地不仅实现柴北缘前陆冲断带超深层重大突破，而且实现了柴西前陆斜坡与凹陷深层非常规页岩油重大突破；不仅有效拓展了深层勘探空间，而且增加了多种资源与储集类型。

二、深层—超深层油气勘探突破的指导意义

1. 准噶尔盆地玛湖二叠系规模储量区建设

中国西部前陆盆地具有“三位一体”成藏特点，从前陆冲断带—斜坡—凹陷区，围绕富油气生烃凹陷，不仅沉积储层具有砂砾岩—砂岩—致密砂体—湖相碳酸盐岩沉积序列，油气成藏也表现为断裂遮挡—断裂输导—源储一体成藏，即常规石油—非常规致密油—非常规页岩油成藏序列。这一前陆成藏规律在准噶尔盆地玛湖富油气凹陷得到良好应用；在这一认识指导下玛湖凹陷西斜坡区，在中浅层三叠系百口泉组砂砾岩扇体发现 10 亿吨级大油田之后，又在深层二叠系砂砾岩扇体中新发现一个常规油—致密油—页岩油 10 亿吨级大油田，已形成冲断带—斜坡、常规—非常规的有效接替。2010 年，新疆油田公司按照岩性勘探思路重新认识玛湖凹陷西斜坡区，认为玛南斜坡区位于生烃凹陷边缘，是油气运移指向区；区内发育大型走滑断裂及其次生的一系列调整断裂，能有效沟通二叠系烃源层；发育扇三角洲、三角洲—湖泊沉积体系，扇三角洲及三角洲平原、前缘沉积的大套砂砾岩、含砾砂岩是有利的储层；区内几经水进、水退，发育多套区域性盖层，具备有效的封盖条件；长期的斜坡背景下坡折带发育，利于形成大型地层、岩性圈闭；玛南斜坡区具备形成大型油气藏的有利条件；2012 年部署风险探井玛湖 1 井；2013 年玛湖 1 井于三叠系百口泉组 3284～3292m、3298～3310m 井段试油，获得高产工业油流，从而发现玛湖大油田。充分认识到玛湖凹陷扇三角洲有别于传统陡坡型扇三角洲沉积模式，为一粗粒大型缓坡浅水扇三角洲沉积体系；共有五大扇三角洲沉积扇体具有沿

斜坡到整个凹陷区大面积特点，广布扇三角洲砂砾岩沉积与广泛发育的高角度断裂体系共同控制大规模成藏。而深层二叠系与百口泉组具有相似的沉积背景，为砂砾岩扇体与地层不整合共同控制成藏，具备形成大油气田的先决条件。2016 年玛湖 013 井于上乌尔禾组二段 3642.0～3678.0m 井段试产，4.5mm 油嘴获得日产油 120.27m^3，从而发现二叠系上乌尔禾组砂砾岩油藏。2018—2019 年，推进评价产能一体化，超前部署 3 个不同井距试验及提产试验水平井，开辟小井距、密切割、立体开发效益建产示范区，建成产能 15.50×10^4t。按照前陆盆地富油气凹陷规模成储、有序成藏认识，构建了断裂带到凹陷区砾岩—致密砂岩—页岩的全序列沉积模式，建立常规—非常规有序共生的全油气成藏系统，砾岩、砂岩、页岩均获得突破；开辟玛湖南部斜坡区风城组致密油、页岩油勘探大场面；2019～2020 年，玛南斜坡风城组扇三角洲致密砂砾岩玛 28、玛 39 等多井获得工业油流，在高斜坡水区之下发现低位斜坡带规模纯油区；玛湖二叠系砂砾岩、致密砂砾岩—砂岩，累计探明石油地质储量 2.12×10^8t，控制石油地质储量 2.2×10^8t，预测石油地质储量 3.2×10^8t，三级地质储量达到 7.52×10^8t，已形成 10 亿吨级规模储量开发区；已基本建成年生产能力 120×10^4t；截至 2020 年年底，试采产量 4.39×10^4t，累计产油量 9.73×10^4t。准噶尔盆地玛湖二叠系规模储量区建设，充分揭示出深层“近源优先，源导共控，规模运聚，低位广布，甜点富集”的成藏特征。

2. 塔里木盆地塔中北斜坡顺北奥陶系规模储量区建设

立足海相碳酸盐岩，立足三大克拉通盆地，广泛发育坳陷，优质烃源岩广布，生烃潜力巨大，而继承性古隆起斜坡带具有近源优先成藏优势，同时后期发育断裂构成了有效源导共控基础。塔里木台盆区下古生界碳酸盐岩储层成因类型多样，奥陶系一间房组顶面平缓的构造背景与上覆优质区域盖层，有利于形成厚层油气藏；但不同地区也存在着明显差异，实现了从古隆起、古斜坡向盆地低洼部位的断裂带拓展，扩大了勘探领域和范围。走滑断裂带能形成规模储层的认识开拓了新的油气勘探领域。在巨厚桑塔木组覆盖区和表生岩溶作用欠发育的地区，走滑断裂带是优质储层发育部位，这为后期勘探评价提供了新的思路。具体到塔里木盆地塔中北斜坡顺北地区，一是突破了中下奥陶统—寒武系海相烃源岩只在满加尔凹陷分布的传统认识，重新厘定了台盆区主力烃源岩分布及演化过程，认识到顺托果勒地区以玉尔吐斯组为主的优质烃源岩广泛发育、生烃潜力大。二是突破了碳酸盐岩潜山、裂缝、生物礁、表生岩溶缝洞型储层的传统认识，基于内幕界面、走滑断裂带与深部流体对储层的改造作用等研究，指出顺托果勒低隆起奥陶系虽然表生岩溶作用欠发育，但仍广泛发育多成因、多类型储层，顺托果勒地区受走滑断裂多期活动叠加埋藏流体改造作用可形成规模储层，与上奥陶统巨厚泥质岩构成良好的储盖组合。三是突破了盆地海相碳酸盐岩侧源成藏传统模式，建立了顺北地区超深碳酸盐岩断溶体油气藏成藏模式，指出该区低地温背景可延缓烃源岩热演化进程，顺托果勒低隆起西部仍存在晚期轻质油气充注，资源结构以原油为主，油气沿多期活动的深大走滑断裂带垂向运移富集成藏，走滑断裂带控制了碳酸盐岩储层发育、油气运移和成藏富集。深层—超深层碳酸盐岩成藏认识推动了勘探思路的转变，带动顺托果勒低隆起勘探不断取得突破。

顺北地区奥陶系超深断溶体油藏主要产层是中下奥陶统一间房组—鹰山组碳酸盐岩地层；储层是多期活动的走滑断裂带内形成的破碎带与后期流体共同作用形成的，上覆上奥陶统巨厚泥质岩盖层，侧向由致密石灰岩形成有效封堵条件；油气来自原地下寒武统玉尔吐斯组烃源岩，沿主干通源断裂垂向运移，经历多期生排烃，以晚期成藏为主，形成了沿走滑断裂带分布、不受局部构造控制、无统一油水界面的断溶体油气藏。油气藏规模大，单井动态储量最高达 300×10^4t，平面上垂直于断裂带方向的宽度普遍小于 2km。顺北地区已发现的油气藏主要沿断裂带分布，呈现条带状富集的特点，表现为水平井钻遇主干断裂带即发生放空、漏失现象，测试获得高产油气流；油气藏主要表现为在厚层碳酸盐岩内部，以断裂带多期构造破裂作用为主，叠加后期埋藏流体的改造作用，形成以断控裂缝—洞穴型储层为规模储集空间的油气藏，油气藏的主要特征为沿断裂带呈线性分布。断溶体油气藏属于孔隙型与岩溶缝洞型碳酸盐岩油气藏之外的一种新油气藏，是由沿断裂带分布的一系列单独断溶体油气藏组成的“断溶体油气藏群”；油气藏整体沿走滑断裂带分布，具有平面规模大、宽度小、纵向油气柱高度大等特点。2019年，沿 5 号走滑断裂部署顺北 53x 风险井，完成中国最深预探井钻探，于奥陶系鹰山组 7738～8342m 井段，酸压改造，5mm 油嘴试产，获得日产油 125t、日产气 $7.6 \times 10^4 m^3$ 的高产工业油气流；储集岩性为一间房组泥晶生屑灰岩、亮晶砂屑灰岩、泥晶颗粒灰岩，鹰山组为泥晶灰岩，亮晶—微晶颗粒灰岩，属受走滑断裂控制的缝洞型碳酸盐岩常温常压凝析气藏。顺北 53x 的重大突破不仅证实塔里木台盆区深层晚期深埋、晚期成藏、持续充足的特性，同时也证实台盆区碳酸盐岩超深层领域仍具有巨大勘探潜力。2021 年初，中国石化塔里木盆地顺北勘探区块再传捷报，4 号走滑断裂带顺北 41x 于奥陶系鹰山组再获日产油 289t，日产天然气 $111.4 \times 10^4 m^3$，为油气当量达千吨的高产工业油气流（图 1-3-3），再次证实台盆区继承性古隆起斜坡带超深层断裂体储层发育，具近源成藏优势，具断裂控储控藏控富特征。截至 2020 年年底，顺北区块石油探明地质储量 1.04×10^8t，石油控制地质储量 1.25×10^8t，石油预测地质储量 2.46×10^8t，已落实三级石油地质储量 4.75×10^8t；区带总油气资源量超过 15.0×10^8t，展现 10 亿吨级油气储量规模；已初步建成 150×10^4t 年生产能力。

3. 渤海湾盆地渤中 19-6-2 与渤中 13-2 潜山规模储量区建设

在中国东部渤海湾深层潜山领域，潜山油气成藏具有多元性，规模储集体表现为碎屑岩、碳酸盐岩、火山岩、变质岩多元性；有效烃源岩生油气窗决定其成藏属性，可形成风化壳与内幕型多元成藏，潜山成藏主要受“岩相 + 岩溶 + 断裂”三元控藏，差异聚集；沿断裂、优势岩相、输导通道富集。借鉴辽河坳陷兴隆台潜山勘探经验，按照潜山成藏新认识，积极拓展渤海湾盆地渤中凹陷深层低位潜山。渤中凹陷潜山地层在纵、横向上分布变化较大，由北部的中生界、下古生界和太古宇 3 套地层逐渐过渡到南部的太古宇 1 套地层，下古生界厚度为 50～1200m，中生界厚度为 100～1600m。上覆新生界厚度可达 4500m，发育古近系孔店组、沙河街组和东营组，新近系馆陶组和明化镇组，以

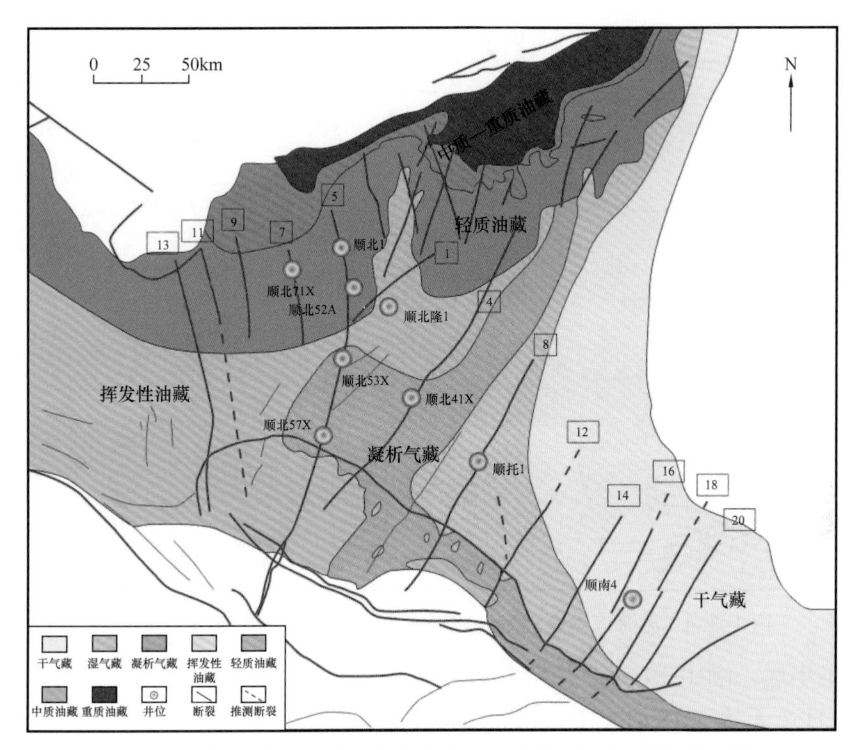

图 1-3-3 塔里木盆地塔中北坡顺北地区奥陶系油气藏类型平面图

及第四系。孔店组以厚度为 400～700m 的砂砾岩为主，沙河街组和东营组下部主要为巨厚的深灰色和灰色湖相泥岩，夹薄层粉砂岩、细砂岩，东营组上部至新近系主要为厚层砂岩、砂砾岩与泥岩不等厚互层，为河流相和三角洲相。渤中潜山带主要目的层为太古宇和披覆于低潜山之上的孔店组，气田西部、东部和东北部分别被渤中凹陷西南洼、南洼和主洼环绕，洼陷中发育沙三段、沙一段和东三段 3 套优质烃源岩，烃源岩处于成熟—过成熟阶段，超覆于低潜山和砂砾岩之上或通过大断层断面直接接触。渤中凹陷具有形成大型气田得天独厚的地质条件。渤中凹陷沉积沉降中心的区域构造位置形成多套巨厚成熟度较高的腐殖—腐泥型优质烃源岩，提供了充足的气源；多期次构造演化控制形成多类型复合圈闭；郯庐断裂活动形成多类型岩性优质储层，具有潜山变质岩和孔店组砂砾岩两类优质储层，潜山为块状气藏，孔店组砂砾岩为层状气藏；巨厚湖相超压泥岩盖层为天然气成藏提供良好的条件。渤中 19-6 构造位于渤中凹陷南部，由 3 个次级洼陷环绕，属于继承性“凹中凸”，构造位置有利，油气供给充足。渤中凹陷主洼、南次洼和西南次洼沙河街组烃源岩现今成熟度都已经超过了 1.3%，都可作为渤中 19-6 潜山气藏的供烃源岩。西南次洼紧邻渤中 19-6 潜山构造，生成的天然气主要通过边界油源断裂向上输导运移至潜山储层；渤中主体洼陷和南次洼距离渤中 19-6 潜山相对较远，生成的天然气主要沿不整合面经长距离侧向运移在渤中 19-6 潜山聚集成藏；上覆厚层东营组优质盖层条件、晚期深层相对较弱的构造活动以及持续供给的生烃条件，各成藏要素间具有良好的时空耦合，从而在渤中 19-6 潜山形成了多洼供烃、多向充注、断裂和不整合联合输导的晚期成藏模式（图 1-3-4）。

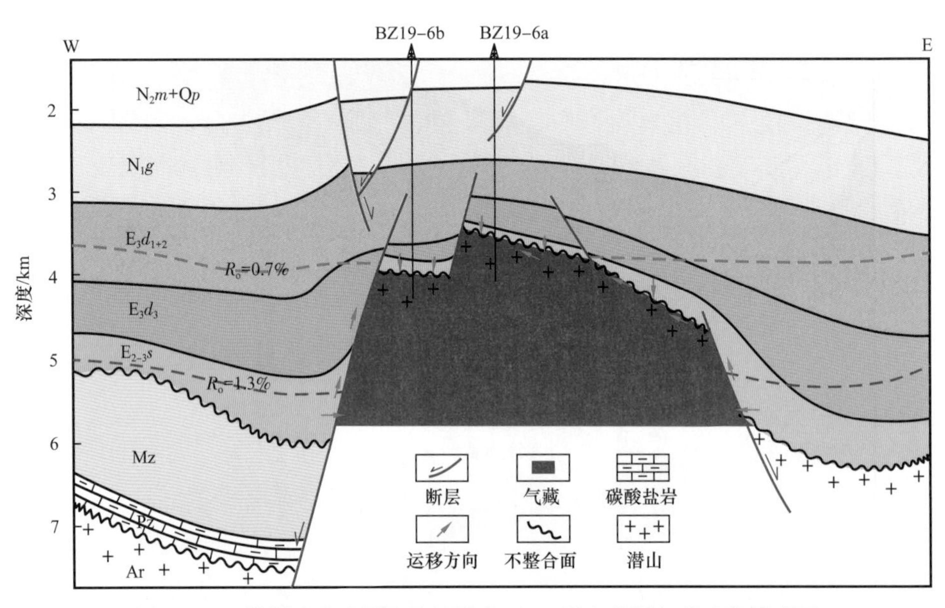

图 1-3-4　渤海湾盆地渤海海域渤中 19-6 潜山凝析气藏成藏模式图

2017 年年底，渤中 19-6-2 井钻入潜山内部太古宇变质岩，中途测试，获得日产油 $168.08m^3$，日产天然气 $18.41\times10^4m^3$ 的高产工业油气流，发现渤中 19-6-2 深层大型凝析气田。证实印支期和燕山期构造运动是渤中 19-6 潜山构造裂缝型储层和潜山圈闭形成的关键时期；同时，遭受多期的抬升剥蚀，形成了两套不同的输导体系：近源断裂输导体系和远源不整合面输导体系。喜马拉雅期构造活动主要影响浅部地层，对潜山储层和圈闭的影响相对较弱，有利于气藏的后期保存。同时，渤中凹陷新近系欠压实作用和生烃作用使得东营组巨厚泥岩普遍发育异常高压，有效地封盖了潜山天然气藏。“生、储、盖、圈、运、保”六大成藏要素具有良好的时空耦合关系，构成了渤中 19-6 潜山多洼供烃、多向充注、断裂和不整合联合输导的晚期成藏模式，展现了渤中凹陷较强的生烃能力和良好的保存条件，为渤海油田寻找天然气藏指明了方向。随后跟进勘探，2020 年，渤中 13-2-E 井于中生界覆盖区太古宇潜山测试求产，11mm 油嘴，日产油 $411.48m^3$，日产天然气 $25.27\times10^4m^3$ 为高产工业油气流；由此发现渤中 13-2 具有亿立方米级储量规模的大型挥发性油气田。渤中 13-2 大型挥发性油田的发现，证实了断面超压强注—网状裂缝高效输导是覆盖型花岗岩潜山的成藏模式。来自周边富烃洼陷沙河街组—东营组下段烃源岩生成的油气，首先沿太古宇暴露区区域不整合横向运移至渤中 13-2 潜山的控圈断层附近，然后在源—储强压差动力作用下，穿过断面直接充注进入潜山内幕网状裂缝储层，再通过连通的网状裂缝输导层向潜山低势区运移并大规模聚集成藏。渤中 13-2 大油田是渤海海域中生界覆盖型潜山勘探的首个大突破，成功在渤中 19-6 大型凝析气田周边再获亿吨级轻质油气田发现，突破了覆盖型潜山难以形成优质储层、难以规模成藏的传统认识，拓展了渤海海域潜山勘探新领域，打开了渤海海域潜山勘探的新局面，渤海海域中生界覆盖型潜山勘探面积巨大，资源与勘探潜力巨大。截至 2020 年年底，渤中 19-6-2 潜山落实三级地质储量油当量 3.2×10^8t，渤中 13-2 潜山落实三级地质储量油当量近

$2.0\times10^{8}t$，共计落实三级储量 $5.20\times10^{8}t$，整个潜山带总资源量达 $12\times10^{8}t$ 油当量，已初步形成10亿吨级油气勘探规模储量区，现已基本建成 $250\times10^{4}t$ 年生产能力。

三、“十三五”期间中国深层油气重大发现

“十三五”期间，国家所设立的“大型油气田及煤层气开发”重大专项有效实施，不仅提升了中国陆上深层领域油气成藏地质认识，揭示了深层油气成烃、成储、成藏机理，提出了深层领域“源导共控、近源优先、规模运聚、低位广布、高点富集”油气成藏普遍性新认识、新理论；有效指导了油气勘探开发实践。而且针对深层油气勘探领域，新发展与新研发的实验测试分析、地球物理探测、石油地质评价新技术，在不断创新深层领域勘探技术的同时，也在不断推动深层领域油气勘探配套技术的发展与完善。不仅有效提升了深层资料品质，还深化了深层地质认识，实现了克拉通、裂谷、前陆、非常规多领域深层重大突破，极大拓展了深层—超深层油气勘探深度与广度，有效助推了中国陆上深层领域油气勘探。中国陆上深层—超深层领域油气勘探共取得27项重大突破（战略突破）与7项重大进展（10亿吨级规模储量区发现与示范区建设）（表1-3-1、图1-3-1）。中国陆上与海域深层—超深层领域的重大发现、重大突破、重大进展不仅有效推动了深层油气地质认识深化、地质理论发展，指导意义重大，而且也充分表明油气重大专项有效实施的高瞻远瞩，大力推动着中国深层领域油气勘探开发，为保障国家能源安全、促进经济繁荣做出了应有贡献。

表1-3-1 “十三五”期间中国陆上深层—超深层领域油气勘探重大发现统计表

深层—超深层油气勘探领域			重大发现（重大突破）
重大突破（重大发现）	克拉通	海相碳酸盐岩	轮探1、角探1、蓬探1、中古70、顺北53x、元坝7、满深1、苏东45
	裂谷	潜山	安探1x、月探1、歧古8、渤中19-6-2、渤中13-2
	前陆	前陆冲断带	中秋1、博孜9、呼探1、康探1、沙探1、切探2、昆2
	岩性—地层	岩性—地层	丰深斜1
		火山岩	隆平1、永探1、驾探1
	非常规	页岩油	玛页1、义页平1
		页岩气	忠平1
重大进展（规模储量区）	克拉通	碳酸盐岩	塔北南坡富满、塔中北坡顺北（塔里木）
			川中高石梯—磨溪、川中北斜坡（四川）
	前陆	砂砾岩	玛湖二叠系（准噶尔）
		砂岩	博孜—大北（塔里木）
	裂谷	潜山	渤中19-6与渤中13-2（渤海湾）

第二章 含油气盆地深层构造与演化

中国发育了一系列沉积盆地，按照所经历的演化过程可以将这些盆地分为经历复杂演化过程的叠合型盆地和经历单一演化的盆地两大类。中国的沉积盆地中多数盆地为叠合盆地，因此叠合盆地深层的原型及其构造—古地理演化、建造与改造的动力学过程、构造演化对油气成藏条件的控制作用是中国盆地构造研究的核心内容。目前，中国深层—超深层油气勘探的新发现主要集中在塔里木盆地、鄂尔多斯盆地和四川盆地等大型叠合型克拉通盆地深部的前寒武系—下古生界等古老构造层系和新生代深坳陷深部的中—新生界构造层系两大领域。

第一节 含油气盆地岩石圈热结构与基底构造

一、主要含油气盆地的岩石圈热结构与流变学特征

沉积盆地的形成和演化过程受其下岩石圈的热力学性质影响。大陆岩石圈具有显著的流变分层和横向分块结构，造就了地球表层发育形式多样的沉积盆地。岩石圈热结构和流变学研究是当前沉积盆地成因动力学领域的重要课题。

基于有关地热、地壳的物质组成和结构等最新的地质、地球物理资料，针对中国东部主要的裂谷盆地（松辽、渤海湾盆地）和西部的克拉通盆地（塔里木、四川、鄂尔多斯盆地）等开展了岩石圈热结构和流变学研究，建立了中国代表性盆地的岩石圈流变学剖面，获得了各盆地相应的“热”岩石圈厚度、壳内脆—韧性转换深度（Brittle-Ductile Transition Depth）等信息，探讨了岩石圈热结构与流变特征对沉积盆地成因演化动力学的控制作用，厘定了盆地地壳尺度内的脆性破裂域分布范围，为深层—超深层油气勘探提供了深部约束。

1. 中国陆域盆地的热状态与大地构造背景

1）中国陆域盆地热状态

地温梯度是地层温度随深度变化的速率，与热背景和岩石热导率相关，能够直观地反映出热传递的属性，辨别地热特征是以对流还是传导为主。中国陆域盆地地温梯度变化较大，从高到低依次为渤海湾盆地、松辽盆地、鄂尔多斯盆地、四川盆地、柴达木盆地、塔里木盆地和准噶尔盆地（Jiang et al.，2019）。

中国大陆地区不同深度温度分布差异较大（图 2-1-1）。深度为 3km 时，中西部准噶尔盆地、塔里木盆地、柴达木盆地和四川盆地温度总体在 100℃以下，鄂尔多斯盆地温度主要在 75～125℃之间；而东部的松辽盆地、渤海湾盆地温度主要在 100～150℃之

间。深度为 5km 时，中西部的准噶尔盆地、塔里木盆地、柴达木盆地和四川盆地温度主要在 75～150℃之间，鄂尔多斯盆地温度集中在 150～200℃之间；而东部的松辽盆地、渤海湾盆地温度主要在 150～225℃之间。深度为 7km 时，中西部的准噶尔盆地、塔里木盆地、柴达木盆地和四川盆地温度主要集中在 100～175℃之间，鄂尔多斯盆地主要为 175～225℃；而东部的松辽盆地、渤海湾盆地温度主要集中在 200～275℃之间。深度为 9km 时，大部分盆地都超过了 200℃。总体上看，盆地地温场呈现出从西到东逐渐增大的趋势，准噶尔盆地、塔里木盆地、柴达木盆地和四川盆地地温较低，鄂尔多斯盆地略高于前者；而东部的渤海湾盆地、松辽盆地地温最高，揭示出裂谷盆地的地温场明显高于其他类型盆地。

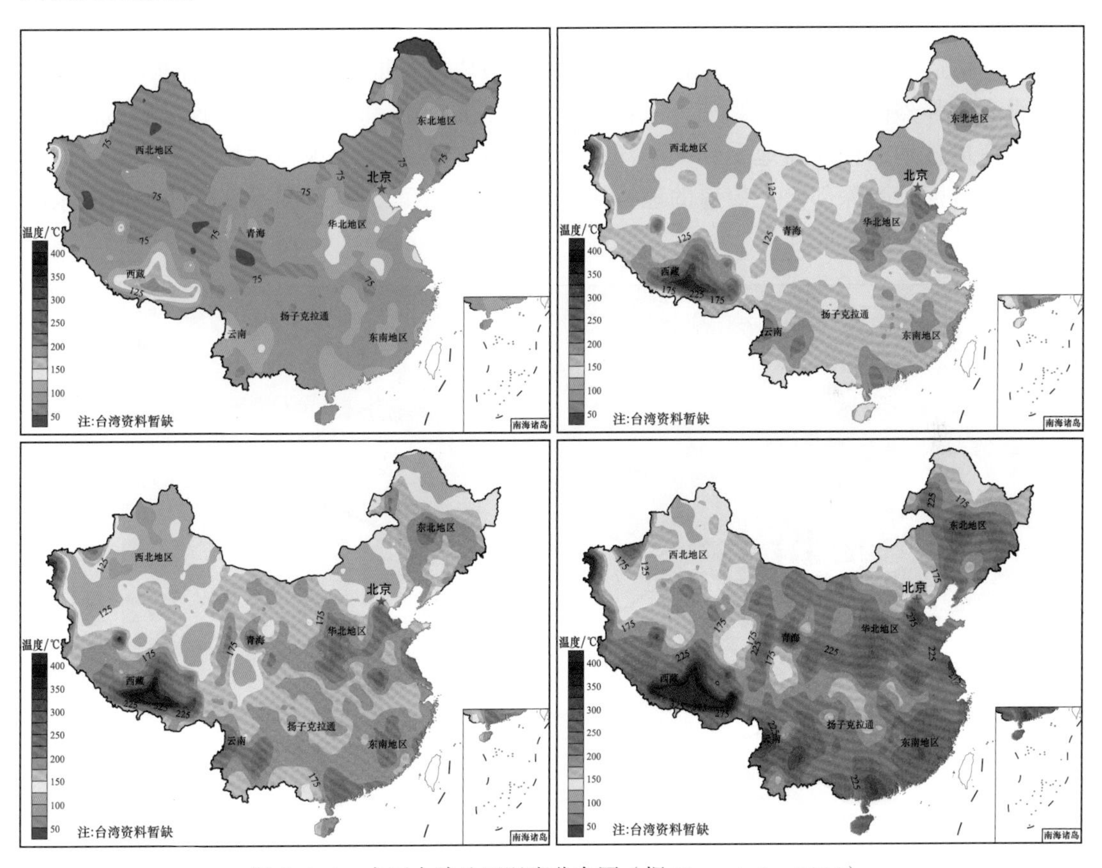

图 2-1-1 中国大陆地区温度分布图（据 Jiang et al.，2016）

大地热流是指单位面积和单位时间传导热传递散发的热量。大地热流是一个综合性参数，是地球内热在地表可直接获取的唯一物理量，与热背景密切相关，不受浅部岩石热导率控制，数值上等于地温梯度乘地层热导率。大地热流能够确切直观地反映一个地区的热状态。Jiang 等（2019）绘制了最新的中国热流分布图（图 2-1-2），计算了各个主要沉积盆地的热流平均值。准噶尔盆地和塔里木盆地的热流分别为 $43.1mW/m^2±6.7mW/m^2$、$43.7mW/m^2±8.9mW/m^2$，均低于 $50mW/m^2$，根据汪集旸院士的地热分类（Wang，2016），属于“冷盆”；柴达木盆地、四川盆地、鄂尔多斯盆地的热流平均值分别为 $54.5mW/m^2$

±9.3mW/m²、53.7mW/m²±8.7mW/m²、61.6mW/m²±9.3mW/m²，热流位于50～65mW/m²之间，属于“温盆”；松辽盆地和渤海湾盆地的热流平均分别为68.9mW/m²±12.7mW/m²、70.9mW/m²±14.4mW/m²，均大于65mW/m²，属于“热盆”。总体显示，中国陆域盆地热流自西向东呈现出逐渐增高的趋势，裂谷盆地的热流明显高于其他类型盆地。

由图2-1-2可以清晰看出，中国陆域主要沉积盆地大地热流与岩石圈结构、基底起伏具有相关性，能够反映出区域构造活动特征。在基底隆起或凸起地区，大地热流较高；在坳陷或凹陷地区，沉积盖层较厚，大地热流较低。地壳厚度越薄，来自地球深部的热量能更多地传递到上部，增大热流。

2）中国盆地热状态的大地构造背景

中国西北部和中部的准噶尔盆地、塔里木盆地、柴达木盆地、四川盆地和鄂尔多斯盆地远离构造活动边界，即西南部的印度—欧亚板块碰撞带和东部的太平洋板块俯冲带，地壳没有受强烈的构造运动影响，来自地幔和地壳的热流都保持相对较低。东部裂谷盆地的渤海湾盆地、松辽盆地受到太平洋板块俯冲影响，发生大规模的拉张裂陷，造成岩石圈厚度减薄，受深部向上传递的地幔热流加热更为显著，岩石圈厚度减薄是造成东部地区热流较高的重要原因。

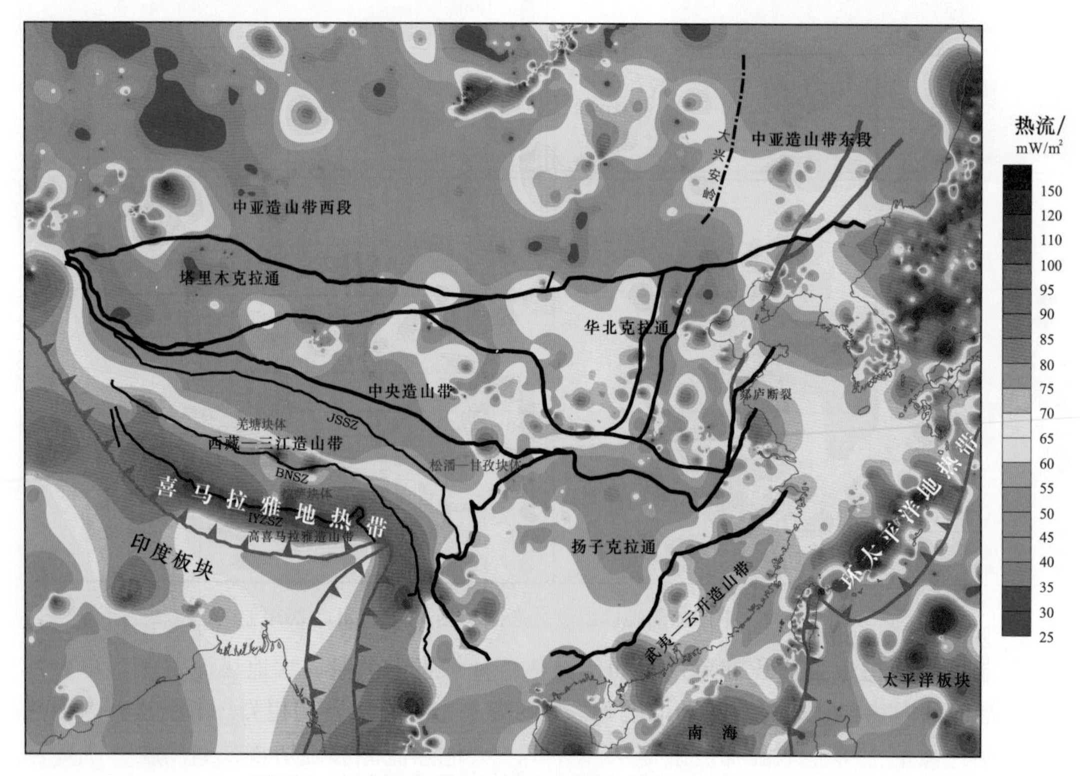

图2-1-2 中国大陆地区热流分布图（据Jiang et al.，2019）

2. 主要沉积盆地的岩石圈热状态

结合历次中国大地热流研究积累的前期数据和本次研究增补的新热流数据，汇编整理了中国大陆主要沉积盆地热流分布情况，较为详细地勾勒了盆地热流分布空间格局及其主控因素。表 2-1-1 为中国主要盆地的现今热状态参数（平均地温梯度和热流值）统计结果。

表 2-1-1 中国大陆主要沉积盆地的平均热流值及其热状态

沉积盆地	平均热流值 / mW/m^2	平均地温梯度 / ℃ /km	盆地热状态
松辽盆地	71	38	热盆
海拉尔盆地	55	30	冷盆
二连盆地	88	35	热盆
渤海湾盆地	69	36	热盆
南华北盆地	49	25	冷盆
苏北盆地	72	30	热盆
汾渭地堑	68	35	热盆
准噶尔盆地	52	22	冷盆
吐哈盆地	45	25	冷盆
塔里木盆地	43	20	冷盆
库车坳陷	50	25	冷盆
柴达木盆地	54	29	温盆
鄂尔多斯盆地	61	29	温盆
南阳盆地	55	24	冷盆
江汉盆地	52	29	冷盆
四川盆地	53	22	温盆
楚雄盆地	75	32	热盆
兰坪—思茅盆地	66	30	热盆

除了上述的地表观测到的大地热流之外，盆地深部热状态还可以通过由地壳和地幔热流、莫霍面温度以及由地热学定义获取的热岩石圈厚度等相关参数表征。表 2-1-2 为七大主要沉积盆地的深部热状态特征。研究表明，东、西部盆地具有截然不同的岩石圈热结构特征：东部的裂谷盆地的地表热流高（$>70mW/m^2$），地幔热流高达 $40mW/m^2$，热流以地幔热流为主（$Q_c/Q_m<1.0$），莫霍面温度（T_m）大于 650℃；岩石圈厚度则较小，小于 90km，具有“热壳—热幔”的岩石圈热结构特征。而对于中西部的鄂尔多斯、四川和塔里木等盆地，则表现为相反的热状态，地表热流低（$<60mW/m^2$），地幔热流小于

30mW/m^2，热流以地壳热流为主（Q_c/Q_m>1.0），莫霍面温度一般小于650℃；岩石圈厚度大（>140km），岩石圈则具有“冷壳—冷幔”的热结构特征。

表2-1-2　中国七大主要沉积盆地岩石圈热状态参数

沉积盆地	地表热流 Q_0/ mW/m^2	地壳热流 Q_c/ mW/m^2	地幔热流 Q_m/ mW/m^2	Q_c/Q_m	莫霍面温度 T_m/ ℃	岩石圈厚度 / km
渤海湾盆地	69	28	41	0.68	730	80
松辽盆地	71	31	40	0.78	660	85
鄂尔多斯盆地	61	34	27	1.25	634	140
四川盆地	53	29	24	1.21	560	150
柴达木盆地	54	34	19	1.78	610	220
准噶尔盆地	43	24	19	1.26	560	195
塔里木盆地	43	23	20	1.15	520	190

随着深度增加，岩石圈内温度也增加，但每个盆地的增幅不一。从东部向中部到西部地区，莫霍面温度逐渐降低，岩石圈厚度变大，表现为逐渐冷却增厚趋势。这也说明，新生代期间，中国东部受太平洋板块俯冲过程影响，表现为高温的热状态；而中西部地区远离俯冲板块边界，受其影响较小，岩石圈热状态整体稳定，表现为低温状态。

综上所述，中国主要沉积盆地的岩石圈热状态特征，其总体表现为：东部新生代裂谷盆地具有高地表和地幔热流，莫霍面温度高且岩石圈厚度薄等特征，即为“热壳—热幔”的热结构特征；中西部地区的克拉通盆地则表现为低地表和地幔热流，莫霍面温度偏低且岩石圈厚度大等特征，具有“冷壳—冷幔”的热结构特征。

3. 主要含油气盆地的岩石圈流变学特征

结合主要盆地的基础地热资料及岩石圈的物质组成和结构等必要信息（表2-1-3），利用数值模拟，构建了中国东、西部主要盆地的岩石圈流变学剖面，揭示了其分层变形特征，进而获得了盆地岩石圈的深部构造信息，包括岩石圈流变强度、壳内脆—韧性转换深度等表征流变学性质的参数。

整体而言，中国东、西部主要沉积盆地的岩石圈流变学剖面表现出典型的流变分层特征。首先，各盆地的上地壳—中地壳上部为脆性层，中地壳下部及下地壳为韧性层。岩石圈地幔部分的流变学特性与盆地热状态有关，东部的裂谷盆地因热流高、地壳厚度薄，深部温度高，岩石圈地幔高温而表现为低强度的韧性层（图2-1-3）；而中西部的古老克拉通盆地因热流低、岩石圈厚度大，深部温度偏低，岩石圈上地幔部分则表现为强度较大的脆性层。由此可见，裂谷盆地岩石圈的流变强度主要集中在地壳部分，其地幔部分较弱；克拉通盆地的岩石圈流变强度以地幔部分为主，二者具有不同的流变学特征。东部裂谷盆地表现为“强地壳—弱地幔”流变模型（“奶油—焦糖”模型），而中西部克拉通盆地则为“弱地壳—强地幔”流变学结构（传统的“三明治”结构）（刘绍文等，

2008）。这与前面热状态分析给出的东部盆地“热壳—热幔”热结构及克拉通盆地“冷壳—冷幔”热结构相吻合，从而也体现了深部热状态对岩石圈流变学的控制作用。

表 2-1-3 中国主要沉积盆地深部结构参数

沉积盆地	地壳厚度 / km	上地壳 / km	中地壳 / km	下地壳 / km	地幔厚度 / km	脆—韧性转换深度 / km
渤海湾盆地	32	14	8	10	48	7～9
松辽盆地	33	16	8	9	42	7～8
四川盆地	43	18	10	15	107	9～13
鄂尔多斯盆地	43	19	11	13	102	9～12
柴达木盆地	52	26	16	10	168	8～12
准噶尔盆地	50	18	17	15	145	11～15
塔里木盆地	45	18	10	17	145	11～15

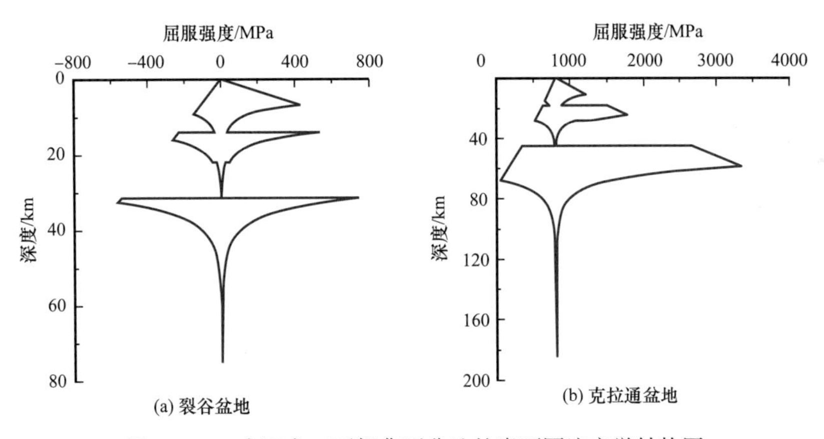

图 2-1-3 中国东、西部典型盆地的岩石圈流变学结构图

分析主要盆地的岩石圈有效弹性厚度（T_e）这一表征岩石圈综合强度的参数，发现东部裂谷盆地的 T_e 在 13～16km 之间，远小于盆地的地壳厚度（31～33km），但 T_e 大小与盆地壳内脆—韧性转换深度（Brittle-Ductile Transition Depth，简写 BDTD）基本一致；中西部的克拉通盆地的 T_e 为 40～50km，远大于壳内的转换深度，但和盆地的地壳厚度基本相当。这也从另外一个方面反映了中国东、西部主要沉积盆地岩石圈的流变学差异。

虽然东部盆地地壳的流变强度明显小于中西部盆地，但也发现各盆地上地壳内的 BDTD 呈现出从东部逐渐向中西变深的趋势。东部的渤海湾和松辽盆地的 BDTD 为 7～9km；而中西部的鄂尔多斯、四川和柴达木盆地的转换深度为 9～13km，准噶尔、塔里木盆地的壳内转换深度为 11～15km。

4. 岩石圈热—流变学结构对盆地演化和成烃的影响

中国主要沉积盆地具有不同的岩石圈热状态和流变学特征。其中，东部裂谷盆地岩石圈表现为较高的热状态和较低的流变强度，而中西部克拉通盆地的岩石圈具有较低的热状态和较大的流变强度，这一岩石圈热—流变差异特征决定了两类盆地不同的成因演化动力学过程。

中国东部地区位于中—新生代太平洋板块俯冲的弧后地区，受区域拉张应力场作用，强度较低的岩石圈地壳发生破裂，拉张减薄，发育松辽盆地和渤海湾盆地等大型中、新生代裂谷盆地。中西部地区新生代构造受控于 70—50Ma 期间的印度板块与欧亚板块的碰撞及其远距离效应，中西部地区岩石圈整体具有刚性特征，持续挤压作用使得中西部地区岩石圈发生挠曲变形，刚性的岩石圈向造山带之下俯冲下插，相邻的造山带则向盆地方向逆冲推覆，这一特征已被深地震探测资料证实（高锐等，2001）。中西部地区克拉通盆地新生代时期具体表现为盆地中央相对上拱，而盆地—造山带结合部接受构造和沉积负载而沉降，形成山前坳陷（Yang et al.，2002）。如塔里木盆地北缘和南天山造山带南缘结合部的库车坳陷，塔里木盆地南缘和西昆仑造山带结合部的塔西南坳陷，准噶尔盆地南部与天山造山带北缘结合部的准南坳陷及四川盆地西缘和龙门山造山带结合部的川西坳陷等都是这类成因（Lu et al.，1994）。由于青藏高原东部和北部的古造山带再次复活隆升，而相邻盆地的山前带则表现为快速沉降，形成了新生代环青藏高原盆山体系（贾承造，2005）。同时，由于造山带的急剧隆升，并向盆地方向产生强烈的挤压，使得盆地内部发生强烈的构造变形，发育褶皱冲断带等。

对于中国中西部地区克拉通盆地具有较低的热状态，表现出冷盆特征，因此较低的地温梯度（<25℃/km）使得进入生烃门限的深度更大，为盆地深层—超深层生烃及保存提供了有利条件。此外，对于克拉通盆地的深层—超深层而言，几乎所有岩层都处于脆性变形深度范围（8～13km）内，在应力作用下产生断裂和裂缝，为深部油气运移提供通道，并且形成裂缝型储层，因此也是有利于裂缝型油气藏的发育。

二、克拉通盆地基底重磁反演与深层层系分布

1. 塔里木盆地基底重磁反演与新元古界残余分布

1）塔里木盆地重力异常数据与重力异常分离

本次研究的塔里木重力数据由 3 部分拼接而成，其中满加尔和塔西南地区为 1∶100 万地面实测数据，其余地区为 1∶250 万重力异常数据，可用于研究尺度在 10～100km 大小的密度异常体，包括密度界面起伏（图 2-1-4）。盆地重力异常最显著的特征是巴楚隆起区重力异常最高，盆地内部异常相对高，而塔西南凹陷和阿瓦提凹陷相对较低。

重力异常通过从空间域到频率域的转化后，为全频段信号，它的功率谱和振幅谱为指数形式，因此它的径向平均对数功率谱或振幅谱可被不同斜率的直线所拟合，直线的斜率与其等效层的深度相关，在这种以直线拟合位场对数谱（功率谱或振幅谱）的模型下，匹配滤波的技术可用来分离垂向叠加场。利用匹配滤波方法获得的浅源场，截断波长为 100km（图 2-1-5）。虽然平面坐标没有参考性，但与二级单元的对比是存在相关性的。利用匹配滤波方法获得的深源场，与 CRUST 1.0 模型给出的莫霍面深度比较，存在一定的趋势相关性，但由于地壳模型分辨率不足，局部细节不同。

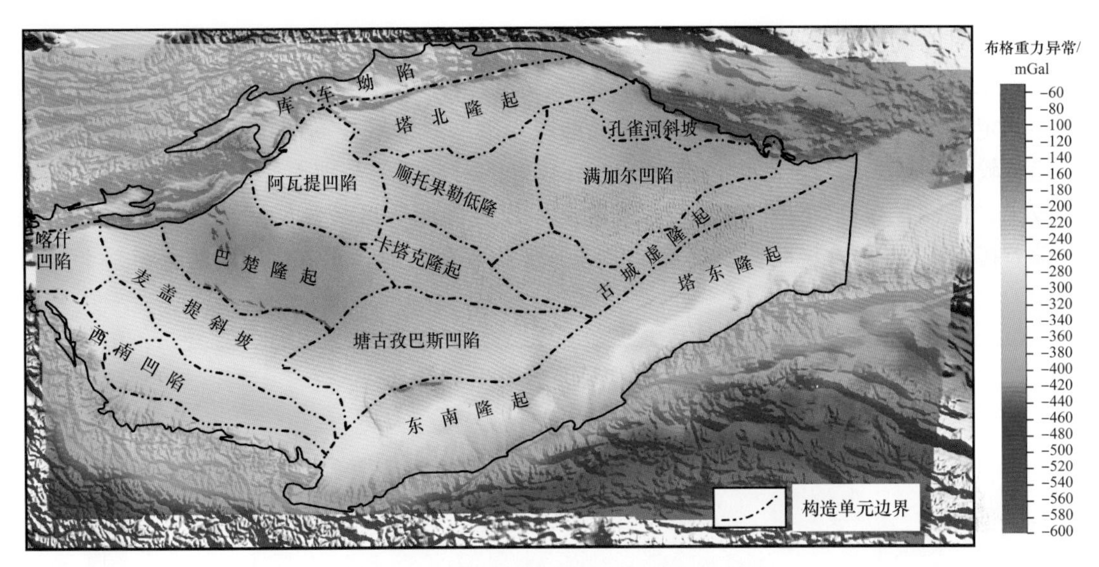

图 2-1-4 拼接后的原始布格重力异常图

（构造单元划分据金之钧等，2017）

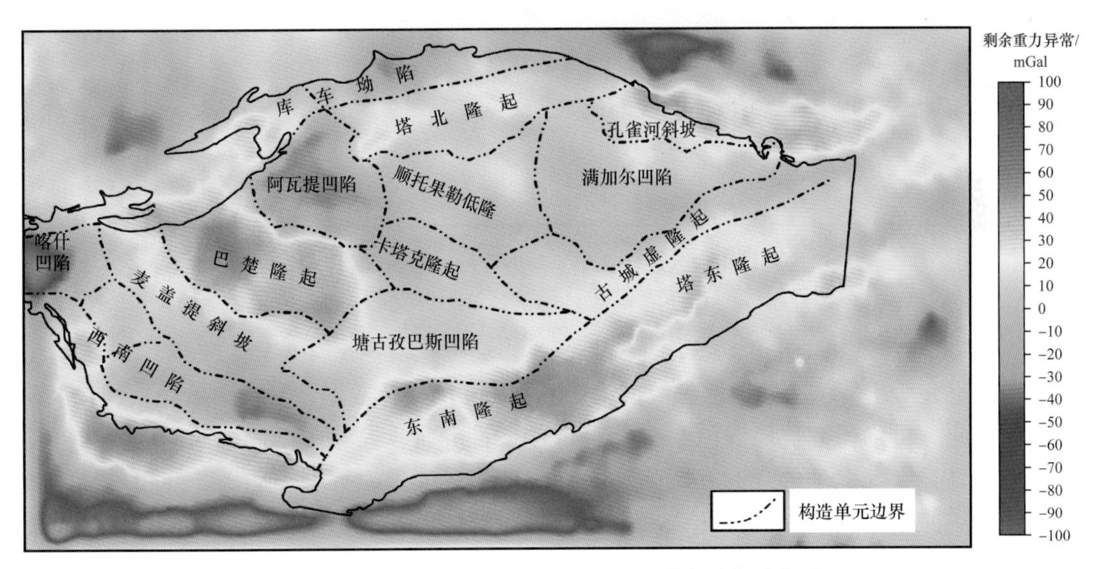

图 2-1-5 匹配滤波（波长 100km）剩余重力异常图

（构造单元划分据金之钧等，2017）

将塔里木盆地内部的二级构造单元与坐标匹配后，与浅源重力异常比较，发现隆起地区对应正异常，凹陷地区对应负异常，基本能在浅源异常中找到构造格架的轮廓。因此，匹配滤波方法分离的异常解释是可信的。

2）塔里木盆地基底密度界面反演

分析已知的地震反射界面 T_{g0} 的埋深（图 2-1-6），可见二级构造单元（金之钧等，2017）与地震反射界面 T_{g0} 重合，盆地凹陷和隆起范围清晰。

采用频率域密度界面反演方法即 Parker 法，参考地震反射界面 T_{g0} 界面深度和钻孔深度约束，对匹配滤波剩余重力异常进行了反演，得到全盆地的寒武系底界面深度。由于滤波效果受到浅部低密度新生代地层和局部火成岩影响，寒武系底界面深度在数值上存在不确定性。总体上看，剩余重力异常反演获得的寒武系底界面起伏与地震反射界面 T_{g0} 的趋势较为一致，而且与二级构造单元也有较好的对应，但与地震反射界面 T_{g0} 的深度差异较大，特别是在满加尔凹陷、塔东南隆起、巴楚隆起等区域，反演结果明显偏浅，最大偏差接近 10km。这说明要根据该结果进一步获取全盆地新元古代地层的分布是十分困难的。

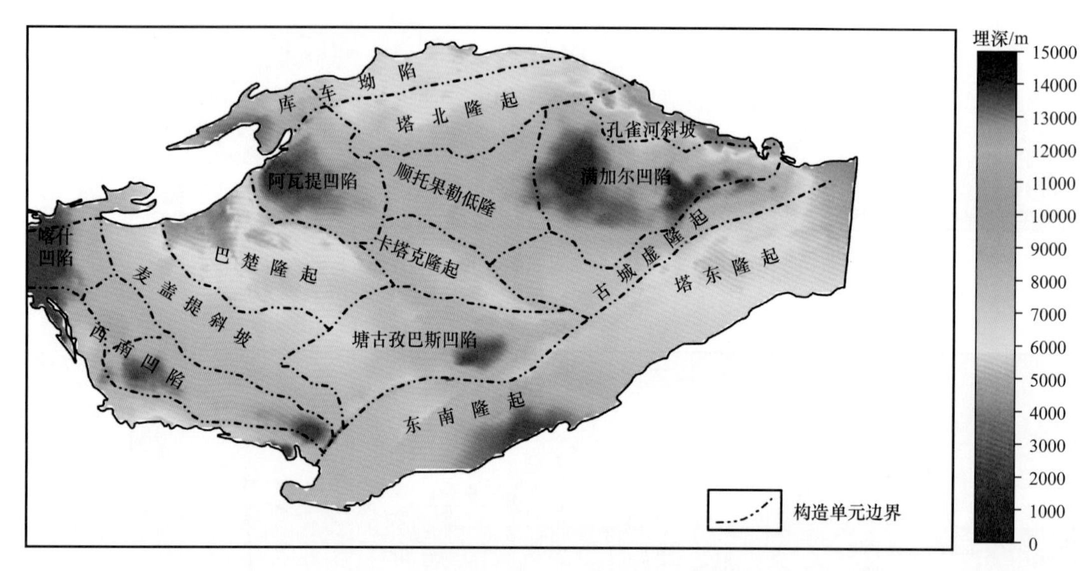

图 2-1-6 塔里木盆地构造单元与地震反射界面 T_{g0} 埋藏深度图

（构造单元划分据金之钧等，2017）

3）塔里木盆地航磁异常数据与处理

本次研究所用塔里木盆地航磁数据为 2km×2km 网格化数据，与杨文采等（2012）所用数据相同，可以研究盆地内深度 2～10km 的磁性异常。盆地中部的东西向磁异常对应重力低，磁异常与盆地的隆起和凹陷关系不密切，反映重磁数据不同源。使用磁异常模量数据可以减小岩石剩磁和磁化强度不均匀的影响；不论剩磁如何，磁异常模量最大值的位置总是指示了磁性体的位置。

结合塔里木盆地航磁化极异常，发现重磁特征存在不一致的地方。盆地中部的东西向磁异常条带可能与基性火成岩有关，但在重力异常中显示的是异常低，可能为凹陷内部的基性火成岩侵入。盆地的隆起和凹陷与重力异常关系密切，与化极磁异常关系较弱。为了弱化岩石中可能存在的剩磁影响和磁化强度不均匀的影响，计算了磁异常模量，不论剩磁如何，磁异常模量最大值的位置总是指示了磁性体的位置。如果对磁异常模量进行垂向一次导数计算，可以得到更细节的特征（图 2-1-7），预示了构造单元边界和岩性变化。

采用 Tilt-Depth（倾斜深度）方法（Nabighian，1972）对塔里木盆地航磁化极异常进行导数计算，计算磁性体顶面边缘埋深，然后求取倾斜角度（tilt angle），最后测量 ±45° 等值线之间的距离，换算得到磁性基底深度。由于磁异常的成因复杂，场源深度不一，因此对估计的深度结果进行了简单滤波处理，有效削弱了局部浅层火成岩的影响。如图 2-1-8 所示，磁性基底深度变化与构造格架比较吻合，在喀什凹陷、和田凹陷、民丰凹陷、阿瓦提凹陷、满加尔凹陷和满西低凸起地区，磁性基底深度较深；在巴楚隆起、塔东南隆起区的磁性基底深度较浅。

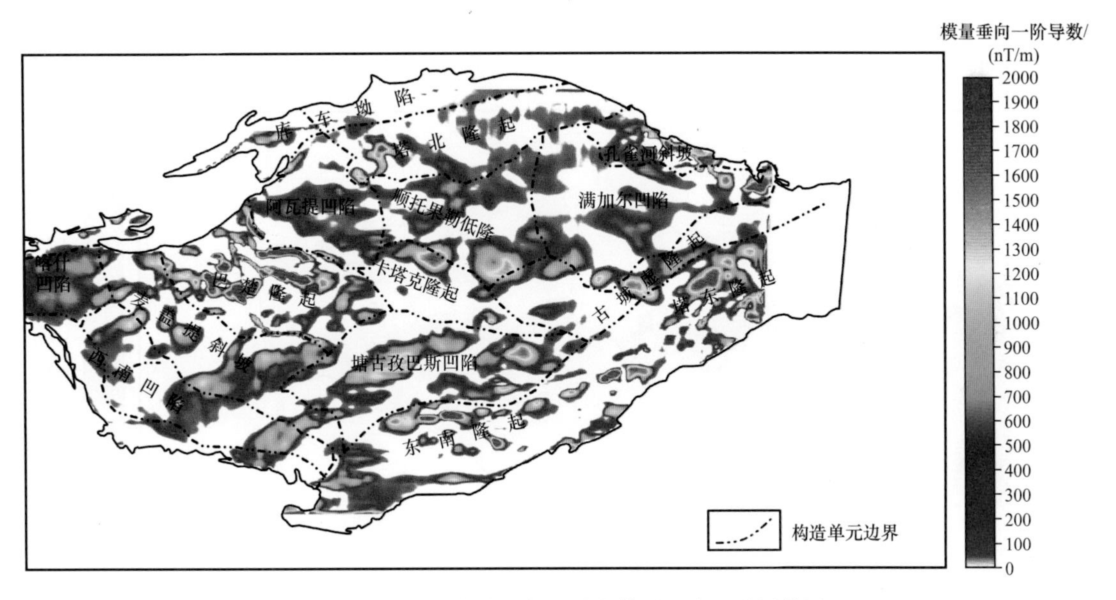

图 2-1-7　塔里木盆地航磁异常模量垂向一阶导数图
（构造单元划分据金之钧等，2017）

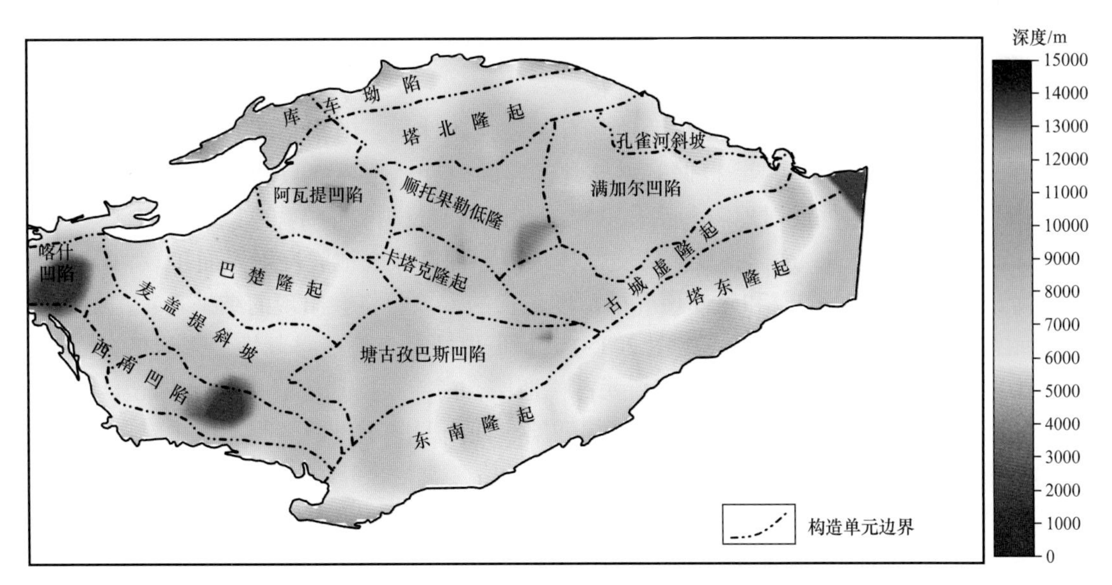

图 2-1-8　Tilt-Depth 方法结果经过低通滤波后的磁性基底深度图
（构造单元划分据金之钧等，2017）

磁性体顶、底界面的深度也可采用谱分析方法对航磁异常进行反演获得。磁性体顶界面的深度对应盆地磁性基底的深度，而磁性体底界面称为居里面，其深度大体对应铁磁性矿物磁性消失的深度，表征 550～580℃等温线。通过数值试验选择的谱分析窗口大小为 200km×200km，其横向分辨率大约为 50km。通过对比前述重力基底埋深和地震反射界面 T_{g0} 界面深度，发现凹陷区的重力基底一般比地震反射界面 T_{g0} 偏浅，而实测样品的磁化率数据指示震旦系顶部和南华系底部存在强烈变化的磁性界面，因此在航磁数据反演磁性基底过程中，将重力反演的基底深度作为非强制性约束，要求磁性基底（磁性体顶界面）深度一般在重力基底下方或相同（图 2-1-9）。

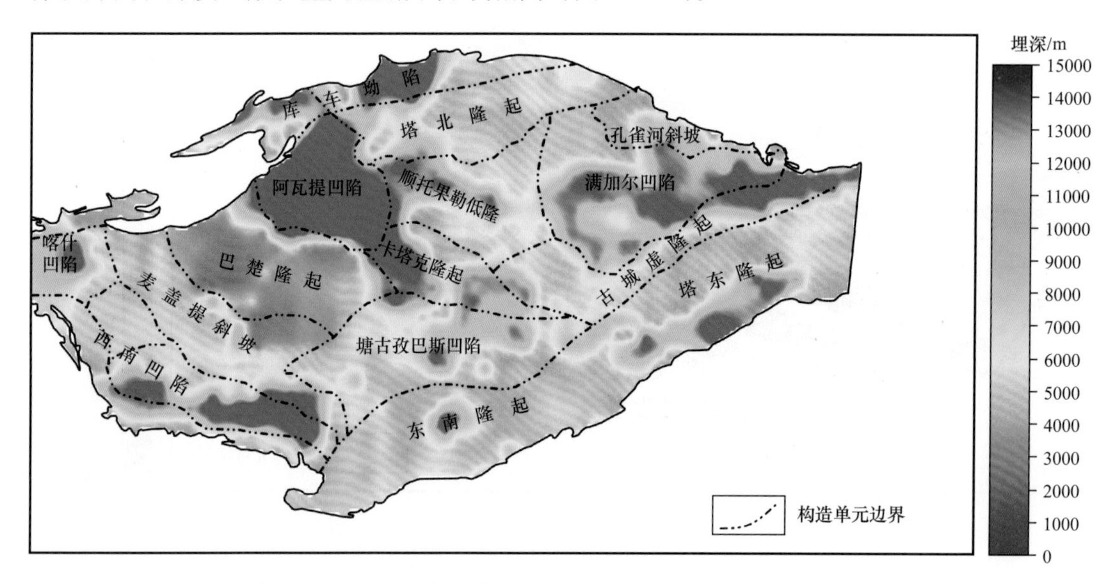

图 2-1-9　航磁异常反演的磁性基底（磁性体顶界面）埋深图
（构造单元划分据金之钧等，2017）

4）塔里木盆地新元古界残余分布特征

根据实测样品磁性分析，震旦系顶部有一较强磁性层，南华系底部是强磁性层。因此，在无基性侵入岩的区域，根据航磁异常确定的磁性体顶界面只能归结为震旦系顶部或者南华系底部。根据反射地震和钻孔资料编制的地震反射界面 T_{g0} 可以确定寒武系底部深度（除塔东隆起区），这样将反演的磁性体顶界面深度减去地震反射界面 T_{g0} 界面深度，同时考虑地震反射界面 T_{g0} 和磁性顶界面深度包含的误差，将会出现的结果是：正值区给出新元古代地层厚度的粗糙估算（图 2-1-10），负值区最有可能是基性侵入岩的分布区，接近为零的区域则无法确定是否存在新元古代地层，尚需根据其他资料进行佐证。

如图 2-1-10 所示，正值区位于阿瓦提凹陷、西南凹陷至巴楚隆起、塔中隆起至塔东隆起一带及满加尔凹陷东南区域。其中库鲁克塔格、温宿、叶城一带的新元古代地层露头区与推测的盆地内部新元古代地层分布区均相连，说明新元古代地层在这些区域抬升并出露地表，暗示塔里木盆地并非整体向四周造山带下方倾没，而是可能存在深浅解耦的构造变形，推测至少在上述 3 个区域存在由塔里木块体向造山带方向张开的“鳄鱼嘴”状构造。负值区主要位于顺北—塔河—轮台—库尔勒—尉犁区域、民丰—且末—塔中南侧区域，以及巴楚隆起至莎车区域的局部地区。在收集的钻遇了寒武系底界面的钻孔资料显示，塔参 1、塔东 2、东探 1、尉犁 1、星火 1 等寒武系下伏以白云岩和石灰岩为主的新元古代地层，同1井和巴探5井揭示新元古代地层分别为砂岩夹火山岩和碎屑岩，这8口井全部位于预测的正值区，符合前述解释。方1井与和4井揭示寒武系底部为玄武岩和辉绿岩，玛北1井揭示寒武系下伏为花岗片麻岩，这3口井均位于预测的无新元古代地层分布的强负值区。可见，根据磁性基底埋深和地震反射界面 T_{g0} 界面深度预测的新元古代地层分布区有很高的可信度。

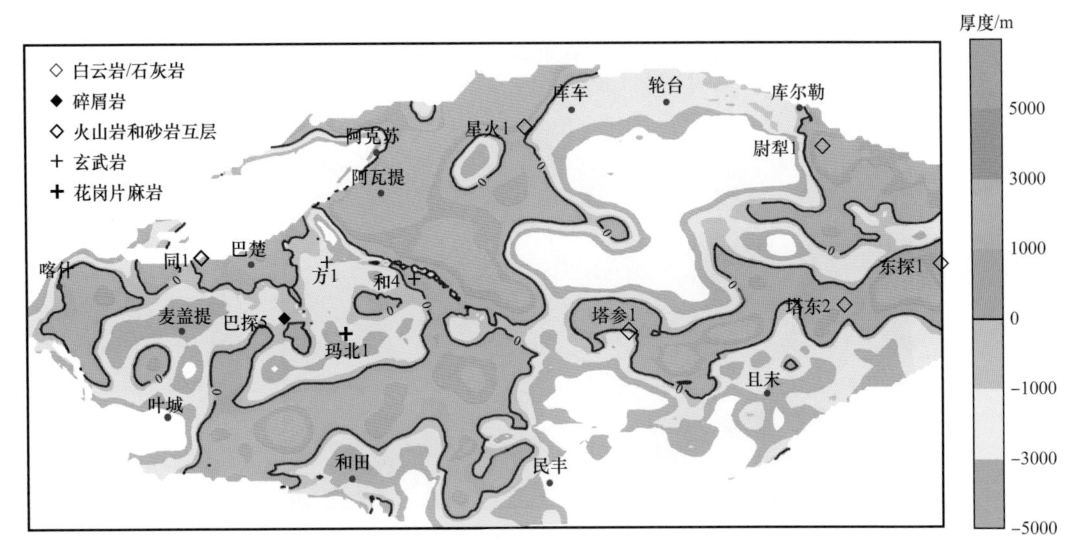

图 2-1-10　根据磁性基底和地震反射界面 T_{g0} 推测的新元古代地层展布图

由于上述各种地球物理资料存在不确定性和磁性基底在地质意义上的二义性（南华系底界面或者震旦系顶界面），因此目前推测的新元古代地层分布区域是误差范围内可以确定的分布区，但有可能漏掉了部分含有新元古代地层的地区，中负值区的绝对值小于2km的区域都有可能存在新元古代地层，但一般不会太厚。

综上所述，新元古代地层主要位于阿瓦提凹陷、西南凹陷至巴楚隆起东侧、塔中隆起、塔东隆起及满加尔凹陷东部。其中塔北区域（阿瓦提凹陷、满加尔凹陷东部）的新元古代盆地呈北西向展布，其余区域则主要呈北东东向展布。新元古代地层在分布边界区域具有厚度变化快的特点，可推知盆地性质为断陷盆地。库鲁克塔格、温宿、叶城一带的新元古代地层露头区与推测的盆地内部新元古代地层分布区均相连，说明新元古代地层在这些区域抬升并出露地表，暗示塔里木盆地向四周造山带下方倾没的同时，深浅构造变形解耦，上地壳连同基底以上的沉积物至少在上述区域向上逆冲，下地壳连通岩石圈地幔向下俯冲，形成“鳄鱼嘴”状构造。

2. 鄂尔多斯盆地基底重磁反演与中—新元古界残余分布特征

1）鄂尔多斯盆地基底密度界面反演

通过文献调研并结合前人的研究，选取相对密度 $0.25g/cm^3$、z_0 为2500m作为鄂尔多斯盆地密度界面反演的最佳剩余密度和最佳平均深度，对鄂尔多斯盆地基底界面进行反演，结果如图 2-1-11 所示。

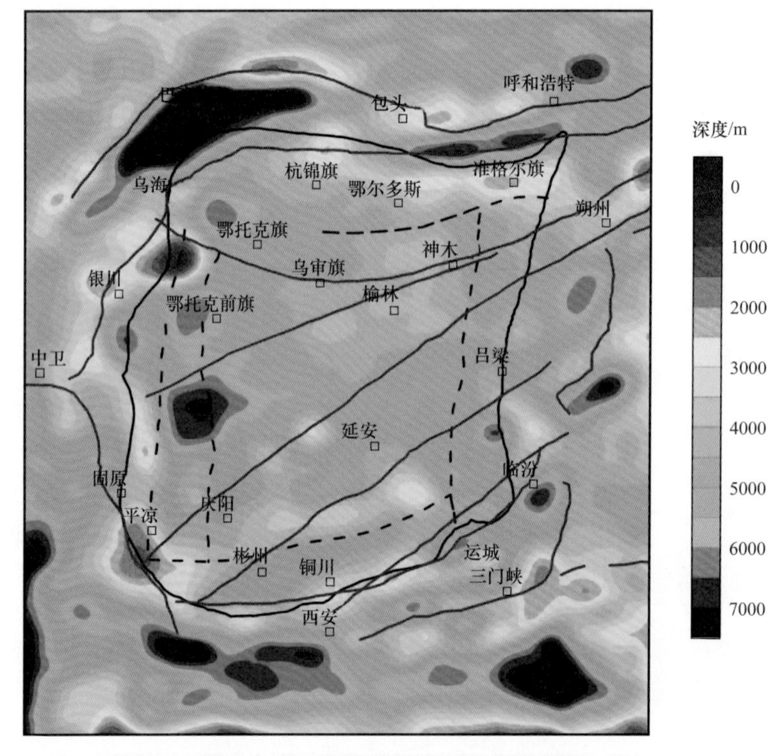

图 2-1-11　鄂尔多斯盆地基底深度图

反演得到的鄂尔多斯盆地基底深度与构造边界有良好的相关性，同时与研究区剩余重力异常相对应。结果表明伊盟隆起北部和东部基底较浅，西南部基底较深；西缘冲断带北部和南部基底较浅，东部基底较深；天环坳陷北部和南部基底较浅，而中部及中北部基底较深；伊陕斜坡西部基底较浅，南部基底较深，中部、北部以及东部基底深度分布较为均匀；晋西挠褶带中南部基底较深，其余地区基底分布较为均匀；渭北隆起西部和南部基底较深。

2）鄂尔多斯盆地磁性基底深度反演

盆地磁性基底深度显示，伊盟隆起西部磁性基底深度较深，约为 10km；中部深度较浅，为 4～5km。西缘冲断带由北向南基底深度依次为深—浅—深—浅—深，为条带状分布。天环坳陷北部和西部磁性基底较浅，为 1～3km。伊陕斜坡西北部磁性基底较深，为 6～10km；中部磁性基底较浅，为 1～5km，呈现为北东向分布；西南部和南部磁性基底较深，为 8～10km。晋西挠褶带北部、中部和南部磁性基底深度都较深，为 2～10km；最南部较浅，为 2～4km。渭北隆起西部和东部磁性基底较浅，为 2～5km；中部较深，为 6～10km。

3）鄂尔多斯盆地中—新元古界残余分布

研究认为磁性地层深度与寒武系底界面深度之差是中—新元古代地层分布的判别依据，以此来推测其厚度；并将研究区磁反演的深度减去重力反演的深度结果作为盆地中—新元古界的厚度估计，获得鄂尔多斯盆地中—新元古界残余分布（图 2-1-12）。

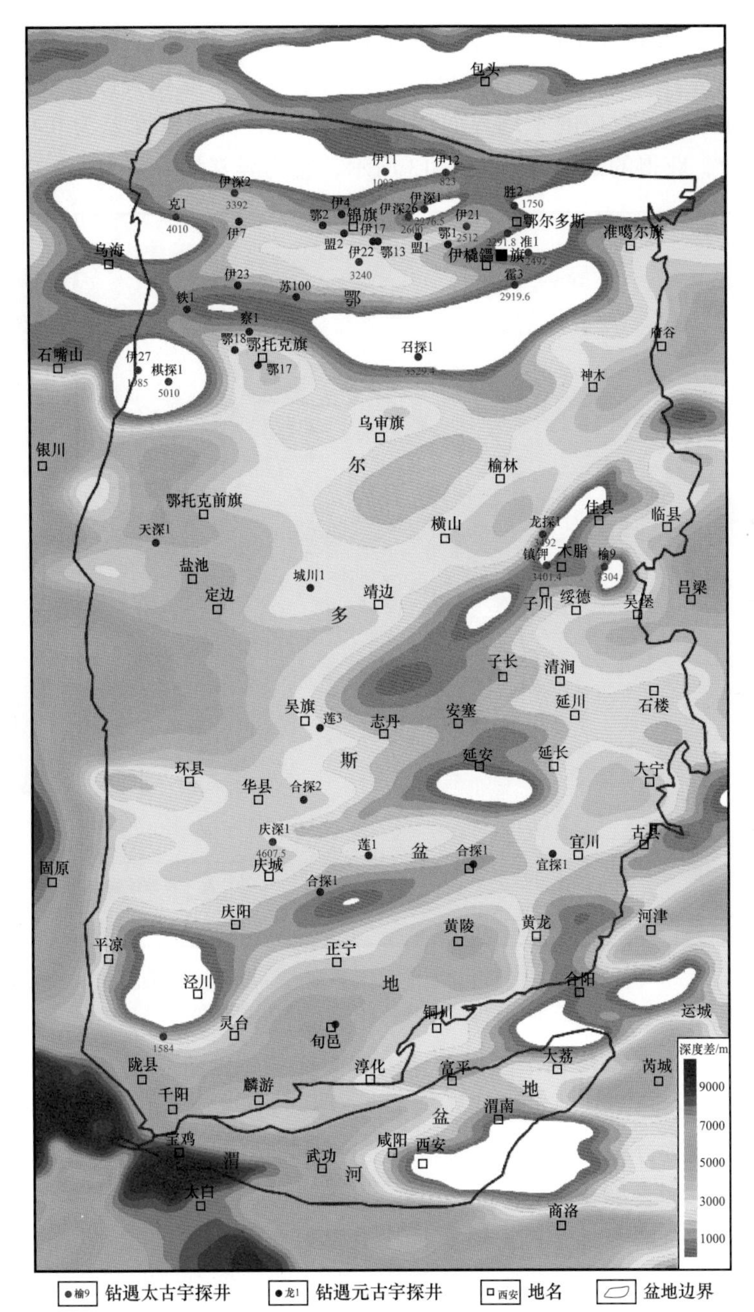

图 2-1-12　鄂尔多斯盆地磁性基底与寒武系底界面深度差图

3. 四川盆地基底重磁反演与新元古界残余分布

1）四川盆地基底密度界面反演

密度界面的反演采用模拟退火算法（Simulated Annealing Algorithm，简称 SA）。目前模拟退火算法是全局最优化的一个比较理想的非线性方法，是 Rothman（1986，1985）首先将模拟退火方法用于地球物理问题，解决了一系列地球物理问题。

为了提高反演结果的可信度，从地震资料中提取参考点作为约束条件，将不同平均界面深度和密度差作为变量，得到的反演结果与已知点求取相关性系数矩阵。从相关性系数最大值（0.9238）对应的平均界面深度为6700m，界面密度差为0.43g/cm^3，进行反演迭代稳定收敛，获得的结果如图2–1–13所示，重力异常均方差为±7.77mGal。

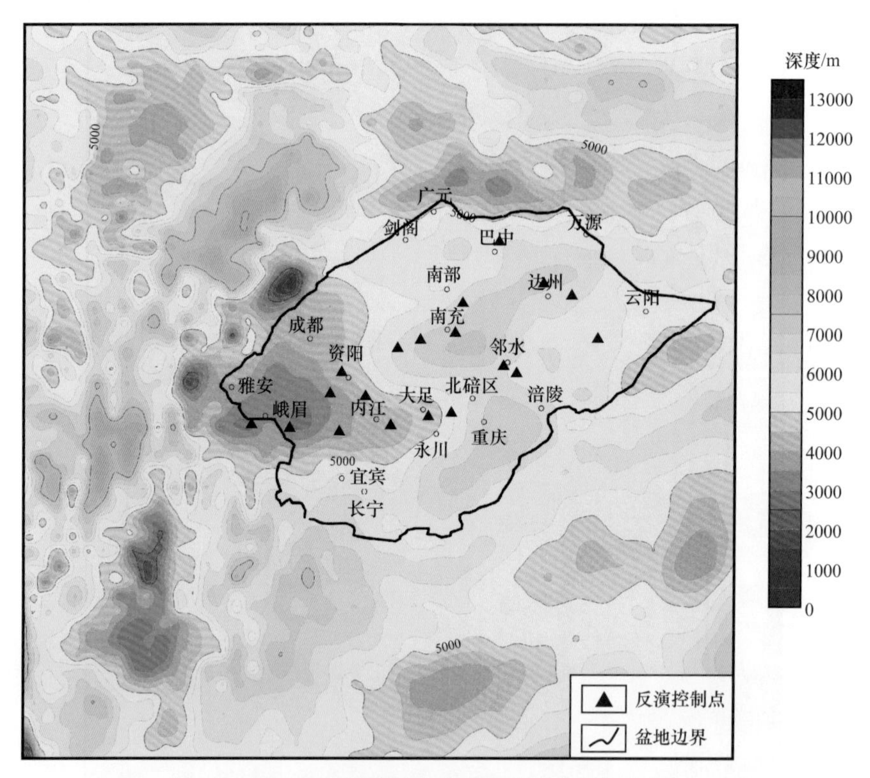

图2–1–13　四川盆地前寒武系基底深度反演结果图
（黑三角形是地震资料给出的震旦系顶面深度点）

反演结果显示（图2–1–13）四川盆地内西南部基底界面最浅为3900m，盆地中部基底界面较深达到8300m，盆地东北部较浅为5350m；四川龙门山构造带基底界面最深为10500m。从基底深度分布推测四川盆地西部受周围侧挤压呈现基底界面较浅现象。

2）四川盆地磁性基底反演

在四川盆地岩石圈磁异常图上，盆地中北部存在突出的南正北负的大范围磁异常，周边区域为负异常区或弱磁异常区。盆地东北部区域与东南部区域为强低值异常区，偶有正高值异常闭合区；西北部区域与南部区域为舒缓低异常区；西南为强低异常闭合与强高异常闭合相间区。航磁异常值的范围在–250～332nT之间，盆地内部最高值为332nT，位于南充东侧，最小值为–250nT，位于南部和巴中之间。

四川盆地磁性基底深度也采用Tilt–Depth方法，对盆地化极异常进行导数计算，然后求取倾斜角度（tilt angle），最后测量±45°等值线之间的距离，换算得到磁性基底深度。

3）四川盆地中—新元古界残余分布特征

根据岩石物性资料分析，四川盆地密度基底可认为是寒武系—震旦系界面，磁性基底应该是元古宇变质岩和火成岩的结晶基底。将反演的磁性体顶界面深度减去密度界面深度，得到了中—新元古界的厚度分布（图 2-1-14）：正值区给出新元古代地层厚度的粗糙估计，负值区最有可能是基性侵入岩的分布区，接近为零的区域则无法确定是否存在新元古代地层，需要根据其他资料进一步分析。

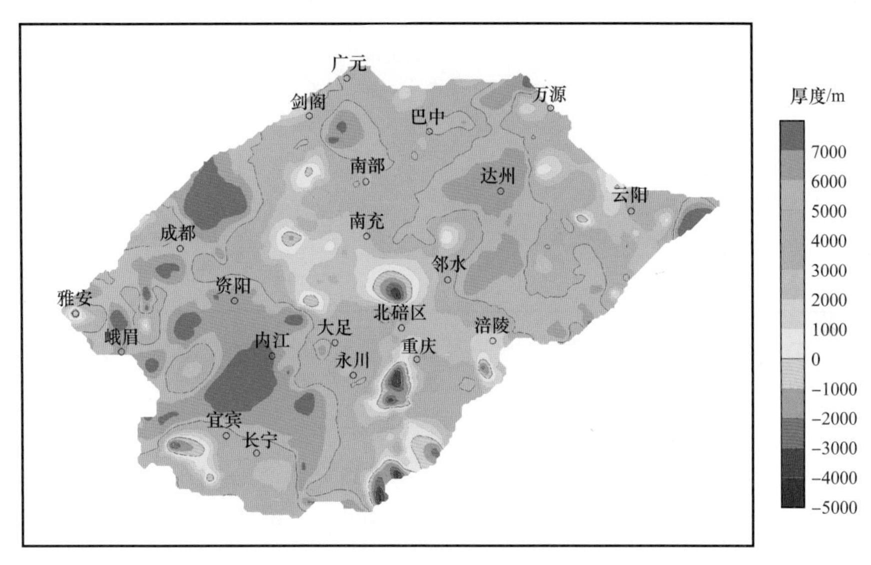

图 2-1-14 四川盆地中—新元古界估算的厚度分布图

四川盆地东侧和西侧为正厚度，中部分布负厚度。四川盆地中—新元古界厚度在成都东、达州东、雅安、乐山东、宜宾西等处出现了负厚度，可能对应了二叠纪峨眉山玄武岩的分布；川西褶皱带分布有负厚度，可能因为褶皱带为中—弱磁性岩体，倾斜导数图对弱磁岩体深度估算效果偏浅导致。

三、克拉通盆地基底构造特征

1. 塔里木盆地基底构造特征

重力异常及其梯度的变化是地下所有密度异常体的综合反映，浅部异常通常表现出较强的异常幅值，因此需要通过滤波或者延拓方法突出或增强深部场源的信息。由于滤波可能会造成一部分长波长信号丢失，因此采用向上延拓的方法对盆地重力异常进行分析，即延拓到 5km、10km 和 20km 高度后，再分别对延拓的重力异常进行小波模极大值提取，获得深部构造的线性特征。塔里木盆地原始布格重力异常提取的线性特征与盆地成熟勘探区地震解释的浅层断裂基本重合。随着上延高度的增加，线性特征逐渐减少，但连续性增加，说明提取的线性特征逐步反映深大断裂的展布。对比重力异常提取的线性特征与现有二级构造单元划分的关系（图 2-1-15），不难看出它们在部分区域基本重合，但在满加尔凹陷、塘古孜巴斯凹陷及顺托果勒低隆附近差异较大，这些深凹陷区域的差异可以解释为：延拓后的重力异常主要反映盆地基底构造，而现有的二级构造单元主要根据反射地震和钻孔资料，因而主要反映沉积盖层的构造。

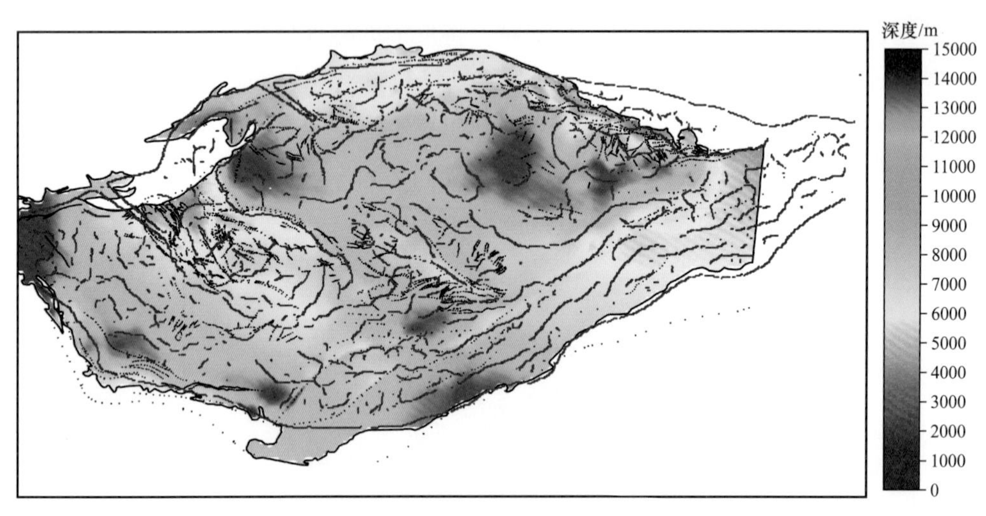

图 2-1-15　塔里木盆地布格重力异常延拓到 20km 后小波模极大值方法提取的线性特征图
（底图为地震反射界面 T_{g0} 埋深和地震解释断裂分布）

根据前述所获得的新元古界厚度，本次研究制作了基底埋深图（图 2-1-16），其中在新元古界分布区以南华系底界作为基底埋深，在无新元古界分布区则以地震反射界面 T_{g0} 界面深度作为基底埋深。基底埋深最深处在阿瓦提凹陷，可达 16km 以上。除塔中至顺北一带外，新元古界均分布在基底埋深大于 10km 的区域。

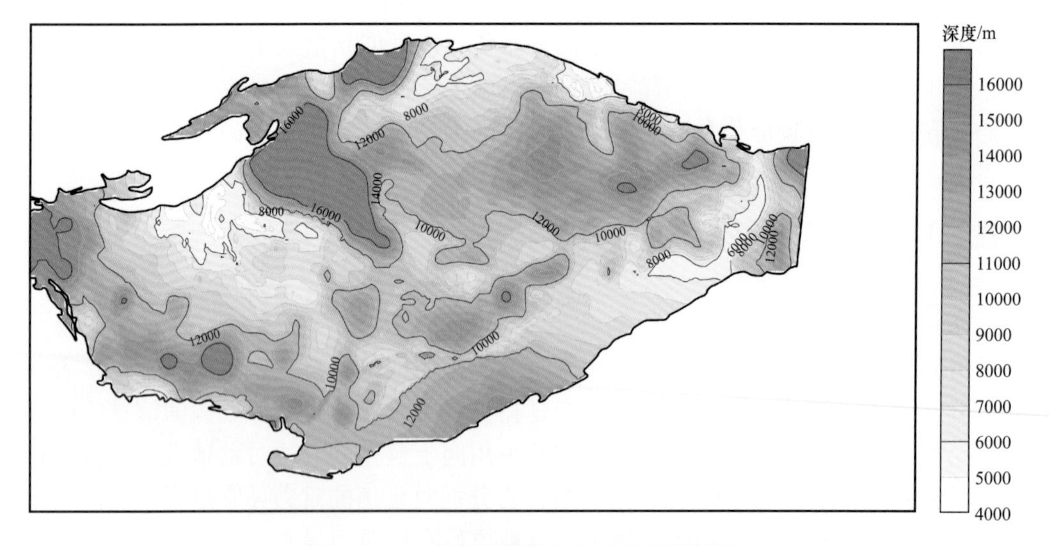

图 2-1-16　推测的塔里木盆地基底埋深图

根据岩石圈有效弹性厚度 T_e（Chen et al.，2013）、推测的新元古界隆凹结构、强磁性异常分布及布格重力异常线性特征，结合前人研究，将塔里木盆地基底划分为 4 个单元（图 2-1-17）。塔里木克拉通内中—新元古代早期浅变质岩单元主要分布于塔里木北部地区，沿柯坪—温宿到库车的北部隆起带内发育了中元古代晚期—新元古代晚期的阿克苏群片岩，主要的岩石组成为浅变质的蓝片岩—绿片岩系列，由强烈片理化的绿泥石—硬绿泥石石墨片岩、硬绿泥石—多硅白云母片岩、绿片岩、少量的石英岩及在低温高压环境下形成的蓝片岩组成（张健等，2014）。古—新元古代早期变质岩单元主要分布于塔里木克拉通中部，沿塔中隆起带呈东西走向分布，塔里木南部地区主要分布在玛东及麦盖提斜坡上，呈与塔中缝合带斜交北东—南西向展布。而古元古代基性麻粒岩和混合岩单元分布在东南缘的民丰—且末地区，呈大片北东—南西走向，并受阿尔金走滑断裂的改造。中元古代—早新元古代花岗岩单元主要分布于塔中缝合带以南，以北鲜有发育。

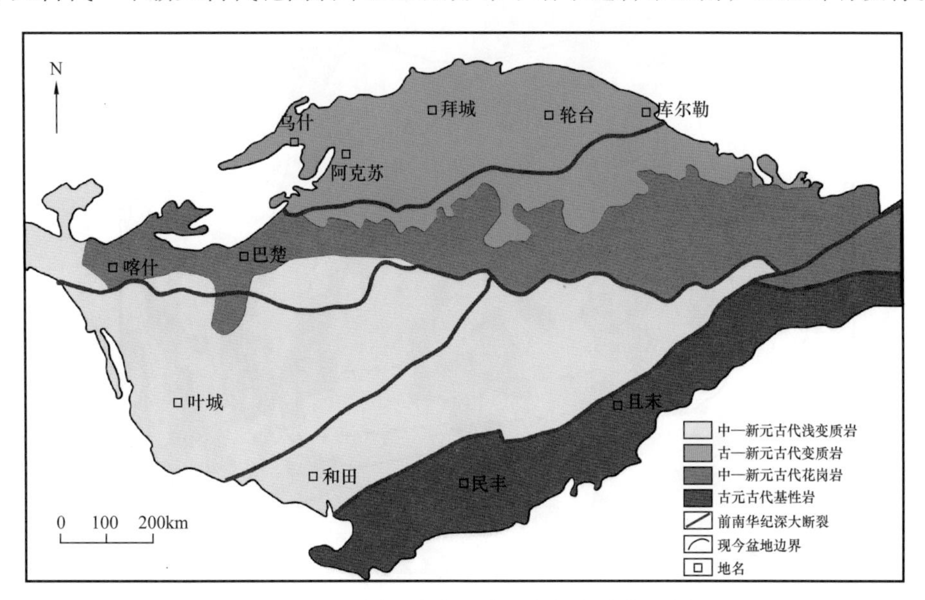

图 2-1-17 塔里木盆地前南华纪基底构造图

2. 鄂尔多斯盆地基底构造特征

对鄂尔多斯盆地剩余重力异常进行了向上延拓，延拓高度分别为 2km、5km、10km 及 20km。延拓结果显示，向上延拓高度越高，对于浅部重力异常压制效果越好；向上延拓 2km 后，研究区边界重力异常受到压制；向上延拓 5km 后压制效果更为明显，但幅度不大；向上延拓 10km 后研究区边界重力异常基本完全压制；而向上延拓 20km 后边界重力异常完全压制，而且研究区中部的浅部重力异常也基本完全压制，可以用来进行研究区边界识别。针对不同延拓高度的重力异常值，采用小波模极大值法进行位场边界识别，提取线性结构。

由于地下磁体具有较强的剩磁或退磁会给磁异常的解释带来困难，而磁异常模量对磁化方向不敏感，将磁异常转换为磁异常模量并用来分析和处理，可以很大程度上提高磁异常解释的准确性和可靠性，而且产生的异常更接近实际磁性异常体的水平位置，以便进行磁法解释。磁异常模量垂向一阶导数弱依赖于异常体的磁化方向，相比磁异常模量具有更小的中心偏移量和相对峰值，能够更好地确定解释异常体的水平投影位置以及分布规模。

在伊盟隆起构造分区中西部、北部和东部都呈现出正的高异常，整体呈现为东西向分布；西缘冲断带的北部，天环坳陷北部、中部都有存在正的高异常；伊陕斜坡北部呈

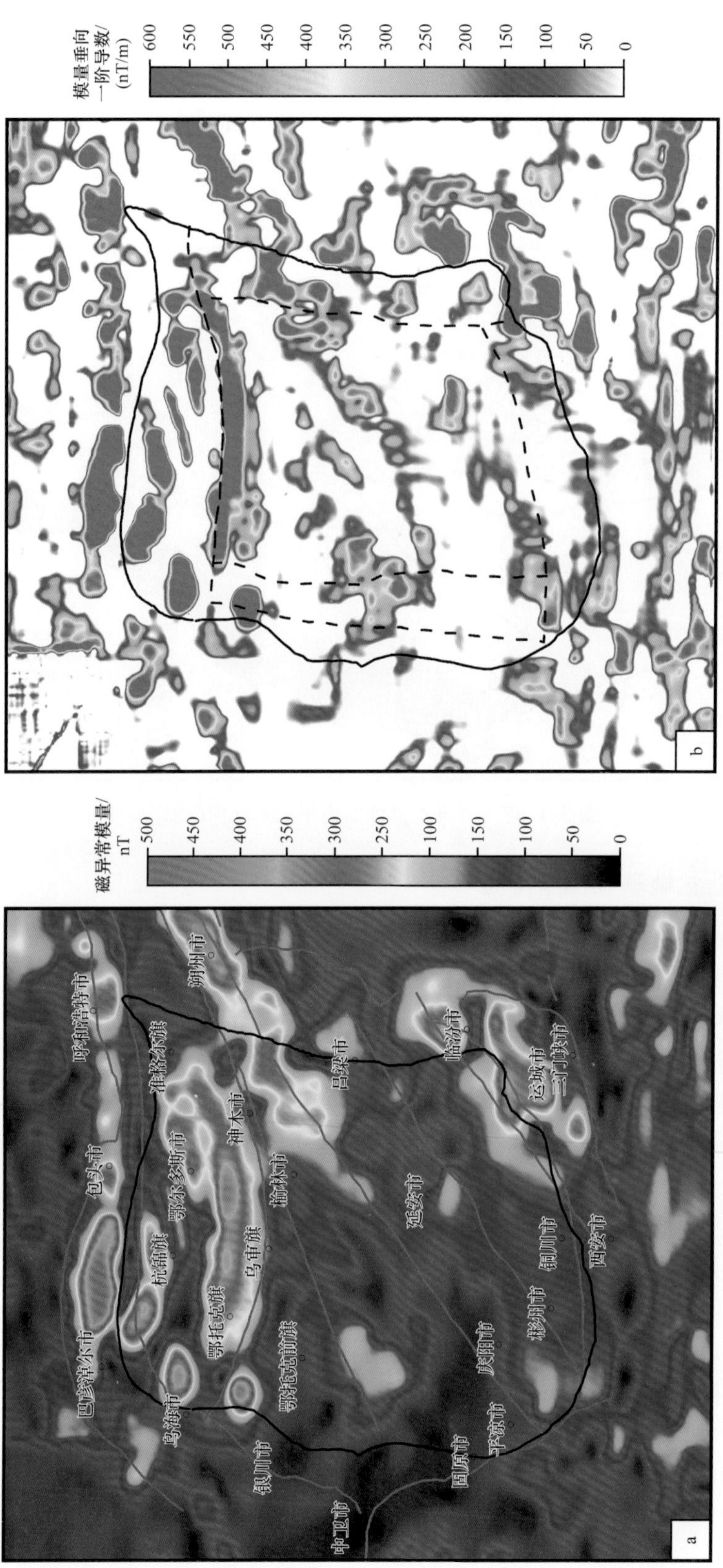

图 2-1-18　鄂尔多斯盆地磁异常模量图（a）和模量垂向一阶导数图（b）

现出东西向分布的正的高异常，中部呈现为北东向分布，可以延伸到晋西挠褶带；而渭北隆起东部存在较少的正的高异常（图 2–1–18）。

结合研究区不同延拓高度下重力异常小波模极大值、磁异常模量以及磁异常模量垂向一阶导数图，绘制鄂尔多斯盆地基底断裂（图 2–1–19）。基底总体多为北东向深大断裂切割，但在北部伊盟隆起西部东西向与南北向两组断裂切割，致使构造格局复杂化。

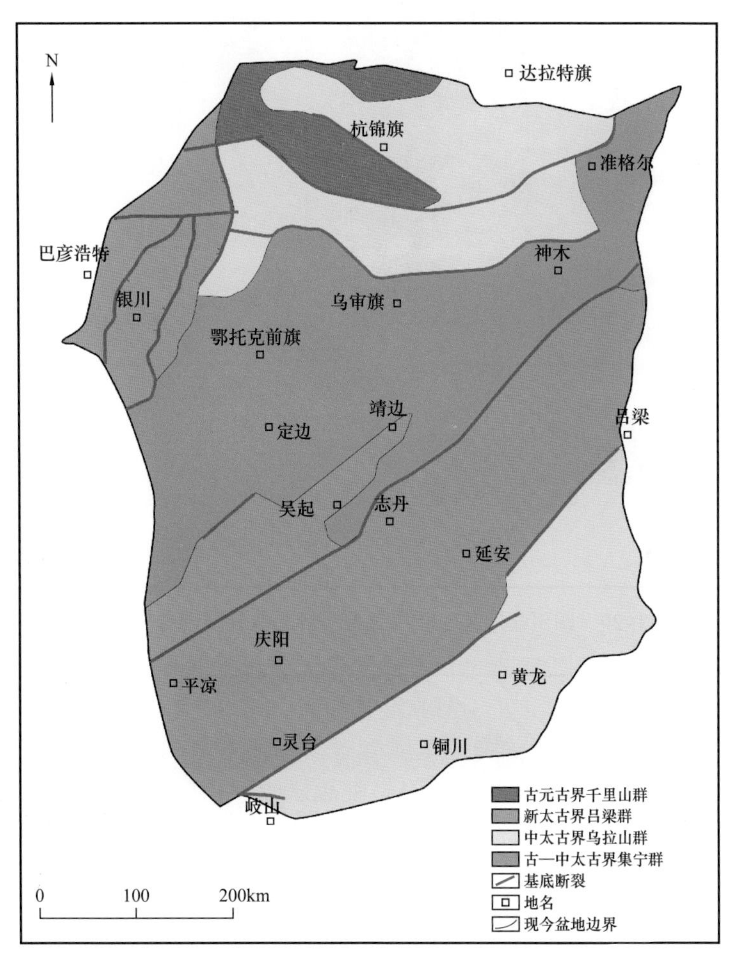

图 2–1–19 鄂尔多斯盆地前中元古代基底构造图

3. 四川盆地基底构造特征

对四川盆地剩余重力异常向上延拓 2km、5km、10km 和 20km，分析不同延拓高度下重力异常边界识别效果。通过延拓可以看出，延拓高度越高，重力异常幅值越小，边界识别结果可以更贴近基底断裂结构。

利用不同延拓高度下重力异常和磁异常小波模极大值、磁异常模量、磁异常模量垂向一阶导数图，本次研究结合前人断裂划分的依据识别了一些断裂（罗志立，1998；周稳生，2016），同时新解释了一些北西向的断裂。断裂包括龙门山断裂带（F_1）、巴中—浦江—龙泉山断裂带（F_2）、华蓥山断裂带（F_3）、七曜山断裂带（F_4）、威远—内江断裂带（F_5）、雅安—宜宾断裂带（F_6）、成都—乐至断裂带（F_7）、绵阳—南充—涪陵断裂带（F_8）、达州—石柱断裂带（F_9）、云阳断裂带（F_{10}）、广元—旺苍—城口断裂带（F_{11}）、南部—大竹—忠县断裂带（F_{12}）和阆中—南充断裂带（F_{13}）（图 2-1-20、图 2-1-21）。

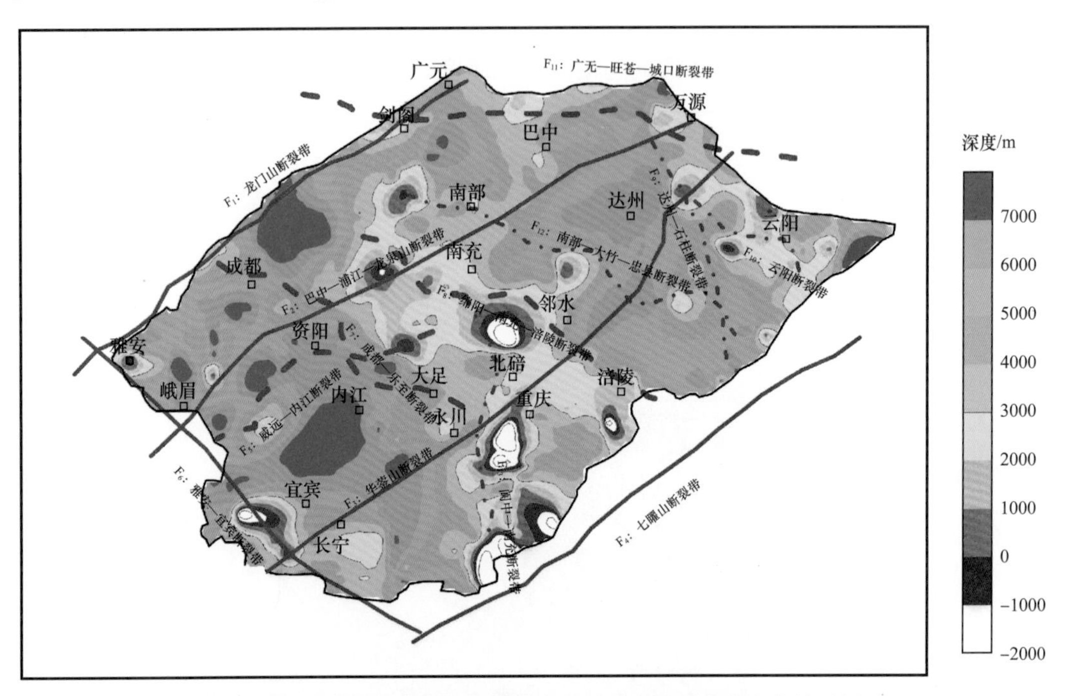

图 2-1-20 四川盆地基底断裂与中—新元古界厚度分布的关系图

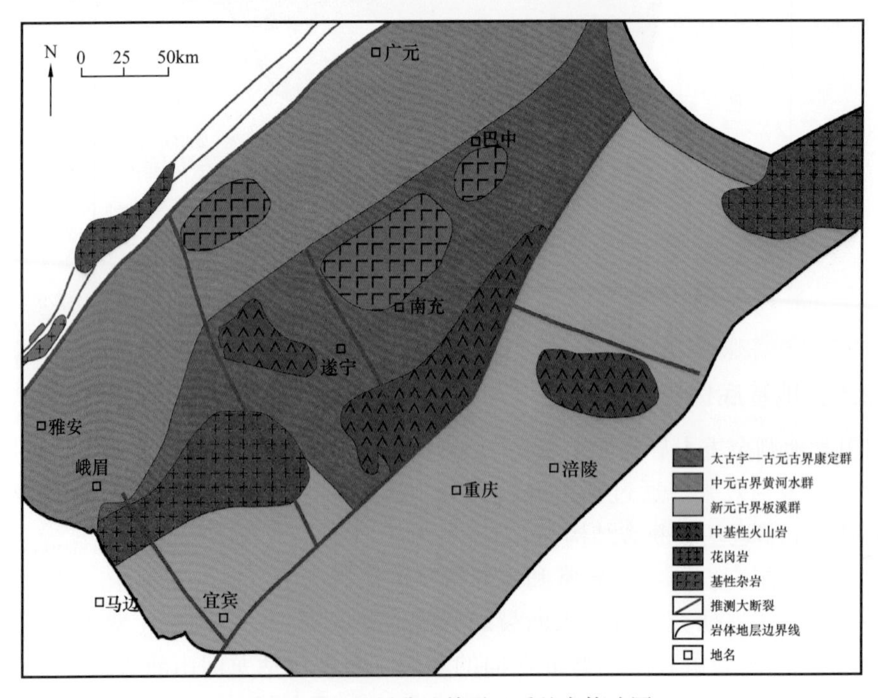

图 2-1-21 四川盆地前震旦系基底构造图

第二节 主要克拉通盆地深层盆地原型

一、塔里木盆地新元古代盆地原型特征

塔里木盆地约在 850Ma 左右结晶基底形成之后，于南华纪开始进入新元古代盆地发育阶段。新元古代盆地发育受控于当时的大地构造背景。任荣等（2017）认为新元古代早期塔里木克拉通南部和北部构造背景存在差异。塔里木西南部在 900—820Ma 长期处于大陆裂解环境（王超等，2009；Wang et al.，2015），尤其是晚新元古代—早古生代经历了从大陆裂谷—大陆漂移的构造转换（Zhang et al.，2019）（图 2-2-1）；而塔里木北缘新元古代早期持续受到俯冲—增生作用，新元古代南华纪和震旦纪则主要受控于俯冲后撤引发的弧后伸展（Ge et al.，2014；朱文斌等，2017）。

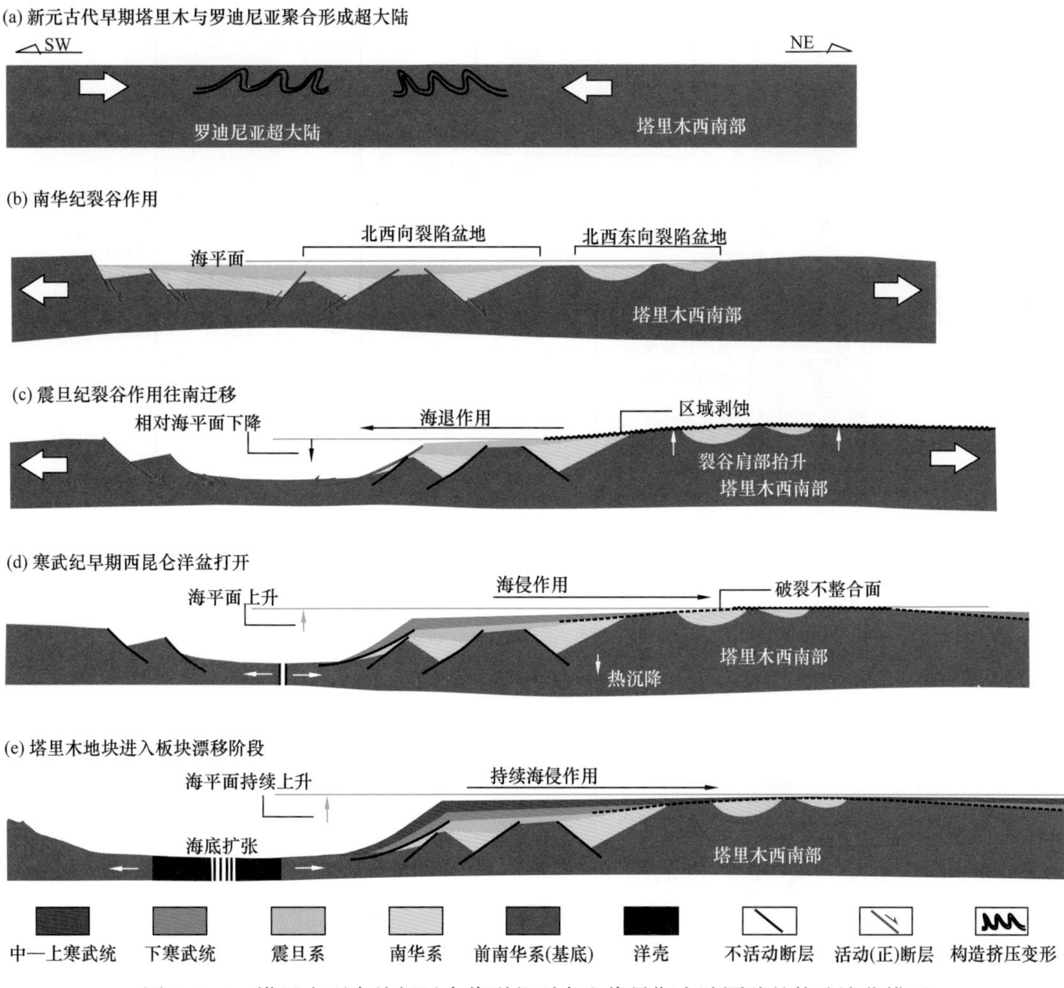

图 2-2-1 塔里木西南从新元古代裂谷到古生代早期大陆漂移的构造演化模型

（据 Zhang et al.，2019，修改）

塔里木盆地南华系—震旦系广泛出露于盆地周缘的柯坪地区、库鲁克塔格地区以及铁克里克地区，地层发育序列具有很好的对比性（图 2-2-2）（Zhang et al.，2019）。南华纪时期普遍发育大量火山岩，主要类型包括玄武岩、流纹岩、安山岩、火山角砾岩等，

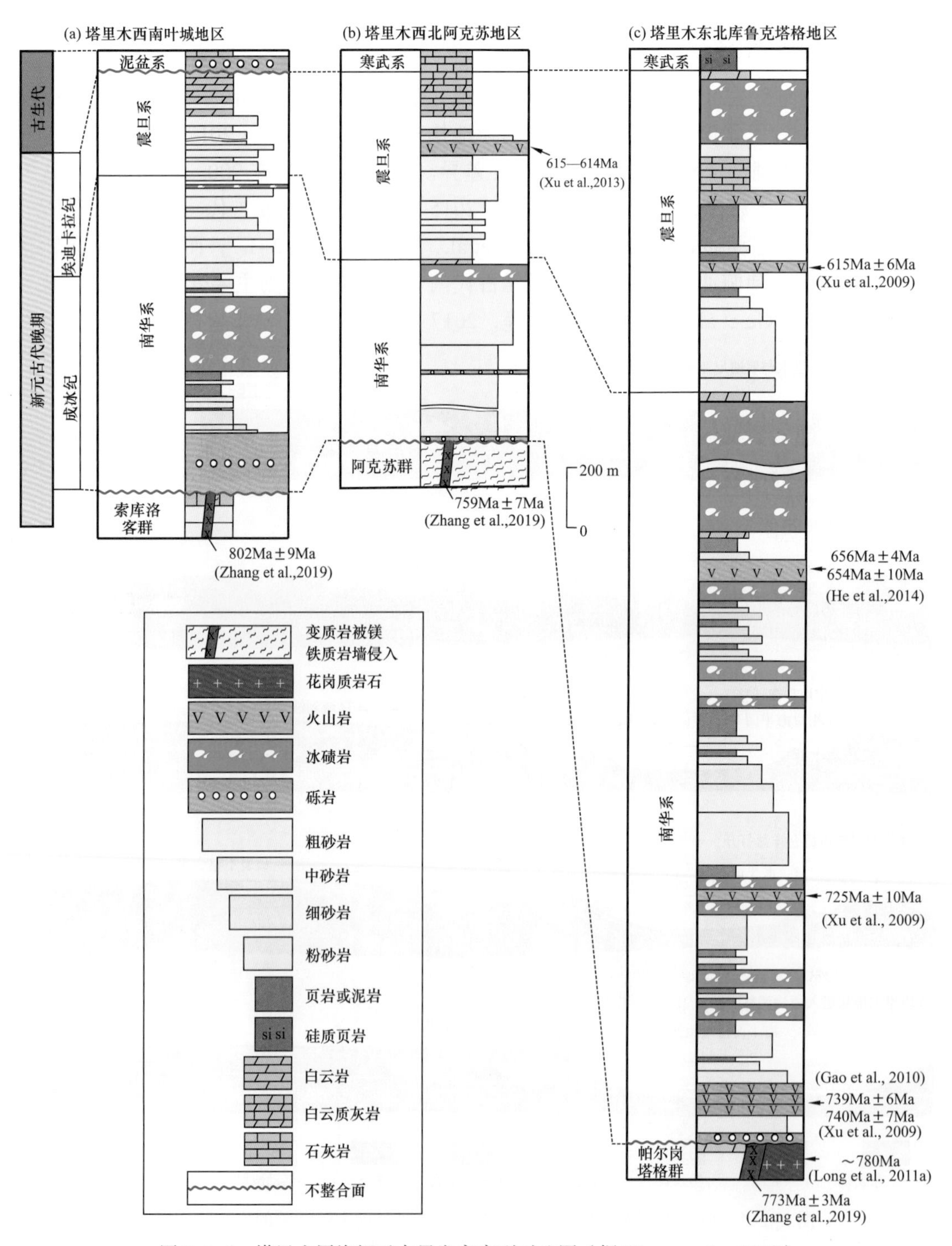

图 2-2-2 塔里木周缘新元古界发育序列对比图（据 Zhang et al.，2019）

以玄武岩最为常见。在盆地内部，寒武系之下、克拉通基底之上发育了一套顶底反射波组清晰的楔状反射，可以将这种楔状反射分为新元古界南华系与震旦系（吴林等，2017；2016；李勇等，2016）。

通过塔西北地区野外实测剖面研究，发现塔西北地区新元古代南华纪总体上是一个持续幕式裂陷作用和冰川作用控制下的多旋回沉积建造。自下而上主要发育西方山组、东巧恩布拉克组、牧羊滩组、冬屋组和尤尔美那克组。西方山组下段为中厚层状中细砂岩夹薄层泥岩、薄层状泥质粉砂岩，主要表现为深水浊积岩相；上段为中厚层状中粗砂岩夹薄层状粉砂岩，为滨岸—陆棚相，总体上西方山组是一套多种物源的浊积砂岩与半深湖相沉积建造。东巧恩布拉克组主要沉积厚层含冰碛砾石的浊积砾岩，沉积时期冰川活动增强，冰水与浊流混积，为浊积砾岩与砂岩建造，发育盖帽碳酸盐岩，总体是冰水相。牧羊滩组发育灰绿色中厚层状中粗砂岩、中厚层含砾中粗砂岩，属于碎屑流重力沉积，是与西方山组类似的浊积砂岩沉积建造，总体为滨岸相。冬屋组为下段主要发育中厚层状冰碛砾岩，冰水与浊流混积建造，亦发育盖帽碳酸盐岩，总体为冰水相；上段以厚层块状细砾岩、砂砾岩为主，总体为滨岸相。尤尔美那克组以紫红色块状冰碛杂砾岩、砂岩及绿色粉砂质泥岩组合为特征，整体为一套大陆冰川堆积，为冰水相。

震旦系苏盖特布拉克组总体为一套碎屑岩沉积体系，下部主要是粗碎屑沉积，反映滨岸相；上部则为细碎屑沉积，反映滨岸潮坪相。奇格布拉克组总体为局限台地相，下段为一套细碎屑岩和碳酸盐岩混合沉积体系，为混积潮坪—混积陆棚相；上段是一套碳酸盐岩沉积体系，以微生物白云岩为主，为中缓坡浅滩—内缓坡潮坪相。因此，塔西北地区新元古界沉积序列代表了南华纪裂陷期构造—气候影响下的沉积充填演化过程。从南华系到震旦系是一个从陆相碎屑岩到浅海相碳酸盐岩的连续沉积建造过程，反映了湖（海）平面不断上升，与盆地从裂陷到坳陷演化的持续沉降过程相一致。

本次研究利用塔里木盆地周缘的露头剖面、钻井资料和区域性二维地震资料，结合航磁和重力资料，对塔里木盆地深层新元古界沉积—构造综合识别与分析，从而揭示新元古代原型盆地发育与分布特征。

1. 南华纪盆地原型特征

南华纪盆地的边界主要有断层和尖灭这两种类型。虽然南华系底界的地震反射特征较难准确识别，但是其边界断层则相对比较容易识别。如在塔西南地区，通过地震剖面解释，北东—南西向控陷断裂可以清楚识别出来，南华系是一套典型的、受正断层控制的生长地层，并被上覆薄层震旦系超覆；南华系是裂谷沉积的主体部分，显示了南华纪时期地壳构造伸展强烈（图 2-2-3）。在塔里木盆地东部的满加尔凹陷，地震剖面显示南华纪时期受大型边界正断层控制，发育了大规模的箕状断陷盆地；而震旦纪时期断层活动不明显，主要表现为坳陷盆地特征。通过寒武系底界拉平，可以很好地识别出两个大型的北断南超的箕状断陷（图 2-2-4）。因此，南华纪时期是塔里木新元古代裂陷盆地的主要发育阶段。

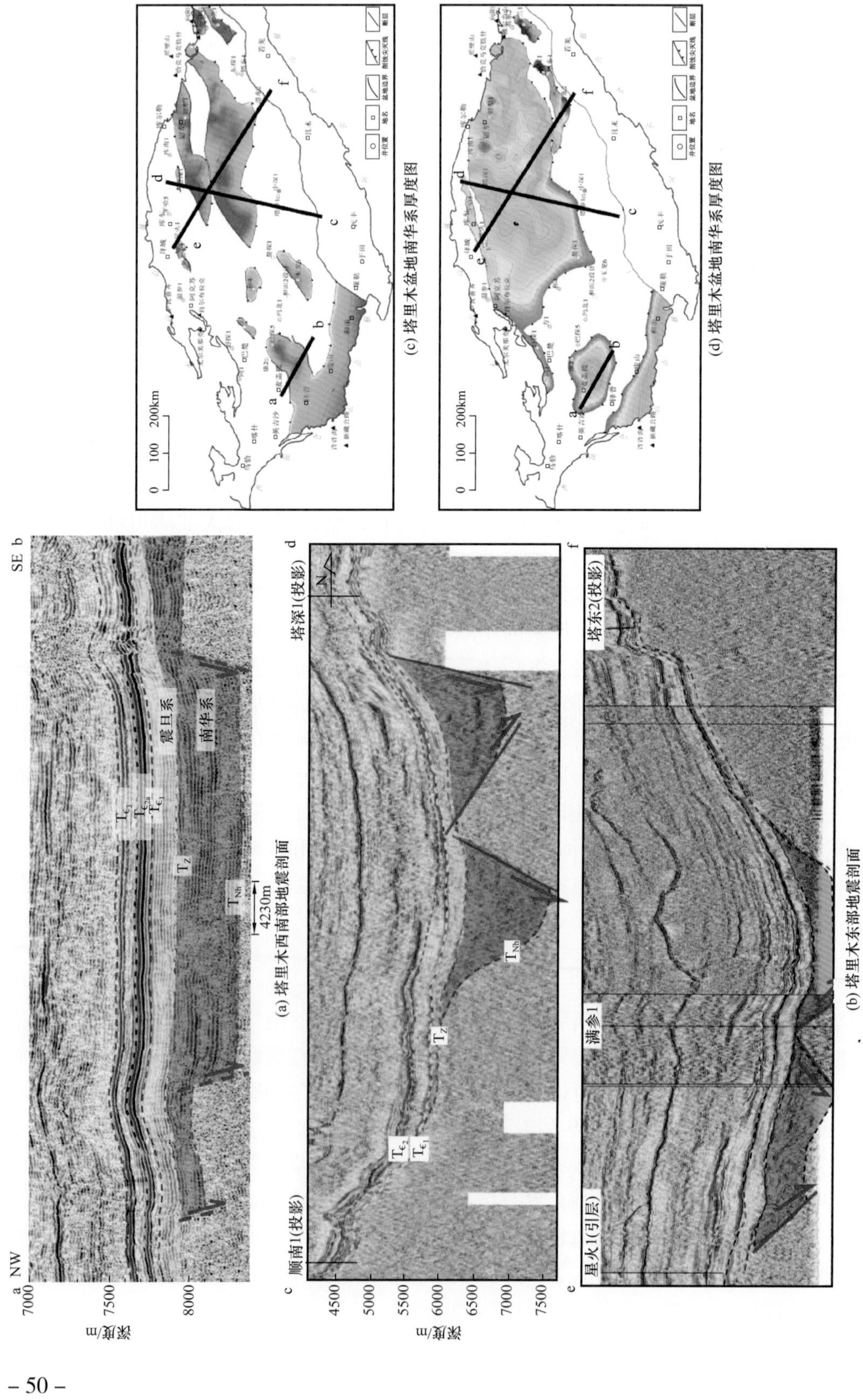

(a) 塔里木西南部地震剖面

(b) 塔里木东部地震剖面

(c) 塔里木盆地南华系厚度图

(d) 塔里木盆地南华系厚度图

图 2-2-3 塔里木西南部与东部地震剖面识别出南华纪一系列地堑式—半地堑式裂谷盆地

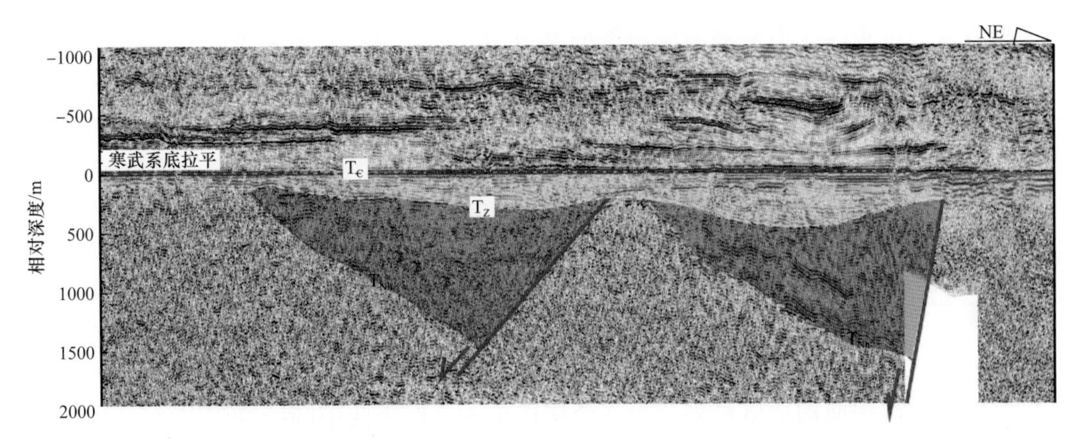

图 2-2-4 塔里木东部寒武系底界拉平后识别的箕状断陷盆地结构剖面

从区域发育特征来看，塔里木发育了库鲁克塔格、铁克里克、柯坪地区三大裂陷区。库鲁克塔格裂陷区内发育了尉犁陆内裂谷盆地和满加尔陆内裂谷盆地，二者之间为近东西走向的狭长地垒带隔断（图 2-2-5）。在尉犁陆内裂谷盆地和满加尔陆内裂谷盆地的北侧和南侧分别发育了塔北隆起带和塔东南隆起带，出露塔里木的古老变质基底。在塔北隆起带内分布若干小型陆内裂谷群，为库鲁克塔格裂陷区的派生裂陷盆地。铁克里克裂陷区发育塔西南陆缘裂谷盆地，该盆地的主体延伸方向为北西—南东向沿西昆仑山前分布，盆地内南华纪地层由造山带一侧（南侧）向塔西—塔中隆起带一侧（北侧）逐渐超覆尖灭。在塔西南陆缘裂谷盆地的内部则发育了一个与南部北西—南东向裂谷近直角相交的北东向陆内裂谷带，该裂谷带受控于北西侧和南东侧两条北东向正断层。柯坪地区裂陷区主要发育了塔西北裂谷盆地。在三大裂陷区的发育影响下，盆地中部形成被动型的中央隆起带。尉犁陆内裂谷盆地和满加尔陆内裂谷盆地南侧为塔西—塔中隆起带，该隆起带西起柯坪断隆向南经巴楚—塔中，与塔东南隆起带和塔北隆起带相连接。

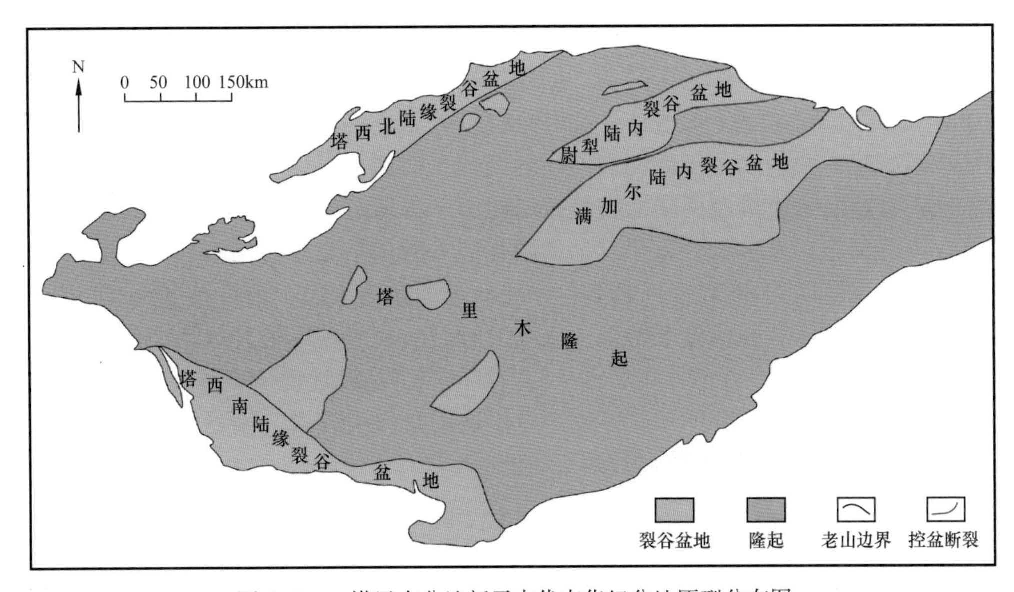

图 2-2-5 塔里木盆地新元古代南华纪盆地原型分布图

裂谷盆地沉积厚度由两侧断层肩部向盆地中心逐渐增厚，裂陷主要分布在盆地边缘并向内部裂开，具有边缘裂陷宽、内部裂陷窄的特点；陆内裂谷的主要控陷断裂位于裂谷带北部，走向近北东东向。从整个分布来看，南华纪盆地分布面积约占整个盆地面积的 30%，具有南、北分异的特征。北部南华系分布于北部坳陷内部，呈东西向连续性展布，东北部和西北部为厚度中心，最大厚度约 1700m，野外露头区厚度可达 2000m 以上；南部南华系分布呈北东向展布，以叶城、和田地区为中心，最大厚度约 1200m。

2. 震旦纪盆地原型特征

塔里木盆地震旦系的地震反射特点是“三强夹两弱”，根据地层厚度、地震相特点，可以将震旦纪沉积期构造格局划分为 3 个构造单元，即塔西南陆缘坳陷盆地、塔西南—塔东隆起、北部的阿瓦提—满加尔克拉通坳陷盆地（图 2-2-6）。

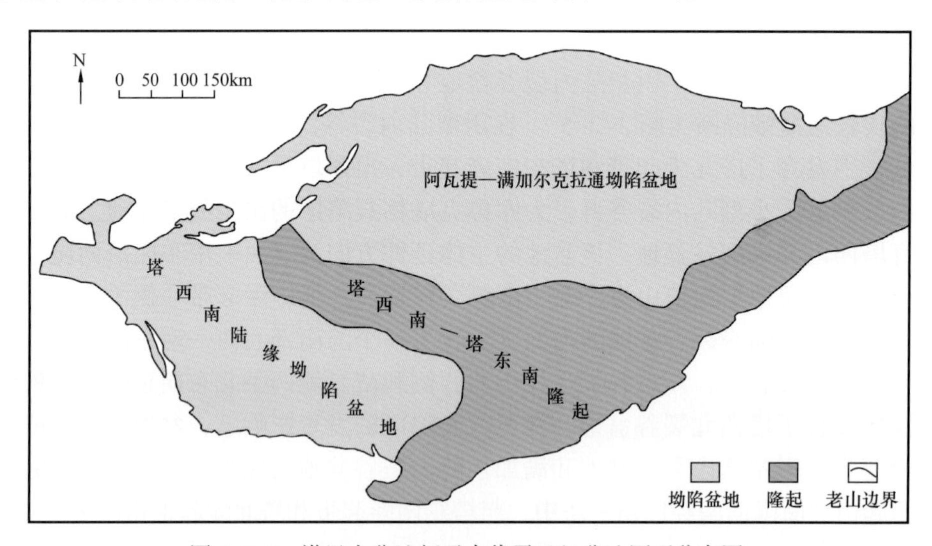

图 2-2-6　塔里木盆地新元古代震旦纪盆地原型分布图

震旦纪时期断层活动性大为减弱，但盆地沉降总体上继承南华纪盆地格局，沉积范围迅速扩大，震旦纪盆地分布占整个盆地面积的 75% 左右。北部的阿瓦提—满加尔克拉通坳陷在南华纪由两个东西走向的裂陷盆地组成，而到了震旦纪时期演变为一个统一的坳陷盆地；自西向东由塔西南陆缘坳陷、塔西南—塔东南隆起和阿瓦提—满加尔克拉通坳陷构成。北部震旦系主要分布于北部的阿瓦提—满加尔克拉通坳陷区域，呈东西向连续性展布，最大厚度约 800m，南部震旦系分布呈北东向展布，最大厚度约 600m。塔里木西南部震旦系总体为残留分布特征，反映震旦纪末期的构造抬升运动和残余边界，局部缺失汉格尔乔克组这一现象体现了震旦纪末期的构造抬升运动（吴林等，2016）。

因此，震旦纪时期，塔里木总体进入克拉通坳陷作用阶段，主要发育阿瓦提—满加尔克拉通坳陷和塔西南陆缘坳陷盆地两个盆地原型。

二、鄂尔多斯盆地中元古代盆地原型特征

鄂尔多斯盆地的中元古代地层主要由长城系和蓟县系组成，基本缺失新元古界。依据

中—新元古界残余厚度图（图 2-2-7），发现中—新元古界整体呈现从北东向南西逐渐增厚的趋势。大量钻井资料显示，鄂尔多斯盆地的中—新元古界主要由长城系和蓟县系组成，震旦系仅在盆地西缘和南缘分布。根据 Li 等（2019）的研究，鄂尔多斯盆地多个露头和钻井显示，盆地内部的长城系和蓟县系与其上的震旦系或寒武系呈平行不整合接触，这说明在南华纪和青白口纪时期鄂尔多斯盆地主要表现为整体的隆升，而没有发生明显的构造变形。显生宙以来，鄂尔多斯盆地内部的变形也非常弱。因此，本次研究认为中—新元古界残余厚度分布很可能可以反映原始的沉积情况，并且与沉积时基底的隆坳格局相对应。地层厚的地区对应基底的凹陷，地层薄的地区对应基底的凸起，凹陷与凸起相间分布。

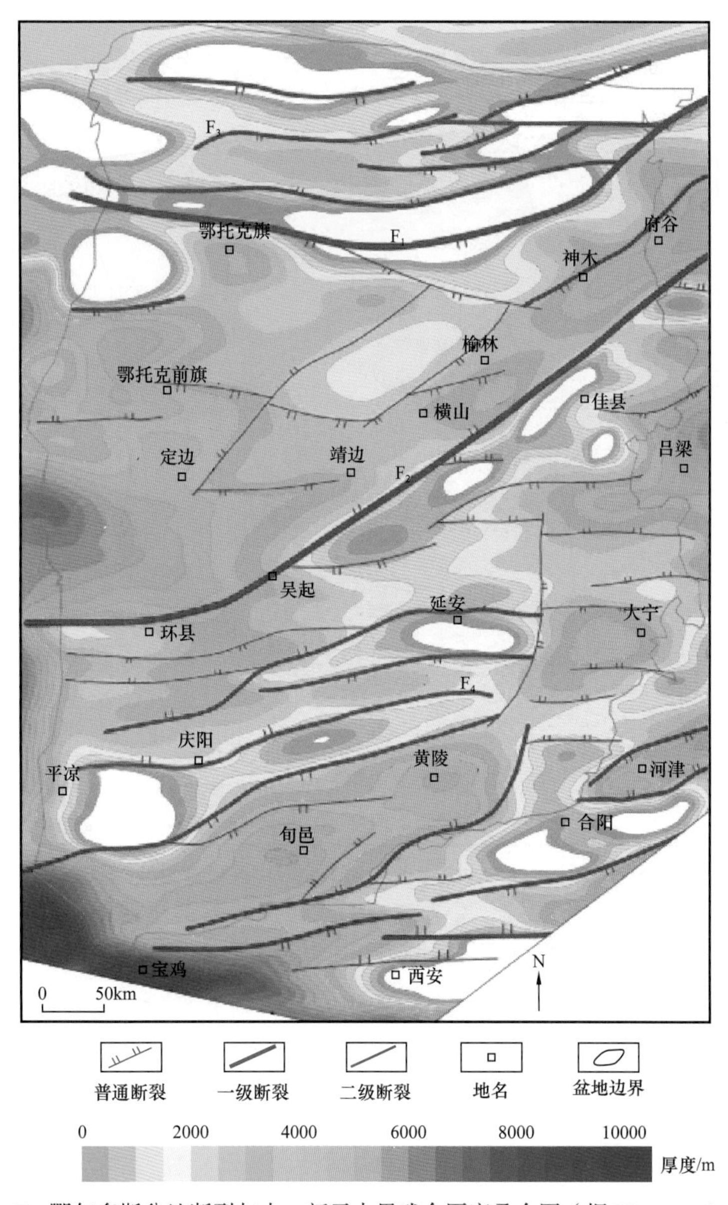

图 2-2-7 鄂尔多斯盆地断裂与中—新元古界残余厚度叠合图（据 Wang et al.，2021）

鄂尔多斯盆地的中元古界中广泛发育半地堑结构。在长城纪早期，断层活动强烈，上盘地层发生强烈旋转掀斜，沉积地层呈楔状。该时期主要岩性为浅海相的碎屑岩，构造和沉积均表现为裂陷期特征；在长城纪后期和蓟县纪时期，断层活动减弱，水体范围扩大，地层产状平缓，超覆在早期楔形地层之上，岩性主要为海相白云岩，含少量海相灰岩、页岩和砂岩，表现为裂陷后期特征。总的来讲，鄂尔多斯盆地的中元古界在纵向上存在断坳双层结构，推测鄂尔多斯盆地在中元古代时的盆地属性为陆内裂谷，其格局为裂谷所控制的坳隆间互的特点，主要发育了北东向的定边克拉通陆内裂陷和千阳克拉通内裂陷及杭锦旗隆起和延安隆起（图 2-2-8）。

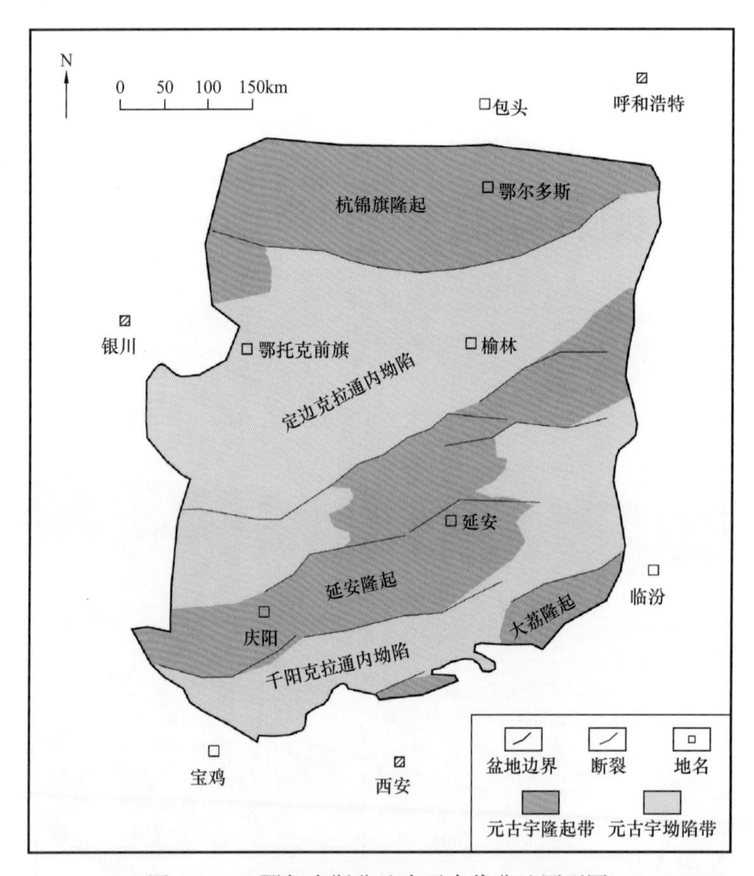

图 2-2-8 鄂尔多斯盆地中元古代盆地原型图

三、四川盆地新元古代盆地原型特征

在早中元古代形成的复杂基底之上，四川盆地自新元古代以来经历了多期复杂的构造演化过程，属于典型的多旋回复合叠合盆地。四川盆地在新元古代时期主要经历了南华纪陆内裂陷盆地和震旦纪—早寒武世克拉通内坳陷盆地。

1. 南华纪盆地原型特征

新元古代早期的南华纪，上扬子克拉通块体发生了强烈区域拉张断陷活动（王剑，

2000；Wang et al.，2003），四川盆地所在的扬子克拉通基底之上广泛沉积了一套数千米厚的中性、基性、酸性火山岩及火山碎屑岩建造，而川东三峡地区则沉积了一套数十至200余米厚的冰碛岩及碎屑岩建造。四川盆地内部的探井也揭示为一套元古代火山喷发岩或岩浆侵入岩，高石梯—磨溪古隆起区女基井为紫红色英安质霏细斑岩，可与苏雄组对比；威远（威117井、威28井）两口深井为花岗岩，同位素年龄为720～750Ma（罗志立，1986），说明新元古代早期的裂谷火山活动和岩浆侵入已延至盆地的西部和川中腹部。地震资料研究表明，高石梯—磨溪古隆起区、川西南汉王场—洪雅和乐山—犍为等地区前震旦系可识别出一系列张性断裂及古断陷构造（图2–2–9），说明四川盆地在新元古代南华纪为裂陷盆地发育阶段。

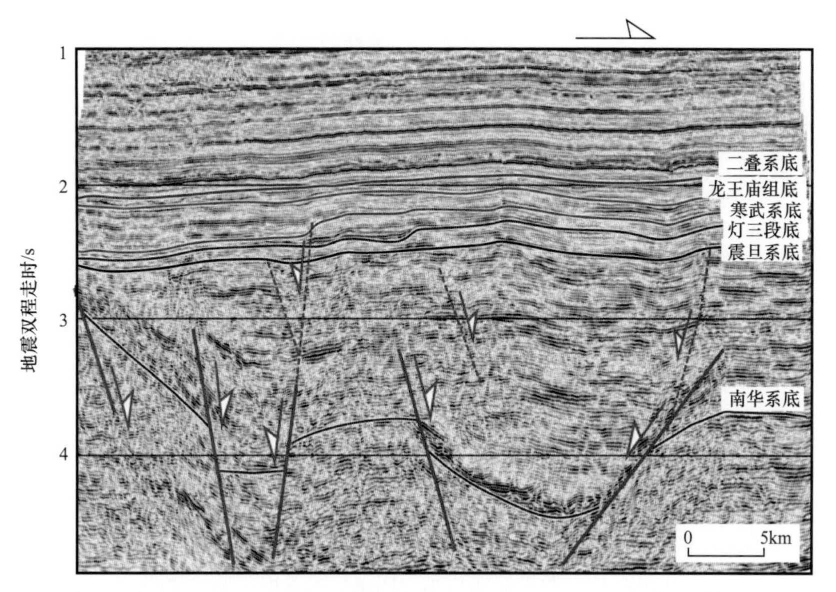

图2–2–9　四川盆地中部高石梯—磨溪三维地震区北西向叠前时间偏移剖面（据魏国齐等，2018）

基于重磁资料和盆地二维、三维地震数据的解释结果，编制了四川盆地南华纪盆地原型图（图2–2–10），图中显示新元古代裂谷构造在盆地内广泛分布，主要呈北东向和北北西向展布，局部出现近东向展布。在四川盆地西南部宜宾和雅安等地一直到东部的达州—利川地区，主要表现为北东向裂谷构造；在绵阳—资阳—泸州一带发育一个近北北西向裂谷，与北东向裂谷相互交叉叠置，该裂谷的发育位置与震旦纪—早寒武纪发育的绵竹—长宁裂谷位置大致重合，可能对其发育也有着一定的影响。在巴中地区可能还发育近东西向裂谷，两端分别与北北西向和北东向裂谷交叉叠置。

2. 震旦纪盆地原型特征

南华纪裂谷发育之后，包括四川盆地在内的扬子克拉通开始整体沉降，在下震旦统陡山沱组局部沉积的基础上，广泛沉积了第一套区域性盖层—上震旦统灯影组，开启了海相克拉通盆地构造沉积演化阶段。

受扬子克拉通区域伸展背景及新元古代南华纪裂谷基底不均一性影响，四川盆地震旦纪—早寒武世经历了以地壳垂向升降为特点的桐湾运动（魏国齐等，2013），发育大型克拉通内坳陷和古隆起（图 2–2–11），包括德阳—安岳克拉通内坳陷、川东克拉通内坳陷和高石梯—磨溪同沉积古隆起、大巴山古隆起和达州—开江古隆起等，导致了构造和沉积差异明显，出现了深水泥页岩与台地相碳酸盐岩差异演化。德阳—安岳克拉通内裂陷与南华纪裂谷具有一定的继承性。基于钻井和地震资料，发现威远—资阳—高石梯地区是灯影组遭受严重暴露剥蚀的区域，整体来看该裂陷平面展布近似“U”形，呈近北东向延伸。灯影组一段、二段在裂陷内部沉积较薄，厚 10～100m，向裂陷周缘其厚度逐渐增大至 400m 以上（图 2–2–12）。

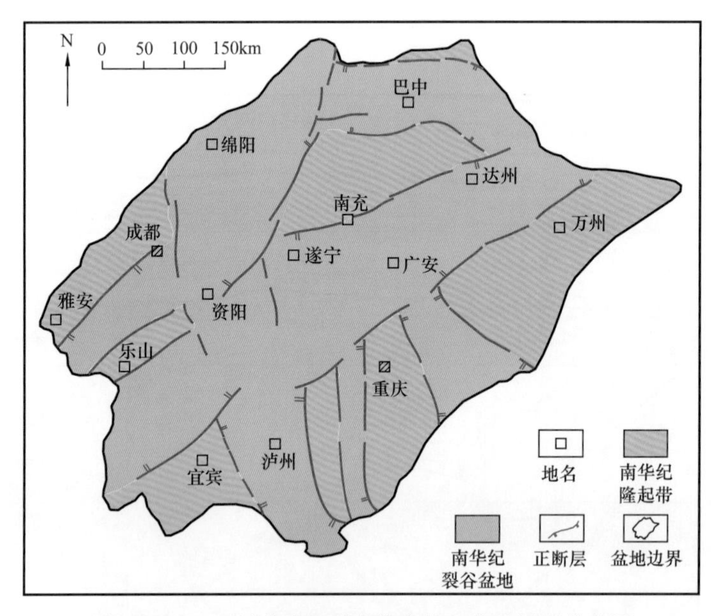

图 2–2–10 四川盆地新元古代南华纪盆地原型分布图

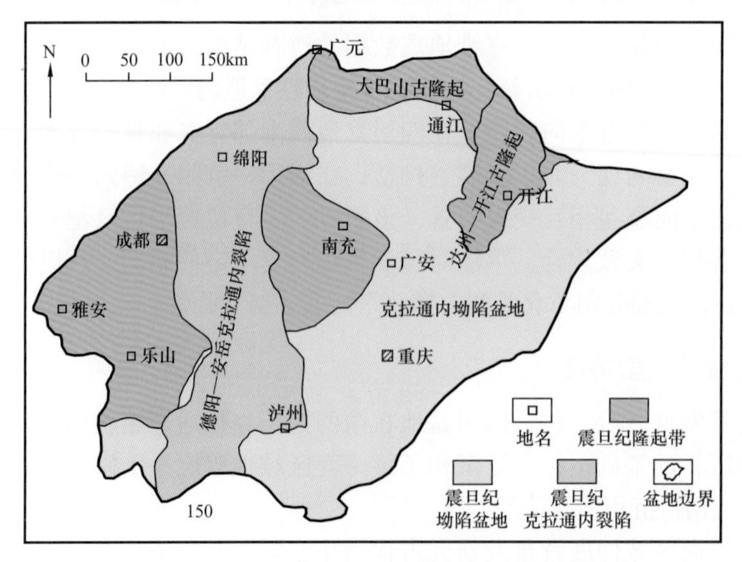

图 2–2–11 四川盆地新元古代震旦纪盆地原型分布图

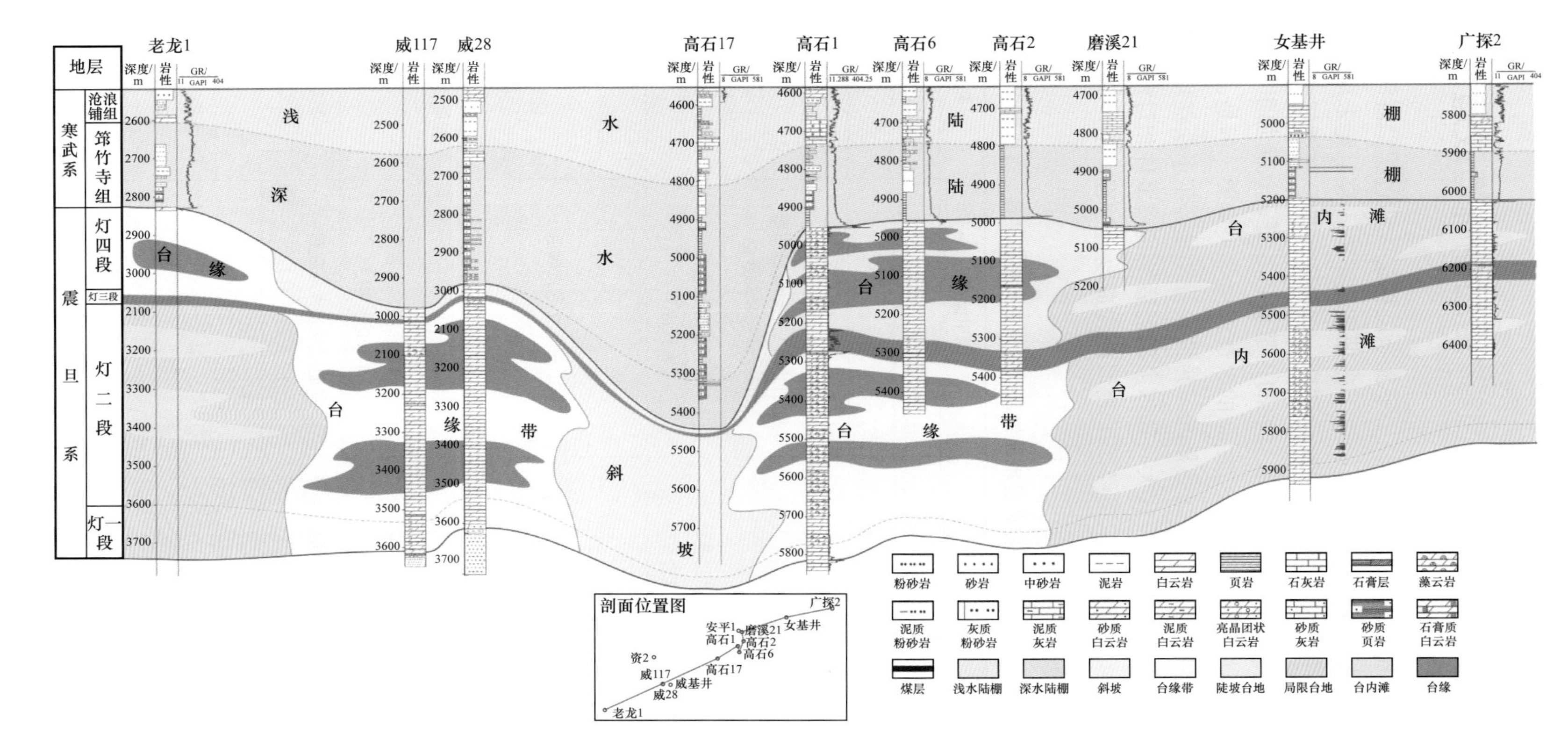

图 2-2-12　四川盆地过德阳—安岳裂陷老龙 1 井—威 117 井—高石 17 井—高石 1 井—磨溪 21 井—女基井—广探 2 井地层对比剖面（魏国齐等，2015；图中蓝色部分为灯三段泥岩段）

第三节　含油气盆地深层后期构造改造

中国三个克拉通盆地深层形成之后经历了复杂的构造改造过程，对深层层系影响巨大。例如，塔里木盆地自寒武纪以来，经历了多期构造事件（震旦纪末期、中奥陶世末期、上奥陶世末期、中泥盆世末期、石炭纪末期、二叠纪末期、三叠纪末期、上新世），形成了多期的不整合。分析三大克拉通盆地的构造改造特征，认为加里东期、印支期、喜马拉雅期和塔里木大火成岩省对深层层系的改造作用至关重要。但是，三个克拉通盆地深层的后期所经历的构造事件存在明显的差异性，特别是鄂尔多斯盆地所经历的构造事件与塔里木盆地和四川盆地相差较大，鄂尔多斯的后期构造事件相对较弱；此外，即使塔里木盆地和四川盆地显生宙以来经历了相似的构造改造过程，但也具有各自的个性和特殊性（表 2-3-1）。

表 2-3-1　三大克拉通盆地显生宙以来重要构造事件特征对比表

<table>
<tr><th colspan="2">地质年代</th><th>塔里木盆地</th><th>四川盆地</th><th>鄂尔多斯盆地</th></tr>
<tr><td colspan="2">新生代</td><td>扰曲沉降和冲断变形</td><td>强烈抬升和冲断变形</td><td>西部挤压抬升，南部断陷</td></tr>
<tr><td rowspan="3">中生代</td><td>白垩纪</td><td></td><td></td><td></td></tr>
<tr><td>侏罗纪</td><td></td><td></td><td></td></tr>
<tr><td>三叠纪</td><td>南部强烈冲断变形</td><td>强烈冲断变形和盆地沉降
开江—梁平古隆起</td><td></td></tr>
<tr><td rowspan="6">古生代</td><td>二叠纪</td><td>塔里木早二叠世
大火成岩省</td><td>峨眉山晚二叠世
大火成岩省</td><td></td></tr>
<tr><td>石炭纪</td><td></td><td rowspan="4">乐山—龙女寺古隆起</td><td></td></tr>
<tr><td>泥盆纪</td><td rowspan="3">塔西南—塔南古隆起及
南部冲断变形</td><td rowspan="2">区域性抬升剥蚀</td></tr>
<tr><td>志留纪</td></tr>
<tr><td>奥陶纪</td><td></td></tr>
<tr><td>寒武纪</td><td></td><td></td><td>伸展作用（裂谷发育）</td></tr>
<tr><td rowspan="3">新元古代</td><td>震旦纪</td><td>罗迪尼亚超大陆裂离
（坳陷作用）</td><td>罗迪尼亚超大陆裂离
（坳陷作用）</td><td rowspan="3">区域性抬升剥蚀</td></tr>
<tr><td>南华纪</td><td>罗迪尼亚超大陆裂解
（裂陷作用）</td><td>罗迪尼亚超大陆裂解
（裂陷作用）</td></tr>
<tr><td>青白口纪</td><td rowspan="3"></td><td rowspan="3"></td></tr>
<tr><td rowspan="2">中元古代</td><td>蓟县纪</td><td>哥伦比亚超大陆裂离
（坳陷作用）</td></tr>
<tr><td>长城纪</td><td>哥伦比亚超大陆裂解
（裂陷作用）</td></tr>
</table>

本节重点针对三个克拉通盆地深层所经历的关键构造改造事件，进行盆地演化过程中克拉通盆地深层层系的古构造形态和主要不整合面的剥蚀量进行深入剖析，探讨深层构造控藏作用。

一、塔里木显生宙以来的主要构造—热事件改造

塔里木盆地自寒武纪以来，经历了多期构造事件叠加改造，例如，奥陶纪末期、二叠纪末期、三叠纪末期、白垩纪末期和上新世以来等构造事件，形成多个不整合面。通过对塔里木盆地地震测线的解释追踪及钻井地层对比，共识别出 8 期对研究区有重要影响的不整合面，分别是€/An€、O_3/O_{1-2}、S/AnS、D_{3d}/AnD_{3d}、P/AnP、J/AnJ、E/AnE 和 N_{2a}/AnN_{2a}。不同时期的不整合面在不同区域表现不同，在部分地区常常是多期变形复合成一个不整合。例如 S/AnS 不整合面为志留系与前志留系间的不整合面，是由于奥陶纪末古昆仑洋闭合导致塔里木盆地西南地区的构造变形形成。现今的塔西南地区位于当时前陆盆地的前缘隆起区，现今的巴楚隆起西部地区逐渐抬升，形成西南高北东低的地形特征，西南部地区缺失上奥陶统，下志留统柯坪塔格组由北东向西南方向分别超覆于中奥陶统和上奥陶统之上，形成志留系与前志留系间的不整合面。分析塔里木盆地显生宙时期的构造事件，可以发现早古生代造山事件、早二叠世地幔柱活动事件和新生代陆内造山事件对盆地的叠加和改造最为强烈，这些构造—岩浆事件对新元古代盆地原型格局、埋藏状态及油气的生成和聚集成藏等产生了重要影响。

1. 早古生代造山事件的改造作用

塔里木盆地早古生代经历了强烈的构造改造作用。通过对塔里木盆地的大规模地震资料解释和盆山结合部地区野外地质调查，发现早古生代构造事件造成了塔里木盆地西南部古隆起的发育，地层被大规模抬升剥蚀；而且在盆地南部和东南发生了强烈的褶皱冲断变形，形成了塔东南早古生代褶皱冲断带，对塔里木西南缘和南部新元古代盆地的影响较大。

本次研究在恢复各期构造事件的剥蚀量的基础之上，以地层界面比较稳定的、地震反射界面清晰的寒武系盐底（白云岩顶）为界，结合塔里木盆地西南部地区各个时期的残余地层厚度，编制了各个时期寒武系盐下白云岩的古构造图来研究塔西南古隆起的时空迁移过程（图 2-3-1）。

根据寒武系盐下白云岩古地形的变化来直观地分析塔西南古隆起在时间、空间上的迁移和演化过程［图 2-3-1（a）至（f）］。中奥陶世塔西南区域总体呈现西南高、东北低的格局，除了塘古巴斯坳陷和阿瓦提坳陷，其他区域盐下白云岩的顶面整体抬升［图 2-3-1（a）］，早、中奥陶世地层遭受到了剥蚀，塔里木盆地西南部地区形成了一范围较大的低幅度古隆起，即塔西南古隆起的雏形。晚奥陶世末整个塔里木盆地西南部地区的地势进一步抬高，古隆起进一步扩大，成了一个区域性的隆起，即塔西南古隆起；此时的隆起有两个次一级的隆起构造高部位，麦盖提斜坡西部地区隆起的构造高部位位于西昆仑内部，而另一个构造高部位在叶城附近［图 2-3-1（b）］，塘古巴斯地区沉积巨厚

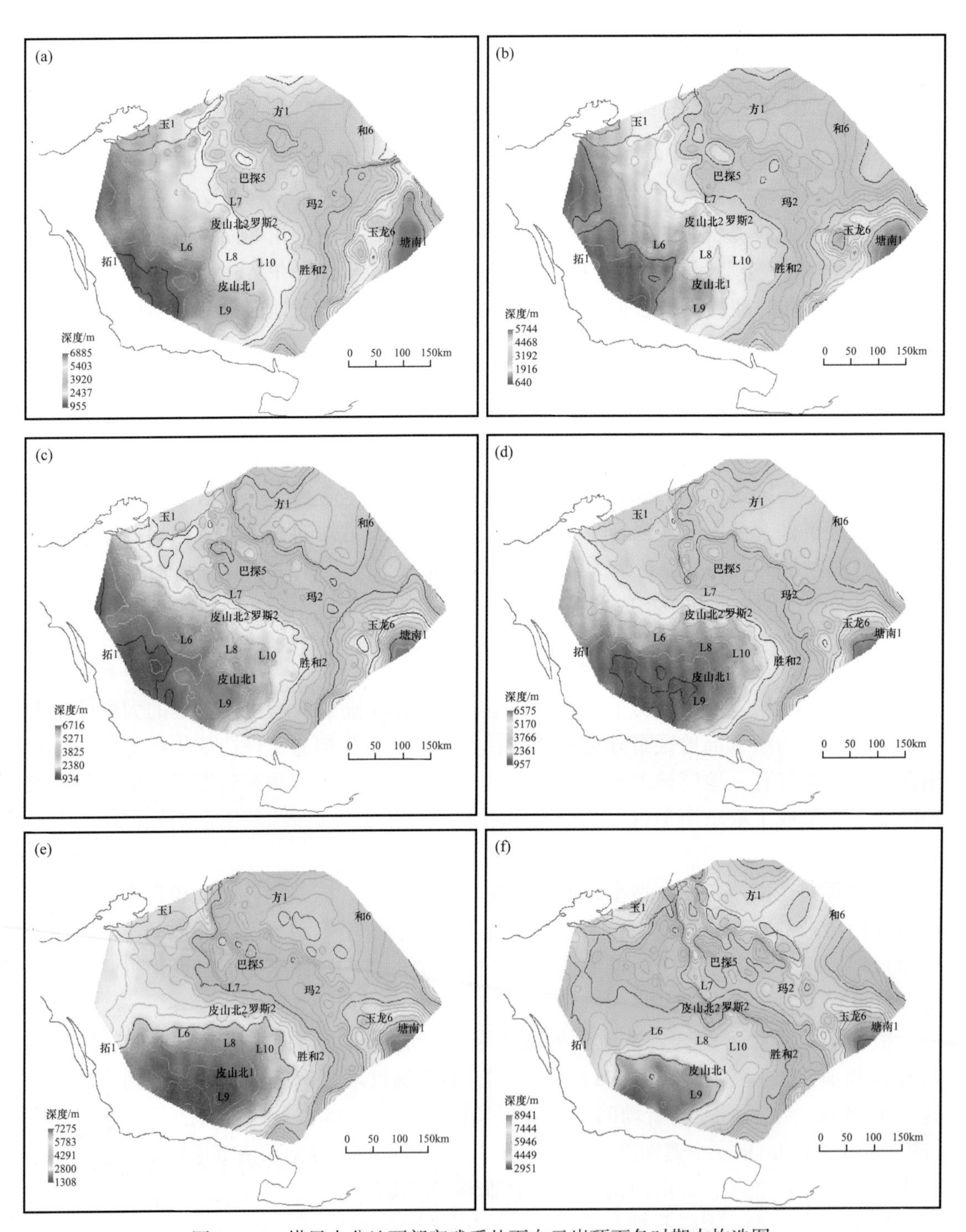

图 2-3-1　塔里木盆地西部寒武系盐下白云岩顶面各时期古构造图

（a）中—晚奥陶世；（b）晚奥陶世末；（c）志留纪末；（d）中泥盆世末；（e）石炭纪末；（f）二叠纪末

晚奥陶世地层。志留纪末塔西南古隆起范围向东部扩大，皮山北 1 井、皮山北 2 井、胜和 2 井和罗斯 2 井等区域发生了隆升，成为古隆起的一部分［图 2-3-1（c）］。晚泥盆世沉积前（中泥盆世末变形后）的塔西南古隆起在志留纪的基础上向东部进一步加强，古隆起的构造高部位主要位于塔里木盆地南部和田地区，已经发展成为塔里木盆地南部的古隆起；而早期西北侧的隆起高点消失，隆起的构造高部位已位于皮山北 1 井及其西南部地区［图 2-3-1（d）］。石炭纪末的塔西南古隆起的形态基本上与中泥盆世末的形态保持一致，古隆起的构造高部位还是位于皮山北 1 井及该井西南部地区，只是古隆起的隆起幅度较前者要低［图 2-3-1（e）］，此时塔西南古隆起已经逐渐成为水下隆起。二叠纪末的塔西南古隆起范围和隆起的幅度大范围缩小，隆起范围只存在于皮山北 1 井以南区域［图 2-3-1（f）］。从上述古隆起平面形态上的演变和迁移来看，塔西南古隆起形成于中奥陶世，古隆起的分布范围主要位于塔里木盆地西南部地区，发育有两个相对高的部位；晚奥陶世已经初具规模，隆起的幅度得到了进一步抬升，两个相对高的部位更加明显；到了志留纪，塔西南古隆起整体稳定隆升，隆起范围快速向东部扩大，皮山北 1 井、皮山北 2 井、胜和 2 井和罗斯 2 井等区域成为古隆起的一部分，古隆起的构造高部位主要位于塔里木盆地和田地区；到了泥盆纪—石炭纪，塔西南古隆起的范围开始逐渐缩小，石炭纪时期，塔西南古隆起开始成为水下隆起；到了二叠纪时期，隆起范围只存在于皮山北 1 井以南区域，古隆起的形态基本消失。

早古生代构造改造事件除了在塔里木盆地西南部和南部发育了一个区域性古隆起外，还形成了玛东逆冲构造带和塘南逆冲构造带。图 2-3-2 是穿越阿尔金造山带、塔东南坳陷、塔东南隆起和塘古巴斯坳陷的一条区域性的大剖面，从剖面右段可以发现早生代早期的地层发生了强烈的构造变形，之上被晚泥盆世—早石炭世的地层不整合覆盖。因此，早古生代末塔里木盆地南部—东南部发生了强烈褶皱—冲断变形，贾承造（1997）把该褶皱—冲断变形带称为塔里木盆地南部周缘前陆冲断系。该冲断系呈北东东—南西西向展布，并在塘古巴斯地区呈向北凸出的弧形，主要表现为以寒武系中下部膏盐层为滑脱面，下古生界和中—下泥盆统沿该滑脱层发生滑脱形成冲断推覆构造。魏国齐等（2002）据冲断方向和构造变形特征的不同，将塔里木南部周缘前陆冲断系划分为南部冲断带、塘古孜构造三角带和塘北后冲带等 3 个次级构造带，并将该冲断带称为塔里木盆地南部早古生代褶皱冲断带。

2. 早二叠世大火成岩省事件

塔里木早二叠世大火成岩省是继峨眉山大火成岩省之后中国境内的又一重大发现（Yang et al.，2013；Yu et al.，2017）。研究表明，塔里木大火成岩省不仅包括了巨量的溢流玄武岩喷发，而且还包括超基性岩墙、辉绿岩岩墙、辉长岩体、正长岩 / 正长斑岩岩墙或岩体等多种类型的侵入体和酸性火山岩（杨树锋等，2005；Yang et al.，2013）。其中大规模溢流玄武岩主要集中于 290—288Ma 喷发形成（陈汉林等，2009；Yang et al.，2013），但多数辉绿岩岩墙、正长岩等均晚于大规模溢流玄武岩地质年代，大致形成于 287—274Ma（杨树锋等，1996，2007，2006）。

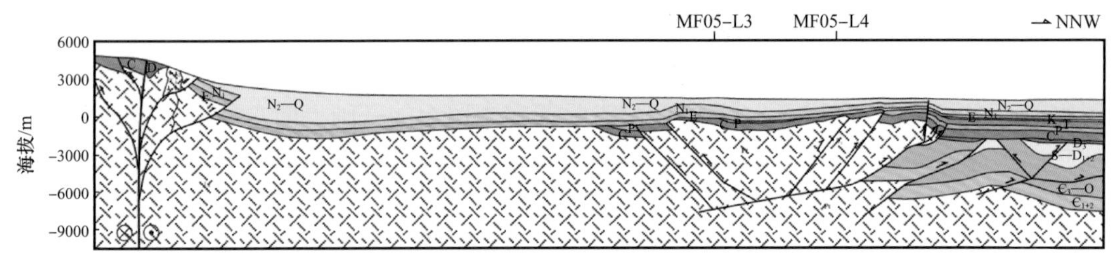

图 2-3-2 塔里木盆地穿越阿尔金造山带到塘古巴斯凹陷的区域构造剖面

塔里木早二叠世大火成岩省事件对新元古代盆地的改造主要表现在两个方面：一是石炭纪末由于地幔柱上升导致的塔里木北缘抬升剥蚀（陈汉林等，2006；Li et al., 2014）；二是大火成岩省形成过程中大规模的火山喷发和岩浆侵入导致热效应。前人研究表明，塔里木北部地区隆升幅度大、剥蚀强，向东、南、西方向减弱并消失。根据地层对比法估算（未考虑地层压实恢复），塔北地区最小抬升剥蚀量 750～800m，有的地区剥蚀可能达到 1100～1200m（李东旭，2015）。

伴随着早二叠世大火成岩省事件的大规模火山喷发和岩浆侵入，这种异常岩浆热事件可有效提升塔里木克拉通地温场，有利于新元古代盆地的热演化与生烃作用。李佳蔚等（2016）通过对塔里木盆地大量实测镜质组反射率（R_o）数据，发现以盆地西北部石炭系与二叠系之间的不整合面为界，R_o 值存在不连续演化。石炭纪地温梯度明显高于二叠纪，结合热史模拟认为盆地在石炭纪末地温梯度开始升高，至 300Ma 达到峰值，地温梯度分布在 4.8～5.6℃ /100m 之间，早二叠世迅速降低，随后进入缓慢稳定降低阶段。塔里木盆地早二叠世大火成岩事件对于塔里木盆地烃源岩的热演化和早期形成的原油的裂解产生重要的影响，使得早古生代晚期（加里东期）形成油藏的原油发生裂解形成了干气，塔里木盆地的内部第一次开始形成气藏。

3. 新生代构造改造事件

塔里木盆地新生代以来，受印度和欧亚大陆碰撞及其远程效应，盆地周缘的昆仑山、阿尔金山和南天山造山带相继大规模复活，造山带大规模构造隆升的同时邻近造山带的盆地区域发生快速沉降并接受了巨厚的新生代沉积，塔西南深坳陷的新生代沉积厚度超过了 10000m，而库车坳陷的新生代沉积厚度超过了 6000m，分别形成了塔西南新生代深坳陷和库车新生代深坳陷，导致了克拉通盆地深层层系被深埋，使得塔里木盆地深层层系基本进入超深—特超深埋藏状态。在新生代深坳陷盆地一侧的前缘隆起区则发生了相对的隆升，形成了巴楚隆起、塔北隆起、塔中隆起和塔东南隆起区，在这些隆起区的新生代沉积厚度相对较小，克拉通盆地深层层系埋深相对较浅，成为克拉通盆地深层层系油气勘探的潜在区域。

新生代构造事件的另一个特征是构造变形从复活的造山带向盆地内部发生大规模的构造传播，形成了多个褶皱冲断带，包括西昆仑山前褶皱—冲断带、南天山南缘褶皱—冲断带和阿尔金北缘走滑—逆冲构造带。这些冲断带变形强烈地改造了克拉通盆地深层层系，其结构变形更为复杂；盆地南北两侧变形强，对早期的深层改造强烈；而盆地内部则构造相对稳定，特别是古隆起区保存较好，有好的油气勘探远景。

二、四川盆地显生宙以来的构造—热事件改造

综合野外露头、地震和钻井资料发现，四川盆地主要发育8期重要的不整合面，分别是震旦系与前震旦系之间（Z/AnZ）、震旦系灯影组三段与二段之间（Z_2d_3/Z_2d_2）、下寒武统麦地坪组或筇竹寺组与震旦系灯影组之间［ϵ_1q（ϵ_1m）/Z_2d］、志留系与奥陶系之间（S/O）、石炭系与下伏志留系之间（C/S）、二叠系与下伏前二叠系之间（P/AnP）、上三叠统须家河组与中—下三叠统之间（T_3x/T_2l—T_1j）及侏罗系与上三叠统之间（J/T_3）。这些不整合事件所代表的构造事件对盆地的沉积构造演化、储层形成与分布、圈闭和油气藏的形成和保存都具有重要的控制作用，其中，对盆地烃源岩演化和储层发育的影响最大的有早古生代构造事件、晚二叠世峨眉山大火成岩省事件和早中生代构造事件（图2-3-3）。

1. 早古生代构造事件

通过地震资料分析和前二叠纪地层剖面对比可以发现：二叠系沉积前，川中—川西地区存在一个大型的正向古构造单元（乐山—龙女寺加里东古隆起），古隆起南翼陡、北翼缓。该古隆起主体区下古生界遭受严重剥蚀，下古生界由核部地区向翼部地区逐渐增厚，显著地控制了前二叠系发育特征（图2-3-4）。

四川盆地早古生代构造事件形成的不整合面展布形态呈现出向北东东倾伏的鼻状结构（图2-3-5），反映了二叠系沉积前的构造面貌总体表现为一个北东东向倾没的大型鼻状隆起（乐山—龙女寺加里东古隆起），纵向上二叠系与下古生界直接接触成区域不整合：横向上遭受剥蚀程度由北东向—南西依次增加。剥蚀量恢复结果表明，下古生界最大剥蚀区集中在资阳—安岳—威远一带，剥蚀量范围900～1120m，其次在雅安一带，古隆起南翼的剥蚀程度大于隆起带西北部；主要剥蚀区集中在古隆起轴线上，沿着古隆起斜坡区，剥蚀量逐渐减小。剥蚀量的展布形态与乐山—龙女寺古隆起展布面貌相似，体现了二叠系沉积前乐山—龙女寺古隆起具剥蚀隆起特征。分层剥蚀量恢复表明下古生界自上而下，志留系最大剥蚀区集中在资阳—安岳—威远一带，剥蚀量高达850m，南翼的剥蚀程度大于隆起带西北部；中上奥陶统剥蚀量变化不大，剥蚀量高达75m；下奥陶统最大剥蚀区位于资阳地区，剥蚀厚度约255m；中上寒武统最大剥蚀区位于安岳地区，剥蚀量达200m；下寒武统最大剥蚀区在都江堰以南一带，剥蚀量接近450m。

基于最新80余口钻井资料及二维、三维地震资料，并结合野外地质剖面资料，在剥蚀厚度恢复的基础上编制了四川盆地重点深层构造层系不同时期的古构造图，研究深层重点层系的晚期构造改造及与油气运聚的关系。

图2-3-6为四川盆地不同时期灯影组顶面古构造图，通过分析可以发现灯影组顶面构造演化具有以下特点：（1）乐山—龙女寺古隆起是寒武纪以来一个继承性北东东向的大型鼻状隆起，后经多期构造运动的强化和改造，该隆起被川西北—川北、川东、川南凹陷三面环绕；（2）安岳—龙女寺—南充古圈闭及其以西的构造鞍部从早寒武世到现今始终存在；（3）乐山—龙女寺古隆起在早寒武世时在雅安、乐山、资阳范围内为一个鼻状隆起，

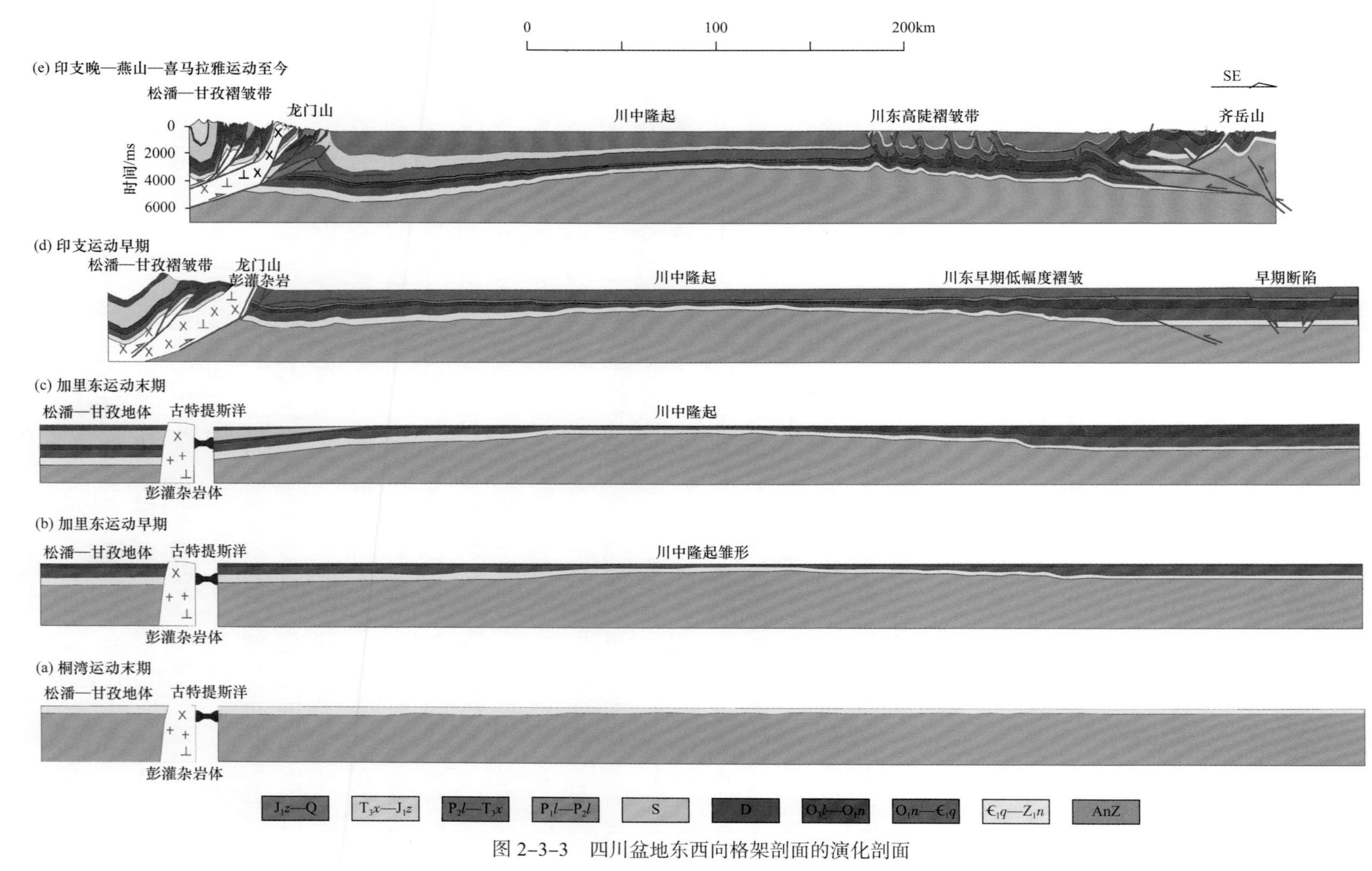

图2-3-3 四川盆地东西向格架剖面的演化剖面

而安岳、武胜、南充、广安一带为另一个独立的大型圈闭，在二叠系沉积前二者才拼合成一个统一的巨型鼻状构造，形成统一的古隆起，在三叠纪末基本定型；（4）寒武纪—侏罗纪末九龙山、南江、通江、平昌一带发育低幅度隆起，且被凹陷包围，是油气聚集的潜在区域；（5）乐山—龙女寺古隆起受区域应力作用及基底控制，轴线发生了逆时针偏移，古隆起轴线由早期的北东东向逆时针偏移至近北东向；（6）资阳古圈闭在二叠纪开始形成，至古近纪持续发育存在；（7）威远构造是在古近纪后才形成的背斜圈闭。

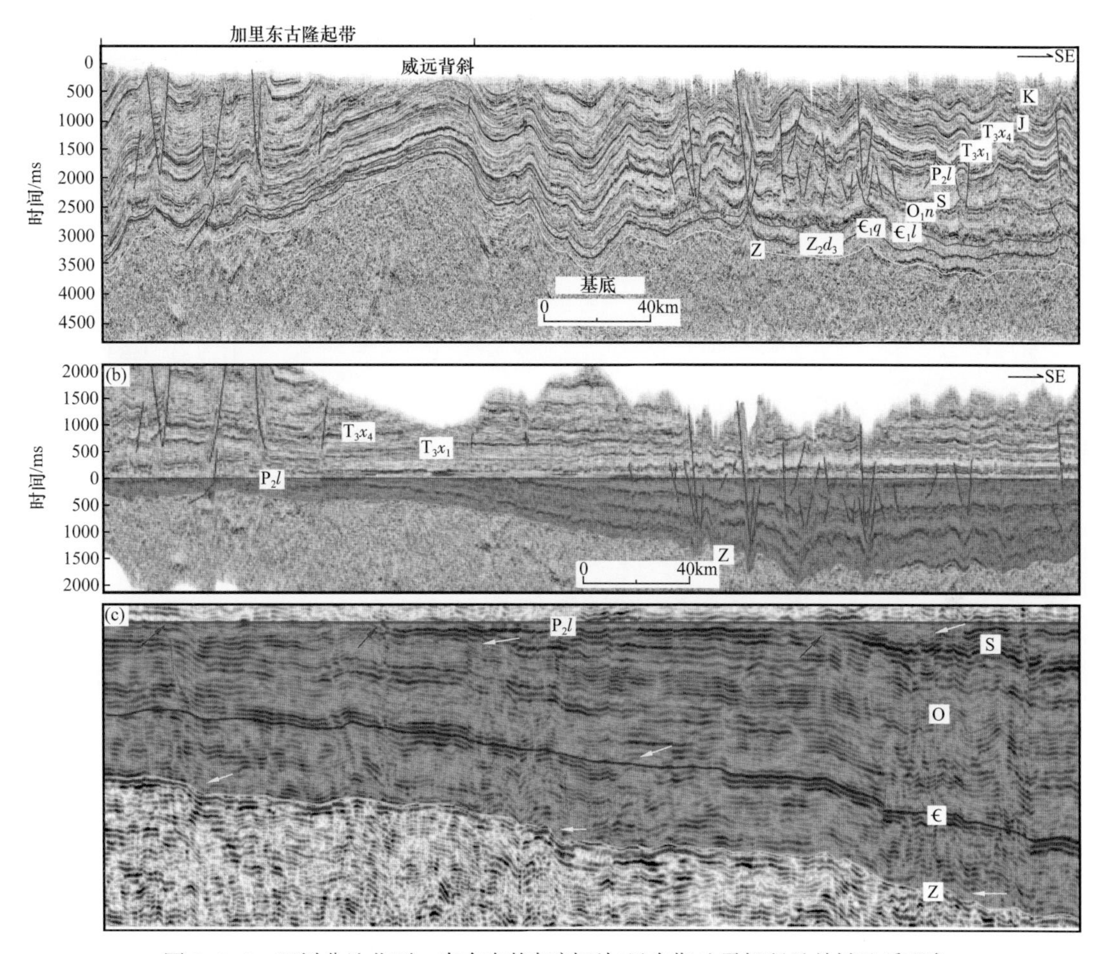

图 2-3-4 四川盆地北西—南东向格架剖面加里东期地震解释及关键地质现象

2. 早中生代的构造改造事件

早中生代时期在四川盆地及邻区发育了两个主要的区域性不整合面：分别为上三叠统与中、下三叠统之间的不整合面（T_3x/T_2l）和下侏罗统与上三叠统之间的不整合面（J_1b/T_3x）（图 2-3-7）。早期构造事件形成的不整合面在四川盆地广泛分布，总体使中、下三叠统在四川盆地呈现西北高，向南东依次减薄并且完全被剥蚀的趋势。这一时期的不整合面主要表现为广泛发育古岩溶作用面和冲刷侵蚀面，古岩溶作用面表现为在波状起伏的雷口坡组顶部岩溶角砾岩及膏溶角砾岩之上发育了须家河组页岩或砂岩沉积；而

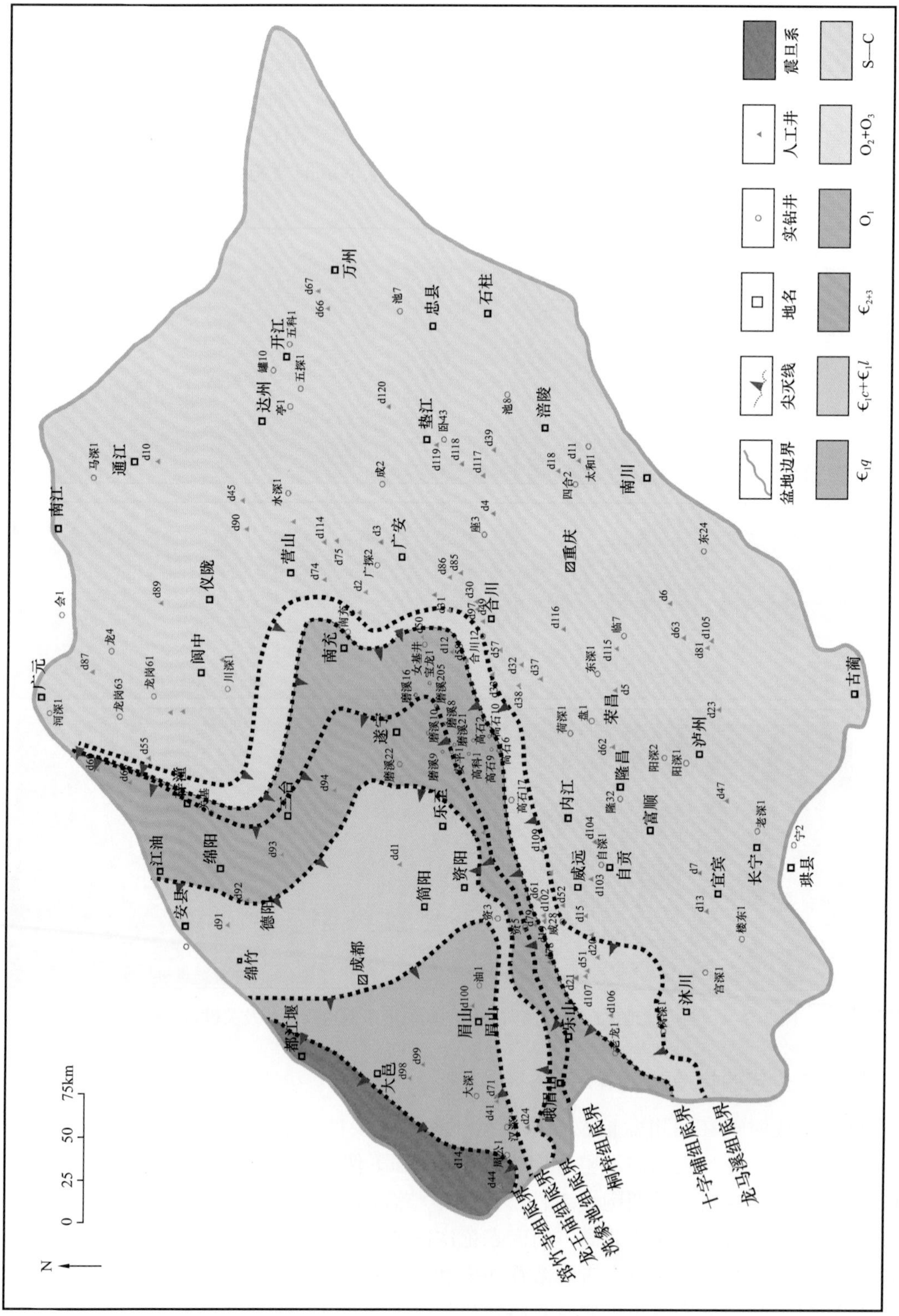

图 2-3-5 四川盆地早古生代构造事件形成的不整合面分布图

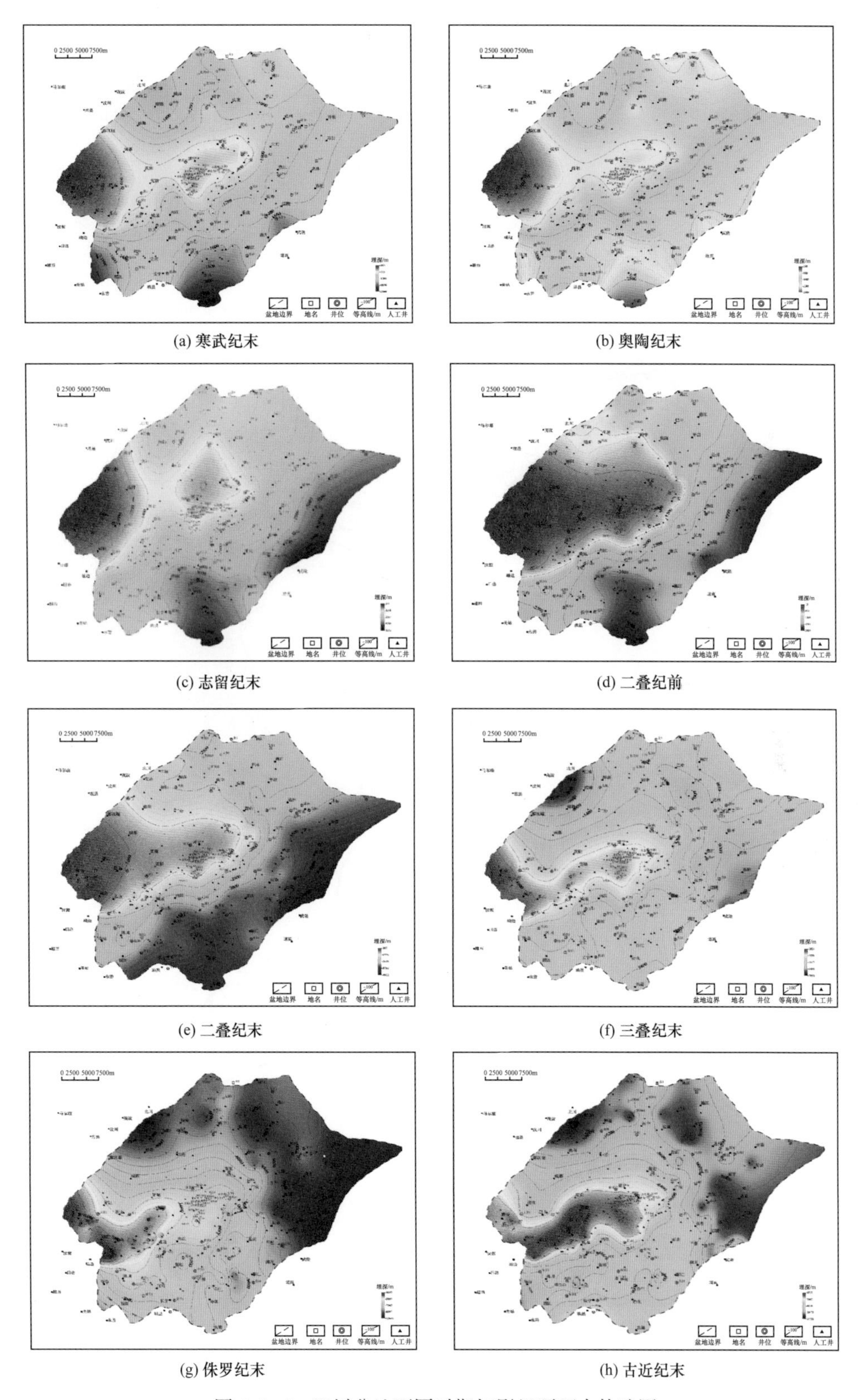

图 2-3-6 四川盆地不同时期灯影组顶面古构造图

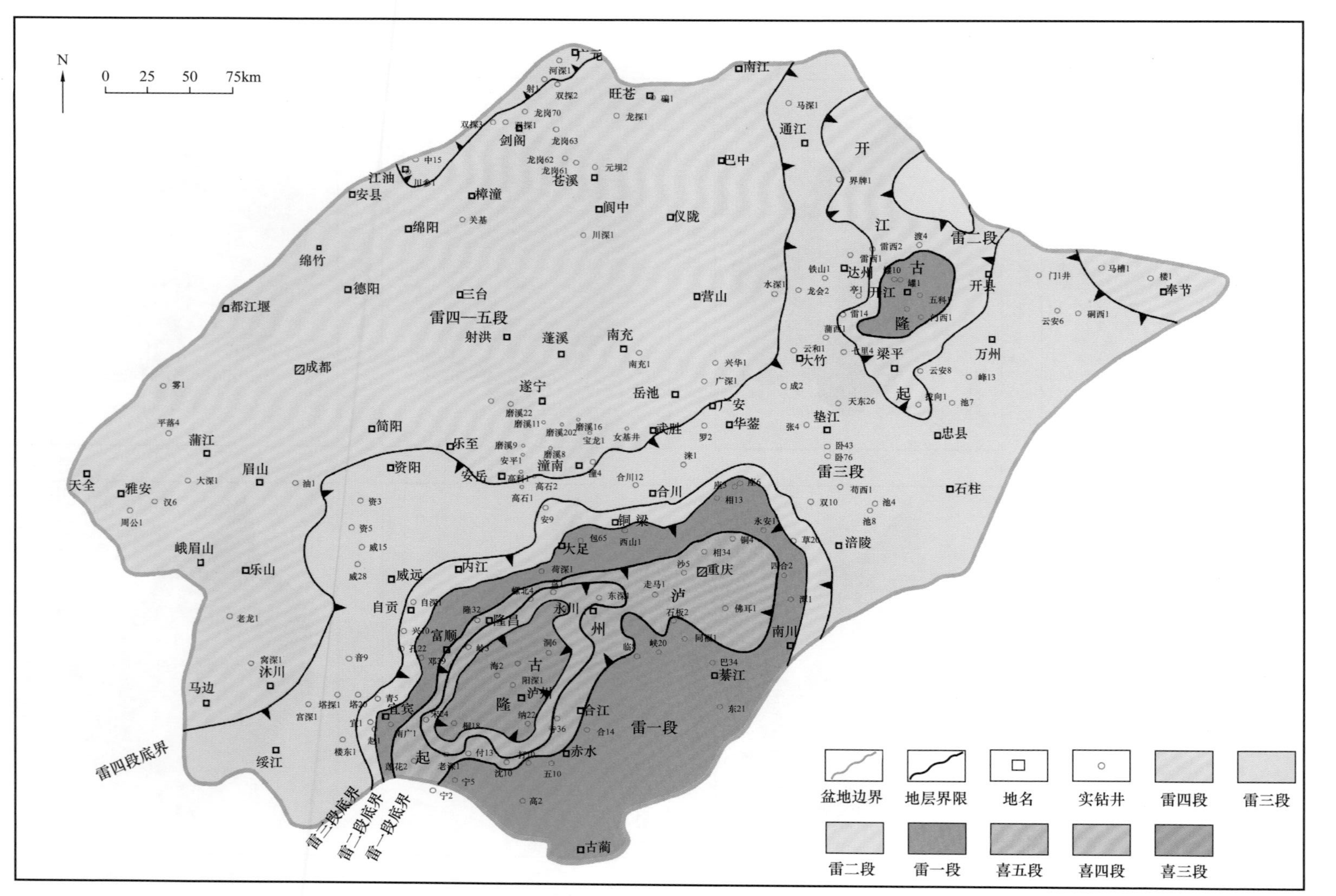

图 2-3-7 四川盆地印支期不整合面分布图

冲刷侵蚀面则表现为须家河组砂砾岩对下伏雷口坡组的冲刷侵蚀。晚期构造运动发生在三叠世末，龙门山及米仓山—大巴山进一步隆升和川东泸州—开江古隆起的形成，导致须家河组顶部遭受不同程度风化剥蚀，形成下侏罗统与上三叠统不整合，最终使四川盆地晚三叠世总体呈现西北高东南低的区域构造格局。

早中生代构造事件的剥蚀厚度图的形态展布与泸州古隆起、开江古隆起展布形态相似，揭示了古隆起高部位剥蚀严重。川东地区剥蚀量最大区域主要位于开江古隆起核部，剥蚀厚度集中在375～570m之间，其次为泸州古隆起核部，剥蚀厚度分布350～480m；而位于早期加里东古隆起核部的威远、高石梯、安平店、龙女寺等地剥蚀量介于100～200m，资阳和磨溪地区剥蚀量小于100m，龙女寺地区剥蚀量最小在50m左右（图2-3-8）。

3. 四川盆地古隆起演化对深层油气的控制作用

四川盆地在不同地质历史时期，形成了不同规模和不同控油气作用的古隆起，其海相的古生界气田主要分布于乐山—龙女寺、泸州—开江等古隆起地区。早古生代构造事件形成乐山—龙女寺古隆起，表现为顶薄翼厚的同沉积生长背斜，形成约$6.5\times10^4km^2$的不整合面；早中生代构造事件导致由海盆向陆相湖盆的转变，泸州—开江古隆起形成，导致形成约$4.5\times10^4km^2$的不整合面。乐山—龙女寺古隆起主要控制了上震旦统及下古生界原生油气藏的发育，泸州—开江古隆起控制了上古生界及三叠系原生油气藏的分布。四川盆地古隆起区的早期原生油气藏绝大多数被改造变成了次生气藏。不同时期古隆起的构造特征对区内沉积相带展布、烃源岩热演化、储层形成改造、构造圈闭形成演化、油气运移与聚集均具有一定影响。

1）对烃源岩热演化的影响

震旦系—寒武系在纵向上发育三套烃源岩，自下而上依次为震旦系陡山沱组泥岩、震旦系灯影组三段泥岩和下寒武统筇竹寺组泥页岩。其中下寒武统筇竹寺组泥页岩是四川盆地震旦系—寒武系气藏的主力烃源层系，其次为震旦系陡山沱组泥页岩。乐山—龙女寺古隆起经历了漫长的形成演化过程，古隆起与震旦系、寒武系烃源岩有机质的演化及其构造沉积演化过程密切相关。古隆起的构造演化通过控制烃源岩沉积埋藏过程，间接控制了有机质的热演化过程。受控于古隆起升降运动和形态变迁，区内烃源岩热演化过程在时空上既具有共性又具有显著差异。

川中高科1井单井沉积埋藏与热演化史表明，下寒武统烃源岩热演化具有一定的共性，即在多个构造旋回中经历了埋藏—抬升—再埋藏—再抬升的过程，并形成三个主要热演化阶段：（1）初始生烃阶段，此阶段是烃源岩埋深逐渐加深的埋藏期；（2）生烃停滞阶段，在此期间早古生代构造事件抬升导致烃源岩埋藏变浅甚至遭受剥蚀；（3）二次生烃阶段，古隆起接受二叠系—侏罗系、白垩系沉积，下寒武统烃源岩开始再次生烃。

乐山—龙女寺古隆起形成演化过程中轴线迁移造成不同部位的烃源岩埋深、古地温和有机质热演化过程在时间和空间上具有明显的差异性。地质历史时期处于古隆起低部位烃源岩埋藏较深，古地温相对较高，先进入生油、生气阶段。同一时期，垂向上下伏烃源岩有机质热演化程度高于上覆烃源岩；横向上处于低部位的烃源岩有机质热演化程

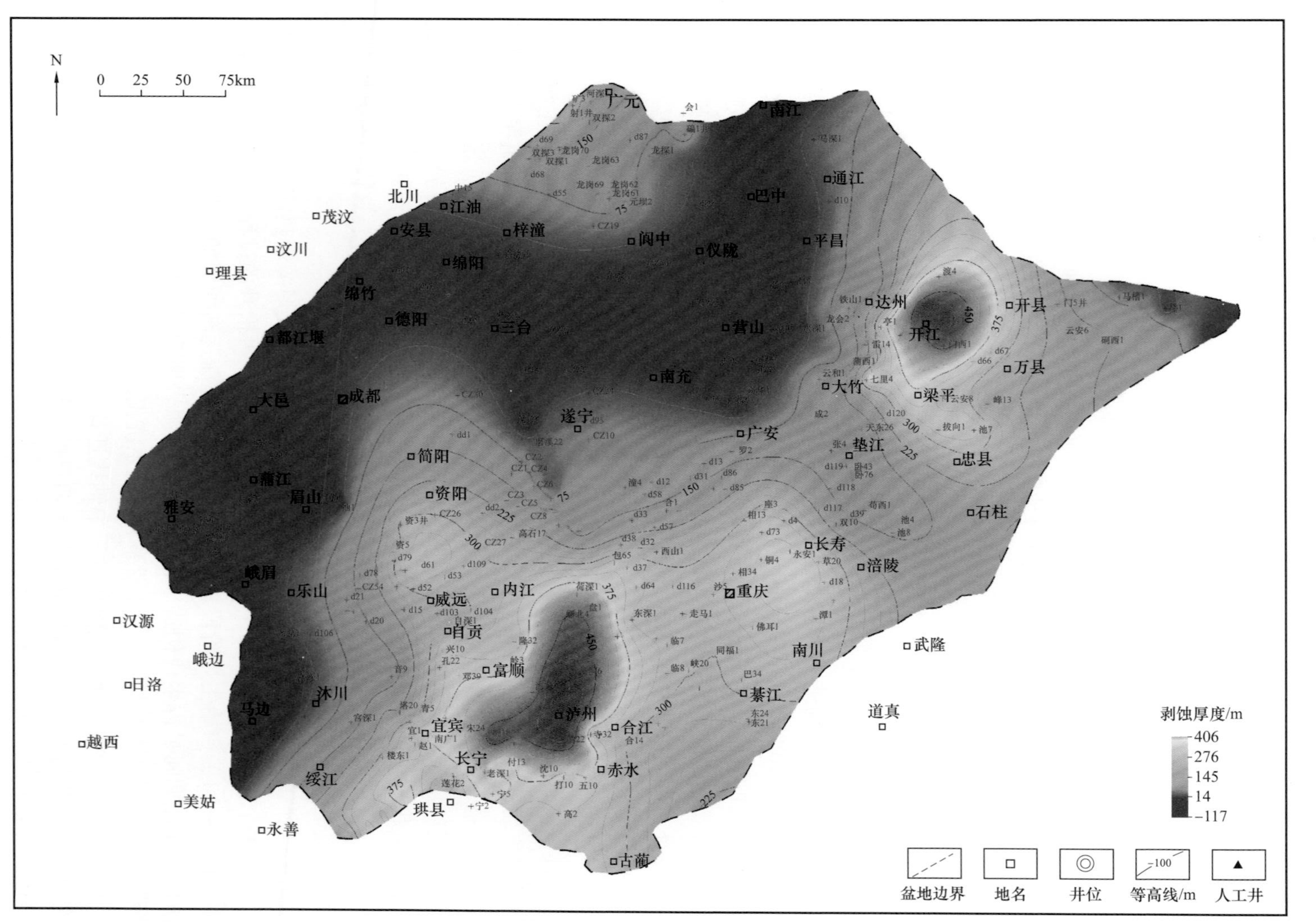

图 2-3-8 四川盆地印支期不整合面剥蚀厚度图

度高于隆起带高部位烃源岩。本次研究以下寒武统筇竹寺组烃源岩为例进行古隆起演化控制烃源岩热演化分析（图 2-3-9）。

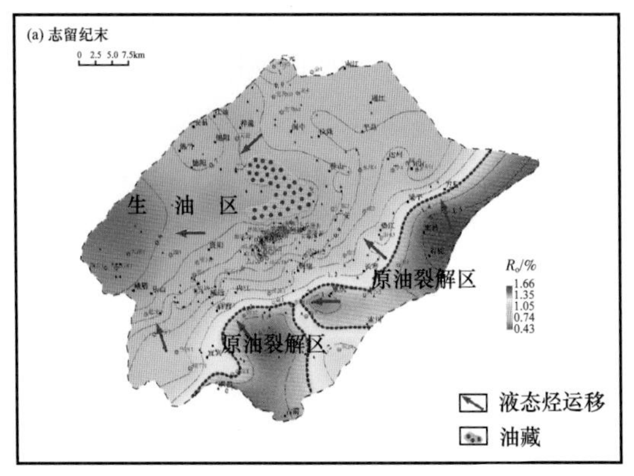

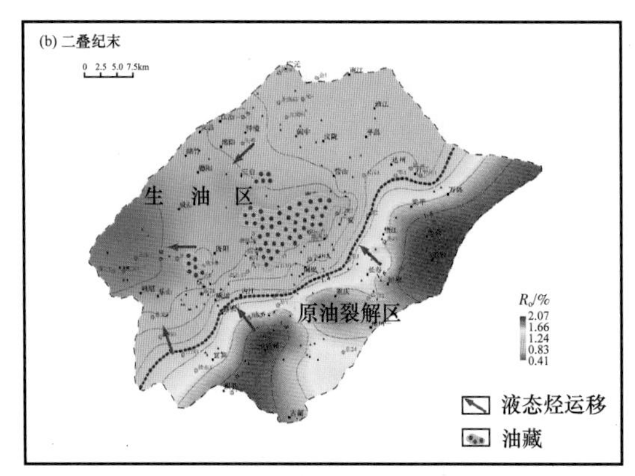

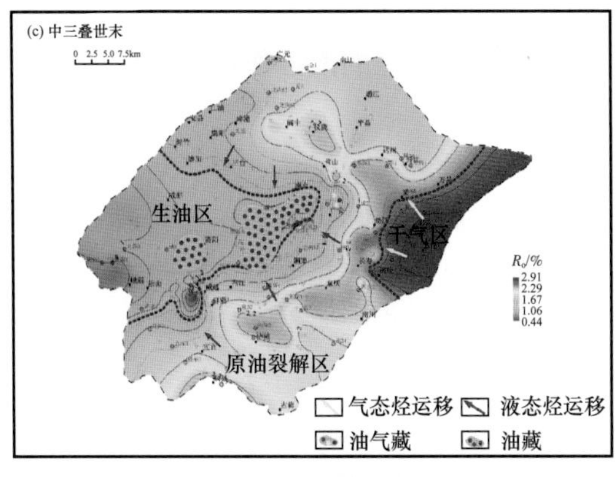

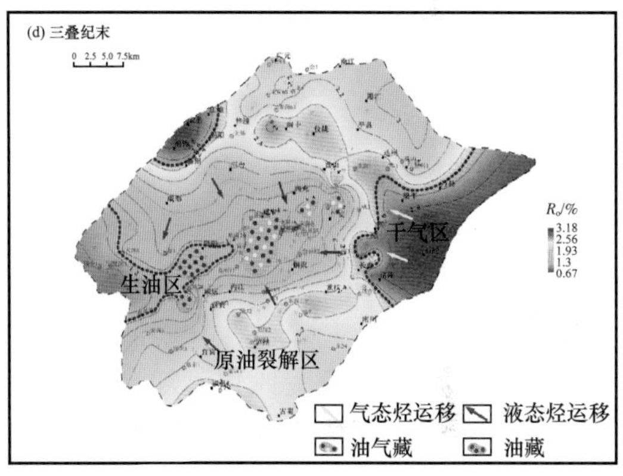

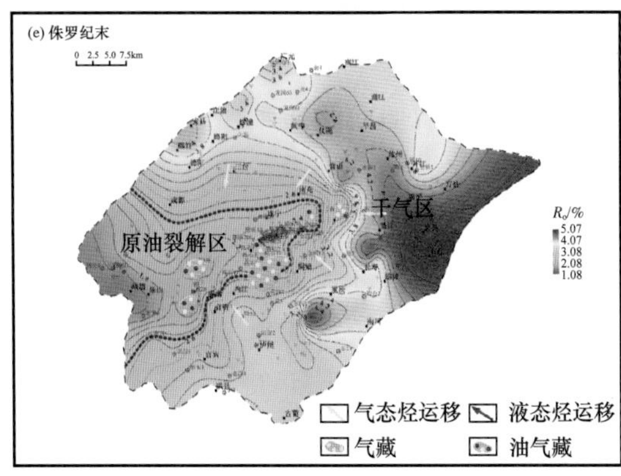

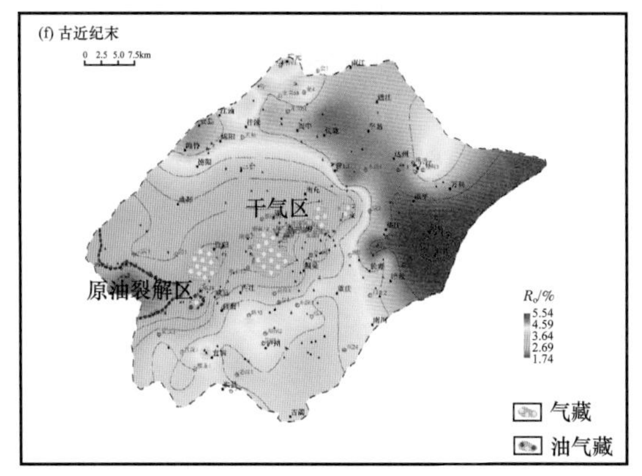

图 2-3-9 四川盆地不同时期下寒武统筇竹寺组烃源岩 R_o 等值线图

纵观有机质热演化史，盆地内不同区域演化历程、演化程度均存在明显差异。位于古构造凹陷的川北、川东、川南地区进入生油期、油裂解期、过成熟期。川东、川南地区在寒武纪晚期已开始生油，奥陶纪末进入生油高峰；二叠纪末进入高成熟阶段，并在大范围内发生了液态烃裂解；三叠纪期间在川东中东部已进入过成熟阶段，液态烃已全部裂解，自中侏罗世起全面进入过成熟阶段，只有裂解产生的干气存在。川北地区在寒武纪开始生油，志留纪末进入生油高峰，三叠纪末进入高成熟阶段，自中侏罗世进入过成熟阶段。而乐山—龙女寺古隆起，其中、东段在奥陶纪末开始生油，二叠纪末进入生油高峰，侏罗纪早期进入高成熟阶段，液态烃裂解生气，古近纪进入过成熟阶段；西段则在志留纪才进入生油期，二叠纪末进入生油高峰，侏罗纪进入高成熟阶段，原油裂解生气，古近纪进入高—过成熟阶段。这一差异对各个区域的油气运移的效率及成藏产生了不同的影响。由此可见，受古隆起构造演化的控制，下寒武统烃源岩热演化过程出现多个主要生烃期，并具有生烃时间长、过程复杂、时空分布差异大的特征。

2）对储层发育的影响

影响碳酸盐岩储层的储集物性主要有两大因素：沉积相与成岩作用。乐山—龙女寺古隆起构造演化对震旦系—下古生界海相碳酸盐岩储层发育具有明显的控制作用。灯影组储层的载体为大套藻白云岩，虽然灯影组沉积时的区域构造背景控制了灯影组沉积时古地理环境，间接控制古隆起区内灯影组沉积相分布和藻白云岩的发育；但是，古隆起后期又发生多次构造抬升，导致该套藻白云岩裸露地表，强烈的溶蚀作用形成优质储集空间。

乐山—龙女寺古隆起震旦系灯影组储层主要发育各种规模溶蚀孔、洞。储层物性好坏除了受岩性岩相影响外，还受到四期古岩溶作用的控制，分别为沉积期古岩溶、风化期古岩溶、埋藏期古岩溶以及褶皱期古岩溶，其中最明显的是风化期古岩溶；而四期古岩溶作用很大程度上受到乐山—龙女寺古隆起形成演化的影响。乐山—龙女寺古隆起由于构造抬升而长期遭受风化剥蚀，至二叠系沉积前其顶部基本被夷平，灯影组“天窗”范围扩大，由川西核部向东依次剥蚀至震旦系、寒武系、奥陶系和志留系。该期风化剥蚀造成寒武系、奥陶系顶部广泛发育与古风化壳有关的碳酸盐岩储层。

受古隆起演化控制，下寒武统龙王庙组储层同样表现为一个由沉积及浅埋藏条件下的高孔渗储层，随着盆地下凹沉降、埋深加大，上覆荷重增加而趋向致密化低孔低渗的演变过程。其间，由于早古生代构造事件的强烈影响、差异抬升剥蚀，造成乐山—龙女寺古隆起范围内剥蚀最为强烈，直到二叠纪末其后期沉积充填尚未能弥补其被剥蚀的量，使孔隙度下降在这段时期终止（表2-3-2）；而华蓥山以东的川东广大区域，早古生代构造事件影响甚小，志留系之上叠加了泥盆系和石炭系，使龙王庙组孔隙度持续降低。而乐山—龙女寺古隆起是一个长期继承性发育的大型正向构造，龙王庙组受压实程度相对较低，除了隆起西段被剥蚀外，中—东段至今仍是孔隙性储层的发育区。

3）对油气成藏的控制

乐山—龙女寺古隆起震旦系—下古生界经历过两次强烈风化剥蚀，形成的不整合面既可以作为优质储层也可以作为油气运移的运载层。受到古隆起构造演化的控制，古隆起震旦系、寒武系有机质从志留纪开始就已大量生油，坳陷区生成的油气在地层静压力作用下沿震旦系、下古生界古风化壳向构造高部位发生运移、聚集、调整，直至形成现今的天然气藏。

表 2-3-2 不同古构造部位龙王庙组孔隙度演化汇总表 单位：%

地质时期	古隆起西段	古隆起中段	古隆起东段	川西北—川北凹陷	川南凹陷	川东凹陷
寒武纪末	>40	>40	30～40	31～35	20～32	23～30
早奥陶世末	>40	>40	29～39	29～32	15～25	19～28
奥陶纪末	>40	>40	26～38	26～31	14～21	16～25
志留纪末	>38	33～35	20～25	20～28	10～16	13～20
前二叠纪	剥蚀	33～35	20～25	20～28	10～16	13～18
二叠纪末	剥蚀	33～35	20～25	15～19	9～14	10～15
中三叠世末	剥蚀	23～28	14～24	9～11	7～11	4～11
三叠纪末	剥蚀	20～24	11～21	6～8	6～8	3～7
中侏罗世末	剥蚀	12～17	5～7	2～3	3～4	2～2.5
侏罗纪末	剥蚀	10～12	3～8	<2	<2	<2
古近纪末	剥蚀	>4	2～3	<2	<2	<2

地史上处于古隆起不同构造部位的烃源岩的热演化过程具有明显的差异。烃源岩生烃高峰期的差异及古隆起形态的变迁决定了古隆起不同构造部位成藏过程的差异。

三、鄂尔多斯盆地深层层系的构造改造过程与特征

鄂尔多斯盆地中—新元古界主要由长城系和蓟县系组成，盆地属性为陆内裂谷盆地。鄂尔多斯盆地普遍缺失新元古界，在盆地南缘露头区出露的长城系和蓟县系，通常与上覆寒武系呈平行不整合或轻微的角度不整合接触。结合前人对新元古代华北克拉通研究成果认为新元古代的鄂尔多斯盆地发生整体抬升并遭受剥蚀，但未发生强烈的构造变形。在早古生代时期，鄂尔多斯盆地的构造事件主要发生在盆地的南缘，本次研究厘定了南缘在早古生代时期经历了 3 个阶段的演化。早寒武世—中寒武世早期（辛集组—徐庄组沉积期）为被动大陆边缘环境，南部为商丹洋；中寒武世晚期—早奥陶世（张夏组—亮甲山组沉积期）转变为主动大陆边缘环境，二郎坪弧后盆地发育；中奥陶世—晚奥陶世（马家沟组—背锅山组沉积期）二郎坪弧后盆地关闭，北秦岭地体与华北克拉通发生碰撞，鄂尔多斯盆地南缘处于挤压环境，南缘转为前陆盆地，与西缘的前陆盆地叠加，共同影响着盆地内的沉积。

中生代时期，鄂尔多斯盆地南缘发生挤压，早古生代形成的断层再次活动，上古生界、三叠系和侏罗系受逆断层影响形成褶皱，且被抬升剥蚀（图 2-3-10）。鄂尔多斯盆地南缘中生代主要发生了两期构造抬升，早期抬升时间为晚侏罗—早白垩世早期，晚期抬升发生在晚白垩世时期；前者对应晚侏罗世盆地西南缘复杂的逆冲推覆构造变形及隆升事件，后者对应晚白垩世以来的长期隆升—剥蚀过程。

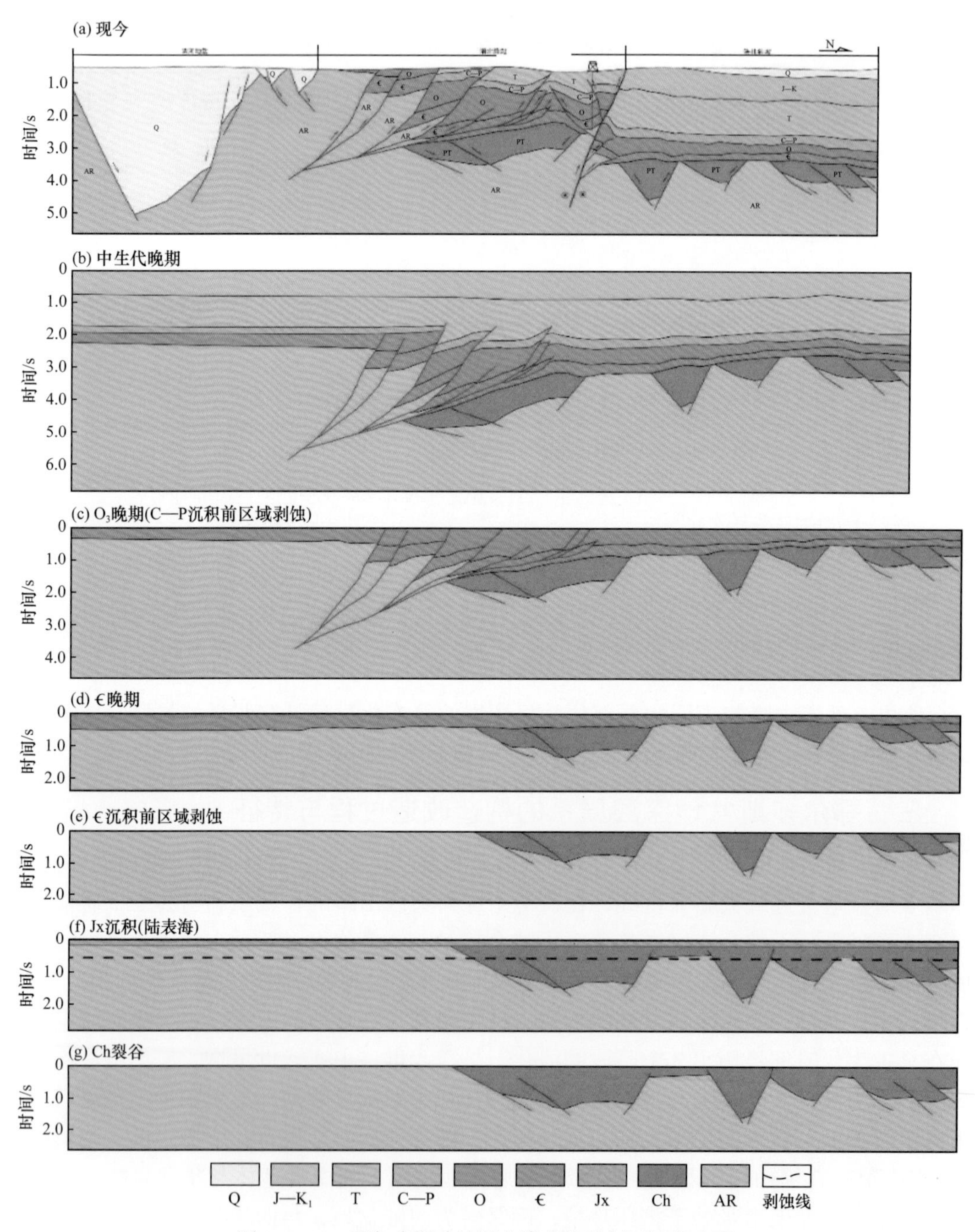

图 2-3-10　鄂尔多斯盆地渭北隆起构造剖面演化史图

新生代时期，鄂尔多斯盆地周缘发生断陷，形成了多个新生代断陷盆地，鄂尔多斯盆地南部发育渭河盆地。渭河盆地新生界构造样式总体呈现为南深北浅的半地堑式箕状断陷，其新生界沉积在盆地南侧明显受边界正断层控制（图 2-3-10）。渭河盆地新生代伸展断裂构造极其发育，包括了早古生代形成的靠近秦岭造山带的部分基底卷入式逆断层在新生代反转为正断层，这些反转正断层和其他新生代正断层共同控制着盆地新生界的沉积与分布。

第四节　含油气盆地深层构造类型与控油气作用

构造的深埋主要受控于构造加载和沉积负载这两种机制。这两种机制在沉积盆地中分别对应于两类不同年代的层系，其中构造加载对应于新生代深坳陷；而沉积负载主要对应于克拉通古老层系，后者主要受控于新生代之前的沉降和埋藏。因此，本次研究将深层构造分类的一级分类原则定为深层构造的成因，将深层构造分为新生代深坳陷深层构造和克拉通深层层系深层构造（图 2-4-1）。其中，新生代深坳陷深层构造定义为与新生代构造活动有关的深层含油气构造；克拉通深层层系深层构造定义为发育在克拉通盆地深层层系中、与前新生代构造事件有关的深层含油气构造。

在一级分类的基础上，按照应力背景（挤压或者伸展）进行二级划分。其中，新生代深坳陷深层构造可以进一步划分为挤压型和伸展型两类（图 2-4-1）。新生代深坳陷挤压型深层构造被定义为发育于新生代挤压应力背景下的深层含油气构造；新生代深坳陷伸展型深层构造被定义为发育于新生代伸展应力背景下的深层含油气构造。将克拉通深层层系深层构造进一步划分为深层冲断、深层断陷和古隆起三类（图 2-4-1）。克拉通深层层系深层冲断构造是指发育于新生代之前挤压背景下的克拉通深层层系变形所形成的深层含油气构造；克拉通深层层系深层断陷构造是指发育于新生代之前伸展背景下的克拉通深层层系变形所形成的深层含油气构造；克拉通深层层系古隆起构造是指新生代之前长期存在的隆起构造，并长期控制着盆地的构造格局和沉积体系。

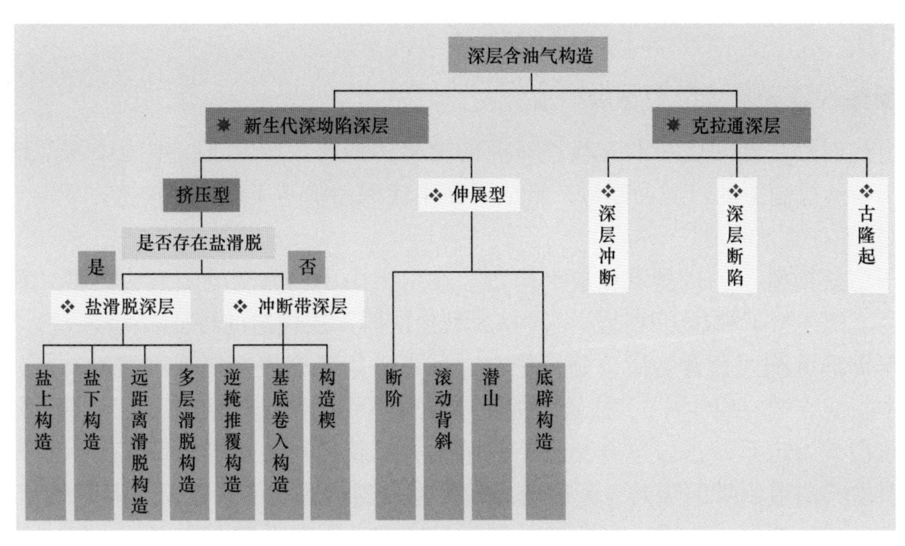

图 2-4-1　沉积盆地深层含油气构造分类方案

在新生代深坳陷伸展型深层构造中，按照构造样式的差异进行三级划分，可以分为断阶、滚动背斜、潜山、底辟构造。其中，断阶构造是指由一系列高角度正断层组成的地堑或半地堑深层构造；滚动背斜构造是指由一条或多条铲式断层控制的、正断层上盘发生变形而形成的背斜构造；潜山构造是指伸展构造形成的断隆在新生代较长时间能保持其构造高点形态，并控制盆地地貌形态和沉积体系；底辟构造是指伸展构造背景下由于上覆差异负载而造成塑形层流动聚集从而造成上覆层变形的构造。

在新生代深坳陷挤压型深层构造中，按照挤压变形中是否存在滑脱层的滑脱作用进行三级划分，可以分为盐滑脱深层构造和冲断带深层构造。其中，盐滑脱深层构造是指存在盐层聚集或者滑脱层在变形过程中起到有效滑脱作用而形成的新生代深坳陷挤压型深层构造；冲断带深层构造是指没有明显滑脱层起滑脱作用而形成的新生代深坳陷挤压型深层构造。

对于盐滑脱深层构造和冲断带深层构造，又可进一步按照构造样式的差异进行四级划分。其中，盐滑脱深层构造可分为盐上构造、盐下构造、远距离滑脱冲断构造、多层滑脱构造；冲断带深层构造可分为逆掩推覆构造、基底卷入构造、构造楔构造。盐上构造是指挤压型盐构造中发育于盐层之上的深层构造；盐下构造是指挤压型盐构造中发育于盐层之下的深层构造；远距离滑脱冲断构造是指在滑脱层起到有效滑脱作用时，逆冲断层沿着滑脱层长距离滑脱之后再逆冲出地表所形成的构造；多层滑脱构造是指在两层及更多滑脱层产生有效滑脱作用时形成的、位于这些滑脱层之间的构造；逆掩推覆构造是指在无有效滑脱层时，低角度逆冲断层发生逆冲作用形成的构造；基底卷入构造是指高角度逆冲断层直接将基底逆冲至地表所形成的构造；构造楔是指前冲逆断层与反向逆断层的交点随着断层位移量的增大而沿某一层位不断向前移动而形成的构造。

一、典型深层构造的类型与特征

在前述深层构造分类基础上，本次研究将结合实例分析，着重阐述各类型深层构造的构造特征。

1. 新生代深坳陷挤压型深层构造

新生代时期，在印度—欧亚板块碰撞的会聚构造背景影响下，中国中西部地区广泛发育挤压变形控制下的褶皱冲断带，形成了新生代深坳陷挤压型深层构造。

1）盐下与盐上构造

挤压型盐构造（包括盐下和盐上构造）在南天山山前库车坳陷最为典型。现以库车地区为例来阐述盐下和盐上构造这两种挤压型盐滑脱深层构造的特征。

库车坳陷沉积两套膏盐层，分别是古近系古—始新统库姆格列木组（$E_{1-2}k$）盐岩和新近系中新统吉迪克组（N_1j）盐岩，前者主要分布在库车坳陷西段，后者主要分布在库车坳陷东段，古近系膏盐岩厚度和分布范围远大于新近系膏盐岩。新生代印度—欧亚板块碰撞引发天山造山带的隆升，天山南北麓发生强烈构造变形。在天山南麓的库车坳陷，膏盐岩卷入逆冲变形，形成变形复杂的褶皱冲断带。库车坳陷东段膏盐岩厚度薄，盐岩作为逆冲推覆构造的滑脱层，并且聚集于东秋里塔格背斜、库车塔吾背斜核部，盐底辟构造不发育（图 2-4-2）；库车坳陷西段膏盐岩厚度大，盐岩不仅作为构造滑脱层，又为盐底辟构造提供盐源，既发育整合接触的整合型（非刺穿型）盐丘、盐背斜，也发育不整合接触（刺穿型）盐墙、盐丘，甚至发育喷发流出（挤压型）盐席、盐舌（图 2-4-3）。

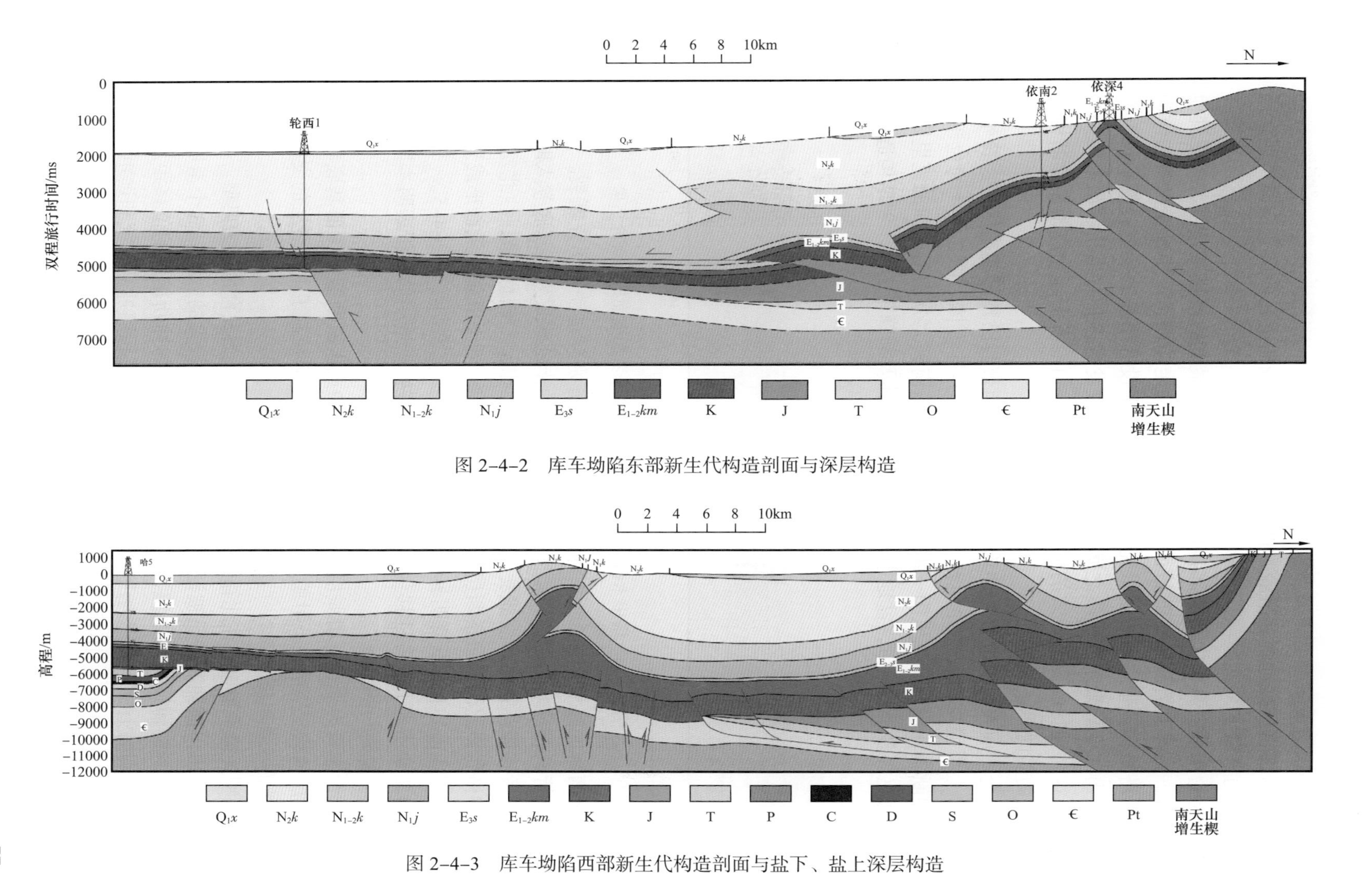

图 2-4-2　库车坳陷东部新生代构造剖面与深层构造

图 2-4-3　库车坳陷西部新生代构造剖面与盐下、盐上深层构造

2）远距离滑脱冲断构造与多层滑脱构造

中国西部挤压型远距离滑脱冲断构造和多层滑脱构造在西昆仑山前塔西南坳陷最为发育也最为典型。

西昆仑山前发育了中国西部盆地与造山带之间最宽的褶皱冲断带，较于其他褶皱冲断带而言，具有其自身独有的特征。就垂直于构造走向而言，山前变形带与作为变形前锋的麻扎塔格构造带之间间距很宽，二者之间几乎没有明显的变形；就平行于构造线走向而言，山前变形带东、西段之间差异明显，西段发育多排变形带，而东段仅有和田背斜发育。这种独特的变形样式的形成是由于西昆仑山前发育远距离滑脱冲断构造和多层滑脱构造的横向差异所造成。

西昆仑山前大规模滑脱逆冲构造带由山前冲断带与巴楚隆起南缘的前锋带组成，中间为沿着上滑脱层滑脱逆冲而基本未变形的新生界推覆体。图2-4-4为位于西昆仑山前褶皱冲断带西段东侧克里阳—海米罗斯剖面，从南到北分别为山前的克里阳—合什塔格—斯力克等多排背斜带，盆地中间发育皮山北岩体及前锋带的海米罗斯构造带。

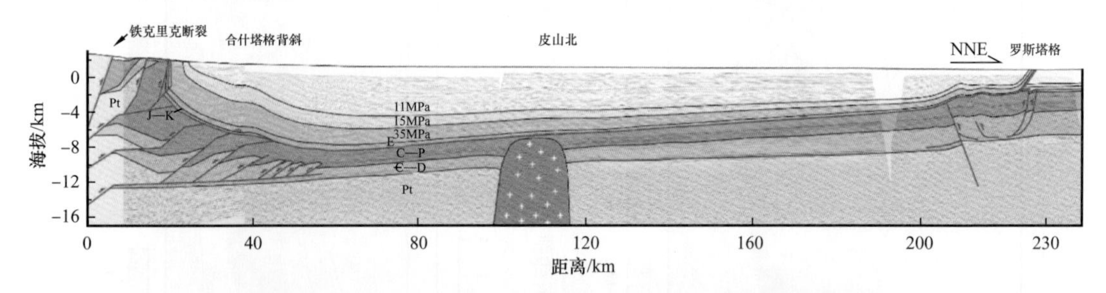

图2-4-4 塔里木盆地西南部克里阳—海米罗斯剖面构造解释结果

对于南部的克里阳—合什塔格构造从南到北分别穿过铁克里克断裂、克里阳背斜、合什塔格背斜以及斯力克背斜（图2-4-5）。剖面的南部深层发育基底卷入断层并向上汇入到古近系底部滑脱层，浅部发育后期突破的克里阳断层传播褶皱，往北发育双重构造。在合什塔格背斜北侧有两条断层（F_5与F_6）向上汇入到上滑脱层从而形成双重构造，在最前缘断层（F_6）上方发育明显的单斜构造——斯力克背斜（图2-4-5）。变形向北传递并在皮山北岩体之上发育迁移生长地层构造，迁移生长地层的解析表明本段滑脱层滑脱逆冲的滑移量为6～15km。

前锋带主要为上、下滑脱层及基底卷入的逆冲或走滑断裂；深部基底卷入断层控制了下滑脱层的应变集中，下滑脱层形成的断层相关褶皱控制了上滑脱层的突破位置。

3）逆掩推覆构造

挤压型逆掩推覆构造在北祁连山前酒泉盆地南部最为发育也最为典型。

北祁连山山前冲断带已被证实是一个水平位移量较大的、沿着3个滑脱面由南而北产生收缩变形的薄皮冲断系统，冲断体系向NE方向的冲断推覆的位移距离超过50km。该冲断带在剖面上总体表现为由原地隐伏冲断系统、近距离冲断系统和远距离冲断系统3部分组成（图2-4-6），其冲断带前锋已经扩展到现今的盆地内部的青草湾—老君庙—青头山—金佛寺—清水堡和潘家湾一线，部分地区冲断系的前锋到达了盆地北部的斜坡区；

而冲断带的南界以前震旦系的卷入为标志，大致位于昌马堡子—大河坝谷地南侧—牛头山—摆浪河一线，呈北西西方向延伸。

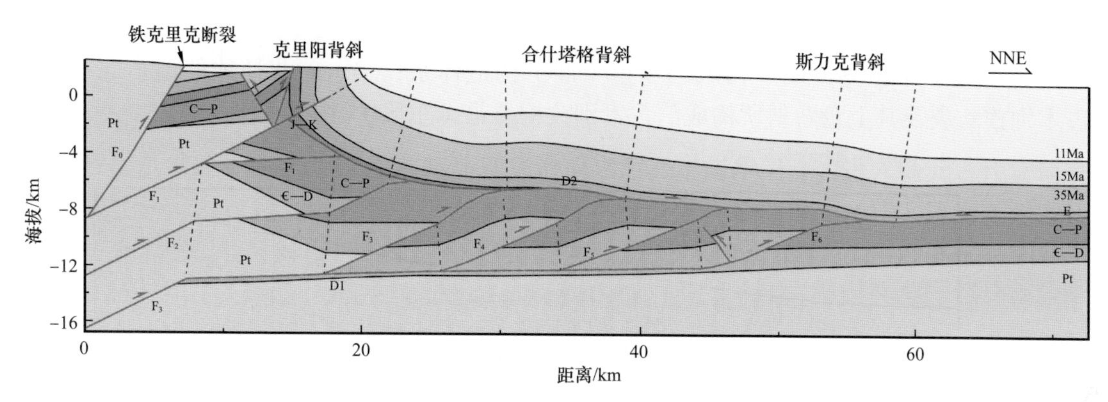

图 2-4-5 塔里木盆地西南部克里阳—合什塔格剖面地震反射剖面构造解释结果

最浅层推覆体属于远距离冲断系统，是从南部长距离推覆而来的，为外来推覆体，主要由北侧的志留系和南侧的奥陶系组成。该层厚度较薄，可能仅为1～2km，在局部地段易被完全剥蚀，出露冲断带中层的地层，从而形成构造窗和飞来峰构造。冲断带的中层推覆体属于近距离冲断系统，主要由中生界和古生界构成，其冲断距离相对远距离冲断系统要小。构造窗出露的地层属于近距离冲断系统，它们对研究表层志留系和奥陶系冲断片所掩盖的下伏近距离冲断系统的层序、结构和变形特征起到了很大的作用。近距离冲断系统之下为原地冲断系统，原地冲断系统又可划分为原地隐伏冲断系统和原地显露冲断系统。原地冲断系统南侧为一系列双重冲断构造，向北转变为叠瓦状冲断构造。这些深部的冲断层一直向北扩展，不断地将变形向前陆方向传递，所波及的最北部地区就构成了冲断体系的前锋（图 2-4-6）。

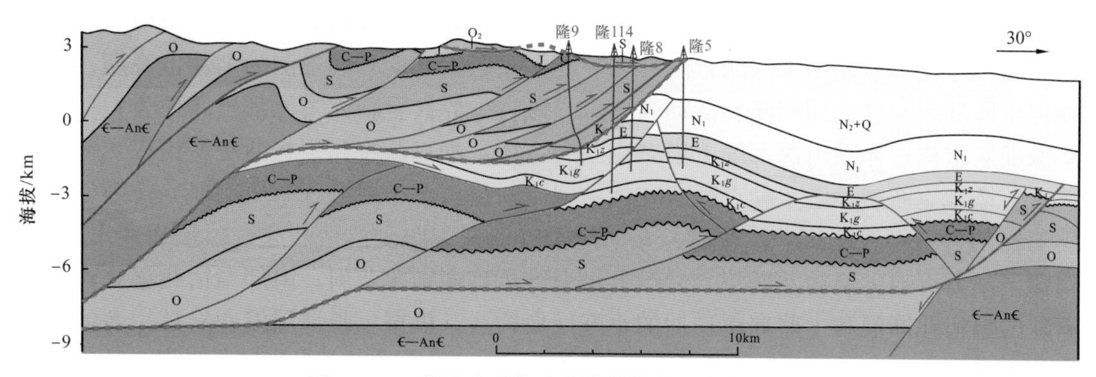

图 2-4-6 祁连山北缘冲断带结构与深层构造图

4）基底卷入构造

基底卷入构造广泛发育于中国西部的褶皱冲断带内部，其形成往往与先存构造薄弱带有关，表现为延伸至基底的逆冲断裂将基底逆冲至盖层之上。本次研究以南天山山前褶皱冲断带乌什段为例来阐述基底卷入构造的构造特征。

乌什段的变形特征主要表现为冲断扩展到温宿凸起时，其前锋断层古木别孜断裂在凸起的北侧发生了较大规模的向上突破，并在其上盘形成了古木别孜背斜，该背斜及其下伏断层构成了古木别孜构造带。乌什段的区域性剖面结构自北向南可分为以下 3 个单元：（1）由高角度基底卷入断层和古生界构成的南天山冲断体系；（2）乌什凹陷及其深部由古生界—中生界冲断片构成的双重（冲）构造体系；（3）向北逆冲的温宿北断裂、古木别孜断裂及其上盘背斜所构成的古木别孜构造带（东段）（图 2-4-7）。

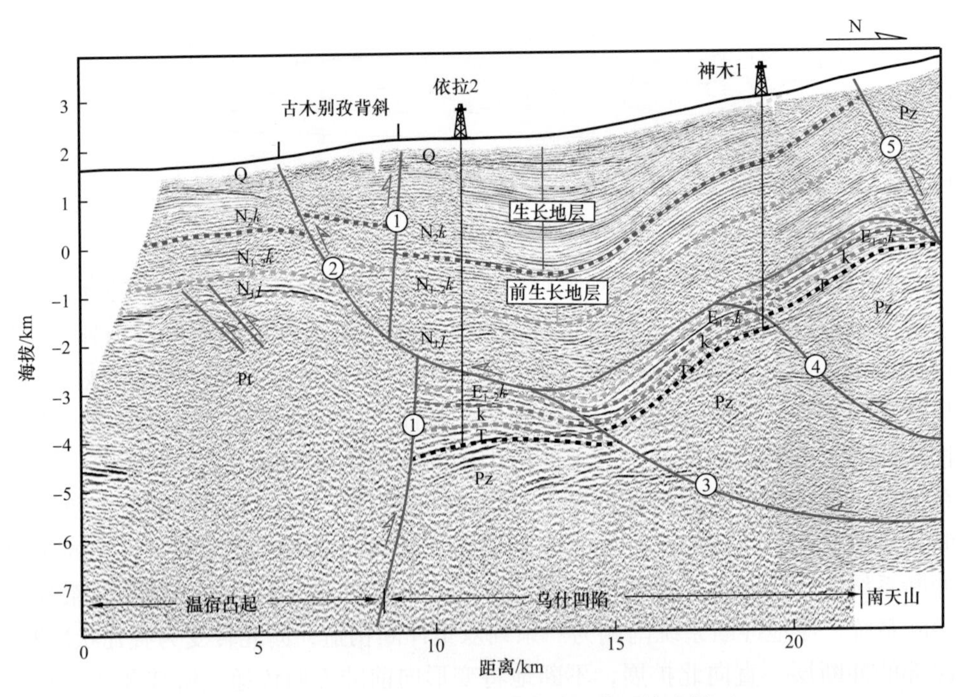

图 2-4-7　塔里木盆地西北缘乌什段典型构造剖面

南天山断裂体系由高角度逆冲的神木园南断裂和神木园断裂构成。南天山及其邻区的低温热年代学研究结果表明，南天山冲断体系起始活动时间推测为渐新世晚期，该时期神木园断裂和神木园南断裂活动强烈，导致古生界甚至新元古界都出露地表。乌什凹陷深部双重构造体系由深部的下塔尕克断裂、塔木勒克断裂和顶板断层所构成，顶板断层由下塔尕克断裂、塔木勒克断裂和神木园南断裂向上扩展过程中所形成。作为顶板断层前锋的古木别孜断裂向南滑移，在向南滑移的过程中受温宿凸起的阻挡而冲出地表，切穿了早期形成的温宿北断裂，并在上盘发育了古木别孜背斜。南部温宿凸起北侧是由高陡的温宿北断裂和一些向南逆冲的小断层所构成。根据生长地层发育特征，乌什凹陷深部双重构造开始活动时间为库车组沉积之后（上新世初期），古木别孜断裂开始活动时间为第四纪初期。

5）构造楔构造

挤压型构造楔构造在帕米尔东缘和北天山北缘最为发育也最为典型，本次研究以北天山冲断带喀拉扎—阿克屯构造带为例来阐述深层构造楔的构造特征。

准南褶皱冲断带具有东西分段、南北分带和垂向分层的特征。在东西向，可以分成喀拉扎—阿克屯构造带和齐古构造带；南北向上可以分为3排相互平行的背斜带；垂向上由于受深浅滑脱层的影响，构造具有分层性。喀拉扎—阿克屯构造带位于乌鲁木齐以北至昌吉河之间，由3排背斜带组成，从南到北分别为第一排的喀拉扎背斜和阿克屯背斜，第二排的呼图壁背斜，第三排的北呼图壁背斜（图2-4-8）。

喀拉扎背斜的深部为一个叠加构造楔，构造楔的前冲断层为两条断坡—断坪型逆冲断层（喀拉扎断层和阿克屯断层），并形成断层转折褶皱。这两条前冲断层的南倾断坡向上切穿基底后，与反冲断层 F_1 相交，形成构造楔。反冲断层 F_1 发育于二叠系的厚层页岩中。

呼图壁背斜位于喀拉扎背斜以北35km，是一个隐伏背斜，轴向近东西向，呼图壁背斜为一个两翼宽缓且核部侏罗系八道湾组发生聚集加厚的滑脱褶皱。

2. 新生代深坳陷伸展型深层构造

1）断阶与底辟构造

断阶构造是断裂将单斜地层切割为若干呈阶梯状分布的断块而形成的构造，而底辟构造是密度较小的高塑性低黏度的岩石（如岩盐、石膏或泥岩等）向上流动、拱起甚至刺穿上覆岩层所形成的穹隆或蘑菇状构造。盐丘是最常见的底辟构造，它由盐类或石膏向上流动或挤入而使上覆岩层拱曲隆起所成。盐丘周围的岩层因盐丘上隆而相对下坳，形成周缘向斜。盐丘构造具有重要的油气勘探价值，盐上的穹隆及周缘围岩中常富集石油和天然气。若以泥质为核的底辟则称为泥质底辟，又称泥火山；由岩浆上拱并侵入围岩而形成的底辟构造称为岩浆底辟。

伸展型断阶与底辟构造在莺歌海盆地最为发育也最为典型。本次研究以莺歌海盆地为例来阐述断阶与底辟构造的构造特征，其中断阶构造主要发育在临高凸起，底辟构造主要发育在中央底辟带。

图2-4-9展示了位于临高凸起北部的0793剖面的结构，该剖面自西南向东北方向经过的盆地构造单元是莺西斜坡带、临高凸起、莺东斜坡带。该剖面揭示盆地的深部被一系列基底断层所切断，盆地深部发育一系列半地堑或地堑，其中规模较大的断层主要有莺西断层、东方断层和莺东断层，它们都是陆域红河断裂带在海域部分的延伸。

根据地层切割关系，东侧断层在始新世时期活动性较强，可能是当时断陷盆地内的一个重要控盆边界；该断层32Ma之后活动性显著减弱，一般不切割32Ma地层界面，在地震剖面上表现为盲断层样式。但是，根据其所控制的地层厚度和上覆地层的挠曲现象来判断，该断层在32—15.5Ma时期发生过明显的隐伏式活动，形成顶薄翼东翼厚的地层特征；而且15.5Ma之后一直到莺歌海组沉积时期仍然有一定的活动性。

临高隆起的南部为莺歌海盆地中央底辟带，图2-4-10显示了位于临高隆起和莺歌海盆地中央底辟带交接部分的0727地震剖面的结构。该剖面主要揭示的盆地构造单元有中央底辟带和莺东斜坡带，其中在中央凹陷带发育底辟带。底辟构造的发育主要受控于上覆巨厚的且有差异的沉积负载。该底辟构造幅度巨大，并刺穿了上覆多套层系，在底辟正上方的地层中发育有背斜构造。

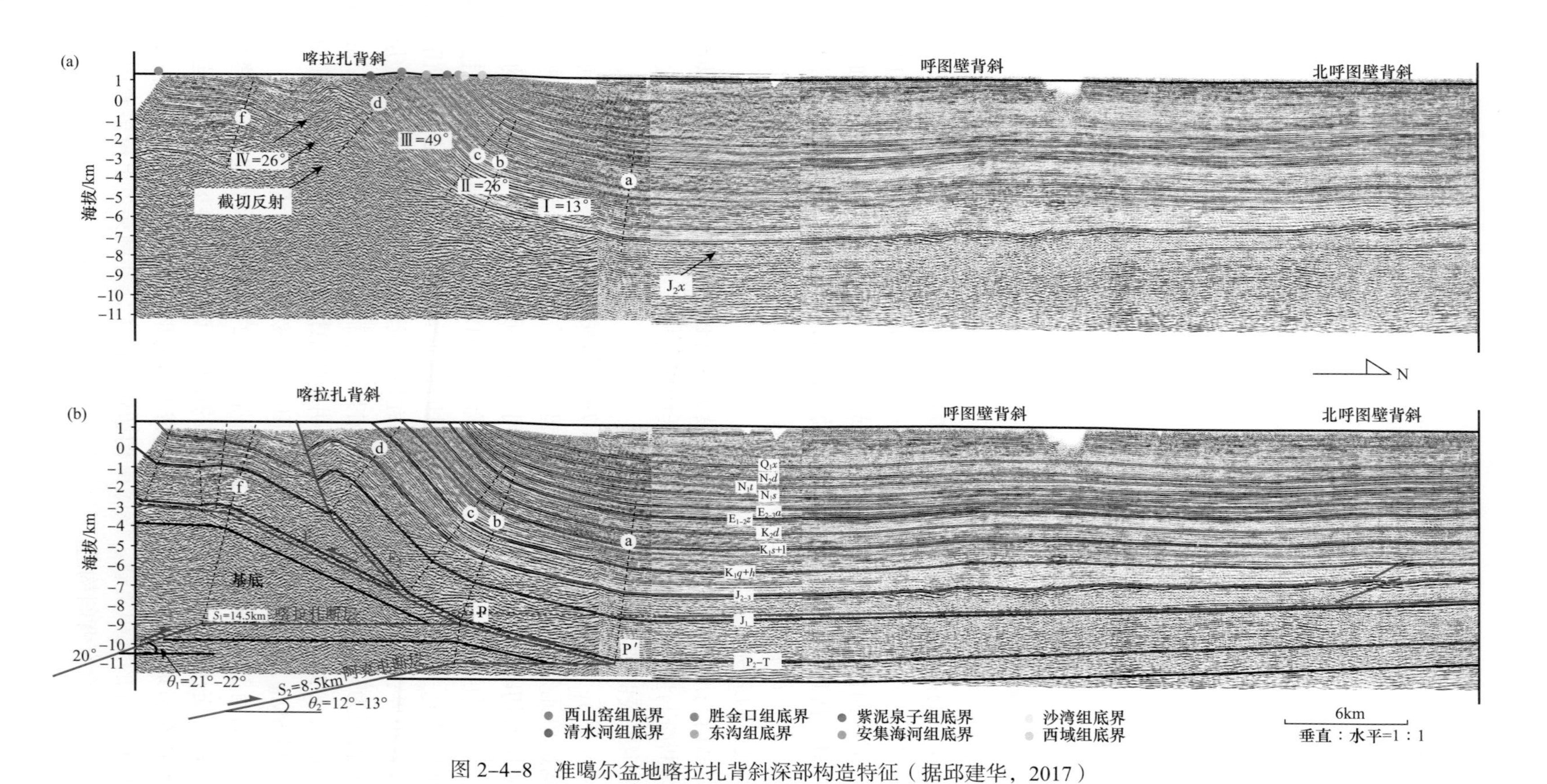

图 2-4-8　准噶尔盆地喀拉扎背斜深部构造特征（据邱建华，2017）

2）滚动背斜与潜山构造

滚动背斜为大型铲式断层上盘地层由于上盘滑动和旋转而形成的不对称背斜，背斜核部可发育地堑系统；而潜山构造是潜山和披覆构造的组合，由剥蚀面以下的潜山和剥蚀面以上的披盖构造两部分组成，形成一个上下叠置、密不可分而其成因和形态特征又迥然不同的构造组合。

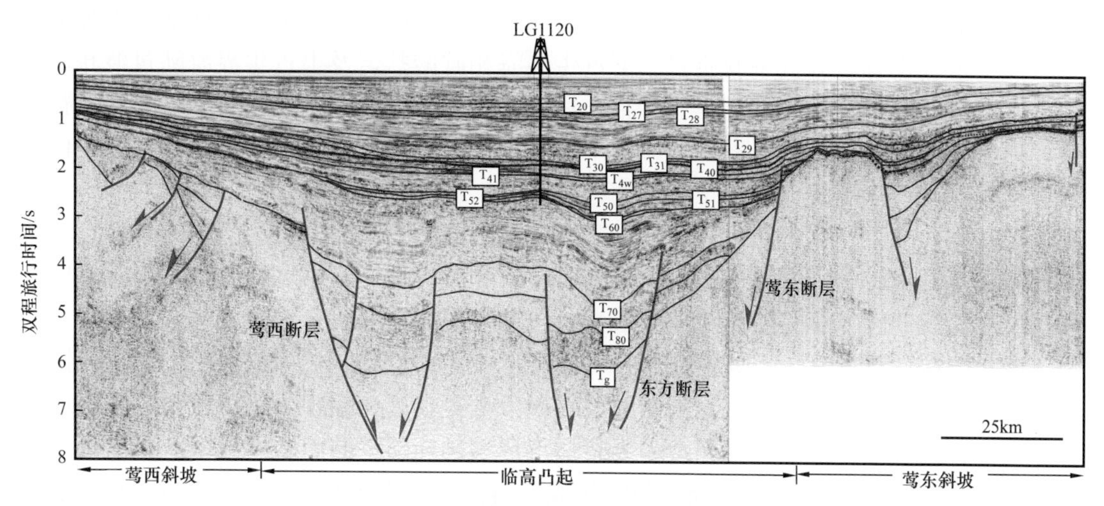

图 2-4-9　莺歌海盆地 0793 地震测线构造解释图

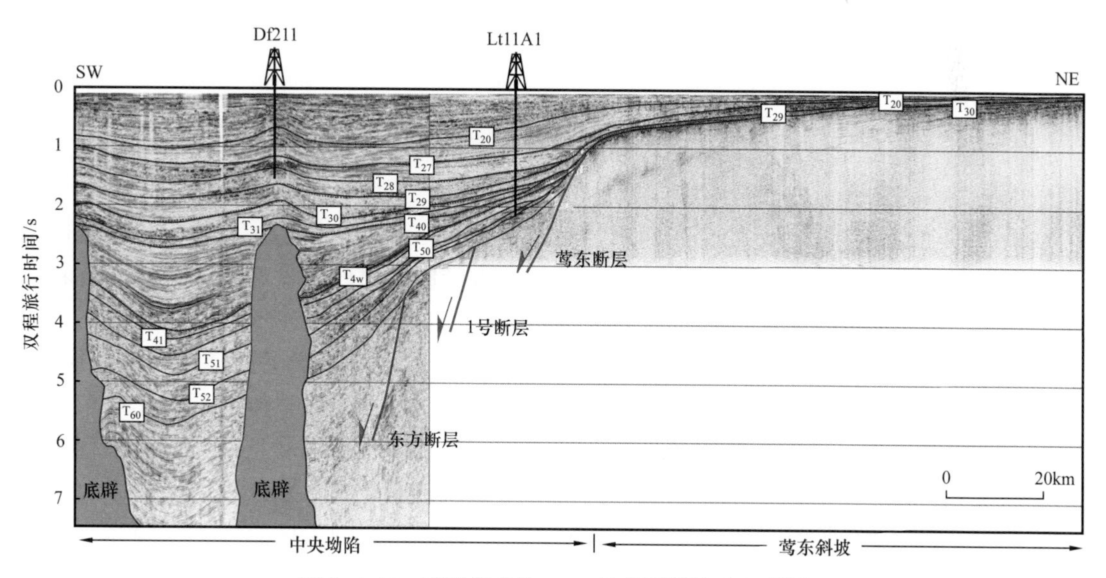

图 2-4-10　莺歌海盆地 0727 地震测线构造解释图

滚动背斜与潜山构造在中国东部的渤海湾盆地发育最为典型。本次研究以渤海湾盆地济阳坳陷东营凹陷中央断裂背斜带为例来阐述滚动背斜构造特征，以济阳坳陷埕岛前中生界潜山阐述潜山构造特征。

东营凹陷中央断裂背斜带主要由辛镇背斜组成。辛镇背斜总体上表现为一个轴向近东西向的不对称狭长背斜，南翼倾角 10°，北翼倾角可达 25°～30°。地震反射剖面上，辛镇构造顶部被一组轴向平行、密集发育的“塌陷式”地堑断裂所切割，总体表现为“包心菜式”，向下断层数量逐渐减少。辛镇背斜的形成主要受控于其北翼的中央Ⅰ号断层，该断层是沙河街组—东营组沉积期间活动的同沉积断层，到馆陶组沉积时期仍有活动。中央Ⅰ号断层具有明显的犁式结构，断层倾角自上部 T_2 层的60°向下至 T_4 变为35°，最缓可达17°。中央Ⅰ号断层对中央断裂背斜带的发育起着很大的作用。

埕岛前中生界潜山是胜利油田海上埕岛油田重要的勘探层系之一，该前中生界潜山自下而上依次发育了太古宇变质岩、下古生界海相碳酸盐岩及上古生界海陆过渡相沉积组合。潜山具有原始沉积厚度大（古生界）、岩石类型多、构造叠加期次多、构造特征复杂、地层残留及储层控制因素复杂，以及成藏圈闭多种多样的特点。该前中生界潜山主要经历了印支、燕山及喜马拉雅期三期构造运动，断裂系统十分发育，以北西向、北东向、近东西向为主，其中北西向埕北断裂、埕北20断裂及北东向埕北30断裂将埕岛潜山分割成西排山、中排山及东排山，形成了埕岛潜山东西分带的构造格局。其中埕北20断层位于埕岛地区中部，在研究区延伸14km，断层走向北偏西，断面西倾，断面形态多变。该断层在三叠纪为一个逆冲断层；早侏罗世断层发生负反转，由挤压变为拉张性质，并控制了中生界的沉积；白垩纪末期断层再次发生正反转，表现为挤压性质。受断面形态的控制，断层上升盘中生界和古生界整体形成等轴向斜，断面转折处中生界出现了背斜，背斜顶部被削蚀。埕北20断层断隆构成潜山构造，该潜山长期处于构造高点而发生多次剥蚀作用。

3. 克拉通深层层系深层构造

1）古隆起

古隆起构造是克拉通盆地深层构造中最为重要的深层构造类型，本次研究以四川盆地乐山—龙女寺古隆起为例来阐述古隆起构造特征。

乐山—龙女寺古隆起是发育在四川盆地中西部的巨型潜伏构造，也是盆地内规模最大、影响层序最多、持续发育和影响时间最长的古隆起，对四川盆地的油气勘探有着重要的影响，四川盆地内发现的第一个气田（威远气田）就是位于该古隆起上。

从四川盆地前二叠系古地质图上可以清晰识别出乐山—龙女寺古隆起的平面形态。从平面上来看，乐山—龙女寺古隆起具有如下特征：（1）古隆起整体呈现为北东东向展布的大型鼻状隆起，其核心位于盆地中西部的雅安—资阳一带，震旦系、寒武系直接与二叠系接触；（2）自西向东南、东北方向二叠系依次与震旦系、寒武系、奥陶系、中下志留统不整合接触，表现为西高东低的构造形态，以志留系缺失区（广元—南充—自贡以西地区）计算得出的面积达 $6.1 \times 10^4 km^2$，约占四川盆地总面积的1/3，以古隆起所控制的斜坡计算面积则达 $18 \times 10^4 km^2$，囊括了整个四川盆地的范围；（3）盆地东部和北部，泥盆系（主要是上泥盆统）、石炭系（主要是中石炭统）向西零星超覆于中—下志留统之上。从剖面上来看，乐山—龙女寺古隆起主要表现为一个宽缓的背斜形态，且存在两个明显的不整合面：（1）二叠系与下伏震旦系—下古生界的角度不整合面，这也是四川盆地内部最大的角度不整合面，造成了震旦系—下古生界的大量剥蚀，盆地西部剥蚀强，二叠系直接与震旦系、寒武系及角度不整合接触，向东、南、北部剥蚀逐渐减弱，表现为二叠系与志留系小角度或者平行不整合接触；（2）志留系与下伏奥陶系之间的超覆不整合，从地震剖面上可以清晰识别出志留系自南、自东、自北向古隆起核部逐渐超覆。

2）深层断陷

前面的盆地原型分析可以发现塔里木、鄂尔多斯、四川盆地在前寒武纪普遍发育裂谷作用，例如塔里木盆地和四川盆地都发育了南华纪裂谷，而鄂尔多斯盆地则发育了中元古代长城纪裂谷，形成了一系列深层的断陷构造。本次研究以四川盆地新元古代南华纪裂谷为例来阐述克拉通深层层系深层断陷构造的特征。

四川盆地内部许多二维和三维地震数据都清晰反映出新元古代南华纪裂谷构造的基本特征。高石梯—磨溪三维地震区北西向地震剖面，反映了北西向裂谷的剖面结构。在震旦系灯影组之下出现截切地层的断面反射波组和强震相的盆地底部反射层，表现为相向倾斜正断层控制的两组地堑—地垒构造（见图 2-2-9）；地堑盆地内充填的沉积地层在时间剖面上位于 2700～4300ms 之间，推测地层沉积厚度 3000～3500m。这些地堑—地垒构造自北西向南东有逐渐加宽的趋势，北西侧地堑正断层呈斜列状，倾角较陡，盆地基底呈阶梯状下掉；东南侧地堑主控正断层相对倾角较缓，底部强反射层具有沿正断层滑动所产生的拖逸现象。在地堑内部还发育有同沉积生长正断层，多数断距不大，通常出现在主控正断层向上扩展的顶部位置，有些生长正断层甚至切割了震旦系和寒武系，说明后期发生再次活动。

3）深层冲断

克拉通盆地经历了多期构造演化，深层层系形成以后经历了后期的挤压变形改造，导致深层层系被强烈的褶皱冲断变形。塔里木盆地南部玛东—塘南加里东期冲断构造就是一个典型的例子。

在早古生代晚期，塔里木盆地南部西昆仑洋和阿尔金洋逐渐消亡，并且盆地南部发生了强烈的造山作用，导致塔里木盆地西南部的塔西南古隆起和东南部的玛东—塘南加里东期褶皱冲断带的发育。玛东褶皱冲断带深层冲断构造以滑脱断层和断层传播褶皱样式为其基本特征，断层滑脱于下寒武统滑脱层。在此冲断带中，局部地区还发育一些由两条倾向相反的逆冲断层发生背冲形成冲起构造（Pop-Up）。玛东—塘南深层冲断构造形成于志留纪与泥盆纪之间，为早古生代晚期的深层冲断构造。

二、深层构造控油气作用

随着油气勘探不断向深部的推进，中国油气勘探在深层构造领域不断取得突破。本研究将以塔里木盆地库车坳陷、莺歌海盆地和四川盆地典型深层构造油气藏为例，分别阐述这三类深层构造的控油气作用。

1. 新生代深坳陷挤压型深层构造控油气作用——以库车坳陷为例

形成于新生代晚期的库车坳陷克拉苏构造带是新生代深坳陷挤压型深层构造油气藏的典型实例。新生代晚期南天山造山带快速隆升、快速剥蚀，强烈的构造负载和巨厚的沉积负载使得库车坳陷快速沉降，烃源岩（如上三叠统湖相泥岩和中—下侏罗统煤系两套烃源岩）快速进入成熟排烃阶段。连通烃源岩和储层（白垩系巴什基奇克组巨厚砂岩）并向上终止于膏泥岩层（古近系库姆格列木群）的断裂的活动，产生了有效的排烃通道，促进了快速排烃。逆冲断裂相关背斜核部的张应力可以有效提高储层储集性能。逆冲断裂终止于上滑脱层膏泥岩层，使得广泛分布的膏泥岩层成为有效的优质盖层。古生界底部滑脱层与古近系库姆格列木群膏泥岩层顶部滑脱层之间形成多层滑脱双重构造，这些位于盐下的双重构造产生的背斜是优质的构造圈闭。以上这些构造条件形成了库车坳陷克拉苏构造快速沉降埋深、快速生烃、快速排烃、有效圈闭、有效封盖等这些形成大油气田的构造条件。

2. 新生代深坳陷伸展型深层构造控油气作用——以莺歌海盆地为例

莺歌海盆地新生代深坳陷伸展型深层构造可形成两类含油气系统，分别为热流体底辟和构造反转控制的油气系统。莺歌海盆地晚新生代快速伸展沉降背景下发育的浅海及半深海相泥岩成为主要的烃源岩，具有很好的生烃潜力。新生代晚期快速伸展、快速沉降、上覆巨厚沉积、薄地壳厚度、高热流值，这些构造条件都促进了烃源岩的快速埋藏、快速成熟、快速生烃。热流体底辟型油气系统的排烃依赖于底辟发生时热流体携烃；而构造反转型油气系统的排烃依赖于反转断裂的活动提供排烃通道。热流体底辟型油气系统的圈闭主要为底辟体上部的背斜圈闭和底辟体侧部的岩性圈闭；而构造反转型油气系统的圈闭主要为反转期形成的构造圈闭。莺歌海盆地发育的外浅海至半深海泥岩可以作为盖层。

3. 克拉通深层层系深层构造控油气作用——以四川盆地为例

四川盆地克拉通深层层系发育多套油气成藏组合。从深层构造角度来看，深层断陷构成了烃源岩中心；紧邻烃源岩中心的古隆起上发育的白云岩遭受淋浴作用形成了优质的储层；古隆起长期继承性发育形成了巨型圈闭构造；长期稳定的构造环境下发育的白云岩、泥岩、膏盐岩层是优质的盖层；长期构造稳定的背景使得油气藏破坏小。就克拉通深层层系油气勘探而言，大型油气藏勘探的重点是深层断陷和古隆起领域。

四川盆地高石梯—磨溪古隆起紧邻麦地坪组、筇竹寺组烃源岩中心，且自身发育灯影组和筇竹寺组烃源岩；古隆起高点处白云岩的淋浴作用控制了灯二段、灯四段和龙王庙组大面积优质储层的形成和展布；之上发育灯三段及筇竹寺组泥页岩、高台组泥质白云岩多套区域分布的盖层，形成了很好的生储盖组合。古隆起核部震旦系灯影组顶面及相邻层系自震旦纪至今长期独立发育的统一继承性巨型圈闭构造，后期构造活动微弱，对油气藏破坏作用小。

第三章　深层—超深层烃源与生烃演化

塔里木和四川盆地广泛发育新元古界—下古生界与中生界多套海相、海—陆交互相及陆相富有机质页岩，前者具有地质年代老、热演化程度高、生烃期次多等特征，后者地质年代新、埋藏速度快。高成熟度烃源有机质的生烃评价理论与技术是深层石油天然气勘探中没有完全解决的关键问题之一，盆地深层多套富有机质页岩的发育规律与不同类型油气资源分布规律还不是十分清楚，对高成熟阶段轻质油形成的地球化学过程与轻质油的演化规律缺乏针对性的定量模拟研究，也缺乏对过成熟阶段固体沥青生成与裂解成气过程的认识，深层无机成因气形成的地质与地球化学条件有待厘定。此外，中—新生界陆相烃源岩快速深埋也可形成大型天然气藏，快速埋深不仅单位时间生成的气量大，对于深部储集空间的保存与形成也有重大的影响，值得深入研究。

第一节　深层—超深层烃源岩分布

深层—超深层烃源岩主要是指其对应的深部构造层、深层勘探领域所对应发育的有效烃源岩，该类烃源岩由于埋深较大，多具有高演化程度特点。

一、深层—超深层烃源岩类型

结合中国陆上主要含油气盆地深层—超深层领域烃源岩发育状况、有机类型及有效展布，总体上可划分为泥质烃源岩和煤系烃源岩两类，均可形成高丰度优质烃源岩，大面积分布。烃源岩的发育由中国区域三大板块、盆地形成演化、盆地沉积充填所决定，早古生代主要发育海相泥质烃源岩，晚古生代主要发育海陆过渡相煤岩与湖相泥质烃源岩，中生代主要发育湖相煤岩与泥质烃源岩，新生代主要发育陆缘近海湖湖相泥质烃源岩。

1. 泥质烃源岩

1）海相泥质烃源岩

海相泥质烃源岩主要分布于中国三大克拉通盆地下古生界寒武系、奥陶系、志留系，并以下寒武统、下志留统优质泥质烃源岩为代表（张宝民等，2007）。塔里木和四川盆地下古生界发育优质海相烃源岩，塔里木盆地主要发育寒武系—下奥陶统和中、上奥陶统两套优质烃源岩。寒武系—下奥陶统烃源岩发育于欠补偿盆地环境，分布范围广，厚度大，有机质丰度高，类型好，是优质烃源岩，但成熟度较高，以生气为主；中—上奥陶统则以台缘斜坡环境为主，成熟度适中，尚处于生油阶段。四川盆地主要发育寒武系、志留系两套海相泥质烃源岩，有机质丰度高、成熟度高，均处于高—过成熟演化阶段，以生气为主。寒武系泥质烃源岩为震旦系—寒武系主力烃源岩层，志留系龙马溪组优质烃源岩为川东、川东北页岩气及石炭系主力烃源岩层。鄂尔多斯盆地奥陶系马家沟组可能为发育一套潜在的海相泥质烃源岩（马一段、马二段、马三段），有机质成熟度高，以成气为主，总体落实程度不高。

2）湖相泥质烃源岩

湖相泥质烃源岩，主要是指发育于内陆湖泊相沉积盆地内的有效烃源岩，主要分布于中国由海相转入陆相中西部前陆盆地发育期，或是新生代被动陆缘断陷沉积盆地中，沉积的早期多表现为一定程度的陆缘近海湖特征，受到一定程度的海水波及；优质烃源岩主要发育于盆地、断陷发育的鼎盛期或断坳转换期，并以准噶尔前陆盆地二叠系、柴达木盆地古近系，以及东部松辽盆地白垩系青山口组、渤海湾盆地古近系孔店组与沙河街组优质泥质烃源岩为代表。

2. 煤系烃源岩

1）海陆过渡相煤系烃源岩

海陆过渡相煤系烃源岩，主要是指发育于中国陆上主要板块海陆构造转换时期的前陆、有限洋盆沉积盆地海相过渡相内的有效烃源岩，主要分布于由海相转入陆相中西部前陆盆地发育期，或是陆缘坳陷沉积盆地中。沉积盆地具有被动陆缘泛盆沉积、海相过渡、淡水为主、植被发育等特征，并以鄂尔多斯盆地（整个华北地台）、四川盆地（挤压前陆盆地发育期）二叠系、准噶尔盆地石炭系煤系烃源岩为代表。

2）陆相煤系烃源岩

陆相煤系烃源岩，主要是发育于中国陆上主要板块已经完全转变为内陆湖泊相，并以淡水、浅水、泛盆坳陷发育期沉积的有效烃源岩，主要分布于中国中西前陆盆地侏罗系坳陷发育期，以及东部断陷盆地发育早期；沉积盆地具有陆内泛盆沉积、陆内断陷、淡水为主、植被发育等特征。并以准噶尔盆地侏罗系、塔里木盆地库车坳陷三叠系—侏罗系、柴达木盆地侏罗系、吐哈盆地侏罗系，以及东部松辽盆地（拉张断陷发育期）白垩系沙河子组与营城组煤系烃源岩为代表。

煤系烃源岩主要分布在具有逆冲推覆背景的前陆盆地中，其形成与分布主要受地质历史时期潮湿气候带的变迁、构造—沉积环境的变化等是聚煤场所发生、展布和持续时间的控制因素。从煤系烃源岩的面积、聚煤量及煤成气勘探前景来看，重要的煤系主要有西北侏罗系煤系、华北石炭系—二叠系煤系、东北—内蒙古上侏罗统—下白垩统煤系、西南二叠系和上三叠统煤系、南方二叠系煤系及沿海古近系煤系。

二、克拉通盆地深层烃源岩分布

中国陆上三大克拉通盆地深层—超深层烃源岩均为海相泥质烃源岩，主要分布在四川、塔里木、鄂尔多斯盆地中新元古界—下古生界震旦系—寒武系—奥陶系—志留系，具广泛海侵性半深水陆棚相沉积特点（何治亮等，2016），以四川盆地下寒武统筇竹寺组、塔里木盆地下寒武统玉尔吐斯组、四川盆地龙马溪组为代表，具广泛分布性，为深层—超深层下组合主力烃源层系。

1. 四川盆地筇竹寺组烃源岩

早寒武世是中国南方地区古生代烃源岩发育的重要时期之一，整个中上扬子地区的麦地坪组—筇竹寺组广泛发育一套高有机质丰度的黑色泥岩、页岩；不同区域受沉积环境及构造等因素的影响，厚度发育有所差异（图 3-1-1）。地表典型盆地烃源岩实测最大厚度 264m，有机质丰度烃源岩 TOC 含量一般可达 4%～5%，在黔东南地区高达 17%～22%。该套烃源岩总体上有机质丰度高、类型好（主要为 I—II_1 型），是一套原始生烃潜力极大的优质烃源岩。筇竹寺组优质烃源岩（TOC＞2.0%）平面分布规律与有效烃源岩分布规律大致相同，存在 3 个厚度中心：德阳—安岳裂陷区、城口—镇坪裂陷区及五峰—秀山裂陷区，区域厚度 20～250m。德阳—安岳裂陷区总体厚度最大，为 100～250m，具有规模成藏的烃源基础；川西北地区，川中古隆起北斜坡向裂陷区过渡，厚度较川中台内区增大，厚 50～200m，具有优越的烃源条件；蜀南地区烃源岩总厚度相对较大，但是优质烃源岩厚度较小。

2. 四川盆地龙马溪组烃源岩

志留系沉积期，四川盆地西南乐山—龙女寺古隆起已完全抬升，隆起整体均遭受剥蚀，主要沿川西南与川东北一线发育半深水陆棚相。下志留统龙马溪组烃源岩岩性为黑色页岩和深灰色泥岩，平面上，烃源岩主要分布在盆地南部、东部和北部地区。烃源岩厚度 5～846m，平均 315m，主要发育两个沉积与生烃中心，即达川—万州和内江—宜宾—泸州沉积与生烃中心，厚度大于 300m，最大可达 830m。而其中黑色页岩厚度 10～120m，呈东南较厚，向西北减薄的分布特征。烃源岩有机碳 0.3%～2.4%，平均 1.52%，有机质显微组分中，腐泥组 71%～89%，沥青质 3%～21%，镜质组和惰质组多小于 10%，沉积物粒细，为盆地相沉积环境，缺氧水体，以低等水生生物输入为主。烃源岩有机质类型好（主要为 I—II_1 型），生烃能力强，是优质油系烃源层；烃源岩有机质成熟度较高，R_o 为 2.0%～3.6%，多为过成熟演化阶段，生气为主。

3. 塔里木盆地玉尔吐斯组烃源岩

塔里木盆地轮探 1 井的重大发现，不仅表明超深层盐下具有良好勘探前景，同时进一步证实下寒武统玉尔吐斯组为盆地主力烃源岩层系。轮探 1 井下寒武统玉尔吐斯组下部总有机碳较高，8658～8678m 层段岩性为灰黑色泥岩，厚 20m，有机碳 TOC 为 1.41%～8.15%，平均 4.80%，应属好—优质烃源岩。玉尔吐斯组沉积期主要沉积环境包括半局限—局限沉积环境、开阔海环境，有效烃源岩分布面积达 $30.5\times10^4\mathrm{km}^2$，主要分布于阿瓦提—满西、麦盖提与满加尔三大沉积坳陷中（图 3-1-2）。阿瓦提—满西沉积坳陷玉尔吐斯组地层厚度在 50～160m 之间；满加尔凹陷内玉尔吐斯组残余厚度在 40～110m 之间；塔西南麦盖提沉积坳陷玉尔吐斯组优质烃源岩厚度 10～60m（预测）。

三、东部裂谷盆地深层烃源岩分布

中国东部裂谷型含油气盆地主要是以松辽与渤海湾盆地为代表。松辽盆地表现为一

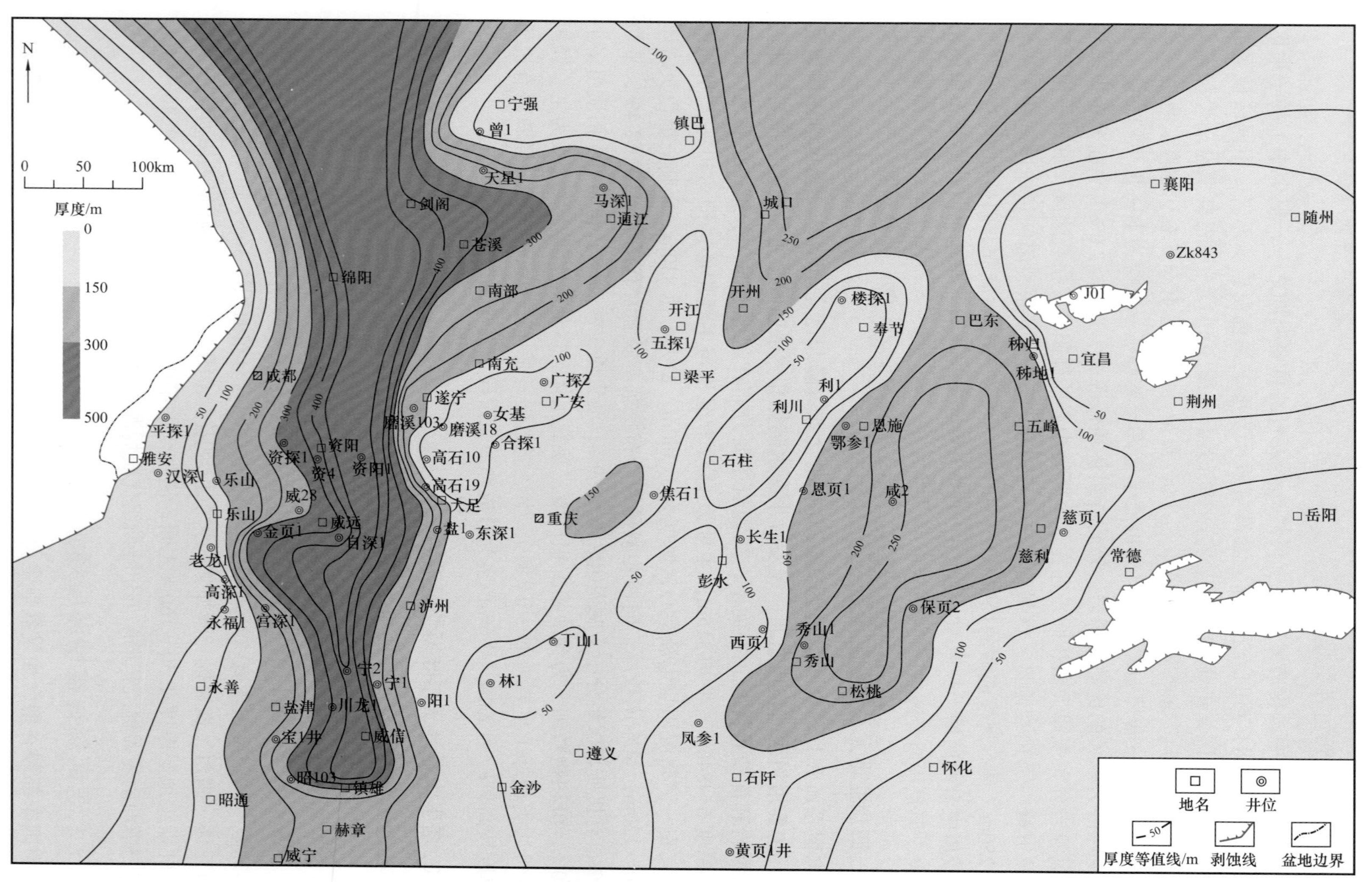

图 3-1-1 四川盆地及邻区下寒武统筇竹寺组烃源岩厚度分布图

个白垩系沉积盆地，早期断陷期发育陆相煤系烃源岩，晚期坳陷期发育湖相泥质烃源岩。煤系烃源岩生气为主，形成深层天然气聚集。渤海湾盆地表现为一个古近系—新近系沉积盆地，早期断陷期与晚期坳陷期均发育湖相（被动陆缘）泥质烃源岩，生油为主。优质烃源岩生油气窗跨度很大，保障了纵向多层系油气供给，深层潜山多形成新生古储，储油储气多由其演化程度决定。

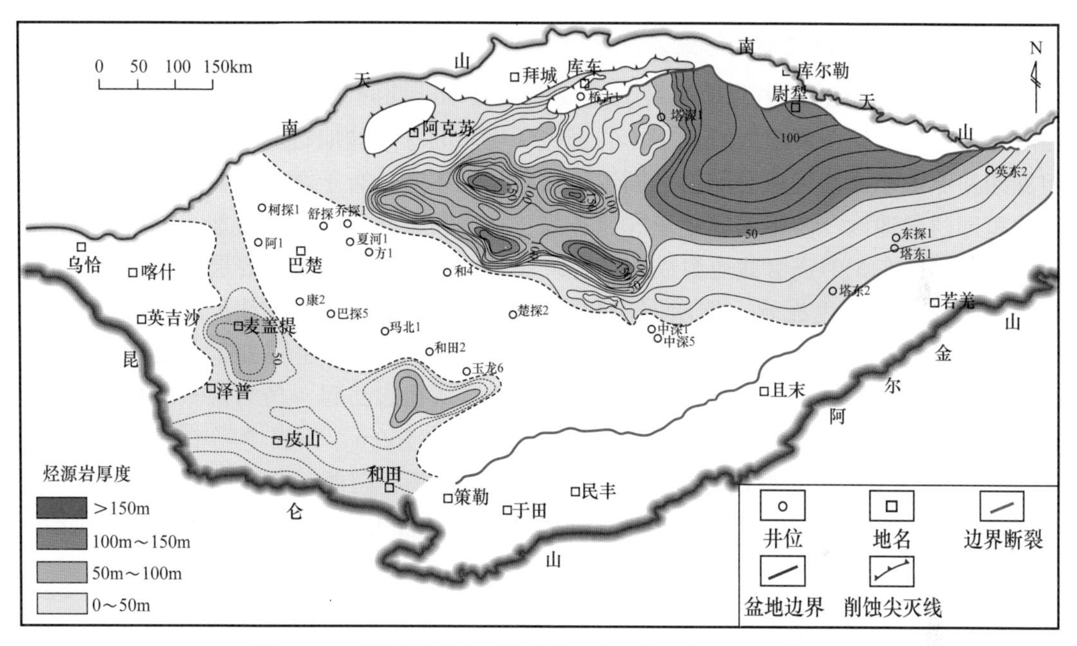

图 3-1-2 塔里木盆地下寒武统玉尔吐斯组烃源岩厚度图

1. 松辽盆地沙河子组与营城组煤系烃源岩

松辽盆地沙河子组沉积环境相对稳定，主要为陆相含煤碎屑岩沉积，整体上以湖泊沉积为主，地层分布不均匀，主要围绕继承性断陷发育（焦贵浩等，2009）。各断陷均发育大套暗色泥岩，沙河子组广泛发育的暗色泥岩为深层火山岩气藏提供了充足的气源。徐家围子断陷中部最大埋深区 TOC 为 0.5%～3% 的烃源岩厚度可达 500m，英台断陷大于 100m 厚度的暗色泥岩分布面积 210km^2，沉积中心处暗色泥岩累计厚度可达 400m。长岭断陷沙河子组暗色泥岩主要分布在乾北、前神字井、查干花、哈什坨、伏龙泉及黑帝庙这 6 个洼槽中，其中乾北洼槽烃源岩分布范围最广，大于 100m 厚度暗色泥岩分布面积达 1355km^2。

下白垩统营城组暗色泥岩主要发育在营城组沉积中期，不同断陷均有发育，但不同断陷暗色泥岩的分布面积和厚度差异较大。徐家围子断陷营城组四段泥岩烃源岩主要发育于断陷中部，最大厚度 120m。莺山—双城断陷营城组四段烃源岩广泛分布，庙台子地区泥岩厚度在 20～110m 之间。英台断陷营城组营二段暗色泥岩分布于北部五棵树洼槽和南部大屯洼槽内，大于 100m 暗色泥岩面积 281km^2。长岭断陷暗色泥岩分布范围最广，大于 100m 厚度的暗色泥岩总面积达 2923km^2。王府断陷营城组暗色泥岩总面积 894km^2，主要发育在增盛洼槽和小城子洼槽，最大厚度超过300m。梨树断陷营城组普遍发育大套厚层暗色泥岩，厚度超过100m的暗色泥岩面积达1433km^2。

松辽盆地8个主力断陷（徐家围子、长岭、英台、王府、德惠、梨树、古龙—林甸、莺山—双城）沙河子组与营城组煤系烃源岩包含煤岩、碳质泥岩、泥岩，具有组合发育特征，断陷范围越大、沉积充填地层越厚，有效烃源岩越发育，生气潜力越大。

2. 渤海湾盆地石炭系—二叠系煤系烃源岩

石炭纪—二叠纪是华北地区最为重要的聚煤期，期间华北地区经历了一个从海到陆的海退过程，处在由滨浅海到沼泽的沉积环境。渤海湾盆地石炭系—二叠系，经历了印支期和燕山期两期构造活动抬升剥蚀，残存范围主要分布于渤海湾盆地的中南部和辽河的东部凸起地区：西带由冀中东北、黄骅、临清和东濮4个残留盆地组成；东带由济阳、渤东和辽东3个残留盆地组成。石炭系—二叠系煤系烃源岩主要层位为太原组和山西组，主要包括暗色泥岩、碳质泥岩和煤3种岩性，煤岩分布范围大且厚度稳定，渤海湾盆地北部石炭系—二叠系煤系烃源岩厚度达200m以上，主要分布在沧县隆起两侧的杨村—文安斜坡、孔店—王官屯一带。孔南地区从孔店凸起—乌马营—东光地区烃源岩总厚度为300～450m。太原组暗色泥岩厚度达20～160m，黄骅坳陷中歧口凹陷超过160m，山西组暗色泥岩厚度达20～135m，冀中坳陷北厚南薄，黄骅坳陷南厚北薄，王官屯地区厚度可超过120m。勘探证实，所发现深层天然气主要为石炭系—二叠系供给煤型气。

3. 渤海湾盆地古近系孔二段与沙三段泥质烃源岩

渤海湾盆地古近系烃源岩层系多、厚度大，沙三段与孔二段为主力生油层，沙四段孔店组和东营组沙一段为次要生油层。烃源岩岩性以湖相暗色泥岩为主，夹薄层泥灰岩、油页岩，厚度1250～3000m（金凤鸣等，2016）。古近系孔店组二段，厚度200～400m，多分布在盆地边缘靠近南部地带，是一套闭塞的、半封闭的半咸水、半深湖相非补偿阶段的沉积（图3-1-3）。沙四段烃源岩厚度为300～600m，沙三段厚度为400～1200m。沙四段—孔店组有机质含量总体低于沙三段，TOC为0.5%～1.5%。但在湖盆发育中心区和最大湖泛面上下层段，发育一定规模的优质烃源岩，TOC含量普遍大于1.5%。沙河街组烃源岩在渤海海域也广泛发育，沙四段、沙三段烃源岩是盆地裂陷发育期以深水沉积为主的暗色泥岩沉积，有机质富集，以Ⅰ、Ⅱ型有机质为主，最厚处大于2500m，总体上由北向南，有效生油岩厚度逐渐减小；沙一段烃源岩形成于盆地裂陷相对平静期水体浅、水质略有咸化的阶段，有机碳含量和生烃潜量较高，为Ⅰ、Ⅱ$_1$型有机质，属较好烃源岩。各坳陷沙河街组烃源岩大部分已达成熟—高成熟演化阶段，部分达过成熟演化阶段，且呈连片分布特征，如歧口凹陷成熟烃源岩面积达到2230km^2，坳陷中心位置烃源岩R_o在3.0%以上，辽河东部凹陷和西部凹陷成熟烃源岩面积分别为1780km^{2}和2310km^2。受埋藏深度和地温梯度影响，廊固凹陷烃源岩热演化程度相对较低，但成熟烃源岩面积也在1900km^{2}左右。

图 3-1-3　渤海湾盆地古近系沙四段—孔二段泥质烃源岩厚度等值线图

四、西部前陆盆地深层烃源岩分布

中国陆上主要含油气盆地均表现为大型叠合盆地特征，上下构造所代表的原型盆地存在差异，所对应的主力烃源岩层系也存在明显差异。早期前陆盆地发育期，四川盆地发育二叠系海陆过渡相煤系烃源岩，准噶尔盆地发育石炭系海陆过渡相烃源岩与二叠系湖相泥质烃源岩。前陆盆地前陆向稳定坳陷转换期，四川盆地川西坳陷、塔里木盆地库车与塔西南坳陷、准噶尔盆地、柴达木盆地柴北坳陷、吐哈盆地发育上三叠统泥质烃源岩与侏罗系煤系烃源岩。新生代古近系晚期前陆—再生前陆发育阶段，柴达木盆地柴西坳陷发育咸化湖盆泥质烃源岩。

1. 准噶尔盆地石炭系煤系烃源岩

准噶尔盆地石炭系烃源岩为海陆交互相细粒沉积（郑孟林等，2019）。勘探证实，以其为源的油气在盆地内被广泛发现，并且主要分布于东部隆起、陆梁隆起东部、环中拐凸起地区，且以气藏为主。石炭系煤系烃源岩主要发育于下石炭统滴水泉组与松喀尔苏组上段，主要分布于盆地东北部，分为北带（克拉美丽山前带）与南带（白家海—北三台—古城），西北与南部多为推测（图3-1-4），是石炭系天然气成藏的主要贡献者，多形成自生自储。下石炭统烃源岩主要为滴水泉组泥质岩、松喀尔苏组上段碳质泥岩、煤与泥质岩，不同地区烃源岩层位、厚度及岩性变化较大。滴水泉组烃源岩主要发育于克拉美丽山前、五彩湾凹陷，主体为滨海—滨岸沉积，为陆源碎屑及火山喷发岩，沉积水体较浅，弱氧化环境，烃源岩主要为灰黑色泥岩、凝灰质泥岩及沉凝灰岩等。松喀尔苏组上段是一套以沉积岩为主、夹有火山岩的沉积层，属于海陆过渡相，气候温暖潮湿，陆源高等植物较为繁盛，烃源岩厚10～300m，主要发育于滴南凸起、滴水泉凹陷、北三台凸起至吉木萨尔凹陷一带，向腹部逐渐变薄。滴水泉组泥岩有机碳含量为0.40%～2.51%，平均为1.06%；松喀尔苏组上段泥岩、碳质泥岩有机碳含量为0.46%～19.26%，均值达4.07%，为中等—较好烃源岩。准东地区滴南凸起西段与五彩湾凹陷石炭系烃源岩成熟度较高，镜质组反射率R_o值多大于1.25%，沿这两个高成熟区向南、北方向烃源岩成熟度降低。

2. 准噶尔盆地二叠系风城组泥质烃源岩

准噶尔盆地下二叠统烃源岩为风城组，主要分布于盆地西部的玛湖凹陷、盆1井西凹陷、沙湾凹陷，而在盆地东部对应该套地层的沉积层位于克拉美丽山前与博格达山前多砂砾岩沉积粗相带，缺少细粒有效泥质烃源岩沉积。勘探证实玛湖凹陷下二叠统风城组是一套封闭—半封闭碱湖泊环境下形成的灰黑色页岩、泥岩和白云质页岩、泥岩夹砂岩，为一套优质烃源岩层系。

风城组主要发育于盆地西北缘玛湖凹陷，而风城组沉积咸化高峰期风二段正是处于咸化湖盆中心区，发育优质烃源岩，岩性为独特的云质混积岩，生烃母质具有细菌发育、藻类丰度高、缺乏高等植物等独特性。风城组泥质烃源岩有机碳平均1.18%，生烃潜量S_1+S_2平均5.55mg/g，总体属于好—最好烃源岩；风二段、风三段有机质丰度整体高于风一段。风城组咸化湖盆泥质烃源岩具有成熟—高成熟（R_o为0.8%、1.3%）双峰式生油模式；西部的下二叠统风城组咸化湖盆烃源岩在镜质组反射率到1.3%时，仍处于生油高峰期，相比于东部中二叠统芦草沟组烃源岩的生油高峰结束时间（R_o=1.2%）要晚。生排烃模拟实验表明风城组咸化烃源岩两期产油率最高可达470mg/g和800mg/g，是常见湖相泥质烃源岩的两倍多（支东明等，2016）。

3. 四川盆地二叠系龙潭组煤系烃源岩

上二叠统长兴组为一套快速沉积的生物灰岩及礁灰岩，下部龙潭组是一套区域性含煤建造。烃源岩分泥质岩和煤岩（煤岩、碳质泥岩）两类，分布总趋势为：华蓥山以

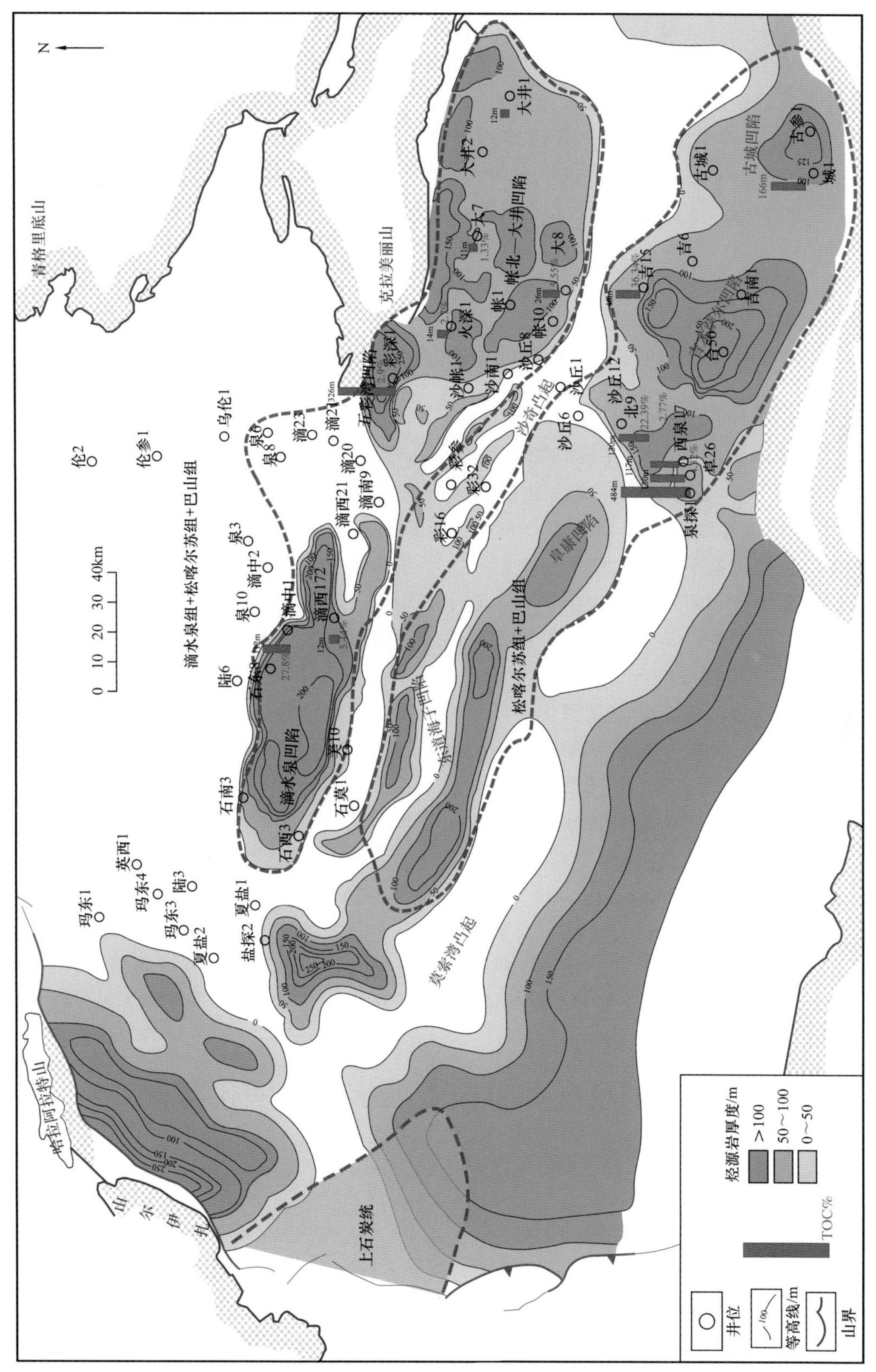

图 3-1-4　准噶尔盆地下石炭统煤系烃源岩厚度等值线图

西以泥质烃源岩为主，煤层主要发育于川中和川南地区（郭旭升等，2018）。盆地内煤岩烃源岩厚 0～17.5m，以川中和川南区块厚度较大，女基井最厚达 17.5m，在川东区块煤岩分布广，但厚度较薄，川西和川北区块少见煤层，甚至无煤层分布。泥质烃源岩厚 10～125m，平均厚度为 52m，在川中和川西南一带一般厚 80～110m，麻 1 井最厚为 125m。暗色泥质源岩有机碳丰度高，有机碳含量为 0.5%～12.55%，平均为 2.91%。泸州地区及自贡—资阳一带丰度值较低，有机碳含量普遍小于 3.0%。有机质类型以Ⅲ型为主，具较强的生烃能力，烃源岩 R_o 高达 1.80% 以上，多处于高成熟—过成熟阶段，以生气为主。围绕上二叠统龙潭组煤系烃源岩主要形成上二叠统成藏组合，中侏罗世上二叠统烃源岩开始大量生成天然气，并且近距离运移与聚集到下三叠统沉积前即已形成的生物礁与三叠系嘉陵江组溶蚀性碳酸盐岩岩溶圈闭中聚集成藏。

4. 柴达木盆地古近系下干柴沟组泥质烃源岩

柴达木盆地古近系—新近系烃源岩主要分布于西部坳陷，其中柴西南区古近系优质烃源岩范围更广厚度更大，柴西北区则以新近系优质烃源岩更为发育（马达德等，2018）。柴西地区烃源岩纵向上主要分布于古近系渐新统下干柴沟组—新近系中新统上干柴沟组，具体包括下干柴沟组下段上部—下干柴沟组上段—上干柴沟组中下部，优质烃源岩主要集中分布于下干柴沟组上段及上干柴沟组，其中又以渐新统下干柴沟组上段有机质丰度相对更高，是盆地新生界最优质的烃源岩发育段，其有效烃源岩分布面积达 $1.26\times10^4km^2$，厚度达 1000m，包括切克里克—扎哈泉、红柳泉—狮子沟、英雄岭、南翼山—小梁山等富烃凹陷。受湖盆演化变迁影响，柴达木盆地新近系烃源岩分布向北、向东迁移，以柴西北区最为发育。其中，中新统有效烃源岩分布面积为 $1.05\times10^4km^2$，厚度为 600m，其优质烃源岩集中分布于柴西南区扎哈泉—英雄岭一带至柴西北区南翼山—尖顶山一带，是柴西北区新近系含油组合主要的油源岩。由于柴达木盆地古近系下干柴沟组有效烃源岩发育于咸化湖盆，虽然柴西坳陷烃源岩总有机碳含量明显低于中国东部陆相湖盆烃源岩，但其可溶有机质含量较高，氯仿沥青“A”含量和氢指数均达到中等—较好烃源岩标准。生烃热模拟实验证实，柴西地区下干柴沟组上段咸化湖相烃源岩在可溶有机质、干酪根和矿物质的“三元”作用下可显著提高产烃率，可溶有机质具有在低熟条件下大量生烃的能力，具有较早生烃和高效转化特征。

第二节　中高成熟阶段干酪根生烃演化特征

一、研究现状

烃源岩排烃过程一般分为两个阶段（图 3-2-1）：生成油从干酪根结构中排出到烃源岩基质，以及矿物基质中的原油运移到烃源岩以外（Pepper et al.，1995）。排烃后的烃源岩中存在的残余油与成熟干酪根的生气量差别很大（Behar et al.，1995），且排烃效率变化范围很大（Pepper et al.，1995），因此排烃过程是控制中—高成熟阶段烃源岩生烃潜力和特征的关键。已有的干酪根晚期生烃研究对液态烃关注少，并且也无法体现排烃过程中排出和残留油在量和组成上的差异（Behar et al.，1995；Gai et al.，2019）。近期，有学者利用含有一定量残留油的成熟干酪根进行了晚期生烃过程的热模拟实验，但没有论证排烃效率变化对晚期生烃过程的影响（Jia et al.，2014）。此外，烃源岩内干酪根和残留油在热演化过程中并非独立，二者之间的相互作用也是影响烃源岩生烃潜力的重要因素（Hill et al.，2007；Mahlstedt et al.，2012）。

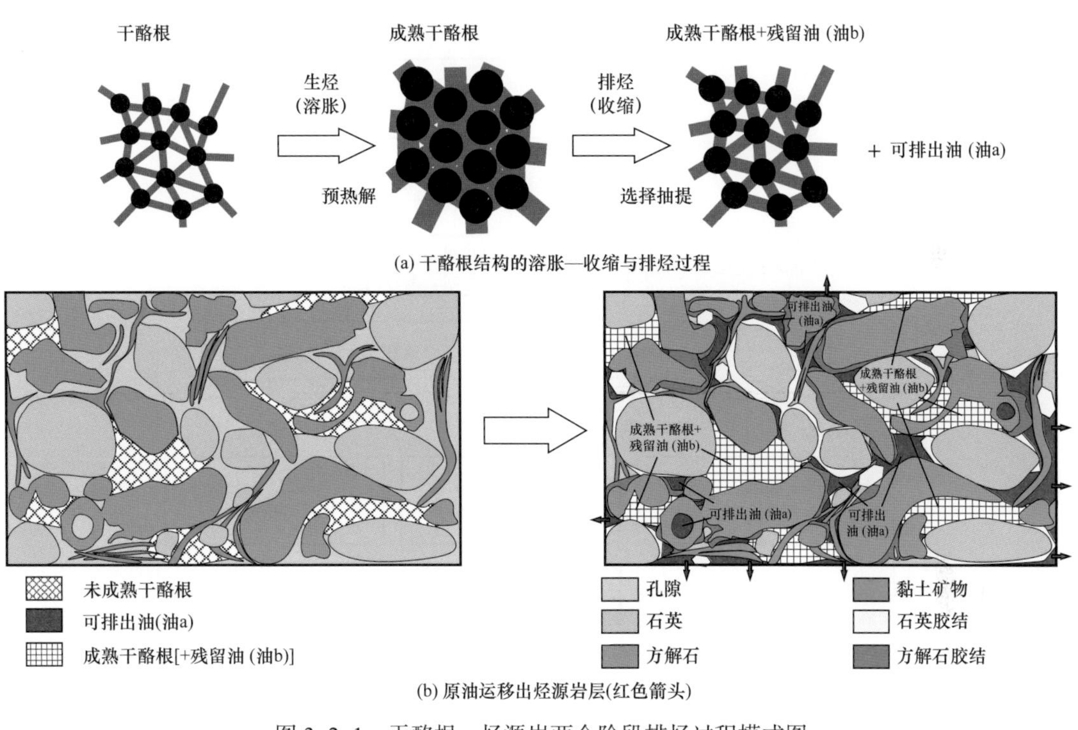

图 3-2-1　干酪根—烃源岩两个阶段排烃过程模式图
（据 Wang et al.，2020，修改）

二、模拟烃源岩排烃的干酪根弱极性溶剂抽提与配比方法

我们采集了茂名页岩（MM 页岩）和平凉页岩（PL 页岩）样品进行干酪根分离富集处理。此外，还采集了鄂尔多斯盆地侏罗系红庆煤样（HQ 煤）。根据氢指数 HI 与 T_{max} 特征判断 MM 干酪根、PL 干酪根和 HQ 煤分别为低成熟的Ⅰ型、Ⅱ型和Ⅲ型有机质。

1. 生油高峰干酪根制备与干酪根排烃过程的模拟

将适量样品密封于金管中，然后在 50MPa 水压下以 20℃ /h 的速率加热。当温度达到设定值时将金管取出并立即水冷（图 3-2-2）。结果表明，3 种类型有机质总产油量在 394～414℃时达到峰值。为便于比较，选择 398℃作为制备成熟干酪根的热解温度。再将足量样品加热至 398℃，再使用正己烷 / 甲苯（V/V=9：1）混合溶剂进行超声抽提，并分别定量抽提物和成熟干酪根。同时用二氯甲烷 / 甲醇混合溶剂（V/V=25：2）对部分样品进行超声抽提定量，评估“油 b”的量。

2. 不同排烃效率的干酪根制备与后期生烃模拟实验

在地质条件下，可排出的“油 a”运移到无机孔隙后再排出烃源岩以外的过程与很多因素有关。简化了这个过程的模拟，将每个成熟干酪根（含油 b）分成四等份，随后与“油 a”按不同质量比进行混合，再充分混匀（图 3–2–2）。将成熟干酪根、“油 a”和干酪根—“油 a”混合物采用两根平行金管进行后期生烃热解实验（2℃ /h）：一根金管用于气体分析，另一根用于 C_{6+} 烃类分析。

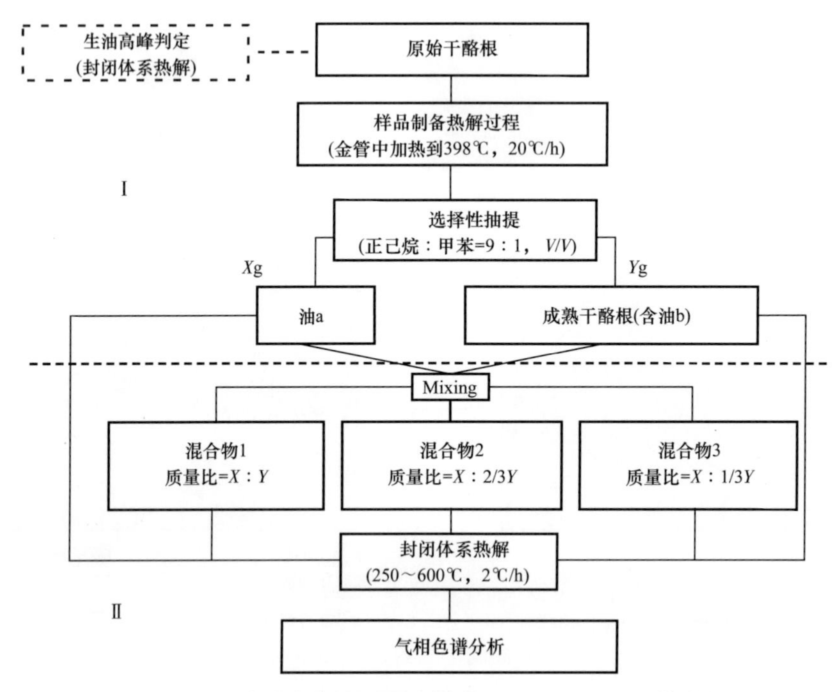

图 3–2–2　实验方案流程图（据 Wang et al.，2020，修改）

三、不同类型干酪根的生—排油与晚期生烃特征

1. 3 类干酪根生—排油特征

对于Ⅰ、Ⅱ型干酪根和Ⅲ型煤样，其生成总油［可排出油（油 a）及残留油（油 b）］的质量百分含量依次降低（图 3–2–3），可排出油（油 a）的含量也逐次降低，而残留油（油 b）的含量变化顺序相反（MM 干酪根＜PL 干酪根 =HQ 煤样）。对于Ⅰ型 MM 干酪根，几乎所有的烃类和胶质，以及约三分之二的沥青质都出现在“油 a”中。对于Ⅱ型 PL 干酪根，约 80% 的烃类和 50% 的胶质都存在于“油 a”中，几乎所有的沥青质都存在于“油 b”中。对于Ⅲ型 HQ 煤样，总热解产物主要以“油 b”存在，这与不同类型干酪根的吸附—分异作用对排出原油性质影响的模式是一致的（Pepper et al.，1995）。考虑残留“油 b”，Ⅰ型干酪根的三种混合物和成熟干酪根的 OEE 排烃效率值分别为 0、27%、55% 和 82%，Ⅱ型干酪根的四种 OEE 值分别为 0、17%、33% 和 50%。

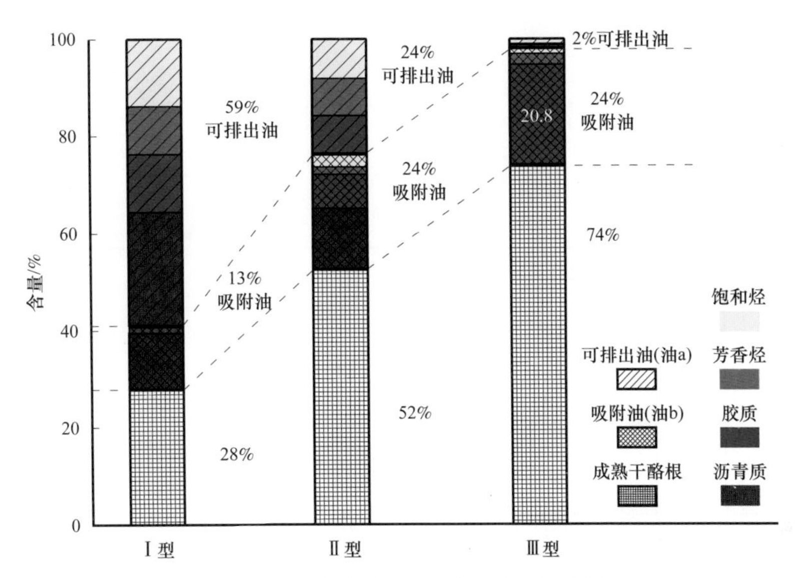

图 3-2-3 3 类干酪根热模拟实验后不同有机组分的相对含量（据 Wang et al.，2020，修改）

2. 气态烃（C_{1-5}）产率

原油裂解过程中，当 C_{2-5} 气体的生成到达高峰，总气（C_{1-5}）的质量产率开始缓慢减少（图 3-2-4）。这一阶段由 C_{6+} 液态烃裂解生成的总气量非常少，C_{2-5} 气体二次裂解过程导致总气质量轻微降低。这与 C_{2-5} 气体裂解造成的质量损失及焦沥青（Tian et al.，2012）或高度成熟的干酪根（Lorant et al.，2002）晚期生气有关。然而在生油潜力较低的干酪根热解生气过程中，总气质量产率减少的现象很少出现［图 3-2-4（a）、（e）］。在 C_{2-5} 气体的生成过程已经过了高峰［图 3-2-4（c）、（g）］的情况下，总气的体积产率继续增加［图 3-2-4（b）、（f）］：不同 OEE 值的 PL 系列样品几乎在整个热解过程中都在不断生成气体产物。HQ 煤样在高温下总气产率大致呈线性增加，且 MM 页岩和 PL 页岩系列样品生成总气的干燥度随着排烃效率的增加而增加［图 3-2-4（d）、（h）、（i）］。

3. C_{6+} 液态烃产率

两种成熟干酪根的 C_{6-14} 烃类生成高峰对应的温度大致为 420℃，明显低于 C_{2-5} 气体生成高峰对应的温度［452℃；图 3-2-5（a）、（c）］，且 C_{6-14} 最高产率也非常接近（约 100mg/g）。同时 MM 干酪根对应“油 a”生成 C_{6-14} 烃类的最高产率（约 340mg/g）略大于 PL 干酪根对应“油 a”的 C_{6-14} 最高产率［约 320mg/g；图 3-2-5（a）、（c）］。C_{6-14} 产率随着 OEE 的降低而增加，其中 MM 页岩样品的变化幅度比 PL 页岩样品高［图 3-2-5（a）、（c）］。对于“油 a”及成熟干酪根系列样品，C_{15+} 产率在 384～408℃之间大致恒定，然后都呈下降的趋势［图 3-2-5（b）、（d）］，表明 C_{15+} 的生成在制备热解时就已基本完成。需要说明的是，此处的 C_{15+} 为气相色谱可检测的化合物，不包括胶质和沥青质。MM 页岩“油 a”生成 C_{15+} 的最大产率（约 250mg/g）略大于 PL 页岩“油 a”的 C_{15+} 最大产率［约 200mg/g；图 3-2-5（b）、（d）］。

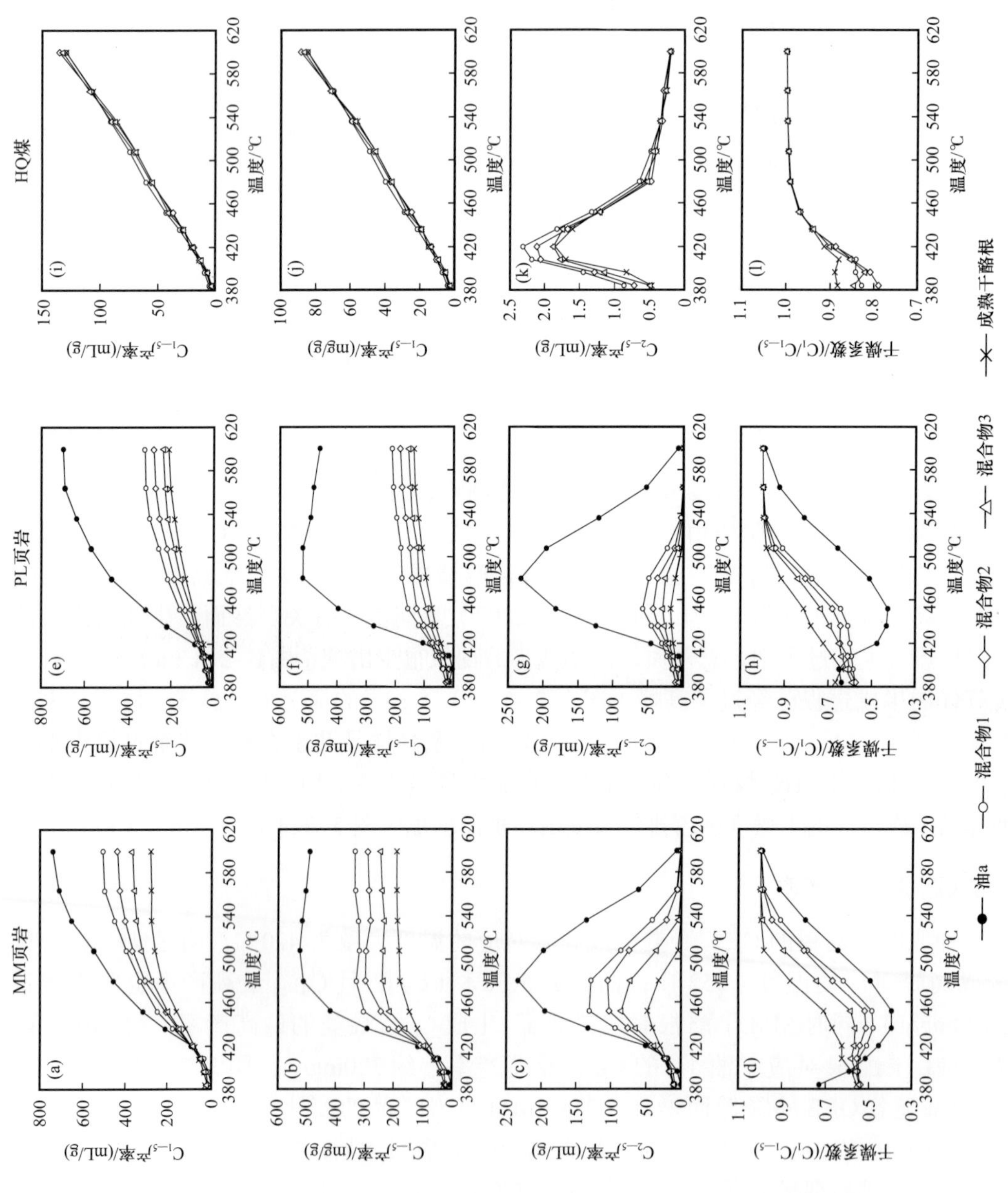

图 3-2-4　三类干酪根、可排出油（油 a）及其混合样品的产气量和干燥系数（据 Wang et al.，2020，修改）

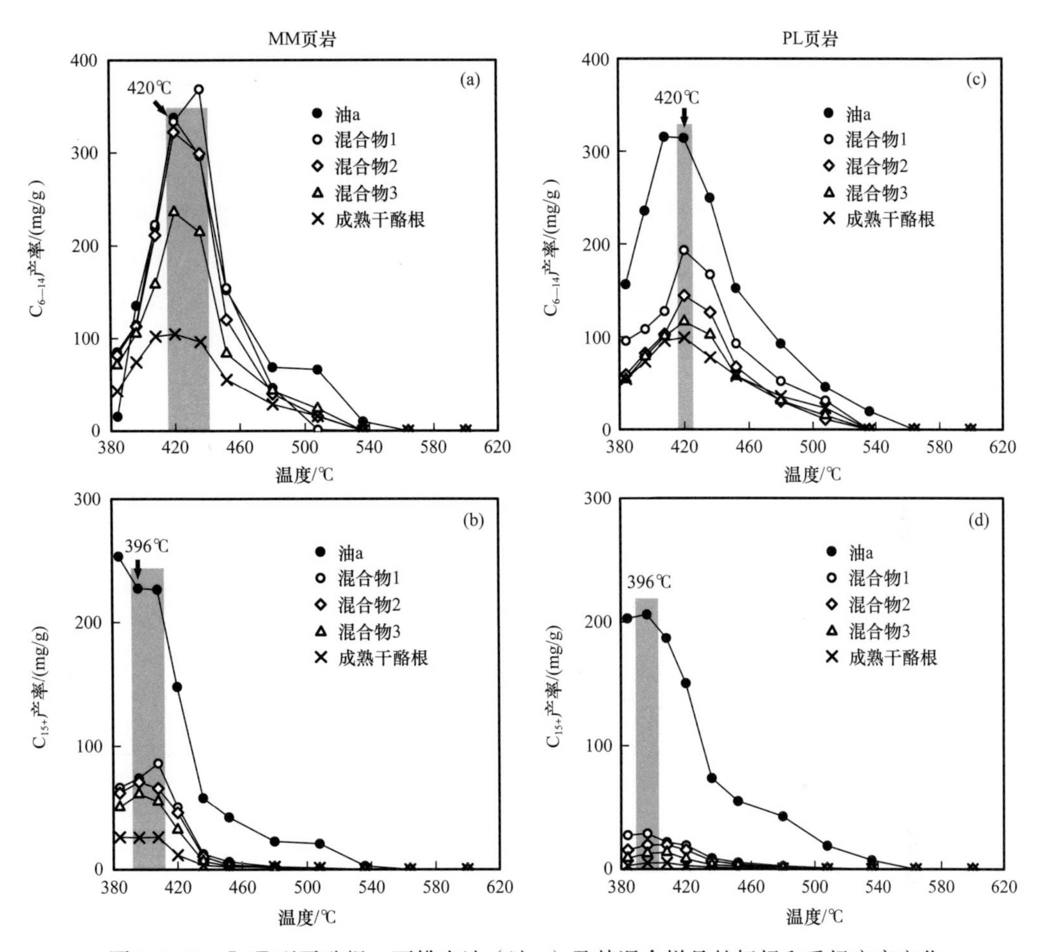

图 3-2-5 Ⅰ/Ⅱ型干酪根、可排出油（油 a）及其混合样品的轻烃和重烃产率变化
（据 Wang et al.，2020，修改）

四、干酪根—原油相互作用对不同烃类组分生成的影响

原油—干酪根混合物的烃类产率（$Y_{(O+K)}$）可由烃类实测产率计算得到，所用公式如下：

$$Y_{(O+K)}=(Y_{(O)}\times M_{(O)}\times C_{(O)}+Y_{(K)}\times M_{(K)}\times C_{(K)})/[(M_{(O)}+M_{(K)})\times C_{(O+K)}] \tag{3-2-1}$$

式中 $Y_{(O)}$、$Y_{(K)}$——油、干酪根的烃产率，mg/g；

$M_{(O)}$、$M_{(K)}$——油、干酪根的质量；

$C_{(O)}$、$C_{(K)}$——原油、干酪根的 TOC 含量；

$C_{(O+K)}$——“油 a”与干酪根混合物的 TOC 含量。

1. 气态烃

以不排出“油 a”的成熟干酪根的计算和实测气体产率变化为例进行分析。如

图 3-2-6 所示，对于Ⅰ型 MM 干酪根，在 380～436℃之间，所有气体的实测与计算产率均没有差异。当热解温度进一步增加到 452℃，$C_{2\text{-}5}$ 气体的实测最大产率低于计算最大产率［图 3-2-6（b）、（c）］。甲烷的这种明显的产率差异在 508℃以上才出现［图 3-2-6（a）］。这表明Ⅰ型成熟干酪根抑制了原油裂解为 C_{2-5} 气体的过程。对于Ⅱ型 PL 干酪根，原油裂解形成 C_{2-5} 气体的反应早期被促进（380～420℃），导致总气实测产率大于计算产率［图 3-2-6（e）、（f）］。温度高于 452℃时，C_{2-5} 气体和甲烷的实测产率分别低于和高于计算产率，而总气产率一致。这表明Ⅱ型 PL 干酪根可促进 C_{2-5} 气体二次裂解形成甲烷，即干酪根可以降低烃源岩中原油裂解生成气体所需的温度条件（Hill et al.，2007）。

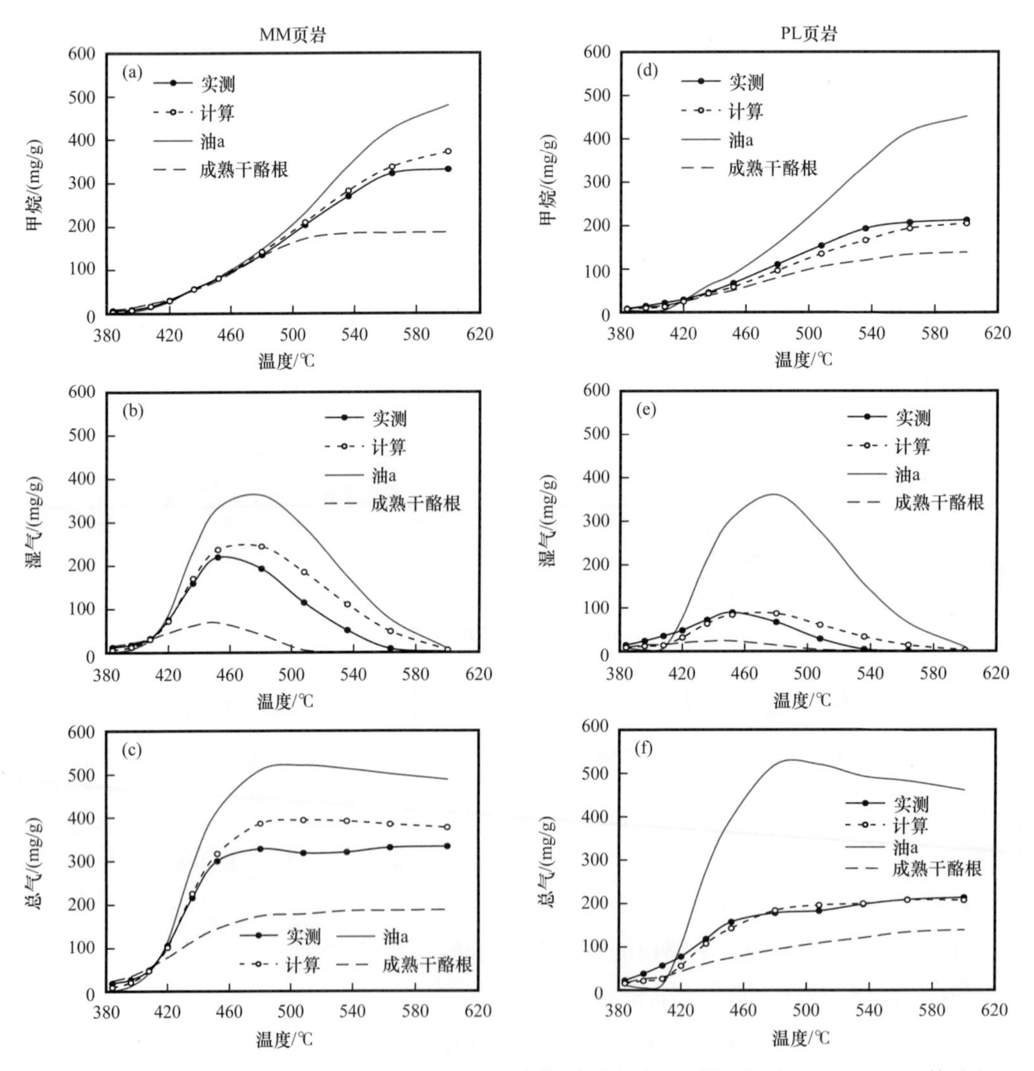

图 3-2-6 Ⅰ/Ⅱ型干酪根—油混合物的实测和计算产气量对比（据 Wang et al.，2020，修改）

2. 液态烃

两种干酪根的固液混合物热解生成 C_{6+} 液态烃的产率变化规律比较相似（图 3-2-7）。

C_{15+} 烃类的实测产率比计算产率小得多。C_{6-14} 轻烃的实测与计算产率在早期（<408℃）大体接近，而后前者增加程度大于后者，导致前者高于后者［图 3-2-7（a）、（d）］。C_{6+} 液态烃的实测产率先低于计算产率，然后快速增加，在约 420℃时略大于计算产率，大于 452℃时二者较为接近［图 3-2-7（c）、（f）］。上述现象可能与有机质芳环结构上侧链烷基的 α 断裂及相应官能团与芳环系统重新结合的反应有关（McNeil et al.，1996）。在较低温度下，原油中的长链烷基可能重新结合到成熟干酪根的芳环结构中，导致固—液混合物的 C_{15+} 产率（实测）比固、液两种有机质分别的 C_{15+} 产率相加的值［计算；图 3-2-7（b）、（e）］更低。在较高温度下，这些结合的长链会被释放并随后裂解成较短的烷基链（C_{6-14}）。结果表明，对比简单混合模型计算产率和固—液混合有机质的热解实测产率，C_{6-14} 轻烃实测产率相对较高，C_{15+} 重烃实测产率相对较低［图 3-2-7（a）、（b）、（d）、（e）］。

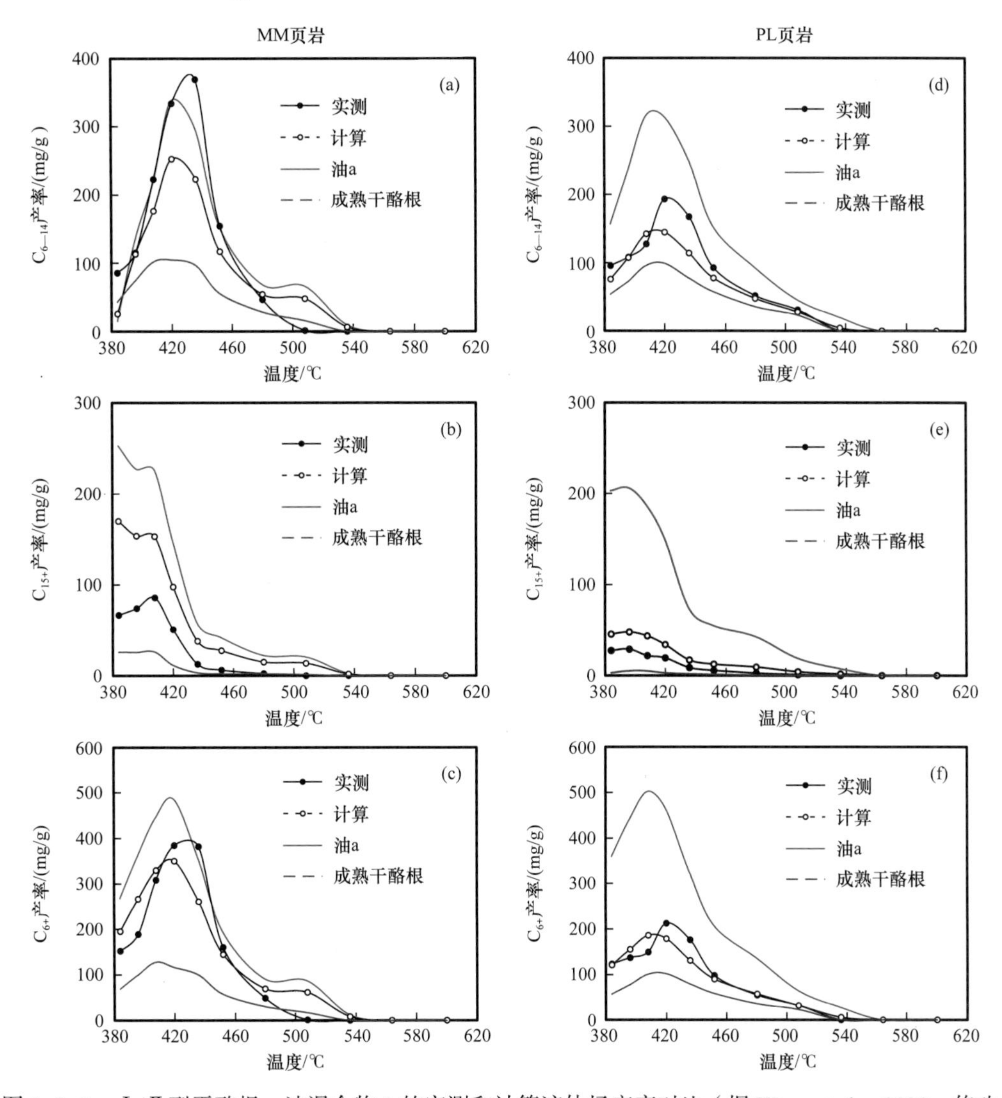

图 3-2-7　Ⅰ/Ⅱ型干酪根—油混合物 1 的实测和计算液体烃产率对比（据 Wang et al.，2020，修改）

3. 不同烃类组分与残留油量的定量关系

采用可排出油（油 a）的有机碳百分比（$C_{油a}$）来区别不同混合样品的排烃程度：

$$C_{油a}=100\times\left[M_{油a}\times TOC_{油a}/\left(M_{油a}\times TOC_{油a}+M_{干酪根}\times TOC_{干酪根}\right)\right] \quad (3\text{-}2\text{-}2)$$

对于成熟干酪根及其对应的固—液混合有机质，其热解产物中单种组分的最大产率与 $C_{油a}$ 值具有线性相关性（图 3-2-8），而对应“油 a”生成的产物馏分显著偏离回归曲线。Ⅰ、Ⅱ型干酪根总产气量的变化趋势存在很大的差异，而 C_{6-14} 产率变化趋势几乎相同［图 3-2-8（a）、（b）］。对于 C_{15+} 产率，两条回归线的差异主要表现在较大的截距［约为 20mg/g；图 3-2-8（c）］。我们进一步分析了总液态烃（C_{6+}）和总烃（C_{1+}）的产率（图 3-2-9），也得到了良好的线性关系。

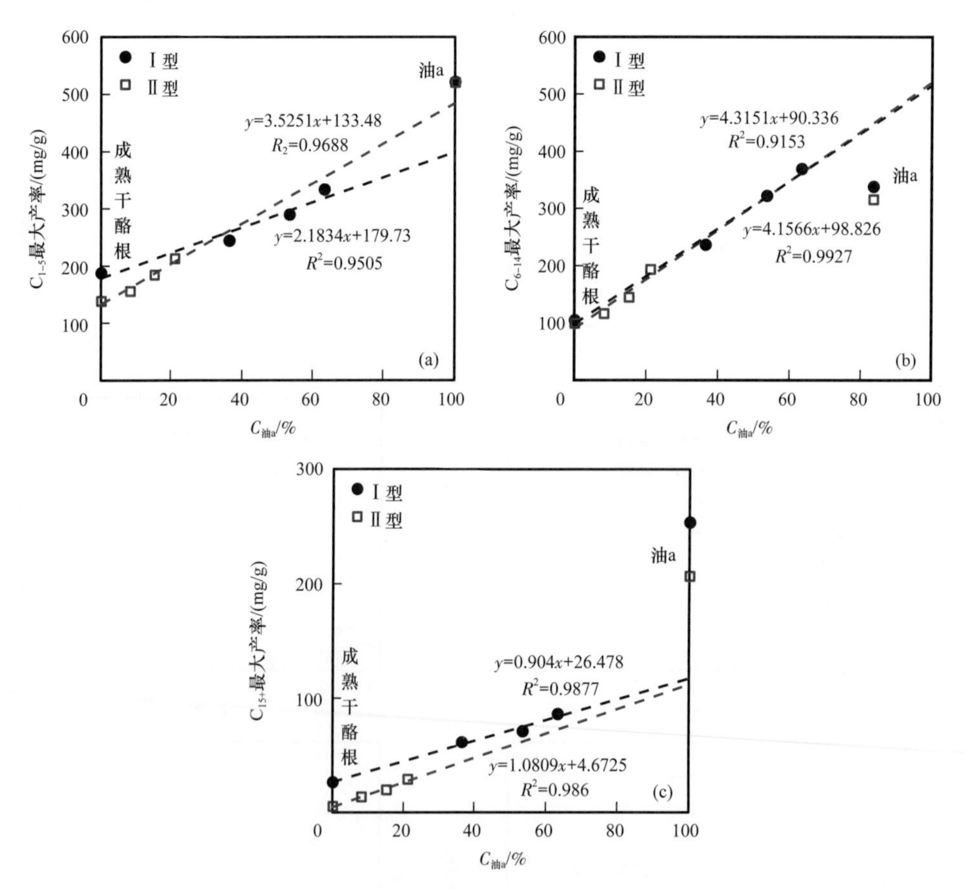

图 3-2-8 $C_{油a}$ 与 C_{1-5}、C_{6-14} 和 C_{15+} 组分最大产率之间的关系（据 Wang et al.，2020，修改）

五、Ⅰ/Ⅱ型干酪根裂解过程中轻质和凝析油气的热演化阶段

我们利用前期工作进行了镜质组反射率校正（张辉，2008）。随着排烃效率的增加，MM 页岩样品的气油比（GOR）逐渐增加，而 PL 页岩样品的 GOR 变化较小（图 3-2-10）。同时，两种“油 a”的 GOR 都明显小于系列干酪根样品 GOR，但随着成熟度上升越

来越接近，且 MM 页岩“油 a”的 GOR 数值和变化规律几乎与前人原油裂解的数据相同（Hill et al.，2003）。当 VR_o 大于 1.4% 时，成熟干酪根及其与“油 a”的混合物的 GOR 迅速增加，各干酪根—“油 a”混合物、“油 a”之间的差异相对较小。

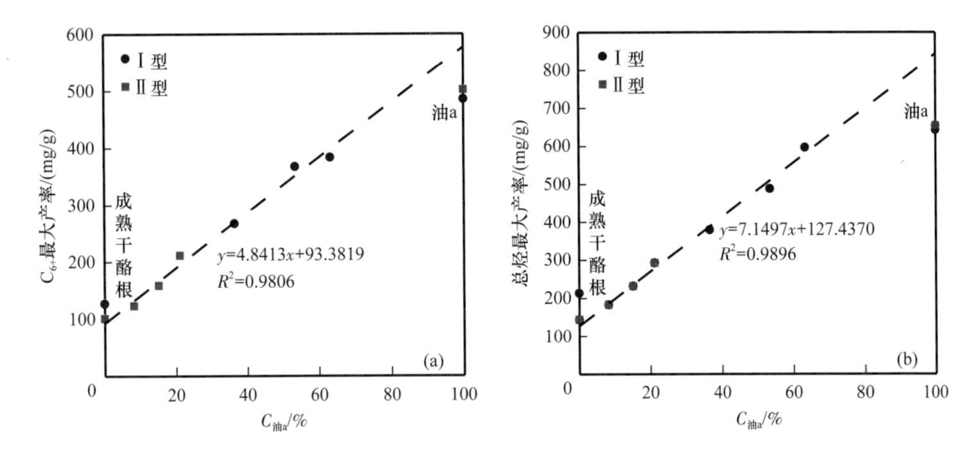

图 3-2-9 $C_{油a}$ 与 C_{6+} 和总烃最大产率的关系（据 Wang et al.，2020，修改）

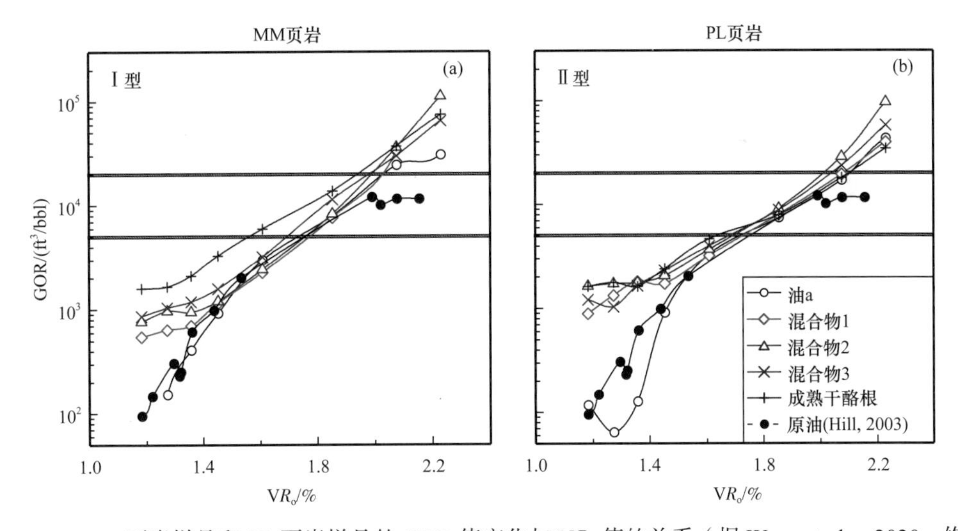

图 3-2-10 MM 页岩样品和 PL 页岩样品的 GOR 值变化与 VR_o 值的关系（据 Wang et al.，2020，修改）

油藏中原油以独立相态存在的临界上限 GOR 大约为 5000ft³/bbl（Waples，2000）。GOR 为 5000ft³/bbl 时，两种干酪根及其固—液混合物对应的 VR_o 分别为 1.55～1.75% 和 1.6～1.7%（图 3-2-11）。凝析油气阶段的 VR_o 上限的划分采用了 Boyd 提出的 GOR 值（20000ft³/bbl，2006）对两种干酪根及其混合物分别为 1.9%～2.0% 和 2.0%～2.1%。生气阶段的 VR_o 下限（1.9%～2.1%）与传统油气模型中（约 2.0%；Tissot et al.，1984）比较一致。我们建议将 VR_o 从 1.35%（气油比较低）到 1.55%～1.75%（独立油相消失）确立为“轻质油气”阶段，更高成熟度范围（VR_o 为 1.9%～2.1%）为“凝析油 / 湿气”阶段。VR_o<1.35% 时，成熟干酪根产出油气的过程可称为“轻质油”阶段。

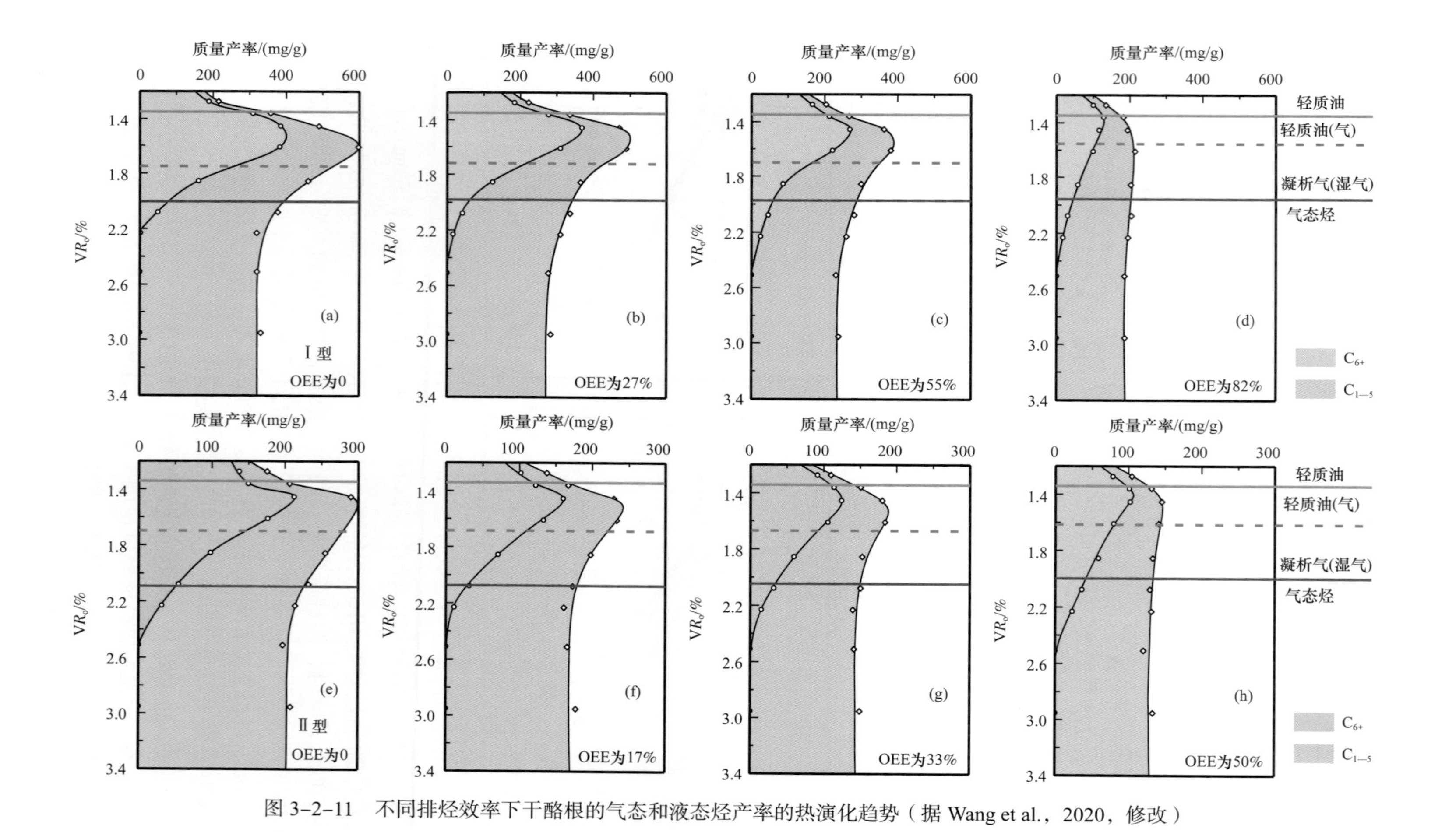

图 3-2-11　不同排烃效率下干酪根的气态和液态烃产率的热演化趋势（据 Wang et al.，2020，修改）

第三节 深层—超深层原油裂解生烃特征

在深层—超深层较强的热应力作用下，储层中原油将发生热裂解并使得其物理 / 化学性质发生改变。原油的热裂解过程实质是在热应力作用下原油中大分子物质逐步裂解成小分子化合物，并以固体沥青和甲烷为最终产物的过程。原油裂解产物最终在储层中所表现出的特征是在多种物理—化学因素相互影响下综合作用的体现，温度、时间、压力、储层介质环境等多种因素均会影响原油的裂解过程。

温度作为原油裂解的主控因素已被大量野外观测及模拟实验所证实。绝大部分已探明的油气藏中正常原油、轻质油、凝析油和湿气、干气的赋存深度一般是逐次递增的。综合目前的实际油藏观测数据及模拟实验动力学分析，普遍认为原油裂解发生的起始地质温度要大于 150℃。然而在油气勘探实践中，发现在许多温度高于 150℃的储层中仍存在液态原油。这表明除温度以外的其他地质因素同样对原油的热裂解行为产生了重要影响。压力同样是影响原油热裂解行为的一个重要因素。Hill 等在 2003 年通过饱和原油裂解压力效应实验指出，在不同的温度和压力范围内，压力的影响也会存在差异。储层介质环境包括地层水、储层矿物组成、孔隙发育情况等，介质环境的差异同样会对原油热裂解过程产生影响。特别是多类储层矿物被认为对原油裂解过程具有显著的催化作用，从而改变在特定温压条件下原油的组成及其演化进程，并进一步影响储层中各烃类组分的赋存状态。

原油裂解是一个非常复杂的过程，温度是主控因素，同时地层压力、矿物组成、水等地质因素均会对其裂解行为产生影响。按原油裂解产物种类，可大致将其裂解过程分为正常原油、轻质油、凝析油及湿气和干气四个阶段。而油气资源在地质体中主要以气态烃、液态烃和固体沥青三种相态形式存在。原油裂解最终会导致储层原油相态的转化、油藏的破坏等现象。由于实际地质条件千变万化，不同地区油气储层在深度、地温梯度、压力、岩性，以及构造发育等各方面均存在较大差异，从而导致不同含油气系统中油气资源的赋存状态各不相同，并给储层原油（裂解气）资源评价、油气源判识等工作造成困难。特别是在深层高温和高压条件下，油气藏的流体性质和相态特征往往不同于传统的油气藏，其原油稳定性保存、不同储集环境中的原油赋存特征、后期次生改造等都将影响到油气组分分布及其相态演化特征。本次研究就是要通过模拟实验综合分析，积极探索正常原油和生物降解原油的裂解生烃特征，对裂解过程中固体沥青的形成与演化规律给予充分关注。

一、正常原油裂解生烃特征

原油裂解是目前中国深部油气藏普遍经历的一个重要演化过程，古油藏中原油的裂解消失给常规的二节点（油—源和气—源）对比造成了很大的困难。储层固体沥青作为原油裂解的一个重要产物，在中国下古生界海相油气藏中广泛存在。由于储层固体沥青的生成和演化都发生在油气藏中，经历了油气藏的整个热演化过程，因此，固体沥青作为古油藏和原油裂解气存在的证据，其物理化学性质的变化可以提供有关油气藏的演化信息，成为构建天然气—固体沥青（原油）—烃源岩之间联系的桥梁。固体沥青研究成果一方面可以丰富深部油气藏的研究内容，为深部油气藏的来源判识和成藏研究提供重要的技术方法；另一方面将模拟实验结果与具体地质背景相结合，为古油藏规模的预测和油裂解气资源量的评价提供有力的技术支持。

1. 原油裂解阶段

原油裂解的过程就是大分子烃类不断转化成小分子烃类与碳沥青的过程（Hill et al., 2003）。因此可以利用原油裂解过程中甲烷、C_2—C_5 气态烃化合物和 C_6—C_{12} 轻烃化合物的产率来综合评价原油裂解程度和划分原油裂解阶段。

根据原油热裂解模拟实验中烃类化合物产率变化（图 3-3-1），可以将原油裂解过程分为四个阶段：（1）原油稳定阶段（EasyR_o<1.0%，Ⅰ）；（2）凝析油生成阶段（对应的 EasyR_o 为 1.0%～1.5%，Ⅱ）；（3）湿气生成阶段（对应的 EasyR_o 为 1.5%～2.1%，Ⅲ）；（4）干气生成阶段（对应的 EasyR_o 为 2.1%～4.5%，Ⅳ）。

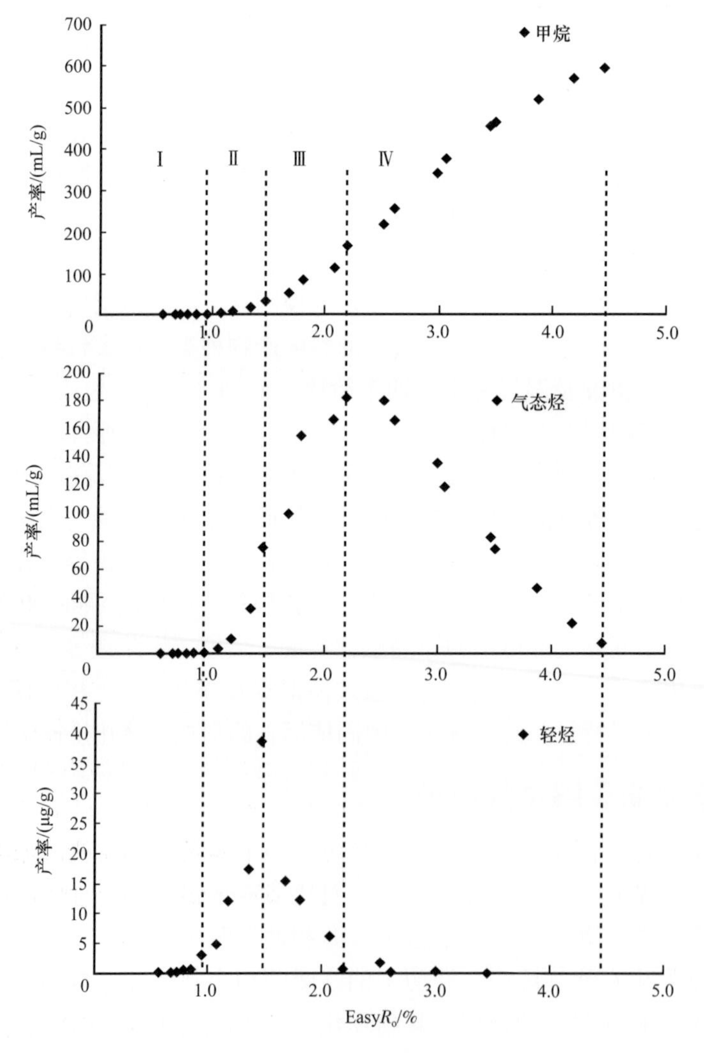

图 3-3-1 原油裂解过程中烃类化合物产率的变化情况

2. 固体沥青的主要形成阶段

图 3-3-2 表示了随着原油裂解程度的增加，固体沥青的累计产率与瞬时产率变化情况。瞬时产率曲线表明固体沥青大约在 EasyR_o 为 1.5% 时开始生成，随着成熟度的增加固体沥青产率增速稳步提高，EasyR_o 在 2.0%～3.0% 期间固体沥青产率值增加最快。随后其增速有所放缓，直至 EasyR_o 为 4.0% 左右停止增加。从图 3-3-1 可知，C_6—C_{12} 轻烃在成熟度达到 1.0% 时开始产生并在 1.5% 之后逐渐发生裂解，而原油的裂解产物——固体沥青在 EasyR_o 为 1.5% 时正好开始生成，即对应原油裂解过程中的轻质油 / 凝析油阶段。与此同时，当 EasyR_o 为 2.1% 时，C_2—C_5 气态烃开始逐步裂解生成大量甲烷，此阶段也正是固体沥青的大量生成阶段，即对应原油裂解过程中的凝析油 / 湿气阶段。由此推测古油藏中大量固体沥青的出现可以较好地证明该油气藏已经进入裂解生气阶段。另外，图 3-3-2 中的累计产率曲线同样表明，随着成熟度的增加，原油裂解过程中固体沥青总量持续增加，当 EasyR_o 为 4.0% 时，最大产率可达初始原油质量的 42%。

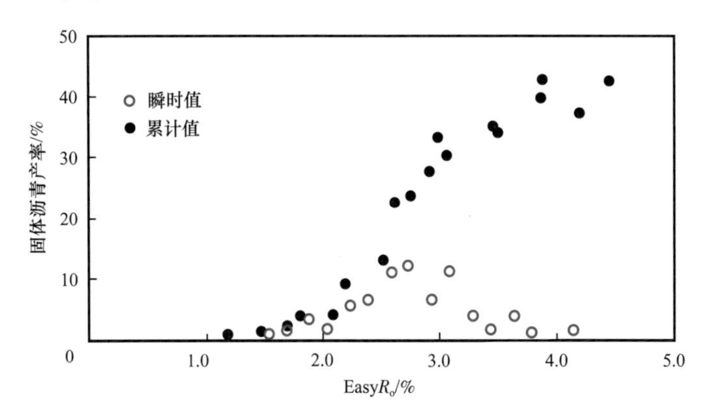

图 3-3-2 固体沥青的累计产率与瞬时产率变化

3. 固体沥青的主要母源

为了揭示原油裂解过程中固体沥青的主要母质来源，针对原油中不同族组分（饱和烃，芳香烃，非烃 + 沥青质）分别开展它们的裂解模拟实验。由图 3-3-3 可以看出，原油中不同族组分在无水条件下高温裂解生成的固体沥青产率随成熟度的增加都逐渐升高。在原油稳定阶段（EasyR_o 为 0.5%～1.0%）和凝析油生成阶段（EasyR_o 为 1.0%～1.5%）饱和烃和芳烃几乎不生成固体沥青，固体沥青主要由非烃 + 沥青质组分产生；在 EasyR_o 为 1.5% 时，非烃 + 沥青质的固体沥青产率可达到 42.06%。在湿气生成阶段（EasyR_o 为 1.5%～2.1%）饱和烃和芳香烃组分开始生成固体沥青，非烃 + 沥青质组分生成固体沥青的速率变缓。在干气生成阶段（EasyR_o 为 2.1%～4.5%）饱和烃和芳香烃大量生成固体沥青，固体沥青的产率逐渐增大。

根据原油各组分生成固体沥青的产率乘以原油中各个组分的含量百分比，可以换算出原油中各组分实际生成固体沥青的贡献量。实验所用的塔里木盆地哈得 23 井正常原油各族组分含量如下：53.1% 的饱和烃组分，16.0% 的芳香烃组分，15.4% 的非烃组分，

3.86% 的沥青质组分，其余 12% 为其他组分，根据数据计算得结果见图 3-3-4。结果表明，在各族组分裂解的凝析油阶段（即 C_6—C_{12} 轻烃快速生成和 C_{13+} 液态烃裂解时期）主要是非烃 + 沥青质生成固体沥青，在各组分裂解的干气阶段（即甲烷快速生成和 C_2—C_5 气态烃裂解时期）主要是饱和烃和芳香烃生成固体沥青，最高产率可达原油初始量的 45%，其中饱和烃组分贡献量达 24.11%，芳香烃贡献量为 9.11%，非烃 + 沥青质贡献量为 11.71%。因此，以后只要知道了一种原油的各族组分含量，便可以结合图 3-3-3 计算出此原油相应的固体沥青产率，而不用对每一种原油的固体沥青产率进行测定。

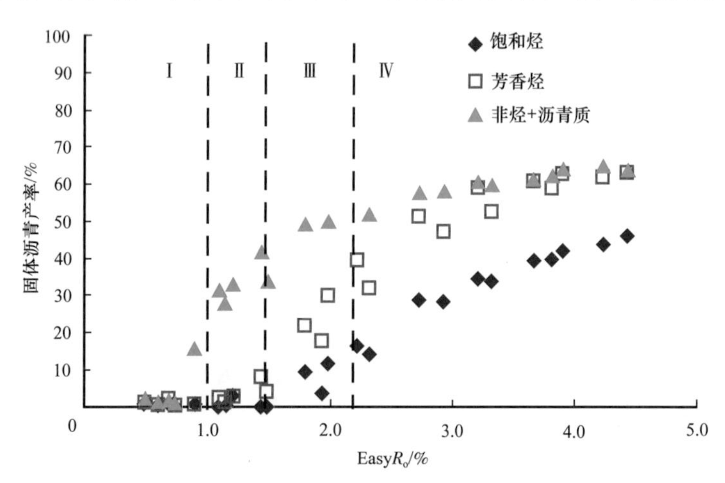

图 3-3-3 原油中各族组分形成固体沥青的产率

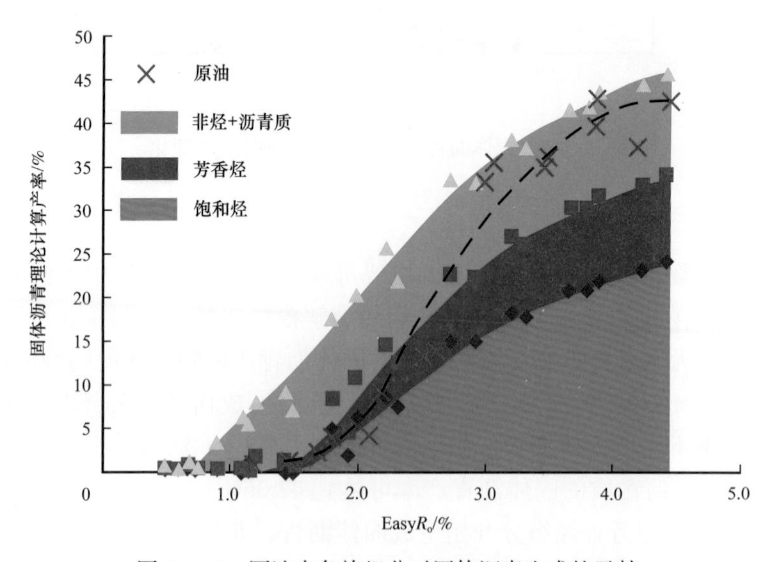

图 3-3-4 原油中各族组分对固体沥青生成的贡献

4. 固体沥青与甲烷的产率关系

对比图 3-3-1 和图 3-3-2 不难发现，原油裂解过程中固体沥青的形成与甲烷的产生具有很好的一致性，因此可以建立固体沥青与甲烷产率的相关性。根据图 3-3-2 的累计曲线，如果已知固体沥青的成熟度，那么其质量产率也不难得知。这就意味着可以通过固体沥青的成熟度来推测油气藏储层中的固体沥青含量从而确定古油藏的大小与分布。但是，在实际地质背景下，想准确测定固体沥青的成熟度并不容易。

如图3-3-5所示，根据实验数据和动力学计算回归拟合出了原油裂解过程中甲烷与固体沥青的产率变化的相关关系式。甲烷体积产率与固体沥青产率在EasyR_o为1.5%～4.5%范围内显示出了良好的线性相关性（R^2=0.964），二者的比值应近似等于一个常数（K），即线性关系式中的斜率1.09，其中：

$$K= \text{甲烷体积产率（L/100g）/ 固体沥青产率（g/100g）} \\ = \text{甲烷体积（L）/ 固体沥青质量（g）} \tag{3-3-1}$$

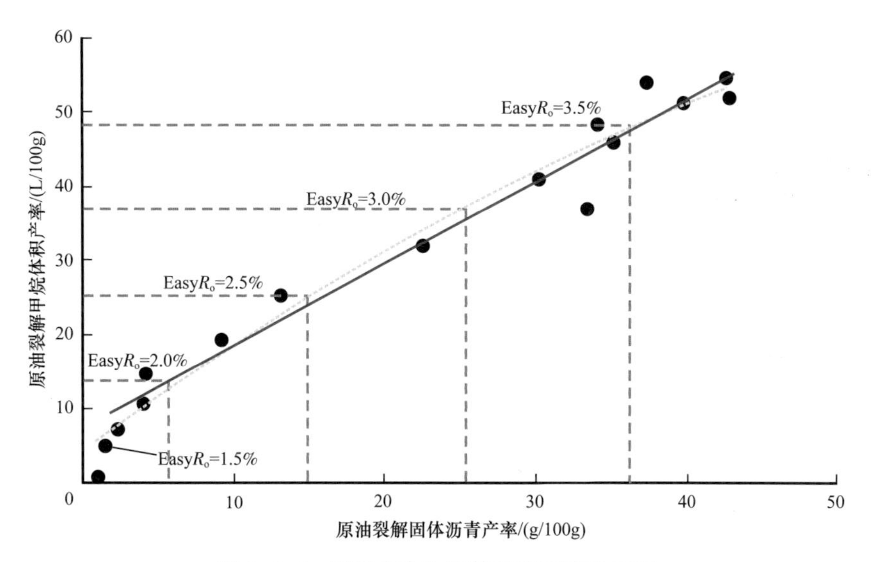

图3-3-5 甲烷产率与固体沥青产率关系图

该值同样可以作为原油裂解过程中产生的甲烷体积（L）与固体沥青质量（g）的转换率（用CR表示）。这说明在原油裂解过程中二者的产率基本是同步持续增大的，或者说原油裂解过程中产生一定质量的固体沥青，相应地就会生成一定体积的甲烷气。该转换率值覆盖了相对广泛的成熟度范围，即EasyR_o值取1.5%～4.5%之间。因此可以将古油藏中固体沥青的质量与该转换率值相结合来推算油气藏储层中原油裂解气的体积。

5. 基于储层固体沥青的气源判识与资源评价

对于热演化程度高的烃源岩或固体沥青，通过索氏抽提获取的可溶有机质通常量太少而难以满足有机地球化学仪器分析的需要，此外低含量的抽提物往往易受运移烃及现代沉积物的污染而可靠性不高，同时与生源有关的生物标志物特征在高—过成熟阶段趋同，已很难反映烃源岩的原始有机质输入特征。因此，亟须发展适用于深部高熟油气烃源对比及资源评价的技术方法。

1）基于储层固体沥青碳同位素特征判断烃源岩

在储层固体沥青热裂解模拟实验中已经提到，原油裂解生成固体沥青的过程中，各个阶段的固体沥青的 $\delta^{13}C$ 值变化不大（–31.5‰ ±0.2‰），而初始原油样品的 $\delta^{13}C$ 值相对较轻，为 –32.8‰，原油沥青质组分的 $\delta^{13}C$ 值为 –32.1‰，因此相同来源的沥青质与固体沥青之间存在下列关系：

$$\delta^{13}C_{固体沥青}-\delta^{13}C_{沥青质}\approx 0.6‰ \tag{3-3-2}$$

前人（Stahl，1978）研究认为，

$$\delta^{13}C_{干酪根}-\delta^{13}C_{沥青质}\approx 0.6‰ \tag{3-3-3}$$

因此可以得到

$$\delta^{13}C_{固体沥青}\approx\delta^{13}C_{干酪根} \tag{3-3-4}$$

所以，根据模拟实验的结果，可以认为原油裂解过程中形成的固体沥青与生成该原油的干酪根具有几乎相等的碳同位素值，这表明可以依据古油藏储层中固体沥青的碳同位素值来判断烃源岩类型，后续的烃源对比主要基于这个依据。

2）基于固体沥青的原油裂解气资源量评价

戴金星等（2002）的分析研究认为，生气强度大于 $20\times10^8m^3/km^2$ 是形成大中型气田的主控因素之一。根据前述模拟实验结果，提出一个基于储层固体沥青含量的生气强度评价方法。在这个方法里，古油藏生气强度（GGI）可用下面的公式表示：

$$GGI=H\times C\times D\times CR\times10^7 \tag{3-3-5}$$

式中 H——储层有效厚度；

C——固体沥青含量；

D——烃源岩密度；

CR——固体沥青产量与甲烷产量转换率参数。

研究以川东北飞仙关组鲕滩气藏储层为例，其储层有效厚度在10～230m之间变化，取加权平均值60m（赵文智等，2006）。岩层密度大约为 $2.5g/cm^3$。根据前期模拟实验结果，CR 为1.09。将这些数据代入式（3-3-5），由GGI大于 $20\times10^8m^3/km^2$ 可得，C 大于122%，即要满足形成大型油气藏的生气强度要求，储层中的固体沥青含量至少要达到122%。由此可以结合该参数与网格法统计出川东北地区高产量气藏的储层沥青含量等值线分布面积，进而通过烃源岩生烃高峰期飞仙关组顶面的构造格局结合油气藏储层的平面展布及储层沥青含量的分布趋势，对古油藏分布面积及气藏规模进行预测。据此建立了从储层固体沥青入手的、适合原油裂解成因的天然气资源量预测模型。

二、生物降解原油裂解生烃特征

一般来说，在油藏形成的早期，由于埋深较浅或者构造抬升剥蚀会导致油藏温度降低被微生物改造发生生物降解作用。在后期随着地层沉降，油藏埋深加大，地层温度升高，已经被微生物改造的原油又会遭受热蚀变。这两种次生蚀变作用叠加在一起，这里称之为叠加次生蚀变作用。

中国许多含油气盆地系统中的油藏都经历过叠加次生蚀变作用的改造。如图3–3–6

所示，在加里东运动期，磨溪—高石梯地区的寒武系油藏被持续抬升至近地表，此时的油藏温度远远低于微生物的失活温度（80℃），为微生物的活动提供了前提条件。袁海锋等（2009）利用色谱分析了安平 -1 井和高科 -1 井储层沥青中的可溶有机质，发现至少存在两期油气充注过程，并且早期充注的油藏经历过生物降解作用。加里东运动结束后，四川盆地重新接受沉积。已经遭受了生物降解的油藏埋深加大，在中三叠纪时埋深最大超过 6000m，地层温度超过 180℃。油藏在热应力的作用下逐步裂解，可能成为重要的气源。

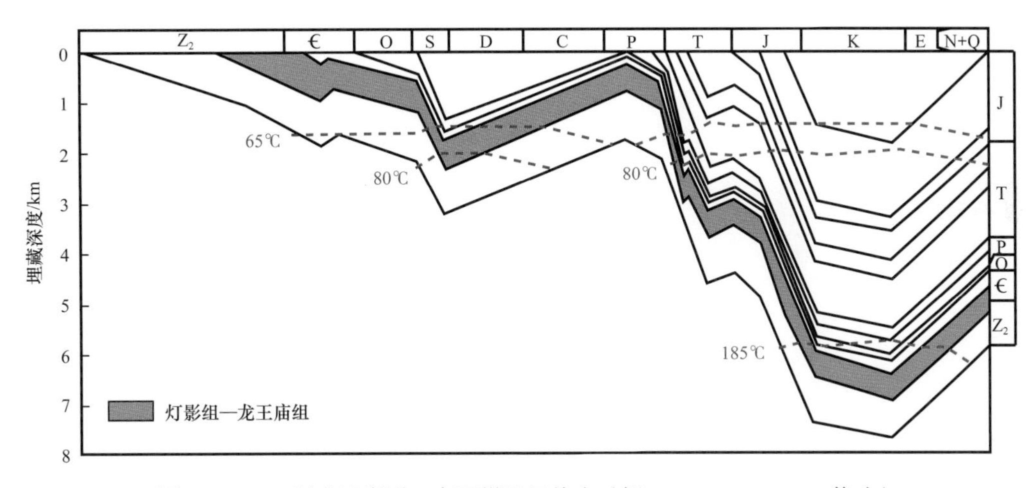

图 3-3-6 四川盆地磨溪—高石梯地区热史（据 Zou et al.，2014，修改）

生物降解是油藏中最常见的次生蚀变作用之一。油藏的生物降解会造成原油黏度增加、API 比重降低，导致原油的开采效率和经济价值降低（Larter et al.，2003）。古油藏的二次裂解生气可以成为天然气藏的重要气源。Zhao 等（2005）对不同类型干酪根和原油的热模拟实验表明，原油二次裂解生气的潜力要比干酪根大得多，单位质量原油的生气潜力是单位质量干酪根裂解生气潜力的 2～4 倍，因而认为原油裂解生气是海相气源灶高效成气的重要途径。大量的研究发现有机质裂解的过程可以近似地看作由一系列平行一级反应组成（Ungerer et al.，1988）。通过生烃动力学数值模拟技术，生烃热模拟实验得到的结果可以用于推算地质条件下有机质的生成和裂解情况。

1. 样品与实验

为了分析生物降解成因储层沥青的热演化过程，从辽河油田西部坳陷挑选出了一批同源但具有不同程度生物降解的样品。这些原油 / 油砂沥青的 $\delta^{13}C$ 较为接近，它们有着相同的来源。这 4 个原油样品的族组分相对含量差异明显。为研究方便，使用原油生物降解的 PM 等级作为样品号，即原油的 PM 等级 L–0、L–2、L–5 和 L–8 分别对应于 L64、L1718、L1511 和 L1640（表 3–3–1）。黄金管封闭体系热模拟实验压力 50MPa，升温速率有 2℃ /h 和 20℃ /h 两种，初始温度均为 250℃，最终温度均为 600℃，共设 12 个温度点。

表 3-3-1 辽河油田西部凹陷原油样品地球化学信息

样品名	碳同位素 /‰	族组分 /%			
		饱和烃	芳香烃	非烃	沥青质
双 118	−26.7	72.3	17.0	10.6	0.1
车古 5	−25.4	77.3	12.0	9.9	0.9
双 208	−27.1	71.4	17.3	10.8	0.5
马古 7	−26.2	68.2	14.6	15.9	1.3
马 726C	−27.0	69.9	14.4	14.4	1.4
团 601	−25.8	70.5	14.6	13.4	1.6
兴 420	−27.2	74.0	12.3	11.1	2.6
L64	−29.2	60.9	14.4	20.2	4.5
洼 44	−29.3	27.3	19.3	31.1	22.4
L1718	−29.4	41.5	13.3	33.8	11.3
L1511	−30.2	26.6	14.6	42.4	16.5
L1640	−30.0	18.8	11.8	40.3	29.0

2. 生物降解原油化学组成和固体沥青产率的变化

轻烃（C_{6-13}）虽然在轻度生物降解阶段（L-2）就几乎被完全消耗，但是又出现在生物降解原油（L-2、L-5 和 L-8）的热解产物中。这是因为热成熟过程中重组分的裂解会形成轻烃，这可能是生物降解原油热解产物中轻烃的重要来源。同时，轻烃也会继续裂解成更小的有机质分子，如 C_{2-5} 气态烃（Hill et al.，2003）。在热演化的早期（EasyR_o≤1.41%），轻烃生成的速率大于轻烃被裂解的速率，导致热解产物中轻烃含量的上升（图 3-3-7）。随着温度的升高（EasyR_o＞1.41%），轻烃被裂解的速率超过了轻烃生成的速率，导致热解产物中轻烃的含量降低。

经历了不同程度生物降解的原油热解产物中重烃（C_{14+}）的含量变化与轻烃不同，它们随着热演化程度的升高逐渐降低（图 3-3-7）。在 20℃ /h 的升温速率下，C_{14+} 的浓度在 426～450℃之间的温度区间降低的最快；在 2℃ /h 的升温速率下，C_{14+} 的浓度在 401～425℃之间的温度区间降低的最快，对应的 EasyR_o 范围在 1.1%～1.6% 之间。此时，原油和储层沥青热解产物中的轻烃含量也相应地达到了峰值。这表明热成熟过程中重烃的裂解可能对轻烃的浓度增加有着重要贡献。

3. 生物降解程度对残余原油生成的气态烃的产率和组成的影响

图 3-3-8 展示了经历了不同程度生物降解的原油在热作用下 C_{1-5} 烃类气体产率的变化情况。未降解原油的甲烷、乙烷、丙烷和 C_{4-5} 的最大产率都高于经历了生物降解的原

油，表明经历了生物降解的原油会损失一部分生气能力。未遭受明显生物降解的 L–0 甲烷的最终产率最高，达 517mg/g。经历了更严重生物降解的原油其甲烷的最终产率也有所降低，并且产率在轻度生物降解阶段（L–2）下降得最明显，而在严重生物降解（L–8）阶段几乎没有进一步降低。此外，虽然经历了中度和严重生物降解的 L–5 和 L–8 释放的甲烷气体最终产率要小于未遭受明显生物降解的 L–0。原油在热解过程中乙烷的产率先增加后减少。乙烷产率在高热成熟阶段的降低主要是因为其二次裂解形成甲烷的速率超过了乙烷新生成的速率（Hill et al.，2003）。

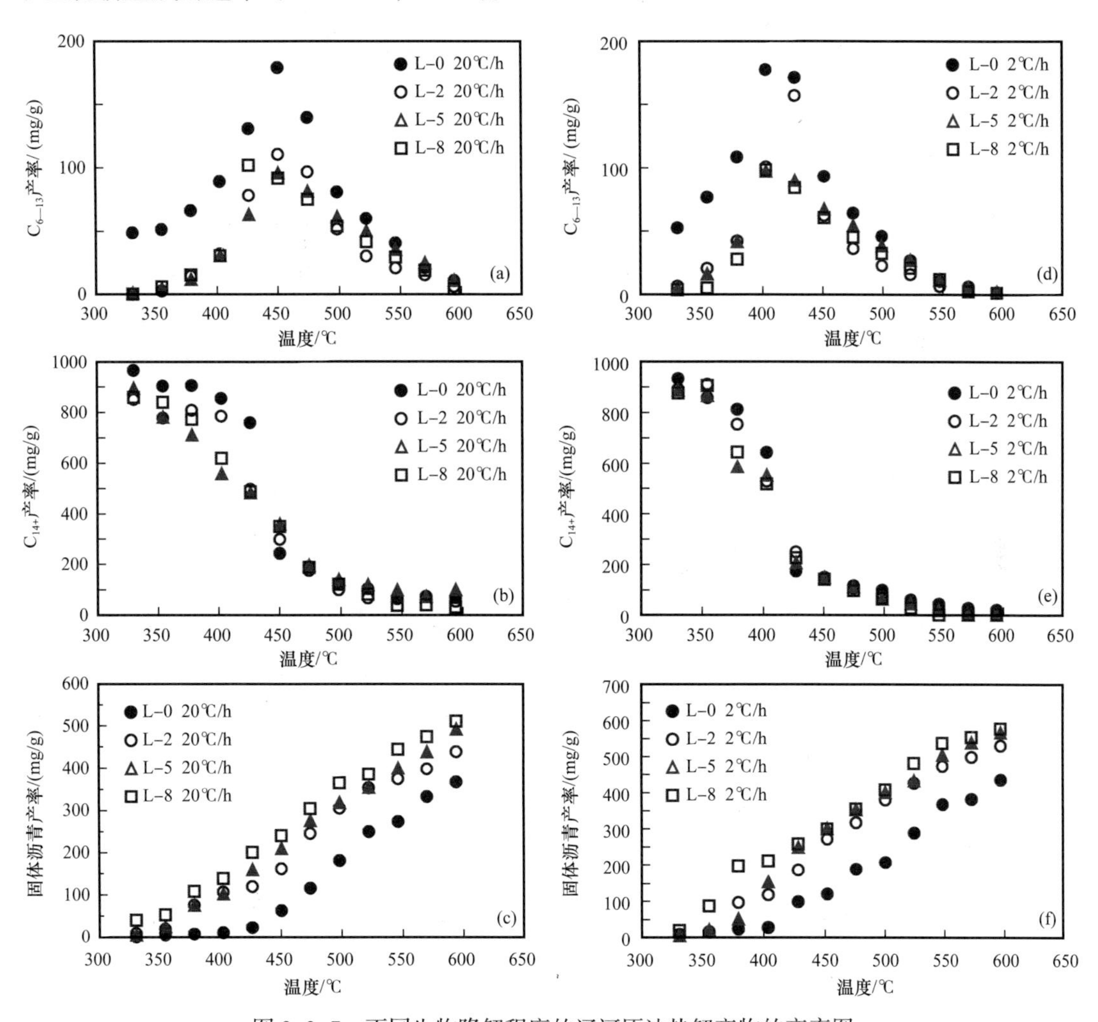

图 3–3–7 不同生物降解程度的辽河原油热解产物的产率图

在先期的生物降解过程中，原油的不同组分被降解的速率不同，导致其化学组成发生改变。一般来说，富氢的烷烃类化合物最容易发生生物降解，导致降解残留物质相对贫氢。已有研究表明，H/C 比高的原油在热解过程中所能释放的烃类气体的量也越多。在封闭体系热模拟实验中，原油的裂解过程可以看作是氢原子再分配的过程，其终端产物分别为富氢的甲烷和贫氢的固体沥青（Hill et al.，2003；Behar et al.，2008）。烷烃是原油中最富氢的一类化合物，一般会在轻度—中度降解阶段被选择性地移除，导致了这一阶段原油生气潜力的明显降低。

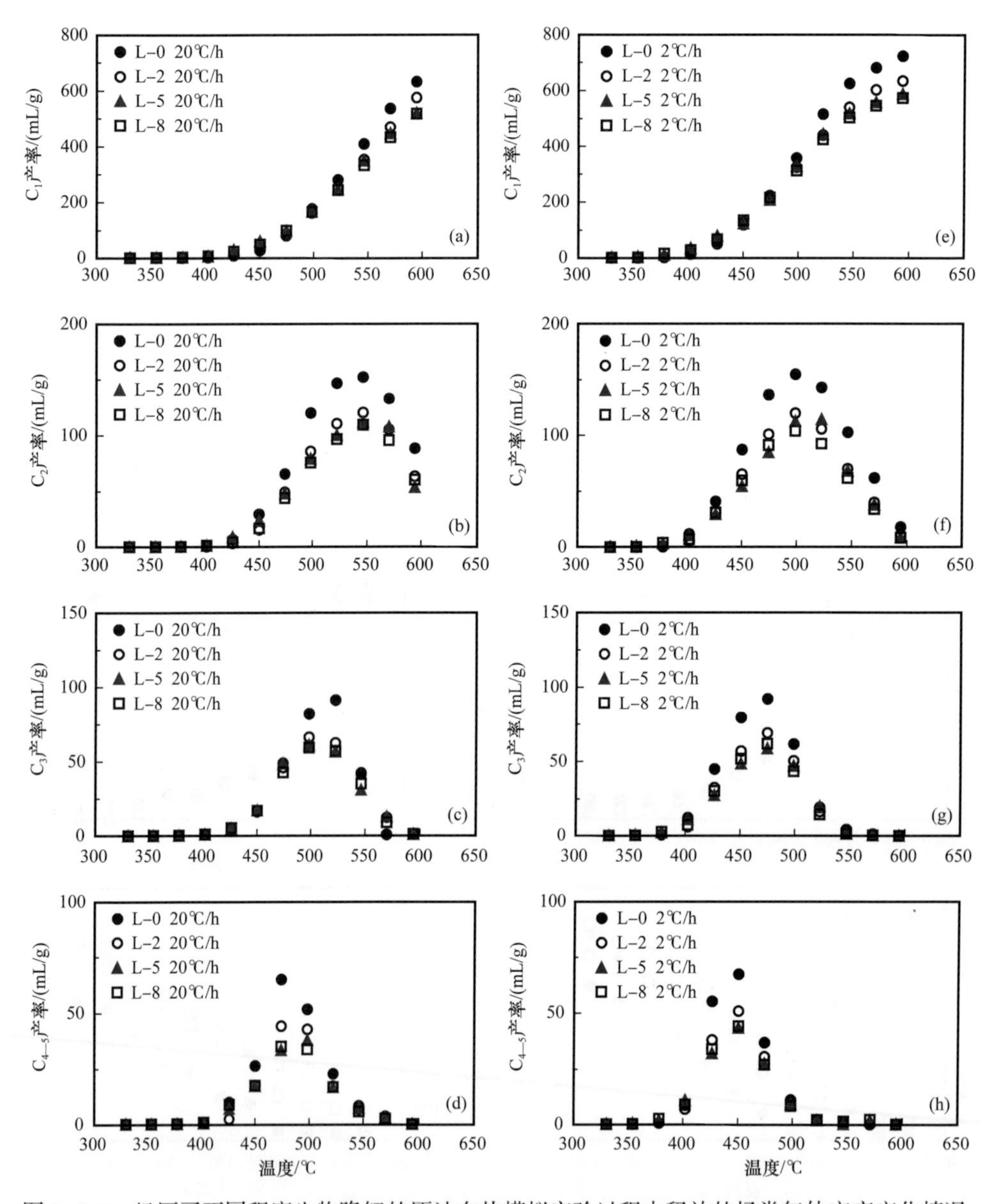

图 3-3-8 经历了不同程度生物降解的原油在热模拟实验过程中释放的烃类气体产率变化情况

4. 生物降解作用对原油裂解气化学组成的影响

除生气潜力差异之外，经历了不同程度生物降解的原油在热作用中释放的烃类气体组成也不相同，因而干燥系数也存在明显的差别（图 3-3-9）。特别是在热蚀变早期，未降解原油生成的烃类气体干燥系数最低，经历了更严重生物降解的原油其裂解气要更干（甲烷含量更高）。已有研究表明，原油非烃和沥青质组分裂解生成的烃类气体要比饱和烃组分裂解生成的烃类气体更干。随着生物降解程度的加剧，原油中的饱和烃组分一般会被选择性地移除，而其中的非烃和沥青质组分会相对富集。重组分的增加可能会导致经历了更严重生物降解原油生成的热解气更加富集甲烷。

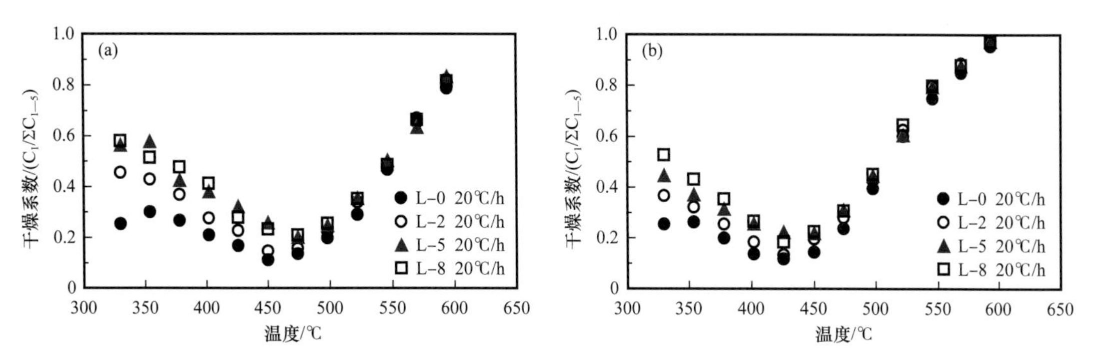

图 3-3-9　经历了不同程度生物降解原油在热模拟实验中烃类裂解气组成的变化

5. 生物降解对原油热稳定性的影响

使用 Kinetics2000 软件计算得到了原油裂解生成气态烃的动力学参数。为了便于比较，所有样品设置相同的指前因子。未降解和轻度降解原油有着相似的活化能分布范围。经历了中度和严重生物降解的原油，其活化能分布范围变宽，在 54～71kcal/mol 之间。表明经历了中度和严重生物降解的原油，其化学组成更加不均一，并且含有一些相对热不稳定的成分可以在较低的温度下开始生气。将模拟实验的结果外推表明（图 3-3-10），经历了中度和严重生物降解的原油，其热稳定性有所降低，它们在热作用早期的生气量要大于未降解原油，且直到 EasyR_o 为 1.68% 时，未降解原油的生气量才开始超过经历了中度和严重生物降解的原油。

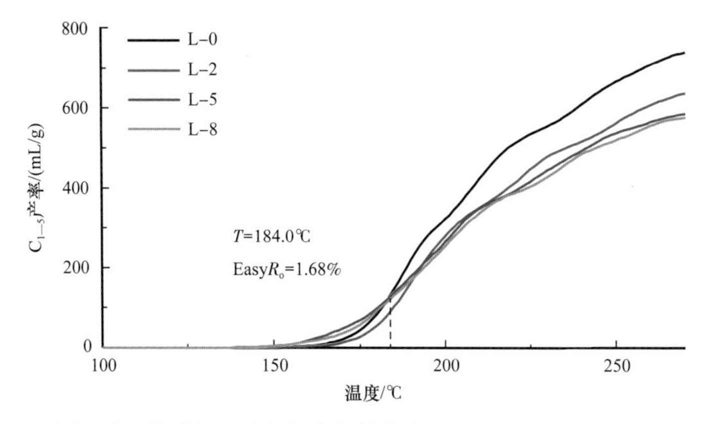

图 3-3-10　不同程度生物降解原油的烃类气体产率（初始温度 50℃，升温速率 2℃ /Ma）

6. 生物降解对基于固体沥青的量来进行的原油裂解气资源评价的影响

以往对原油裂解气资源评价的模型多建立在正常原油的裂解实验之上，如 Wang 等（2007）通过黄金管封闭体系热模拟实验发现原油裂解过程中的气体体积产率与焦沥青的产率存在线性关系。赵文智等（2006）通过反演估算了川东北地区飞仙关组白云岩中的原油裂解气资源量，他们结合储层中沥青含量的分布趋势及孔隙发育程度推算出古油藏质量在 45×10^8t，其完全裂解生成天然气的资源量达 $1.36\times10^{12}m^3$。然而，Connan 等（1975）的研究结果表明生物降解原油在热蚀变过程中的焦沥青产率高于正常原油，这可能会导致叠合盆地原油裂解气资源量的误判。图 3-3-11 支持了 Connan 判断，在生成相同量的固体沥青时，经历了生物降解原油的生气量要远远小于未经历生物降解的原油的生气量。因此，在利用储层残余固体沥青量反推生气量时，需要考虑生物降解的影响，否则很容易导致气藏资源量的高估。

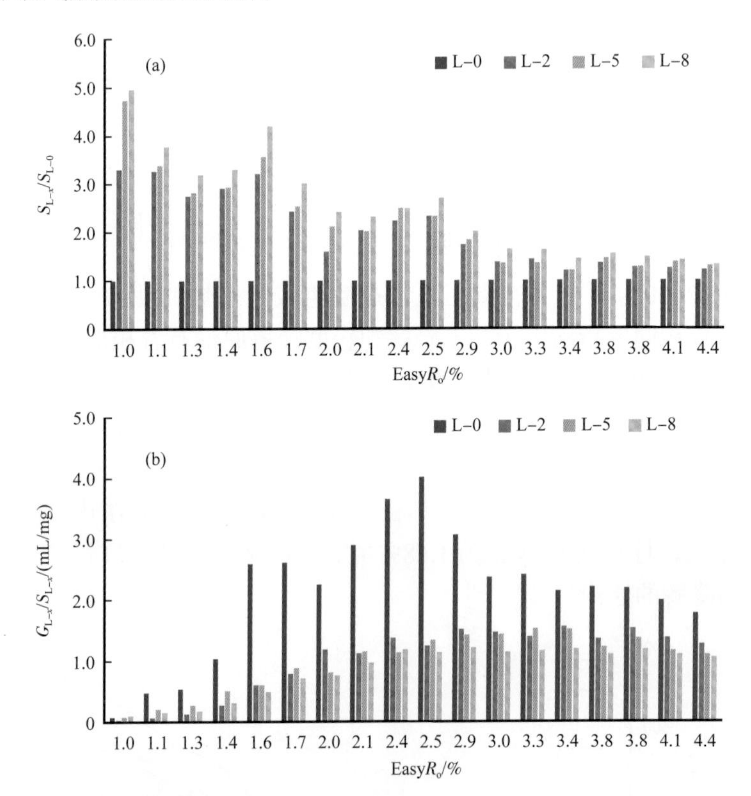

图 3-3-11 生物降解与未降解原油固体沥青产率对比（a）和生成单位质量固体沥青时对应的裂解气产率（b）

S_{L-x} 为固体沥青产率，x=0，2，5，8；G_{L-x} 为气态烃体积产率，x=0，2，5，8

根据对上述模拟实验结果的分析，可以得出如下结论：（1）油藏的生物降解优先消耗了原油中的富氢有机质如正构烷烃等，导致残余原油生气潜力降低。（2）遭受了不同程度生物降解的原油在熟化过程中释放的裂解气化学组成和稳定碳同位素组成也有差异，遭受了更严重生物降解的原油其裂解气干燥系数更高且更富 ^{13}C，尤其是在生油窗内，随着热演化程度的增加，天然气组分和碳同位素的差异会逐渐缩小。（3）遭受了中度和严重生物降解的原油热稳定性变差，相较于正常原油而言会在更早的热演化阶段二次生烃生气。（4）在相同的热演化阶段，遭受了生物降解的原油产焦率要高于未遭受生物降解的原油，因此在利用储层残余固体沥青的量反推原油裂解气资源量时可能造成高估。

第四节 四川盆地深层—超深层烃源特征及演化

四川盆地是由基底和沉积盖层二元结构组成的叠合盆地，前震旦系基底之上的沉积盖层总厚度为6000～10000m，盖层由海相地层和陆相地层叠合而成，并发育有多套烃源岩（戴金星等，2018）。

四川盆地深层—超深层新元古界—下古生界烃源岩成熟度高，有机质类型以Ⅰ型和Ⅱ型干酪根为主，其主体现今等效镜质组反射率（EqVR_o）高达2.5%～4.0%。已有研究表明，Ⅰ型和Ⅱ型干酪根为倾油型干酪根，在高—过成熟阶段天然气的形成主要与滞留油的二次裂解有关，干酪根本身的生气潜力有限（Behar et al.，1995）。此外，基于封闭体系下的总气量与计算的原油裂解气量的差值，Erdman等（2006）认为Ⅲ型干酪根在过成熟阶段（R_o>2.0%）仍有较大的生气潜力，其机理主要是残留油与干酪根发生了聚合反应，形成了热稳定性更高的“新的”有机质，但Ⅰ型和Ⅱ型干酪根在过成熟阶段基本没有生气潜力。然而，他们在计算原油裂解气量时采用的理论油气转化系数为0.7，远高于从油到气的实际转化率（约0.5或更低，取决于原油的族组成）。因此，高估的原油裂解气量会相应低估干酪根本身的生气潜力，这对生油量较小的Ⅲ型干酪根影响较小，但对生油量较高的Ⅰ型和Ⅱ型干酪根晚期生气潜力评价的影响非常大。因此，准确评价Ⅰ型和Ⅱ型干酪根在过成熟度阶段的生气潜力及生气的成熟度上限对四川盆地下古生界深层—超深层烃源岩的生气潜力评价至关重要，有必要开展不同类型干酪根的生油生气潜力及排油作用与烃源岩晚期生气潜力关系的定量评价研究。

一、不同类型干酪根油气生成潜力

研究思路是利用一系列不同有机质类型的烃源岩样品，通过两种极端条件下（液态烃/原油完全保留或完全排出）的生气潜力模拟实验（图3-4-1），评估烃源岩的排油效率与烃源岩晚期生气的关系，据此计算不同类型烃源岩典型排油效率条件下的生气潜力，为高—过成熟地区常规和非常规天然气的资源评价提供科学依据。

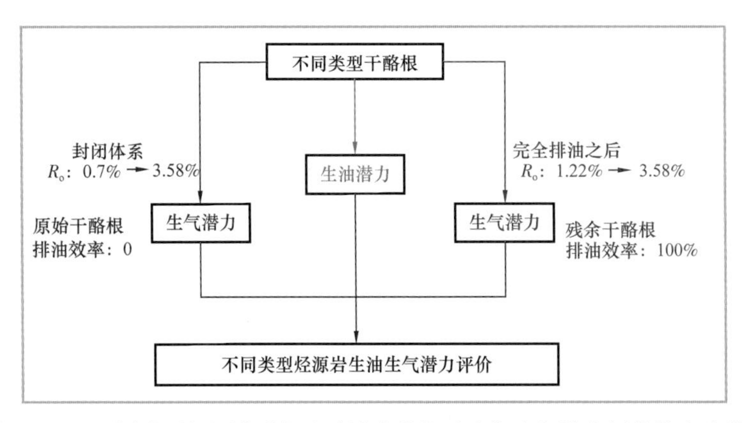

图3-4-1　不同类型烃源岩油气生成潜力模拟及晚期生气潜力评价技术路线图

鉴于四川盆地海相页岩均已处于高—过成熟度阶段而无法满足热模拟实验要求，本研究在东部含油气盆地选取了5个富有机质页岩样品（表3-4-1），其干酪根（原始干酪根，O-Kerogen）的基本地球化学数据列于表3-4-2。将上述5个原始干酪根样品在真空玻璃管中380℃恒温加热24h，取出后用甲醇：丙酮：苯（MAB=2：5：5）三元混合有机试剂抽提72h以完全除去可溶有机质。热模拟之后干酪根的实测镜质组反射率 R_o 为1.22%（样品E），其生油潜力基本消失且不含液态石油，此时的干酪根称之为残余干酪根（R-Kerogen）。

表3-4-1 页岩样品基本地质与地球化学数据表

样品编号	所在盆地	井号	深度/m	TOC/%	R_o/%
A	松辽盆地长岭凹陷	H151	1807.4	2.82	0.71
B	东营凹陷牛庄洼陷	X47	2622.6	7.92	0.58
C	东营凹陷民丰洼陷	L10	3288.0	2.51	0.64
D	惠民凹陷岭南洼陷	S743	3328.6	1.75	0.69
E	惠民凹陷岭南洼陷	S743	3398.1	1.39	0.74

表3-4-2 干酪根样品基础地球化学数据表

原始干酪根	TOC_{OK}/%	S_1/（mg/g）	S_2/（mg/g）	T_{max}/℃	HI/（mg/g）	干酪根类型
A	62.5	29.5	523.3	441	838	Ⅰ
B	57.9	12.1	358.5	427	619	ⅡA
C	50.6	13.4	307.1	438	607	ⅡA
D	47.8	12.6	188.3	439	394	ⅡA
E	52.4	22.6	145.9	437	279	ⅡB
残余干酪根	TOC_{RK}/%	S_1/（mg/g）	S_2/（mg/g）	T_{max}/℃	HI/（mg/g）	
R-A	40.2	0.61	14.67	474	36	
R-B	46.7	0.84	18.29	463	39	
R-C	40.5	0.68	9.61	470	24	
R-D	43.3	0.37	7.23	472	17	
R-E	50.6	0.39	9.73	468	19	

注：当完全去除成熟干酪根（R_o=1.22%）所生成的液态烃时，残余干酪根氢指数大幅度降低。

生烃热模拟实验采用的是高压釜—黄金管封闭体系，具体实验方法与流程见Gai等（2019）。不同类型页岩原始干酪根样品的生油潜力在390～410℃（EqVR_o为0.9%～1.0%）达到最大值（图3-4-2）。Ⅰ型干酪根样品A的最大生油量为790.1mg/g，3个ⅡA

型干酪根样品 B、C 和 D 的生油潜力分别为 561.7mg/g、575.3mg/g 和 482.6mg/g，而Ⅱ B 型干酪根样品 E 的生油潜力仅为 229.4mg/g。不同类型干酪根生成的石油中碳元素含量存在一定的差异性，整体上为Ⅰ型干酪根生成的石油中碳元素最高（86.4%），而Ⅱ B 型干酪根生成的石油碳元素含量较低（69.5%），说明石油的最大产率及化学组成明显受干酪根的类型影响。

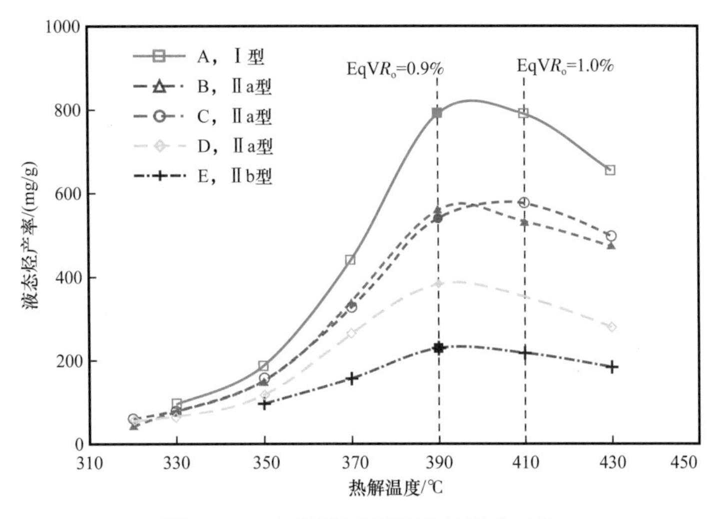

图 3-4-2　不同类型页岩生油潜力对比

生气模拟实验结果表明，不同有机质类型原始干酪根样品的甲烷产率在热解早期阶段很接近（EqVR_o≤1.93%），随后表现出差异（EqVR_o>1.93%），且这种差异随着成熟度的增加而变大［图 3-4-3（a）］。如在 EqVR_o 为 1.93% 时，5 个样品的甲烷产率介于 131.3～154.4mL/g，平均为 145mL/g；而当 EqVR_o 到 3.58% 时，Ⅰ型（A）、Ⅱ A 型（D）和Ⅱ B 型（E）的甲烷产率分别为 584.3mL/g，388.0mL/g 和 306.9mL/g，差异非常明显。不同类型干酪根形成的重烃气体（C_{2-5}）产率在不同演化阶段均存在差异，尤其是在其最大产率时的差异最大（对应 EqVR_o=1.93%）。例如，Ⅰ型（样品 A）为 180.8mL/g，Ⅱ A 型（样品 D）和Ⅱ B 型（样品 E）分别为 87.4mL/g 和 51.0mL/g。EqVR_o 大于 1.93% 之后，重烃气体开始发生二次裂解，其产率开始逐步降低，但不同类型干酪根样品的差别仍然明显，Ⅱ B 型干酪根（样品 E）在 EqVR_o 小于 3.0% 就基本裂解，而Ⅰ型干酪根（样品 A）到 EqVR_o 高达 3.5% 时仍存在少量乙烷［图 3-4-3（b）］。总体而言，不同类型样品的总气态烃产率差别较为明显，且在整个热演化阶段均表现为Ⅰ型>Ⅱ A 型>Ⅱ B 型［图 3-4-3（c）］。

不同类型原始干酪根样品裂解形成的气态烃的干燥系数在不同演化阶段均存在差异。EqVR_o 不大于 1.93% 时，生气潜力大的样品（样品 A、B、C）表现为逐渐降低，而样品 D（Ⅱ A 型）与样品 E（Ⅱ B 型）则表现为逐渐增加；在 EqVR_o 大于 1.93% 之后，所有样品形成的气态烃的干燥系数均表现为随着成熟度的增加而快速增加，且不同类型样品的增加幅度基本一致（直到增加到 95%），这主要与重烃气体的二次裂解有关。此外，5 个样品的裂解气的气体干燥系数达到 95% 所对应的成熟度依次由 EqVR_o 为 3.43%（样品 A）

逐渐降低到 EqVR_o 为 2.48%（样品 E），表明在热成熟过程中石油的二次裂解会明显影响气体的组成。在整个演化阶段，相同成熟度下气体的干燥系数均表现为Ⅰ型＜ⅡA 型＜ⅡB 型［图 3-4-3（d）］。

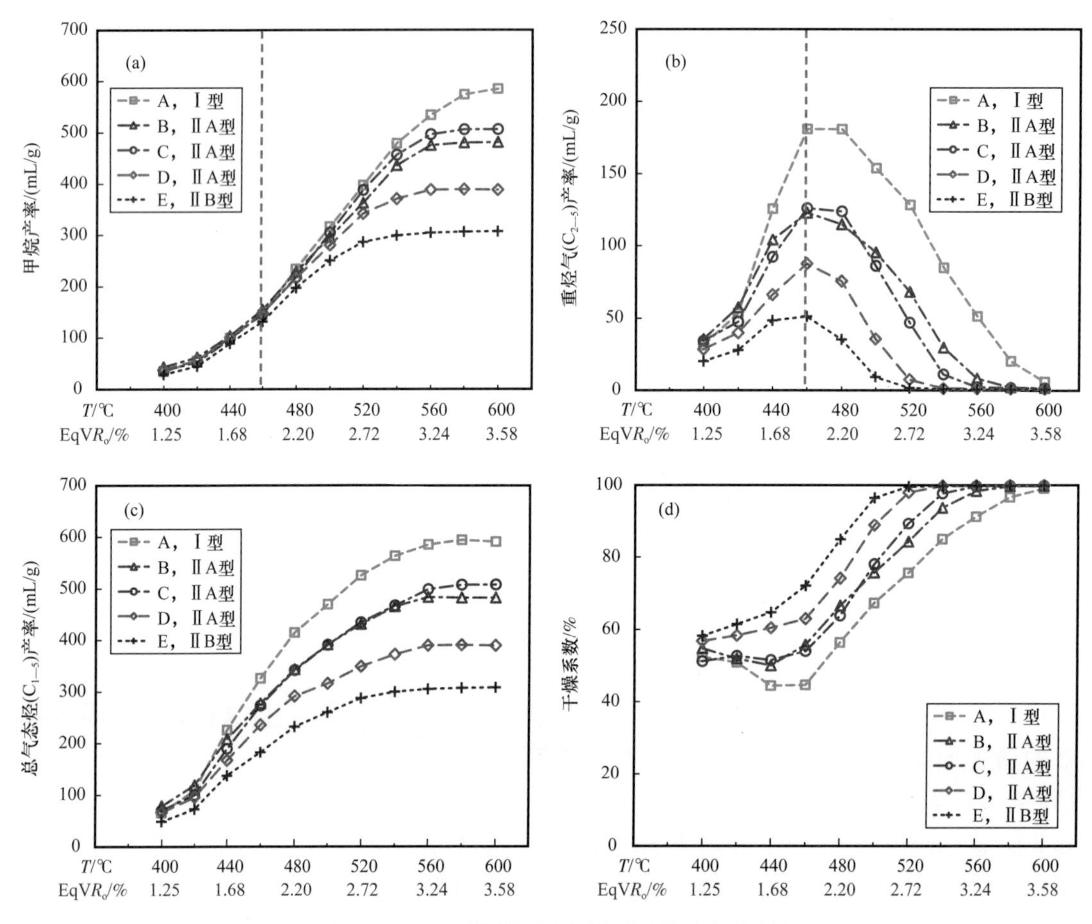

图 3-4-3　不同类型页岩原始干酪根生气特征

在石油生成潜力消失之后，不同类型页岩的残余干酪根在高—过成熟阶段的甲烷生气潜力非常接近，演化趋势也非常相似［图 3-4-4(a)］。不同类型残余干酪根的甲烷产率在 EqVR_o 在 1.25%～3.02% 之间随成熟度的增加逐渐增加；EqVR_o 大于 3.02% 时，产率增加十分缓慢；到 EqVR_o 为 3.58% 时，甲烷产率基本达到最大值，介于 130.3～144.5mL/g，不同类型样品间的最大产率差值仅为 14.2mL/g，远低于不同类型原始干酪根样品的甲烷产率差值（最大产率差 286mL/g）。不同残余干酪根样品的重烃气体产率均很低，介于 1.5～7.8mL/g［图 3-4-4（b）］，并以乙烷为主。由于重烃气体产率很低，不同类型干酪根的总气态烃产率与甲烷基本相同［图 3-4-4（c）］。不同类型页岩残余干酪根热解气体的干燥系数在 EqVR_o 小于 1.93% 时存在一定的差别，但随着成熟度增加，其差别逐渐变小。在 EqVR_o 为 1.93% 时，各样品的气体干燥系数均大于 95%；在 EqVR_o 大于 2.5% 之后，各样品的气体干燥系数均高于 99%［图 3-4-4（d）］。

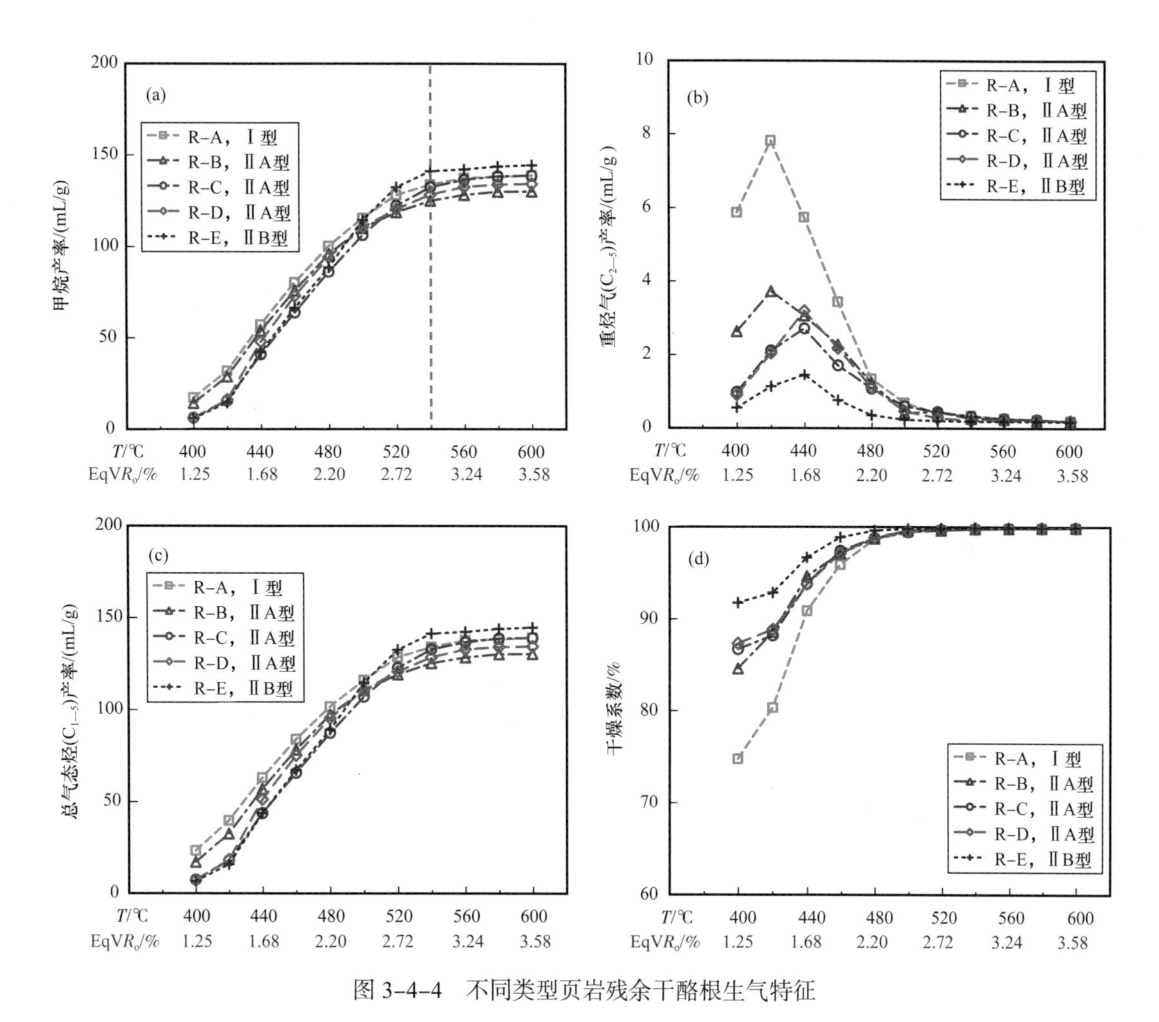

图 3–4–4 不同类型页岩残余干酪根生气特征

二、烃源岩生气潜力的主控因素与气体地球化学特征

原始干酪根的裂解气来自干酪根本身和液态石油的共同贡献，而残余干酪根生成的裂解气仅来自干酪根本身，二者的差值一定程度上可反映封闭体系下石油对裂解气的贡献。如图 3–4–5（a）所示，不同类型原始干酪根的生气潜力与其生油潜力有很好的线性关系，拟合直线的斜率一定程度上可代表单位质量残留油在某一成熟度下的产气量。据此计算的热模拟过程中残留油的生气潜力与页岩抽提油的实测生气潜力（Gai et al.，2019）结果相近，但低于正常储层原油的生气潜力（Tian et al.，2009）[图 3–4–5（b）]。储层原油的生气潜力较高与其含有更多富氢的饱和烃组分有关，而页岩中残留油由于地质色层效应更富含非烃和沥青质等贫氢组分，因而本研究拟合得到的残留油生气曲线更能代表实际页岩中残留油的生气能力。图 3–4–6 进一步比较了热成熟过程中原始干酪根生油潜力与不同烃类气体生成潜力的关系。可以看出，不同样品的各烃类气体最大产率均与其原始干酪根的生油潜力呈线性正相关，且拟合直线的斜率随着烃类气体分子量的减少而增大，说明液态石油的二次裂解生成较小分子量气态烃的潜力更大 [图 3–4–6（a）]。

残余干酪根的甲烷生成潜力与其原始的生油量没有明显的线性关系［图 3-4-6（b）］，这与原始干酪根的生气特征明显不同。

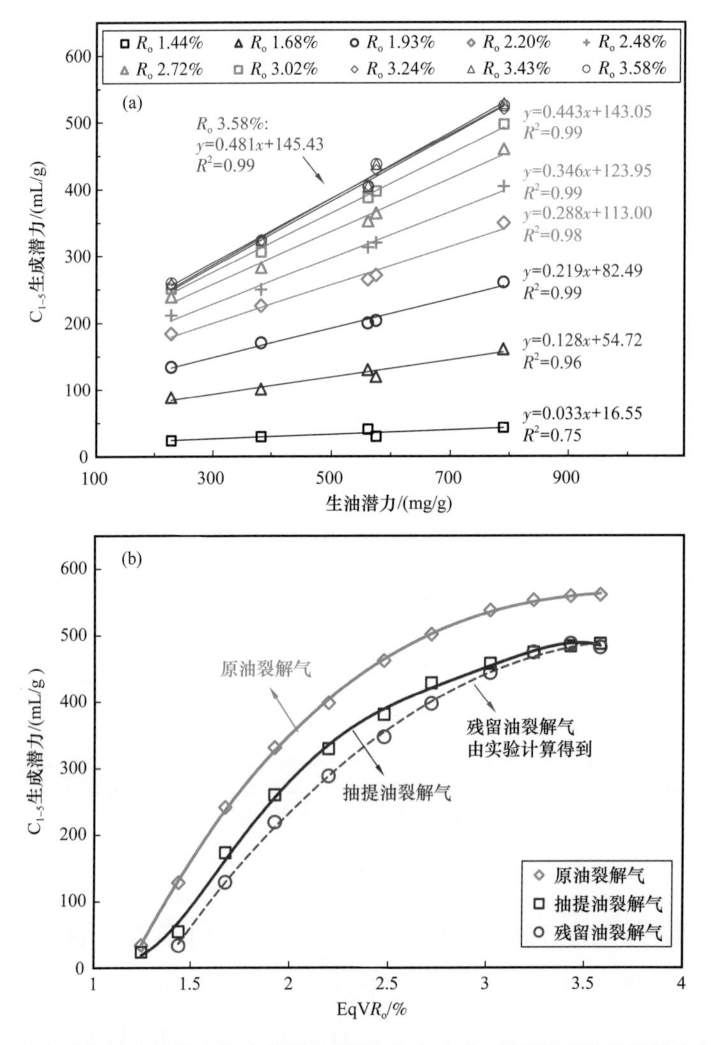

图 3-4-5　原始干酪根生气潜力与生油潜力的关系（a）与不同类型液态烃的生气潜力（b）
（据 Tian et al.，2009；Gai et al.，2015）

烃源岩排油之后在晚期或高—过成熟阶段的生气潜力可看作是残余干酪根与残留油的生气潜力之和。其中，残余干酪根的生气潜力是一定的。而残留油的数量同时受控于烃源岩液态烃的生成潜力及其排油效率。在热模拟实验基础上，分别估算了不同有机质类型烃源岩在一定排油效率下的残留油数量［图 3-4-7（a）］，并据此建立了在 EqVR_o 为 3.5% 时不同类型烃源岩晚期的最大生气潜力［图 3-4-7（b）］，随着排油效率的增加不同类型烃源岩晚期生气潜力的差异逐渐缩小。

图 3-4-8 进一步展示出不同类型烃源岩的晚期生气潜力与其残留油数量呈很好的线性关系，进一步说明倾油型烃源岩晚期的生气潜力主要受排油效率或残留油含量的影响。当不同类型页岩的残留油数量接近时，其生气潜力相似，页岩晚期生气潜力与其残留油数量

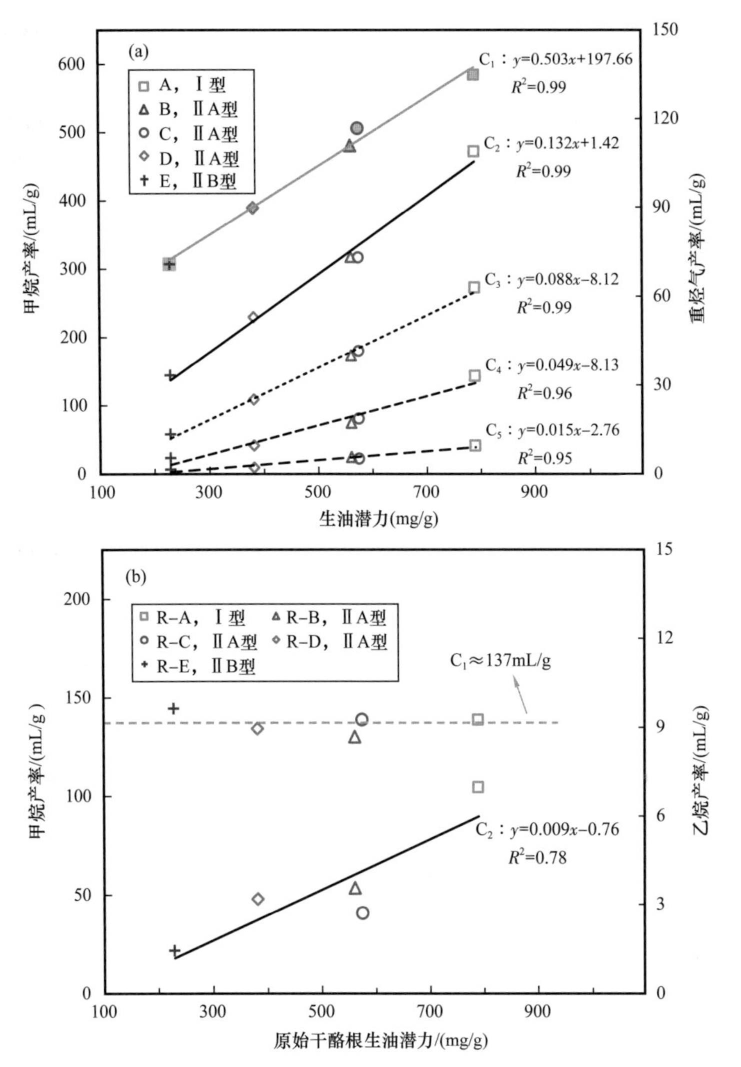

图 3-4-6 不同气态烃产率与干酪根生油潜力的关系

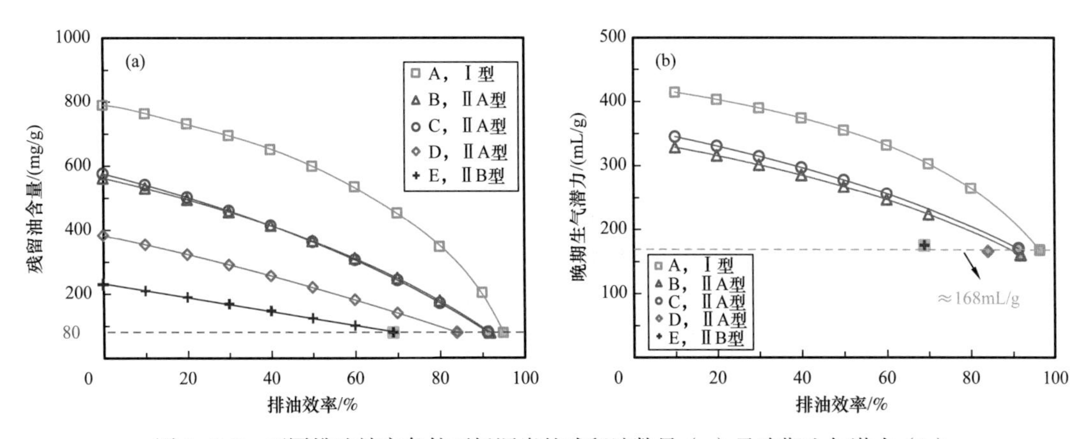

图 3-4-7 不同排油效率条件下烃源岩的残留油数量（a）及晚期生气潜力（b）

呈很好的线性关系［图 3–4–8（a）］，而残留油对晚期生气潜力的贡献呈指数上涨趋势［图 3–4–8（b）］。当残留油数量大于 220mg/g 时，残留油裂解气产率将大于残余干酪根裂解气。因此，残留油数量制约了烃源岩的生气潜力。烃源岩中残留油的数量受多种地质过程影响，一般具有很大的不确定性。现今页岩油的勘探实践表明，成熟页岩中残留油的含量为 100～400mg/g（Jarvie，2012；Han et al.，2015）。若现今高—过成熟页岩在低熟阶段残留油的数量也在此范围内，则其晚期最大生气潜力为 180～300mL/g（图 3–4–9）。

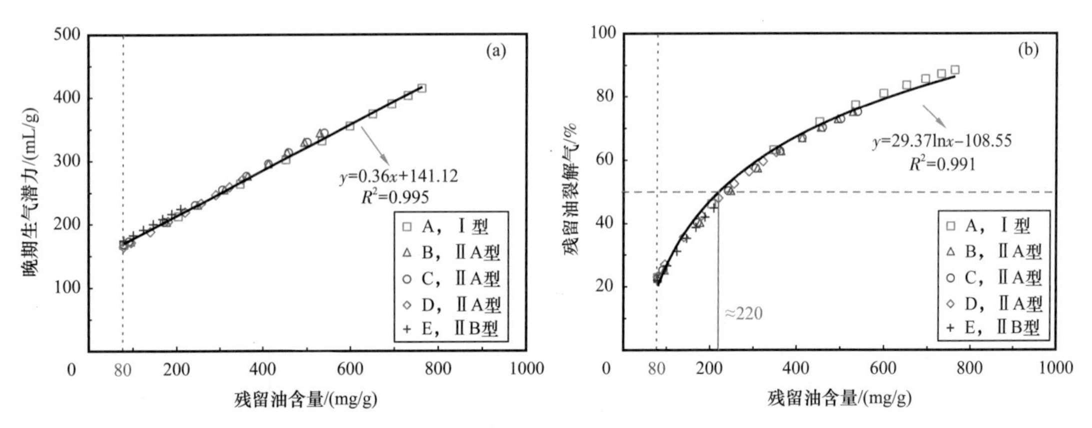

图 3–4–8 页岩残留油含量与晚期生气潜力（a）及残留油裂解气相对含量关系（b）

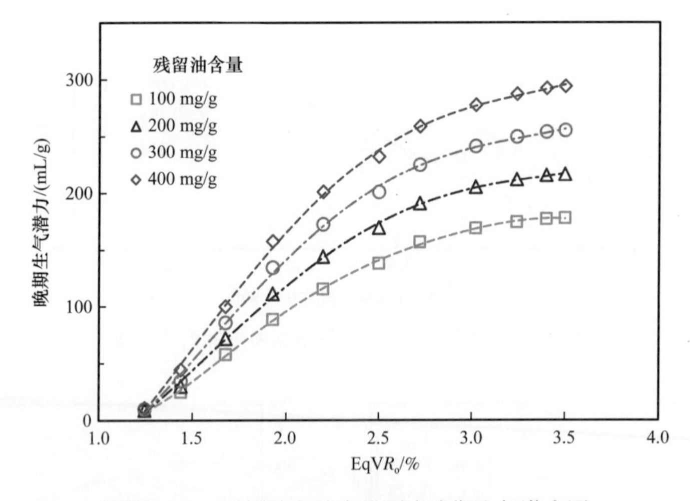

图 3–4–9 不同残留油含量页岩晚期生气潜力图

三、下寒武统烃源岩生烃演化特征

如前所述，四川盆地下寒武统烃源岩以Ⅰ型与ⅡA 型干酪根为主且成熟度较高，必须寻找成熟度适中且有过排油历史的烃源岩作为热模拟对象来研究其生气潜力与特征。本研究考虑了两个替代样品，一个为塔里木盆地萨尔干地区上奥陶统，岩性为黑色泥岩，显微组分以微粒体为主，含少量沥青，Rock–Eval 分析测定的 T_{max} 为 457℃，氢指数 HI 为 121mg/g，利用沥青换算得到的等效镜质组反射率（EqVR_o）为 1.1% 左右。另一个样品为四川盆地川西北地区的泥盆系观雾山组灰质泥岩烃源岩，沉积环境为海相碳酸盐岩台地。样品显微组分以腐泥组为主，含少量固体沥青与镜质组，镜质组反射率为1.1%，Rock-Eval分析结果也表明，样品 T_{max} 为450℃，氢指数HI为131mg/g，与塔里木盆地上奥陶统萨尔干页岩类似。上述两个样品热成熟度均处于生油晚期或生气的早期，仍具有一定的生气潜力。因此，可以用上述样品的生气特征代替四川盆地下寒武统筇竹寺组烃源岩排油之后残余干酪根的生气特征。

图3-4-10给出了萨尔干页岩 C_{1-5} 气体生成及动力学参数。该烃源岩的最大生气潜力为221mL/g［图3-4-10（a）］，频率因子为 $3.35\times10^{13}s^{-1}$，活化能分布在56～67kcal/mol之间［图3-4-10（b）］。图3-4-11给出了泥盆系观雾山组泥灰岩的 C_{1-5} 气体生成及动力学参数。该烃源岩的最大生气潜力为220mL/g［图3-4-11（a）］，频率因子为 $1.91\times10^{13}s^{-1}$，活化能分布在48～72kcal/mol之间［图3-4-11（b）］。尽管萨尔干页岩和观雾山组泥灰岩的岩性不同，但其在等效镜质组反射率达到1.1%且发生过排油之后残余干酪根的生气潜力非常相似，反映出地质条件下排油之后的倾油型烃源岩的生气潜力比较类似，其生气潜力与典型倾气型的Ⅲ型干酪根相当。

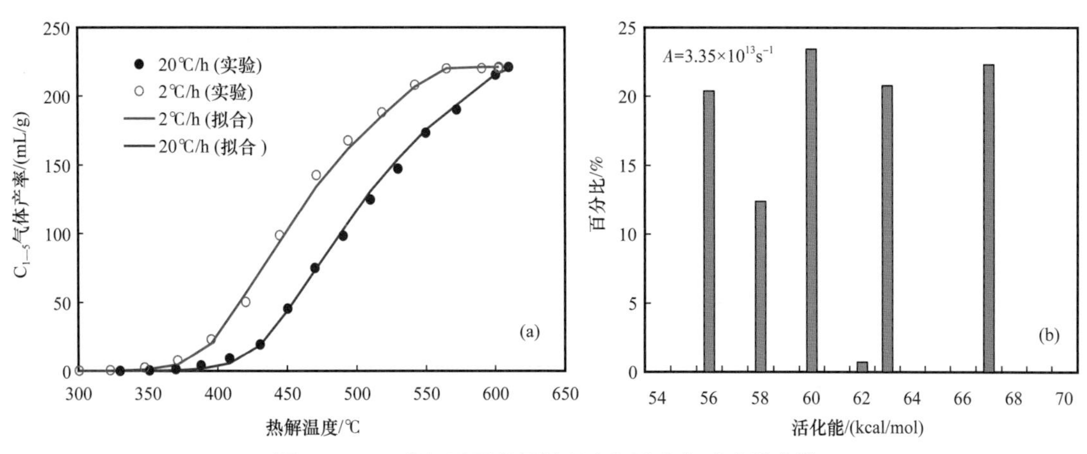

图3-4-10 萨尔干页岩烃源岩生气潜力与动力学参数

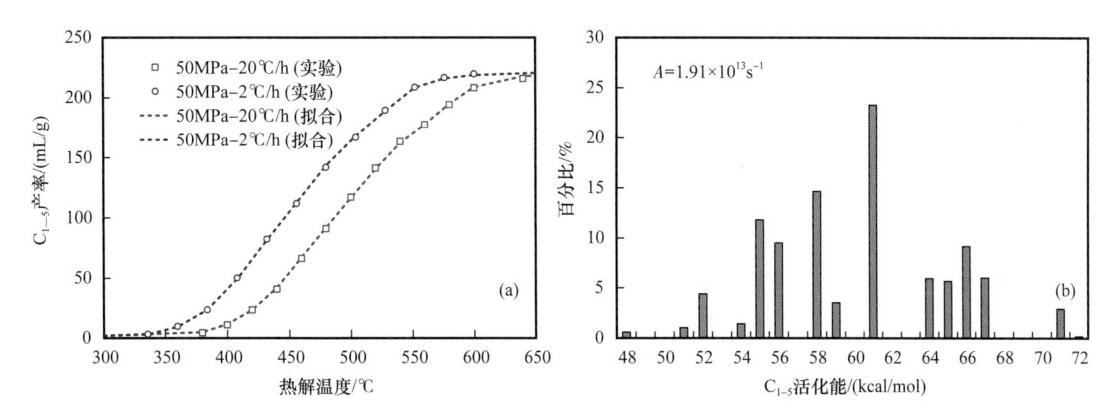

图3-4-11 观雾山组泥灰岩烃源岩生气潜力与动力学参数

下寒武统烃源岩除了在川西南部的雅安一带缺乏外，在四川盆地内部的其余地区均普遍可见。在川西地区，这套烃源岩在古裂陷槽内的厚度可达200～300m，在川南古裂陷槽内厚度可达300～450m，而在古裂陷槽外，厚度明显变小，一般不到200m。根据文献数据，该套烃源岩的TOC发育范围较大，介于0.5%～8.4%，均值为1.9%左右（魏国齐等，2017），是一套非常优质的烃源岩，川南地区平均TOC可达1.0%～1.5%，川西地区平均TOC可达1.5%～3.0%（图3-4-12）。

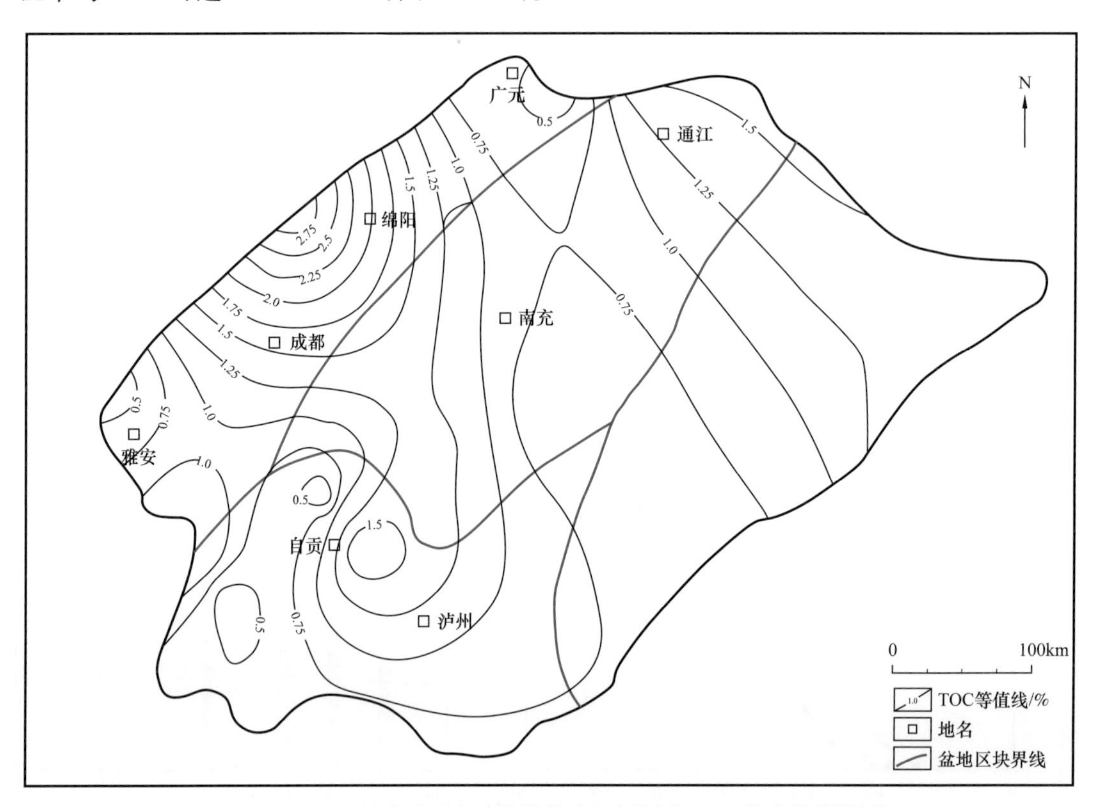

图3-4-12 四川盆地下寒武统筇竹寺组烃源岩TOC分布等值线图

用四川盆地泥盆系观雾山组烃源岩的生烃动力学参数，结合四川盆地地层厚度、剥蚀厚度和热历史，恢复了下寒武统烃源岩的生气过程和生气强度。总体而言，川东与川南下寒武统烃源岩生气时间较早，在二叠纪末期和三叠纪早期（250Ma）就进入生气高峰期（生气转化率>20%）。在中三叠世晚期（235Ma），下寒武统烃源岩除了在川中古隆起未大量生气之外，大部分地区均进入生气高峰期，川东和川南部分地区甚至进入生气晚期阶段，生气转化率大于80%，生气强度大于或接近$20\times10^8m^3/km^2$的生气灶主要位于川南宜宾—泸州一带，川东梁平一带和川中北部的通江附近。川西北部的生气强度范围为5×10^8～$9\times10^8m^3/km^2$；但在川西的中部，由于烃源岩厚度较大，虽然转化率较低，但其生气强度最大仍可达$12\times10^8m^3/km^2$（图3-4-13）。

到早侏罗世晚期（180Ma），下寒武统烃源岩有两个明显的生气中心，一个位于川西坳陷，生气强度最大可达$60\times10^8m^3/km^2$，另外一个位于川南地区，最大生气强度可达$50\times10^8m^3/km^2$。到了晚侏罗世末期（150Ma），下寒武统烃源岩生气区域局限于川中古隆起地区，生气强度达到30×10^8～$50\times10^8m^3/km^2$（图3-4-14）。到了早白垩世末

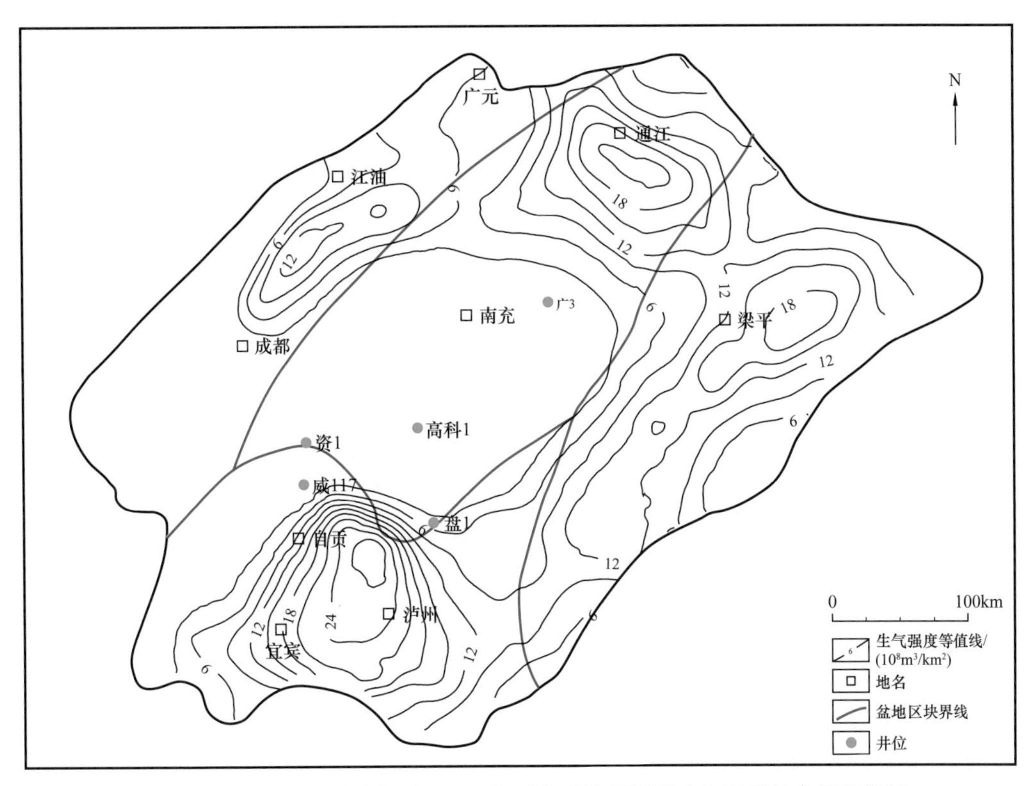

图 3-4-13　中三叠世晚期（235Ma）下寒武统烃源岩生气强度分布等值线图

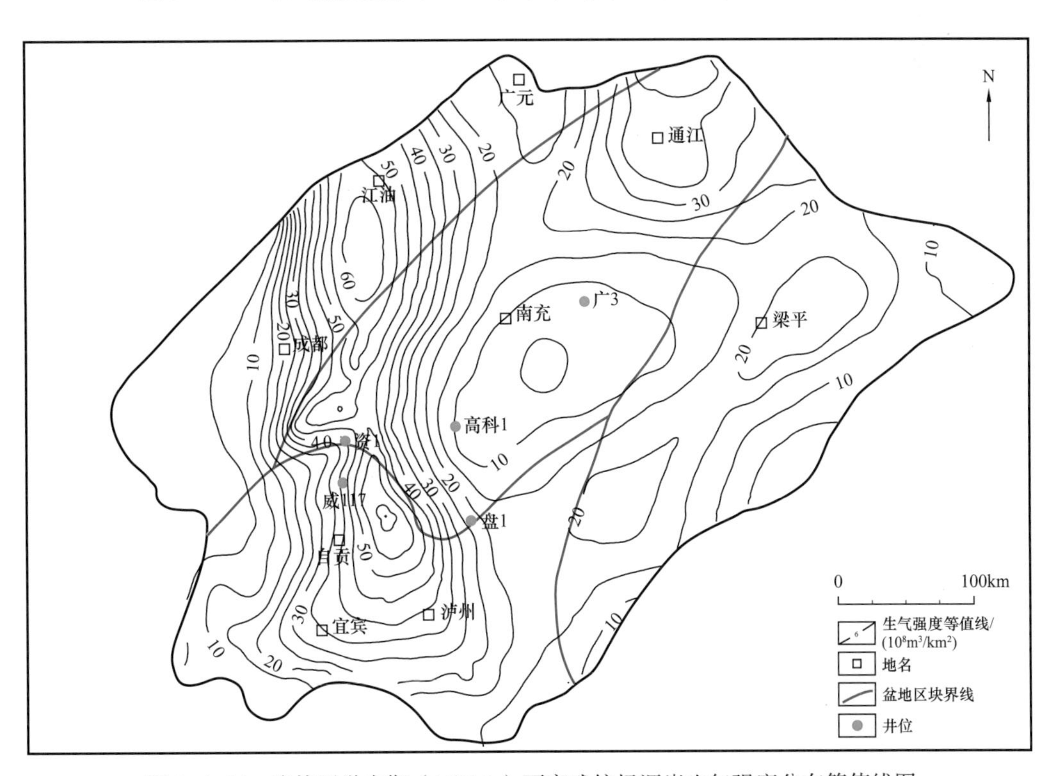

图 3-4-14　晚侏罗世末期（150Ma）下寒武统烃源岩生气强度分布等值线图

期（99Ma），整个盆地的下寒武统烃源岩基本达到了最大埋深，其生气演化到了最后阶段，除了川中古隆起地区处于生气晚期阶段之外，其余地区均已结束生气。总之，下寒武统烃源岩在川西和川中古隆起的主生气阶段为 245—100Ma。受厚度和 TOC 分布的控制，该套烃源岩在古裂陷槽内形成了两个生气中心，川西坳陷生气中心的生气强度为 30×10^8～$60\times10^8m^3/km^2$，威远—资阳地区最大生气强度为 40×10^8～$70\times10^8m^3/km^2$（图 3-4-15）。

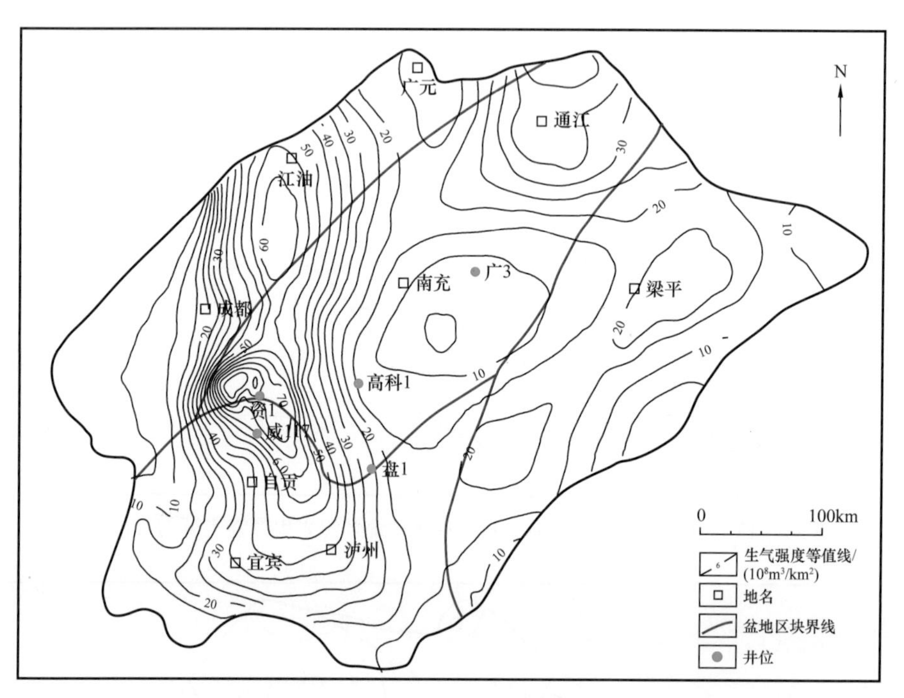

图 3-4-15 早白垩世末期（99Ma）下寒武统烃源岩生气强度分布等值线图

第五节 塔里木盆地深层—超深层烃源特征及演化

塔里木盆地油气勘探主要集中在台盆区和库车前陆坳陷。台盆区油气勘探以塔北隆起区、塔中隆起区和北部坳陷边缘为主。近年来，在塔里木盆地台盆区油气勘探持续取得重要进展（漆立新，2016），累计原油探明地质储量超过 2×10^9t，天然气累计探明地质储量超过 $500\times10^9m^3$（Zhu et al.，2019）。“十二五”以来，下寒武统玉尔吐斯组烃源岩受到关注，并开展了多个玉尔吐斯组地表剖面地质特征和有机碳含量等研究（朱光有等，2016；Zhu et al.，2018）。

随着油气勘探理论与技术进步和勘探目标不断向深部推进，库车坳陷，特别是克拉苏深层和秋里塔格构造带仍然具有巨大的勘探潜力，是当前和今后相当长的时间内重要的勘探地区（王招明，2014）。库车坳陷三叠系—侏罗系烃源岩成熟度较高，主体区域烃源岩成熟度 R_o 大于 1.5%，坳陷中心区域烃源岩成熟度 R_o 大于 2.5%（Liang et al.，2003；

Zhao et al.，2005）。如何合理评价煤系烃源岩的油气潜力仍是一个有待解决的难题。对于煤系烃源岩生气量的评价方法与指标及生气主要阶段，国内外没有一致的认识。

一、库车坳陷三叠系—侏罗系煤系烃源岩生烃特征、动力学和油气潜力评价

1. 库车坳陷三叠系—侏罗系煤系烃源岩地质、地球化学特征

从轮台、库车和拜城县 23 个煤矿矿井中采集了 23 个煤样，其中 4 个采自轮台县境内煤矿，层位为中侏罗统克孜勒努尔组（J_{2k}）。19 个采自库车县和拜城县境内煤矿，层位为上三叠统塔里奇克组（T_{3t}；图 3-5-1）。

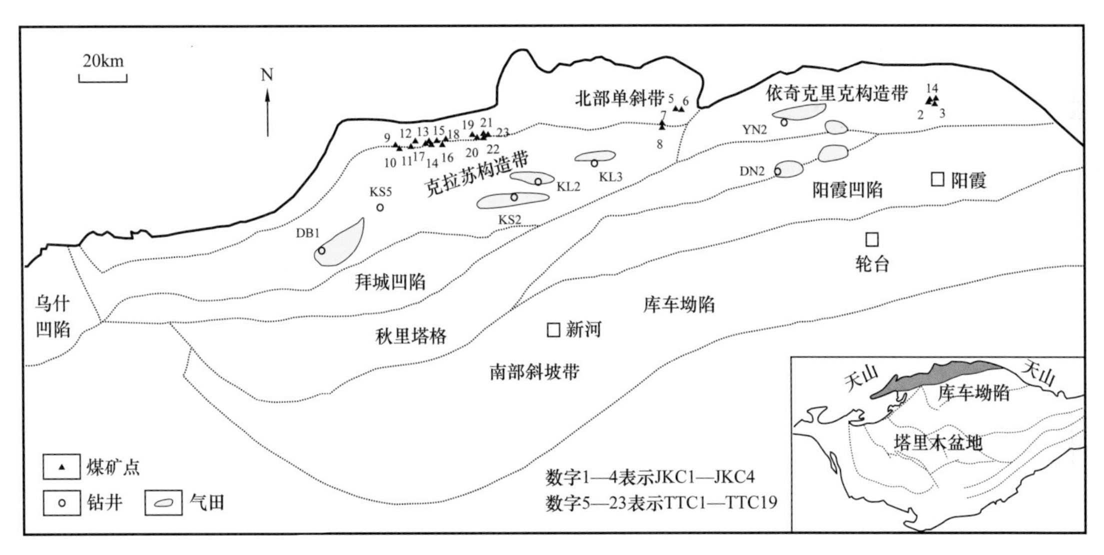

图 3-5-1　库车坳陷煤矿煤样采样位置图

克孜勒努尔组（J_{2k}）4 个煤样 JKC1、JKC2、JKC3 和 JKC4 有机碳含量介于 56.26%～74.42%，热解参数 HI 和 T_{max} 分别介于 66～183mg/g 和 424～437℃，实测 R_o 值介于 0.58%～0.66%。塔里奇克组（T_{3t}）19 个煤样有机碳含量介于 55.30%～82.89%，热解参数 HI 和 T_{max} 分别介于 58～302mg/g 和 433～496℃，实测 R_o 值介于 0.58%～0.96%（图 3-5-2）。

2. 库车坳陷三叠系—侏罗系煤矿煤样生烃模拟实验油气产率与质量平衡

选取了 7 个煤矿煤样进一步做生烃动力学模拟实验，求取生烃动力学参数。在金管—高压釜生烃模拟实验中，当升温速率为 2℃/h，温度段为 322～479℃时，7 个煤样油气产率如图 3-5-3 所示。7 个煤样的油产率首先随实验温度增高而增高，至 394℃（EasyR_o=1.19%）时油产率达到最高值，之后随实验温度增高而降低。

岩石热解（Rock-Eval）参数 S_1+S_2 被认为是烃源岩的生烃潜力指标（Espitalié et al.，1977; Pepper et al.，1995），用烃源岩质量指数 Q_I=（S_1+S_2）/TOC 评价烃源岩单位有机碳生烃潜力。我们对模拟实验之前的初始煤样和实验之后的固体残渣均做了岩石热解分

析。实验之后的固体残渣质量指数 Q_I 随温度、成熟度增高而降低。研究中定义参数 Q_{IR} 作为煤样在经历生烃模拟实验之后质量指数的减少量：

$$Q_{IR}=Q_{Ii}-(1000-0.8\times S_{OG}-S_{CO_2}\times 12/44)\times Q_{Ir}/1000 \tag{3-5-1}$$

式中 Q_{Ii} 和 Q_{Ir}——分别为初始煤样和实验后固体残渣的质量指数；

S_{OG}——实验后油产率和气态烃产率（ΣC_{1-5}）之和（油气总产率），假设油和气态烃中碳含量为 80%，则在生成的油和气中有机碳含量为 $0.8\times S_{OG}$；

S_{CO_2}——实验中 CO_2 产率，生成的 CO_2 中碳含量为 $S_{CO_2}\times 12/44$；

初始煤样中的 1g 有机碳在实验之后降低至（$1000-0.8\times S_{OG}-S_{CO_2}\times 12/44$）/1000g，固体残渣中的生油生气潜力为（$1000-0.8\times S_{OG}-S_{CO_2}\times 12/44$）$\times Q_{Ir}/1000$。

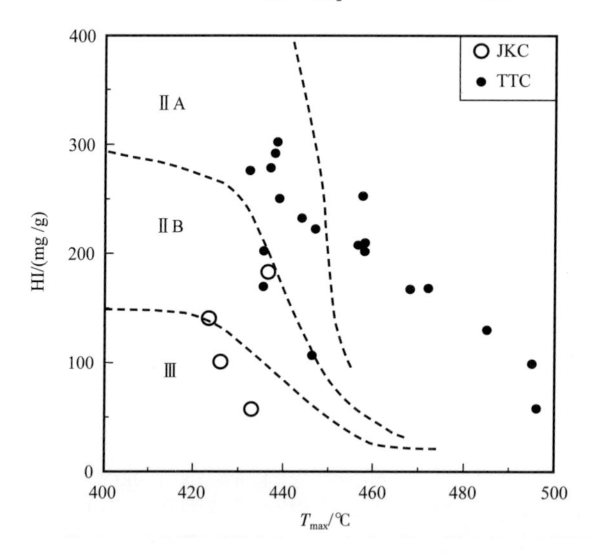

图 3-5-2 库车坳陷上三叠统塔里奇克组煤样（TTC）和中侏罗统克孜勒努尔组煤样（JKC）热解参数 T_{max} 和 HI 相关关系图

在理论上，Q_{IR} 等于实验过程中的油气总产率。然而 7 个煤样的油气总产率远低于 Q_{IR}（图 3-5-3）。因此，不能以岩石热解参数 $Q_I=(S_1+S_2)/TOC$ 或者 $HI=S_2/TOC$ 评价煤样的生油和生气量。有些研究者很早就提出煤样在岩石热解过程中，热解产物含有大量的芳香烃和酚类化合物，这些组分对油气生成几乎没有贡献，因此煤样岩石热解参数会大大夸大煤样油气生成潜力（Isaksen et al.，1998）。实测油气总产率与岩石热解参数 Q_{IR} 的差异可以归结于金管—高压釜生烃实验与岩石热解液态烃产物组成的差异。

初始煤样在 Rock-Eval 热解过程中可释放的产物中，有 38%～53% 最终转化成油和气态烃，而其余 47%～62% 则重新缩合至多环芳核中。3 个侏罗系煤样 JKC1、JKC2 和 JKC3 的 HI 分别为 141mg/g、183mg/g 和 57mg/g，最高油产率分别为 34.8mg/g、39.8mg/g 和 16.6mg/g。4 个侏罗系煤样 TTC1、TTC4、TTC11 和 TTC18 的 HI 介于 223～278mg/g，最高油产率介于 44.07～83.2mg/g（图 3-5-3）。Killops 等（1998）提出煤岩的排油门限为 40mg/g。依据这一门限值，三叠系的 4 个煤样均可排油，为有效的油源岩。而 3 个侏罗系煤样最高产油率均低于排油门限值，不是有效油源岩。

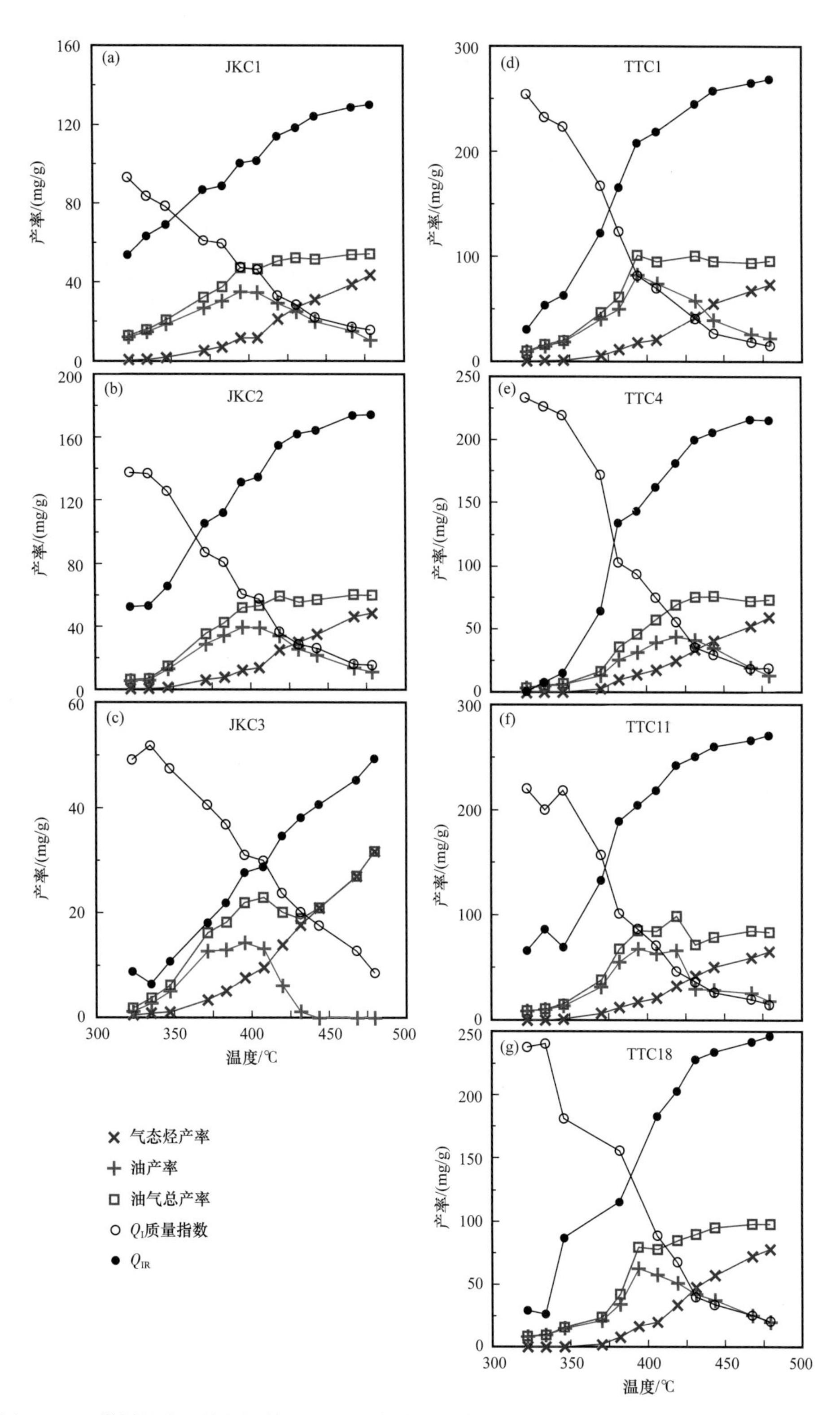

图 3-5-3　煤样的岩石热解指数 Q_I、Q_{IR}、气态烃产率、油产率和油气总产率与温度相关关系图

3. 库车坳陷下三叠统塔里奇克组煤样生油动力学参数

由于中侏罗统克孜勒努尔组三个煤样JKC1、JKC2和JKC3最大油产率分别为35.33mg/g、39.78mg/g和14.31mg/g，低于煤系烃源岩排油门限，为无效油源岩。而上三叠统塔里奇克组四个煤样TTC1、TTC4、TTC11和TTC18的最大油产率分别为83.16mg/g、44.07mg/g、67.77mg/g和62.49mg/g，均高于煤系烃源岩排油门限值40mg/g（Killops et al.，1998），为有效油源岩。应用Kinetics 2000软件求取了上三叠统塔里奇克组4个三叠系煤样（TTC1、TTC4、TTC11和TTC18）的生油动力学参数。进一步通过4个煤样的平均油产率去推断一个代表性煤样（TTC）的生油动力学参数，以预测上三叠统塔里奇克组煤层的生油量。代表性煤样TTC最大油产率为67.8mg/g，活化能加权平均值为52.38kcal/mol，频率因子为$1.26\times10^{13}s^{-1}$。

4. 库车坳陷中侏罗统克孜勒努尔组和上三叠统塔里奇克组煤样生气动力学参数

克孜勒努尔组三个煤样JKC1、JKC2和JKC3在慢速（2℃/h）热解实验中，实测总气态烃产率（ΣC_{1-5}）最高值分别为90.71mg/g、95.07mg/g和70.11mg/g。应用Kinetics 2000软件对3个煤样总气态烃（ΣC_{1-5}）生成动力学参数进行模拟，3个煤样生气活化能加权平均值介于64.72～65.33kcal/mol，频率因子介于8.25×10^{13}～$1.22\times10^{14}s^{-1}$。进一步通过中侏罗统克孜勒努尔组3个煤样JKC1、JKC2和JKC3气态烃产率的平均值推断代表性煤样JKC生气动力学参数，预测克孜勒努尔组煤层生气量。

塔里奇克组四个煤样TTC1、TTC4、TTC11和TTC18在慢速（2℃/h）热解实验中，实测总气态烃产率（ΣC_{1-5}）最高值分别为120.94mg/g、107.20mg/g、112.97mg/g和115.61mg/g。应用Kinetics 2000软件对4个煤样总气态烃（ΣC_{1-5}）生成动力学参数进行模拟，4个煤样生气活化能加权平均值介于62.78～65.02kcal/mol，频率因子介于8.21×10^{13}～$1.67\times10^{14}s^{-1}$。进一步依据4个煤样气态烃产率的平均值求取代表性煤样TTC的生气动力学参数，预测塔里奇克组煤层生气量。

5. 地史时期库车坳陷侏罗系和三叠系煤系烃源岩生烃史

应用两个归一化组合（代表性）煤样TTC和JKC的生烃动力学参数，预测库车坳陷中侏罗统克孜勒努尔组煤层和上三叠统塔里奇克组煤层在地质条件下5℃/Ma升温速率的生烃过程，结果如图3-5-4所示。

在封闭体系热解实验过程中，干酪根和已生成的油组分都能生成气态烃，这个反应过程十分复杂。在地质条件下，烃源岩生烃过程处于半开放体系。当煤岩油产率超过排油门限值（40mg/g；Killops et al.，1998），油能够从煤岩中排出。排油作用使煤岩气态烃产率降低。

代表性煤样TTC在158.6℃和EasyR_o为1.08%时生油量超过40mg/g，达到了排油门限（Killops et al.，1998）。在没有排油的封闭体系中，TTC在183.8℃和EasyR_o为1.52%时生气量超过20mg/g，达到了排气门限（Pepper et al.，1995）。在发生排油的半开放体系中，TTC则在186.6℃和EasyR_o为1.59%时达到排气门限。JKC在193.6℃和EasyR_o为

1.76% 时达到排气门限。

库车坳陷中心地带克拉苏构造带主要大气田的气态烃干燥系数（$C_1/\Sigma C_{1-5}$）在0.96～1.00之间（Zhang et al.,2011；王招明等,2014）。KL2 和 KS2 气田更是达到了 0.99～1.00，这说明烃源灶中烃源岩成熟度非常高。在这个构造带中，发现了一系列大气田，气藏储量超过 $1\times10^{12}m^3$（王招明等，2014）。在库车坳陷，高成熟度（R_o>2.0%）是煤系烃源岩能够生成和排出大量天然气、形成大气田的关键因素之一。三叠系塔里奇克组煤系烃源岩 TTC 显然比侏罗系克孜勒努尔组和阳霞组煤系烃源岩 JKC、YX2C1 和 YX2S1 能够生成更多的天然气，因为 TTC 具有更高的生气潜力和成熟度。

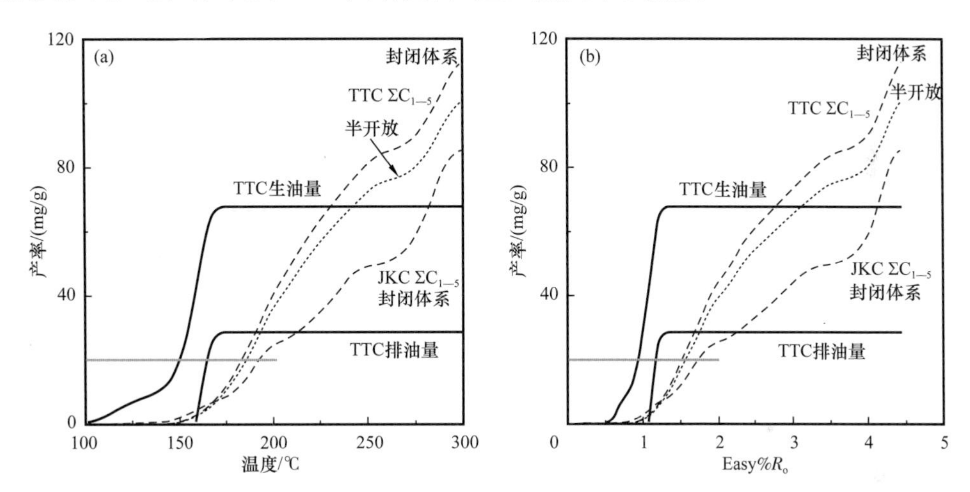

图 3-5-4 在 5℃ /Ma 的地质条件下 JKC 和 TTC 在半开放系统和封闭系统中的累计生油量、排油量和生气量（ΣC_{1-5}）与温度和 EasyR_o 的对应关系

二、下寒武统优质烃源岩有机质富集机制

塔里木盆地在早寒武世大规模海侵后形成广泛的陆表海，并构筑了寒武纪—早奥陶世由浅海大陆架向深海洋盆延伸的构造—古地理格架（赵宗举等，2011）。盆地中西部普遍沉积了一套黑色含磷硅质岩—页岩—白云岩组合的玉尔吐斯组及碳酸盐岩类为主的上覆地层，而盆地东部寒武系沉积以硅质泥岩—含灰质泥质—泥质灰岩为主。目前越来越多的研究表明下寒武统烃源岩为塔里木台盆区海相油气藏提供了主要的烃类贡献（王招明等，2014）。

1. 剖面上 TOC 含量、残余干酪根地球化学特征

盆地西部什艾日克剖面玉尔吐斯组 TOC 值变化较大，范围为 0.03%～11.5%，平均为 1.79%。轮探 1 井钻揭了一套玉尔吐斯组优质烃源岩，其 TOC 值最高也达到了 10% 以上。东北部雅尔当山剖面下寒武统的 TOC 值分布相对均匀稳定，范围为 0.08%～1.42%，平均为 0.58%。

对干酪根样品开展稳定碳同位素分析，发现塔里木盆地下寒武统 $\delta^{13}C_{ker}$ 分布呈现明显的非均质性：柯坪地区什艾日克剖面玉尔吐斯组 $\delta^{13}C_{ker}$ 偏轻，范围为 -36.34‰～

−34.33‰，平均为 −34.89‰；库鲁克塔格地区雅尔当山剖面西山布拉克组和西大山组 $\delta^{13}C_{ker}$ 范围为 −34.64‰～−31.59‰，平均为 −32.65‰。与露头样品相比，轮探1井干酪根的碳同位素组成相对较重，玉尔吐斯组6个岩屑样品的 $\delta^{13}C_{ker}$ 变化不大，平均为 −31.2‰。考虑到两个剖面下寒武统烃源岩具有相似的高成熟度，推测什艾日克剖面的玉尔吐斯组与雅尔当山剖面的西山布拉克组和西大山组之间的 $\delta^{13}C_{ker}$ 值差异可能是由不同的生物组合造成的。什艾日克剖面玉尔吐斯组的成烃生物以底栖藻类为主，而雅尔当山剖面的西山布拉克和西大山组的成烃生物为底栖藻和浮游藻混合类型。

2. 下寒武统烃源岩发育的古环境、有机质富集保存特征

烃源岩发育受多种因素控制，包括上升洋流、热液活动及海平面升降、有机质保存条件等，以下主要从影响有机质保存的古氧化还原条件和有机质物质基础的古生产力两方面讨论塔里木盆地下寒武统烃源岩的发育特征。

1）古氧化还原条件

氧化还原敏感微量元素比值参数U/Th、V/Cr、Ni/Co以及Mo、U、V的富集系数（Mo_{EF}、U_{EF}、V_{EF}）多重指标指示了塔里木盆地下寒武统沉积于缺氧条件。以轮探1井为例（图3-5-5），玉尔吐斯组下部TOC和U/Th、V/Cr、Ni/Co比值同步变化，并且非常富集

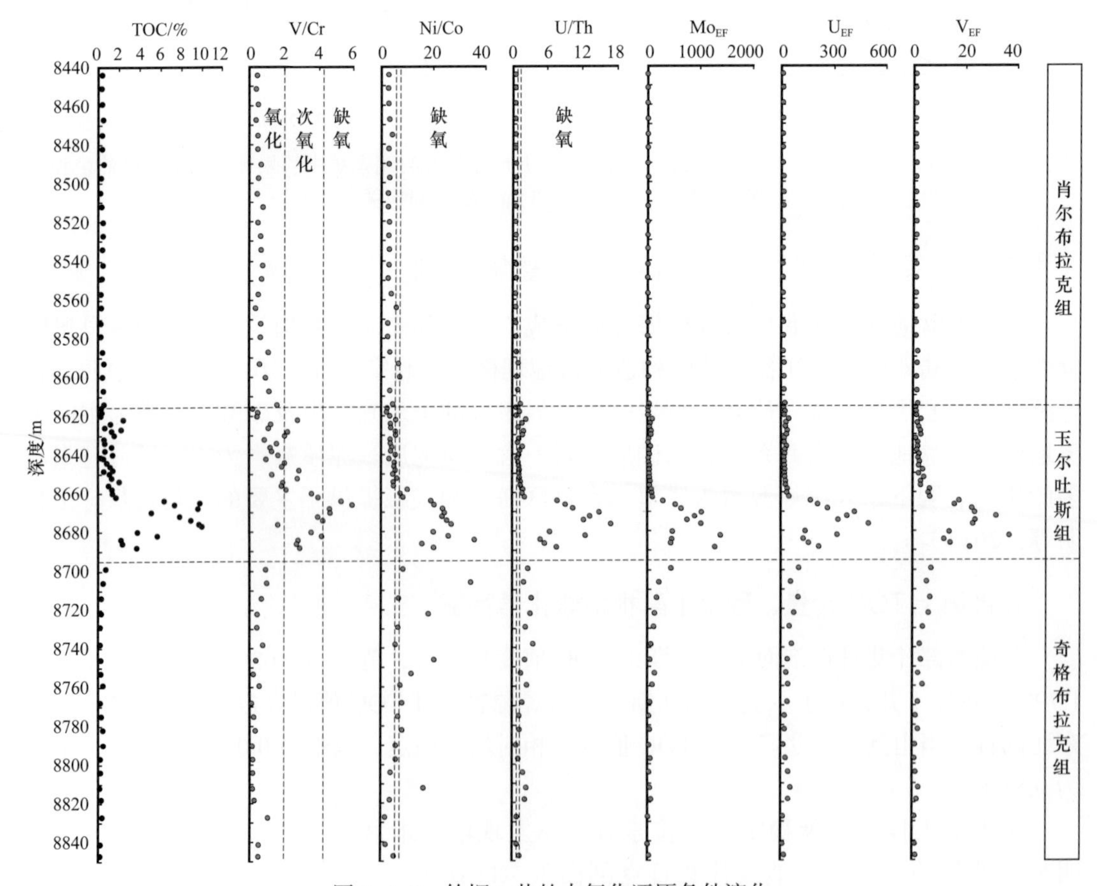

图3-5-5 轮探1井的古氧化还原条件演化

Mo、U、V 元素，说明玉尔吐斯组下部黑色页岩沉积于缺氧甚至硫化的环境，有利于有机质的保存。

2）古生产力

什艾日克剖面上（图 3-5-6），玉尔吐斯组的硅质岩和黑色页岩表现出高丰度的 TOC（>10%）、P（>1000μg/g）、Ba_{xs}（>1000μg/g）、Cu_{xs}（>100μg/g）和 Zn_{xs}（>100μg/g），指示了较高的古生产力，明显高于奇格布拉克组和肖尔布拉克组。相应地，在东部雅尔当山剖面，Ba_{xs}、Cu_{xs}、Zn_{xs} 和 Ni_{xs} 的最大值出现在西山布拉克组，同时西大山组的古生产力相对于西山布拉克组表现出中等水平。

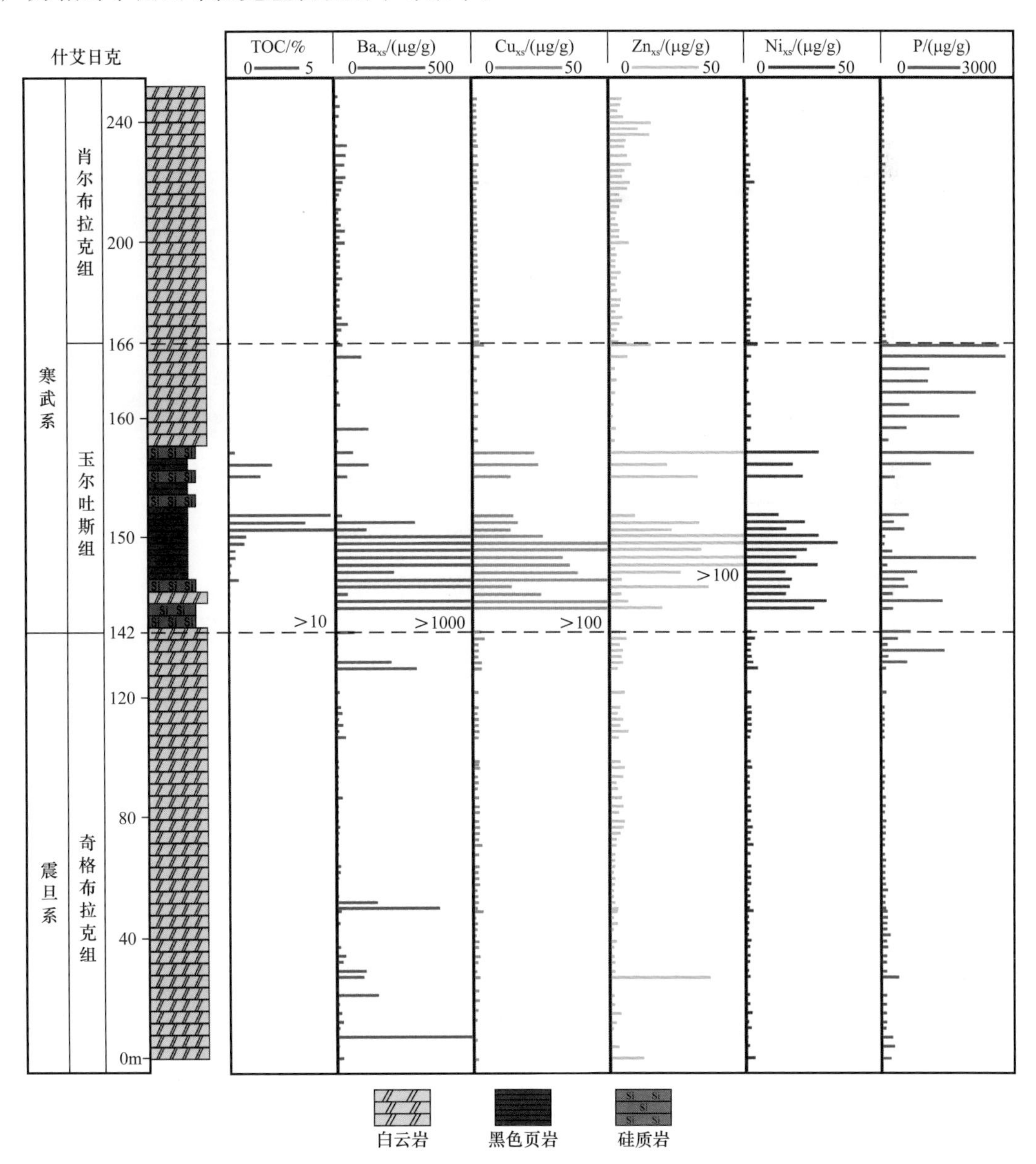

图 3-5-6 什艾日克剖面的古生产力水平

3. 塔里木盆地下寒武统有机质富集机制

塔里木盆地下寒武统玉尔吐斯组硅质岩和页岩中的 TOC 含量高（>10%），而同时期沉积的西山布拉克和西大山组的黑色岩系中 TOC 含量小于 2%。此外，与西山布拉克组和西大山组相比，玉尔吐斯组的烃源岩厚度要薄得多。这两套地层中观察到的 TOC 和烃源岩厚度的差异可能是由于不同的沉积环境、生物体组合和碎屑输入量引起的（图 3-5-7）。

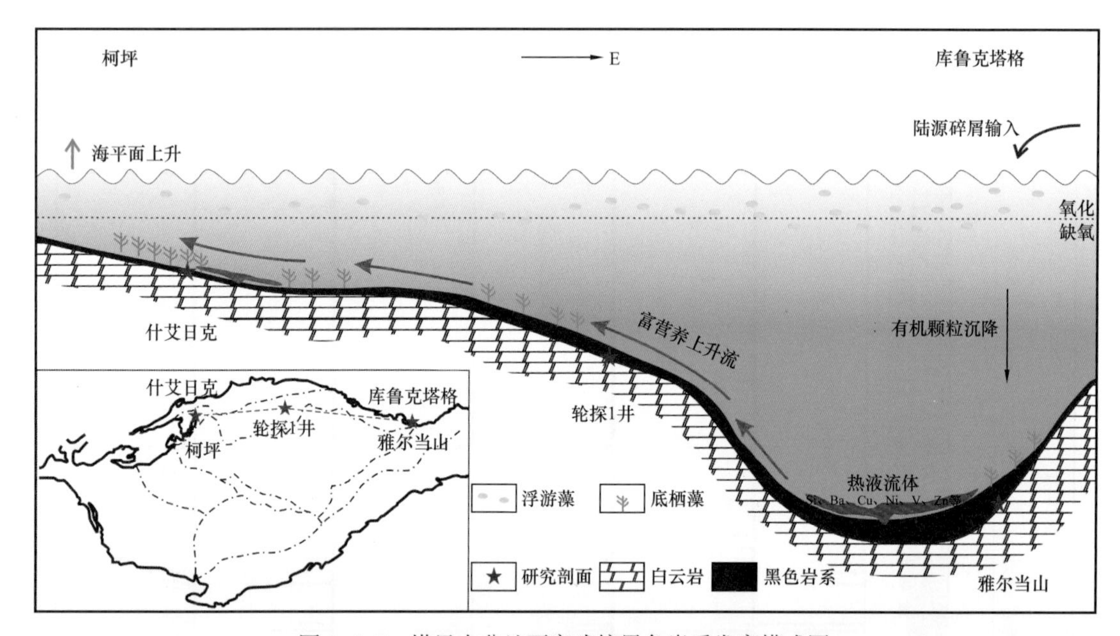

图 3-5-7　塔里木盆地下寒武统黑色岩系发育模式图

什艾日克剖面的玉尔吐斯组处于中下缓坡陆棚沉积相带。早寒武世海侵期间，热液活动及沿岸型上升洋流带来大量营养物质，极大地促进了底栖藻类的发育，而缺氧的环境又有利于有机质的保存，沉积了一套从岩性到各种地球化学指标都与上下地层有明显差异的黑色岩系。

雅尔当山剖面西山布拉克组和西大山组沉积于欠补偿深水盆地相，构造和岩浆活动比柯坪地区强烈，热液中丰富的营养微量元素，提高了初级生产力，为有机质富集提供了物质基础。大量浮游藻类死亡后以“海雪”的方式沉降到海底，进入沉积物中。然而，与玉尔吐斯组相比，高沉积速率和较多的陆源碎屑物质的输入可能稀释了进入沉积物中有机质的通量，造成西山布拉克组和西大山组较低的 TOC 值和较厚的烃源岩厚度（Deng et al.，2021）。

三、塔里木盆地深层—超深层油气生成与保存模拟研究

盆地模拟技术（Basin Modeling）是定量研究石油地质和构建含油气系统的重要技术手段，旨在反演盆地的形成和演化，重现油气的生成、运移、成藏和保存等动态地质过程（Burgreen-Chan et al.，2018）。本章利用斯伦贝谢公司 PetroMod 2016 盆地模拟软件构建塔里木盆地代表性钻井地质模型，采用相关生烃和原油裂解动力学参数，进行典型地

区深层—超深层油气生成与保存模拟研究。研究地区包括塔中隆起、满加尔凹陷和塔北轮南低凸起，代表性钻井包括中深 1 井、中深 5 井、塔参 1 井、虚拟井和轮探 1 井。

1. 塔中—满加尔—塔北埋藏—热演化史

中深 1 井和塔参 1 井位于塔中中部断垒带，埋藏—热演化史基本相同，总体上经历了 2 次大规模构造抬升剥蚀和 5 次大规模构造沉降，其中大规模构造抬升事件分别发生在中—晚加里东期及晚加里东—早海西期，基本奠定了该区继承性古隆起构造格架。中深 5 井位于塔中东部潜山区构造高位，晚加里东期沉积—构造演化过程与中深 1 井不同，表现为中深 5 井发育剥蚀量巨大的 C_1/O_1y 构造不整合面（超 3000m），导致成熟度剖面在该不整合面处发生明显错断，说明中深 5 井所在的塔中东部潜山区在加里东早期可能属古坳陷的一部分。埋藏—热演化史显示塔中地区中—下寒武统经历多期埋藏加热过程：志留纪，中—下寒武统古地温首次达到 100℃，之后多次构造沉降，除部分地区外（如中深 5 井区）最高古地温基本上不超过 180℃；现今，中—下寒武统地层温度在 160～170℃。中—下寒武统成熟度同样表现为多阶段成熟过程：中深 1 井中—下寒武统成熟度早海西期 R_o 达到 1.05%，晚海西期 R_o 达到 1.50%，燕山—喜马拉雅期 R_o 继续升高并达到现今 1.73% 的水平；塔参 1 井与中深 1 井基本一致，但总体上成熟度偏高；中深 5 井中—下寒武统成熟度演化表现为单阶段式，即成熟度在晚加里东期之前就达到 2.43%，晚加里东期之后，中—下寒武统古地温迅速降低（$<$180℃）导致成熟度几乎不再增高，现今成熟度为 2.45%。

满加尔凹陷（虚拟井）埋藏—热演化史可以划分为 4 个阶段：（1）寒武系—下奥陶统沉积期；（2）坳陷初步形成期，沉积了巨厚的中—上奥陶统至志留系，下寒武统最大埋深可达 8000m，后期略有抬升并发生剥蚀（剥蚀量 1200m 左右）；（3）满加尔凹陷调整期（晚海西期—印支期），表现为以连续沉积为主的沉积构造旋回，主要沉积了石炭系至三叠系；（4）燕山—喜马拉雅期快速沉积期，接受巨厚的新生代沉积，现今下寒武统埋深超过 10000m。从地层温度演化看，虚拟井下寒武统加里东期古地温持续升高，最高地层温度可达 200℃，晚加里东期—早海西期古地温先降低后升高，最高古地温超过 210℃；晚海西期—现今古地温略有波动，但总体依然呈升高趋势，白垩纪晚期下寒武统最高古地温超过 230℃，现今地温约 230℃。成熟度模拟表明，虚拟井下寒武统经历 3 个阶段的热成熟过程：加里东期成熟度从 0.20% 到 2.30%；海西期—印支期成熟度从 2.30% 到 3.20%；燕山—喜马拉雅期成熟度从 3.2% 到 3.70%。

塔北轮南低凸起（轮探 1 井）埋藏—热演化史划分为四个阶段：（1）从奇格布拉克组到志留系，下寒武统最大埋深达 4500m；（2）晚加里东—早海西期，大范围褶皱变形导致隆升剥蚀，剥蚀厚度约 1200m 并初步形成塔北下古生界隆起（包括轮南低凸起）；（3）晚海西期—印支期沉积旋回，石炭纪和中生代地层不整合于该隆起之上；（4）燕山—喜马拉雅期，盆地再次进入快速沉降期，接收巨厚的新生代沉积，下寒武统快速沉降至现今的 8700m 左右，其中新近系—第四系（23Ma 现今）沉积厚度超过 3500m。从地层温度演化看，轮探 1 井下寒武统加里东期古地温持续升高，最高地层温度 115℃；晚加里东期—早海西期古地温先升高后降低，古地温峰值为105℃；随后，古地温缓慢升高至131℃，燕山晚期—喜马拉雅早期略有下降；喜马拉雅晚期由于快速沉降作用，下寒武统古地温从新近纪初（23Ma）的129℃迅速上升至现今的180℃。中寒武统埋深相对较浅，古地温相对下寒武统低4～8℃，现今地层温度174℃。成熟度模拟表明，轮探1井下寒武统成熟度经历了两个阶段：加里东期成熟度从0.20%到0.85%；燕山—喜马拉雅期成熟度从0.85%到1.60%。

2. 寒武系烃源岩生烃史及资源量估算

塔里木盆地寒武系成熟度普遍较高，适用于寒武系烃源岩的生烃动力学参数较少。根据玉尔吐斯组海相烃源岩特征采用3套生烃动力学数据进行烃源岩生烃史模拟和资源量计算，分别为澳大利亚寒武系Arthur Creek页岩相态动力学模型、波罗的海盆地寒武系Alume页岩生烃动力学模型以及Tang（2011）–SARA–TⅡ代表Ⅱ型干酪根的生烃动力学模型（图3–5–8）。

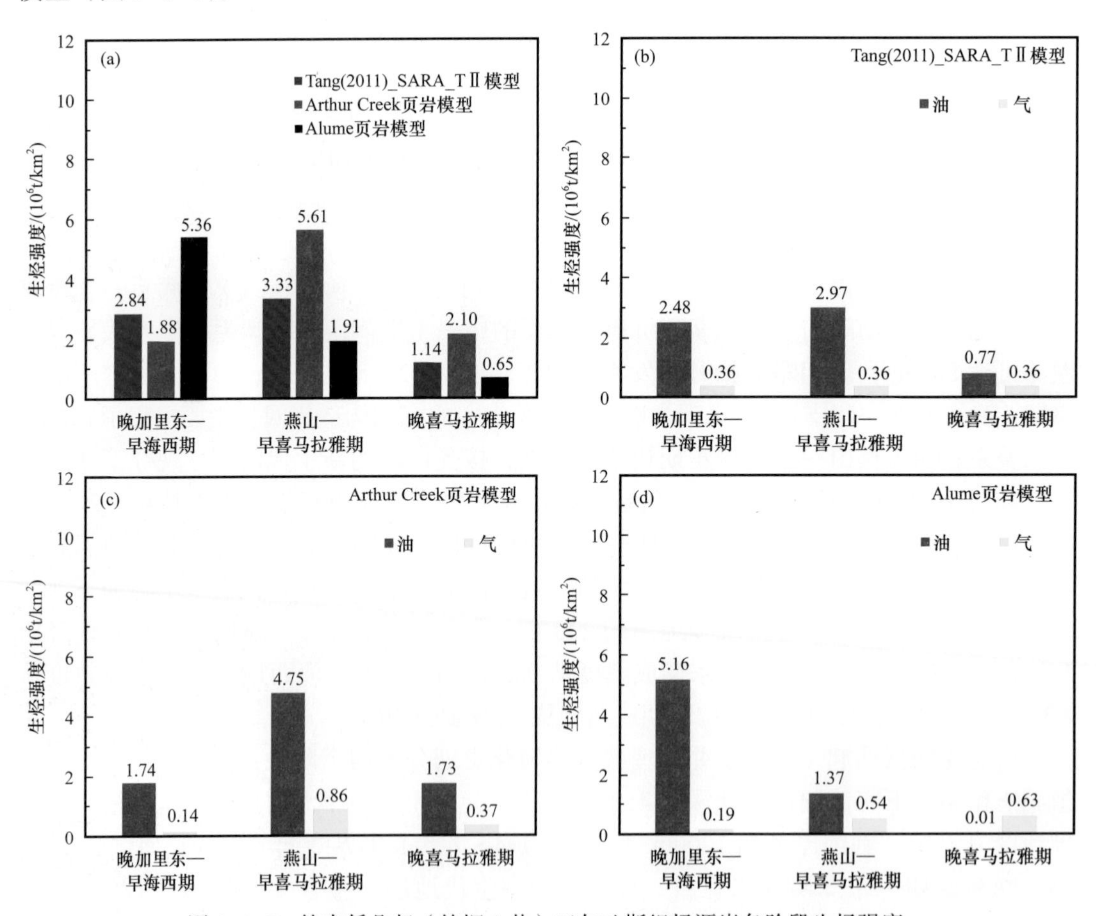

图3–5–8 轮南低凸起（轮探1井）玉尔吐斯组烃源岩各阶段生烃强度

满加尔凹陷（虚拟井）下寒武统玉尔吐斯组烃源岩生烃史可划分为3个生烃阶段，即晚加里东期、晚海西期和燕山—喜马拉雅期：烃源岩早在晚加里东期就已经达到生烃高峰且以生油为主，生烃强度高达 8.22×10^6～9.89×10^6t/km^2，平均生油强度 7.13×10^6t/km^2，平均生气强度 1.82×10^6t/km^2；晚海西期和燕山—喜马拉雅期的生烃强度很弱且以生气为主并在晚喜马拉雅期基本停止生烃；晚海西期和燕山—喜马拉雅期生气强度分别为 0.05×10^6～1.04×10^6t/km^2 和 0～0.48×10^6t/km^2，平均生气强度分别为 0.70×10^6t/km^2 和 0.21×10^6t/km^2。

塔北轮南低凸起（轮探 1 井）下寒武统玉尔吐斯组烃源岩经历了两个主生烃期，分别为晚加里东—早海西期（中晚奥陶世—泥盆纪）缓慢生烃过程和燕山—喜马拉雅期（侏罗纪—现今）缓慢生烃过程。其中燕山—喜马拉雅期主生烃期又可以进一步细分为燕山—早喜马拉雅期（侏罗纪—古近纪）和晚喜马拉雅期（新近纪—现今）两个次生烃期，表现出与满加尔凹陷玉尔吐斯组烃源岩不同的生烃过程：烃源岩在晚加里东—早海西期初步生烃，以生油为主，生烃强度 1.88×10^6～2.84×10^6t/km^2，平均生油强度 2.11×10^6t/km^2，平均生气强度 0.25×10^6t/km^2。直到燕山—喜马拉雅期烃源岩才进入生烃高峰，以生油为主，生烃强度 4.47×10^6～7.71×10^6t/km^2，其中平均生油强度 5.11×10^6t/km^2，平均生气强度 0.98×10^6t/km^2。

对比塔北隆起和满加尔凹陷生烃史可以发现，晚加里东期—早海西期玉尔吐斯组烃源岩生烃中心位于满加尔地区，以生油为主；晚海西期，塔北地区玉尔吐斯组烃源岩停止生烃，而满加尔地区进入生气阶段；燕山—喜马拉雅期，满加尔凹陷地区生烃基本停止，而塔北地区进入生烃高峰，以生油为主。据测算，塔北地区玉尔吐斯组烃源岩油气资源量约为 19×10^8t，其中石油地质资源量约为 16×10^8t，天然气地质资源量约为 4000×10^8m^3；满加尔地区与玉尔吐斯组烃源岩相关的油气资源量约为 71×10^8t，其中石油地质资源量约为 51×10^8t，天然气地质资源量约为 27000×10^8m^3。塔北油资源量远大于天然气资源量（油当量气油比为 1：6），而满加尔地区天然气资源相对丰富（油当量气油比为 5：2），这意味着，塔北地区玉尔吐斯组烃源岩成熟度较低，其古生界当以找油为主；而满加尔地区玉尔吐斯组烃源岩成熟度较高，液态石油资源较为丰富的同时也具有丰富的天然气资源，这也是造成邻区油气藏类型复杂的主要原因之一。

采用波罗的海 Oland 盆地寒武系烃源岩 Alume 页岩生烃动力学模型参数，结合塔里木盆地最新的下寒武统玉尔吐斯组烃源岩厚度、TOC 及成熟度演化结果等数据，利用 ArcGIS 软件进行 1km 格网台盆区油气资源量分类评价，结果显示塔里木盆地下寒武统玉尔吐斯组烃源岩加里东期、海西期和燕山期—现今这三个时期的生烃强度空间分布相对集中：玉尔吐斯组加里东期的生油、轻烃、湿气和甲烷的生烃总量分别为 1153×10^8t、101×10^8t、134×10^8t 和 194×10^8t，总体上以生油为主；海西期的生油、轻烃、湿气和甲烷的生烃总量分别为 24×10^8t、9×10^8t、11×10^8t 和 28×10^8t，总体上油气相当；燕山—现今的生油、轻烃、湿气和甲烷的生烃总量分别为 3×10^8t、5×10^8t、327×10^8t 和 76×10^8t，总体上以生气为主（图 3-5-9）。

3. 深层—超深层寒武系原油保存

近年来塔里木盆地多口深层—超深层钻井发现液态油，对于该区寒武系原油保存的

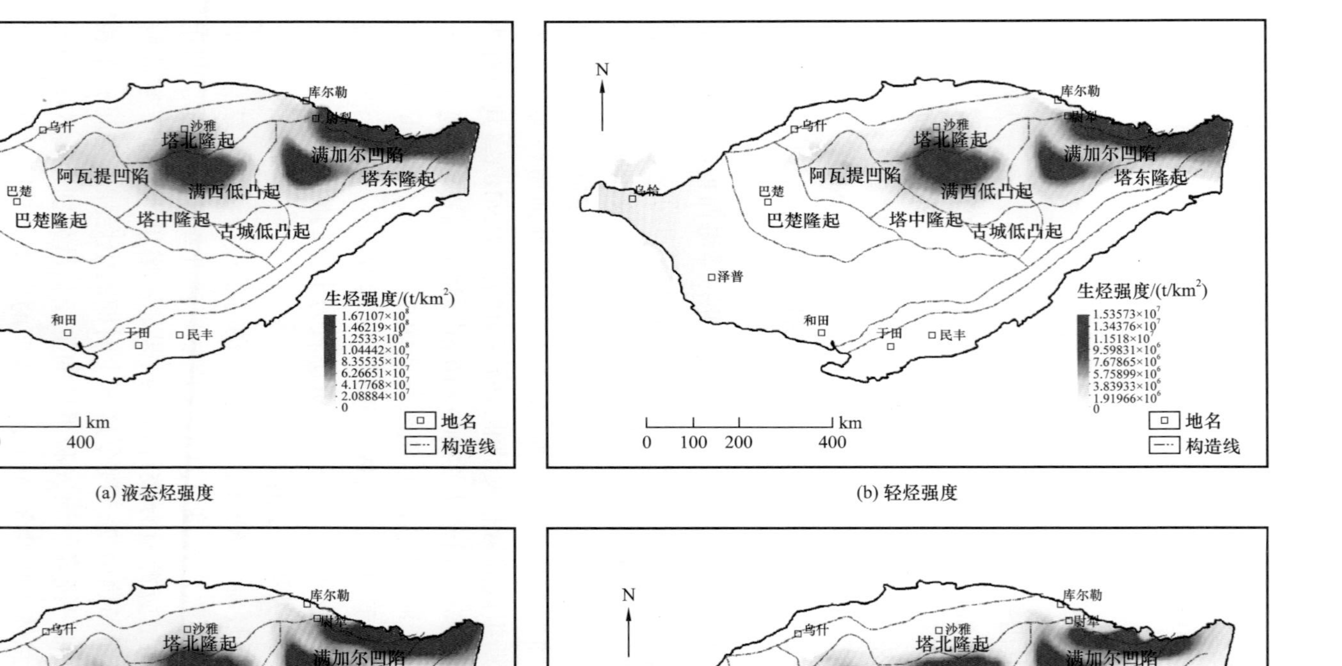

(a) 液态烃强度

(c) 湿气强度

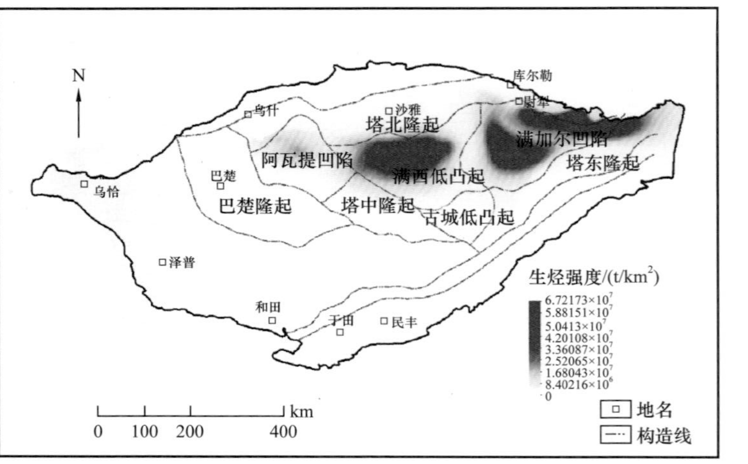

(b) 轻烃强度

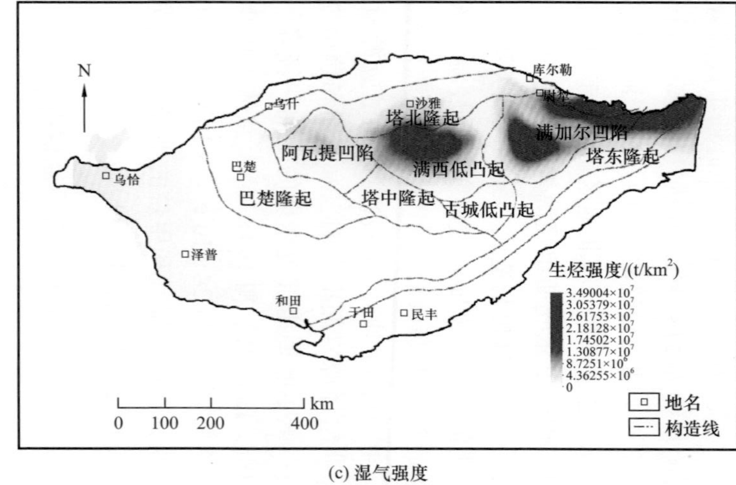

(d) 甲烷强度

图 3-5-9　塔里木盆地下寒武统燕山期—现今生烃强度图

研究至关重要。各井中—下寒武统储层古地温演化表现为多期埋藏增温过程。以原油开始裂解温度（160℃）和原油大量裂解温度（180℃）为参考线（Behar et al.，2008；朱光有等，2016），显示在晚加里东期之前，除中深5井中—下寒武统储层温度曾超过180℃外，其他储层都没有达到原油大量裂解的温度条件；而后漫长的地质历史演化过程中，各井中—下寒武统储层温度也都没有超过180℃，说明这些储层具备原油保存温度条件。虽然塔里木台盆区中—下寒武统储层埋深普遍超过6500m，但由于塔里木盆地的“冷盆”属性（20～30℃/km），储层温度普遍没有超过180℃，并未达到原油大量裂解的温度条件，因此具备大量保存原油的温度条件。

除了温度条件，原油化学组成与持续加热时间同样影响原油的保存。研究选取了4组原油裂解动力学模型，分别为轮古1井海相原油裂解动力学模型（LG_Crude oil-kinetics_C_1 和 LG_Crude oil-kinetics_C_{1-5}；Wang et al.，2007）以及PetroMod 2016内嵌数据库的轻烃和重烃裂解动力学模型［Tang（2011）_TⅡ_SAT_C_{15+} 和 Tang（2011）_TⅡ_SAT_C_{6-14}］，进行轮探1井、中深5井、中深1井和塔参1井原油裂解转化率计算。结果如图3-5-10所示，LG1型原油在上述4口井中的原油裂解累计转化率为0.1%～22%，裂解形成甲烷的累计转化率更低；轻烃组分裂解累计转化率为0.2%～15%；重质组分裂解累计转化率为30%～75%。相比轻烃，LG1型原油重烃组分等不稳定组分较多，活化能相对较低（58～76kcal/mol）导致裂解累计转化率普遍较高（0.1%～22%），而重质组分（C_{15+}）热不稳定性更强，活化能更低（51～75kcal/mol），导致裂解累计转化率普遍更高（30%～75%）。综合来看，轻质组分（C_{6-14}）具有最好的热稳定性，具有很高的活化能（64～80kcal/mol），大量裂解需要更高的温度，因此塔里木台盆区寒武系储层保存原油轻质组分（C_{6-14}）的条件较好，但不利于重质组分（C_{15+}）的大量保存。以轻烃裂解累计转化率为例对比4口井寒武系储层的原油累计裂解率，结果显示轮探1井寒武系埋深最大（8200m），对应的轻烃裂解累计转化率仅为0.5%，而塔参1井寒武系埋深7000m却对应高达15%的轻烃裂解转化率，可见埋深不是原油能否保存的主要因素，温度和时间才是关键。

综上所述，可以得出这样的结论与认识：

上三叠统4个煤样最高油产率高于排油门限（>40mg/g），为有效的油源岩。而中侏罗统3个煤样最高油产率均低于排油门限值，不是有效油源岩。煤样Rock-Eval分析 Q_1 值［（S_1+S_2）/TOC不等于生烃量（生油量+生气量）］。质量平衡计算结果表明上述7个煤样在Rock-Eval热解可释放的产物中，在生油窗内只有38%～53%最终转化成油和气态烃，而其余47%～62%则重新缩合至多环芳核中。通过油气产率平均值求取中侏罗统克孜勒努尔组归一化（组合）煤样JKC和塔里奇克组归一化（组合）煤样TTC的生烃动力学参数。在5℃/Ma地质条件下，JKC和TTC分别在EasyR_o大于1.76%和EasyR_o大于1.59%时，气产率大于排气门限（20mg/g）成为有效气源岩。侏罗系煤样和三叠系煤样，只有少部分气态烃是在EasyR_o小于2.20%之前阶段生成。中侏罗统克孜勒努尔组组合煤样JKC和塔里奇克组组合煤样TTC在EasyR_o为2.20%时的生气转化率分别为0.32%和0.45%，主要生气阶段为EasyR_o大于2.20%的干气阶段。库车坳陷发现了一大批大中型气田主要归因于煤系烃源岩具有很高的成熟度（R_o>2.0%），同时具有巨厚的膏盐层作为气藏的优质盖层。

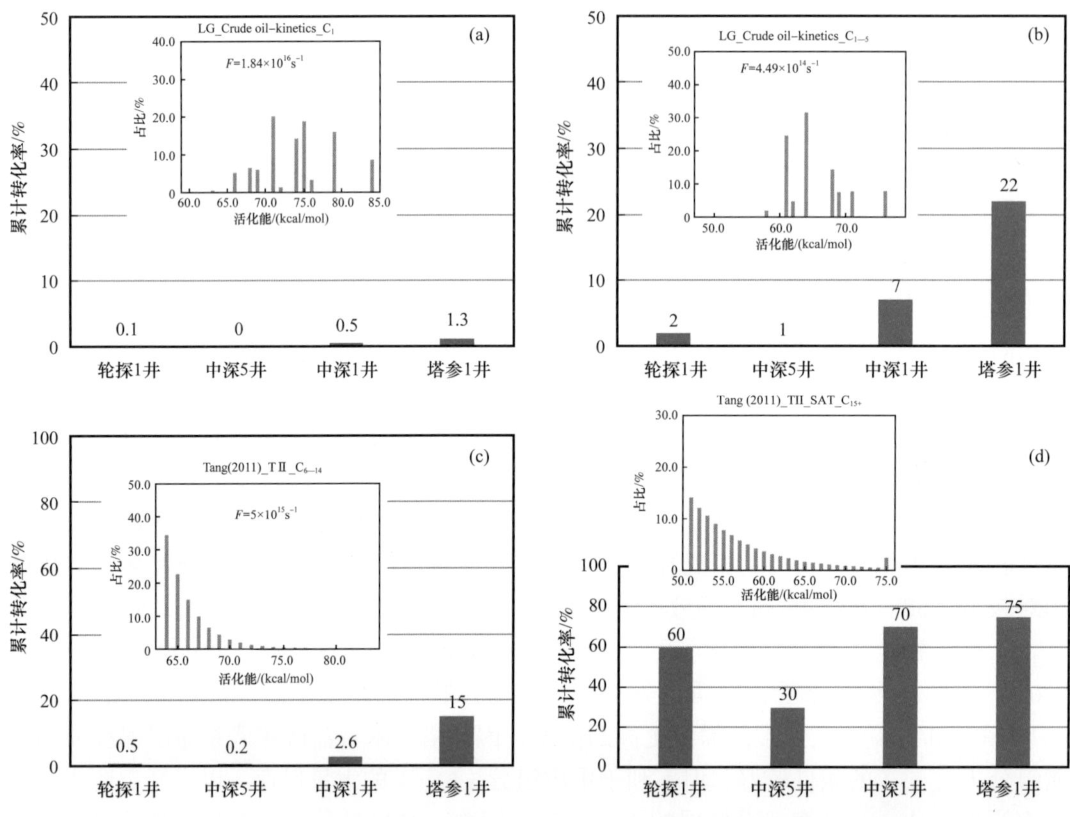

图 3-5-10　塔里木盆地台盆区典型钻井寒武系中储层原油裂解累计转化率

塔里木盆地下寒武统底部碳酸盐碳同位素的负异常反映了早寒武世的海侵和缺氧沉积事件，受海平面上升和构造活动的影响，在台盆区广泛发育了下寒武统烃源岩，为塔里木深层海相油气资源提供了巨大贡献。塔西北柯坪地区的下寒武统玉尔吐斯组和塔东北库鲁克塔格地区下寒武统西山布拉克组和西大山组都沉积于缺氧环境中，具有较高的生产力水平，在上升洋流和热液的共同作用下富集了 Ba、Cu、Mo、Ni、V、Zn 等营养微量元素。不同的生物类型、陆源碎屑输入量和沉积速率可能是造成玉尔吐斯组和西山布拉克组有机碳含量和烃源岩厚度差异的原因。西山布拉克组中大量浮游藻类、较高的碎屑输入和沉积速率，导致有机碳含量比玉尔吐斯组低，但烃源岩发育层段比玉尔吐斯组更厚。塔里木盆地轮探 1 井玉尔吐斯组的发育模式与塔西北地区相似，沉积于缓坡陆棚相，受到了热液活动和上升洋流的影响，古生产力的提高和缺氧的保存条件是控制轮探 1 井有机质富集的主要因素。随着塔里木盆地下寒武统优质烃源岩的不断发现和进一步评价，与该套优质烃源岩相关的深层—超深层油气藏勘探有望获得更多突破。

利用盆地模拟软件和生烃动力学参数，对塔中、满加尔凹陷及塔北轮南低凸起等地区典型钻井深层—超深层油气生成与保存进行了模拟研究。塔中地区寒武系经历多期埋藏升温过程，最高古地温在晚加里东期之后普遍不超过 180℃（1.73%～2.43%）；满加尔凹陷寒武系总体上表现为连续埋深升温过程，埋深早在晚加里东—早海西期就超过 8000m，期间最高古地温超 210℃（R_o 约为 2.20%），现今埋深超 10000m，地层温度达 230℃（R_o 约为 3.70%）；塔北轮南低凸起寒武系主要经历两期埋藏加热过程，埋深在晚加里东—早海西期不超过 5000m，期间最高古地温在不超过 120℃（R_o 约为 0.80%），直至燕山—喜马拉雅期快速深埋导致现今寒武系埋深超 8000m，地层温度达 180℃（R_o 约为 1.60%）。满加尔凹陷玉尔吐斯组烃源岩早在晚加里东期就已经达到生烃高峰（R_o 约为 2.2%），以生油为主，晚海西期和燕山—喜马拉雅期以生气为主，生烃强度很弱；轮南低凸起玉尔吐斯组烃源岩在晚加里东—早海西期初步生烃（R_o<0.80%），直到燕山—喜马拉雅期才进入生烃高峰（R_o<1.60%）以生油为主。计算结果显示塔北地区玉尔吐斯组烃源岩贡献的油气资源量约为 19×10^8t 油当量，满加尔地区约为 71×10^8t 油当量，合计 90×10^8t 油当量。台盆区油气资源量分类评价结果显示塔里木盆地玉尔吐斯组烃源岩生烃总量巨大，资源潜力大。无论是塔中隆起东部还是塔北轮南低凸起，超深层寒武系古地温从晚加里东期（志留纪）至今普遍不超过 180℃，高温时间补偿不足。原油裂解累计转化率计算表明，台盆区寒武系具备大量保存原油轻质组分的温度条件，保存重质组分的温度条件较差。埋深小于 7000m 的塔中地区寒武系原油裂解转化率普遍小于埋深超过 8000m 的塔北地区寒武系，充分说明原油保存条件与深度没有必然联系，温度和时间才是关键。

第四章　深层—超深层储层形成机制与分布

储层不仅是油气成藏规律研究的关键内容之一，更重要的是油气勘探的直接目的层，因此对储层分布的认识及预测技术提高的程度直接影响着油气探测的风险与效益，这在深层—超深层尤其如此。

与沉积盆地中浅层相比，深层—超深层沉积岩经历了相对高温高压的环境，其储集空间生成是原生 / 沉积保持机制与次生 / 成岩改造博弈的结果，而其形成演变的核心则是深埋流体—岩石作用效应。因此，在沉积组构基础上，本章重点解析盆地构造—流体演化，研究重点层位碳酸盐岩（石灰岩、白云岩）、碎屑岩的构造—流体—岩石相互作用过程与成储效应，结合烃—水—岩演化和渗流环境模拟，认识构造—流体活动对深层—超深层储层物性的保持及改造机理，揭示深层—超深层成储规律。

第一节　深层—超深层储层地质特征与主要类型

已有勘探研究表明，沉积盆地深层—超深层规模储层主要有碳酸盐岩、碎屑岩两大类。综合岩石组构与成因特征，在碳酸盐岩储层中白云岩以其特殊性而被单独列出讨论。

一、碳酸盐岩岩溶储层

岩溶型储层是非常重要的一类储集类型，其储层空间以溶孔、溶洞和溶缝为特征，具有极强的非均质性。岩溶的狭义定义为喀斯特（Karst），主要指水对碳酸盐岩、硫酸盐岩等可溶性岩石的化学溶蚀、机械侵蚀、物质迁移和再沉积的综合地质作用及由此所产生现象的统称。传统意义上的岩溶储层与大型的不整合面或峰丘地貌有关，岩溶缝洞沿不整合面呈准层状分布，主要分布在不整合面之下 50m 的范围内，最大可达 200～300m（James et al.，1988；Lohmann，1988；Loucks，1999）。

表生岩溶深埋过程中，由于矿物脱水作用、有机质生烃作用、岩石变质和液化作用、岩浆活动等释放的流体向上运移，与上部地层发生化学反应，将显著改造原始岩石物性。近年来，许多传统认为的表生岩溶孔洞被重新解释为是由深部地下水活动叠加形成（Klimchouk，2009；Audra et al.，2010），但其岩溶发育的规模仍然存在较大争议（Palmer，2011）。

深层—超深层岩溶型储层可按组构特征综合划分为：洞穴型、裂缝—孔洞型、孔洞型和裂缝型四类。

（1）裂缝—孔洞型储层：这是塔里木盆地分布最广的储集体类型，溶蚀孔洞是该类储层主要储集空间，裂缝可提供部分储集空间，但更为重要的是作为流体运移的主要通道。相比单一的孔洞型、洞穴型或裂缝型储层而言，孔洞和裂缝共存更能提高储集、运输各类流体的能力。

（2）洞穴型储层：该类型储渗空间以大型洞穴为主，洞穴型储层最显著的特征就是在钻井过程中出现放空或漏失，成像测井图像为暗色条带夹局部亮色团块或所有极板全是黑色，地震上可见典型的串珠状反射。洞穴型储层纵向上分布于风化壳附近，平面上主要分布于断裂活动发育区，是油气产出的主要的储层类型。

（3）孔洞型储层：这类储层发育相对较少，主要是原生孔隙经过溶蚀改造形成溶蚀孔、洞，裂缝欠发育，大多由同生期大气淡水淋滤作用形成。此类储层经过中—深埋藏多数已被胶结充填，基质孔隙度多在3%以下，但部分溶蚀孔洞发育段孔隙度可达4%～6%，局部超过10%。在FMI成像图上观察到的溶蚀孔洞，一般呈不规则暗色斑点状分布。孔洞型储层主要分布在塔中I号坡折带附近，纵向上分布于高能滩等沉积地貌高处。

（4）裂隙型储层：该类储层缺乏孔洞，基质孔隙一般不发育，裂缝既是渗滤通道，又是主要的储集空间，具低孔隙度（主要是岩石基质孔隙度）和较高的渗透率，储渗能力主要受裂缝分布和发育程度的控制。

根据以往成因研究综合，岩溶储层主要分为潜山岩溶储层、顺层岩溶储层、层间岩溶储层、受断裂控制岩溶储层（表4–1–1）。深成岩溶是指深部地层由于矿物脱水作用、有机质生烃作用、岩石变质和液化作用、岩浆活动等释放的流体向上运移，与上部地层发生化学反应，改造原始岩石物性的一种成岩作用（Klimchouk，2012，2009；Palmer，2011）。对于深层—超深层岩溶储层，受断裂控制的岩溶储层/深成岩溶是非常重要的一类岩溶储层。

表4–1–1 岩溶储层类型划分

<table>
<tr><th colspan="2">岩溶储层类型</th><th>一级控制因素</th><th>其他控制因素</th><th>典型实例</th></tr>
<tr><td rowspan="2">潜山岩溶</td><td>石灰岩潜山</td><td rowspan="2">岩相/表生岩溶地貌</td><td rowspan="4">流体活动/孔洞深埋保持</td><td>塔北低凸起奥陶系石灰岩潜山</td></tr>
<tr><td>白云岩潜山</td><td>鄂尔多斯靖边地区马家沟组</td></tr>
<tr><td colspan="2">顺层岩溶</td><td>岩溶地貌＋隔水层</td><td>塔北南缘奥陶系鹰山组—良里塔格组</td></tr>
<tr><td colspan="2">层间岩溶</td><td>同生岩溶</td><td>塔中—巴楚地区蓬莱坝组和鹰山组</td></tr>
<tr><td colspan="2">受断裂控制岩溶</td><td>岩相/岩溶</td><td>断裂—流体活动改造</td><td>阿满过渡带奥陶系、四川盆地茅口组</td></tr>
</table>

二、白云岩储层

按组构特征，白云岩储层的类型划分与前述岩溶储层类似，即洞穴型、裂缝—孔洞型、孔洞型和裂缝型四类。但是统计表明，与岩溶储层相比，白云岩储层的洞穴尺度较小（一般不穿层），占比较低，而裂缝和孔隙占比较高。

在成因方面，沉积相、白云岩化是决定白云岩储层特征的决定性因素（表4–1–2），沉积相比较容易界定，但白云岩化机制多样且难于界定，特别是古老白云岩储层。根据沉积环境，可以将深层—超深层白云岩储层划分为以下几类：

（1）碳酸盐岩缓坡相，如阿曼震旦系 South Oman 盆地微生物岩（Grotzinger et al.，2014），中国四川盆地寒武系龙王庙组，美国墨西哥湾盆地石炭系 Smackover 组。

（2）碳酸盐岩镶边台地相：近地表的蒸发—回流白云岩化，如俄罗斯前寒武系 Siberia 盆地（Frolov et al.，2015），中国四川盆地震旦系灯影组；美国密苏里州东南部寒武系 Bonneterre 组（Gregg et al.，1993），塔里木盆地寒武系—奥陶系（Jiang et al.，2018b），美国得克萨斯州西部奥陶系 Ellenburger 组（Amthor et al.，1991），德国二叠系 Lower Saxony 盆地（Biehl et al.，2016），中国四川盆地二叠系—三叠系（Cai et al.，2014；Jiang et al.，2014），美国白垩系 South Florida Basin（Budd，2002），加拿大侏罗系 Abenaki 盆地（Wierzbicki et al.，2006）。

表 4-1-2　白云岩储层类型划分

<table>
<tr><th>一级控制因素</th><th>二级控制因素</th><th>典型实例</th></tr>
<tr><td>凝块石礁滩</td><td rowspan="2">台缘大气淡水 / 热流体改造</td><td>四川盆地灯影组、塔里木盆地肖尔布拉克组</td></tr>
<tr><td>粗旋回颗粒滩</td><td>四川盆地龙王庙组</td></tr>
<tr><td>台缘带断裂</td><td rowspan="3">热流体 /TSR/ 有机酸改造</td><td>四川盆地灯影组、龙王庙组</td></tr>
<tr><td>石灰岩中白云岩夹层</td><td>塔里木盆地蓬莱坝组、鹰山组</td></tr>
<tr><td>膏盐白云岩</td><td>塔里木盆地肖尔布拉克组、吾松格尔组</td></tr>
</table>

三、碎屑岩储层

虽然深层碎屑岩储层内部储集空间复杂多变，但大多以孔隙、裂缝两类端元结构为主。孔隙和裂缝的发育程度共同决定了深层油气藏能否高产、稳产，而且裂缝在改善储层孔渗特征方面发挥着极大贡献。因此，以储集空间类型为核心，按照孔隙与裂缝的配置关系，将深层碎屑岩储层分为：孔隙型、裂缝型和孔隙—裂缝型。

依据深层储集体的形成机制，可将碎屑岩储层进一步划分为保存型（保持型）、次生改造型、改造—保存型（混合型）。

1. 保存型储层

对于保存型储层的形成机制，主要指原生孔隙的保存机制，深层储层的保存机制很多，主要包括热作用、黏土包壳、早期超压和早期油气充注等。

对于热作用引起的储层保存机制，影响因素是多方面的，如储层演变环境的热流、热演化程度低，一些高温胶结的矿物则无法形成，因此能有效保存孔隙；又如地质年代相关的热效应（Dillon，2004），因为胶结作用和压实效应都需要一定的时间积累，所以即使埋藏较深的储层，若埋藏较快，则储集性能依然很好。换句话说，埋藏轨迹对储层保存也有一定作用，如果早期缓慢埋深、晚期快速埋深，则地层来不及发生高强度压实，可以有效保存储集空间。

黏土包壳、早期超压和早期油气充注等对储集空间保存的影响，就机制本身应该争议较少，争议较大的是其能否造成规模成储效应，特别是对深层—超深层储层。

2. 次生改造型储层

改造型储层主要以次生储集空间规模性产出为特征，常见的改造型储集空间包括溶蚀孔隙、构造裂缝及其相关扩容孔隙。深层碎屑岩储层内溶蚀孔隙的产出机制主要有两类，包括与油气成藏相伴生的酸性流体注入，以及煤系地层裂解酸性流体的层间渗流；围绕着构造裂缝的产出机制，构造地质学家联合储层地质学家，建立了多种裂缝产出的模式。

深埋背景下，次生孔隙的发育与石油形成、运移过程中产生的 CO_2 和有机酸（Surdam et al.，1993），以及原油裂解、运移过程（因热化学硫酸盐还原作用）产生的 CO_2+H_2S（Sassen et al.，1988；Machel et al.，1995），对碳酸盐及硅酸盐矿物产生的溶解而形成次生孔隙，溶解产生的 $CaCO_3$ 将在其他地方形成新的胶结物（Sassen et al.，1988；Heydari，1997）。但对上述机制的效应一些学者持有明显不同的看法（Lundegard et al.，1984），其最主要的论据就是对深层充足的有机酸、大规模流体活动和搬运效应的质疑。此外，深层碱性溶蚀机制也在部分研究中被提及，但其规模效应仍然存在巨大质疑。

储层在各种地质应力作用下压实（或垮塌）、变形，而其中抗压实和破裂则是深层储层孔缝形成的重要机制，也是油气地质关注的储层应变机制及效应的内涵。储层应力—应变是盆地沉积—热—构造—流体动力综合作用的效果，而不只是简单的上覆岩石的机械压实（寿建峰等，2007；2006）。目前对相关岩石储集物性（孔渗性）的构造地质基础研究已取得进展（Gale et al.，2014；Jamison，2016）；但将构造应变与流体—岩石作用及油气储层有效性结合的研究还处于构造样式和孔—缝成岩表征阶段（Fossen et al.，2007；李忠等，2009b；Vandeginste et al.，2012），构造—流体活动匹配和定量化较差，如针对不同古热史及热作用方式引起的应力—应变机制及效应、叠加构造与不同性质流体介入后的应变效应等认识储层孔隙或孔缝变化规律的关键问题，目前研究的系统性、动态演变和深度仍然有限。

相比较中浅层，深层—超深层储集空间结构类型存在特殊性。总体上，随深度增大，孔、洞呈现明显衰减，而与裂缝（含扩溶）有关的储集结构类型增多，尤以碳酸盐岩最为典型。虽然深层—超深层碎屑岩仍然以粒间孔为主，但与裂缝（含扩溶）有关的储集结构类型显然不容小觑。总体看，与盆地中浅层相比，深层—超深层储集空间结构类型和丰度具有特殊性，暗示储层深埋过程中的保持、改造机制存在专属性。

第二节 深层—超深层碳酸盐岩储层形成—改造作用与演化

一、深层—超深层岩溶储层形成—改造作用与演化

以塔中地区中下奥陶统鹰山组岩溶储层为例，研究其早期沉积—表生作用和后期构

造—流体—岩石作用与效应，并综合探讨深层—超深层岩溶储层的形成演化模式。

1. 深层—超深层岩溶储层的沉积—表生作用与效应

塔中地区鹰山组碳酸盐岩地层自下而上的总体变化规律与塔河地区及塔里木盆地其他地区该沉积时期的变化规律具有高度的一致性，即从鹰山组底部至鹰山组顶部，碳酸盐岩地层中白云岩（包括白云石化）呈逐渐递减的趋势。根据塔中地区岩心的岩石学、沉积构造及其纵向变化规律和空间展布特征，结合薄片分析、地震和测井资料，将塔中地区中—下奥陶统鹰山组沉积相类型划分为斜坡、台地边缘、开阔台地和局限—半局限台地四个相。前人对沉积—层序开展了大量研究工作，目前勘探井主要分布在半局限台地—开阔台地相，鹰山组碳酸盐岩划分为4个三级层序，由于后期强烈暴露剥蚀的影响，多仅保留鹰山组下部的2个三级层序。

研究结合成像测井资料精细厘定了表生岩溶结构和分带，在单井岩溶要素表征的基础上，建立了各井的岩溶结构（图4–2–1），裂缝扩溶是区内岩溶作用的主要方式，主要有构造缝、层间缝和风化裂隙等，沿它们扩溶形成大型洞穴或沿裂缝分布的串珠状孔洞，即“缝洞体系”。进一步根据岩溶水源的不同，划分为垂直淋滤型、水平潜流型、断裂输导型及水平潜流—断裂输导复合型（图4–2–2）。

地质—地球物理综合分析显示，塔中鹰山组岩溶带主要发育一套洞穴，受鹰山组顶界面不整合控制明显，反映三级层序控制了表生岩溶发育。此外，在洞穴下方发育一套孔洞层储层。岩心上表现为层状水平孔洞、针孔—蜂窝孔和裂缝—孔洞3种，且有烃类充注。而孔洞层主要发育在四级和五级层序的上部，反映高频层序对同生岩溶具有重要控制作用，且早期岩溶发育具有明显的岩相选择性，优选发育在藻灰岩中，其次为砂屑灰岩。

2. 深层—超深层岩溶储层构造—流体—岩石作用与效应

1）构造—流体活动记录

采用柱面拟合下的曲率变化率断裂刻画方法（Yu et al.，2017），刻画塔中北斜坡的断裂，解释结果如图4–2–3所示。可以明显看出，该区发育三组断裂。各组断裂活动特征如下：

（1）中晚奥陶世逆冲断裂：如图4–2–3（b）中蓝线所示，它们被后期走滑断裂截切[见图4–2–3（b）中黑色箭头]，同时有一些作为边界断层限制后期断层分布[见图4–2–3（b）中椭圆]。在地震剖面上没有断层能够切断T_{g5}奥陶系的顶，所以该组断裂活动应该终止于晚奥陶世。研究区中晚奥陶世存在两个不整合面，分别为鹰山组顶和桑塔木组顶，因而指示了该组断裂具有多期活动特点。另外，多数逆冲断裂在鹰山组暴露时遭受了溶蚀扩大作用，表明至少此时断裂已经形成。

（2）志留—泥盆纪走滑断裂：如图4–2–3（b）中红线所示，它们主要由一组北东向左旋走滑断裂组成。它们切断了中—晚奥陶世逆冲断裂，表明它们形成于奥陶纪之后。在地震剖面上可以看出该组断裂终止于T_{g3}（石炭系底面），因此限定该组断裂活动期在志留纪—泥盆纪，它们对应于志留系顶面不整合（该区泥盆系缺失）。

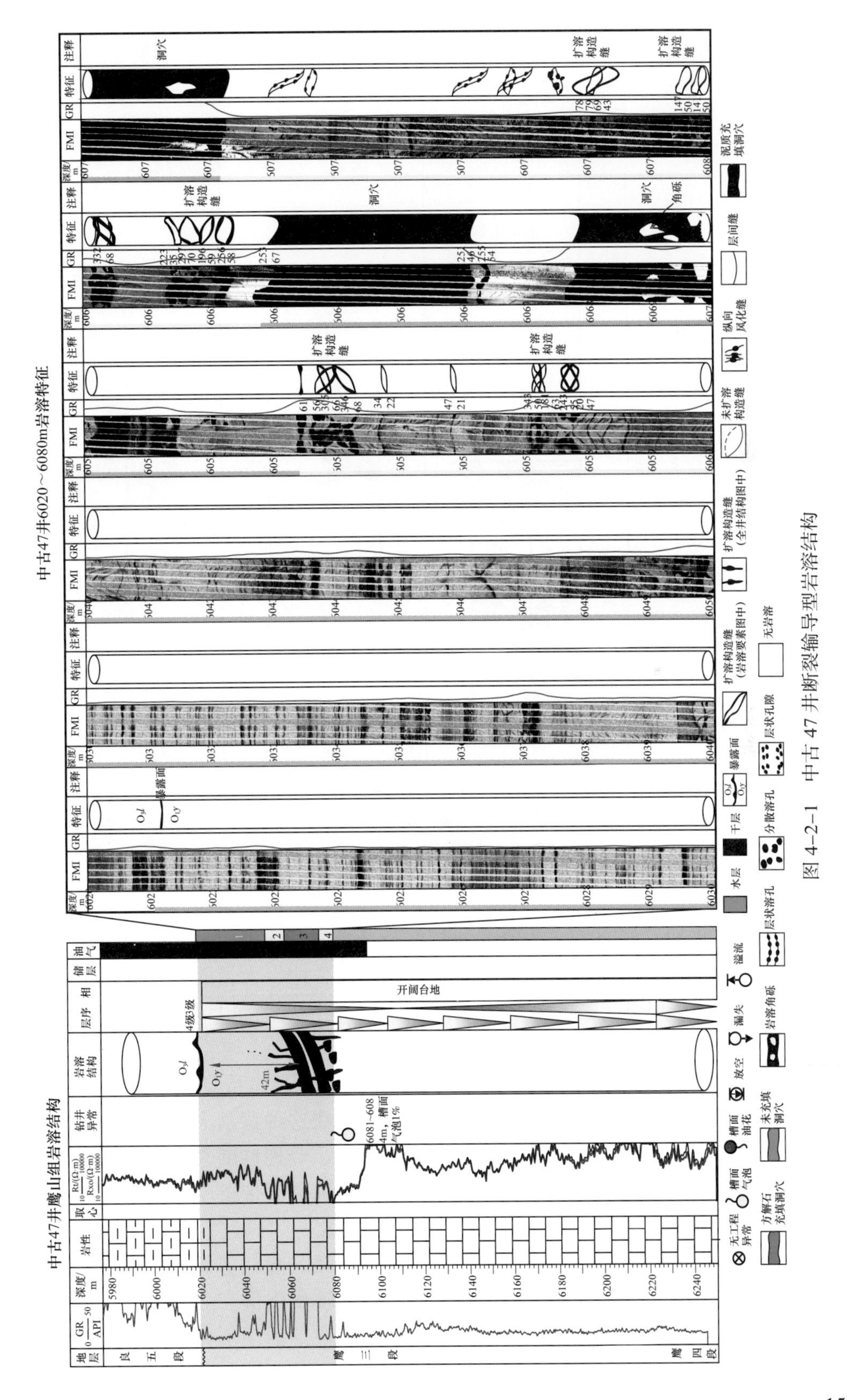

图 4-2-1 中古 47 井断裂输导型岩溶结构

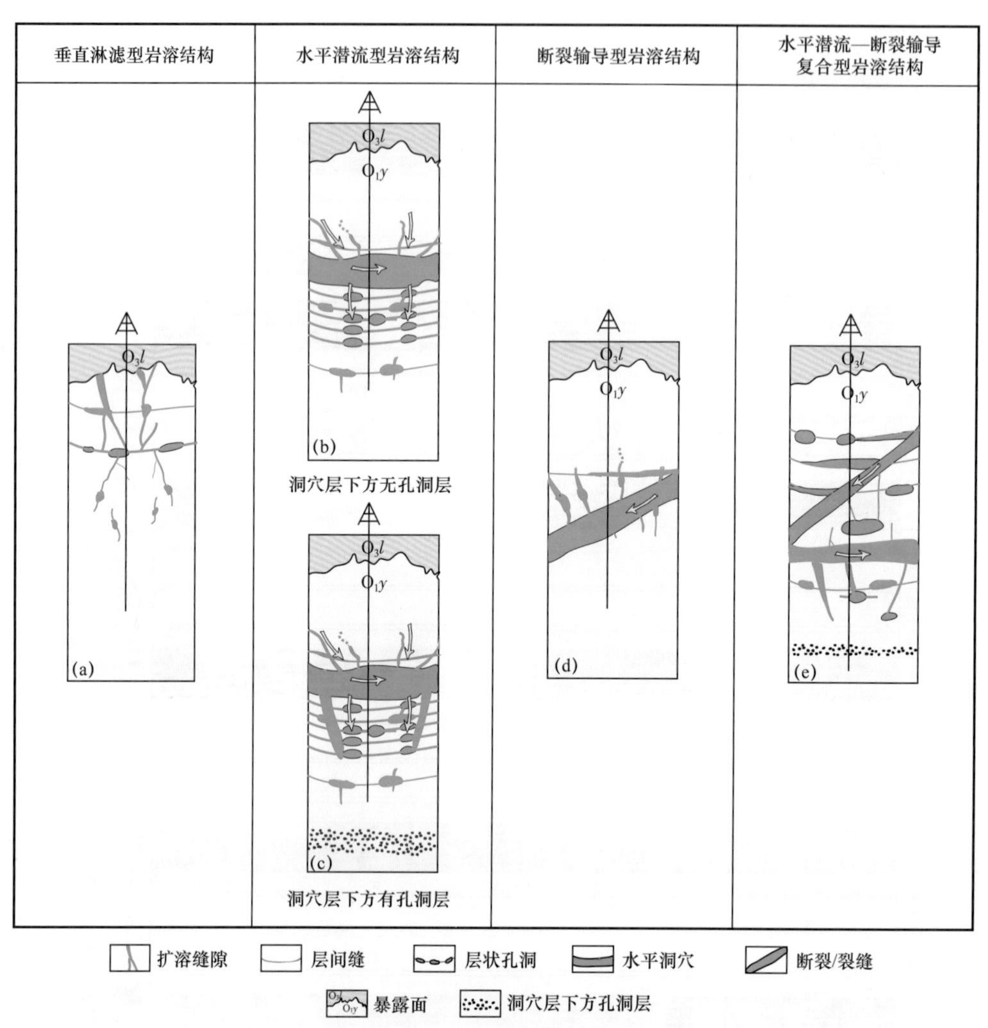

图 4-2-2　岩溶结构示意图

（3）二叠纪张裂：如图 4-2-3（b）中橙线所示，它们主要沿早期断裂分布，特别是早期断裂交叉点。二叠纪，塔里木发生了普遍的岩浆作用，大量的钻井揭示了二叠纪的火山岩，岩浆刺穿作用引起了区内大量的张性断裂。在地震剖面上该组断裂终止于 T_g（二叠系顶面），说明二叠纪之后，该组断裂停止活动。

中晚奥陶世塔里木盆地南北应力场的转变，对盆地断裂体系演化产生了深刻的影响。中奥陶世南侧挤压强烈，塔中地区也发生强烈挤压。在这种背景下，塔中中奥陶世以发生强烈的逆冲、压扭断裂为主。如图 4-2-4（a）所示，受逆冲断裂（红实线标识）发育的影响，断裂两侧沉积地层厚度差异显著。塔北、阿满过渡带挤压强度较弱，并没有发生明显的断裂活动。晚奥陶世北侧挤压相对强烈，塔北—阿满过渡带发育了一系列“X”型共轭剪裂带。图 4-2-4（c）中所示为剪裂带中的一条，显然剪裂带多期发育，由地层的整体一致性变形可以看出，断裂第一期活动时间为晚奥陶世。由断裂与地层匹配关系可以看出，所有断裂均不超出上奥陶统顶界面，说明该期活动不如晚奥陶世。此外，图

4-2-4（b）所示为塔中一条横跨北东向走滑断裂的地震剖面，可以看出塔中走滑断裂发育时期为志留纪—泥盆纪时期，后期具有微弱的继承性活动。

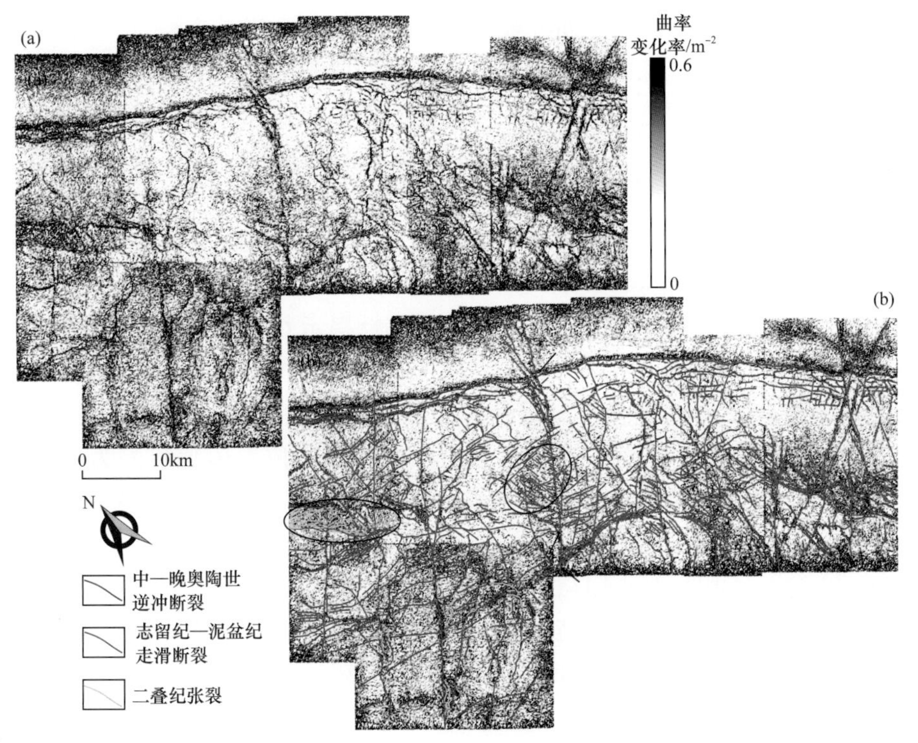

图 4-2-3　塔中北斜坡断裂分布图

（a）柱面拟合下的曲率变化率刻画结果；（b）断裂解释结果：粗线代表主断裂，细线代表次级断裂

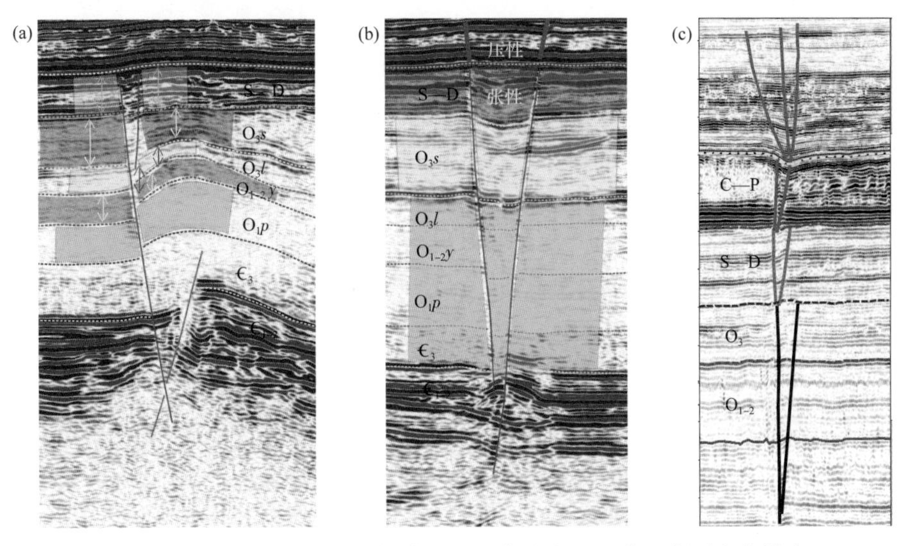

图 4-2-4　塔中（a）、（b）与塔北—阿满（c）地区典型断裂发育样式

通过显微镜下和阴极发光分析，塔中鹰山组溶蚀孔洞普遍发育6期胶结作用［图 4-2-5（a）］。第一期（C1）为放射状或针状的方解石胶结物，阴极不发光，这种胶

结物特征在塔中北斜坡中段的溶蚀孔洞中发育，塔中西部平台区的溶蚀孔洞中这期胶结作用不发育。第二期方解石胶结物（C2）为细粒亮晶方解石，呈极弱的阴极发光和亮红色 / 橘红色的边缘环带状发光；第三期方解石胶结物（C3）为粗晶方解石，充填于溶孔的残余孔隙空间内，具有暗红色的阴极发光特征；第四期方解石胶结物（C4）为粗晶方解石，充填于溶孔的残余孔隙空间内，具有暗到棕色的阴极发光特征；第五期方解石胶结物（C5）和第六期胶结物（C6）多和裂缝沟通，C5 呈亮橘色阴极发光，而 C6 为暗色发光。

针对塔中鹰山组溶蚀孔洞内的 6 期方解石胶结物进行了 SIMS 原位微区碳氧同位素分析［图 4–2–5（b）］。测试结果表明，C1 期胶结物的 $\delta^{18}O$ 为 –5.65‰～–4.22‰，$\delta^{13}C$ 为 1.26‰～2.42‰，接近早奥陶世正常海水，电子探针揭示 C1 期流体 Sr 含量较高，低 Fe、Mn；C2 的氧同位素值偏负（–9.1‰～–2.62‰），电子探针揭示该期流体 Sr 含量亦较高；C3 与 C1 部分数据点重叠，显示存在亲缘性，可能主要为沉积地层水，成岩流体环境的变化主要表现在温度、盐度等方面；C4 的氧同位素值偏负，为 –13.2‰～–8.79‰，$\delta^{13}C$ 值变化不大；与 C4 相比，C5 期方解石胶结物 $\delta^{18}O$ 值偏重约为 –3‰，而 $\delta^{13}C$ 为 –9.09‰～3.09‰，表明受有机碳的影响；C6 期方解石胶结物 $\delta^{18}O$ 值明显偏负，为 –18.52‰～–10.72‰，表明这期流体性质与前几期胶结物的流体有非常大的差别，可能是受到热流体或混合大气淡水叠加改造的结果。从 C3 到 C6 锶含量降低，反映受成岩改造明显。C1 的 Mn 含量低，而 C5 的 Mn 含量高。与其他期胶结物相比，C4 的 Fe 含量明显增高，可达 3800mg/kg（图 4–2–6）。

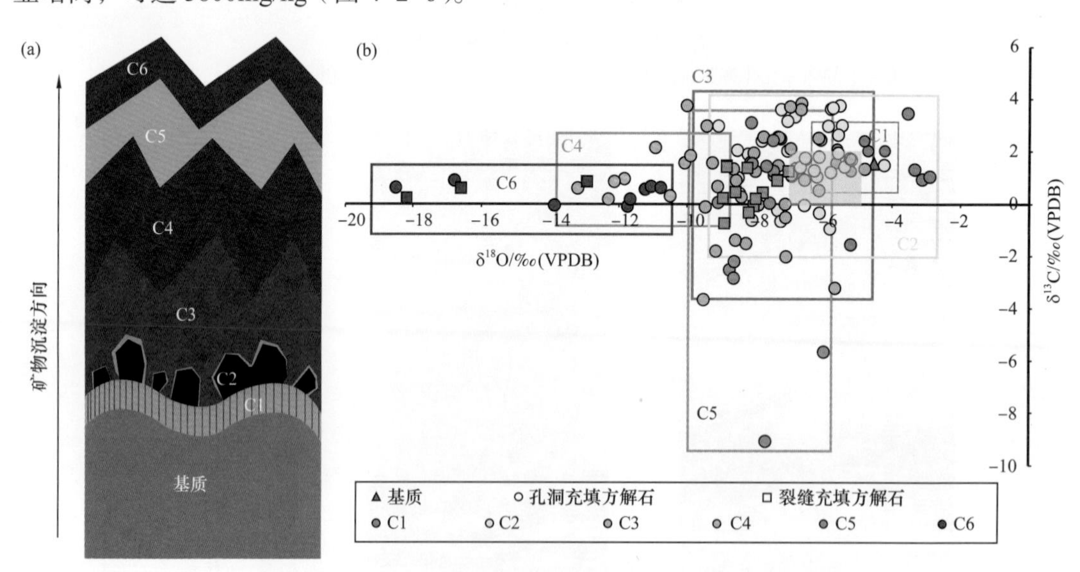

图 4–2–5　塔中鹰山组储层流体活动期次和地球化学特征

（a）孔洞内 6 期胶结，其中最后两期 C5、C6 与裂缝相关，沿裂缝发育；

（b）6 期流体的 SIMS 原位微区碳氧同位素分布

流体包裹体温度测试显示［图 4–2–7（c）、（d）］，C2 为低温（<60℃）和低盐度（NaCl 质量分数小于 5%）；C3 和 C4 以中、高均一包裹体温度和中等盐度为特征；C5 均

一温度在 78～127℃之间，而盐度相对较低；C6 表现为高温和高盐度特征，均一温度在 160～200℃之间，高于地层最大埋深对应的温度，盐度可达 26%（NaCl 质量分数），且该期包裹体其烃类包裹体发蓝白色荧光共生［图 4-2-7（a)、(b)］。C6 期流体的温度明显大于地层经历的最大埋藏温度，指示热流体活动。

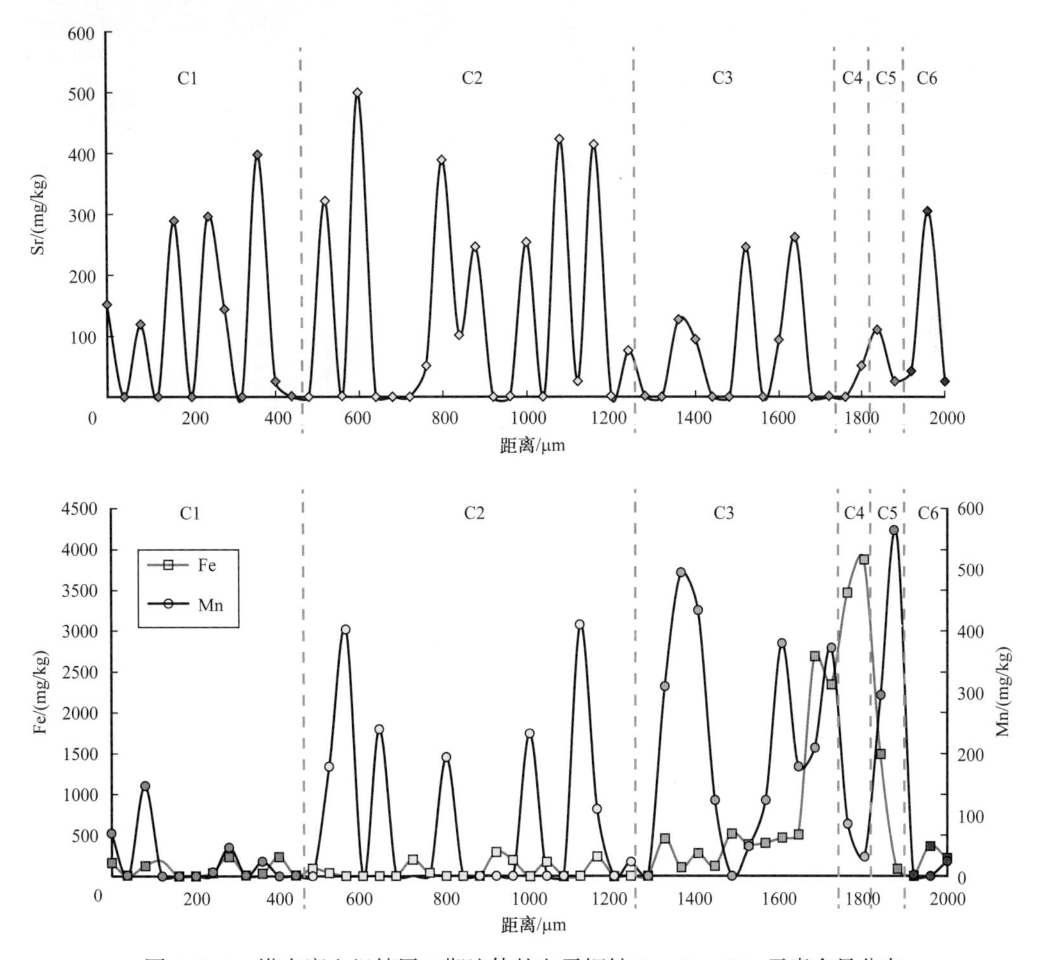

图 4-2-6 塔中鹰山组储层 6 期流体的电子探针 Sr、Fe、Mn 元素含量分布

对塔中鹰山组不同期次孔洞内和裂缝内胶结物的团簇同位素测试揭示［图 4-2-7（e)］，C1 和 C2 期流体的 $T(\Delta_{47})$ 为 52℃，流体氧同位素 $\delta^{18}O_w$ 为 0.2‰（SMOW），可能为大气水和海水的混合。C3 和 C4 的 $T(\Delta_{47})$ 为 74～116℃，$\delta^{18}O_w$ 分布范围为 4.3‰～9.8‰（SMOW），富集的 $\delta^{18}O_w$ 很可能反映了深埋过程中矿物的重结晶作用。第三期流体孔洞内充填方解石的 $T(\Delta_{47})$ 区间为 128～180℃，$\delta^{18}O_w$ 分布范围为 9.5‰～14.0‰（SMOW），裂缝内充填方解石的 $T(\Delta_{47})$ 区间为 109～149℃，$\delta^{18}O_w$ 分布范围为 7.3‰～9.4‰（SMOW），为高温热卤水。

综上所述分析，塔中鹰山组孤立型台地岩溶储层孔洞内充填物以封存的卤水和混合水为主，有少量的热流体活动；裂缝内充填物局部有热流体活动。此外，本次研究对比了团簇同位素温度和流体包裹体温度［图 4-2-7（f)］，结果表明二者具有很好的相关性。

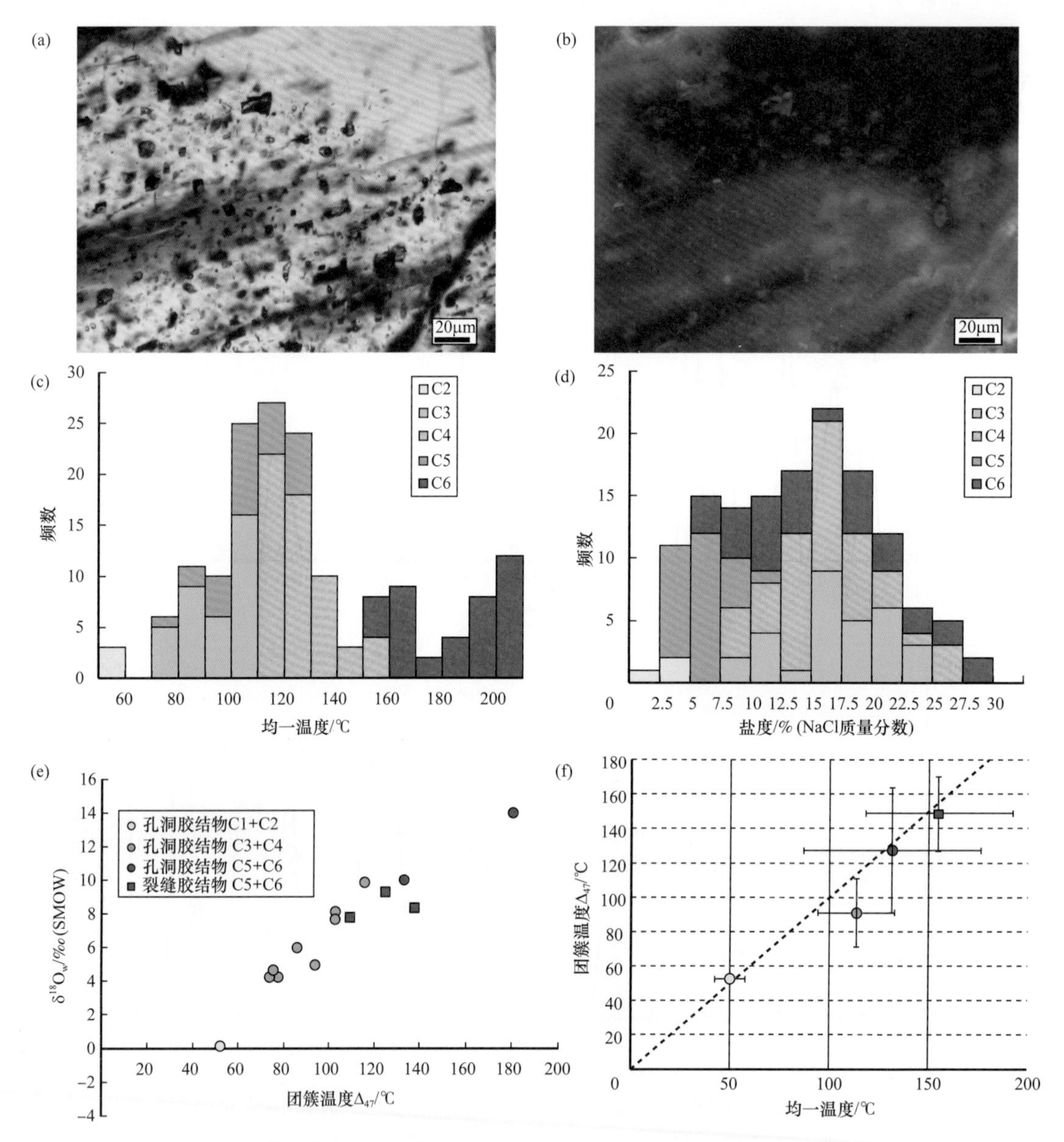

图 4-2-7 塔中鹰山组不同期次胶结物流体包裹体特征

（a）和（b）C6 期包裹体发蓝色荧光温度和盐度分布；（c）和（d）流体包裹体温度和盐度分布；（e）团簇同位素温度和流体 $\delta^{18}O_W$（SMOW）值分布；（f）团簇同位素温度和流体包裹体温度对比

2）成岩—成储作用

从成岩序列和流体性质的解析可以看出，大气水环境保持及中深层构造—热流体叠加改造是深埋碳酸盐岩岩溶储层发育的关键过程。塔中鹰山组主要发育 3 期油气充注，即中—晚志留世、晚石炭世—二叠纪和新近纪。结合区域埋藏史曲线（图 4-2-8），中深层构造转折期油气充注匹配也是碳酸盐岩规模成储的关键。

塔中鹰山组储层可以分为 3 种类型：储层类型Ⅰ早期岩溶洞穴保持型、储层类型Ⅱ早期孔隙—孔洞保持—继承型和储层类型Ⅲ深埋改造裂缝—孔洞型。不同储层类型成岩序列差异较大。储层类型Ⅰ和储层类型Ⅱ成岩序列主要为：早期岩溶 / 孔隙保存型 C1 海水→ C2 大气水胶结 / 溶蚀→ C3 浅埋藏胶结→ C4 深埋藏胶结；储层类型Ⅲ成岩序列为：岩溶改造型 C1 海水胶结→ C2 大气水溶蚀 / 胶结（多级层序界面）→早期油气充注→ C3 浅埋藏胶结→ C4 中—深埋藏胶结 / 溶蚀→ F_2 构造裂缝→ C5 热流体胶结 / 溶蚀→第二期油气充注。研究显示，烃类的充注、适当的早期海水胶结物 C1 的发育和酸性流体环境（如有机酸），对孔洞 / 洞穴的保存起了重要的作用。通过对比塔中奥陶系碳酸盐岩储层段和非储层段成岩序列的对比，发现储层段流体活动频繁。

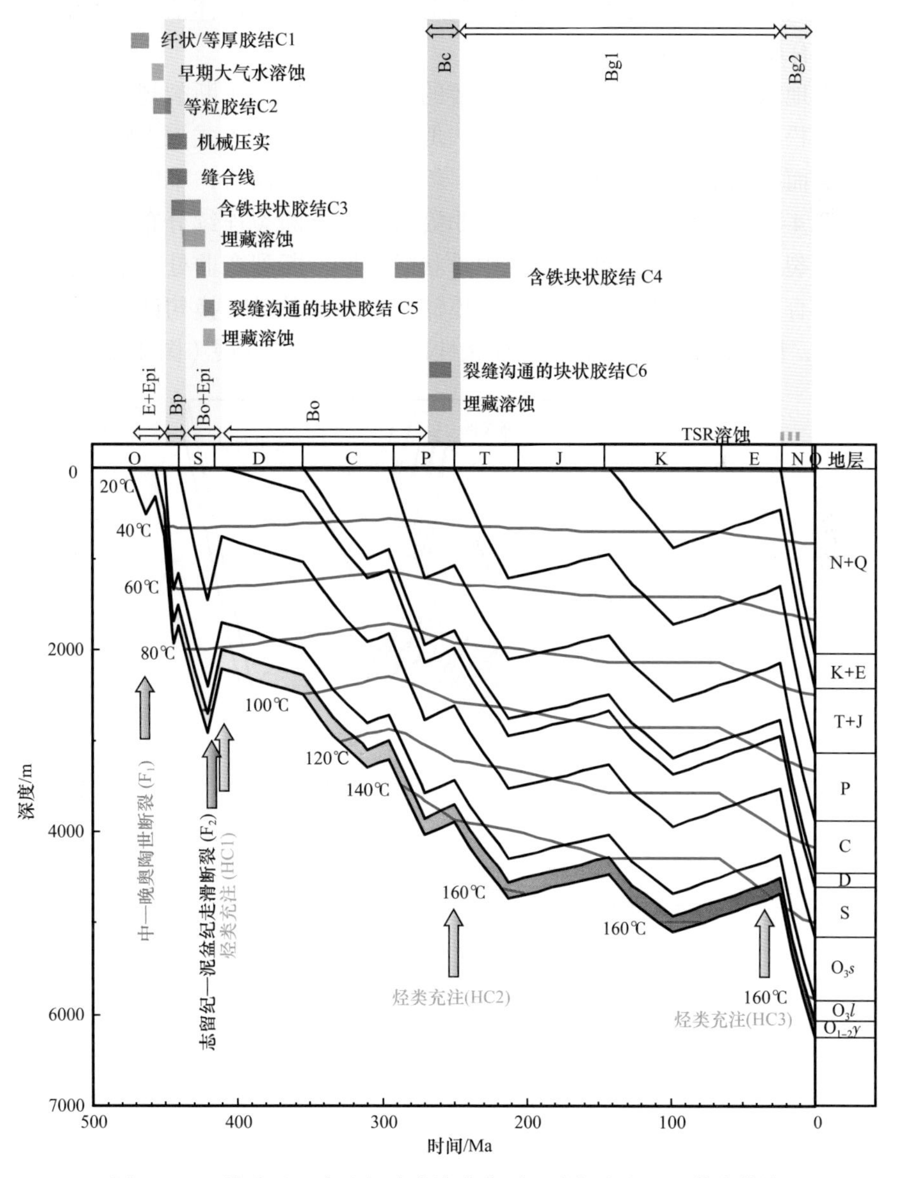

图 4-2-8 塔中地区鹰山组成岩演化序列、油气充注和埋藏史曲线

E—早期成岩；Epi—表生成岩；Bp—生油窗之前的埋藏成岩；Bo—生油窗埋藏成岩；Bc—生气窗之前的埋藏成岩；Bg1—（干）气窗埋藏成岩；Bg2—（干）气窗深埋成岩

3. 深层—超深层岩溶储层形成演化模式

按照不同地理环境，岩溶可以分为陆架/陆缘型、海岸型和岛屿型（Mylroie et al.，1995；Moore et al.，2013）。塔河主体区为典型的陆架型，沿着潜水面发育多套岩溶洞穴；塔中鹰山组储层为岛屿型，暴露多层溶洞的发育受控于海平面位置和变化及大气水和海水的相互作用。随海平面多期升降叠合的影响，可形成多层似层状溶洞；中间的阿满过渡带为海岸型过渡，岩溶发育受层序和断裂的联合控制。构造—流体详细的研究工作揭示，压性构造利于早期大气水活动，张性构造更利于晚期热流体活动，而和烃类有关的流体对储层具有显著的建设性改造作用。

对于塔中地区岩溶，特别的是规模岩溶的发育并非取决于断裂规模的大小，而是断裂系统中应力松弛区域张裂的发育情况。一般来讲，基底卷入式深大断裂，能沟通深浅部各层系，从而提供油气及流体运移通道，但就断裂本身而言，难以提供有效的规模储集空间。由图4-2-9可以看出，缝洞体并非沿着各主干断裂连续分布，而是选择性地发育在各张性断裂发育区；走滑断裂系统中帚状断裂区、断裂弯曲处、断裂相交处和背斜转折端往往发育连片缝洞体，从而提供规模储层发育的基础。换句话说，岩溶发育的分段差异性显著，压扭段岩溶发育较浅，而张性段岩溶向纵深发展（图4-2-10）。

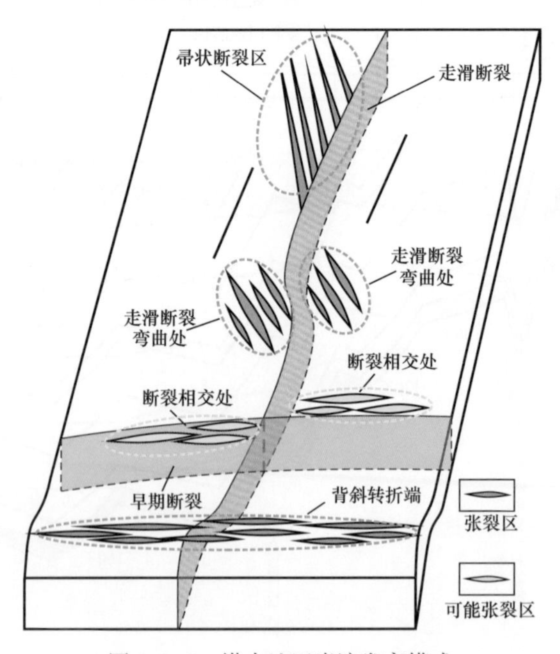

图4-2-9　塔中地区岩溶发育模式

二、深层—超深层白云岩储层形成—改造作用与演化

深层白云岩储层有其特殊演变历史。下文以四川盆地川中地区震旦系灯影组为主，川中地区龙王庙组储层为辅，较系统阐述其沉积—早期成岩、表生作用和后期构造—流体的改造作用模式与效应，并划分了深层—超深层白云岩储层类型。

1. 深层—超深层白云岩储层的沉积和表生作用

1）四川盆地灯影组

灯影组主要发育基质白云石和 4 种纤维状白云石胶结物，其中基质白云石包括泥晶白云石（Md1）、组构保留型白云石（Md2）和组构破坏型白云石（Md3）。

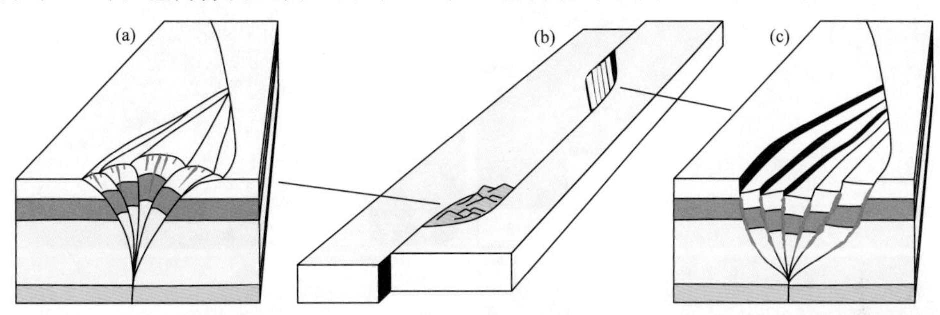

图 4-2-10 转换挤压（a）、走滑（b）、拉张（c）断裂发育深度示意图

泥晶白云石，为黑灰色半自形到他形晶，白云石晶粒小于 20μm［图 4-2-11（a）］，主要出现在低能的沉积环境，如潟湖和潮上坪，可见与硬石膏伴生。

组构保留型白云石，以浅灰色为主，由 20～50μm 大小的半自形到他形、粉晶到中晶白云石组成。组构保留型白云石主要出现在台缘礁滩相和台内的潮坪相。保留的组构包括凝块石、叠层石、纹层石、粪球粒和鲕粒。凝块石是由圆形到不规则状的微生物凝块组成［图 4-2-11（b）］；叠层石是由亮层和暗层相互交替的纹层组成［图 4-2-11（c）］。其中，暗层是由横向连续的固态有机包裹体组成，而亮层的包裹体明显较少。扫描电镜下，组构保留型白云石表面可见哑铃状或球状的纳米级白云石和矿化的胞外聚合物［图 4-2-11（d）］。纳米白云石的粒径是 0.5～1μm，粪球粒和鲕粒的粒径可达 2mm［图 4-2-11（e）］。鲕粒的同心环带较发育，并且鲕粒内部可见亮晶白云石。组构保留型白云石具有暗红色的阴极发光。

组构破坏型白云石，以浅灰色为主，是由 20～300μm 大小的半自形到他形、粉晶到粗晶白云石组成［图 4-2-11（f）］。

4 种纤维状白云石胶结物中，板状胶结物发育较少，主要以围绕粪球粒的等厚环边出现［图 4-2-12（a）］。板状胶结物由半自形晶体组成，长约 100μm，宽约 30μm。板状晶体间的边界较清晰，具有均一消光及暗红色的阴极发光。而束状—负延性白云石胶结物则较常见，长度为 1000～2000μm，宽可达 10μm，生长于板状胶结物之上，或者以第一期白云石壳的形式直接沿着孔洞生长［图 4-2-12（b）］。束状—负延性白云石具有葡萄状形态和方形终端，此类胶结物具有负延性的光学特征（length-fast）、波状消光及斑杂状亮红色阴极发光。束状—正延性白云石胶结物在灯影组较常见，其沉淀于白云石基质或泥晶壳之上［图 4-2-12（c）］。这期等厚的白云石壳长度范围是 400～1500μm，宽度可达 30μm。白云石终端以平缓的晶面结束，顶部被内部沉积物或放射状—正延性胶结物覆盖。此类白云石晶体具有正延性（length-slow）的光学性质，即 C 轴和最大生长轴间的夹角

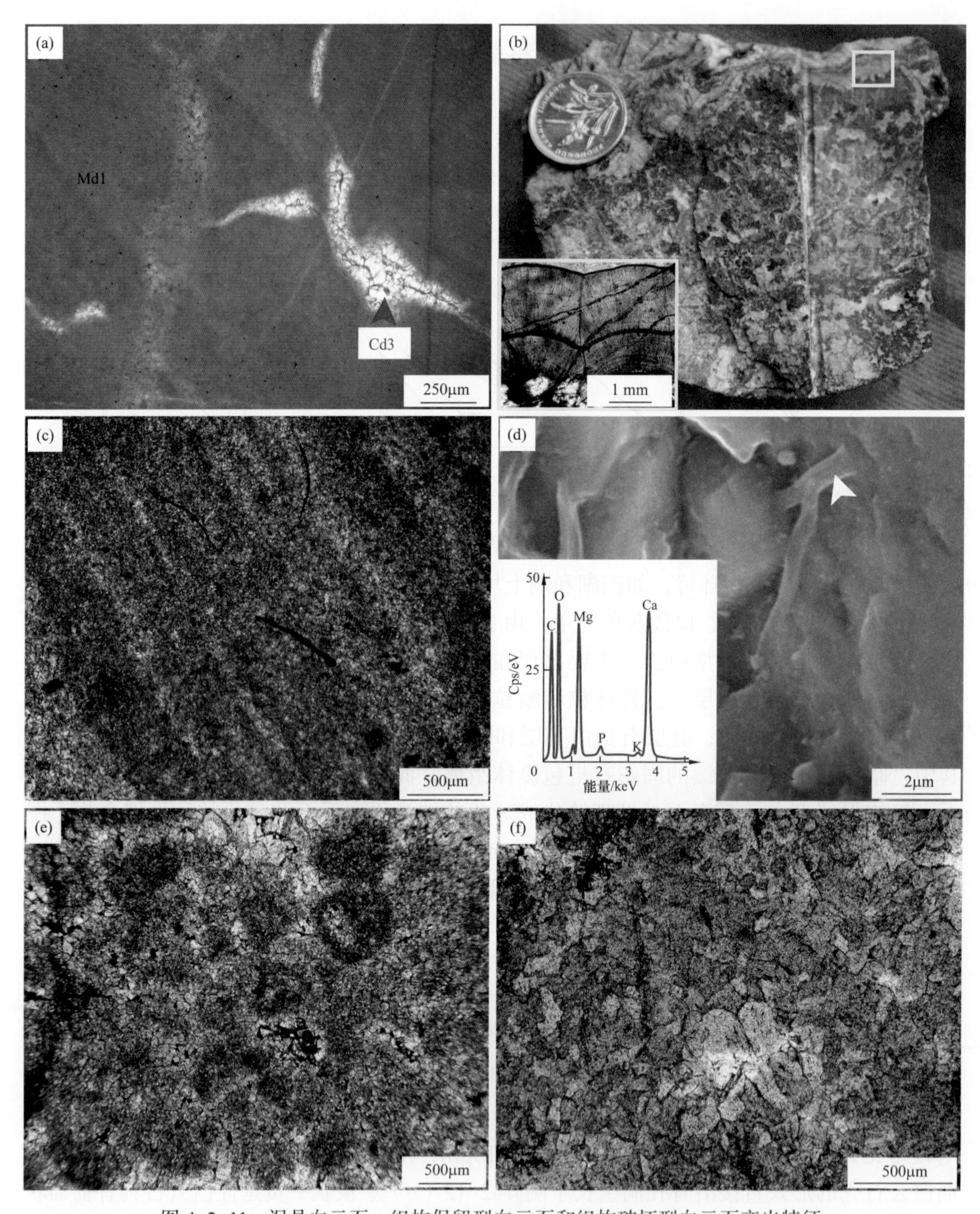

图 4-2-11　泥晶白云石、组构保留型白云石和组构破坏型白云石产出特征

（a）潮间带及潮上带泥晶白云岩（Md1）及后期充填的中晶白云石胶结物（Cd3，红色箭头），汉深 1 井，深度 5252.3m；（b）台缘带凝块石白云岩，左下角是顶部纤维状白云石胶结物放大图，高科 1 井，深度 5443.0m；（c）叠层石的暗层和亮层结构，高石 103 井，深度 5305.43m；（d）图（c）的扫描电镜图，可见球形白云石（红色箭头，能谱为其元素含量）和矿化的胞外聚合物（白色箭头）；（e）台缘带的粪球粒，磨溪 52 井，深度 5568.3m；（f）台缘带组构破坏型白云石，磨溪 108 井，深度 5336.08m

大于 45°。束状白云石具有强烈的波状消光和暗红色的阴极发光。阴极发光下，可观察到保存良好的生长环带。

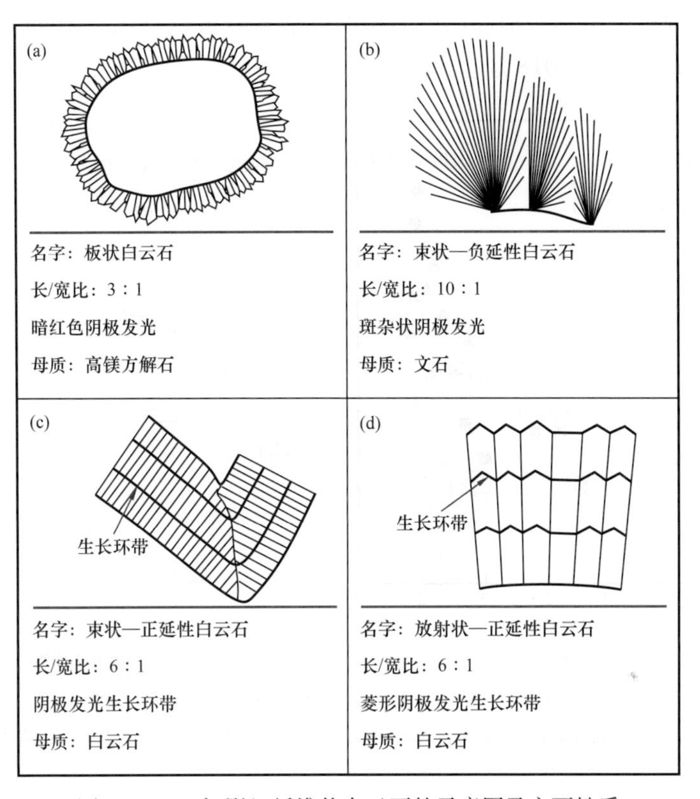

图 4-2-12 灯影组纤维状白云石的示意图及主要性质

（a）板状白云石，长宽比接近 3∶1；（b）束状—负延性白云石，长宽比接近 10∶1；（c）束装—正延性白云石，长宽比接近 6∶1；（d）放射状—正延性白云石，长宽比接近 6∶1

放射状—正延性白云石胶结物长在束状—正延性胶结物之上，具有自形的结构特征，长 400～5000μm，宽 20～800μm［图 4-2-12（d）］。单偏光下，可见富包裹体和贫包裹体的菱形生长环带。白云石晶体的终端是钝的菱形，随后被内部沉积物覆盖。此类白云石具体具有正延性的光学性质，均一消光或波状消光。阴极发光下，可观察到保存良好的暗红色—亮红色交替生长菱形环带，厚 10～30μm，近乎平行于基底沉积物。

基质白云石和纤维状白云石胶结物具有相似的 $\delta^{13}C$ 值（图 4-2-13），以 0～2‰为主；$^{87}Sr/^{86}Sr$ 为 0.7082～0.7092；$\delta^{18}O$ 值自泥晶白云石（$\delta^{18}O$：-3.8‰ ±1.6‰，n=4），向组构保留型白云石（-6.1‰ ±1.1‰，n=5）和组构破坏型白云石（-8.9‰ ±1.5‰，n=3）递减。可以认为，泥晶白云石是局限且低能的潟湖或潮上带环境下早成岩阶段白云石交代文石的产物。组构保留型白云石是蒸发—回流海水和正常海水混合后的成因，因而具有偏低的 $\delta^{18}O$ 值，均值为 -6.1‰。而其表面可见纳米级球形和哑铃形白云石及矿化的胞外聚合物，说明该白云石是微生物介导下成因的（Petrash et al.，2017）。

灯影组沉积后受到明显的表生大气水改造作用。磨溪 52 等井灯四段内部台缘带向上变粗旋回顶部发育大量顺层溶蚀孔洞，指示了同生期大气水作用（Taghavi et al.，2006）；

在海平面下降旋回的顶部，白云石锶元素含量降低、白云岩的碳同位素值、氧同位素值和锶元素含量逐渐降低，储层物性最好（图 4-2-14）。类似的现象出现在磨溪 51 井和磨溪 108 井。这与现代巴哈马台地和巴巴多斯的碳酸盐岩可以对比（Allan et al., 1982; Zhu et al., 2007; Swart et al., 2018）。

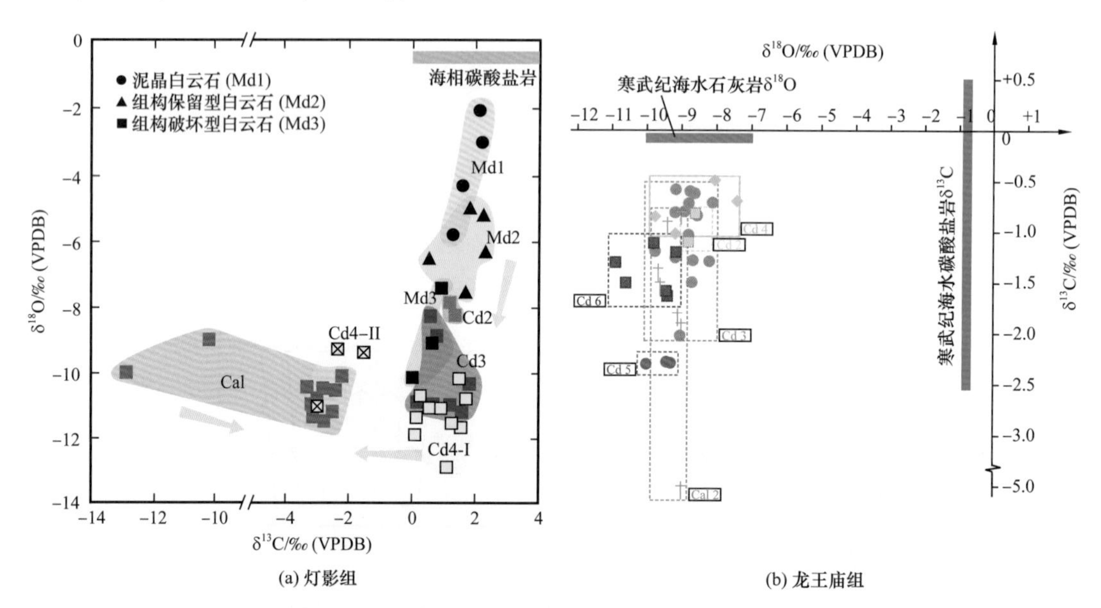

图 4-2-13　白云石和方解石的碳氧同位素值交会图

同期海水成因碳酸盐岩的碳同位素数据来自 Melezhik 等（2002）和 Tahata 等（2013）；箭头指示流体演化

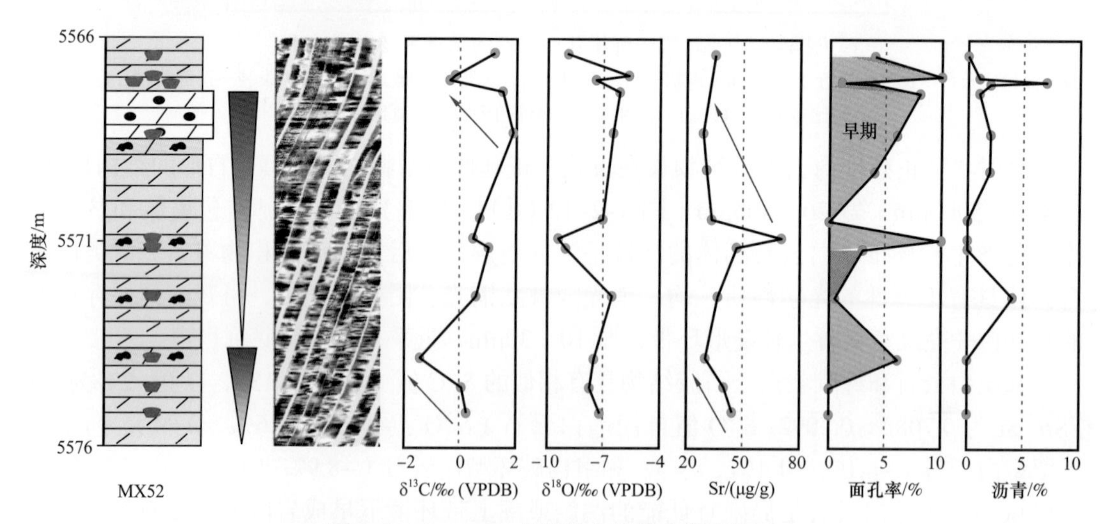

图 4-2-14　MX52 井岩性和地球化学柱状图

红色扇形代表热流体矿物，蓝色箭头指示递减，黄色三角形指示旋回变化

2）四川盆地龙王庙组

龙王庙组为碳酸盐岩缓坡台地沉积。自下而上可以划分为 1 个三级层序和 3 个四级层序（SQ1、SQ2、SQ3；图 4-2-15），沉积环境自下而上由外缓坡向内缓坡过渡。在

SQ1 的高位域中，沉积环境由外缓坡过渡为内缓坡滩相［图 4–2–15（a）、（b）］；在 SQ2 的海侵域内，沉积环境以内缓坡潮间—潮下带为主，滩相、潟湖沉积为主［图 4–2–15（c）］；在 SQ2 的高位域内，沉积环境以内缓坡潮间带沉积环境为主，滩相沉积为主［图 4–2–15（d）］，岩心上可见岩溶改造区带；在 SQ3 的海侵域内，以内缓坡的潮下带—潮间带环境为主，主要发育颗粒滩、潟湖相带沉积物［图 4–2–15（e）］；在 SQ3 的高位域内，沉积环境以潮间带—潮上带为主，内部主要发育潮坪、滩相及潟湖沉积微相［图 4–2–15（f）］。

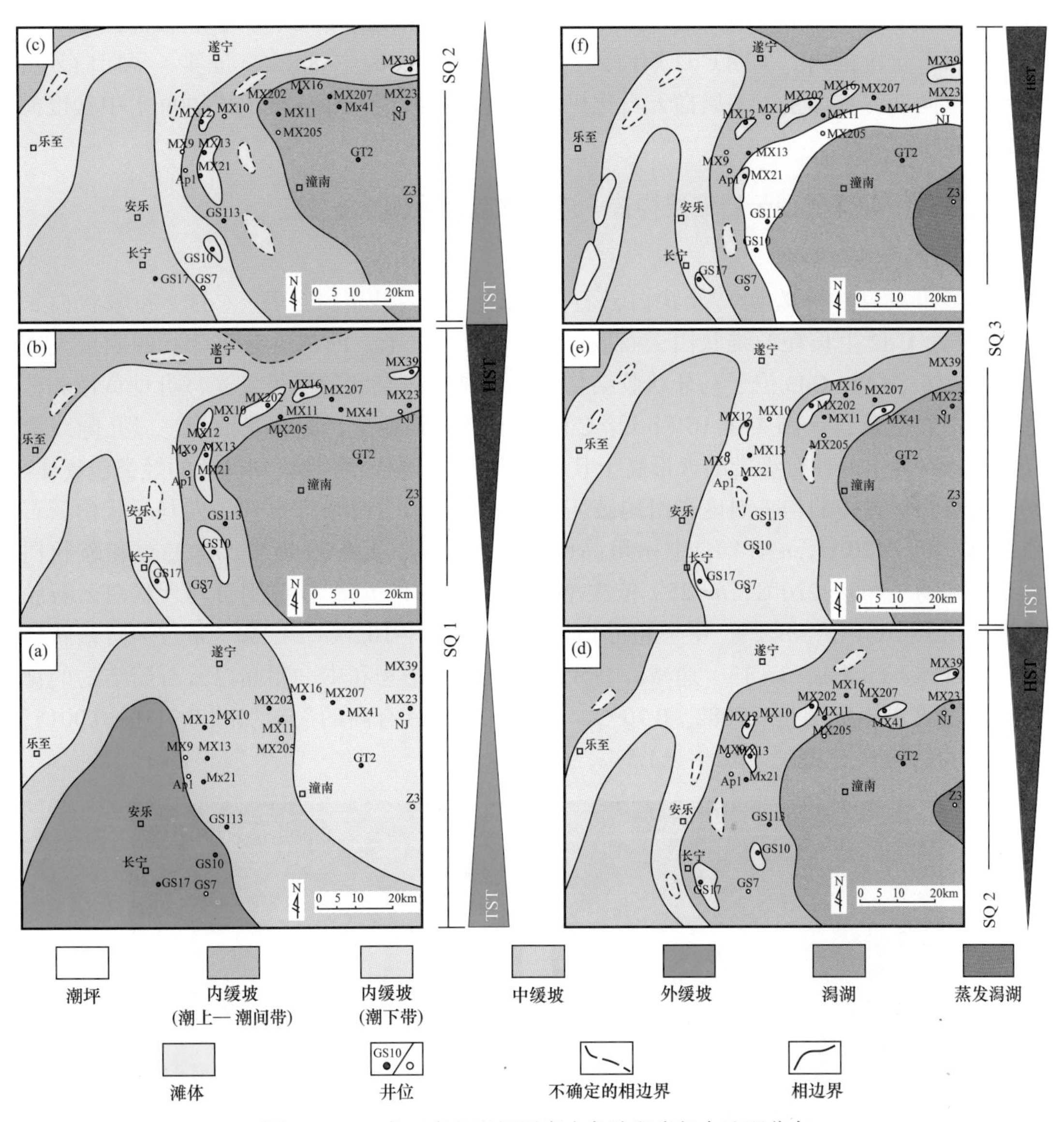

图 4–2–15 龙王庙组四级层序中各阶段岩相古地理分布

（a）SQ1 中海侵域（TST）阶段岩相古地理分布；（b）SQ1 中高位域（HST）阶段岩相古地理分布；（c）SQ2 中海侵域（TST）阶段岩相古地理分布；（d）SQ2 中高位域（HST）阶段岩相古地理分布；（e）SQ3 中海侵域（TST）阶段岩相古地理分布；（f）SQ3 中高位域（HST）阶段岩相古地理分布

龙王庙组白云岩基质可划分为泥粉晶白云岩（Md1）、颗粒白云岩（Md2）及晶粒白云岩（Md3）。其中，泥粉晶白云岩主要发育于潮坪、滩间或局限潟湖等低能环境。颗粒白云岩可进一步划分为鲕粒白云岩、砂/砾级内碎屑颗粒为主的泥粒白云岩及含少量的生屑/内碎屑颗粒的粒泥白云岩。镜下观察可见鲕粒内部同心层结构消失，并重结晶为粉晶级晶粒（20～40μm）。

各类白云岩基质 $\delta^{13}C$ 值为 -2.0‰～+0.4‰，泥粉晶白云岩 $\delta^{18}O$ 值为 -8.12‰～-5.54‰，颗粒白云岩基质较泥粉晶白云岩 $\delta^{18}O$ 值偏轻，为 -8.6‰～6.39‰，各类基质中晶粒白云岩 $\delta^{18}O$ 最为正偏，范围为 -6.56‰～-5.33‰。各类云岩基质 $\delta^{13}C$、$\delta^{18}O$ 值大都位于海源灰岩白云石化范围内。早期 Cd2 期白云石 $\delta^{18}O$ 值约 -8.6‰～-8.8‰，证实了早期白云石化流体以同期海水为主，基质白云石化机理为近地表或浅埋藏阶段（＜300m）中盐度海水的渗透回流机制。

2. 深层—超深层白云岩储层构造—流体改造作用模式与效应

1）四川盆地灯影组

灯影组发育中—晚期马牙状白云石（Cd2）、中—粗晶白云石（Cd3）和鞍状白云石胶结物。Cd2 生长在纤维状白云石胶结物（Cd1）之上，内部具有斑杂状的阴极发光[图 4-2-16（a）]。Cd3 位于马牙状胶结物之上，具有斑杂状的阴极发光，可见黄色和蓝色两种烃类包裹体[图 4-2-16（b）]。Cd4 为半自形到他形，有波状消光，以孔隙或缝合线充填物为主，在台缘带的含量高于其在台内带的比例，可观察到蓝色的烃类包裹体。气—液两相包裹体的均一温度自组构破坏型白云石（90～120℃，n=7）向马牙状白云石胶结物（90～120℃，n=14）、中—粗晶白云石胶结物（120～160℃，n=33）和鞍状白云石胶结物（160～220℃，n=25）依次增大（图 4-2-17）。$\delta^{18}O$ 值则自马牙状白云石胶结物（-8‰ ±0.1‰，n=2）、中—粗晶白云石胶结物（-10.2‰ ±1.1‰，n=7）向鞍状白云石（-11‰ ±0.8‰，n=13）递减。马牙状白云石胶结物和中—粗晶白云石胶结物的锶同位素组成主体范围是 0.7082～0.7092。鞍状白云石具有高的 $^{87}Sr/^{86}Sr$（0.7110±0.0015，n=18）和低的 $\delta^{13}C$ 范围（0.2‰ ±1.5‰，n=13）。

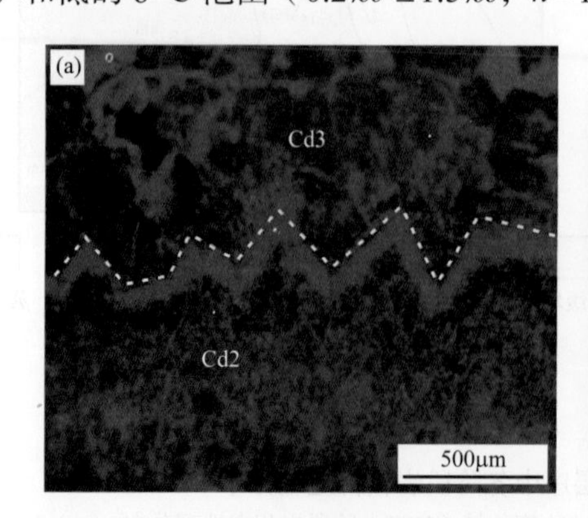

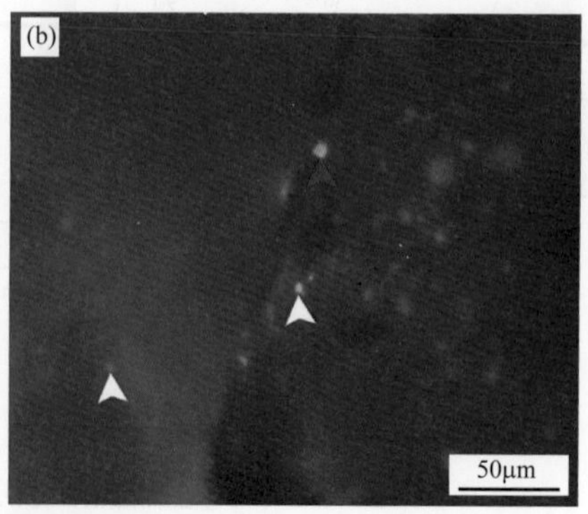

图 4-2-16　镜下、阴极发光和荧光照片指示灯影组白云石胶结物

（a）马牙状胶结物顶部可见亮色环边，而中—粗晶白云石胶结物具有斑杂状阴极发光；（b）中—粗晶白云石胶结物内可见黄色（红色箭头）和蓝色（白色箭头）两种荧光包裹体

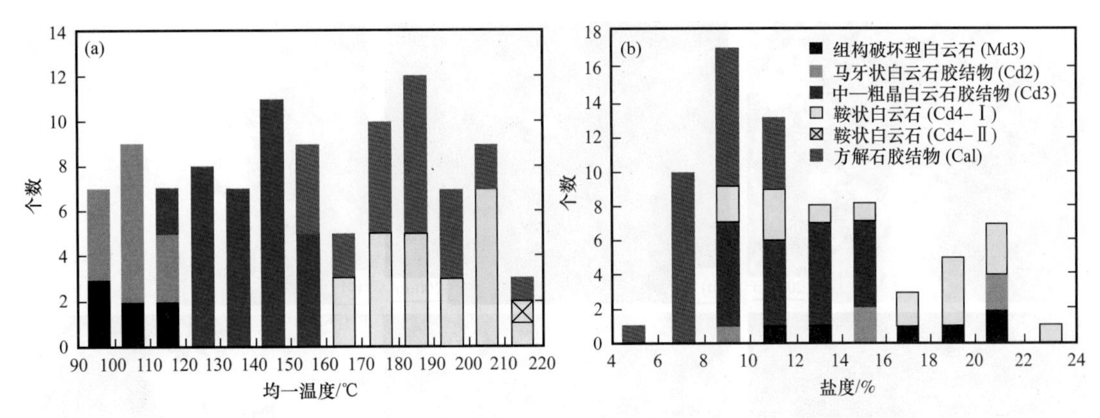

图 4-2-17 灯影组与龙王庙组晚期矿物流体包裹体均一温度和盐度统计

（a）灯影组均一温度分布；（b）灯影组盐度分布

灯影组存在热流体改造作用和热化学硫酸盐还原作用（TSR）。我们发现鞍状白云石最高均一温度达 220℃，高于沉淀时期地层温度 10℃以上，同时，鞍状白云石高 $^{87}Sr/^{86}Sr$ 值（0.7110±0.0015）和烃类包裹体都支持深埋环境下的热流体成因。灯影组的平移断层为热流体的运移提供通道。而晚期黄铁矿充填孔洞和缝合线，晶体可达 500μm，$\delta^{34}S$ 平均值 19.5‰，落入扬子板块内同期碳酸盐岩晶格内硫酸盐 $\delta^{34}S$ 值范围内（4.6‰～38.7‰，张同钢等，2003），则为热化学硫酸盐还原重晶石成因，具有硫同位素分馏较小的特点（Worden et al.，2000；Cai et al.，2014；2003；Zhang et al.，2019）。方解石胶结物作为 TSR 的产物，形成晚于鞍状白云石，常与黄铁矿伴生，均一温度为 150～220℃，主要是以孔隙或缝合线的充填物形式存在，含有蓝色荧光油气包裹体。方解石胶结物明显负漂的碳同位素值（−12.8‰和 −10.2‰）接近于气藏内 CO_2 的最小碳同位素值（−11.1‰～−14.6‰；Zhu et al.，2015；图 4-2-18）。

2）四川盆地龙王庙组

龙王庙组发育细晶自形白云石（Cd3）、细中晶半自形白云石（Cd4）、细中晶半自形铁白云石（Cd5）和菱形中—粗晶白云石（Cd6）（图 4-2-18）。Cd3 期白云石分布很广，局部充填孔洞和晶间孔隙，但对整体孔隙度影响较小。细中晶半自形白云石（Cd4）沉淀于 Cd3 期白云石之后，呈嵌晶状充填于粒间，对孔隙影响较大，极大地充填了粒间孔，并且在 Cd4 期白云石内可见黑色烃类包裹体。Cd5 呈脉状或充填于孔洞中，可见大量黄铁矿伴生沉淀，阴极发光下铁白云石不发光。Cd6 呈自形，充填于孔洞空间，阴极发光下呈暗红色。

Cd4、Cd5 和 Cd6 中流体包裹体均一温度（T_h）分别为 112.6～116.7℃、138～144℃和 140～187℃；盐度分别为 5.86～7.59%（NaCl 质量分数）、7.13～8.95%（NaCl 质量分数）和 9.6～13.72%（NaCl 质量分数）。各期次白云石胶结物中 $\delta^{13}C$ 值变化不大，较基质整体偏轻，介于 −0.5‰～−2.4‰（VPDB）[见图 4-2-13（b）]。各期次白云石 $\delta^{18}O$ 值随着成岩期次逐渐负偏，这种变化是埋藏增温影响导致，其中细晶自形白云石（Cd3）较 Cd2 期白云石 $\delta^{18}O$ 同位素偏轻，为 −9.74‰～−8.1‰，后期细中晶半自形白云石（Cd4）、中晶半自形铁白云石（Cd5）、中—粗晶菱形白云石（Cd6）的 $\delta^{18}O$ 同位素逐渐负偏，分布范围分别为 −9.82‰～−7.4‰、−10.53‰～−9.3‰及 −10.9‰～−9.15‰[见图 4-2-13（b）]。

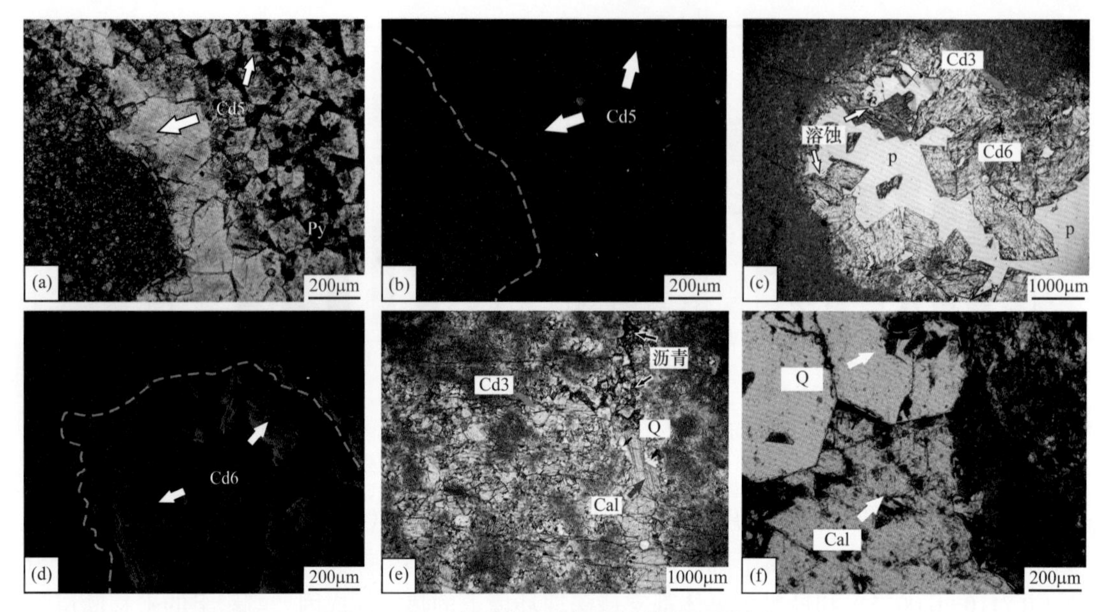

图 4-2-18 龙王庙组晚期胶结物岩石学特征

（a）和（b）呈脉状发育的 Cd5 期铁白云石，伴生大量黄铁矿，阴极不发光，MX11 井，4883.14m；（c）和（d）溶孔内部充填 Cd3、Cd6 期白云石，Cd6 期白云石可见后期溶蚀现象，阴极发光下呈暗红色［图（d）红框区域］，MX23 井，4806.04m；（e）呈脉状发育的方解石脉（Cal），晚于 Cd3 期白云石、石英（Q）及沥青，GS17 井，4490.58m；（f）晚期石英（Q）以及方解石（Cal），方解石形态受限于石英，形成时间应晚于石英矿物，MX41 井，4816.9m

埋藏阶段细晶自形白云石（Cd3）的 $^{87}Sr/^{86}Sr$ 范围为 0.710261～0.710763，明显高于海水值。细中晶半自形白云石（Cd4）的 $^{87}Sr/^{86}Sr$ 值范围变化较大，从 0.709053 至 0.710980。铁白云石（Cd5）的 $^{87}Sr/^{86}Sr$ 值异常高，可达 0.712774。晚期中—粗晶菱形白云石（Cd6）的 $^{87}Sr/^{86}Sr$ 为 0.709875～0.709967，与围岩基质范围相近。

3. 深层—超深层白云岩储层形成演化机制

1）白云石化

四川盆地灯影组台缘带和台内带的白云石类型存在一定的差异。台缘带中，以凝块石、鲕粒、粪球粒等组构保留型白云石和组构破坏型白云石为主。而台内带以泥粉晶白云石和叠层石—纹层石一类微生物岩为主。整体而言，台缘带沉积物的沉积水动力更强，且热流体活动更显著。台内带沉积物的沉积水动力弱，且热流体活动相对低一点。因此，台缘带更有利于储层的发育。

灯影组基质发生蒸发—回流白云石化和埋藏白云石化。多期交代白云石化有利于：（1）保存原始和早期成因的孔隙；（2）通过“等摩尔交换”的方式产生次生储集空间；（3）提高岩石的抗压实—压溶能力（Machel，2004）。纤维状白云石胶结物在层状裂缝和岩墙内强烈胶结。例如，磨溪 9 井灯二段 5428.4～5457.8m 处，发育大量纤维状白云石胶结物，但面孔率的平均值为 4.7%（n=7）。胶结作用虽在一定程度上降低储层孔隙度，但胶结物在早成岩阶段已经转变为白云石。这不仅可以降低胶结作用对储层的破坏效应，还可以提高岩石的抗压实—压溶能力。考虑到纤维状胶结物对孔洞的支撑作用，孔洞在埋藏过程中得以保存。中—粗晶白云石胶结物在台内带含量高于台缘带，而鞍状白云石在台缘带的含量高于其在台内带的含量。这说明晚期热流体活动在台缘带更加发育。相应地，深部热流体溶蚀在台缘带也更显著。相关实例研究也表明白云石化对于形成深埋震旦—寒武系碳酸盐岩储层的重要性（Grotzinger et al.，2014；Jiang et al.，2018a）。

通过统计龙王庙组区域白云化程度与孔隙度关系可见（图4-2-19），在临近白云化流体源区（潟湖），超盐度的白云化流体的流入会不断增大矿物的Mg/Ca摩尔比值，即发生过白云石化，造成减孔作用，如临近蒸发潟湖的MX21、MX41井区孔隙度很低（ϕ＜1.0%），镁钙摩尔比为1.031～1.046；在稍远地区，如川中MX16-MX202井区，则以镁离子对钙离子的部分置换反应为主，白云石化可形成一定的孔隙空间，平均孔隙度大于4%，镁钙摩尔比降低至1.017；而在远离潟湖区，如川中MX202井区和川东的L1井区，地层未发生明显的白云石化，现今孔隙度极低（ϕ≈1.0%）。可见，近蒸发潟湖滩间区域是早期白云化的优势成核区，孔隙度因过白云化而降低，在稍远离蒸发潟湖的颗粒滩等优势沉积相带因摩尔置换原理在白云化过程中增孔，最终形成了基于早期古地理和白云化差异而形成的储层非均质，上述储层分布规律同样在川东北三叠系飞仙关组、美国二叠系盆地上三叠统白云岩储层得到印证（Saller，2004；Cai et al.，2014；Jiang et al.，2014）。

2）微生物岩类型

四川盆地灯影组发育凝块石、泡沫绵层石、叠层石、纹层石和核形石等微生物白云岩。柱塞样品的孔隙度—渗透率测试显示，凝块石白云岩渗透率最好、孔隙度也较高；总体的储层性能序列是凝块石白云岩＞叠层石＞核形石和纹层石白云岩。灯影组凝块石白云岩平均孔隙度为4.5%±1.9%，平均渗透率值0.77mD±1.31mD（n=35），高于叠层石白云岩（孔隙度为2.3%±1.8%，渗透率为0.43mD±0.29mD，n=5）；而纹层石和核形石白云岩平均孔隙度仅仅分别为1.95%和1.25%。

对比四川盆地、塔里木盆地及世界范围内其他盆地，认为微生物岩类型和结构特征对储层的物性具有重要的控制作用。上二叠统Zechstein油田显示潮间—潮下带的叠层石和凝块石是较理想的储层，而潟湖和斜坡相的微生物泥晶灰岩和粒质泥晶灰岩是差的储层（Slowakiewicz et al.，2013）。四川盆地灯影组、塔里木盆地肖尔布拉克组、侏罗系Smackover组微生物岩（Tonietto et al.，2013）和巴西微生物岩（Rezende et al.，2013；Rezende et al.，2015）表明凝块石因杂乱的结构和抗压实，而具有较高的孔隙度。相反，叠层石因定向的生长结构和较弱的抗压实，而具有较差的物性。塔里木盆地上震旦统微生物岩显示泡沫绵层石和凝块石白云岩因发育大量的溶孔，而具有较好的储集物性。相反，叠层石白云岩具有相对较低的孔隙度。大气水淋滤作用有利于微生物骨架间溶孔和骨架内溶孔的发育（Wahlman et al.，2013）。

3）表生作用

灯影组：同生期或表生期大气水溶蚀，导致灯二段和灯四段顶部的岩溶现象、灯四段内部台缘带海平面下降旋回顶部发育大量顺层溶蚀孔洞、铸模孔等。台缘带白云岩基质的碳同位素值、氧同位素值和锶元素含量支持大气水成岩改造。相反，台内带沉积物渗透率低，大气水循环弱，大气水溶蚀现象发育程度相对较低。

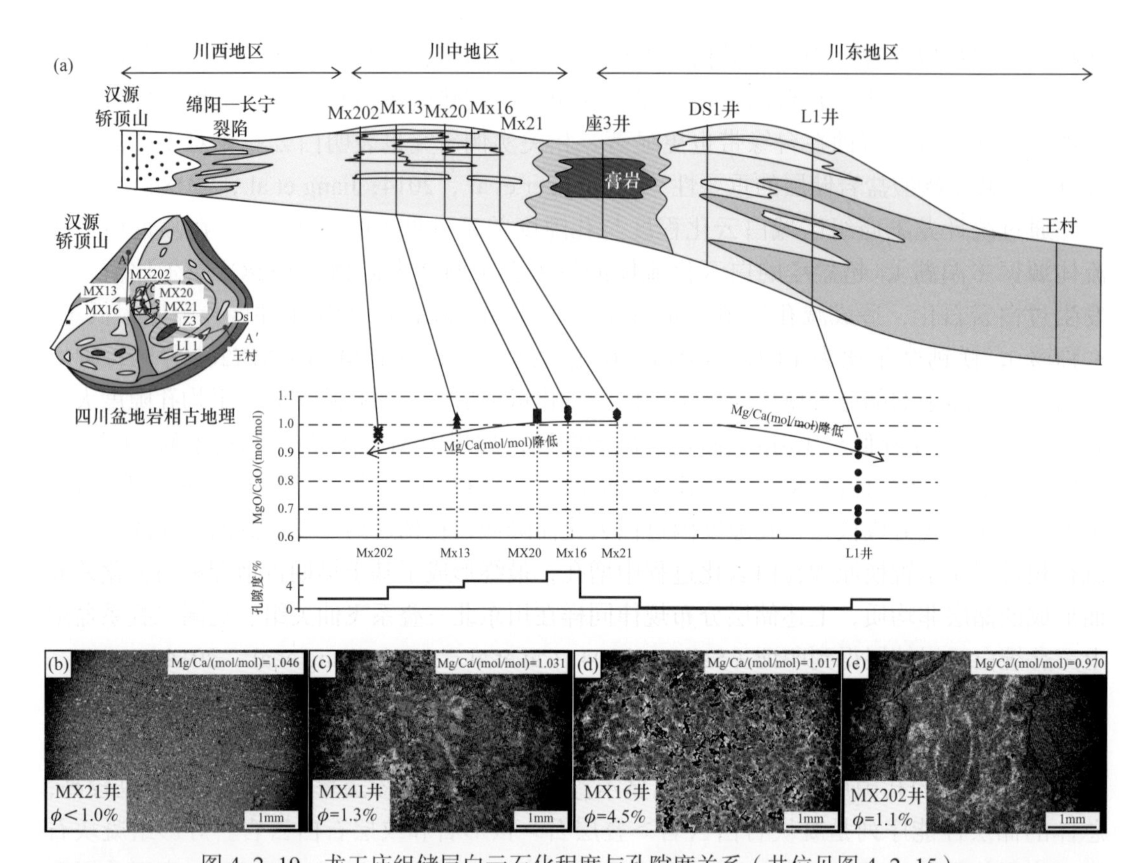

图 4-2-19　龙王庙组储层白云石化程度与孔隙度关系（井位见图 4-2-15）

（a）龙王庙组 *A—A′* 剖面方向 MgO/CaO 摩尔比分布及孔隙度差异；（b）蒸发潟湖环境白云石化区特征；（c）邻近蒸发潟湖过白云石化减孔特征；（d）稍远离蒸发潟湖区白云石化增孔特征；（e）远离蒸发潟湖弱白云石化

龙王庙组：岩心及镜下观察，龙王庙组储层发育层段大多为岩溶发育层段。薄片上可见溶蚀孔洞中充填—半充填多期沉淀白云石，岩心上可见溶蚀孔洞顺层密集发育，推测此类孔隙发育形态应形成于浅埋藏环境中的垂直渗流带和水平潜流带（Baceta et al., 2007），为岩溶改造的产物。在建立的龙王庙组沉积—层序格架内（图 4-2-20），孔隙度发育的岩溶区带与滩体相带关系最为紧密。在较大尺度上，通过剖析不同四级层序中的海侵域（TST）、高位域（HST），发现岩溶改造的滩相白云岩总体上是最优的储层分布区带，如在 SQ1 的海侵域内，以中缓坡、外缓坡相带沉积为主，整体孔隙度很低（＜2%）[图 4-2-20（a）]。综合来看，基于台缘颗粒滩粗旋回早期溶蚀白云岩受控于层序格架，SQ2 高位域、SQ3 滩相及易暴露的潮坪相带受岩溶改造强烈，为主要的滩相经早成岩岩溶改造形成的规模储层。

4）热流体和热化学硫酸盐还原作用

四川盆地灯影组发生乙烷为主的热化学硫酸盐还原作用（Zhang et al., 2019），且硬石膏或重晶石为反应提供 SO_4^{2-}。统计显示，TSR 能增大孔隙度为 0.7%～0.9%。这个结果与 Jiang 等（2018b）通过一维 PHREEQC 模拟获得的结果：提高储层孔隙度 1.6%，比较接近。本研究通过镜下统计显示，TSR 发育层段孔隙度面孔率变化范围较大，可达

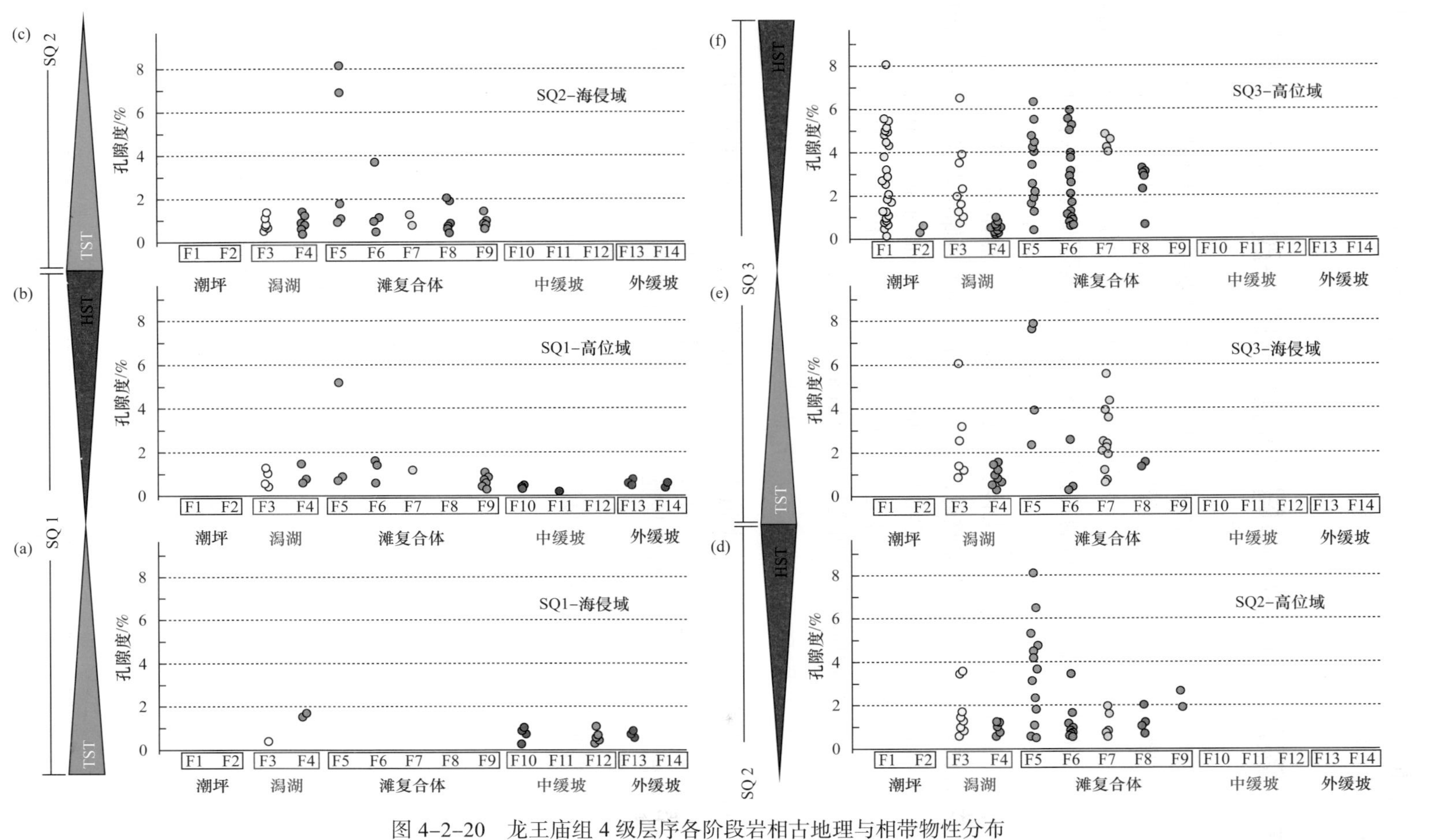

图 4-2-20 龙王庙组 4 级层序各阶段岩相古地理与相带物性分布

（a）SQ1 中海侵域（TST）阶段岩相古地理及各相带孔隙度分布；（b）SQ1 中高位域（HST）阶段岩相古地理及各相带孔隙度分布；（c）SQ2 中海侵域（TST）阶段岩相古地理及各相带孔隙度分布；（d）SQ2 中高位域（HST）阶段岩相古地理及各相带孔隙度分布；（e）SQ3 中海侵域（TST）阶段岩相古地理及各相带孔隙度分布；（f）SQ3 中高位域（HST）阶段岩相古地理及各相带孔隙度分布

8.6%～14.7%。相反，受热流体活动改造的层段，镜下可见热流体矿物大量沉淀于孔洞空间，极大地抑制了储层物性，现今面孔率为1.5%～3.5%。

第三节　深层—超深层碎屑岩储层形成—改造作用与演化

克拉通、边缘海等盆地是深层—超深层海相碎屑岩储层发育的主要场所。相比之下，山前挠曲盆地或冲断带深层—超深层陆相碎屑岩储层，在中国获得了更大的勘探成果。

前人以塔里木盆地库车坳陷山前带为例，详细解析了物源供给、沉积相、埋藏成岩等对山前冲断带碎屑岩储层形成机制的控制机制，推进了深层储集体的特征和分布认识（孙龙德等，2013；汪新等，2010；李忠等，2013；Zhang et al.，2015；蔚远江等，2019）。然而，由于山前冲断带深层储集体受到强烈构造应力、热体制变化及其共同制约下的流体—岩石相互作用的多重叠加改造，因此该类深层碎屑岩储层表现出特殊的物性演变和分布（Bloch et al.，2002；寿建峰等，2006，2007；Dutton et al.，2012；李忠等，2009，2016；张荣虎等，2020），以至于迄今对构造变形及其相关构造—流体叠加活动与砂岩储层形成演化或改造效应的关系知之甚少（Morad et al.，2000）。

一、深层—超深层碎屑岩储层的沉积基础

库车坳陷自中生代以来，受南天山造山带多期次隆升、陆内造山作用的影响，总体上呈现“北山南盆”的古构造与古地理格局（贾承造，1997；卢华复等，1999）。尽管该区强烈的挤压挠曲发生在新生代（特别是晚新生代加剧），但在白垩纪沉积充填阶段就呈现了挠曲盆地隆坳剖面的特征（图4-3-1）。南北向北高南低、东西向坳—隆相间的古地貌特点，控制了白垩纪沉积期沉积相带与骨架砂体的展布（刘志宏等，2001；雷刚林等，2007）。

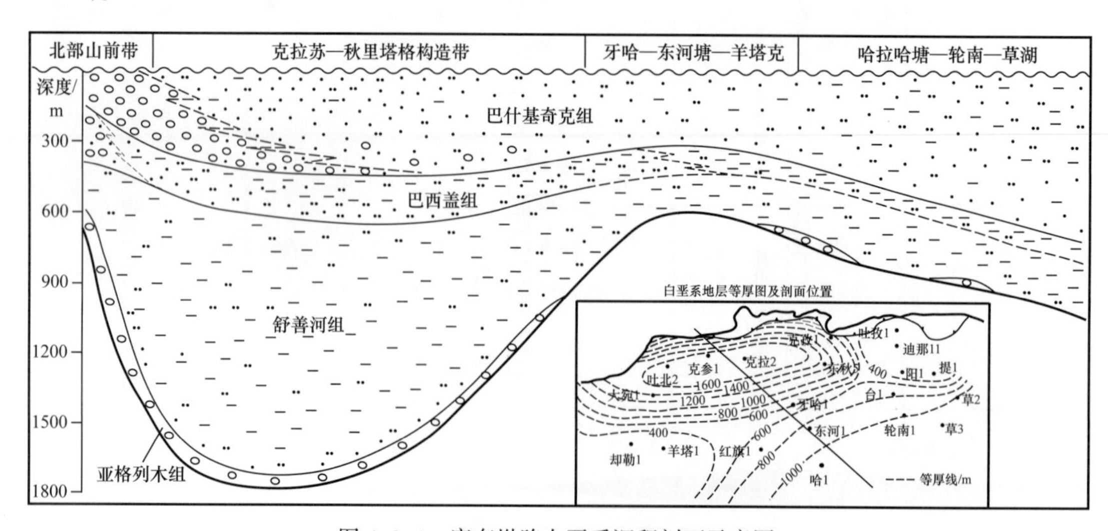

图4-3-1　库车坳陷白垩系沉积剖面示意图

库车坳陷白垩系巴什基奇克组是研究区重要的储集层位。根据岩性组合关系自上而下可进一步划分为3个岩性段。下部巴三段总体发育扇三角洲前缘亚相，岩石类型主要为岩屑砂岩、长石岩屑砂岩，岩屑含量高，成分成熟度中—低；粒度明显偏粗，分选中等偏差，磨圆为次棱角状，结构成熟度偏低。北部发育较多的细砾岩、含砾砂岩、粗砂岩，砾石多由红褐色单成分泥砾组成，与沉积体系中泥岩颜色、成分一致，以杂基支撑为主，也可见复成分砾岩，发育多种交错层理，砾岩叠覆冲刷，正韵律之间的红褐色泥岩保存较少，同时可见生物扰动构造。通过岩心观察与测井分析可识别出水下分流河道、分流间湾、河口坝3种沉积微相。

巴什基奇克组中上部第二、第一段沉积期，构造活动减弱，地势变缓，发育辫状河三角洲，沉积辫状河沉积物，以河流体系的高度河道化，更持续的水流和良好的侧向连续性为特征，沉积物中含丰富的交错层理，且砂砾岩显示清晰的正韵律。辫状河三角洲的水下部分亦具特色，其前缘部分以非常活跃的水下分流河道沉积为主，其内发育规模很大，颇具特征的层理构造，具向上变细层序；河口沙坝虽没有正常三角洲限定性强，但远较扇三角洲好，且分布普遍。

二、深层—超深层碎屑岩储层构造—流体—岩石作用与效应

1. 山前冲断带构造应变与分带

从声发射法获得的岩石古构造应力及期次的测试结果表明（李忠等，2009），库车地区中—新生代至少发生了6期构造挤压，吐格尔明地表剖面下侏罗统岩石经历了4～6期构造挤压，依南地区白垩系岩石有3～5期构造挤压，依南地区和吐格尔明地表剖面古近系有2～5期构造挤压。构造挤压期次由侏罗系至新近系有减少趋势。但要分析各期次的古构造应力所对应的确切地质时期是有困难的，因此构造活动期次的地质分析与声发射古构造应力期次分析相结合判断各期次古构造应力的大致地质时期是比较现实的方法。

据卢华复等（1999）研究，该区构造变形是由北向南扩展的，其变形时间分别为25.0Ma、16.9Ma、5.3Ma、3.9Ma、2.5Ma、1.2Ma；它与声发射法岩石古构造应力测试结果基本一致。总体上，该区晚中生代—新生代的古构造挤压应力由早到晚逐渐增大，存在六期构造应变过程。第Ⅰ期古构造挤压应力一般小于70MPa，多在30～50MPa之间；第Ⅱ期一般小于90MPa，多在40～70MPa之间；第Ⅲ期一般小于120MPa，多在60～90MPa之间；第Ⅳ和Ⅴ期一般小于140MPa，多在70～120MPa之间；第Ⅵ期则一般小于165MPa，多在90～130MPa之间。

另一方面，库车山前坳陷古构造变形展示了“南北分带、东西分块”格局（图4-3-2、图4-3-3）。其中，以古构造应力的分布为依据，则该区南北分带显著，综合可分为3个带：

（1）强构造应变带：该带分布于山前坳陷冲断带的根带—中锋带，相当于北部单斜带。该带侏罗系和白垩系岩石的古构造应力一般大于100MPa，目前测得的最大古构造应

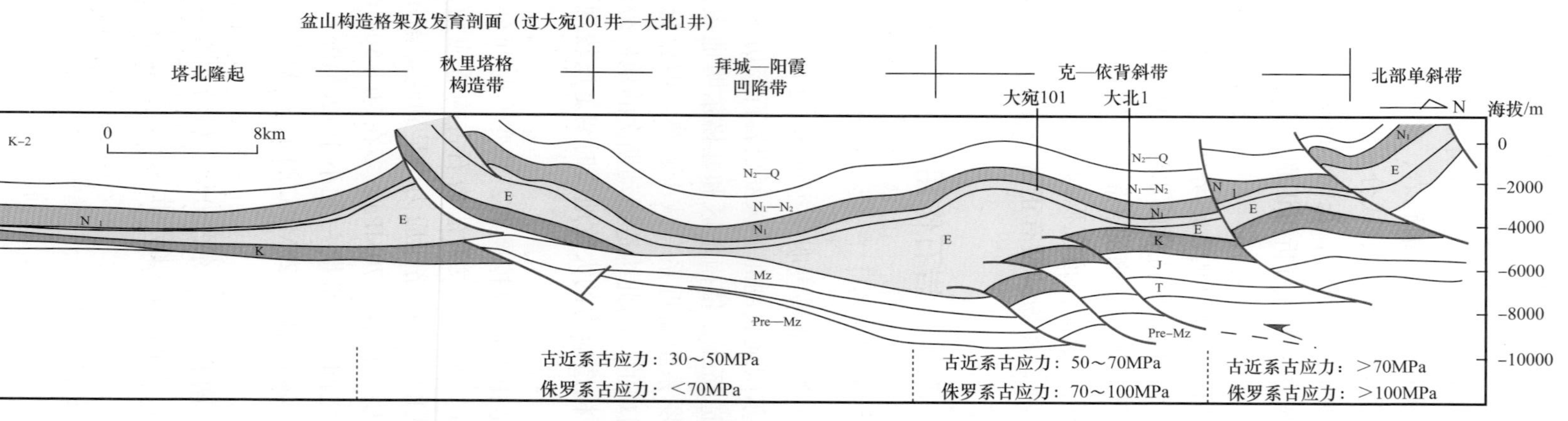

图4-3-2 库车坳陷西部构造应变分带（据塔里木油田二维地震剖面）

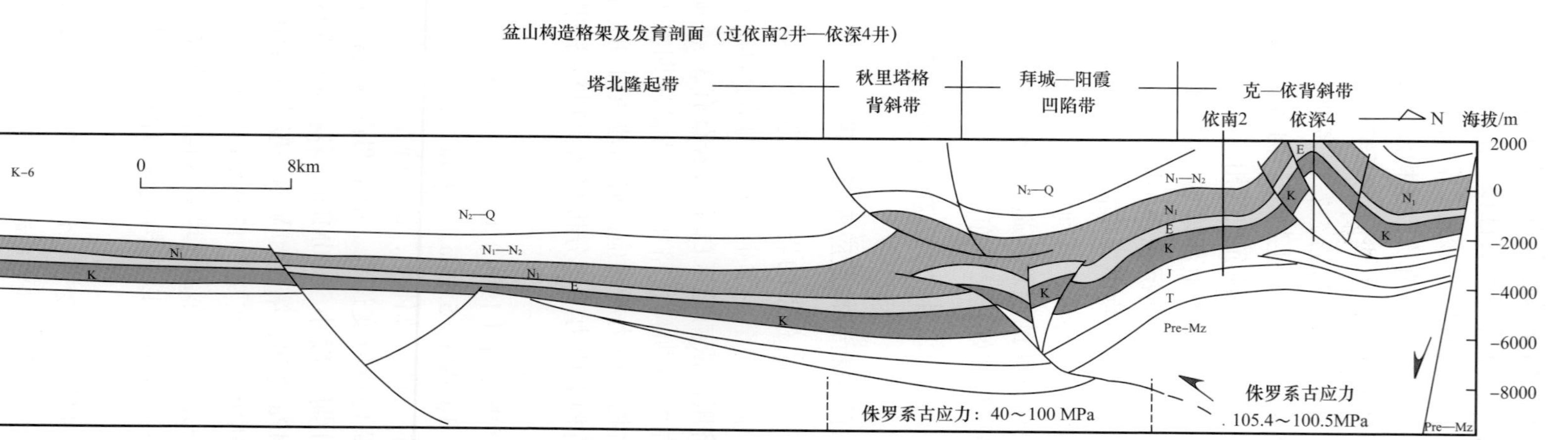

图4-3-3 库车坳陷构造应变分带（据塔里木油田二维地震剖面）

力为乌恰沟地区的156MPa；古近系—新近系岩石的古构造应力一般大于70MPa，是山前坳陷强构造成岩作用地区，构造压实量一般大于10%，对孔隙保存的影响很大。如克孜1井、依西1井等储层致密的原因主要在于强烈的构造挤压；地表如吐格尔明背斜北翼、克孜勒努尔沟和乌恰沟等，尤其乌恰沟，侏罗系储层十分致密的原因在于强烈的构造挤压（毛亚昆等，2016）。当然高构造应变带也使构造缝和压碎缝很发育。

（2）中构造应变带：该带分布于山前坳陷冲断带的前锋带和凹陷带之间，相当于克—依构造带。该带侏罗系和白垩系岩石的古构造应力一般介于70～100MPa或更大，古近系—新近系岩石的古构造应力一般介于50～70MPa或更大，是山前坳陷较强构造成岩作用地区，构造压实量一般为5%～10%，对孔隙保存的影响仍然较大。如大北3井、依南2井等储层的构造减孔作用仍显著，裂缝也较发育（潘荣等，2018）。

（3）弱构造应变带：该带分布于山前坳陷的凹陷带南部至隆起冲断带，相当于拜城—阳霞凹陷和秋里塔格构造带。该带侏罗系和白垩系岩石的古构造应力一般小于70MPa，古近系—新近系岩石的古构造应力一般小于50MPa，是山前坳陷较弱构造成岩作用地区，构造压实量一般在3%～5%之间，对孔隙保存仍有影响。

从上分析可知，在库车山前坳陷盆地，弱构造应变带储层形成、演化的地质条件利于储层孔隙保存，主要反映在较低的地温梯度、较高的硅质碎屑含量（使岩石的抗压性增强）及低的构造应力（李忠，2016；罗威，2018）。该带秋8井白垩系仍保存较高的原生孔隙度就与此有关。

2. 山前冲断带应力段储层差异

受应变影响，储集体内部环境变得复杂，储层垂向具有分层的特点。前已述及，将巴什基奇克组分为张性段、过渡段及压扭段3个应力段，垂向上物性的差异将以3个应力段来表现（图4-3-4）。

受构造中和面模式制约，山前冲断带内不同背斜构造的不同应力段内的物性存在差异。克深208井的压扭段埋深为6800～6870m，砂岩平均孔隙度为3.31%；克深902井的压扭段埋深为7990m以深，砂岩平均孔隙度为2.74%。克深208井的过渡段埋深为6700～6800m，砂岩平均孔隙度为4.36%；克深902井的过渡段埋深为7880～7990m，砂岩平均孔隙度为4.15%。克深208井的张性段埋深为6550～6700m，砂岩平均孔隙度为4.54%；克深902井的张性段埋深为7810～7880m，砂岩平均孔隙度为5.08%（图4-3-5）。

克深902井的埋深比克深208井大，克深902井具有更强的压实作用，因此，压扭段和过渡段砂岩平均孔隙度比克深208的平均孔隙度小。但是在张性段内，克深902井的砂岩平均孔隙度比克深208井的砂岩平均孔隙度大。这可能是因为张性段地层内，克深902井处受到的地层拉张力更强烈，构造作用对储层的孔隙度的改造起到了积极作用。因此，深层储层物性在考虑埋深压实的因素外，也要考虑地层挤压力或者拉张力的作用。

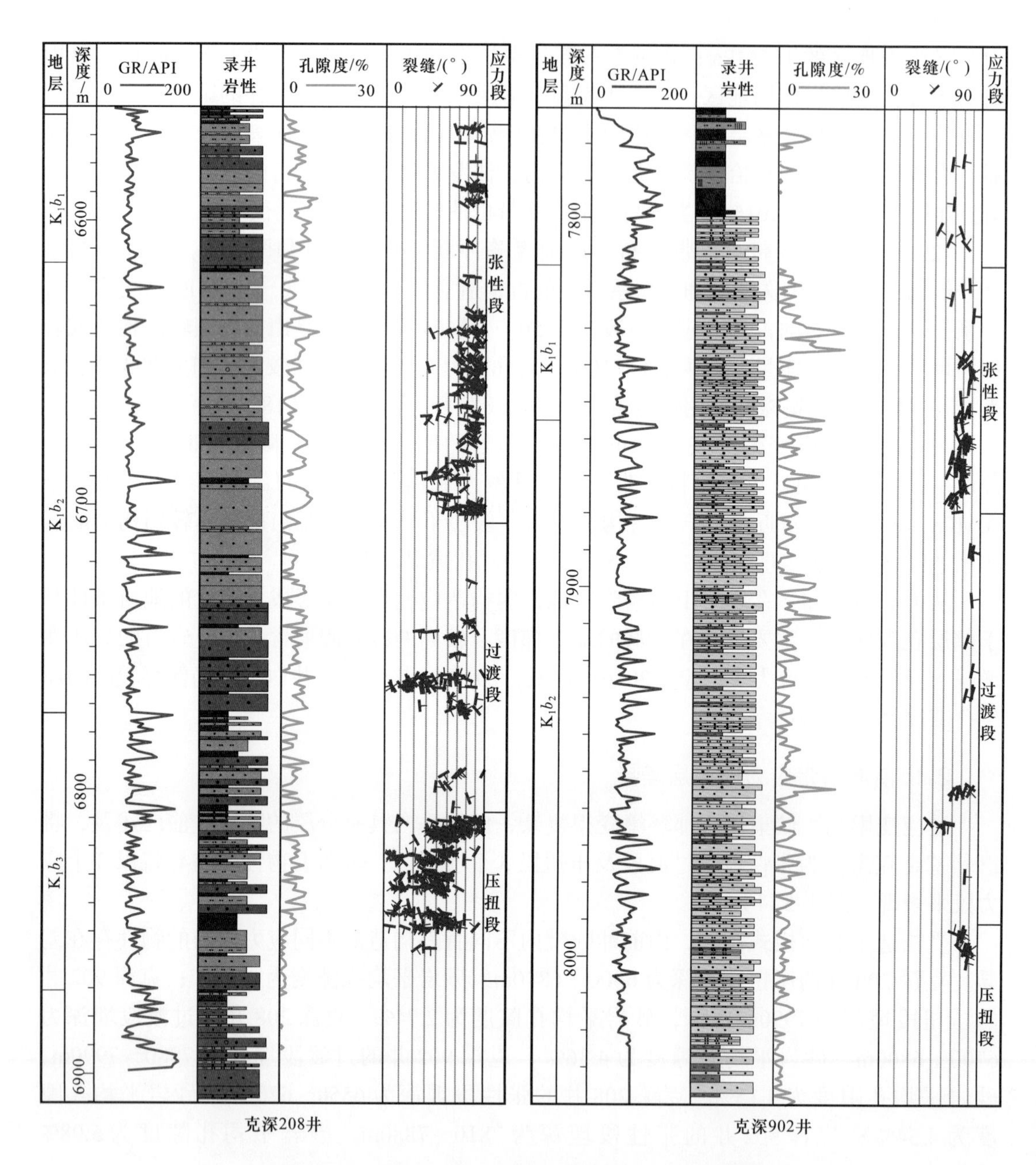

图 4-3-4 克深 208 和克深 902 井录井及孔隙度计算值

不同应力性质内的裂缝密度和产状统计数据表明，压扭段裂缝密度主要为 5～20 条 /m，倾角主要为 30°～50°，为低中角度裂缝，高角度裂缝不发育，且裂缝的走向主要为北西向；过渡段裂缝的密度主要为 2～6 条 /m，倾角主要为 50°～70°，以中角度裂缝为主，低、高角度裂缝较不发育，且裂缝的走向主要为北北西向和东西向；张性段裂缝的密度主要为 2～10 条 /m，倾角主要大于 70°，主要为高角度裂缝，低、中角度裂缝不发育，且裂缝的走向主要为北西向（图 4-3-6）。

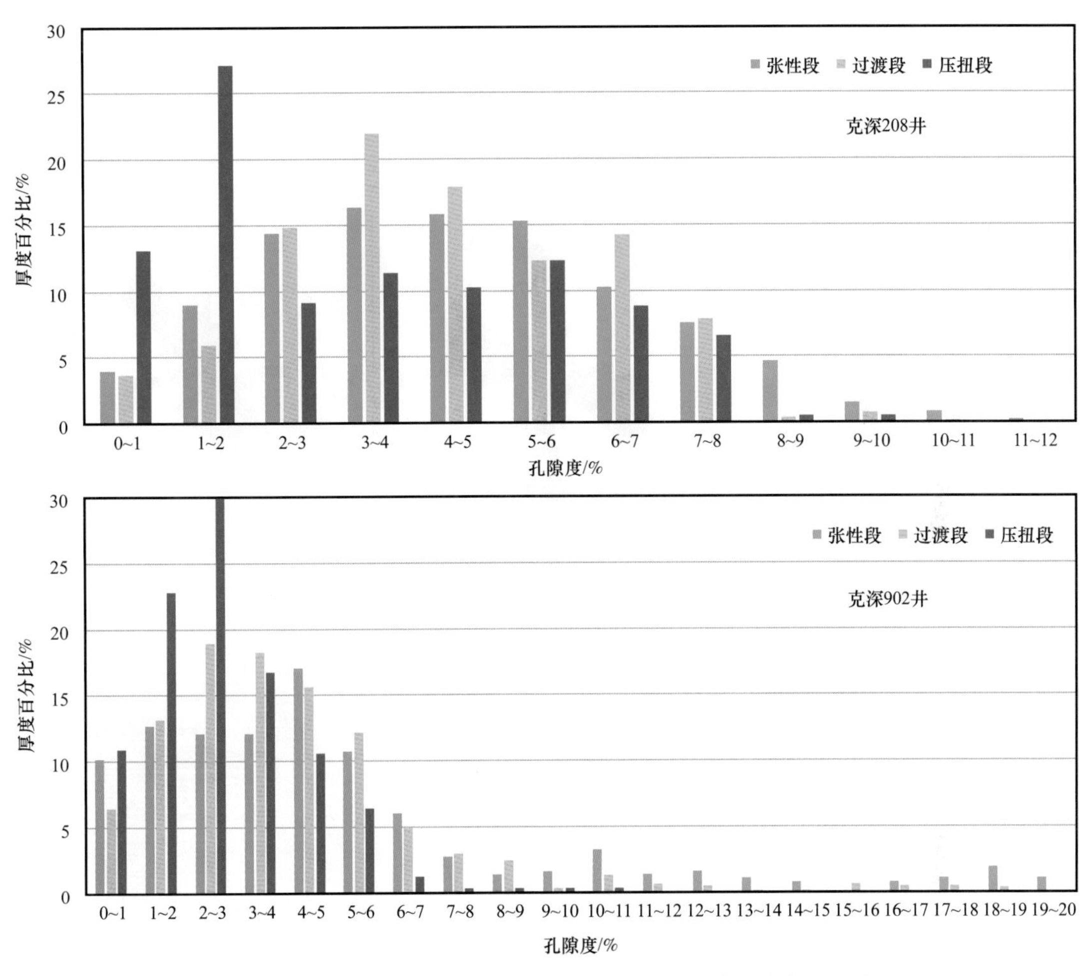

图 4-3-5 克深 208 井和 902 井不同应力段内计算孔隙度的差异

3. 山前冲断带应力段构造—流体记录

克深地区 14 口取心井岩心构造裂缝发育情况表明，研究区岩心构造裂缝主要发育逆冲挤压背景下造成的剪切裂缝，裂缝面平直、光滑，延伸较长，开度一般在 0.2～1.5mm 之间，最大可达 4.0mm；同时可见张裂缝，裂缝面粗糙。根据 480 余条裂缝统计数据，全充填和半充填裂缝占比较高，分别约占 47% 和 32%。

研究区构造裂缝内充填产物常见方解石，也可见硅质、石膏、白云石，铁白云石少见。经统计发现，平面上北部克深 5 区块及克深 2 区块大部分井的裂缝充填物类型以方解石充填为主，而相对南部的克深 8 区块以石膏充填为主，白云石的含量有增加的趋势，整个克深井区南北方向上裂缝充填呈现出北方解石，南石膏的充填规律。

前已述及，研究区裂缝充填物中方解石充填物最为常见，方解石充填物呈现两期发育特征（图 4-3-7）。第一期方解石（C1）充填物充填在裂缝壁上生长，该期方解石表面较干净，节理不发育，阴极发光下表现为亮橙色［图 4-3-7（a）、（b）］；第二期方解石（C2）充填表面较污浊，节理发育明显，阴极发光下为暗橙色［图 4-3-7（c）、（d）］。上

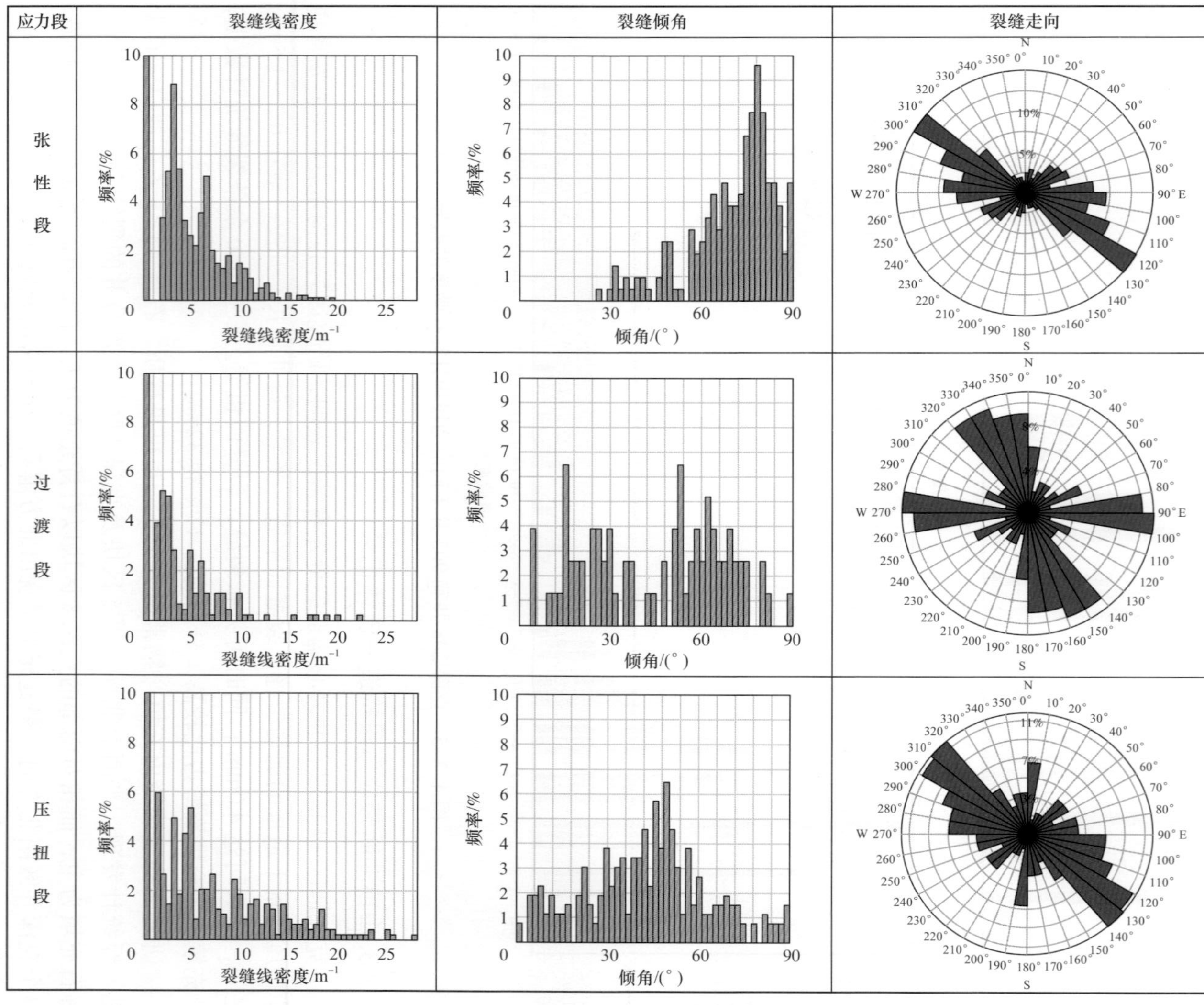

图 4-3-6 不同应力段内裂缝产状分布特征

述特征表明研究区裂缝中存在两期方解石裂缝充填，即存在两期规模流体活动。

裂缝充填物包裹体相对发育，包裹体个体大小不等，在4～13μm之间，有的呈零星发育，有的呈串珠状展布，所捕获到的流体包裹体均为气液两相，多为无色透明，但个别包裹体由于含有少量杂质而显得模糊。

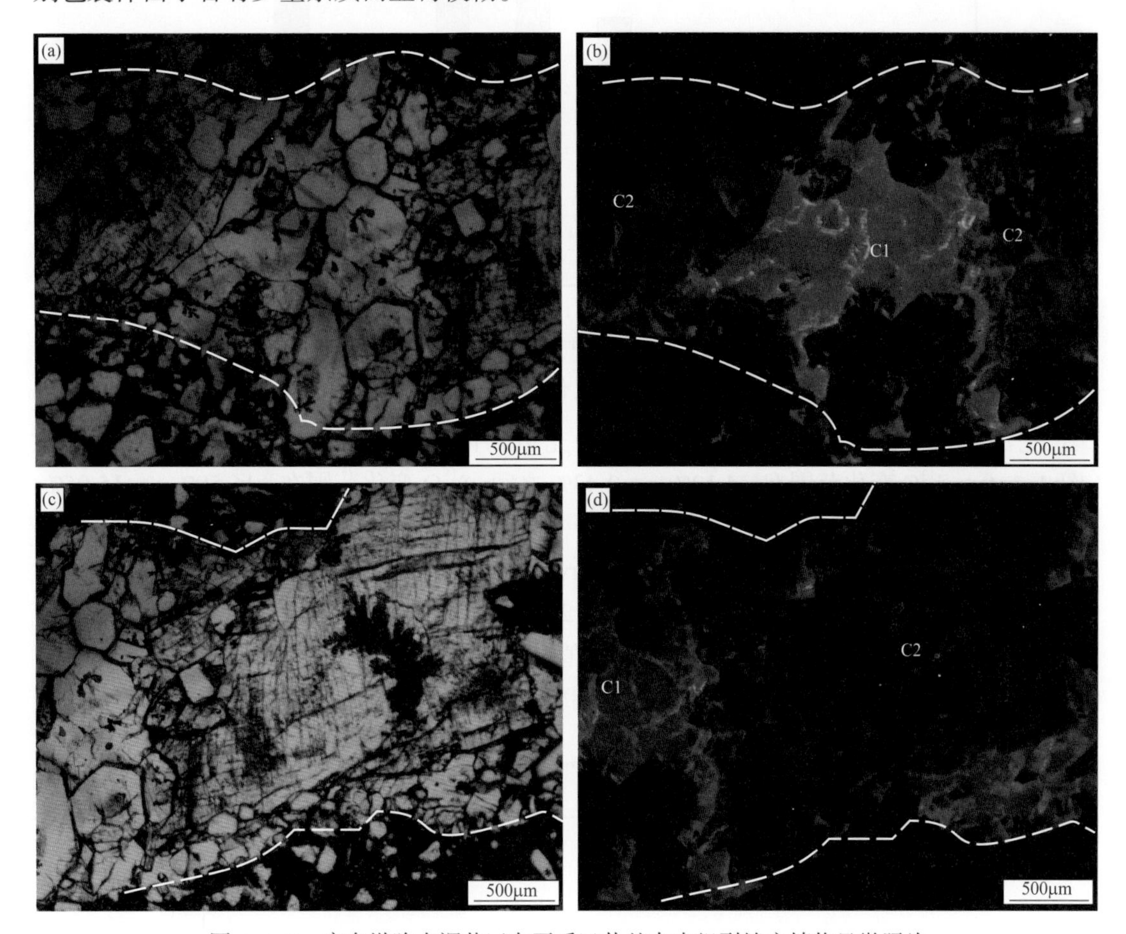

图4-3-7 库车坳陷克深井区白垩系巴什基奇克组裂缝充填物显微照片

（a）克深207井，6806.3m，方解石充填，单偏光；（b）克深207井，6806.3m，方解石充填，阴极发光；（c）克深207井，6808m，方解石充填，单偏光；（d）克深207井，6808m，方解石充填，阴极发光

发育包裹体的宿主矿物主要为方解石，其次为硅质。从均一温度分布直方图上可以看出（图4-3-8），裂缝中盐水包裹体均一温度具有如下特征：发育在裂缝填充物方解石和硅质中的盐水包裹体均一温度主要分布在60～167℃之间，跨度较大。根据峰值特点可以划分出两个充填期次：第一个峰值均一温度分布在110～130℃之间，流体充注进入裂缝时间相对较早，裂缝内方解石发生胶结作用，方解石沿裂缝壁生长；第二个峰值均一温度集中在140～150℃之间，裂缝内发生流体二次迁移，形成第二期方解石。

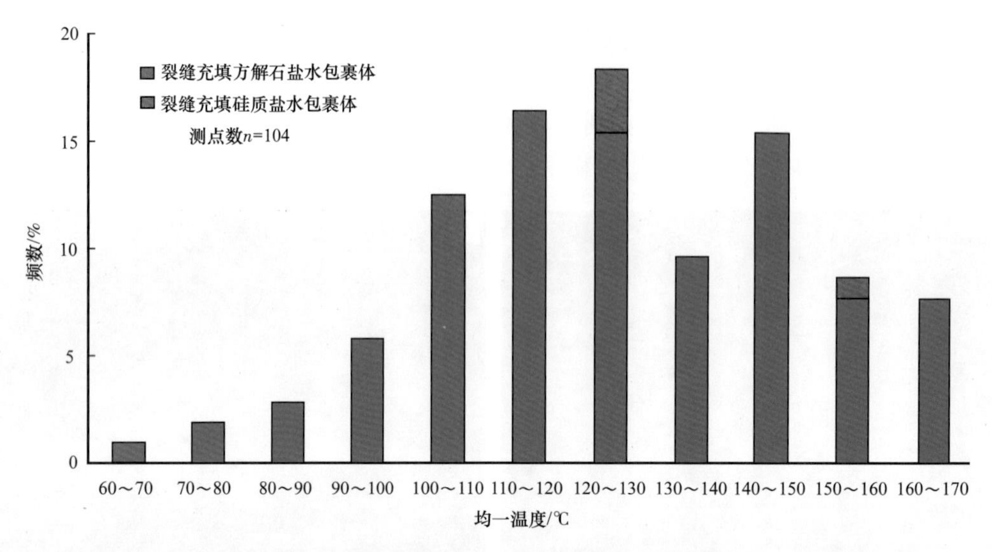

图 4-3-8　库车坳陷克深井区白垩系巴什基奇克组裂缝中包裹体均一温度分布

克深2地区白垩系巴什基奇克组裂缝充填物内碳、氧同位素组成分布图上显示（图4-3-9），$\delta^{13}C$ 变化范围在 −4.12‰～−2.43‰之间，$\delta^{18}O$ 变化范围在 −16.59‰～−15.05‰之间，数值范围分布较为分散。

根据前人氧同位素测温研究成果（Irwin et al.，1977），研究区温度分布范围在106～132℃之间，平均约为113℃。在克深2地区，通过经验公式计算出的古温度具有一定跨度，根据碳氧同位素散点图上 $\delta^{18}O$ 值的离散程度划分出方解石充填物具有两期（图4-3-9），也同时验证了裂缝的充填是多期次流体迁移产生的结果，具有多期次的特点。

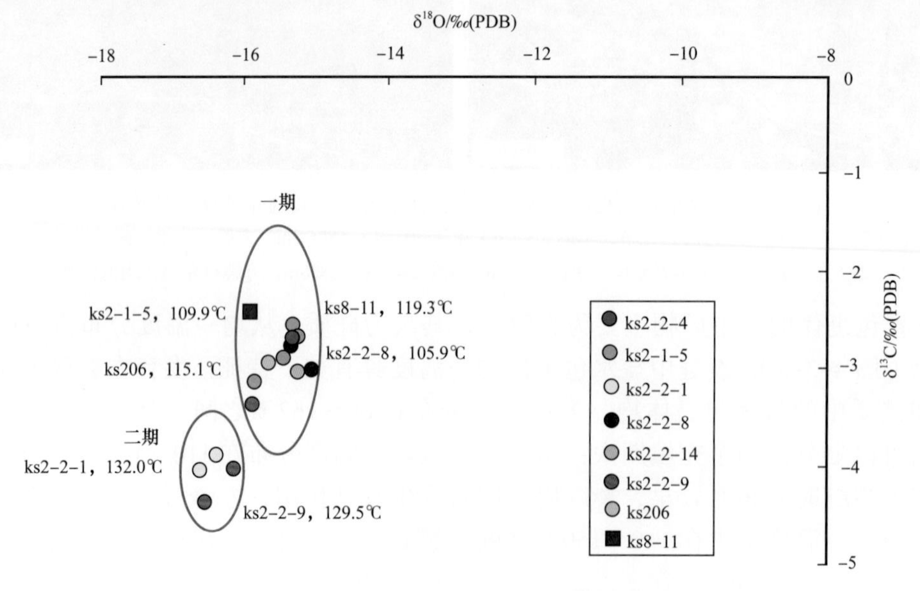

图 4-3-9　库车坳陷克深井区白垩系巴什基奇克组裂缝充填物碳氧同位素分布

4. 山前挠曲盆地深层—超深层碎屑岩储层形成演化模式

通过模拟和预测研究区两段式平缓褶皱、二级反冲构造和凸型构造三角带的应力和裂缝分布，得出如下结论（图 4–3–10）。

研究区主要为低孔低渗的致密砂岩储层，基质储层物性差，通过对岩石样本的力学实验可得，杨氏模量（E）集中分布在 2～25GPa 之间，泊松比（v）在 0.13～0.28 之间。且该地区最大水平主应力是来自南天山的南北向构造挤压应力，因此给模型过程中给实验地质体的南部和北部分别施加荷载，荷载大小选取为克深地区最大水平主应力的平均值 170MPa，垂向按顶部岩层的平均厚度 6900m 估算荷载，在不考虑顶部岩层非均质性的情况下，平均化计算取为 160MPa。

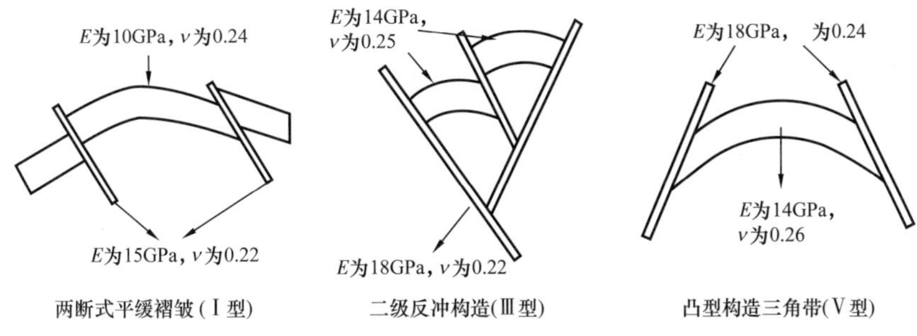

图 4–3–10 山前挠曲盆地典型断层相关褶皱样式

对于固态弹性体，褶皱可以以中和面为界，中和面以上和中和面以下地层具有完全不同的应力和应变状态。根据各构造样式最大主应力、最小主应力分布图（图 4–3–11），3 种典型构造样式在垂向上具有明显的分带性。裂缝发育与应力集中呈现正相关规律，应

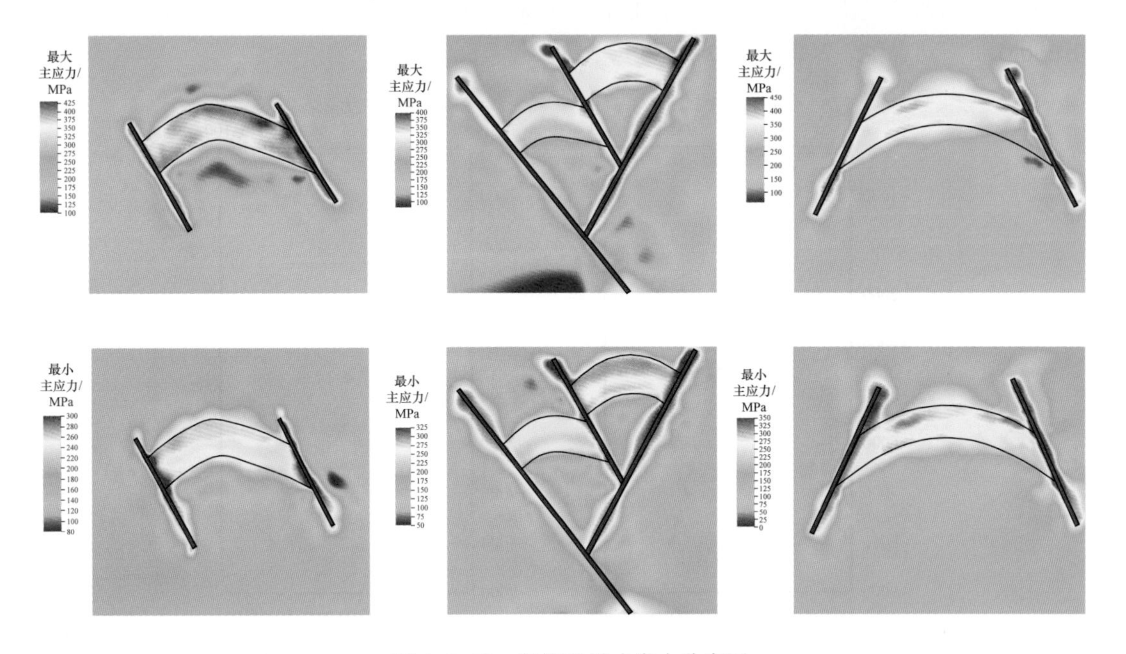

图 4–3–11 各构造样式应力分布图

力较为集中的张性带和压扭带区域的裂缝也相对较为发育，分布范围更广、密度更大。而过渡带的应力集中相对不突出，所以其裂缝发育程度较低。

第四节 深层—超深层储层流体—岩石作用模拟

一、深层—超深层储层流体—岩石作用数值模拟

碳酸盐岩溶解—沉淀过程受到动力学反应和热力学平衡的共同控制，同时，反应体系中的温压条件和流体组分又直接影响着碳酸盐岩改造模式及程度。综合考虑流体流动、溶质运移、化学反应的相互作用及反馈机制是定量解析流体改造效应的核心诉求。因此，采用数值模拟方法定量认识储层组构非均质性影响时空耦合作用具有重要意义。适用于深层储层特殊性问题的数值模型方法需要针对地层环境与复杂介质条件，考虑断裂—裂隙—孔隙不同介质与尺度共存，考虑达西—非达西渗流与反应溶质运移，实现压实 / 压溶、溶解 / 沉淀等地质作用的三维数值模拟。

1. 深层—超深层储层形成演化的流体动力环境

塔中北斜坡奥陶系是塔里木盆地油气勘探最重要的目标区块和目的层之一，由此以塔中北斜坡奥陶系鹰山组碳酸盐岩为研究对象。鹰山组地层温度和压力随埋深的变化情况如图 4-4-1 所示。伴随着烃类充注和油气成藏活动，鹰山组在不同时期的地温梯度和地层压力系数略有差异。总结前人研究成果，塔中地区出现过两次弱超压现象（邱楠生等，2018），分别出现在距今 280—230Ma 和 30—5Ma，所对应的地层压力系数分别为 1.3 和 1.1。但现今地层压力基本属于正常压力系统（压力系数 0.9～1.25），地层压力约 60～90MPa（刘忠宝，2006）。

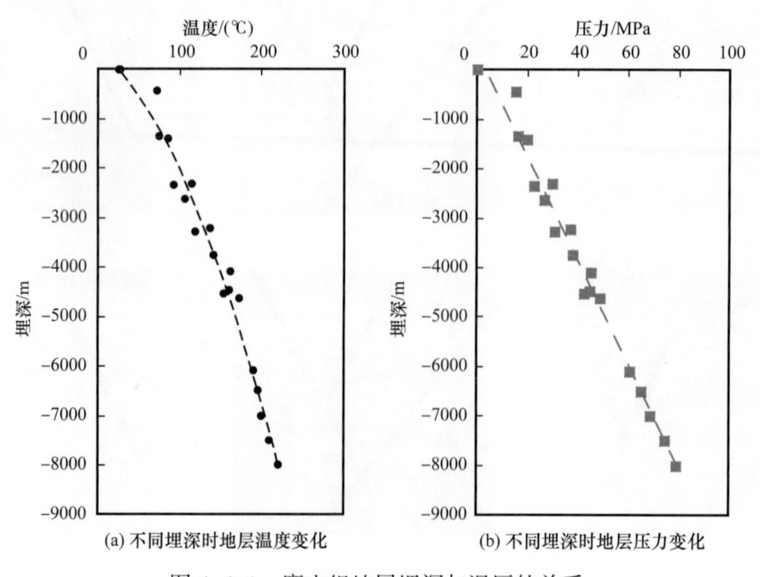

图 4-4-1 鹰山组地层埋深与温压的关系

油气储层埋藏成岩演化的整个过程几乎都与地质流体和岩石矿物的相互作用密切相关，与常规的油气储层相比，深层储层的一个重要特点就是由于地层埋深大而导致的高温和高压环境，相应的流体渗流与水岩作用过程受到影响。随地层埋深增加，环境温压不断上升，地质流体本身的物理属性发生变化。以鹰山组地层埋深过程中的温压变化为例，水在温度和压力不断增大且共同影响的环境条件下，始终保持为液态而无相态变化，但密度和水动力黏度显著减小［图 4-4-2（a）、（b）］。流体密度和动力黏滞系数的降低必然引起水的运动黏滞系数的变化，如图 4-4-2（c）所示，随着埋深增加水的黏性变小，在深部地层环境中流体运动所需克服的黏滞力大大降低，可能更易流动。

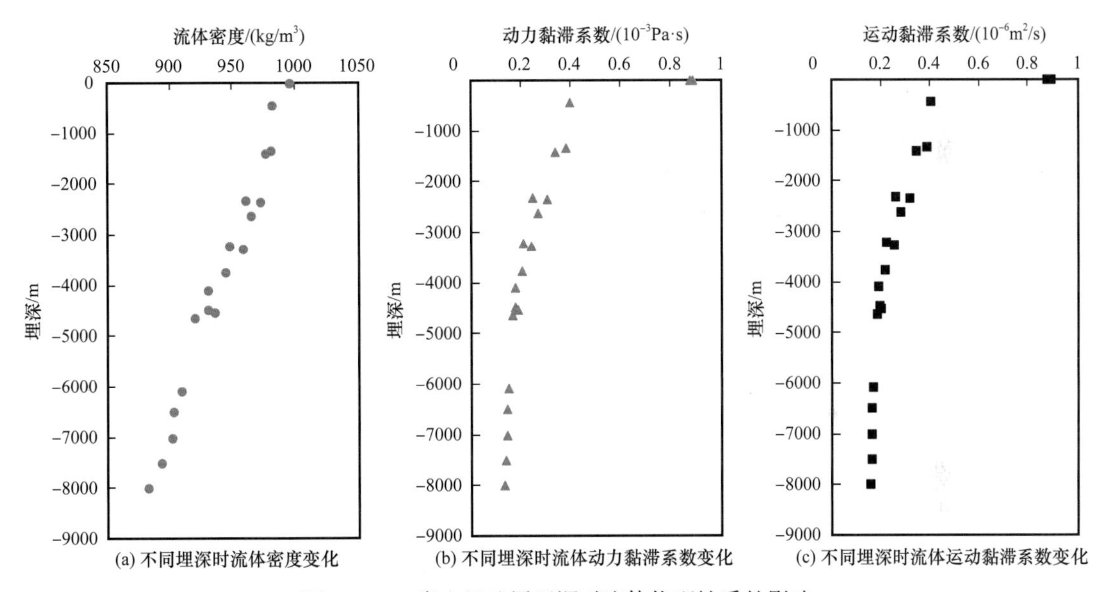

图 4-4-2 鹰山组地层埋深对流体物理性质的影响

另一方面，深埋中温压增大会导致地层骨架被压缩，渗透率显著降低，从而影响地质介质水力特性。本研究根据 Zhou 等（2011）和 Ghabezloo 等（2009）总结的应力影响下的碳酸盐岩渗透率的经验公式，将碳酸盐岩渗透率随埋深增大的变化过程概化为快速衰减和慢速衰减两种模式（图 4-4-3）。当渗透率采用 Ghabezloo 等（2009）的经验公式时，等效渗透系数在埋深不超过 200m 的近地表急剧降低，由 1.6×10^{-2}m/d 骤降至 2×10^{-3}m/d；埋深进一步增大后等效渗透系数缓慢增加，至埋深 8000m 时约 1.6×10^{-3}m/d。这表明尽管流体流动所需克服的黏滞力大大减小，但由于地层介质本身的渗透性很差，因此深部地层中地下流体的流动性仍弱于浅部地层。当渗透率采用 Zhou 等（2011）的经验公式时，在埋深不超过 150m 范围内流速急剧减小（由 1.6×10^{-2}m/d 降为 1.4×10^{-2}m/d），此后等效渗透系数反而随埋深增加不断增大，埋深至 3500m 时流速已超过地表附近的渗流速度。这表明在深层地层中流体渗流并非一定弱于浅部地层，地层深埋后渗透率不低于 1mD 时，流体渗流反而可能由于运动黏滞系数的减小变得更加“容易”。

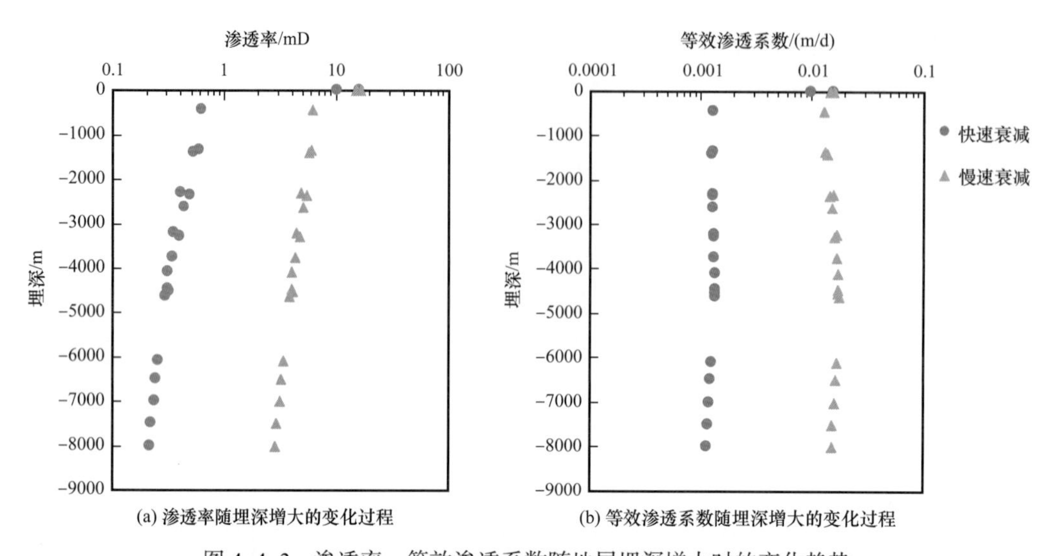

(a) 渗透率随埋深增大的变化过程 (b) 等效渗透系数随埋深增大的变化过程

图 4-4-3 渗透率、等效渗透系数随地层埋深增大时的变化趋势

渗透率快速衰减公式参考 Ghabezloo 等（2009），经验公式：$K=3.37\sigma^{-0.65}$，其中 K 的单位为 mD，σ 单位为 MPa；渗透率慢速衰减公式参考 Zhou 等（2011），经验公式：$K=21.452-2.0963\times\ln\sigma$，其中 K 的单位为 mD，σ 单位为 psi

2. 典型地区深层—超深层规模储层形成演化数值模拟及成因意义

深部流体对碳酸盐岩储层的改造对储层演化和保存具有十分积极的作用，现有研究主要通过岩石学和地球化学方法对热流体的来源、时期和流体地化特征进行分析讨论，所建立的热流体改造模型多停留在定性认识阶段，无法厘清深层储层温压条件的特殊性对改造作用的影响，也缺乏对热流体改造规模性的量化认识。本研究以塔里木盆地塔中北斜坡典型区块构造热流体白云岩化作用为研究对象，利用反应溶质运移模拟方法对云化过程进行了模拟分析，并通过多情景模拟分析了热流体云化空间分布规律及其对储层物性的影响。

1）塔中热流体白云岩流体改造数值模拟

研究中选取 TZ12 井区作为典型的构造控制热流体研究区，其揭露的奥陶系鹰山组为典型的热流体建设性改造储层（图 4-4-4）。模型校正依据主要有两方面，其一为热流体云岩分布范围，即热流体云化范围不应出现在 ZG51 井鹰山组中下段，但 TZ12 井鹰山组中下段则应当发育热流体白云岩作用；其二为整个热流体改造的时间应与二叠纪热事件的持续时间相匹配。本研究根据上述水文地质模型建立了基础模型，通过调整注入量和水文地质参数对模型结果进行校验，以确保模型基本符合地质假设。

如图 4-4-5 所示，本研究选取了模拟时长为 10Ma 和 16Ma 时孔隙度、方解石和白云石空间分布图，发现由于断裂优先流的存在，热流体白云岩化作用主要沿断裂展布；当模拟时间为 16Ma 时，白云石在 TZ12 井底部有发育，但在 ZG51 井附近则只发生轻微云化现象，模拟结果符合现有地质事实，因此模型概化和条件设置可用于对 TZ12 井区热流体云化过程进行模拟和表征。

为了比较渗透率差异是否会对热流体的改造能力（即水岩比）产生影响，基于基础模型分别将基质的渗透率提高 1 个数量级和降低 1 个数量级。模拟结果发现水岩比差异不大，均分布在 151～158 之间。

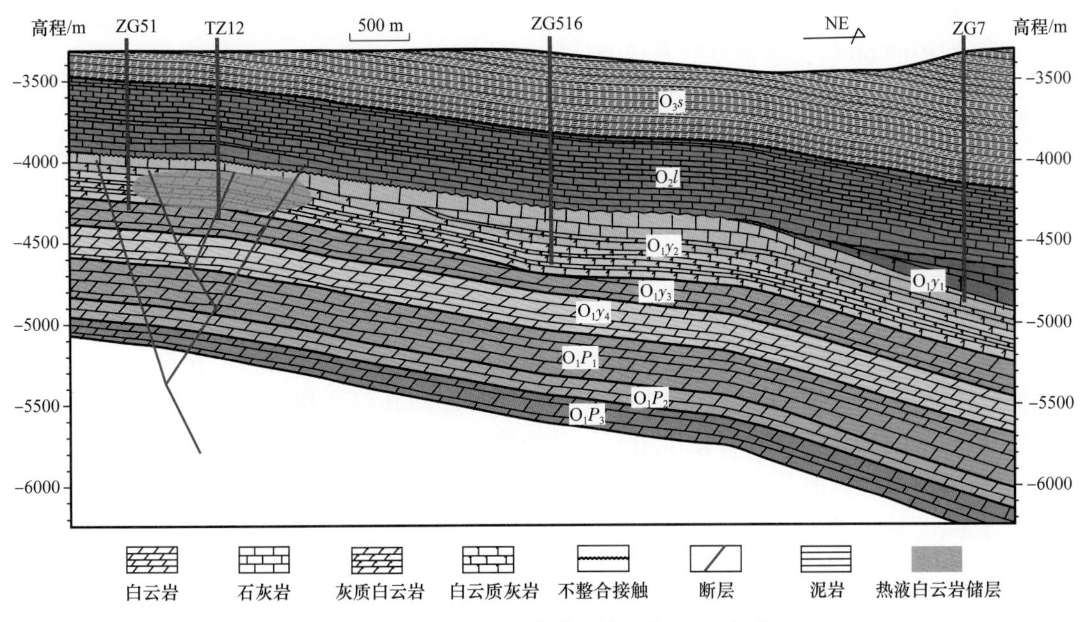

图 4-4-4 TZ12 井及其附近钻孔的地质剖面图

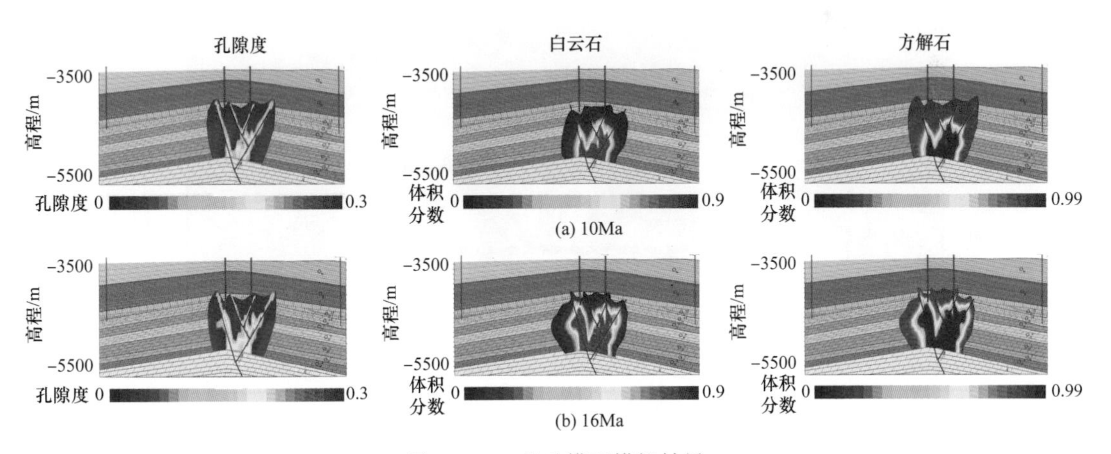

图 4-4-5 基础模型模拟结果

2）白云化型储层规模性及成因分析

本研究通过反应溶质运移模拟对热流体的改造能力和云化所需流体体积进行了定量计算。但真实的地质体是否能够提供如此庞大的热流体并向上运移至鹰山组地层中发生云化呢？考虑到热流体和白云岩分布的不确定性，结合反应溶质运移的模拟结果，本研究认为热流体向上运移以垂向流动为主，影响范围集中在断层附近相对高渗带，因此，本研究将模型简化为：下部地层由于温压变化发生释水，导致热流体垂向上涌，沿断裂等通道注入鹰山组中发生白云岩化。

计算结果表明，TZ12 井区热流体白云岩化所需的热流体体积，需要下伏厚度达

10^4～10^6m 的地层进行释水才可形成现今规模的热流体白云岩，这一数量级远大于寒武系地层厚度（约 2700m）；若考虑圆柱体之外地层释水进行侧向补给，即使假定整个寒武系地层（2700m）均参与释水，所需释水地层面积不少于 3×10^7m^2，这一数字约为热流体白云岩分布面积的 60 倍，这也意味着热流体需能够从距离断裂 4.5km 的位置侧向径流至断裂处并上涌至鹰山组中，这远远超出了 TZ12 附近的局部断层可能的影响范围（Mitchell et al.，2012）。因此，在这种情形下，单纯依靠温度和压力变化引起的热流体体积难以在 TZ12 井区形成大规模的热流体白云岩。值得注意的是，上述计算的前提假设为鹰山组和蓬莱坝组在初始状态均为石灰岩，而其白云岩均为热流体成因。事实上，在二叠纪热流体改造发生之前，下奥陶统可能已经发生部分云化，因此后续热流体白云岩的形成所需的 Mg 量会大大减少。

热流体白云岩化作用对储层孔隙度和渗透率影响显著。为评估其规模性，选取两条横穿断裂带的水平剖面，通过比较不同模拟时间节点时孔隙度和渗透率的分布来评估构造断裂控制下的热流体白云岩化作用的影响距离。从图 4-4-6 中的孔隙度变化曲线可以看出，断层两侧区域的基质孔隙度呈现轻微下降—显著增加—逐渐减小至初始值的变化趋势，孔隙度显著增加区域则得益于白云岩化，随着远离断层，热流体难以在相对低渗的基质中持续运移，因此孔隙度变化不大，仍为初始值。

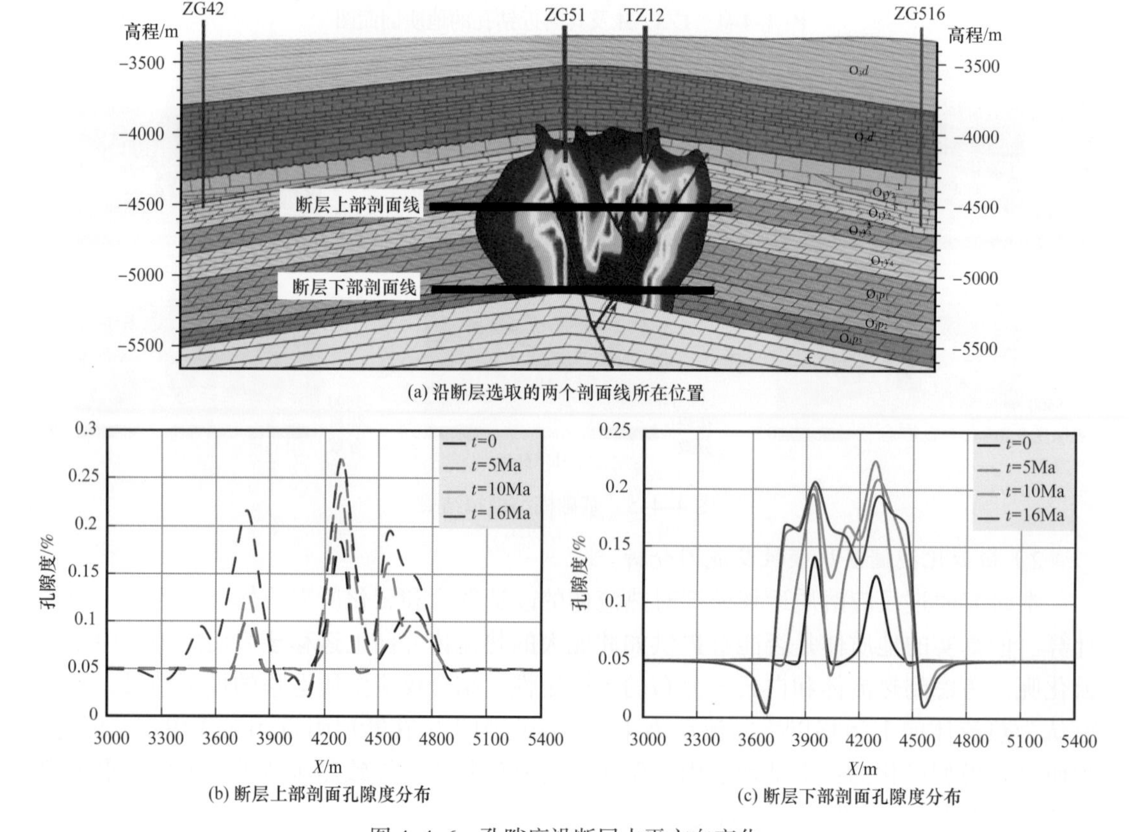

图 4-4-6　孔隙度沿断层水平方向变化

断控型热流体白云岩主要受控于断裂的空间分布，但同时与基质的非均质性密切相关。当断裂两侧存在层状高渗带时热流体自断裂向基质流动，导致距离断裂数千米远的云化区域，形成规模性的储层；而当模型存在局部的相对低渗区域时，热流体白云岩的形态可呈现为“斑状”，但其规模性则相当有限。

二、深层—超深层有机酸生成及储层烃—水—岩实验模拟

模拟烃源岩热成熟过程中有机酸的生成和演化过程，进而限定有机酸的主要生成阶段，明确它们与烃类生成和排烃的关系；进一步模拟两类模式化合物的热化学硫酸盐反应（简称 TSR），通过对反应产物的监测，探讨其中有机酸的生成过程和机制。在此基础上，结合前人已有成果，综合建立含油气盆地中烃源岩、储层内有机酸的生成演化序列，这是认识深层—超深层储层发育的烃—水—岩环境的重要方面。

1. 深层—超深层源—储有机酸生成实验模拟

1）与成烃作用有关的有机酸生成方式

本研究利用黄金管封闭体系实验技术，在 200～360℃、3～10 天时间范围内模拟了不同有机质组成的低成熟烃源岩在热演化过程中生成的有机酸组成、含量和主生成阶段。烃源岩样品选用了茂名盆地始新统油柑窝组页岩（Ⅰ型有机质）、鄂尔多斯盆地上三叠统延长组页岩（Ⅱ型有机质）和库车坳陷中侏罗统克孜勒努尔组煤样（Ⅲ型有机质）。研究中利用离子色谱分析了产物水中小分子有机酸的组成和产量。同时，也收集了所有生成的气体和有机产物，包括二氧化碳、气态烃（C_{1-5}）、轻烃（C_{6-13}）和液态烃（C_{14+}），用以划定烃类生成演化阶段。

模拟实验结果显示，反应主要产生 4 种水溶性有机酸（甲酸、乙酸、丙酸和草酸），其中乙酸是最主要的有机酸类型，占单羧酸产量的 83% 以上，其次是丙酸、甲酸（图 4-4-7）。单羧酸产量又远高于草酸。从产量上看，不同有机质的有机酸产量有较大差别，Ⅰ型有机质产量最高，为 30.95mg/g，Ⅱ型和Ⅲ型有机质产量较低，在 13.25～15.40mg/g 之间。将实验温度和时长用 Sweeney 等（1990）建立的方法转换为 EasyR_o 数值，即等效镜质组反射率，将所有烃类、CO_2 和有机酸数据作于图 4-4-8。

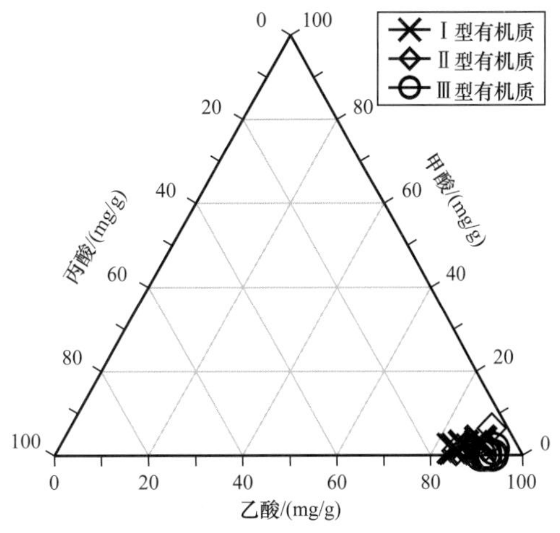

图 4-4-7 烃源岩热模拟实验中单羧酸产量分布三角图

结果显示，含Ⅰ型和Ⅱ型有机质的烃源岩液态烃生成高峰 EasyR_o 为 0.95%，轻烃生成高峰 EasyR_o 为 1.34%，气体生成高峰在实验范围内没能达到。根据 Tissot 等（1984）的成熟阶段分类方案和我们的数据，可将成熟阶段分为生油窗（0.6%＜EasyR_o＜1.3%）和凝析—湿气（EasyR_o＞1.3%）阶段。因此，对有机酸生成来说，含Ⅰ型和Ⅱ型有机质的烃源

岩有机酸生成高峰发生在 EasyR_o 为 1.16% 时，即在生油窗晚期，早于轻烃生成阶段。含Ⅲ型有机质的烃源岩有机酸生成高峰在 EasyR_o 为 0.95% 时，即早于煤系地层的气体生成阶段（图 4-4-8）。

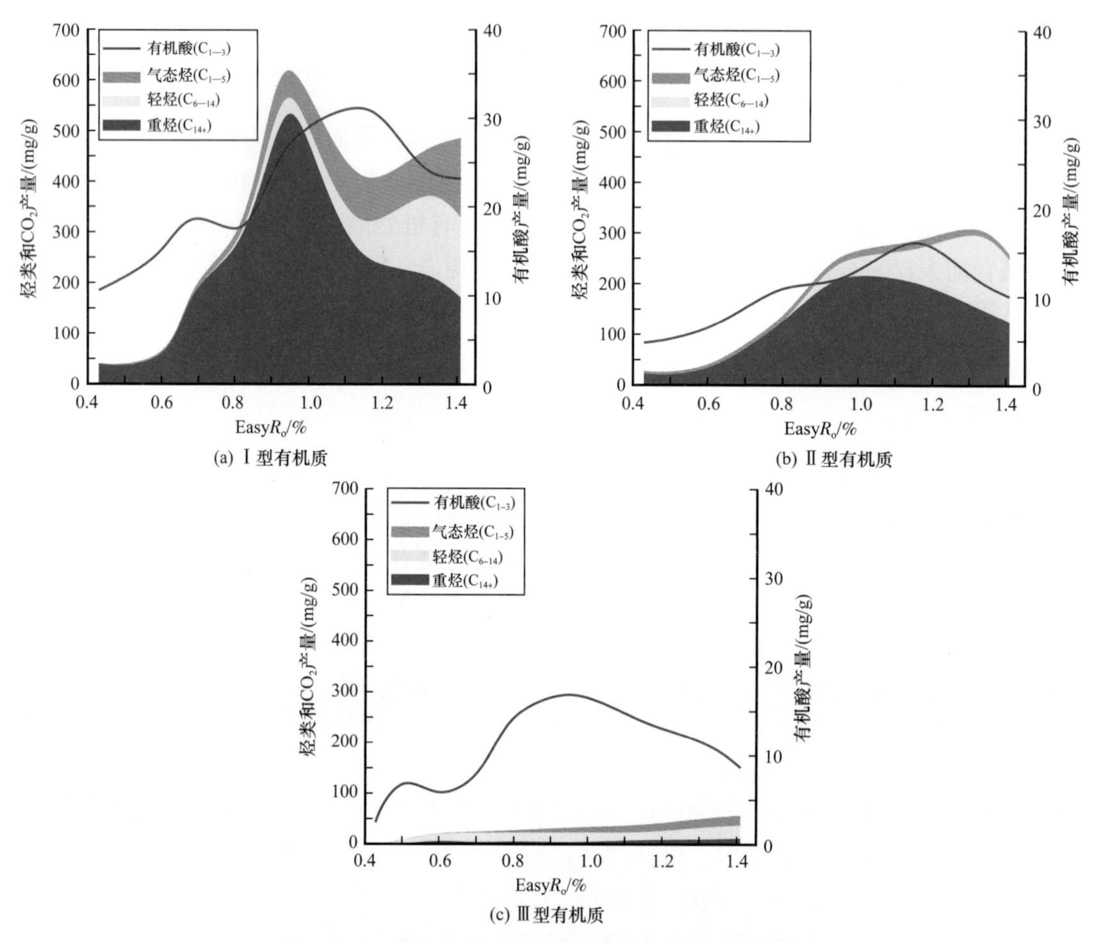

图 4-4-8 烃源岩热演化过程中有机酸的生成模式图
（a）Ⅰ型有机质；（b）Ⅱ型有机质；（c）Ⅲ型有机质

截至目前，国际上并没有建立可信的、与烃源岩生烃关联的有机酸生成模式。早期学者认为油田水里普遍存在的有机酸来自烃源岩干酪根含氧官能团的断裂。Surdam 等（1984）当时观察到两个地质现象：一个是干酪根在进入生油窗之前 H/C 原子比不变，而 O/C 原子比会迅速减少；另一个是根据核磁共振结果，干酪根上的羰基数量随埋深迅速减少，即埋深到 2800m 的干酪根已观察不到羰基存在了。所以，他们推测含氧官能团在生油窗之前已断裂下来，形成有机酸，即有机酸的生成发生在烃源岩进入生油窗之前。虽然之后 Mazzulla（2004）提出了有机酸生成在生油窗之内、与烃类同时生成的看法，但他没有给出任何实际数据以支持他的结论。

自 20 世纪 80 年代以来，虽然有大量学者做了有机酸生成的模拟实验，但是大多数研究主要关注不同有机质的生酸能力、酸的类型演化等，没能同时分析烃类组分，因此没能将有机酸与烃类生成阶段关联起来。对比前人的模拟实验数据，结果总体显示，Ⅰ型和Ⅱ型有机质生成的最大有机酸阶段 EasyR_o 不高于 1.3%，大部分在 0.95%～1.3% 之间；而Ⅲ型有机质生成最大有机酸的时间更早，EasyR_o 介于 0.7%～1.1%。

2）储层中有机酸生成的其他方式

早期学者认为，在烃源岩成熟过程中，干酪根中含氧官能团断裂，从而提供了小分子有机酸的主要来源。这种裂解与烃源岩中烃类的生成和排烃作用有关。这意味着这些有机酸仅在油气成藏时参与对储层的改造，在正常地温梯度下，油气成藏发生在小于4km的深度。然而，油气成藏后受构造抬升或持续深埋，储层内烃水岩反应仍有若干种生成有机酸的可能方式，比如上述提到的 TSR。此外还有氧化性矿物（如赤铁矿、磁铁矿等）氧化烃类，生物降解作用和水解歧化反应等。

储层矿物氧化烃类：石油地质学家很早就在野外注意到了被烃类充注的红色砂岩会褪色，呈现白、绿等色。探究原因发现，这是由于砂岩中普遍存在的氧化性矿物（如赤铁矿、磁铁矿）与充注原油反应，矿物中 Fe^{3+} 被还原成 Fe^{2+}。Surdam 等（1993）考虑到砂岩矿物组成不同，建立了该反应的 3 个基本方程式：

$$C_9H_{20}+0.5Fe_2O_3+2S+4.25CO_2+3.25H_2O = 6.625CH_3COOH+FeS_2$$

$$C_9H_{20}+0.25Fe_2O_3+CaSO_4+1.125H_2O+3.125CO_2 = 4.0625CH_3COOH+0.5FeS_2+Ca^{2+}+2CH_3COO$$

$$C_9H_{20}+0.5Fe_2O_3+0.5Al_4Si_4O_{10}(OH)_8+4.75CO_2+6.75H_2O+Mg^{2+} = 6.875CH_3COOH+0.5Fe_2Mg_2AlSi_2O_{10}(OH)_8+H_4SiO_4+2H^+$$

生物降解作用：20 世纪 80 年代以前，石油地质学者普遍认为石油被生物降解主要在地表或浅地表时被喜氧细菌主导。此时，被生物降解的原油酸度系数值普遍增加，生物标志物如植烷、藿烷等会被改造成为植烷酸和藿烷酸，改造进一步持续，导致更小分子的有机酸（甲酸、乙酸、苯甲酸等）生成，并溶于储层孔隙水中。当储层埋深到一定深度（>80℃）时，喜氧菌无法生存，生物降解作用趋于停止。

20 世纪 90 年代之后，卡尔加里大学 Larter 课题组持续关注厌氧细菌（如硫酸盐还原菌）在深部储层对烃类的改造作用。他们在深部储层中普遍发现了厌氧细菌代谢产物，并通过模拟实验，建立了石油厌氧生物降解的反应路径图（图 4-4-9）。该反应最终结果是将烃类演化成 CO_2，但中间产物——有机酸会持续生成。虽然厌氧细菌改造速率没有喜氧菌高，但是从地质尺度上考虑，这些有机酸产量仍相当可观。

烃类水解歧化反应：当储层深埋大于 5000m 时，储层内部温度普遍大于 180℃。此时，烃、水和岩的物理化学性质都会因高温而变化。比如，水的介电系数和密度随温度增加而减少，而电离系数增加。这就使得水中 H^+ 和 OH^- 活度增加，因此涉及水的化学反应速率会加快。Seewald（2001）在含铁矿物介质条件下模拟了不同小分子有机物与水在高温下的反应，表明高温使烃类都遭到了不同程度的降解，生成了一定量的含氧有机物、小分子有机酸和大量 CO_2。其中，有机酸的产量较低，这与小分子有机酸是中间产物、反应会进一步将其破坏有关。同时，也可能与小分子有机酸本身热稳定性较差，受热分解有关。

该研究表明，深埋储层内理论上都存在水解歧化反应。该反应利用水作为电子接收体，可以在高温环境下产生一定量的有机酸。该反应持续进行，并与有机酸破坏 / 热降解达到平衡，使深埋储层内有机酸产量维持一定量水平。该研究同时表明，有机酸的生成和平衡浓度受到储层矿物组成的控制。含铁、硫元素矿物的存在使有机酸产量增加。

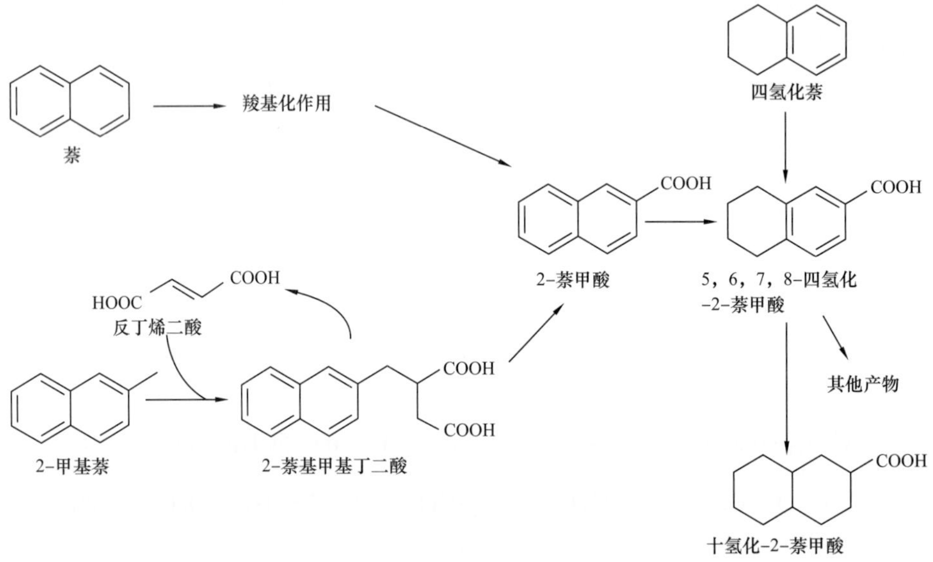

图 4-4-9　储层内厌氧生物降解原油的反应路径图（据 Aitken et al.，2004，修改）

2. 深层有机酸形成演化模式

基于翔实的实验数据，并结合前人已有研究成果，本研究提出两种有机酸生成和分布模式。一种发生在烃源岩内，与成烃作用有关，以烃类演化阶段为标尺，明确了有机酸的主要生成阶段，已做到了定量化表征的水平，是目前较科学的模式。另一种发生在储层内，与烃水作用有关，以温度 / 埋深作为标尺，区分不同机制作用的范围，较前人成果有一定进步，但仅能概念化表征产量和生成阶段。

1）与成烃作用有关的有机酸生成模式

对于烃源岩中有机酸的生成模式，前人有两种不同看法。Surdam 等（1984）认为干酪根在进入生油窗之前，会大量脱落键合的含氧官能团，此时是有机酸生成的主要阶段。Mazzulla（2004）参考前人实验结果，认为有机酸生成可能跟烃类生成过程同步。基于前述模拟实验研究，本研究提出了关于烃源岩热演化过程中有机酸生成的定量化模型（图 4-4-10）。

该模型考虑了 3 类生烃有机质的分子结构差异，首先以不同烃类组分产量为基准，划分了烃源岩热演化的不同阶段。在此基础上，明确了产出有机酸的种类和数量，划分了不同有机质热演化生成有机酸的主要阶段。研究结果表明，Ⅰ型有机质生成有机酸总量是Ⅱ和Ⅲ型有机质生成量的两倍。Ⅰ型和Ⅱ型有机质生成有机酸高峰在生油窗晚期、凝析气—湿气生成阶段之前。Ⅲ型有机质生成有机酸时间略早，在 EasyR_o 为 0.9% 时，远早于生气高峰（图 4-4-10）。相对于 Surdam 等（1984）和 Mazzulla（2004）提出的概念模型，本研究实测数据更加真实可靠，与前人实验结果吻合程度高。

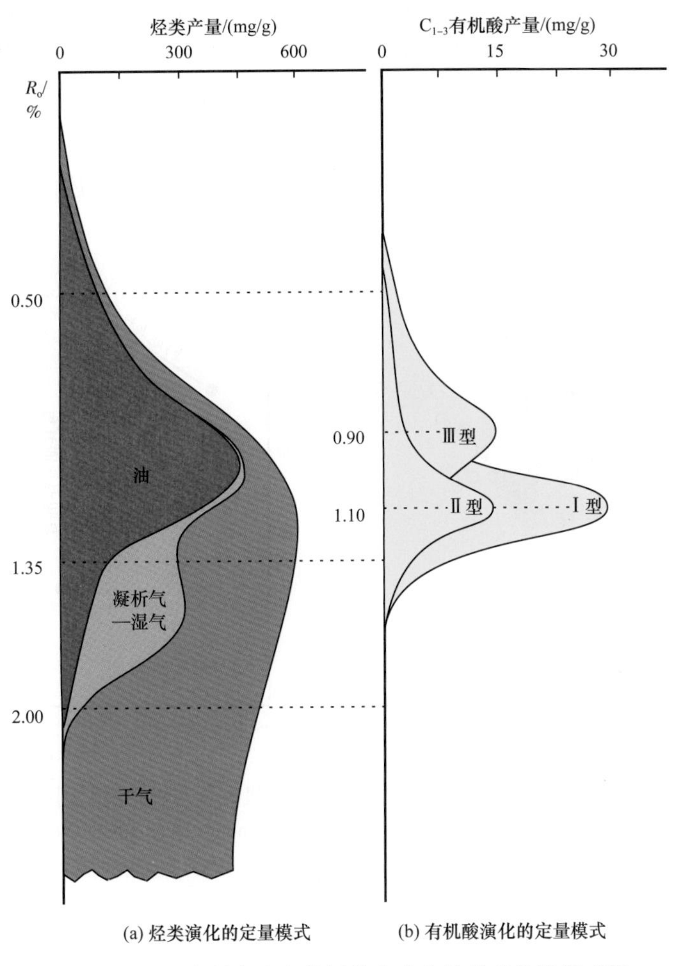

图 4-4-10 本研究建立的烃类生成有关的有机酸模式图

2）储层内有机酸生成模式

对于含油气盆地中有机酸的来源问题，早期学者主要关注的是烃源岩中干酪根在热演化过程中生成的有机酸。虽然有学者认识到了储层内有机酸生成的重要性，但他们也仅考虑原油自身官能团断裂生成的有机酸，而这一部分有机酸经模拟实验证实，产量是极低的，完全可以忽略的（Borgund et al.，1994；Kharaka et al.，1993）。2000 年之后，储层内烃水岩反应生成有机酸的各种可能模式也逐渐被提出（Seewald，2003）。

显然，矿物氧化反应主要发生在砂岩储层中，热化学硫酸盐还原反应主要发生在靠近膏岩层位的碳酸盐岩储层中。而水解歧化反应从模拟实验的结果来看，反应速率受制于围岩中含铁矿物的组成和含量，预计其产生的有机酸在砂岩储层中会相对较高。

将前人文献中储层油田水中有机酸数据汇总于图 4-4-11（a）内。在 80～100℃之间，可见有机酸浓度有一个明显的高峰值，约 5000mg/L，该值代表了理想状态下来自烃源岩的有机酸流体与储层内最少量无机流体混合后的结果。若是混合的无机流体较多，则有机酸浓度会被明显稀释。若是有机酸流体在随后的地质过程中向浅部储层迁移，则会与大气降水或浅部地下水混合，还会因此被微生物降解，有机酸浓度因此显著下降。若是储层持续埋深，则其中的有机酸会持续受热脱羧基生成二氧化碳，因此深部储层内大量样品的有机酸含量明显减少。但是已有数据也表明在 140℃左右时，某些储层水中仍然能检测出较高的有机酸含量，含量也在 5000mg/L 左右。根据本研究，这些有机酸可能是深部储层内烃水持续反应生成的。基于前人和本研究的数据，将上述的机理解释汇总作于图 4-4-11（b）内。

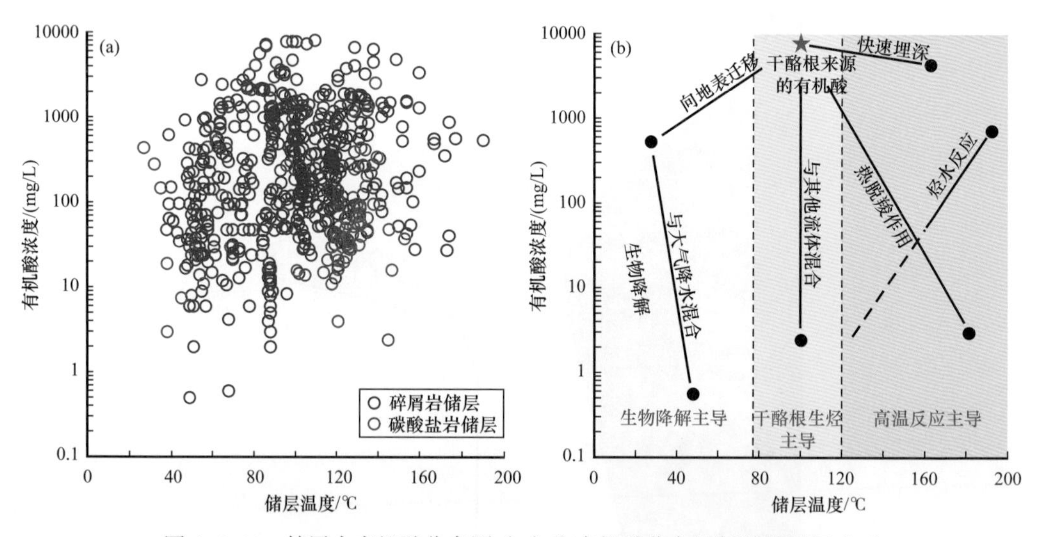

图 4-4-11　储层内有机酸分布图（a）和有机酸分布机制说明图解（b）

图（a）中数据来源：Barth et al.，1992；Carothers et al.，1978；Connolly et al.，1990；Dickey et al.，1972；Fisher，1987；Fisher et al.，1990；Hanor et al.，1986；Kharaka et al.，1986，1987；Means et al.，1987；蔡春芳等，1997

3. 深层—超深层储层发育的烃—水—岩环境及控制机制

本研究结果表明，含Ⅰ型和Ⅱ型有机质的烃源岩中有机酸和成熟油的生成几乎同步发生，大部分的有机酸可以伴随液态烃排出烃源岩，运移到储层中去。含Ⅲ型有机质的烃源岩虽然有机酸产量低，但该型烃源岩一般厚度较大，在特定情况下（如快速埋深），有机酸也可以被后期产生的烃类气体带出烃源岩，运移到储层中去。考虑到有机酸热稳定性较差，受热时易分解，因此快速排烃有利于有机酸的保存，进而有利于有机酸参与改造储层。对塔里木盆地来说，这 4 种情况都存在。海相的、含Ⅰ型有机质的寒武系—奥陶系烃源岩在台盆区的满加尔凹陷广泛发育。巨厚的（200m 以上）、含Ⅲ型有机质的煤系和泥质地层在库车坳陷中生代地层广泛发育。前者因埋深较大，后者因白垩纪以来快速埋深，几乎都到达高—过成熟演化阶段。且库车地区的短时快速埋深有利于烃源岩中天然气和有机酸的快速生成和排出、减少了有机酸热降解的概率。这些因素导致了烃源岩中的有机酸参与储层改造的可能性大大增加。所以，伴随油气充注的有机酸对储层空间的改造是部分深埋储层得以保存的关键因素之一。

控制储层中有机酸产生的因素包括：（1）地层温度，高温有利于提高烃类和水的反应活性，有利于水解歧化和 TSR 的发生；（2）岩性组合，膏岩层位附近有利于 TSR 发生；（3）油气藏类型，饱和烃含量高的高蜡油和轻质油有利于 TSR 中高含量有机酸的生成；（4）油水关系，倾斜的 / 非统一的油水界面有利于水的流动、增大油水接触面积，有利于烃水反应。

有机酸会以两种方式影响深层储层的质量。一是通过矿物溶解不断改善储层物性，二是维持水体酸性条件，阻碍矿物沉淀（Chen et al.，2021，2020）。在碳酸盐岩储层中，孔隙度可通过扩大孔洞而增加，尽管这些孔洞的改造过程在石灰岩和白云岩中可能有所不同。在砂岩储层中，以同样的方式增加孔隙度的可能性有限，这是因为硅酸盐矿物溶解缓慢，而砂岩中的方解石含量很少。但在方解石胶结物溶解后，砂岩储层的渗透性可以得到一定的改善。在正常的流体压力下，微裂缝为烃类的储存提供了一定的空间；并且，构造挤压造成的超压可以迫使这些微裂缝打开，使它们相互连接，成为烃类保存空间。塔里木盆地库车坳陷的白垩系砂岩储层在压力系数约为 2.0 的环境中形成了微裂缝孔隙，可能是这种酸蚀的一个例子。有机酸溶蚀矿物改善储层物性的发生时期应当与油气充注时期相同，即这些有机酸流体来自烃源岩、伴随油气充注到储层中去。同时，改善的储层空间直接被油气占据，因而得到保存。

对于深埋储层来说，由于矿物氧化、TSR 和水解歧化产生有机酸的准确产量及有利地质条件等方面的不确定性，地质领域储层潜在的酸蚀程度仍难以定量评估。虽然如此，有机酸在深层储层孔隙度的保持方面可能很重要。塔里木盆地深度大于 5km 的石灰岩储层中的乙酸浓度在 10.5～185.7mg/L 之间不等（中位值为 36.8mg/L，n=36）。利用乙酸在储层温度（100～150℃）下的解离常数进行简单计算，表明这些乙酸的 pH 值可能为 3.74～4.52。在这种条件下，溶解的矿物质将难以沉淀。因此，深埋储层原地产生的有机酸可以维持水的酸性，从而保持储层的物性空间。

第五节　深层—超深层油气储层分布规律与主控机制

一、深层—超深层岩溶储层

对于岩溶型碳酸盐岩储层，层控、相控是基础，在此基础上的断裂活动在储层形成过程中起着重要的控制作用。特别是，构造—含烃流体改造有助于深层储层保持，这是深层碳酸盐岩储层的专属性成储机制。

1. 古地貌控制作用

以塔中为例，古地貌的多期演化对规模岩溶发育的制约至关重要。用成像测井，并结合常规测井识别单井的岩溶结构。通过对研究区 40 余口钻井进行单井岩溶结构的识别，并分别投到两期古地貌图上，如图 4-5-1（a）所示。由图可以看出，位于东部的几口钻井 TZ80、TZ77、ZG41 等岩溶均不发育。

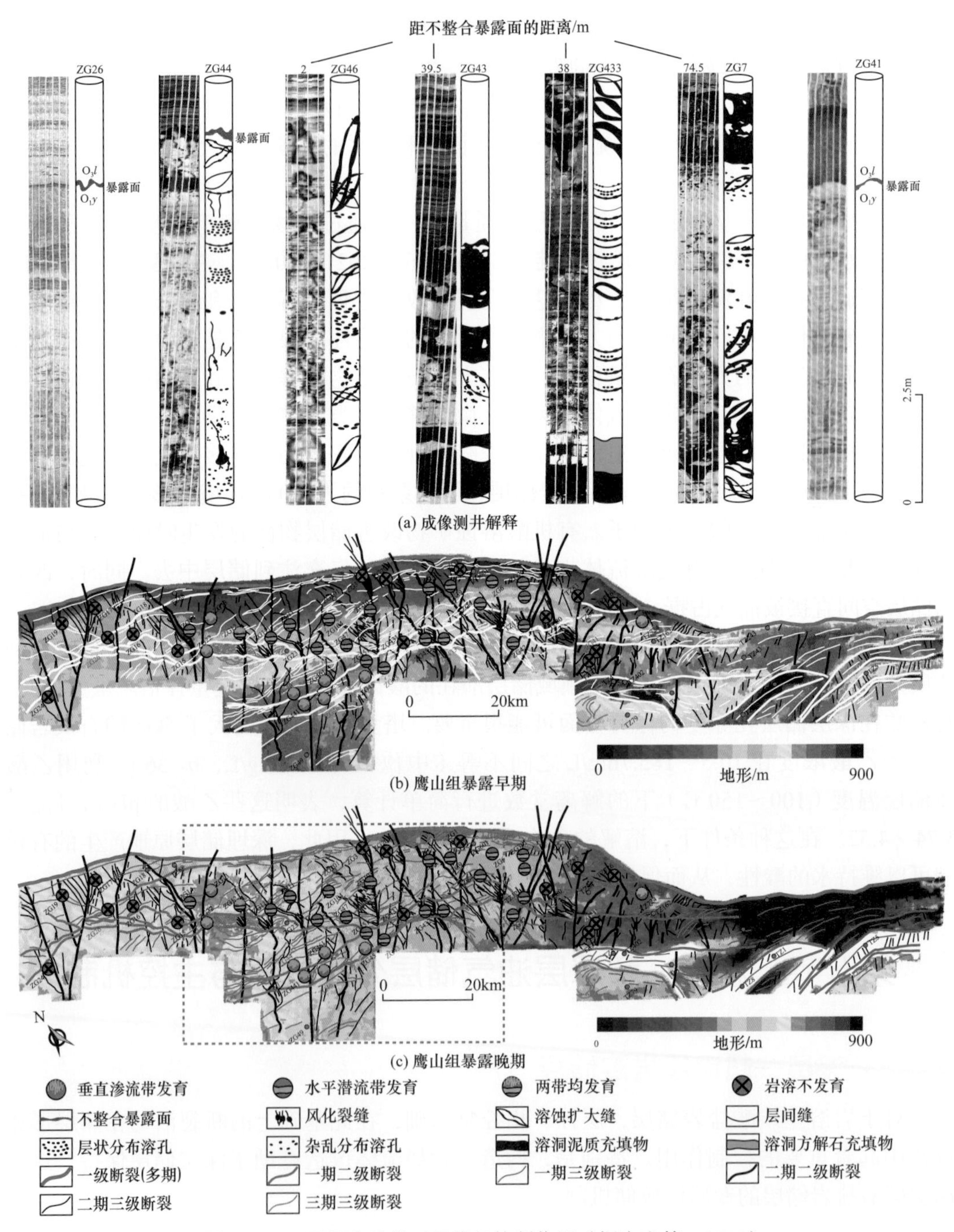

图 4-5-1 两期古地貌对岩溶的控制作用（据李忠等，2016）

从区域演化历史来看，该区构造活动性最强，剥蚀最为强烈，一间房组全部地层、鹰山组大部分地层剥蚀殆尽，因此推测早期形成的洞穴系统，亦遭受了剥蚀破坏，表现为岩溶的不发育。图 4-5-1（b）表明中部地区除了地势最低的北面以外，大部分井岩溶比较发育。地势最高的 ZG44、ZG441、ZG46、ZG461 等井区渗流带近垂直的扩溶缝及溶孔发育，而大型溶洞欠发育，这主要因为较高的地势以分散水流为主，水动力条件相对较弱，不利于大型溶洞的发育。而地势相对较低的 ZG451、ZG43、ZG432、ZG433 等井区，发育大型的岩溶洞穴，这是由于它们均处于斜坡地区，具有较强的水动力条件，利于大型洞穴的发育。图 4-5-1（b）中部低洼地区 ZG12、ZG13、ZG22 井均发育有近垂直的风化缝、扩溶缝等，与当地的地貌条件不符，这主要是与古地貌发展到后期，受构造控制，该区地形反转隆起有关。地貌发生反转之后，如图 4-5-1（c）所示，东部地区整体沉降，变为洼地，中、西部地区相对隆起。最西部的 5 口钻井，均表现为岩溶不发育。这与该区长期整体处于低部位，而暴露剥蚀期较短有关。

2. 断裂控制作用

具体到某个地貌单元，岩溶分布又明显受控于断裂发育情况。研究表明，塔中地区中—晚奥陶世逆冲断裂对岩溶具有显著的控制作用。扩溶缝走向统计结果如图 4-5-2 所示。玫瑰花图中的绿线代表了扩溶缝的优势走向。显然，大多数扩溶缝平行于断裂走向，也就是说，岩溶作用发生时，断裂已经形成，它们为岩溶提供流体通道的同时，自身发生扩溶，洞穴复合体基本沿着中—晚奥陶世逆冲断裂发育。

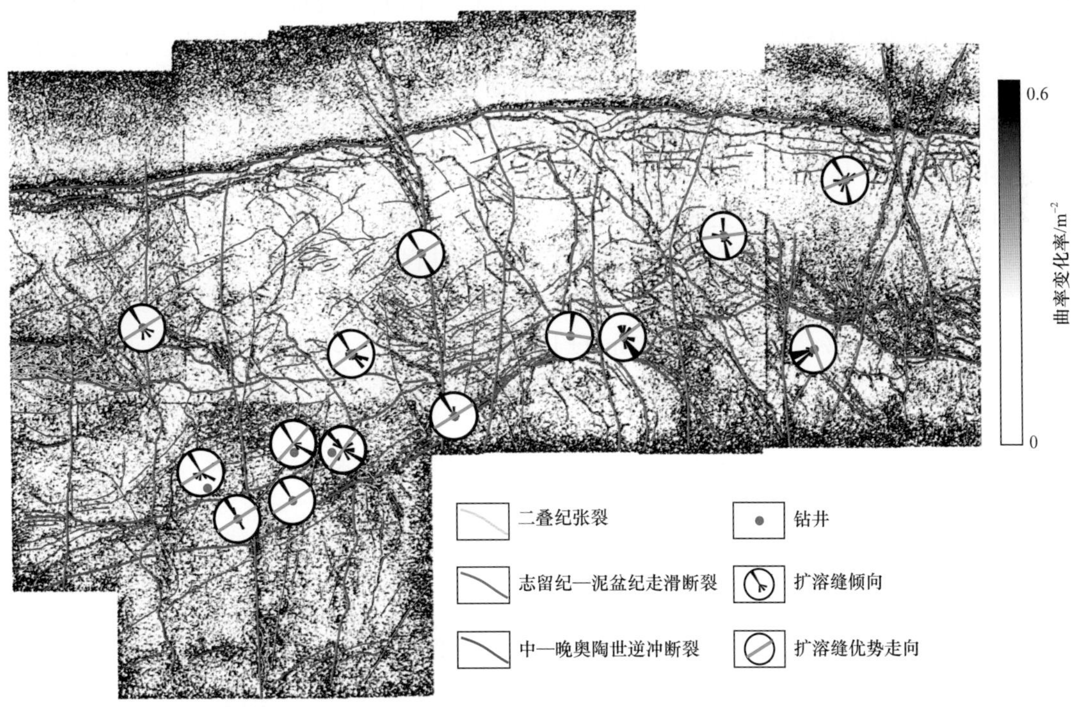

图 4-5-2　扩溶缝与断裂走向关系图

综合集成断裂、古地貌刻画研究结果，塔中及西延部分、塔北以表生规模岩溶储层为主，这些地区古隆起幅度较高，断裂发育，极易形成规模性的近地表岩溶储层。阿满过渡带以断控深循环岩溶储层为主，该地区断裂主要活动期为晚奥陶世，此时石灰岩已经埋藏，更多凭借深大断裂沟通地表大气水，继而引起深部岩溶。塔中东北方向向满加尔凹陷过渡的地区以深埋改造岩溶储层为主，该区断裂主要活动期为志留—泥盆纪，石灰岩埋藏过深，断裂难以沟通地表形成规模性岩溶，因而更多的是发生深埋溶蚀作用。基于以上分析，塔中西延部分，阿满低梁西北侧、塔中东北靠近阿满低梁一侧仍具有进一步的勘探潜力。

二、深层—超深层白云岩储层

根据深层—超深层白云岩储层的沉积环境、成岩作用和储层特征，将中国四川和塔里木盆地深层—超深层白云岩储层划分为以下 4 种典型类型，以下分别探讨其分布规律和主控机制。

1. 台缘大气水改造凝块石白云岩

主要分布在四川盆地震旦系灯影组（如磨溪 52 井）和塔里木盆地柯坪地区盐下肖尔布拉克组下段至肖上段 1 亚段、方 1 井等。台缘带，沉积水动力强，沉积物以代表高能环境的凝块石为主。这类白云岩储层的孔隙类型以顺层分布的微生物组构孔隙为主，同时发育铸模孔，即礁滩相—岩溶改造型储层（图 4-5-3）。凝块石形成于水动力较强的沉积环境，具有杂乱的结构和连通性较好的原始孔隙。因此，凝块石具有更强的抗压实能力，且易受后期流体的改造。受大气水溶蚀的影响，台缘带凝块石白云岩发育大量的顺层次生溶蚀孔洞。叠层石白云岩形成于中等水动力的环境，且具有亮层—暗层交替生长的特征。叠层石白云岩的顺层结构使得岩石具有相对较低的初始渗透率，降低岩石对次生流体的敏感性。压实作用下，此类顺层结构的物性会明显降低（Rezende et al.，2013）。纹层石白云岩形成于水动力更弱的环境，从而具有低的初始渗透率。纹层石白云岩同样具有弱的抗压实能力，且孔隙的连通性较差。成岩过程中，纹层石白云岩受溶蚀作用影响小，受压实作用影响大，进而发展为差的储层类型。其中，四川盆地灯影组凝块石的孔隙度为 4.5%±1.9%，渗透率为 0.77mD±1.31mD（n=35）。塔里木盆地肖尔布拉克组凝块石白云岩兼具较高的平均孔隙度 4.63% 和最高的平均渗透率 3.25mD。

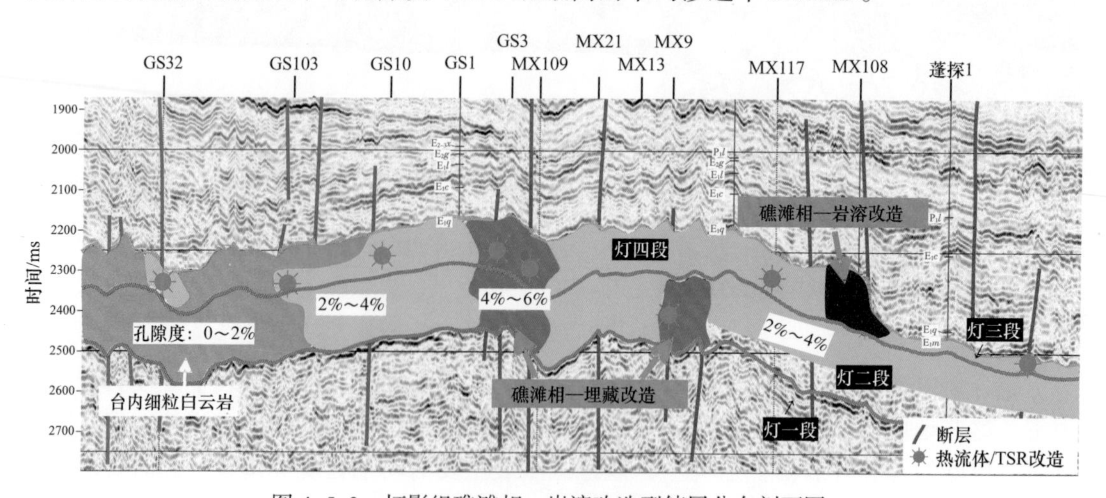

图 4-5-3 灯影组礁滩相—岩溶改造型储层分布剖面图

2. 台缘颗粒滩粗旋回早成岩溶蚀—后期改造白云岩

以四川盆地寒武系龙王庙组为典型，其储层发育区带受控于地层旋回变化，如钻遇研究层位的高石 10 井、磨溪 12 井、磨溪 202 井和磨溪 16 井，其储层主要发育于沉积旋回顶部（颗粒滩或潮坪）间歇性暴露且受大气淡水溶蚀改造的区带。可见，这类储层发育不仅受控于沉积相带的展布，还与早成岩溶蚀改造作用有关。在龙王庙组中，顶部层序的海退域（粗旋回）滩相由于具有较高的初始孔隙度，在间歇性暴露阶段受大气淡水改造，形成现今岩溶孔隙发育格架，孔隙度最高可达 18%，平均孔隙度为 6%～8%，早期形成的岩溶区带在埋藏过程中优先充注烃类，为后期有机酸溶蚀、烃类—硫酸盐氧化还原（TSR）作用等次生成岩作用改造提供了条件，最终形成了现今溶蚀孔洞、晶间孔、次生溶孔叠加的储集空间。

3. 台缘热流体 /TSR/ 有机酸溶蚀礁滩白云岩

主要分布于四川盆地震旦系灯影组、寒武系龙王庙组及塔里木盆地肖尔布拉克组楚探 1 井和舒探 1 井。主要的岩石学证据包括：（1）重晶石、中—粗晶白云石和鞍状白云石等晚期成岩矿物具有明显的溶蚀结构，并形成晶内溶孔、晶间溶孔和溶洞。根据成岩序列、成岩矿物的高均一温度及烃类包裹体，可以排除孔隙的早期成因。对于晶形完整的鞍状白云石晶间孔而言，其是由不完全胶结导致，故不能视为晚期成因孔隙。（2）缝合线附近发育的溶蚀孔洞。孔隙具有切穿或沿着缝合线发育的特点。此类孔隙的形成晚于缝合线的发育，否则压溶形成缝合线的过程，会充填此类孔洞。（3）沥青分布于溶蚀孔洞的中央，且周围的矿物可见溶蚀。溶蚀机理为：热流体活动产生鞍状白云石，后期在 TSR 作用下，包括鞍状白云石在内的各类白云石都发生了溶解作用，而形成优质储层。

此外，相关研究（Wang et al.，2013）表明当温度大于 260℃时，SO_4^{2-} 与 Mg^{2+} 大量络合并发生两种液相分离现象，证实了高温条件下 SO_4^{2-} 与 Mg^{2+} 形成络合物。该过程会破坏 Mg^{2+}—H_2O 络合物，促进白云石溶解。塔里木盆地肖尔布拉克组薄片点数统计显示热流体导致面孔率高达 10%（n=4）。面孔率统计显示单独的热流体溶蚀可造成平均孔隙度增加 3%（n=12）。通常，热流体溶蚀和 TSR 溶蚀伴生出现，共同造成 6% 孔隙度（n=3）。

4. 与膏盐毗邻的白云岩储层

该类储层主要分布在塔里木盆地肖尔布拉克组康 2 井、楚探 1 井、中深 5 井肖上段含膏白云岩层。常见硬石膏、鞍形白云石被部分溶蚀，晚期膏模溶孔中残留有沥青质及方解石交代白云石现象。方解石 $\delta^{13}C$ 值低至 −6‰，推测为 TSR 成因，石膏提供了 TSR 反应中的良好的 SO_4^{2-} 来源。薄片点数显示，面孔率高达 10%（n=2）。面孔率统计显示单独的 TSR 溶蚀可增大孔隙度约 3%（n=5），而在周边或相邻较致密储层，则孔隙度降低 0.2%～0.5%（n=4）。

三、深层—超深层碎屑岩储层

低地温、快速深埋背景下，以复合保持为主、改造增渗明显、改造增储有限为特征，这是深层碎屑岩储层值得关注的专属性成储机制。以山前挠曲盆地典型深层—超深层碎屑岩储层受强压实影响，通常表现为低孔超低渗，同时发育大量天然裂缝，天然裂缝有效改善了深层储层质量。库车前陆冲断带白垩系储层中包含 4 种成因类型的有效裂缝，分别为未充填裂缝、石英桥裂缝、剪切复活裂缝和溶蚀缝。

1. 未充填裂缝——保存裂缝有效性

未充填裂缝在岩心中较为常见，部分未充填裂缝的缝面上可观察到少量小晶体胶结物。时间可能是未充填裂缝形成的主控因素之一，通常认为未充填裂缝形成于晚期构造活动，裂缝面上少量胶结物也与较短时间内高温环境下的晶体沉淀过程相匹配。

2. 石英桥裂缝——保存裂缝有效性

储层裂缝中胶结物成分多样、分布广泛，一般认为胶结物沉淀会导致裂缝孔隙度和渗透率的大幅降低。尤其在深部高温高压环境、深部（热）流体活跃情况下，这种认识可能会得到加强（Makowitz et al.，2006；Laubach et al.，2019）。然而，库车白垩系砂岩储层中发现的裂缝石英桥强调了胶结物对裂缝物性的保存作用。石英桥对裂缝物性的保存主要体现在两方面。首先，石英桥跨越裂缝壁的生长特征可以维持裂缝张开过程中获得的裂缝宽度，并在裂缝停止张开后支撑裂缝不被压应力闭合（Laubach et al.，2004），阻止裂缝孔隙度的物理衰减，从而起到保存作用。其次，石英桥呈孤立状、局部生长，占裂缝的体积较小，流体可以绕过石英桥继续流动。因此，尽管库车白垩系储层现今埋深很大且处于强挤压应力场下，含有石英桥且未被后期胶结物完全充填的裂缝仍可保留大量孔隙度和渗透率。

通过 Arrhenius 方程可计算得到石英桥的生长长度（Walderhaug，1996），继而分析库车前陆冲断带白垩系储层中石英桥的分布情况。

$$k = A\mathrm{e}^{\left[(-E_a)/RT\right]}$$

式中 k——单位面积的石英沉淀速率，mol/（$cm^2 \cdot s$）；

E_a——开始沉淀所需的活化能，取 50～62J/mol；

A——常数，9×10^{-12}～12×10^{-12}mol/（$cm^2 \cdot s$）；

T——温度，K；

R——通用气体常数，8.314J/（mol·K）。

结果表明，白垩系东西向裂缝形成后且后期未被硬石膏充填的情况下，石英桥最多可生长 1.15mm，具有较大的生长潜力（图 4-5-4）。

3. 剪切复活裂缝——改造裂缝有效性

无论是石英桥还是未充填，均无法阻止后期成岩流体进入张开的裂缝。成岩流体进入裂缝孔隙空间并且沉淀胶结物，胶结物完全/大部分充填裂缝孔隙空间，最终导致裂缝孔隙度、渗透率衰减。因此，完全充填裂缝想要重新成为储层有效裂缝，需要额外的机制破坏密封的胶结物。在库车白垩系砂岩岩心中，观察到大量发育在裂缝壁或裂缝胶结物上的剪切复活证据，如擦痕（SL）和定向矿物排列（OMO）（Doblas，1998）。根据这些线性构造的产状，剪切复活裂缝可分为倾滑复活裂缝和走滑复活裂缝。

基于对深层有效裂缝保存/改造作用的物理、化学机制的认识，分析深层裂缝与储层产能［用无阻流量AOF代表（陈元千，1987）］之间的关系，评估深层储层规模有效裂缝的分布。构造位置对AOF有比较明显的影响，AOF值较高的井（AOF≥60）大多出现在克深背斜和大北背斜的顶部，也显示了天然裂缝总数与储层产能呈正相关关系。

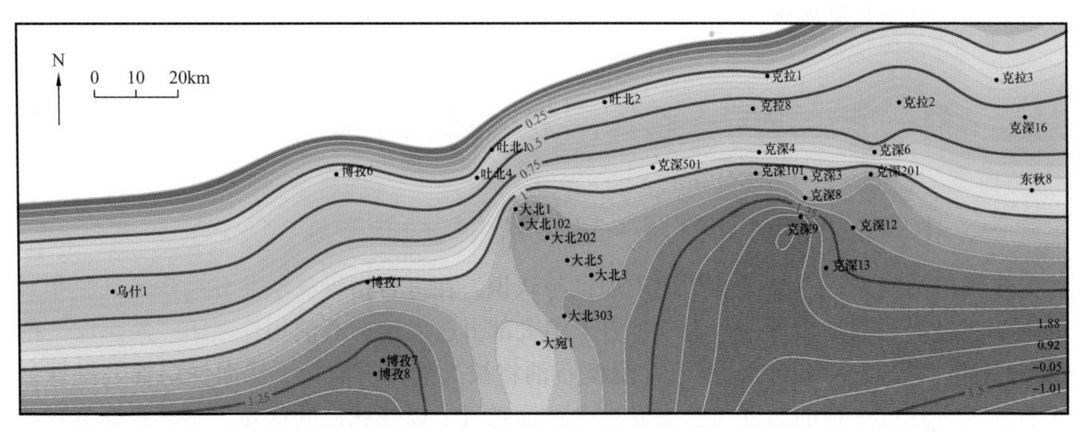

图 4-5-4　克拉苏构造带白垩系裂缝石英桥生长长度等值线图（单位为mm）

第五章　深层—超深层油气藏类型及成藏机制

盆地深层油气藏往往经历了更为复杂、曲折的埋藏历史，以及对应的温压场变化、成岩过程和油气充注历史，因而必然具有特殊性和复杂性。特别是中国西部叠合盆地，经历过多期的盆地叠合及构造变动，造成多重生烃灶、多期成烃、多期成藏、多期改造、叠加复合的复杂成藏环境及成藏过程，在盆地深部的表现更加突出与复杂，油气成藏研究面临的难题更具挑战性。

第一节　深层—超深层油气地质条件与主要类型

一、中国含油气盆地深层—超深层油气地质条件

中浅层油气勘探总结的油气地质理论与认识，在进行指导深层油气勘探受到了很大的限制。经典石油地质理论认为，世界上绝大部分已发现的石油均存在于“液态窗”内（温度范围为65.5～149℃），高于此温度石油将被天然气所取代。然而深层油气勘探证实石油与天然气存在的温度与压力界线已远远越过了以往我们的认知，尤其是非常规油气勘探地质理论的逐渐形成，更是有效促进了深层油气勘探与地质理论的逐渐发展。在盆地内油气聚集很复杂，各种原因导致油气富集程度不均一。但一般来说，烃源岩、储层、盖层及生储盖配置、圈闭、运移和保存等油气成藏条件的基本特征及在时空上的相互匹配关系，决定了盆地内油气的富集状况。依据近年来深层—超深层油气勘探重大发现和研究主要进展，总结深层—超深层油气成藏地质条件与成藏规律，普遍存在的深层有利构造背景、优质烃源岩发育、有效及规模性储集体、有效输导体系及规模输配系统、有效的区带性优质封盖层油气成藏必要条件，也就是常说的“生、储、盖、圈、运、保”六大成藏要素；对于深层更加强调的是“构造、生烃、储集、保存、匹配”五大要素的有效匹配关系及联合作用，更加突出深层—超深层的规模性、有效性。

1. 有利的盆地与盆地内构造背景

大地构造背景控制盆地的发育、类型及沉积相带的充填，从而控制深层油气烃源岩和储盖组合，特殊的大地构造背景形成特殊的油气藏类型。被动陆缘、前陆盆地、克拉通盆地中下组合和裂谷盆地是深层油气田发育的有利盆地类型主要原因有：（1）能够形成较厚的沉积层，具备深层油气生成和保存的物质条件；（2）容易形成异常高压，抑制烃类的生成和排出，使生油窗深度下降，且储层中超压的存在还能使储层保持较好的孔渗条件；（3）这两种类型的盆地深部容易形成大量的裂缝和破裂，增加储层的孔隙度和渗透率，有利于油气的排出和运聚；（4）在裂谷盆地和前陆盆地有利于大量构造圈闭的

形成，尤其是与断层相关的和与背斜相关的构造发育，形成良好的圈闭条件；（5）盆地内继承性隆起 / 凸起（古隆起 / 古凸起），分割有效生烃中心的同时，也具有近源成藏与油气运聚长期指向之优势。

2. 优质烃源岩层发育及充足的油气供给

同中浅层油气的形成一样，深层油气藏的形成同样需要具备一定含量有机质的烃源岩作为成烃的物质基础。深层烃源岩的存在，是深层油气藏形成不可缺少的条件。超深层烃源岩的有机碳含量仍然很高，且含油气盆地超深层烃源岩分布范围也很大，岩性主要为陆源碎屑岩和碳酸盐岩，有机碳含量介于 0.25%～6%。超深层烃源岩有机碳含量主要受控于烃源岩的沉积相及其中的有机质，与烃源岩的埋藏深度没有关系。超深层烃源岩的成熟度除受温度和压力的影响外，还与盆地沉积速率有关。晚期快速沉积与沉积速率基本不变的沉积相比，其烃源岩的成熟期较晚，生烃速率也较大。或者是烃源岩在后期演化过程中具有良好的二次生烃潜力，如渤海湾盆地前古近系的石炭系—二叠系煤系烃源岩层。

3. 有效的规模储层或储集体

碳酸盐岩、碎屑岩、火山岩、变质岩于深层—超深层领域均能够形成有效储层，构成规模储集体；并且深部储集体存在多种类型，有孔隙型、裂缝型、溶洞—裂缝型、孔隙—裂缝型及其他类型的碎屑岩和碳酸盐岩储集体。与一般深度的储层相比，超深层油气藏储层的孔隙度并不低，但以次生孔隙为主；与一般的油气藏相比，储层物性除了受压力和温度的控制外，还受到应力的影响。在深层油气藏聚集地区异常高压的发育比较普遍，超压对深层烃源岩热演化和储层孔渗条件都有重要的控制作用。异常压力的增大可以明显抑制有机质热演化和油气生成作用，使得传统模式已经进入准变质作用阶段的深层烃源岩，可能仍保持在有利的生烃、排烃阶段，成为深层油气聚集的有效烃源岩。超压的发育能够更好地保持深层储层孔隙度和渗透率，超压系统的有效应力降低，导致压实作用减弱并抑制了压溶作用，使得深部储层具有较高的孔隙度和渗透率，从而为深层油气聚集提供了较好储集条件。超压环境下，压实、胶结和溶解作用降低，从而使得超深层的储层具有相对高孔高渗的储集性能。在超深层油气藏中，气藏、凝析气藏所占的比例明显上升。有利的沉积相带、表生风化淋滤作用、成岩作用中胶结物溶解和白云岩化作用、异常高压、早期油气充注、裂缝发育均可在深部形成优质储层并接受油气充注。

4. 有效输导体系及规模输配系统

深层烃源岩层到储层再到有效油气聚集成藏，而深层成藏的关键是有效输导体系及规模输配系统的形成与匹配组合。深层有效输导体系与储集体岩性密切相关，大致可以归纳为碎屑岩与碳酸盐岩两大类（火山岩与变质岩可以归入碳酸盐岩类，基础岩相、改造、裂缝占主导）输导体系。碎屑岩地层普遍具有非均质性，其输导体系多表现为砂体结构非均质性，储集砂体之间的连通性，储集砂体间裂隙与微裂缝网络。碎屑岩输导层的非均质性受沉积构造控制，在浅层埋藏过程中即已发生明显的差异性成岩作用，其中渗透性岩石被低渗透性隔夹层所分隔，具有一定的空间结构特征。在结构非均质性输导层中，油气运移路径的分布极不均匀，与传统上物性表现为宏观均质性的输导层模型相差甚远。在运移途中，油气可在任何地方聚集，其单个油气量较小，但数量众多，分布范围很广，总量可能远大于处于高点圈闭中的油气藏。结构非均质性输导层中，油气的运移路径和聚集方式与传统认识不同，为油气成藏研究带来许多启示，勘探应该具有更为广泛的目标选择，洼陷区和斜坡区都可能成为有利勘探区域。碳酸盐岩层系断层、裂缝、不整合构成了碳酸盐岩输导体系的主体，特别是对于碳酸盐岩储层非均质性强的特点，输导体系的沟通作用显得越发重要。塔里木盆地塔北、塔中奥陶系油气成藏，断裂—不整合网状输导体系网状供烃、大面积成藏，断裂优势输导，主断裂控制油气富集。断裂沟通烃源灶，高效输导，不整合面调整富集，形成多层系、大面积分布的巨型油气富集区。

5. 有效封盖性的区域性盖层

在深部储层中，由于埋深大，温度较高，压力较大，油气相态多变，油气稳定性较差，在长时间的地质作用过程中易向上散失或裂解成气，所以，具备良好的储盖组合，尤其是区域性盖层的存在是深层油气保存的关键控制因素。超深层油气藏的优质盖层主要为盐岩和泥岩。盐岩致密并且易变形，有很强的韧性，是超深层油气藏特别是大型油气藏的最优质盖层，如塔里木盆地库车古近系、四川盆地寒武系、鄂尔多斯盆地奥陶系、准噶尔盆地上三叠统。

二、深层—超深层油气藏主要类型及特征

随着深层—超深层领域油气勘探的不断推进，地质认识的不断深化，以往的构造型、地层型、岩性型、复合型油气藏分类已不能反映现今深层领域油气勘探需求与认识进展。针对深层领域已发现的油气藏类型，从实际出发，在保持传统储集岩类划分习惯基础上，增加盆地类型，构成盆地类型＋储集岩类的深层—超深层油气藏划分原则与方案，突出深层—超深层油气成藏特点，以及实际可操作性。共划分为常规与非常规两大类，常规按盆地类型与储集岩性再细划分为克拉通、裂谷、前陆及碳酸盐岩、碎屑岩、火山岩、侵入岩、潜山类型。非常规主要按照资源类型再细划分为页岩油、页岩气、致密油、致密砂岩气4类；页岩油再分为夹层型、混积型、纯页岩型3类；页岩气再分为海相与陆相2类（表5-1-1）。

表5-1-1 我国陆上深层—超深层领域油气藏类型划分一览表

油气资源类型	盆地类型	油气藏类型	亚类	典型油气田／油气藏
常规	克拉通	碳酸盐岩	礁滩	安岳气田、普光气田、元坝气田、罗家寨气田、龙岗气田、双鱼石气田、五佰梯长兴组气藏、川西南金页1井灯影组气藏、塔中Ⅰ号油气田
			岩溶	塔河油田、轮古油田、哈拉哈塘油田、和田河气田、卧龙河气田、铁山坡气田、角探1井气藏、靖边苏东45井气藏
			缝洞体（断溶体）	富满油田、顺北油田

续表

油气资源类型	盆地类型	油气藏类型	亚类	典型油气田 / 油气藏
常规	克拉通	碳酸盐岩	白云岩	安岳气田震旦系灯影组气藏、川西地区雷口坡组、川东南泰来 6 井茅口组、塔里木塔北南坡轮探 1 井盐下寒武系油气藏
		碎屑岩	砂岩	东河塘油田
			火山碎屑岩	永探 1 井气藏
		火山岩	侵入岩	永探 1 井气藏
	裂谷	碎屑岩	砂岩	埕海低断阶埕海 306 井油藏、月探 1 井油藏、堡探 3 井气藏
			砂砾岩	丰深斜 101 油藏
			火山碎屑岩	长岭 40 井气藏
		火山岩	火山岩（包含侵入岩）	德惠 81 井气藏、驾探 1 井气藏、南堡 280 井沙三段气藏
		潜山	碳酸盐岩	杨税务安探 1X 井气藏、文安斜坡苏 8X 井油藏、海古 1 井气藏、霸县凹陷牛东 1 井气藏、济阳坳陷埕北 313 井油藏
			碎屑岩	乌探 1 井气藏、营古 2 井气藏
			火山岩	隆平 1 井油藏
			变质岩	兴隆台油田、渤中 19-6 气田、渤中 13-2 油气田
	前陆	砂砾岩		玛湖上乌尔禾组油藏、康探 1 井油藏
		砂岩		克深气田、大北气田、博孜 9 井气藏、中秋 1 井气藏、高探 1 井油气藏、呼探 1 井气藏
		火山碎屑岩		金龙油田、五一八区佳木河组气藏
		火山岩（包含侵入岩）		金龙油田、夏 72 井油藏、沙探 1 井油藏、柴达木牛东气田、昆 2 井气藏
非常规		页岩油	夹层型	鄂尔多斯长 7 段、渤海湾沙三段
			混积型	吉木萨尔凹陷芦草沟组、柴达木柴西下干柴沟组、渤海湾盆地孔二段（深层）
			纯页岩型	松辽盆地青山口组
		页岩气	海相	四川礁石坝气田、四川长宁—威远气田、鄂尔多斯西缘忠平 1 井奥陶系气藏
			陆相	鄂尔多斯盆地长 7 段、鄂尔多斯盆地石炭系—二叠系
		致密油		准噶尔玛南风城组、鄂尔多斯长 8 段（深层）
		致密砂岩气		塔里木盆地库车坳陷东段侏罗系迪北气田、吐格尔明致密砂岩气气藏、川中三叠系徐家河组致密砂岩气气藏（深层）

该油气藏类型划分方案首先是按三大盆地（克拉通、裂谷、前陆）进行区分，然后是按照四大岩类进行划分，目的是明确深层盆地属性、储集岩类、勘探对象。而非常规油气藏类则遵循资源类型+层系（层段）的划分原则，不再突出盆地类型，而是要突出非常规资源类型，仍然照其油气资源属性归类，归为非常规页岩油、页岩气、致密油、致密砂岩气。需要说明的一点是，东部渤海湾盆地潜山类型实际属于基岩类型，潜山作为东部裂谷渤海湾盆地深层特殊类型，是深层未来的主要勘探对象，故进行单列。以往从非常规油气资源经济性考虑，主要评价4500m以浅的资源；随着勘探的不断深入，目前深层领域致密油气、页岩油气均已突破4500m，展现深层良好勘探潜力。

第二节　深层输导体系形成演化及有效性

输导体系是油气从“源”到“藏”的桥梁和纽带。烃源岩生成的油气只有经过有效通道才能进入圈闭聚集成藏，输导体系在主要运移时期的输导能力与连通性特征直接影响着油气运移方向和聚集部位。位于盆地深层—超深层各种通道在油大规模生成、运移和聚集的时间范围内必须呈现出其有效性，并在相当的空间范围内相互连通，构成有效的输导体系，才能保证油气的运移、汇集和富集。在含油气盆地内，运移通道主要由输导层、断裂及不整合相关输导体构成，研究的重点在于不同类型运移通道在油气运聚成藏期的空间结构、输导能力及相互连通方式等。

一、深层—超深层输导层非均质性与有效性

盆地深层储层往往经历过长时间多种地质因素的作用与改造，储层孔渗物性随深度增加趋向变低（Ehrenberg et al.，2005；庞雄奇等，2012）。但勘探实践发现深层—超深层条件下储层仍可保存或形成良好物性（张涛等，2007；王招明，2014；Luo et al.，2015），深部有效储层发育的原因或是在深层条件下仍然保留了原生的孔隙空间，或者形成了次生的孔隙、裂缝、溶孔等。从油气成藏角度，那些在成藏事件发生时油气可以进入其中发生运移、聚集的岩石才是有效输导体（罗晓容等，2016）。

1. 碎屑岩储层的结构非均质性特征与有效性

深部有效碎屑岩储层的形成受其所处的大地构造背景、沉积条件、埋藏过程及其间的地质环境等多种因素控制（Bloch et al.，2002；李忠等，2006；钟大康等，2008），表现出强烈的非均质特征（图5-2-1）。

1）深层储层差异化成岩—油气充注过程

受沉积构造和岩石结构的影响，碎屑岩储层在不同尺度上的非均质性表现不同，具有结构性特征，受沉积构造控制。深层含油储层岩心观察表明，原油并不完全占据整个储集岩体，含油和非含油砂岩相间分布。不含油砂岩除部分为致密夹层外，大部分物性相对较好，表明在同样的成藏条件下，物性较好的储集岩不一定含油。

精细的岩石学观测发现，构成深层储层的岩石类型差异很大，同一砂岩体内部往往

可以划分为2～4类岩石相，其各自的成岩作用方式和过程大相径庭，其中部分物性相对较好的岩石相中油气多期次充注（Luo et al.，2015；罗晓容等，2016；Shi et al.，2017；Cao et al.，2017）。

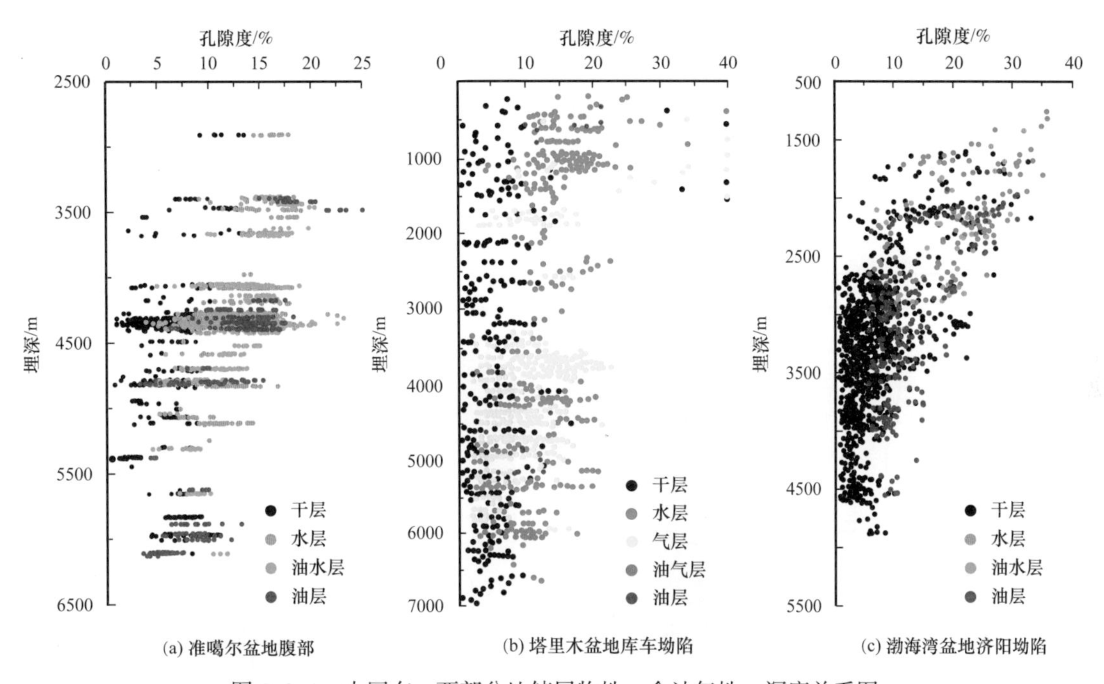

图5-2-1 中国东、西部盆地储层物性—含油气性—深度关系图

这里以库车坳陷迪北—吐东地区下侏罗统阿合组储层为例，加以说明。

（1）储层岩石相。

通过对砂岩岩心和微观特征的分析，研究区阿合组砂岩为岩屑砂岩及少量的长石岩屑砂岩，岩石成分成熟度较低。碎屑颗粒从细砂到粗砂岩变化，但以中砂岩和粗砂岩为主，粒径中值为0.06～0.54mm。磨圆度以次棱角和次圆状为主。分选性表现为中等，但含砾石的砂岩分选极差。依据岩石学组构、成岩类型及孔隙特征的差异，将阿合组砂岩分为贫塑性颗粒砂岩、富塑性颗粒砂岩和含钙质胶结砂岩3种岩石相，不同岩石相的矿物组分、粒径、物性和孔隙结构等均有所差异。

贫塑性颗粒砂岩主要为中—粗粒砂岩，平均粒径为0.27～0.54mm。杂基含量少（4.0%～8.0%），压实中等，塑性颗粒（低级变质岩岩屑、蚀变的火山岩岩屑及泥岩岩屑）含量低（27.6%～44.0%）。胶结物类型丰富，包括铁方解石、铁白云石、菱铁矿、自生石英、黏土矿物及硅质等，但总量低（1.0%～4.0%），溶蚀作用非常普遍，发育原生粒间孔、粒内溶蚀孔及裂缝。该类岩石相物性较好，孔隙度为4.7%～9.5%（平均6.2%），渗透率为0.118～4.724mD（平均1.139mD）（图5-2-2）。

富塑性颗粒砂岩为中—粉细粒砂岩，平均粒径为0.06～0.26mm。富含杂基，含量为10.0%～15.0%。整体表现为强烈压实，塑性颗粒含量为40.0%～49.5%。普遍见富泥质塑性岩屑强烈的压实软变形并且假杂基化，沿石英等刚性颗粒弯曲或被挤入粒间孔隙中。

碳酸盐胶结物零星产出，几乎不发育硅质胶结。黏土矿物中以丰富的鳞片状伊利石黏土为主，薄片下零星的溶蚀孔隙，面孔率往往小于1%。该类岩石相储层物性相对较差，孔隙度为1.3%～5.1%，平均值为2.9%，渗透率为0.014～3.650mD，平均值为0.069mD。

钙质胶结砂岩主要为中—粗粒砂岩，平均粒径为0.48～0.72mm。压实作用比较弱，颗粒呈漂浮状。胶结物以方解石为主，呈连晶式充填孔隙或交代颗粒和黏土杂基产出，占据相当大的粒间孔隙体积。方解石胶结物含量为22.0%～27.0%。在钙质胶结砂岩中，溶蚀作用非常弱，偶尔见长石和岩屑溶蚀。该类岩石相储层物性相对较差。孔隙度为1.1%～3.5%，平均值为2.9%，渗透率为0.013～1.354mD，平均值为0.067mD。

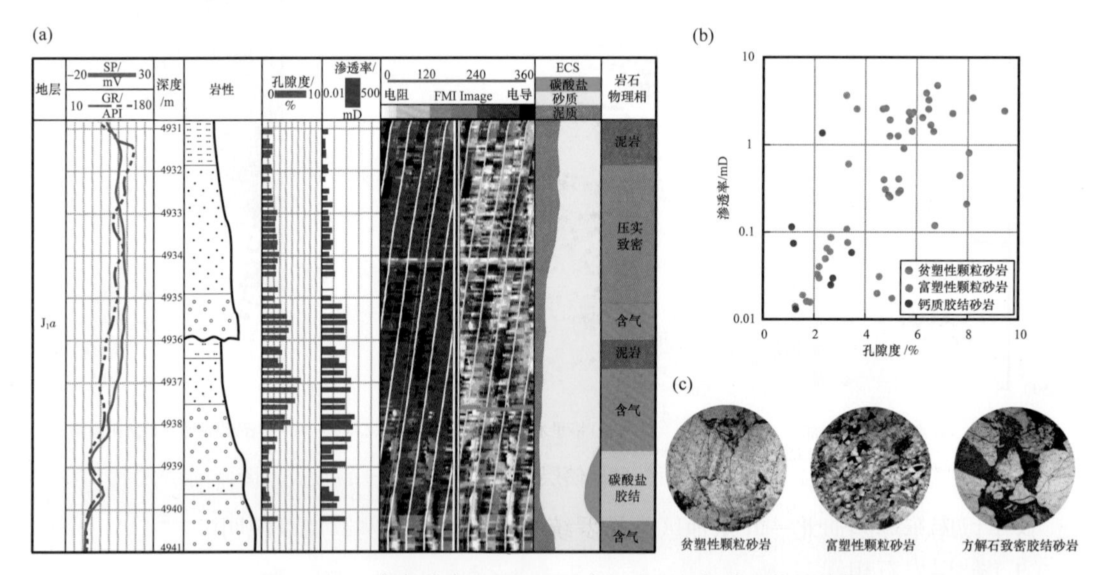

图5-2-2 库车坳陷迪北地区阿合组岩石相划分和物性特征

（2）油气充注期次和时间。

含油砂岩中，石油包裹体主要呈气液两相，油包裹体荧光颜色为黄色和蓝白色。黄色荧光石油包裹体主要沿石英颗粒内愈合缝发育，少量在石英加大边内也可见到；蓝白色荧光石油包裹体主要沿石英颗粒内愈合缝和切穿石英颗粒的愈合缝发育，也可见在石英加大边和碳酸盐矿物中（图5-2-3）。与烃类包裹体伴生的盐水包裹体均一温度测试结果表明，与黄色荧光油包裹体同期的盐水包裹体均一温度主要为80～130℃，而与蓝色荧光包裹体同期盐水包裹体均一温度为120～160℃。结合单井热/埋藏史分析发现，迪北地区流体包裹体主要记录了两期油气充注：第一期发生在25—12Ma，第二期充注时间为7—0Ma。吐格尔明地区也记录了两期油气充注：早期充注时间为11—6Ma，第二期主要为4—0Ma（图5-2-4）。

（3）不同岩石相的成岩序列。

将含油砂岩中烃类充注期次作为时间标记，重新认识了不同类型岩石的成岩演化过程，分别建立不同类型岩石差异化成岩—油气充注时间序列。发现贫塑性颗粒砂岩中流体—岩石反应活跃，普遍发生了多期烃类充注和溶蚀、胶结反应。相反，富塑性颗粒砂岩和钙质胶结砂岩早期致密化，基本上不发生油气充注，后成岩作用微弱。

2）结构非均质性输导层砂体的连通性

储层中的砂体往往为同一沉积环境中多个砂体叠置而成的复合砂体（Pranter et al.，2011）。在复合砂体内部，不同部分之间并非完全连通，沉积过程中因水动力条件变化而形成的一些富含软岩屑层段可沿沉积构型界面分布，而在一些重要的构型界面处也往往形成具有一定连续程度的钙质结核带（Morad et al.，2010）。这些岩石层带在早期成岩过程中即已变得非常致密，成为储层中的夹层，对之后的流体活动和油气运移起到阻隔作用。

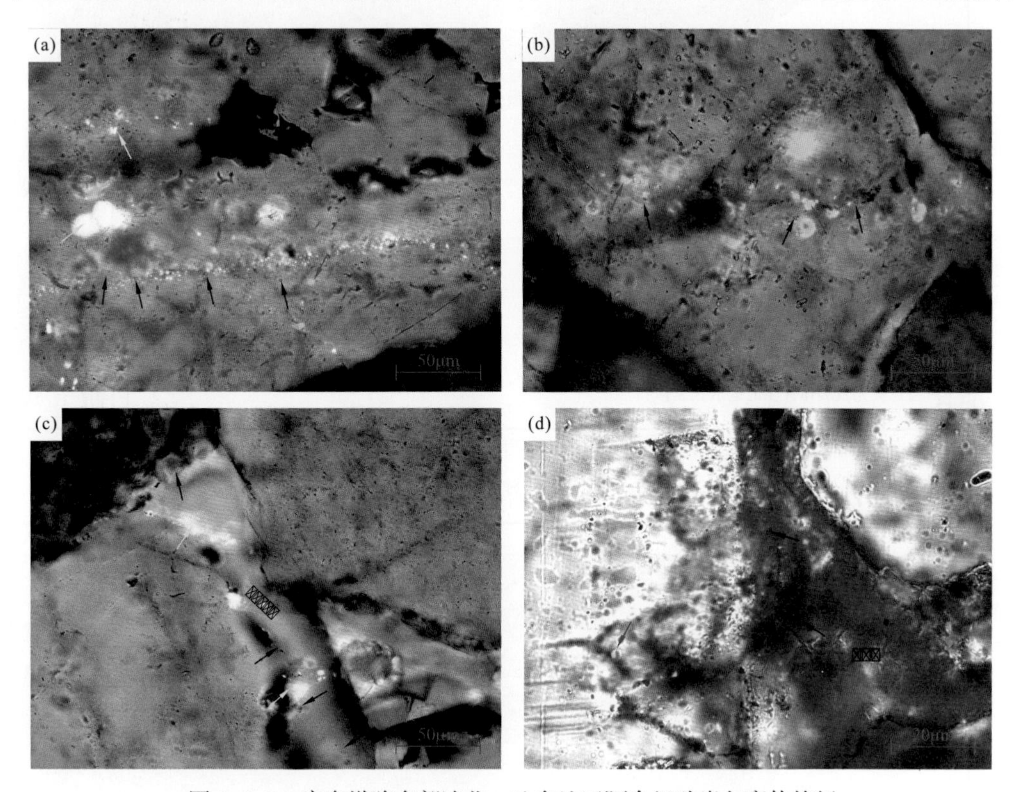

图 5-2-3 库车坳陷东部迪北—吐东地区阿合组砂岩包裹体特征

（a）吐东 2 井，3980m，荧光，微裂缝中的黄色荧光、蓝色荧光液态烃包裹体、黑色气态烃包裹体及盐水包裹体；（b）依南 2 井，4842.6m，荧光，微裂缝中的蓝色荧光液态烃包裹体及盐水包裹体；（c）吐东 2 井，3980m，荧光，石英加大边中的黄色荧光液态烃包裹体及盐水包裹体；（d）迪北 102 井，5055m，荧光，方解石中的蓝色荧光液态烃包裹体及盐水包裹体

能够形成工业聚集量的油气运移是一个漫长的地质历史过程。在此过程中，由于构造变动或地层流体压力变化，砂体之间可能形成各种临时通道，造成流体连通。储层中砂体之间及叠置的砂体内部在平时是否连通并不重要，只要在油气发生运移时存在通道，油气及其他地质流体就可以通过。这样的通道往往是一些隐性的通道（图 5-2-5），包括开启的裂隙和裂缝、砂岩体间泥岩封闭性失效的通道、砂岩脉等（罗晓容等，2020）。其中，砂体间泥岩的封闭性失效是指由于储层中砂体的物性与泥岩隔层的物性相差不大，当砂体中油气的充满度达到一定程度，油气柱所产生的浮力大于泥岩的排替压力，油气就可能穿过泥岩向上运移，形成连通隐性通道（England et al.，1991）。

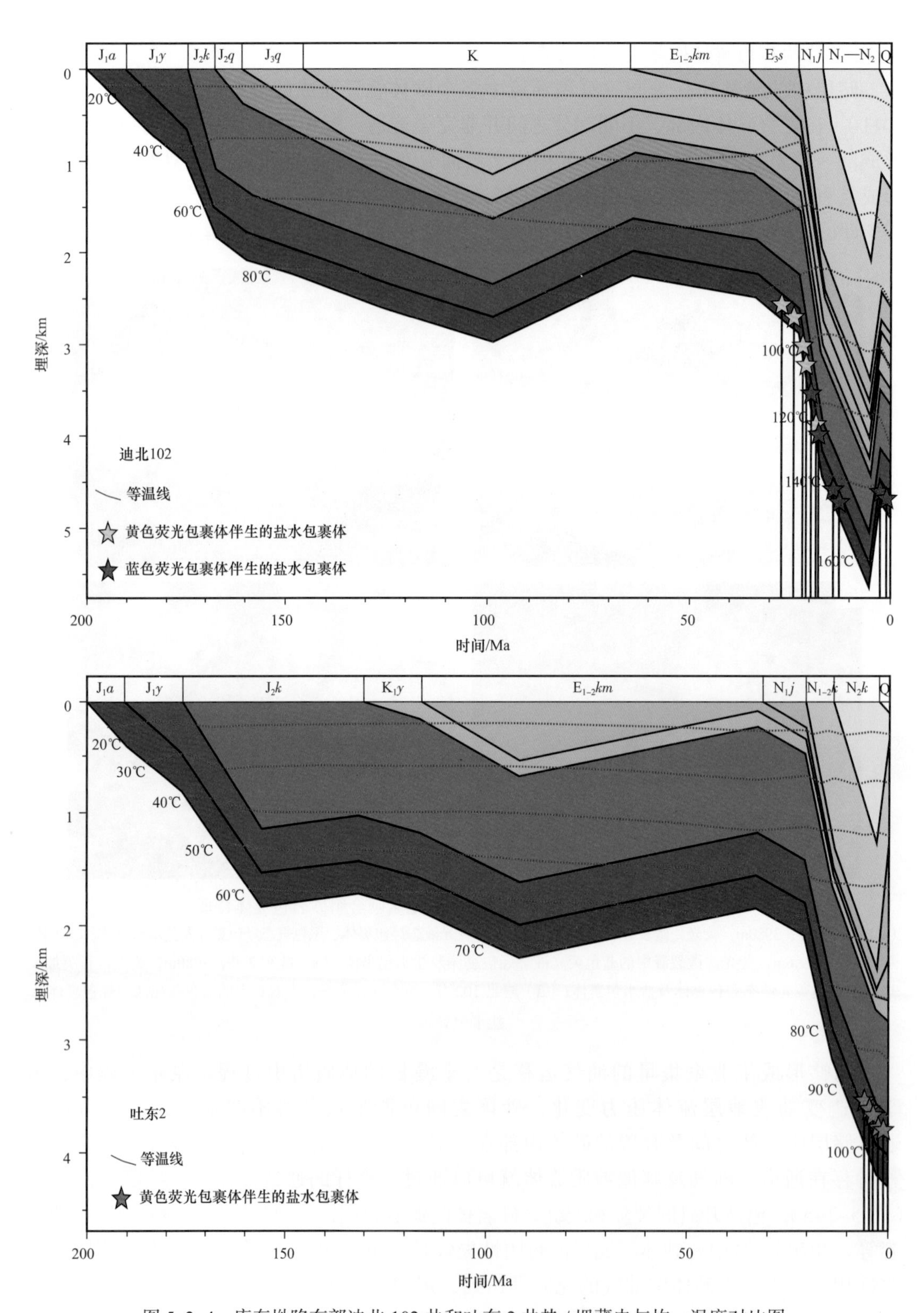

图 5-2-4　库车坳陷东部迪北 102 井和吐东 2 井热 / 埋藏史与均一温度对比图

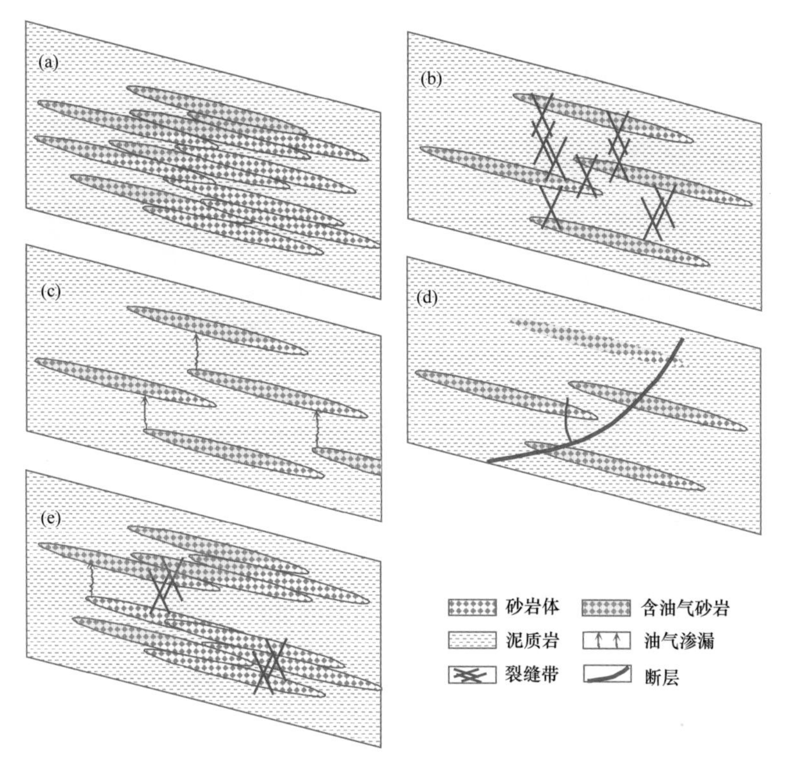

图 5-2-5 砂体间泥岩封隔失效的可能模式

储层中断裂和裂缝的产生和张开可能形成穿过砂体间泥岩隔层的运移通道。这些通道在油气运移期间形成或开启，并随着应力变化、断裂面和裂缝的闭合而消失。在油气运移过程中，类似的裂缝开启—流体流动—裂缝闭合可以无数次地发生，可以是同一断裂和裂缝的反复开启，也可能因应力场的变化而形成新的断裂和裂缝（Vasseur et al., 2013）。England 等（1991）强调了裂缝开启对于砂体间流体连通的重要性，并提出在一部分曾经发生过油运移的裂缝中岩石的润湿性可能发生改变，从而使其成为永久的油气运移通道。

在砂体内部，不同级次的界面上所形成的夹层均为渗透率相对较小的致密层（焦养泉等，1995）。砂体内泥质岩层和富软岩屑砂岩夹层的连续延伸范围一般较大，钙质结核夹层的延伸可以很广，但其连续性受多种因素制约（Mcbride et al., 1995）。另外，砂体内的夹层往往被裂隙和裂缝所切穿，这可导致夹层或砂体自身不连续，或由于裂隙和裂缝的产生或开启而造成砂体间流体连通（图 5-2-6）。

因此，在深层—超深层储层和输导层同体异工，多期构造活动在储层中造成断裂、裂缝，其幕式开启为油气运聚提供了有效通道，使得储层在此期间成为输导层。

2. 深层—超深层储层有效性研究

深层—超深层储层有效性是指成藏事件发生时油气可以进入其中发生运移、聚集的有效岩石相在储层中的多寡，以及其间在油气运聚期相互连通的可能性（罗晓容等，2016）。

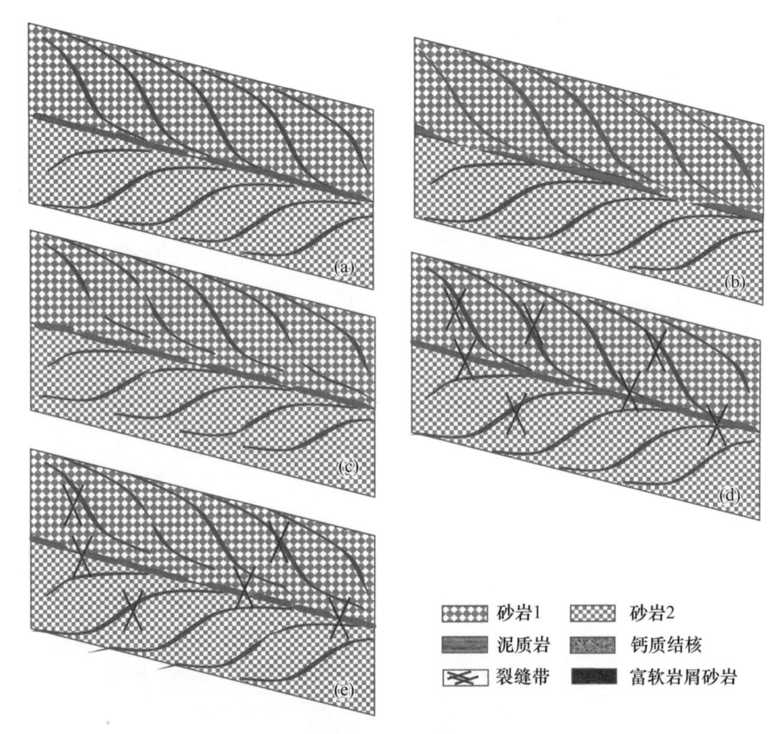

图 5-2-6　砂体内夹层封隔失效的可能模式

通过岩心样品的石油驱替实验（图 5-2-7），发现致密砂岩的油相临界充注压力与岩石相 / 物性关系紧密，同时受到含油性影响。当孔隙度大于 10%，渗透率大于 1mD 时，石油临界充注压力仅为 0～0.1MPa，基本上注入口开始发生原油注入，出口就有流体排出；当孔隙度小于 10%，渗透率小于 1mD 时，随储层孔渗降低，不同类型砂岩的原油临界充注压力总体具有增大的趋势，为 0～3.5MPa；含油砂岩临界充注压力明显低于不含油的富塑性颗粒砂岩和钙质胶结砂岩，指示石油临界注入压力在一定程度上受到含油性的影响。

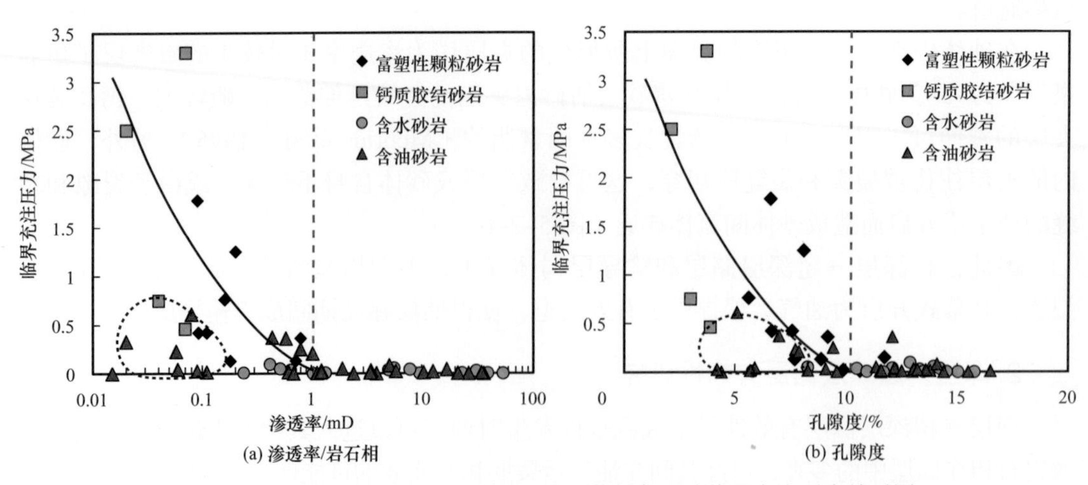

图 5-2-7　顺北地区和准中地区深层岩心物性与石油临界充注压力关系图

这表明岩石物性是影响临界充注压力的主要因素，随着孔隙度和渗透率降低，临界充注压力增高，其中临界充注压力受渗透率的影响更加显著，而岩石中含油可以降低致密砂岩的临界充注压力。而含油砂岩中之所以易于发生油气充注是因为深层储层部分岩石相中早期油充注，部分地改造了储集岩石的润湿性特征，形成混合润湿（Shi et al.，2017；Wang et al.，2021）。为了研究储层混合润湿现象对油气运聚的影响，选取深层典型的水润湿砂岩，利用地层原油—正庚烷对水润湿样品进行老化处理，将其改造为混合润湿砂岩，获得具有相似岩石组成和孔隙结构的混合润湿和水润湿样品，并对这些样品开展了水润湿—混合润湿岩心样品的油气驱替模拟实验和渗析实验，讨论了润湿性对低渗储层油气充注压力和含油饱和度的影响（图 5-2-8）。

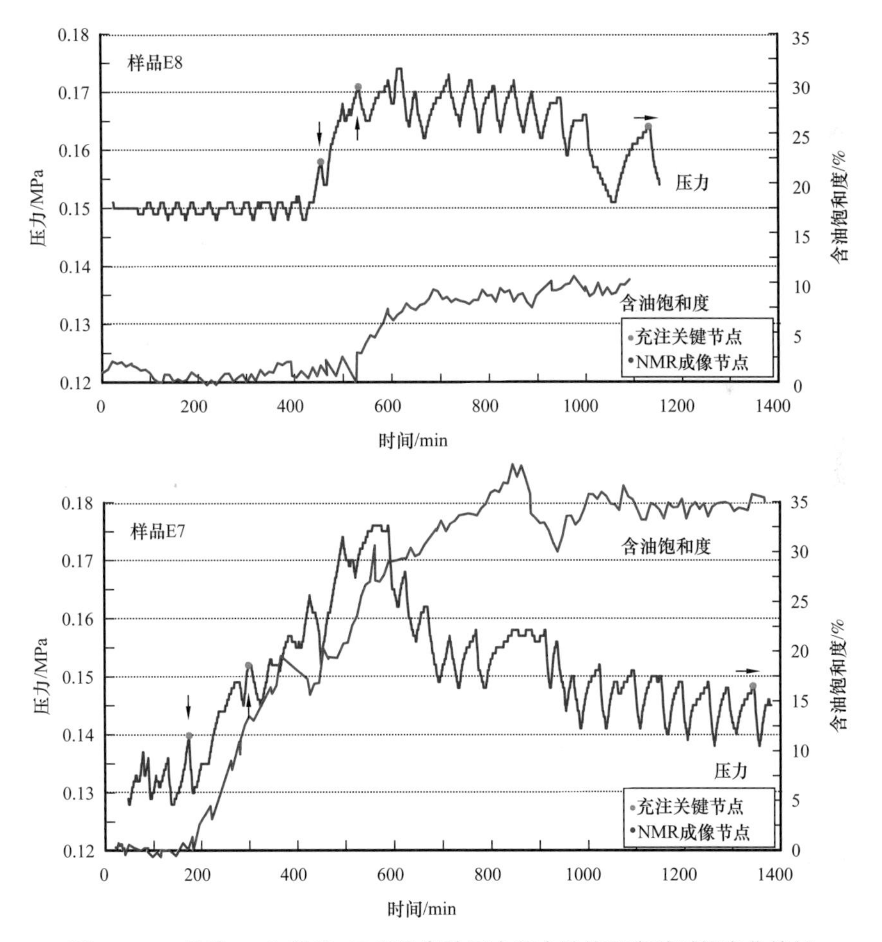

图 5-2-8 样品 E8 和样品 E7 充注实验压力和含油饱和度随时间变化特征

图 5-2-8 中，E8 为未经老化处理的水润湿样品，E7 经过原油老化处理的油润湿样品。油润湿样品的充注压力明显低于水润湿样品的，充注后的含油饱和度也明显比水润湿样品的高。

实验结果表明，早期石油充注改造岩石润湿性是保持深层储层有效性的重要条件：（1）早期石油充注会改造颗粒表面润湿性形成混合润湿；（2）在低渗储层石油充注过程中，混合润湿岩石易于形成比水润湿岩石更高的含油饱和度；（3）储层从水润湿改变为混合润湿性后，石油充注所需要的动力条件降低，混合润湿的影响在储层特低渗砂岩中尤为显著。

二、断层启闭性及其动态过程

断层是重要的油气输导体系之一，在油气的垂向运移中起着非常重要的作用。关于断层启闭性的研究，前人进行了大量的研究，取得了众多的成果和认识，但仍是石油地质领域研究的热点和难点问题。

1. 碎屑岩层系断层启闭性认识与表征

对于碎屑岩层系中断层对于流体流动和油气运聚的作用，前人研究已取得众多认识和判断的方法。如利用几何制图识别断面两侧砂泥岩的配置关系来评价断层侧向封闭性、利用CSP（Clay Smear Potential）、SSF（Shale Smear Factor）、SGR（Shale Gouge Ratio）来估计断层带内泥岩涂抹的可能性，并结合三维地震技术，识别断层切面上（Fault–Plane）砂泥岩配置，砂砂配置具有泥岩涂抹，以及砂砂配置但缺少泥岩涂抹来分析断层的封闭性（Fowler，1970；Smith，1980；Bouvier et al.，1989；Allen，1989；Hooper，1991；Anderson et al.，1994），逻辑信息法（曹端成等，1992）、非线性映射法（吕延防等，1995）、断面正压应力法（周新桂等，2000）等。

能够在规模性油气运移和聚集中起作用的断层的形成演化必然是长时期、多期次活动—静止的地质过程，而断层封闭性则是对断层在相当长的地质时期内在油气运移全部过程中所起作用的综合表述（张立宽等，2007）。Zhang等（2011，2010）从地质统计学的角度提出了一种定量评价断层启闭特征的新方法—断层连通概率法。该方法能够较好地量化表征张性断层不同位置对油气运移的非均一性，并可以给出利用断层开启系数判断断层是否开启的阈值范围。该方法在深层碎屑岩层系中的应用取得了良好的效果（周路等，2010；罗晓容等，2014）。

2. 碳酸盐岩层系断层启闭性认识与表征

1）断层输导体的空间分布特征

不同尺度的断裂对储层的控制和影响作用是不同的。通常，规模较大的断裂往往对储层的连通有一定的控制作用。利用地震反射倾角、非连续性和最大曲率属性进行裂缝地震相分析，可以有效地从这些地震几何属性中，提取出与微断裂—裂缝相关的共同特征，并对微断层—裂缝进行识别，并在几何尺度意义上对其进行分级，提取出与裂缝发育相关的信息。

对地震相分析结果的解释要依据地震几何属性的物理和地质意义，微断裂—裂缝通道会表现为大的地震倾角值、大的最大曲率值和小的地震相干性。对这些几何属性的综合解释可以大大降低地震的多解性，地震相的空间分布可作为断裂—裂缝分级的依据。

图5-2-9中各个代表断裂—裂缝不同级别的地震相用不同的颜色表示，通过颜色的

不同，分辨出不同尺度的断裂和裂缝。地震相分析采用了 T_7^4 层面至 90ms 内（0～90ms）的数据。目的层段内断裂和裂缝系统的地震相在地震倾角和最大曲率属性空间上的交会图，蓝色地震相对应着最大的倾角值和曲率值，其次为黄色地震相，对应着较大的倾角值和曲率值，再依次为红色的地震相和绿色的地震相，其倾角值和曲率值依次递减。裂缝相在空间主要分布在研究区的中部和东南部。

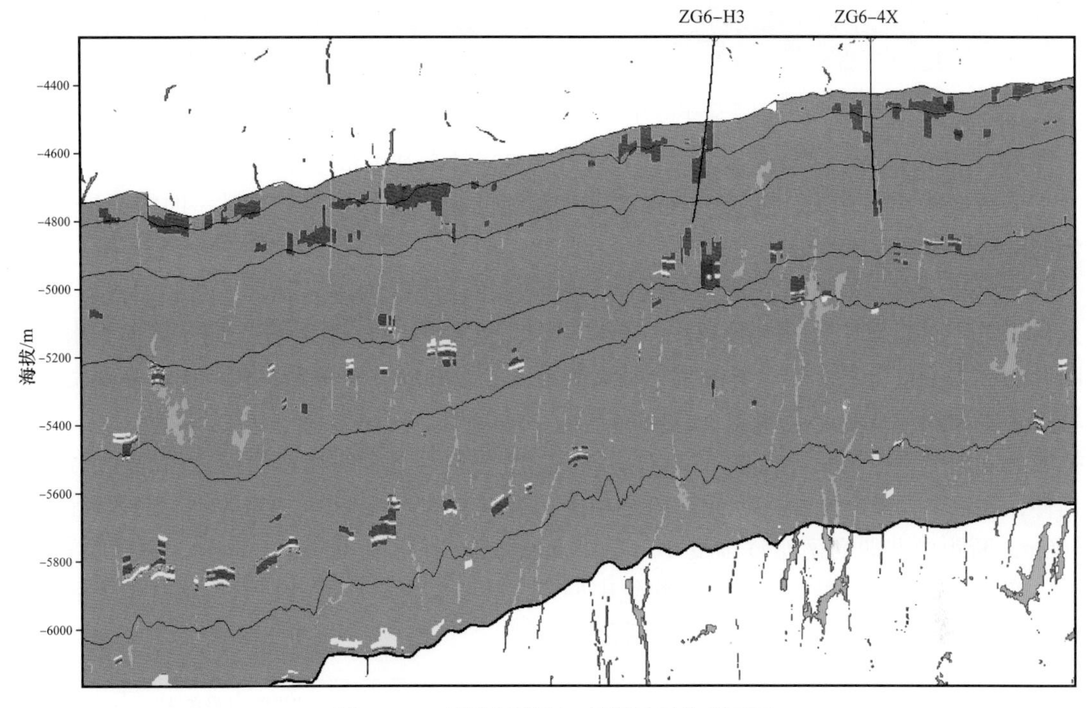

图 5-2-9 研究区断裂—缝洞输导体剖面图

从对地震资料岩石相的处理结果来看，一些明显不受层理层面控制的、以较大角度与层面方向接截的较为连续的缝洞岩石相，在解释剖面上断断续续，利用蚂蚁追踪或曲线法等地层面勾绘方法追踪出断层面的轮廓。可以认为，在目前静止状态下断层呈现出断裂活动开启后的状态：大部分封闭，只有少部分能够仍然保持以裂隙裂缝或溶洞孔洞形式存在的开启状态。这种状态在露头上可以清楚地观察到。

研究认为，断裂输导体的形成是一个动态的过程，在地层活动期间表现为开启状态，为部分张开、断层面形态复杂的不完全连通通道；当维持断裂活动的应力降低，断层面上部分开启的裂缝闭合，另一部分在之后一段时间内因胶结作用而闭合，但仍残留一部分未胶结完全的缝洞，但其相互间的连通性很差。因此，实际上只能够对断层输导体在某一时间段内总体特征进行定性的描述，而实际断层开启时的开启状态和渗流特征是很难用目前已经闭合的状态来进行描述。采用最新处理的高精度三维地震资料，利用时间切片和蚂蚁体属性等技术，采用平面追踪与常规剖面精细解释相结合的方法，明确了中古 51 井区的断裂及相关的分支断裂，并且建立了目的层断裂的三维空间模型，明确了断裂三维展布形态（图 5-2-10）。

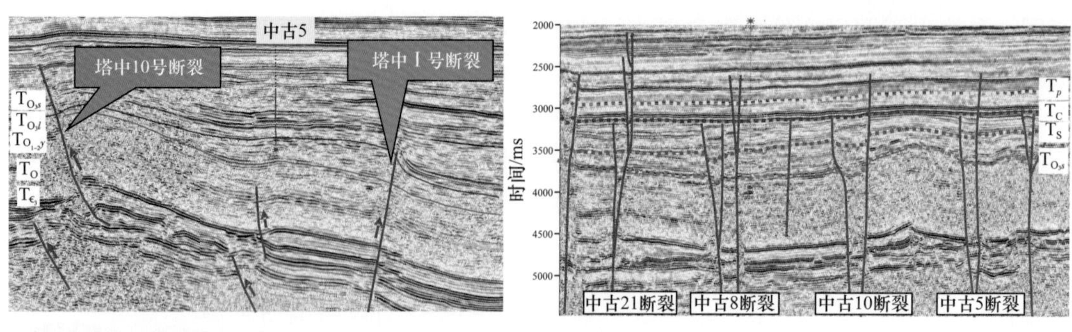

图 5-2-10　中古 51 井区地震地层解释结果

2）基于活动性、破碎带和成藏过程的断层启闭性表征方法

采用地球化学方法，按照不同期次油气可能的相互关系来推测在某一时期断层输导体的活动状态和渗流性能。

针对断层面，根据断层断开的层位、不同层位断距的大小，分析了断层的活动期次及其与生烃、成藏时期的匹配关系。塔中Ⅰ号断裂为北北西—南南东走向，倾向为南西，断开的层位主要为寒武系、奥陶系，最大断距大于 1900m。东部断距大，向西断距变小。塔中Ⅰ号断裂形成于早奥陶世，晚奥陶世活动最强烈，晚期断裂活动微弱，晚期受喜马拉雅运动影响具微弱活化（图 5-2-11）。塔中 10 号断裂北西—南东走向，由北西向南东延伸，大致平行Ⅰ号断裂，但倾向与之相反。塔中 10 号断裂断距相对较小，最大断距约 300m，断距由北西向南东逐渐变小。塔中 10 断层发育于晚奥陶世，断开寒武系至石炭系，晚加里东期活动最为强烈，石炭纪中期至二叠纪又再一次活动，其后基本停止活动，喜马拉雅期受晚期构造活动影响略有活化。

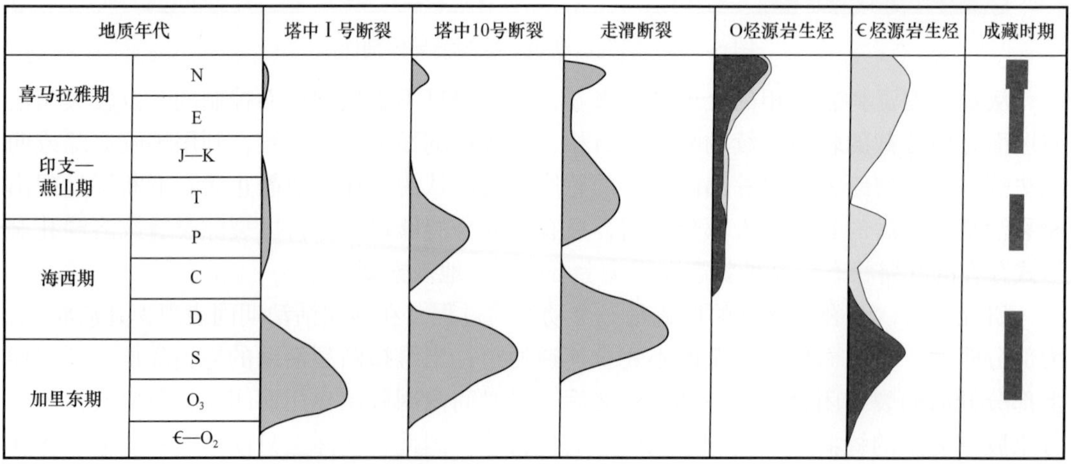

地质年代		塔中Ⅰ号断裂	塔中10号断裂	走滑断裂	O烃源岩生烃	€烃源岩生烃	成藏时期
喜马拉雅期	N						
	E						
印支—燕山期	J—K						
	T						
海西期	P						
	C						
	D						
加里东期	S						
	O_3						
	€—O_2						

图 5-2-11　主要断层活动期次、活动时间与烃源岩生烃、充注匹配关系

此外，塔中地区发育一系列北东—南南西走向的走滑断裂，包括走滑断层为发育相对较晚的北北东—南南西走向的走滑断裂，包括塔中 45 走滑断裂、中古 14 走滑断裂、中古 21 走滑断裂、中古 8 走滑断裂、中古 10 走滑断裂、中古 5 走滑断裂、中古 6 走滑断裂等。这些走滑断裂断开的地层从寒武系至石炭系底部不等，在剖面上为高陡断层特

征，走向上近似垂直Ⅰ号断层，部分断层切割Ⅰ号断裂，主要活动期为早海西期。

在前述工作的基础上，利用研究区奥陶系油气藏的原油物性数据、气油比、天然气组分及同位素特征、油气来源等分析结果（图5-2-12），结合单井的烃类包裹体及均一温度等资料，综合分析各断层附近钻井中奥陶系的成藏过程，并以此为基础分析断层在主要成藏时期的启闭性特征。

如塔中86井—中古172井—塔中451井—中古16井—中古164井油气藏剖面中，塔中86井6194～6650m、6273～6320m分别获得日产油46.3m^3、日产气87585m^3（6mm油嘴），气油比2071，原油密度0.82cm^3/g，黏度0.91mPa·s，含蜡量平均10%，沥青质含量0.5%，干燥系数约0.941，N_2含量4.4%，H_2S含量11400μg/g，甲烷碳同位素-46.6‰，乙烷碳同位素34.8‰。中古172井在良里塔格组获日产油93.6m^3、日产气98555m^3，原油密度0.80cm^3/g，黏度1.7mPa·s，含蜡量6.6%，沥青0.24%，干燥系数0.941，N_2含量2.51%，H_2S含量7230μg/g。塔中86井、中古172井的原油物性、生物标志物、天然气组分及同位素特征等显示其以中—上奥陶统来源为主，混有少量寒武系的油，天然气以下伏古油藏裂解气为主。烃类包裹体观测结果显示，塔中86井奥陶系中发育不发光或发暗褐色荧光的黑色液态烃包裹体、气液比较小的无色和浅褐色的发中等强度的白色—黄色荧光液烃包裹体、具较大气液比的无色—极浅灰褐色的发强的蓝白色—蓝色荧光的气液烃包裹体和气态烃包裹体等多种类型，与烃类包裹体共生的盐水包裹体均一温度及埋藏—热史结果显示，塔中86井、中古172井经历了晚加里东—早海西期、晚海西期、印支—喜马拉雅期等多期油气充注。综合以上结果，塔中86井附近的Ⅰ号断层、中古172附近的走滑断层在晚加里东—早海西期、晚海西期、印支—喜马拉雅期均处于开启状态，是油气垂向运移的重要通道。

塔中451井在6090.50～6297.62m良里塔格组获日产油361m^3、日产气282249m^3（中测，12.7mm油嘴），原油密度0.79cm^3/g，黏度1.79mPa·s，含蜡量1.47%，沥青含量极低，干燥系数0.83，H_2S含量50600μg/g，N_2含量5.8%；甲烷碳同位素-35.9‰，乙烷碳同位素-30.6‰，原油物性、生物标志物、天然气组分及同位素特征等显示其以寒武系来源为主，天然气以寒武系干酪根裂解气为主。烃类包裹体特征及与烃类包裹体共生的盐水包裹体均一温度及埋藏—热史结果显示，塔中451井经历了晚海西期1期油气充注，晚海西期塔中451井附近的断层是开启的，喜马拉雅期该断层可能封闭。

3. 深层—超深层断层开启—超压传递耦合机制

基于前述不同地质时期地层埋藏史、断层开启前后流体压力演化历史，获得断裂开启前后流体动力场演化过程。结果发现，在历次活动中，断裂流体的瞬时流动过程，在局部造成了流体动力场的较大波动，改变了局部流体运移趋势（图5-2-13）。断裂活动之初的初始流体势场等值线呈平直状，反映主要受到构造控制，局部具有由于超压引起的等值线的波折，而在各断裂处无明显的波动现象。在晚白垩世第一期断裂发生开启之后，深部剩余压力降低，而浅部压力升高。此时流体势等值线沿断裂向浅部明显的凸起弯曲，而位于断裂深部位，则相对低势区向深处的扩展。

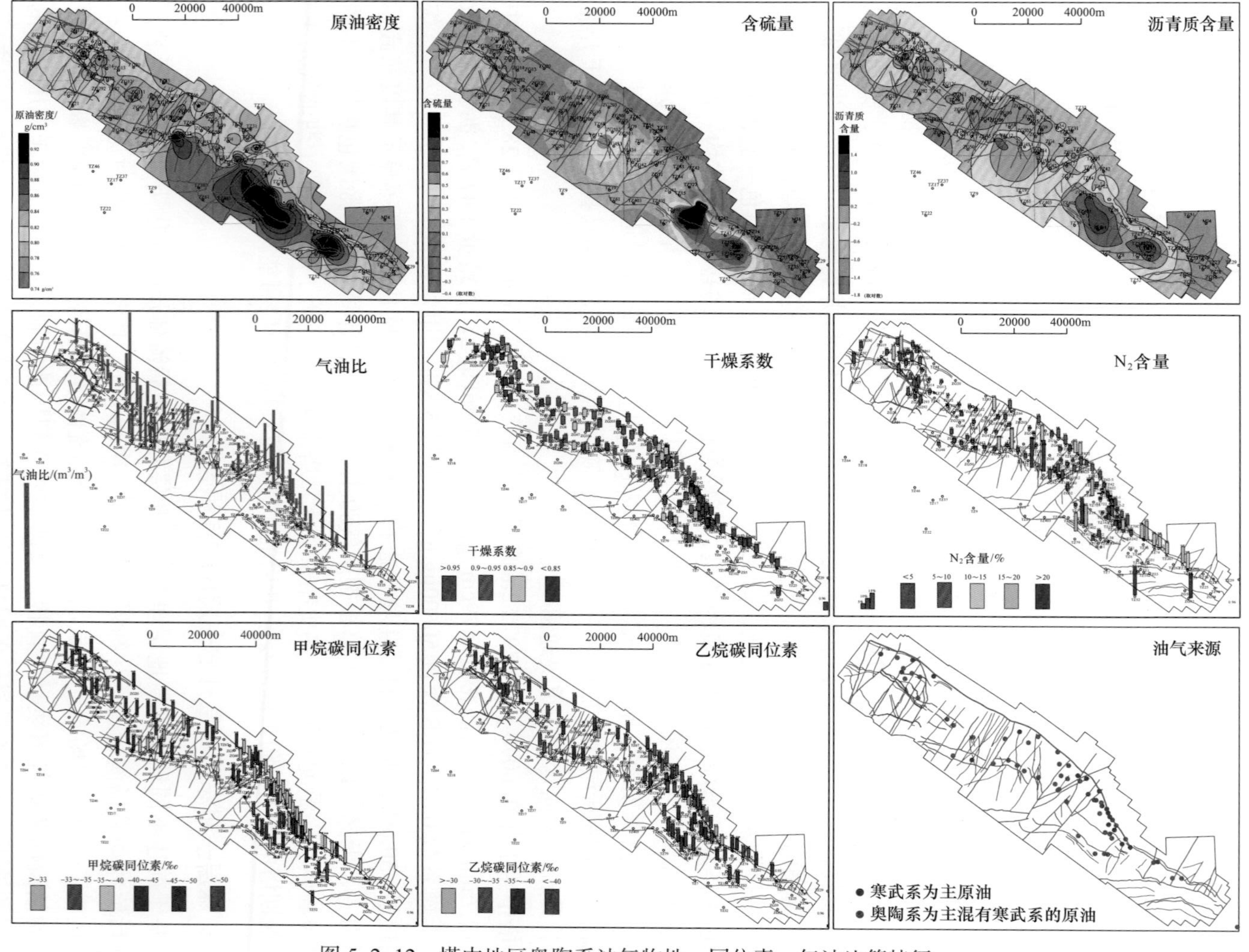

图 5-2-12 塔中地区奥陶系油气物性、同位素、气油比等特征

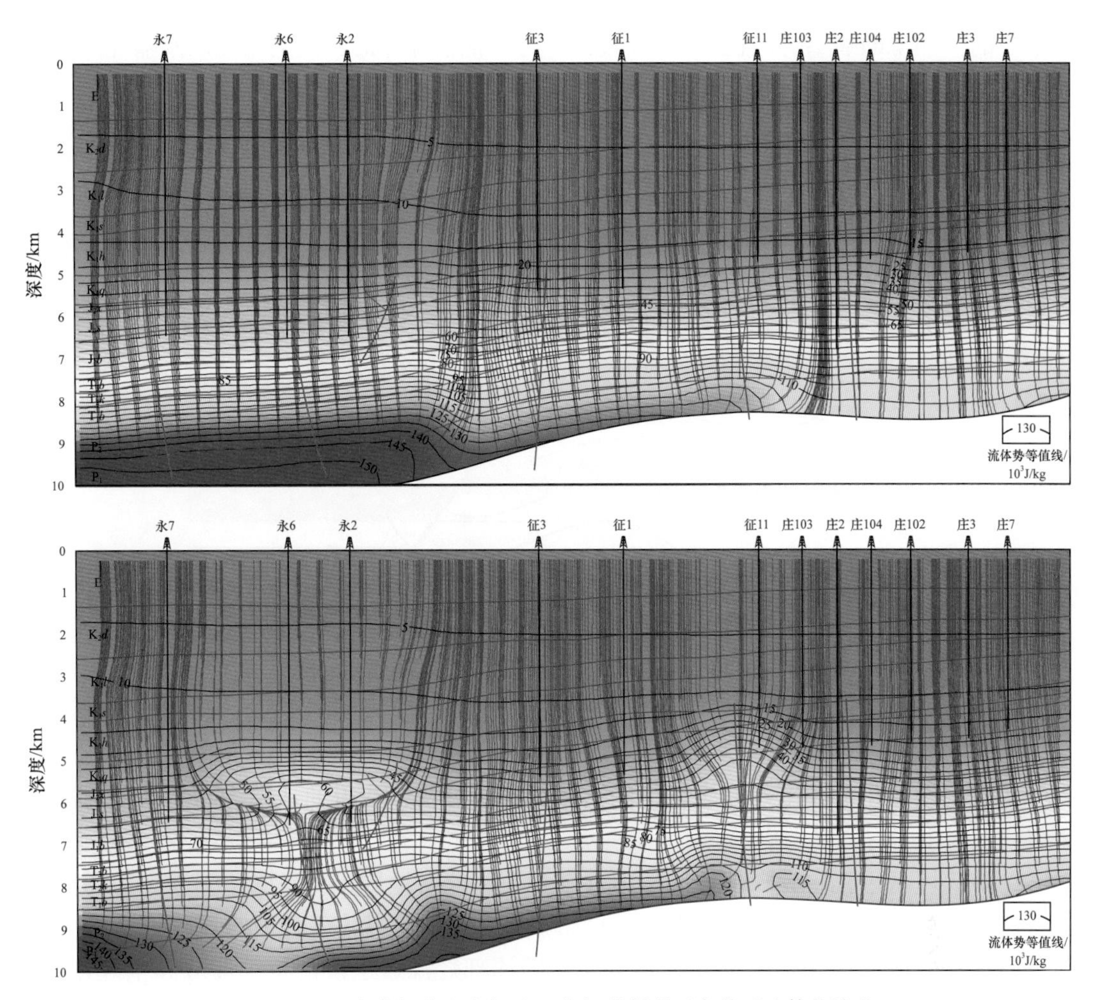

图 5-2-13　准噶尔盆地腹部地区中新世断裂开启前后流体势演化

该流体势场形态对于油气运聚是非常有利的，由于烃源岩中断裂带附近呈明显的低势区，因而烃源岩中油气会向断裂带聚集，而浅部断裂带附近呈现明显的高势区，因此非常有利于沿断裂自深部来的油气向侏罗系低势储层中的运移，进而形成油气聚集。现今断层已经闭合，系统内压力进行了相应的调整，但是其流体势场形态仍然残留断裂传递的影响。

尽管断裂活动并没有改变流体势分布的总体格局，而是仅仅改变了局部流体势场，但从断裂带流体运移角度来看，影响却是明显的。断裂开启导致深部砂岩压力释放，使得烃源岩层段内泥岩压力和势能远大于砂岩，因而烃源岩中的油气趋向于向砂岩运移，进一步沿断裂带垂向运移。而浅层断裂带及连通砂岩则具有高于围岩的压力和势能，因而促使油气沿渗透地层侧向运移或向围岩运移。势能等值线变化趋势也表明，沿断裂带方向势能线明显更加稀疏，意味着纵向的势能梯度降低，流体垂向运移的动力减小。

这就是地层在开启过程中所起着的“泵吸”作用。这种活动期垂向开启的断裂，改变了局部流体的运移趋势（图 5-2-14）。而各断裂作用强度的不同，决定了哪些断裂会成为主要的“油源断裂”，并且在空间分布上，与其他输导体的匹配关系，以及输导层动力的分布特征，直接影响了油气聚集部位和富集程度。

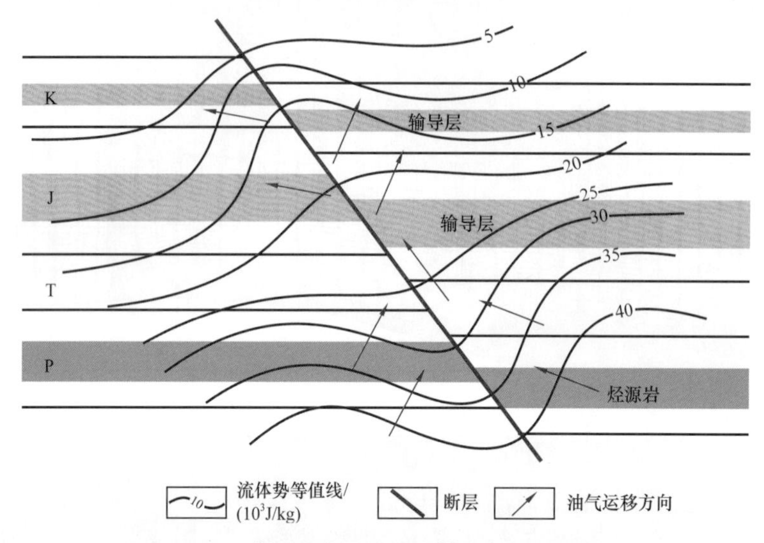

图 5-2-14 断裂开启导致的流体动力场改变示意图

4. 断—压耦合驱动的油气运移过程

从断—压演化的角度对断裂可能的活动性进行分析，获得的认识为断裂活动与油气运聚关系提供了有意义的启示。

在持续埋藏过程中，深部地层压力逐渐积累，此时地层压力尚未达到断裂剪切再活化所需的临界压力，为断层静止期，断层带裂隙处于闭合状态。此时难以形成有效的油气垂向运移，断层带无明显的流体流动。伴随深部烃源岩层段的持续埋藏和生烃作用，深部超压逐渐积累，而超压的发育同时也影响着局部应力场的特征。

随着深部烃源岩层段超压的不断增大，断裂带周围的应力状态发生改变。当断裂带周围的压力—应力状态恰好达到现存断层剪切再活化达到临界条件时，将会促使现存断裂发生活化开启，同时断裂带围岩形成新的裂缝 / 裂隙，形成高渗油气运移通道。伴随断裂的开启，将使深部烃源岩层段超压释放，进而导致势能降低，形成相对低势区，该过程促使烃源岩层内被断裂连通的渗透性地层中的油气倾向于向断裂带发生运移，同时也有利于烃源岩内油气向断裂连通的临近砂体充注。断裂一旦开启，将使其整个连通的渗透性地层形成统一的压力系统，较高的超压将促使整条断裂发生活化。伴随流体向上运移和超压传递，使得浅部局部形成较强超压，进而形成局部高势能区。浅部渗透性地层中超压反过来促使断裂带油气向两侧连通的渗透性地层发生运移（图 5-2-15）。

由于深部烃源岩层中油气不断向断裂带运移，导致烃源岩层内压力降低，同时断裂带内流体压力也将很快消散。断裂带压力—应力状态很快降低至临界压力以下，进而断裂可能再一次闭合。断裂闭合后，烃源岩层系地层压力将继续积累，进入下一个断裂活动和流体运移的循环。

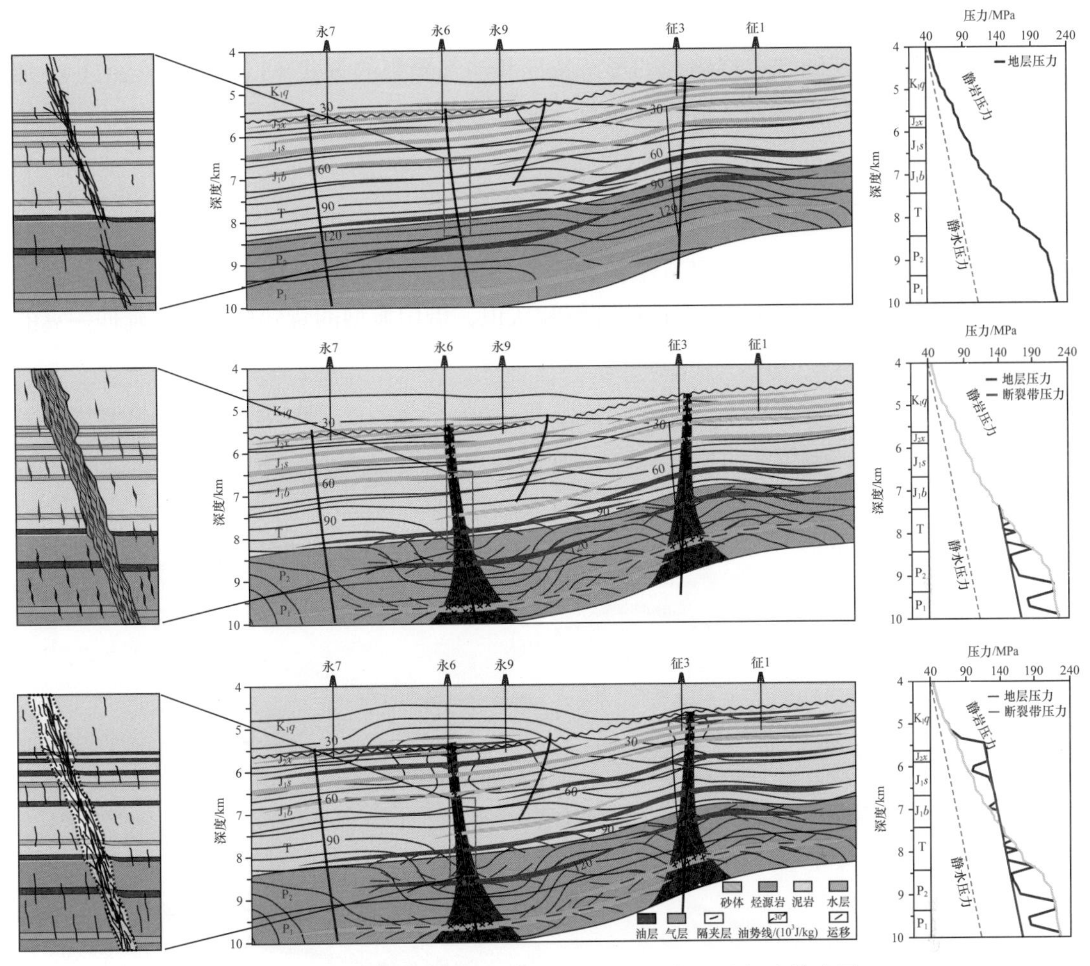

图 5-2-15 断层开启—超压传导耦合的油气运移概念模式图

第三节 深层—超深层油气成藏机理与过程

前面的章节已展示出深层—超深层仍会发生重要的成烃、成储、成藏的作用，仍然处于油气地质演化的重要环节。盆地深层—超深层经历了多期盆地演化过程的叠加复合和改造，地质条件复杂，高温高压，流体多相态变化，油气分布复杂。深层—超深层可成烃母质类型多种多样，储层物性总体降低，仍存在良好物性的有效储集空间，但非均质性很强，油气源类型复杂多样的供给方式和多期的油气生成、运移、集聚及改造决定了油气藏分布的复杂性和多样性。

一、结构非均质性输导层中的油气运移和聚集机理

传统的石油地质学研究认为，盆地尺度上的储层非均质性不会改变油气流体势的作用方向，输导层在油气运聚成藏研究中可视为均质。近年来的研究表明，即便在宏观上

均质的输导层内，油气运移路径的形态及其内部运移量都可能非常不均匀，输导层本身的非均质性将影响到油气运移路径的形态特征和油气聚集的方式（Luo et al.，2011）。那么对具结构非均质性的深层/输导层而言，油气在其中的运移和聚集又会受到什么样的影响?

1. 二维输导层模型中油气运移模拟

为通过数值模拟分析认识具有结构非均质性输导层中油气运移和聚集的方式，基于对碎屑岩储层/输导层结构非均质性的理解和认识，借用典型的背斜构造及其延伸一翼的运聚模型，建立了三个概念模型（图5-3-1）。

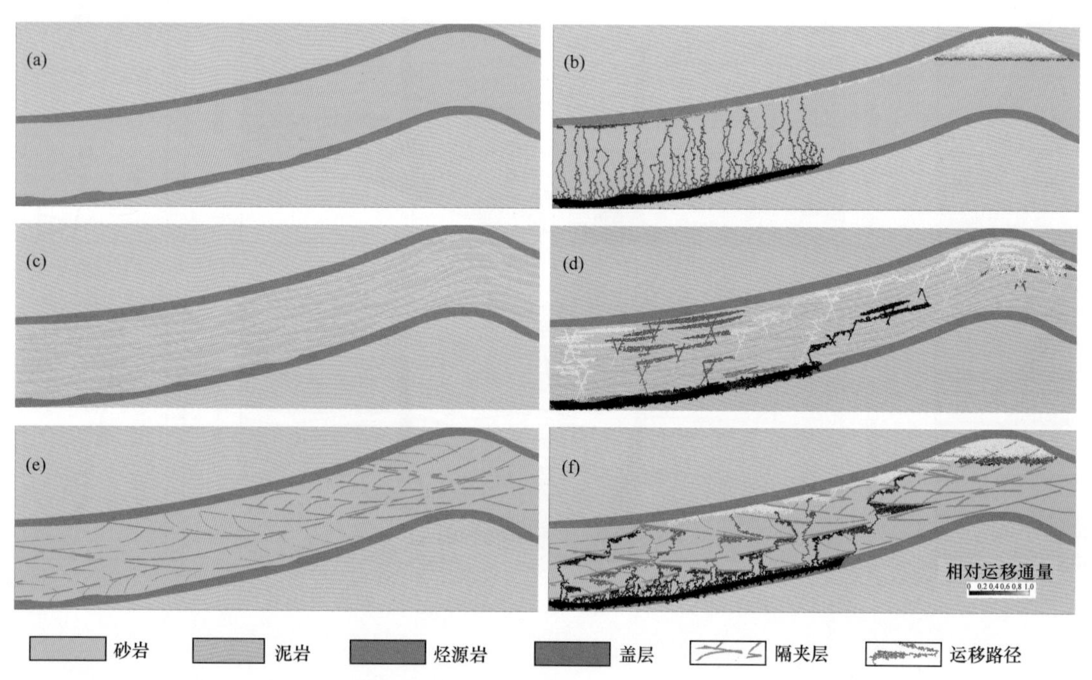

图5-3-1 据经典运移模型建立的三种输导模型（a）、（c）、（e）及运移模拟结果（b）、（d）、（f）

模型一［图5-3-1（a）］为传统的输导层宏观均匀模型，由一生储盖组合构成，其中储层即为输导层，有效烃源岩只分布在左侧延伸翼部的下方。模型二［图5-3-1（c）］中只考虑复合砂岩体之间的泥岩对油气运移和聚集的阻挡作用，设在油气运移过程中形成一系列张开的裂隙裂缝，构成了复合砂岩体之间的连通通道；而在模型三［图5-3-1(e)］中则设在某一级别的构型界面上形成了隔夹层，这些隔夹层或本身不完整，或由于运移过程中裂缝的产生而构成了连通条件。

图5-3-1（b）、（d）、（f）展示了三个模型中油气运移路径的模拟结果。模拟软件以逾渗方法为基础（罗晓容等，2010），模型中的曲折连线表示了油气运移路径的形态特征，其中不同的颜色给出了油气运移的相对运移通量。

经典模型中油气从烃源岩中排出，进入输导层后向上垂直运移，运移至输导层顶部受盖层的遮挡，油气转而向着上倾方向侧向运移，最后在背斜圈闭中聚集起来，成为油气藏［图 5-3-1（c）］。在孔渗物性宏观均匀输导层内运移路径十分狭窄，在运移途中的损失量也十分有限（Luo et al.，2007；Vasseur et al.，2013；Lei et al.，2015）。

在具有结构非均质性的输导层中，油气自烃源岩中渐次地排出，在其向上垂直运移的过程中受到了输导层中渗透率相对较低的隔层或夹层的影响，运移的路径分布很广，侧向运移路径可以在输导层的任何部位发生，运移的油气也可以在任何部位的砂岩体内部或者在夹层之间的砂岩单位中驻留、聚集。整个系统中油气趋于向着上倾方向运移，在背斜圈闭中可以形成较为充分的油气聚集［图 5-3-1（d）、（f）］。

为反映在结构非均质性储层中油气运移聚集的过程，图 5-3-2 给出了模型二中不同时间油气运移和聚集的模拟结果。在结构非均质模型中油气趋向于向上倾方向运移并最终在高点的圈闭中聚集成藏，这与传统的输导层宏观均一假设条件下所获得结果一致；但在运移途中，运移路径特征及在输导层中任何部位均可聚集成藏的结果则与传统的认识完全不同。

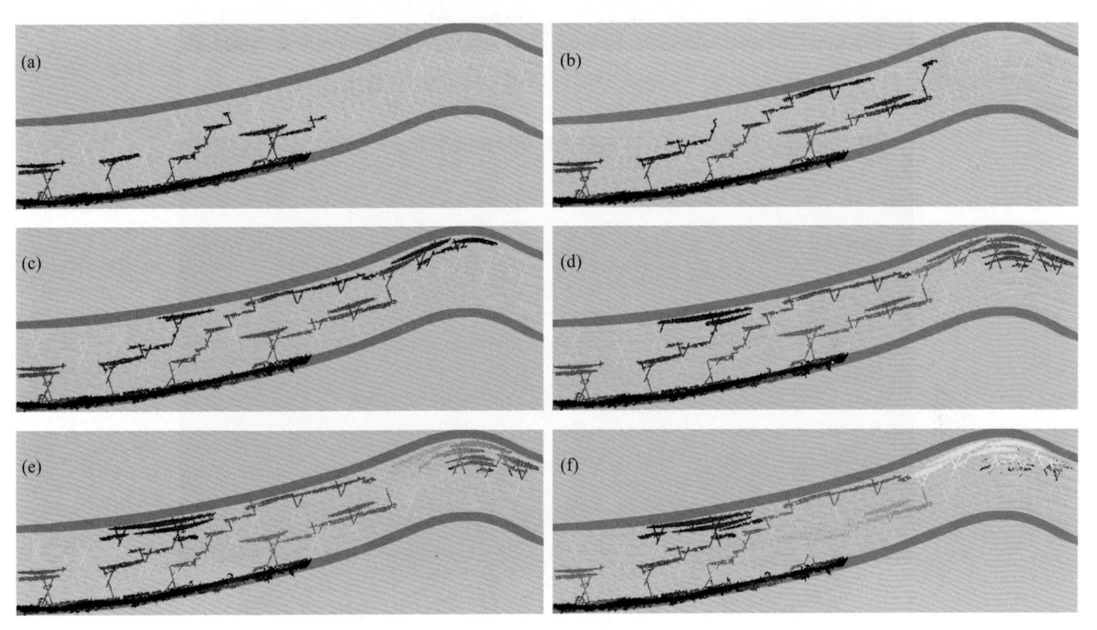

图 5-3-2 输导层模型二中油气运移聚集的过程图
从图（a）到图（f）展示了不同时间阶段的油运移、聚集状态

2. 三维输导层模型中油气运移模拟

进一步建立了在结构非均质输导层条件下油气运聚的三维地质模型：长 5000m、宽 3000m、厚 50m；模型输导层中砂体随机填充，长宽厚均服从平均分布：长 250～350m，宽 150～250m，厚 0.9～3m。在单元砂体顶部存在 10%～20% 之间的细粒沉积，以模拟砂体中的隔夹层，在油气运移过程中起到阻碍油气向上运移的作用（图 5-3-3、图 5-3-4）。烃源岩位于输导层右侧的底面之下，面积占整个输导层底面的 1/4。

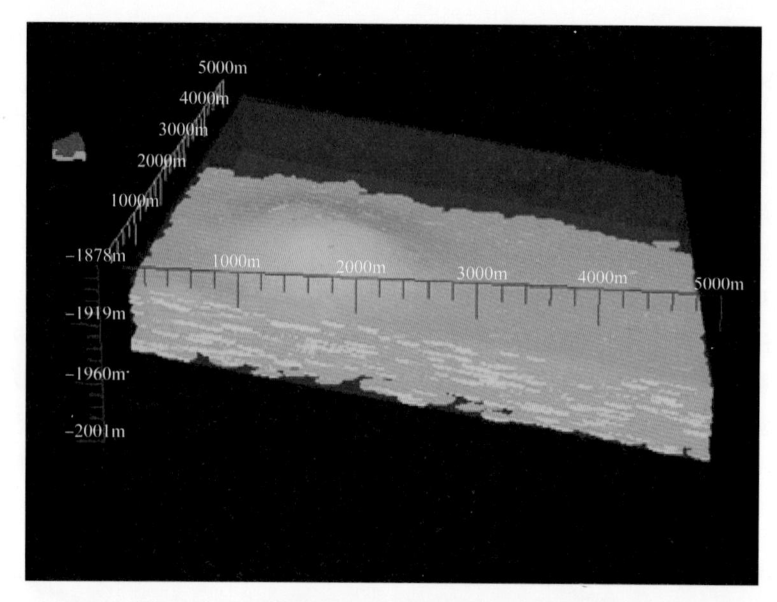

图 5-3-3 三维输导层地质模型及其中沉积砂体分布

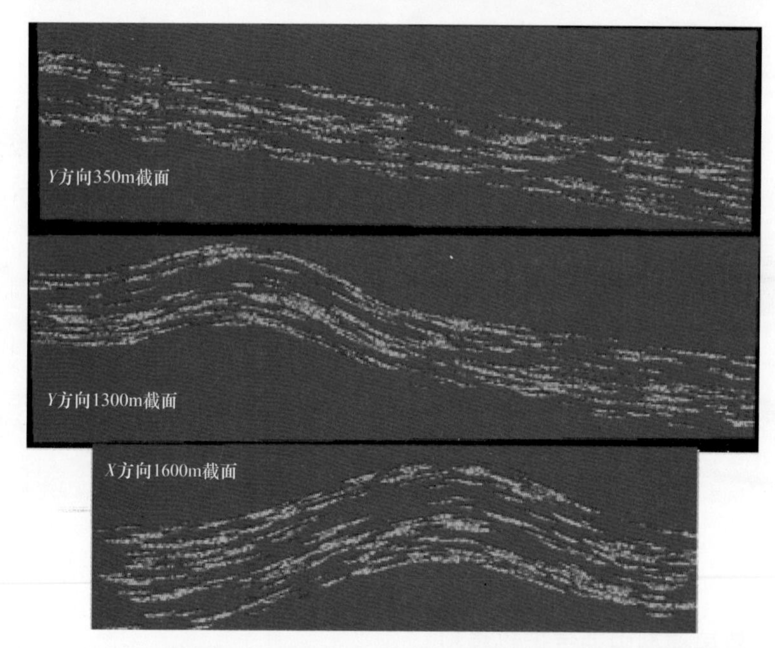

图 5-3-4 三维输导层地质模型中砂体物性分布截面（红色代表隔夹层）

在输导层模型中，砂体的孔隙度介于10%～30%，按照正态分布随机；泥岩的孔隙度介于1.0%～5.0%，平均分布。渗透率的对数与孔隙度呈线性关系。设砂体的临界饱和度10%～30%，聚集饱和度75%～95%，泥岩相的临界饱和度为5%～10%，聚集饱和度为40%～50%。按照正态分布随机生成到每个计算网格，砂体的平均Bond数为$1.0.\times10^{-3}$、1.0×10^{-2}、1.0×10^{-1}和1.0；泥岩平均Bond数分别为$1.0.\times10^{-4}$、$10.\times10^{-3}$、1.0×10^{-2}和1×10^{-1}，模拟结果如图5-3-5所示。

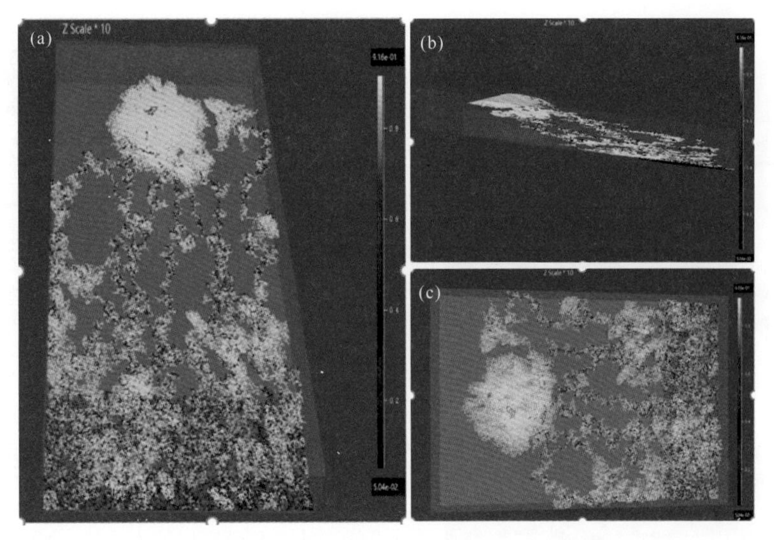

图 5-3-5 砂岩 Bond 数为 0.01 和泥岩 Bond 数为 0.001 条件下油气运移结果

在三维的结构非均质输导层模型中，所获得的运移聚集模拟结果与二维模拟结果类似，但更为直观清楚。油气在烃源岩区内运移的路径非常复杂，甚至在一些砂岩体中聚集起来，成为小型的油气藏。而在烃源岩区之外，运移路径也与区内的基本相似，十分复杂，油气在岩屑砂岩体中聚集。但在烃源岩区之外，一些运移路径也发生合并，因而运移路径数目较区内较少，聚集的油气藏的数目也相对较少，但面积相对较大。在这样的输导体模型中油气运移的路径最后都在背斜圈闭中汇集，形成背斜油气藏。由于在运移路径上不断形成小型的油气聚集，所以最后能够运移到背斜圈闭中聚集的油气量必然地减少。

3. 典型盆地的实际地质观察与分析

输导层结构非均质性对于油气的运移和聚集都起到了非常重要的控制作用。但之前人们却很少关注这种现象，更缺乏研究。近十多年来，随着勘探的深入进行，斜坡部位甚至凹陷中心也时常发现重要的油气聚集（赵文智等，2005；赵贤正等，2018）。对于属于非常规的致密砂岩油气，主要的勘探目标也不再局限于圈闭或者高点，所观察到的油气水关系复杂的现象越来越普遍（孙龙德等，2009；罗晓容等，2016）。在盆地凹陷位置和斜坡位置上的含油储层岩心观察中，注意到原油并不完全占据整个储集岩石体，而是含油和非含油砂岩岩石相间分布。这些不含油的砂岩中有一部分为致密的夹层，但大部分为物性相对较好的砂岩，亦即在同样成藏条件下，物性较好的储层岩石中也不一定含油（图 5-3-6）。

图 5-3-6 是对于分别是准噶尔盆地腹部侏罗系、鄂尔多斯盆地中生界延长组长 8 段和渤海湾盆地惠民凹陷古近系河街组 4 段含油储层中所取岩心的含油状态及其物性分析结果。在这些具有代表性含油储层中的岩心柱中可以看到，这些岩心虽然都在同一含油砂岩体层内，但含油段和不含油段是交互成层 [图 5-3-6（a）、（c）、（e）]。在这些岩心的物性和含油性的关系图上可以看到 [图 5-3-6（b）、（d）、（f）]，含油性越好的岩石样品的孔渗物性越好，物性真正很差的岩石样品中并不含油，但在物性好的岩石样品中也有许多是不含油的。

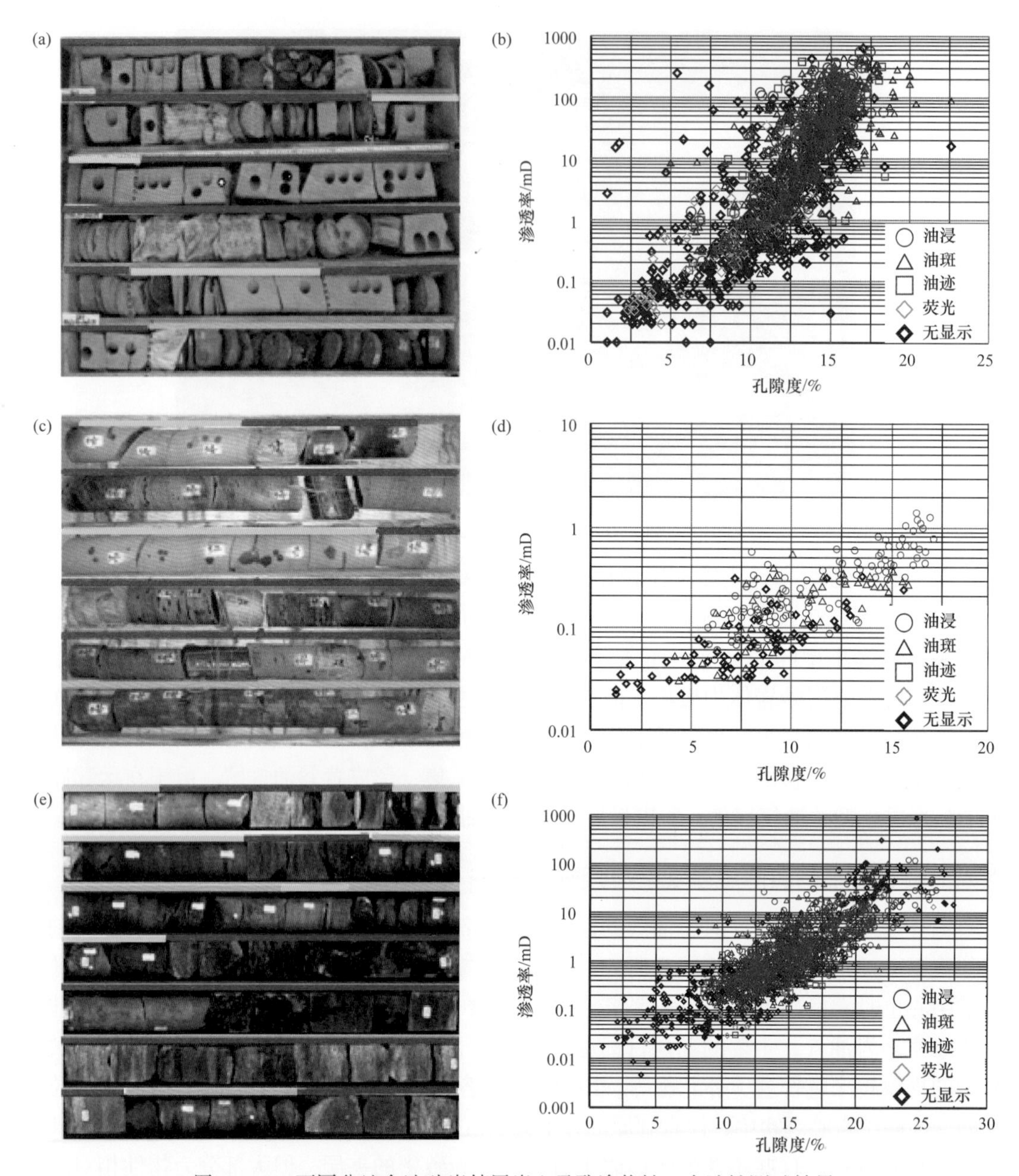

图 5-3-6 不同盆地含油砂岩储层岩心及孔渗物性—含油性测试结果

（a）准噶尔盆地腹部侏罗系 Z3 井 5060～5067m 岩心；（c）鄂尔多斯盆地镇泾地区三叠系 HH42 井 1709～1717m 岩心；（e）渤海湾盆地惠民坳陷沙河街组 T26 井 3033～3041m 岩心；（b）、（d）、（f）为对应于（a）、（c）、（e）的储层岩石含油性与孔渗物性的关系；图（a）、（c）、（e）中红色粗线标出含油砂岩，天青色粗线标出不含油砂岩，黄褐色粗线标出泥岩

在更大的尺度上分析储层结构非均质性与含油性的关系，以砂岩体为单位，借助岩心、测井和测试资料的分析来建立油藏剖面。图 5-3-7 展示了准噶尔盆地腹部莫西庄油田侏罗系三工河组油藏解剖剖面，从图上可以看出，在含油气储层中，含油砂岩体与含气砂岩体和含水砂岩交互成层，关系非常复杂，不存在统一的油水界面，水层可以分

布在油层、气层之上。实际上，储层中油水界面不统一、油气水层无序叠置、油水关系复杂的油藏十分普遍（陶国秀，2005；张小莉等，2006；侯加根等，2008；陈世加等，2012；Xue et al.，2019），人们通常认为是由于储层岩性、物性变化或是原油黏度等因素形成的封堵而引起的（林景晔等，2007；许宏龙等，2015），也有学者认为是储层非均质性，特别是储层受沉积构造影响的低渗隔夹层所造成的结果（王延章等，2006；杨春梅等，2009；邹志文等，2010）。

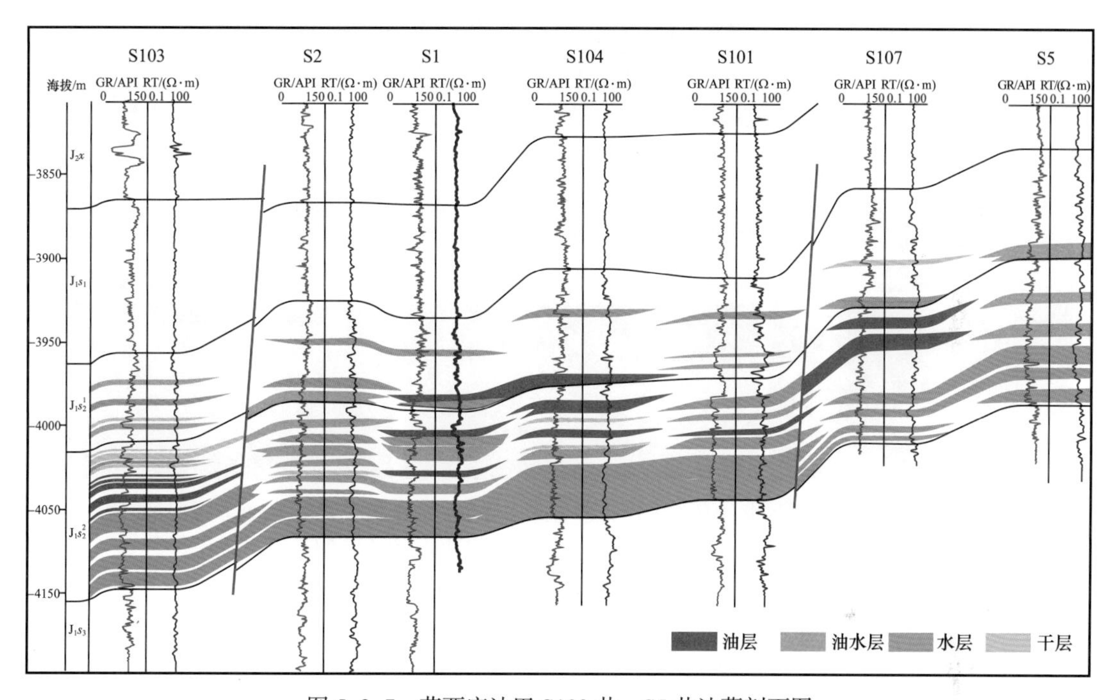

图 5-3-7 莫西庄油田 S103 井—S5 井油藏剖面图

这样的油水分布状态在古油藏抬升剥蚀后所形成的沥青砂岩露头上可以看得更加清楚（图 5-3-8）。在准噶尔盆地西北缘乌尔禾地区白垩系清水河组为曾经存在的古油藏（罗晓容等，2020）。上新世以来该地区抬升剥蚀严重，不但使得背斜核部的古隆起完全出露，其以西、以南的清水河组地层也都基本上都剥蚀掉，只残留了一些形态各异的残余，可以清楚地看到辫状河复合砂岩体中，结构非均质性十分明显，原油在整个披覆背斜构造圈闭中的分布明显地受到储层结构非均质性的控制。

通过上述对含油砂岩野外露头的观察和分析可见，无论是砂岩体之间的泥质岩隔层还是复合砂岩体内部的层理界面都会对油气运移的路径特征和在圈闭不同部位的聚集特征产生重要的影响。一般越靠近处于高点位置的圈闭，储层中油气的聚集程度越高，而远离圈闭核心油气的充注则逐渐分散，受不同尺度的构型界面控制。

二、深层—超深层油气多期运聚成藏过程

综合上述工作，可以对深层—超深层所赋存的油气聚集的形成、演化和保存至今的过程进行总结，建立盆地深层—超深层结构非均质性储层油气运聚成藏模式。

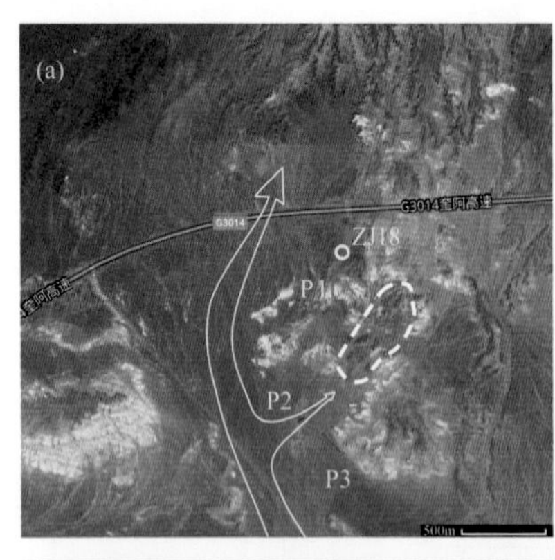

图 5-3-8 准噶尔盆地西北缘乌尔禾沥青砂岩露头展示了一个披覆背斜古油藏中原油充注成藏的特征储层结构非均质性特征造成原油充注的非均匀性，在不同部位的充注方式不同

1. 深层—超深层含油气储层中油气多期充注

系统深入的油气藏解剖工作发现，几乎全部的深层—超深层油气聚集均表现出多期油气充注与超压过程交替进行的现象。一般可归为 2 到 3 期，但也有相当部分的油气聚集可以识别出更多的期次，或难以区分，表现为一个长期的近乎连续的充注过程。

库车坳陷侏罗系含油气储层烃类包裹体分为四种类型，分别为褐色重—中质油包裹体、黄色中质油包裹体、蓝（白）色凝析油包裹体和黑色天然气包裹体（图 5-3-9）。结合烃类包裹体的均一温度和地层埋藏历史，可以判断库车坳陷主要经历 3 期成藏。第一期油气充注时间在 26—10Ma，以中质油为主，矿物颗粒捕获褐色重—中质油包裹体、黄色中质油包裹体。第二期油气充注为康村组沉积期，为 10—5Ma，以凝析油气为主，岩石矿物捕获蓝（白）色凝析油包裹体。第三期油气充注为库车组沉积期—第四纪西域组沉积期，为 5—1Ma，主要为天然气的充注，矿物颗粒捕获黑色天然气包裹体。

库车坳陷的不同地区由于构造活动、储层性质和输导体系等地质条件的差异性，导致不同地区油气成藏期次存在差异。库车坳陷的东缘和西缘成藏时间较早，以第一期中质油和第二期凝析油气的充注为主。如库车坳陷乌什地区、迪北—吐东地区主要为第一期和第二期的油气充注（图 5-3-10）。由外侧向中间，如阿瓦—博孜地区和南部前缘隆起带，以第二次凝析油气和晚期天然气充注为主。而位于库车坳陷相对中心位置的克深地区和大北地区则主要表现为一期（第三期）成藏，主要是库车组—西域组沉积期过成熟天然气的充注。库车坳陷不同地区油气成藏期次的差异性导致库车坳陷油气赋存相态也是多种多样的。

烃类包裹体种类	第一种	第二种	第三种	第四种
分布井号	神木1、乌参1、吐北2	神木1、博孜102、迪北201	阿瓦3、博孜102、迪北102、依南2	博孜102、大北203、克深505
相态	液相、气液相		气液相、液气相	气相
单偏下颜色	褐色	黄色、浅黄褐色	极浅黄色、灰色	黑色、灰色
紫外荧光色	褐色—褐黄色	黄色、绿黄色	蓝色、蓝白色、白色	黑色
成熟度	成熟	成熟	高成熟	过成熟
油性	重—中质油	中质油	凝析油	天然气
赋存位置	早期愈合缝	早期愈合缝、石膏脉	胶结物、晚期愈合缝、石英加大边	方解石脉、白云石脉、晚期愈合缝
赋存矿物	石英	石英、石膏	石英加大边	方解石、白云石、石英
烃包裹体照片	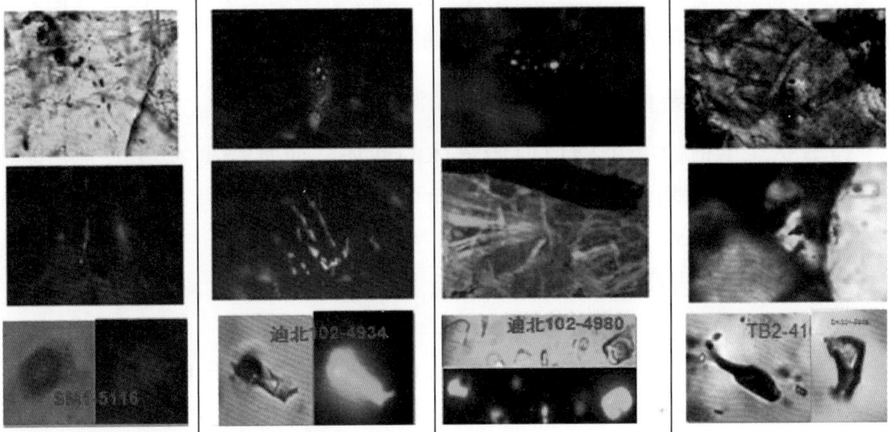 SN1-5116	迪北102-4934	迪北102-4980	TB2-41
烃包裹体生长次序	第一种烃包裹体	第二种烃包裹体	第三种烃包裹体	第四种烃包裹体
烃包裹体期次	第Ⅰ期		第Ⅱ期	第Ⅲ期

图 5-3-9 库车坳陷烃类包裹体期次厘定（据塔里木油田，2020）

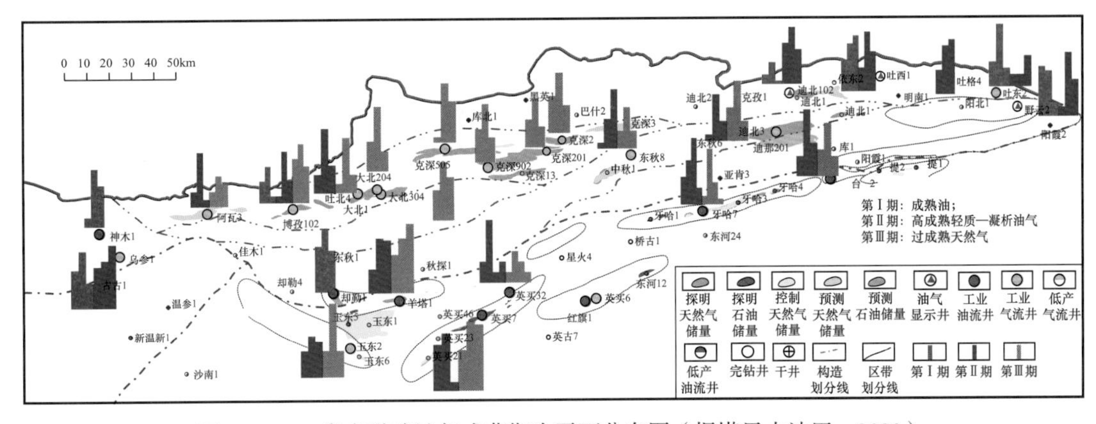

图 5-3-10 库车坳陷油气成藏期次平面分布图（据塔里木油田，2020）

这样的充注期次特征反映出油气在地下的运移是一个随机而动态的物理过程，油气运移是因为动力大于阻力不平衡状态的结果，而油气运移到动力平衡之处，或者是阻力大于动力之处，会聚集起来。而这种动力—阻力的平衡状态，很容易因地质事件发生而被打破，造成油气再次运移，并在动力—阻力平衡之处重新聚集。油气运移是一个由无数个简单的物理过程连续发生叠加复合而产生的最终结果，以目前的认识能力和方法手段，只能明确地判定 2 到 3 期。虽然在一些局部也能够识别出更多的期次，但要在一个含油气系统内把这些不同点上观测到的期次都统一起来，追踪油气运移的路径，确定聚集的时间，则非常困难。

因而深层—超深层油气运移通道具有继承性和有效性，即便是在深层—超深层输导/储集体相对致密的条件下也能发生长距离的运移。油气的运聚受到烃源岩层约束，往往围绕着烃源灶区而发生，但其范围则受控于输导体系的分布。在油气运聚时间足够长的前提下，连通输导体系的分布范围就是油气运聚的范围。

2. 烃类充注改善储层物性并引起润湿性显著改变

烃类充注不但改变了储层原始流体的性质，而且烃类本身作为一种弱还原剂，直接或间接地参与矿物的成岩反应，从而导致储层物性、岩石润湿性及原油物性的改变（Worden et al.，1998；Luo et al.，2015）。当原油充注储层，其中的极性化合物，特别是大分子量的胶质、沥青质，易吸附或沉淀于固/液体界面上，使矿物表面润湿性发生不同程度的改变。

迪北地区 4 口探井 86 块砂岩样品 QGF 指数分布于 1.53～142.63，λ_{max} 的范围为 343.40～470.03nm，QGF–E 强度在 12.20～29538.50pc 之间，λ_{max} 在 363～372nm 之间变化。下侏罗统砂岩样品 QGF 指数和 QGF–E 强度的分布特征表明，早期油气运移通道几乎都能成为后期油气运移的通道，晚期油气在早期并没有油气聚集的地方也开辟了新的运移通道，但并没有规模化的油气聚集，依南 2 井附近不仅是早期油气聚集的甜点区，同样也是后期油气聚集的甜点区。

依南 4 井下侏罗统阿合组（4360～4640m）黏土矿物分布特征的分析表明，根据 QGF 指数和 QGF–E 强度分布可以将依南 4 井阿合组划分成上富油段（4360～4450m）、中含水段（4450～4530m）和下含油段（4530～4640m），上富油段 QGF 指数在 5.78～71.97 之间，QGF–E 强度在 46～1760.12pc 之间，说明上富油段经历过早期液态烃类充注，晚期也经历过油气的调整；中含水段 QGF 指数为 2.15～3.34，QGF–E 强度为 12.2～49.0pc，表明该层段在地质历史过程中几乎没有经历过油气的充注。下含油段 QGF 指数分布在 2.32～15.51 之间，平均值为 5.14，而 QGF–E 强度为 16.44～396.09pc，平均值为 93.385pc，显示下含油段早期可能为液态烃类运移的通道，晚期也经历过小规模油气的调整，但相对于上富油段来说，无论是早期充注的液态烃类还是晚期的调整油气，数量上都相对非常少。

阿合组 XRD 黏土矿物含量的分布显示高岭石主要生长在上富油段，含水段和含油段的高岭石相对含量几乎为 0，伊/蒙混层的相对含量从上富油段至中含水段逐渐变小为

0，但在下含油段内又从 0 开始变大。伊利石相对含量在中含水段内最高（最大值 95%，均值 68.24%），上富油段（最大值 83%，均值 59.46%）和下含油段（最大值 92%，均值 57.5%）内相对较低。自生伊利石常呈丝状深入砂岩孔隙内，增加了流体流动通道的弯曲度，从而能大大降低砂岩的渗透性。通过依南 4 井下侏罗统阿合组 QGF 指数、QGF–E 强度和黏土矿物的分布特征认为早期液态烃的充注并没有完全阻止储层内高岭石向伊利石的转化，但是在一定程度上抑制了高岭石和蒙皂石向伊利石的转化速率。由于丝状自生伊利石能够减小储层的渗透性能，无疑具有早期油气充注的储层相对于没有经历过早期油气充注的储层来说，较小的自生伊利石含量导致其物性相对较好。

进而利用环境扫描电镜对深层含油储层进行了润湿性定量测量（王忠楠，2019）。在环境扫描电镜下实时观察温度、压力变化过程中样品表面是否出现冷凝水及冷凝水的形态，对孔隙表面的润湿性进行判识［图 5–3–11（a）、（b）］，结果如图 5–3–11（c）所示。其中呈现油润湿性孔隙面积与视阈中总孔隙壁面积可以用作表征岩石润湿性的指数（王忠楠，2019）。

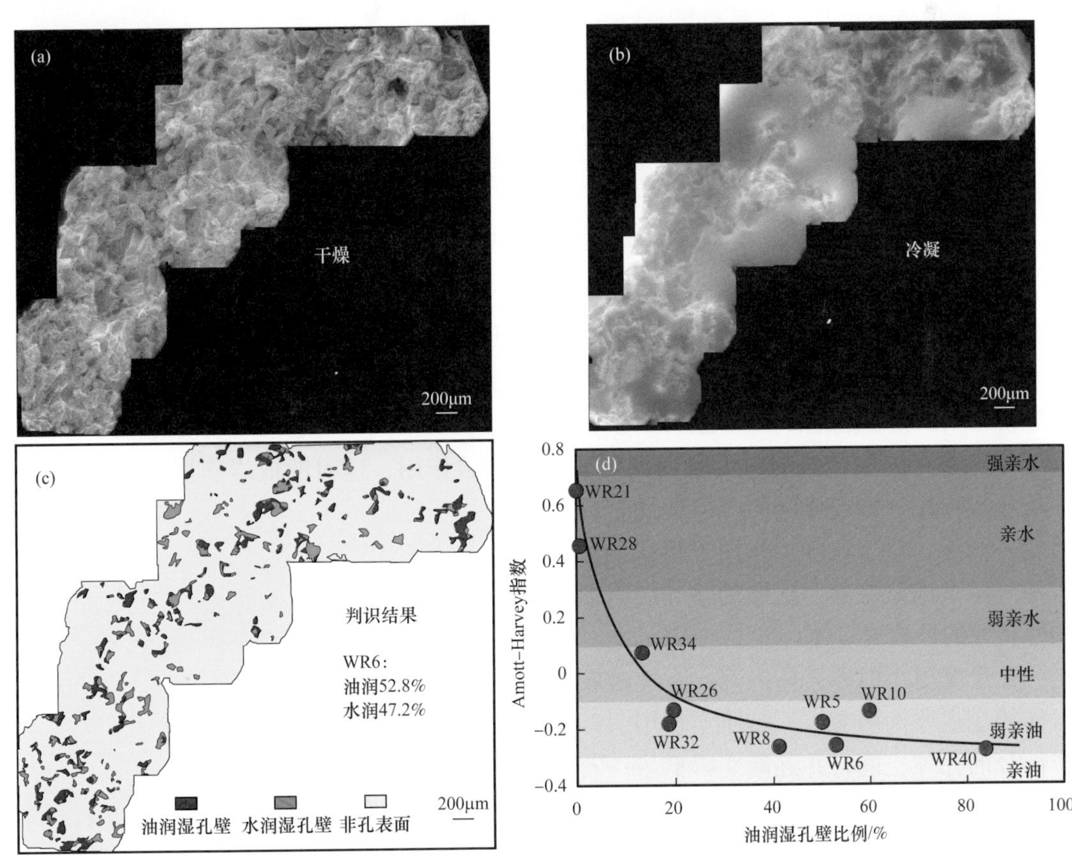

图 5–3–11　岩石混合润湿程度定量表征流程及方法

在经过 Amott–Harvey 测试的样品中选择 10 个润湿指数不同的样品进行了镜下混合润湿程度的直接观测。将混观测结果与岩石自吸油量、Amott–Harvey 指数进行对比，油润湿壁面积比例与 Amott–Harvey 指数之间具有良好的相关关系［图 5–3–11（d）］。当油润湿孔壁比例大于20%时，Amott–Harvey指数处于-0.3～-0.1，整体变化幅度较小，岩石处于弱亲油—亲油范围。当油润湿孔壁比例不大于20%时，随着油润湿孔壁比例降低，Amott–Havery指数呈指数式快速上升，岩石为中性—亲水范围［图5-3-11（d）］。大量的统计结果进一步证明，深层—超深层经历过早期原油充注的储层具有很强的混合润湿性特征。

进一步，按照孔渗物性选择两个样式样品系列，一个是经过原油充注改造、具有混合润湿特征的岩石样品，一个是完全水润湿的系列。分别对这些样品进油充注，结果如图5-3-12所示。储层岩石发生润湿性改变后可以显著降低石油的充注临界压力［图5-3-12（a）］和达到稳定充注突破压力［图5-3-12（b）］。

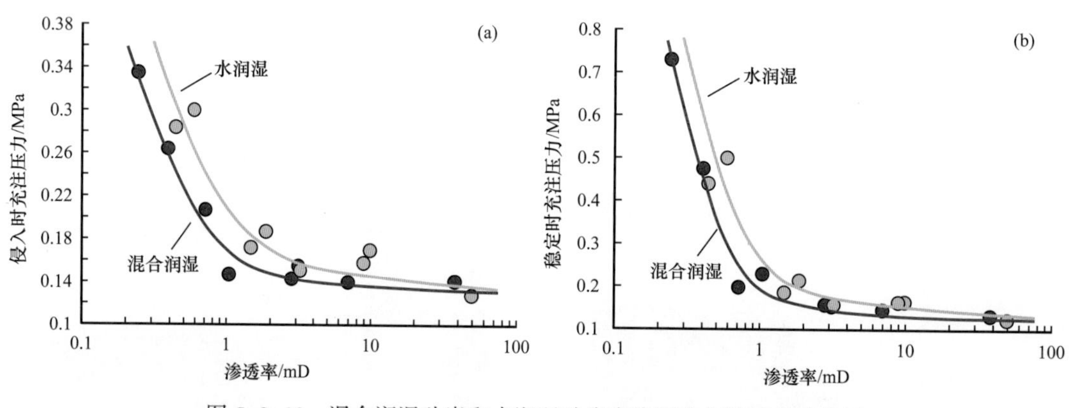

图5-3-12 混合润湿砂岩和水润湿砂岩充注压力与渗透率散点图

3. 深层—超深层油气多期运聚成藏过程模式

综合上述工作，可对深层—超深层所赋存的油气聚集的形成、演化和保存至今的过程进行总结，建立盆地深层—超深层结构非均质性储层油气多期运聚成藏模式。

输导层在埋藏较浅的深度段内经历了早期成岩作用，这时的成岩作用主要有两类，一是压实作用，砂岩体间的泥岩地层最易在压实作用下失去相当部分的孔隙空间，并逐渐变得低渗，对于在浮力作用下运移的油气而言足以构成有效的阻隔层。这样，在第一次油气运聚成藏之前，这样的输导层内形成了由泥岩隔夹层构成的低渗网格及其间孔渗物性良好的砂岩岩石体。

在尺度更小的砂岩体内部，在埋藏较浅的深度段内经历了早期成岩作用，这时的成岩作用也主要为两类，一是压实作用，砂岩体间的泥岩隔夹层最易在压实作用下失去相当部分的孔隙空间，并逐渐变得低渗；若砂岩体中含有较大比例的柔性骨架颗粒，如片状矿物、泥岩岩屑、火山岩岩屑、浅变质泥质岩屑等，压实作用也可以使这部分岩石变为致密的隔夹层；另外储层中也可以在局部形成胶结程度很高的结核、致密隔夹层。这样，在第一次油气运聚成藏之前，这样的输导层内形成了由泥岩隔层、软岩屑夹层、钙质胶结夹层构成的结构性隔夹层网格及其间孔渗物性良好的砂岩岩石体（图5-3-13）。

在这样的结构性非均质输导层中，第一期油气主要在浮力作用下沿着输导层中渗透性较高的连通砂岩体或穿过泥岩隔层的开启断裂裂缝等通道运移（图 5-3-14）。由于具有空间结构的隔层对流体的作用，运移路径很不规则，砂岩体之间若存在连通通道，则原油可以运移到砂岩体中形成运移路径，甚至形成局部的聚集。这样，在烃源岩分布的洼陷内及在斜坡上都可能形成分布较广的运移范围和大量单个规模小但总数很多的局部聚集。

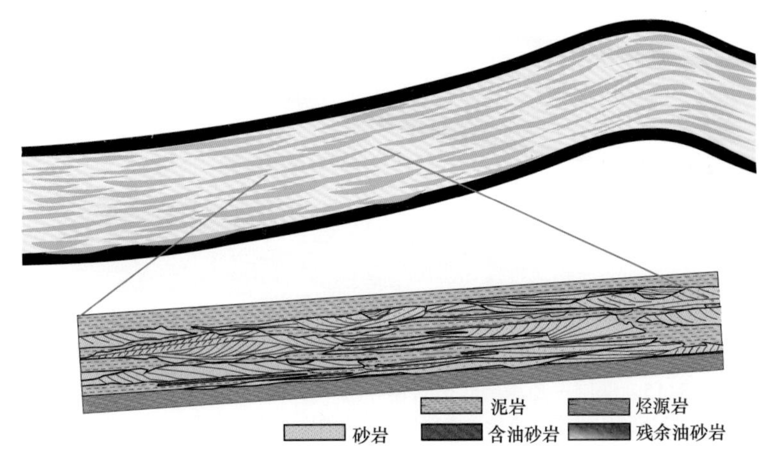

图 5-3-13 深层—超深层碎屑岩输导层中多期油气运聚成藏模式（1）
原油充注之前的输导层

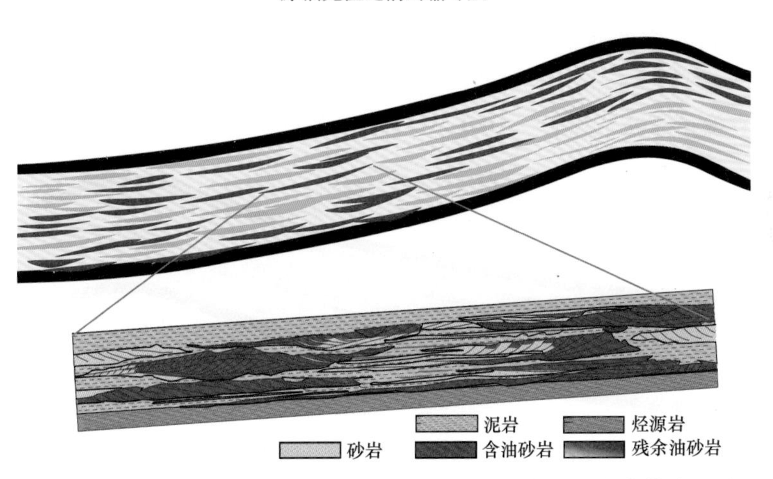

图 5-3-14 深层—超深层碎屑岩输导层中多期油气运聚成藏模式（2）
早期原油充注，沉积相、流体势控制原油运聚

同样，在每个含油砂岩体内部原油运移聚集的方式也呈现为明显的非均质性，砂岩体内部的夹层对原油的运移起到了阻隔作用，只有在夹层分布不连续或存在断开夹层的微观通道的地方原油才得以运移，并在砂岩体内动力平衡的位置聚集起来，而其他的部分仍然含水。

第一期运聚成藏之后，输导层经历了后期的埋藏、成岩过程。一般而言，隔夹层因为早已致密，不再发生成岩作用；含油砂岩体中一部分油散失了（图 5-3-15），含水砂体和含油砂体中都发生化学成岩作用，砂岩的孔隙物性随成岩时间和埋藏深度不断降低。由于含油砂岩体中残余油的存在，成岩作用受到一定的抑制，物性相对于含水层要好。

另外，早期原油的充注，使得原先位于运移路径上和局部油聚集空间的砂岩中岩石颗粒表面润湿性发生反转，变为更加亲油的混合润湿状态。

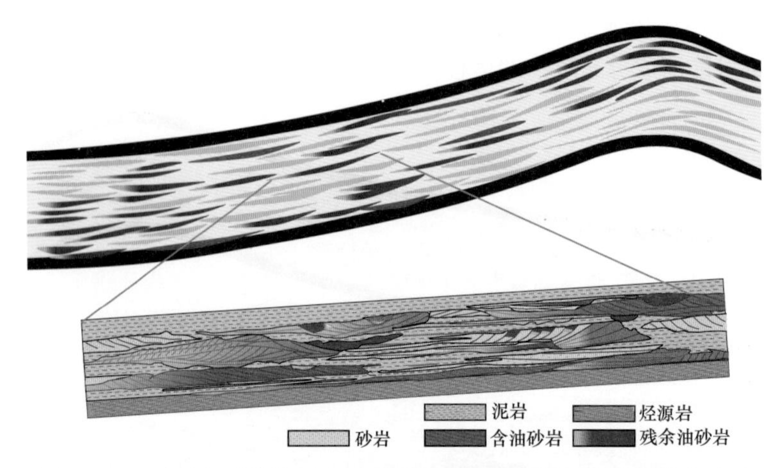

图 5-3-15　深层—超深层碎屑岩输导层中多期油气运聚成藏模式（3）
深埋过程中成岩作用继续，大部分已聚集的原油散失，砂岩逐渐致密化

在这样的情况下，如果该输导层又遇到了油气运聚成藏的条件，油气就会再度进入输导层（图 5-3-16）。这时，原含油砂岩体的物性较好，而且前期进入的油对砂岩中骨架颗粒的表面会进行一定的改造，使得一部分颗粒表面呈现亲油性。这有利于后期油气的进入，并使进入输导层的油气在这些砂岩中运移、聚集。而含水砂岩物性已经变得相对较差，由于一直保持亲水润湿性，即便位于油气运移的指向，油气也难以进入。

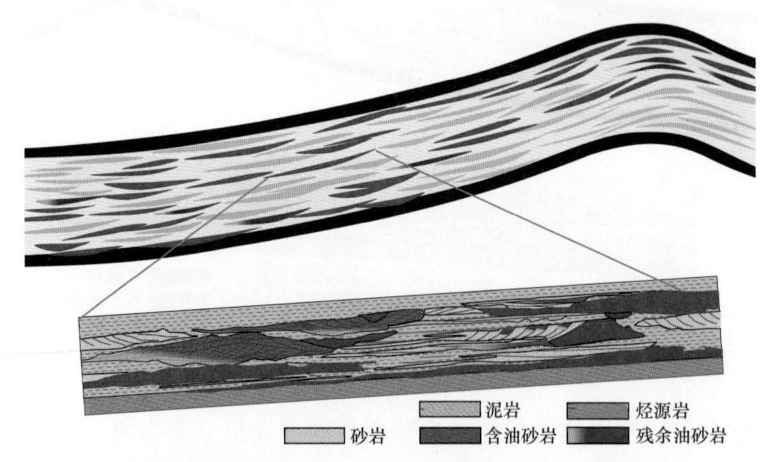

图 5-3-16　深层—超深层碎屑岩输导层中多期油气运聚成藏模式（4）
深埋过程中成岩与原油充注交替，砂岩储层逐渐致密

对于盆地沉降，油气成藏系统深埋至深层—超深层的过程中，输导层内这样的成岩作用——油气运移、聚集过程可能多次发生。但无论发生多少期次，输导层总体的孔渗物性不断降低，原先第一期油气运聚成藏时没有发生过油充注的含水砂岩中油气进入的难度越来越大，以后基本上不会有油气的进入，而早期发生过油充注的砂岩体中成岩作

用受到一定的抑制，部分骨架颗粒表面呈亲油性质，在后期的油气运聚成藏过程中始终有效。

当该成藏系统埋藏至一定的深度，烃源岩中天然气形成、排出，进入输导层的天然气也优先聚集在那些在第一次原油运移时被占据的运移路径和相关油聚集的空间中(图 5-3-17)。这一方面是因为早期原油及残留油的存在，抑制了后期发生的成岩作用，使得早期油充注的岩石中物性相对较好；另外，经原油改造而具有混合润湿性特征的岩石对于天然气来说是非亲水的，因而有利于降低天然气运移过程中的阻力。因此可以观察到在早期含油的储层中天然气的含量高、饱和度高的现象。另一方面，天然气的运移相态和动力与油运移的不完全一样，天然气可以溶于水的方式发生运移，也可以通过扩散方式运移。因而天然气可以进入那些早期没有发生过原油充注的含水砂岩中运移甚至聚集。但这些运移方式的效率没有以游离态运移的效率高，因而在这些沉积延伸中天然气的饱和度往往较低。

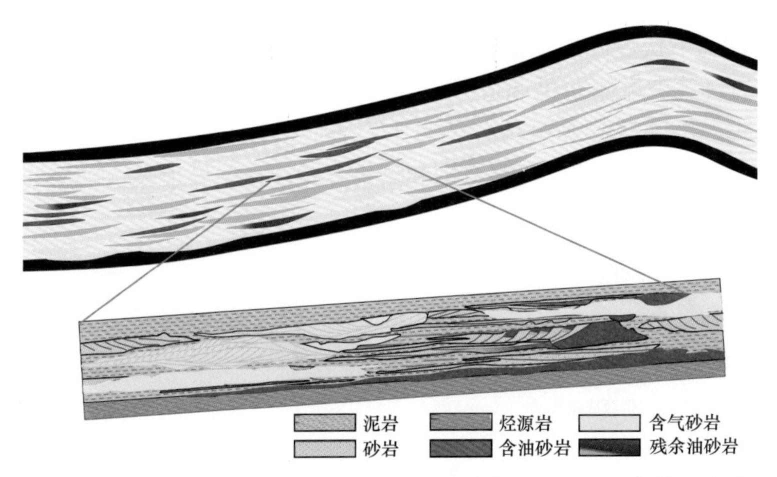

图 5-3-17 深层—超深层碎屑岩输导层中多期油气运聚成藏模式(5)
晚期低渗成藏，天然气在含油砂岩中运移成藏

探索成藏模式从油气成藏的运聚过程恢复入手，主要考虑不同期次油气运移充注时储层的物性条件，关注早期的油气充注对储层物性的改造，为后期油气在低渗状态下顺利运聚成藏创造条件。该模式不需要极端的油气运聚动力学条件，一般的地质条件下即可通过多个运聚成藏过程的组合合理地解释低渗油藏成藏的机制。

由上述工作和认识进一步推论，在深层具有结构非均质性的输导层中，油气运移聚集往往只能占据部分有效储集空间，形成不同层次的油气聚集单元，构成了不同级别的甜点。各个级别的甜点都是相对孤立的，但在平面上观察，输导层中这些甜点可以相互叠覆，形成连片的油气分布。当因构造形变、岩性变化和地层遮挡等条件形成了尺度大于输导层内部砂岩体或砂岩体组合的圈闭，则油气在输导层中将趋向于向着圈闭高点的位置调整，由于油藏调整的时间往往较运移的时间长，因而，在圈闭的位置各级甜点的密度应该增大。对于整体特—超低渗甚至致密的输导层，在第一期油气运聚发生之前既已形成的圈闭更容易成为第一期及以后各期油气运移的指向，因为在致密性储层中经早期油改造过的储集体才有利于致密条件下的油气运移、聚集。

三、深层—超深层油气运聚成藏模式

对于输导层结构非均质性及其在深埋过程中成岩作用差异性及油气充注受差异性成岩作用的控制，早期油气运移路径和聚集范围控制晚期有效储层的形成和保持，以及对晚期油气运移、聚集、调整过程中的控制作用，带来了对油气生成、油气运移聚集、运移路径特征及聚集范围的空间分布等一系列新的认识，也改变了人们对油气资源分布的认识。

1. 基本油气运聚模式

储层结构非均质性在地下普遍存在，这样的储层 / 输导层中的运移聚集方式产生的新认识带来了对油气分布方式的新理解。结合油气成藏单元概念及在复杂油气系统中的应用，可以从拓扑学上将任一油气运聚单元中油气运聚成藏模式归结为 6 种基本类型（图 5-3-18），即为下伏烃源层供源成藏模式、上覆烃源层供源成藏模式、内烃源层供源成藏模式、古油气藏破坏侧向供源成藏模式、低位断层侧向供源成藏模式、高位断层侧向供源成藏模式。由于储层普遍具有结构非均质性特征，因而在任一油气运聚单元中，储层不同位置供源所造成的油气运移范围和聚集方式往往差异很大。

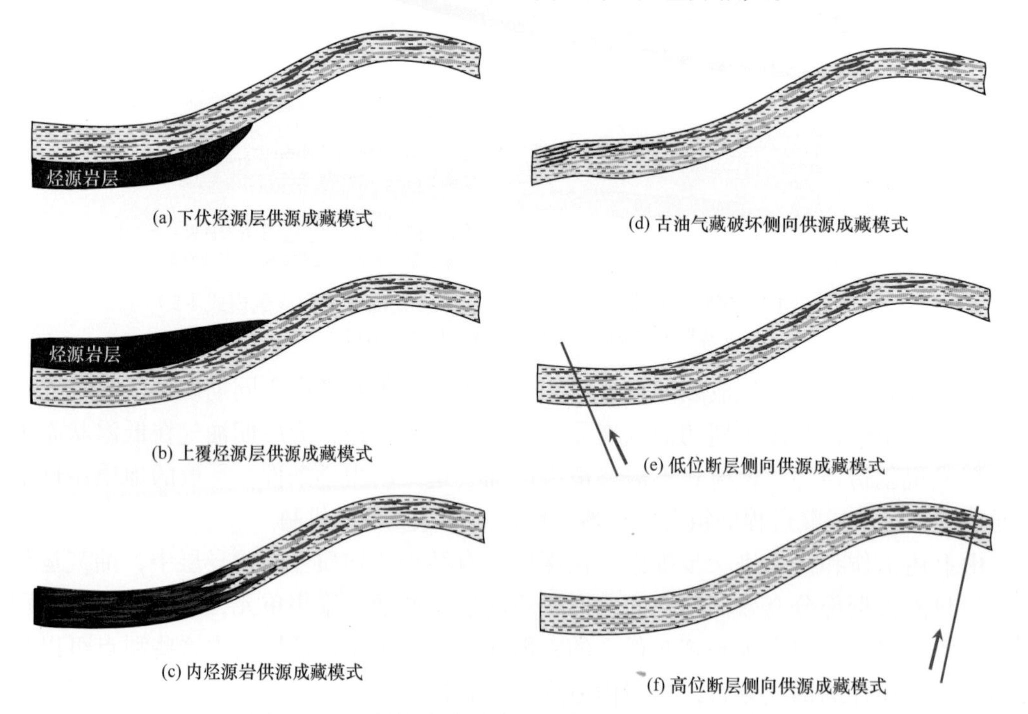

图 5-3-18 结构非均质储层中的基本油气成藏模式

这 6 类油气运聚成藏模式中前 3 类属于排烃—运聚成藏模式，油气由与储层相邻或同层的烃源岩层直接供给；后 3 类属于调整—运聚成藏模式，为先期形成的油气藏因各种构造活动而破坏，油气溢出，再次运移、聚集成藏。

可以看到，对于上覆烃源岩层供源的模式中，在凹陷区或者是斜坡区，运移主要是紧贴着储层的顶面，侧向运移基本在到了圈闭之后才有可能形成比较大的累计油层厚度。而在下伏烃源岩层供源模式中，在凹陷中心烃源岩层分布范围之内，油气的垂向运移非常明显，整个地层储层上下都有运移路径和局部的聚集；在斜坡上，运移的油气趋向于占据储层上中部，下部的油气运移路径和聚集范围逐渐减少，最后进入圈闭。

对于内烃源岩层供源成藏模式，在烃源范围之内，几乎所有的砂岩体都会含油气，只是其内部含油气饱和度因隔夹层的发育程度而有所差异。在侧向运移的过程中，油气运移聚集的方式与下伏烃源岩层供源成藏模式基本相似。

前3类成藏模式对应着烃源岩层—储层的组合模式。鄂尔多斯盆地中生界延长组下组合（长6段—长10段）以长7段优质烃源岩层为中心构成的多个油气运聚单元可以作为这3类成藏模式的实例（图5-3-19）。其中长7_3亚段优质烃源层与下伏长8段河湖相储层构成了一个完整的油气运聚单元，属上覆烃源岩层供源成藏模式；上覆在长7段之上的长6段为一套以河湖相砂岩为主的储层，长7段—长6段层段构成了一个完整的油气运聚单元，属下伏烃源岩层供源成藏模式；另外，在长7段地层内部，深湖—半深湖相的泥页岩向着北东、南西方向逐渐变为河流相，因此，长7段本身构成一个完整的油气运聚单元，属内部烃源岩层供源成藏模式。

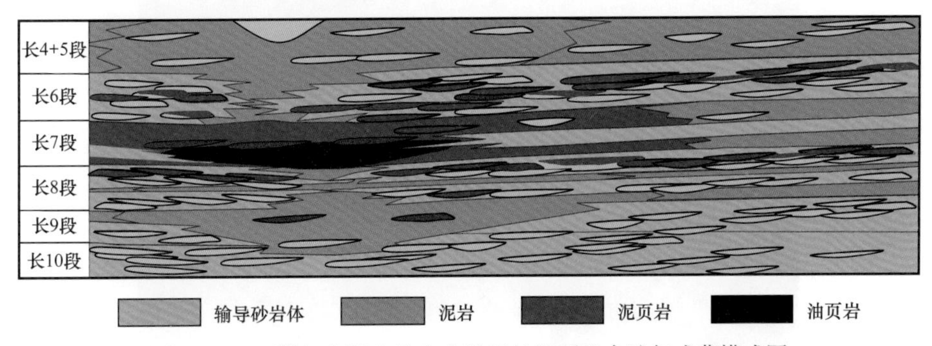

图5-3-19 鄂尔多斯盆地中生界延长组下组合油气成藏模式图

古油藏破坏供源成藏模式中，古油藏位于储层的古圈闭内，油气聚集度比较高，后油气藏因各种地质作用破坏（圈闭倾覆、裂缝带形成、原油热裂解等）而发生侧向溢出，在储层中的油气运聚方式与上覆烃源层供源模式相似。

因古油藏发生破坏供烃导致储层中发生大规模油气运移聚集的模式可以以塔里木盆地北部哈德逊油田作为实例。哈德逊油藏储层为滨海相东河砂岩地层，颗粒成分以石英砂岩为主，沉积成熟度高，该储层虽埋藏至5000m以深，但物性好（平均孔隙度21%，平均渗透率360mD）。该油藏中油水关系复杂，油水界面大幅度倾斜，含油层厚度变化大，储层含油饱和度变化也很大（孙龙德等，2009）。研究发现（Luo et al.，2015），东河砂岩地层中发育钙质隔夹层，这些隔夹层数目众多，沿着不同部分级别的构型界面分布，形成了封而不死、隔而不断的网状结构，使得储层中流体流动受到很大的阻碍。目前的哈德逊油田构造高点聚集的油来自北边HD113井的古油藏，该处6Ma前为古背斜圈闭的高点。之后，盆地中构造活动造成北边相对沉降速度更快，地层发生翘倾变动，古油藏内的油气随着构造的变动，该古油藏中聚集的原油不断溢出，持续向南运移调整。由于结构性非均匀隔夹层的存在，以后的调整过程再也不能使油水界面达到整体平衡，油水界面完全被隔夹层所控制（图 5-3-20）。在北部相当一部分隔夹层所构筑的“蜂房”中仍然保留了油气聚集，从而形成了油水界面宏观倾斜，微观上各隔夹层构成的“蜂房”内油水界面水平的特点，从现今构造高点到古油藏北端残余的油藏内，油水界面的差异明显，总体的油柱高度也保持较高。

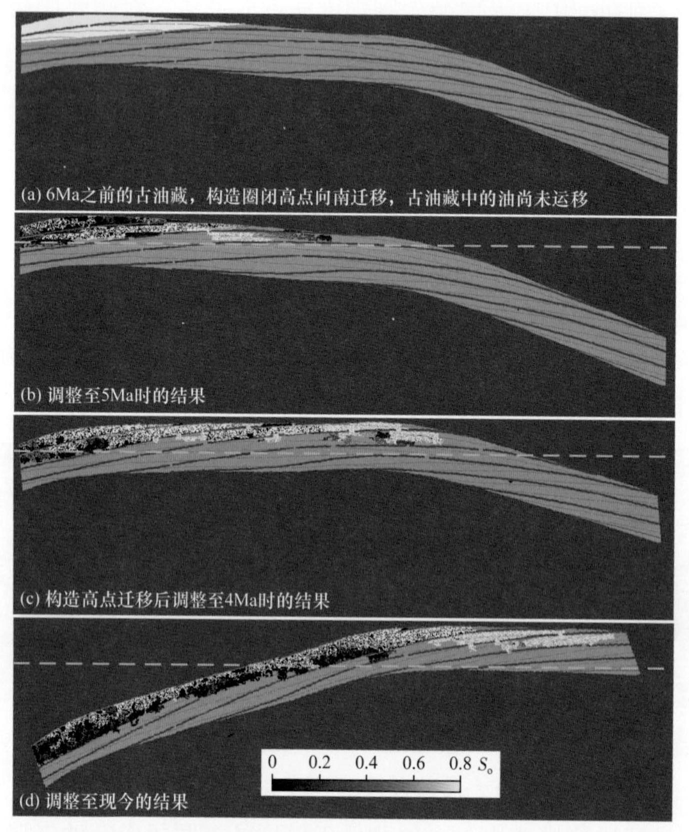

图 5-3-20 塔里木盆地哈德逊油田东河砂岩储层中石油运移调整过程模拟结果

储层结构非均质性，绿色表示正常砂岩，蓝色粗线表示厚度较大、连续性较好的钙质胶结隔层；灰色细线表示薄且连续性较差的夹层，不规则的线与线团为石油运移路径；色标由黑到红到黄表示路径中含油饱和度变化；棕色区域为低渗围岩，天蓝色粗虚直线标出了水平线

断层供源成藏模式是由断层沟通了下伏地层深部的油气源，使已聚集的油气发生漏失而沿着断层向上运移至目标储层中发生新的运移聚集。沿断层开启部位运移上来的油气在储层中进一步运移聚集时，因断开储层的倾角不同，油气运移聚集的方式也不同，因而将其分成低位断层供源模式和高位断层供源模式。低位断层供源模式中，油气在储层中运移的方式与下伏烃源层供源模式相似，但从断层运移上来时，流体动力条件变化比较大。当深部地层压力异常较高时，断层开启造成深部流体突发式上涌（郝芳等，2000），深部储层中聚集的油气受强烈的流体动力推动，先在断裂中向上运移，进入上部储层后再侧向运移，可以形成活塞式推进的运移方式，在断层面附近的储层中油气充注

程度高关联于断层供源的模式可以以顺北地区顺 9 井井区志留系斜坡上的油气发现作为实例。在顺 9 井区志留系柯坪塔格组滨海相砂岩中普遍含油，但油气分布十分复杂，油、水、干层互层，所发现的油气主要分布在柯坪塔格组顶部一定厚度的储层中，没有发现可靠的圈闭。通过对该井区储层进行沉积学及岩石学解剖分析，对照柯坪地区柯坪塔格组野外露头的观测，建立了井下储层结构非均质性模型，并对油气在储层的分布进行对比分析，认为油气来自深部，沿顺 10 井附近的断层向上运移至柯坪塔格组，并发生侧向运移，在具有结构非均质性的储层中形成沿斜坡广泛分布但集中度不高的聚集（图 5-3-21）。

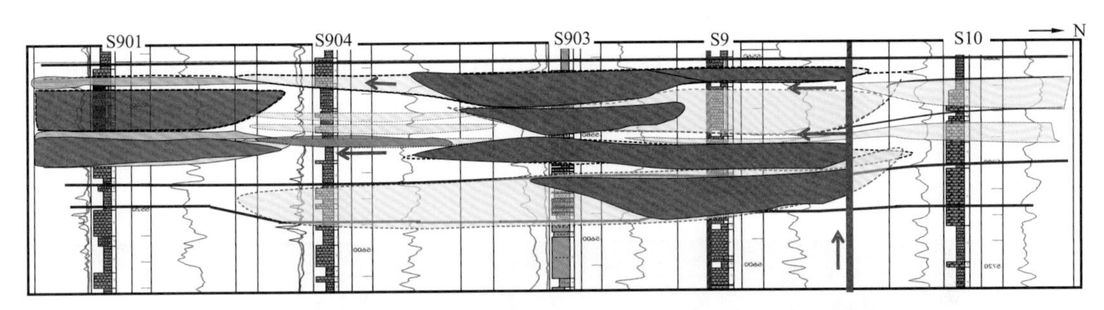

图 5-3-21　顺 9 井区志留系柯坪塔格组储层中油气运移—聚集模式

对油气运聚单元根据不同供源方式划分成藏模式类型，有助于通过储层 / 输导层中油气的分布特征来判断油气来源。例如近年来在塔中一系列钻穿寒武系的油气发现，在阿瓦塔格组膏盐层之下，寒武系从下到上都有油气显示，中深 5 井、中深 1 井中分别发现工业性油、气流。按照对结构非均质性储层中油气运移聚集特征的认识，这些油气均应来自下伏地层。但在这些井区并不存在作为烃源岩的玉尔吐斯组，很大可能是下伏前寒武系储层中多期侧向运移—聚集的油气沿断裂向上供源的结果。

2. 下聚上调复合成藏过程模式

深层—超深层的含油气系统在埋藏过程中必然会受到各种不同类型的构造活动的影响和作用，随着埋深过程中储层 / 输导层致密化作用的不断进行，储层中小的聚集单元本身构成了更好的封闭条件和保存能力。因而一般的地层形变所对应的倾覆很难造成油气的散失，断裂和裂缝形成则是油气聚集破坏的主要原因；另外油藏深埋、温度提高可能造成原油裂解成气，气态烃类较小的密度必然伴随天然气体积的增加或是地层压力的增加。除了构成深层—超深层强大的流体流动动力，还可能因为水动力破坏作用造成裂隙裂缝的形成，油气聚集被破坏。一部分油气发生侧向运移，形成古油藏破坏供源成藏模式，而相当多的情况下这些深层—超深层储层中的油气聚集发生渗漏，油气沿断裂向上运移调整，在上覆层系不同的层位形成一系列油气藏。

通过对不同盆地不同探区的研究认识，认为在盆地深层这类油气成藏组合模式非常常见，也非常重要。在中国西部各大盆地的深层—超深层都发育优质的烃源岩层，而这些烃源岩层中的油气首先向其相邻或是内部的储集岩层中运移和聚集。但这些油气聚集大都在超深层甚至更深层位，埋藏深度大，按照目前的勘探开发技术，不能有效经济地将其勘探开发出来。但这些储层在盆地的深层—超深层位置，在盆地演化过程中必然经历过多期多幕的构造变动，使与这些超深层烃源岩相关储层中聚集的油气发生漏失而沿着断层向上运移，然后在与断层相关的有效储层中发生侧向运移并聚集形成断层供源的运聚成藏模式。这些经改造的油气藏在空间上与断层关系密切，其中的油气多种多样，复杂多端，往往在相邻钻井中获得的油气性质截然不同。

这种油气调整改造后的成藏组合模式称为下聚上调式复合成藏过程模式。认为这样的组合方式与过程能够合理地解释目前在深层油气勘探中所观察到的复杂成藏现象。而且该模式具有普遍性，也具有一定的可预测性。

这种复合模式的典型实例就是鄂尔多斯盆地中生界油气藏。长期作为主力烃源的延长组7油层组上下附近的长6段、长8段输导层中广泛分布油气聚集，在盆地后期的演化过程中通过断裂体系向上调整，穿过区域性盖层长4+5段，在长1段、长2段、长3段及上覆延安组储层中补偿性成藏，形成受优质烃源灶和长6段主力成藏/输导层控制的立体油气分布格局（图5-3-22）。

图5-3-22 鄂尔多斯盆地中生界油气下聚上调复合成藏模式

库车坳陷中生界的油气分布表现为一个大型的深层—超深层下聚上调复合成藏模式。三叠系烃源岩早期生成的较低成熟度原油在源储压差的驱动下，向上覆侏罗系储层中充注，并以生烃凹陷为中心，向储层上倾方向盆地南部运移（图5-3-23）。在具有结构非均质性的侏罗系储层中，油气的分布广泛，在储层的任何部位都可能聚集，但以分散的小规模聚集为主，连片叠置。

随着地层持续的埋藏，成岩作用导致储层物性逐渐下降，烃源岩成熟度逐渐升高。在构造运动的作用下地层发生挤压变形、逆冲断裂形成及先存断裂的生长和再活动。当烃源岩再次进入生排烃高峰，所形成的高熟油在源储压差的驱动下向邻近储层充注。曾充注过早期低熟油的岩石中因颗粒表面润湿性改变构成了优势运移通道。此阶段地层依旧保持着北低南高的形态特征，高熟轻质油依旧可沿着地层上倾方向运移。在此阶段，除了侏罗系储层内的运移和聚集，北部单斜带、中秋和牙哈等地区还形成了断裂开启，沟通了三叠系—侏罗系运聚单元与上覆层位的储层。这些地区侏罗系储层的早期低熟原油可沿断裂或不整合面向白垩系巴什基奇克组储层调整运移，运移到白垩系储层中的油气也可继续沿着地层上倾方向发生侧向运移。在喜马拉雅构造运动晚期，库车坳陷受到天山造山带向南的构造推挤，形成了一系列的逆冲推覆构造，东部构造抬升而中部、西部形成东西向构造带，多条断层沟通三叠系—侏罗系油气成藏单元。这时，持续埋藏作用造成储层物性致密化程度增大，原先聚集的油气散失，三叠系和侏罗系烃源岩成熟度快速达到裂解阶段，生成大量天然气。三叠系和侏罗系烃源岩生成天然气向邻近的侏罗系储层中运移、聚集，储层中原先残留的低成熟度油和轻质油依次因油气密度差异聚集作用被推向远离生烃中心的方向。这时期许多断裂成为烃源断裂，侏罗系储层中聚集的天然气沿着断裂向上发生运移，进入白垩系膏岩层下伏巴什基奇克组储层中形成天然气藏。

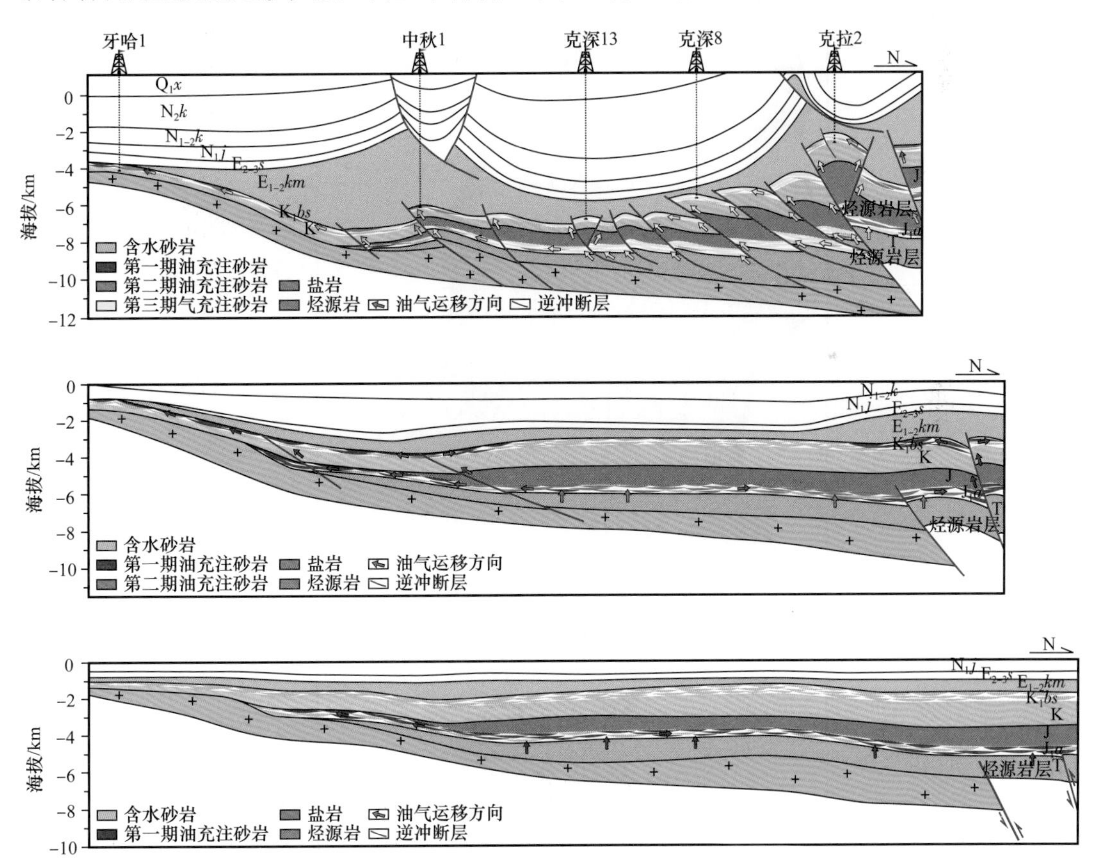

图 5-3-23　库车坳陷深层—超深层油气下聚上调的复合成藏模式

库车坳陷发生的下聚上调的复合油气成藏过程，是多个单期、单源油气运聚单元的有序叠合过程，其间有不同阶段生成的油气不断地混合、排替、改造，形成了现今各个构造上油气相态多样的复杂油气水关系，但总体上形成了“内环干气、中环凝析油气、外环油”的油气分布规律（图 5-3-24）。

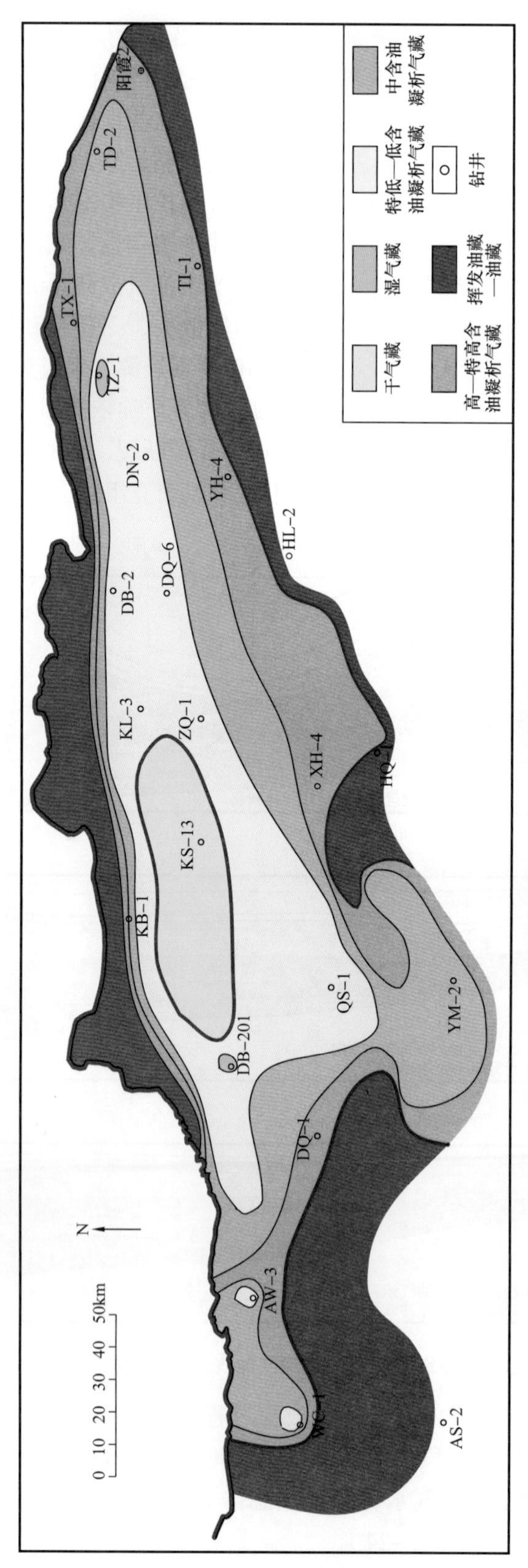

图 5-3-24 库车坳陷油气藏类型划分图（据塔里木油田，2020）

这样的复合成藏模式在盆地深层—超深层发现的越来越多（图 5-3-25），反映了深层—超深层油气地质条件受到盆地构造活动的强烈作用，经历多期构造变形、复合、叠加，油气生排运聚散的过程反复发生，油气多期调整、多期运聚，具有普遍意义。

这种复合成藏模式的提出，有助于提高深层—超深层油气勘探开发成效。即在超深层层位具有优质烃源岩层和有效储层分布并能形成良好源储运聚单元的地区，若存在断裂系统使深层，甚至中浅层层系中的有效储层与超深层源储运聚单元沟通，这些深层有效储层中就很有可能存在有效聚集，根据储层有效储集体的形态特征、物性差异及连通性等差异，形成不同方式的油气聚集。这些油气聚集是大自然将超深层的油气搬运至埋藏深度不大的层位，只要认清了储层中不同部位油气聚集的空间分布特征，就可以保证勘探发现风险小，开发生产成本低。

另一方面，根据这种复合成藏模式，人们也可以通过对断裂上部埋藏深度相对较浅地层中的油气发现的综合分析，反过来推测下部超深层乃至更深范围的深部油气运聚成藏方式和可能聚集位置，从而达到对新领域、新层位、新区带的预测。

3. 深层—超深层新领域

先前人们在勘探中通过寻找圈闭来判断油气藏的存在，而通过研究，可以认为与优质烃源灶相邻的有效储层中，都有可能形成油气聚集。在这样的优质烃源岩层 + 有效储层组合中，位于上倾方向上的各种圈闭，往往是油气藏运移、调整的汇集指向，但其是否能够含有油气，还取决于烃源供油气量的多少。如果供烃量有限，油气在输导层内运移过程中，可能在不同位置的小型可聚集空间中聚集，而不能达到位于高点的圈闭，这也是当前世界范围内油气勘探成功率相对较低的原因之一。

由对油气储层特征和油气运聚特征的新认识，位于构造高点圈闭中的油气藏只是油气聚集过程中的一些特例。如果能够获得勘探发现，则其生产效率较高。但这样的油气藏数目相对较少，除部分构造油气藏外，大部分岩性地层油气藏比较隐蔽，勘探的风险较大。因而深层—超深层油气勘探的新领域应该是那些按照传统的油气地质理论和时间不会考虑或考虑不够的方向。

通过对实际储层结构非均质性及相应的油气运聚模式的新认识，参考本书前面章节所展示的对中国西部深层—超深层成盆、成烃、成储、成藏及油气勘探实践的新的理论认识，可以提出深层—超深层油气勘探的新领域。这些新领域与当前深层—超深层油气勘探发现和开发成果密切相关，而且对于其中油气分布的规律已有一定的认识，因而可以立足于当前在深层—超深层的油气发现，由浅及深，根据勘探开发技术的能力和风险逐步推进，是未来现实的深层—超深层油气勘探新领域。

1）已发现位于构造高点的油气藏向着供源方向的拓展

在位于构造高点的油气藏的油气运移来源方向上，离开油气—水界面向下倾方向拓展推进，储层含油气饱和度可能变化较大，但油气聚集的分布广、含油气厚度大，总量仍很可观。一些钻探落空的高点圈闭，如果能够证实在油气来源的任一下倾方向发现了油气显示，即使量较小，按照常规不能认为是油气聚集，但仍表明油气可以运移到该位置，并有可能在储层中以众多小型聚集的甜点方式赋存。

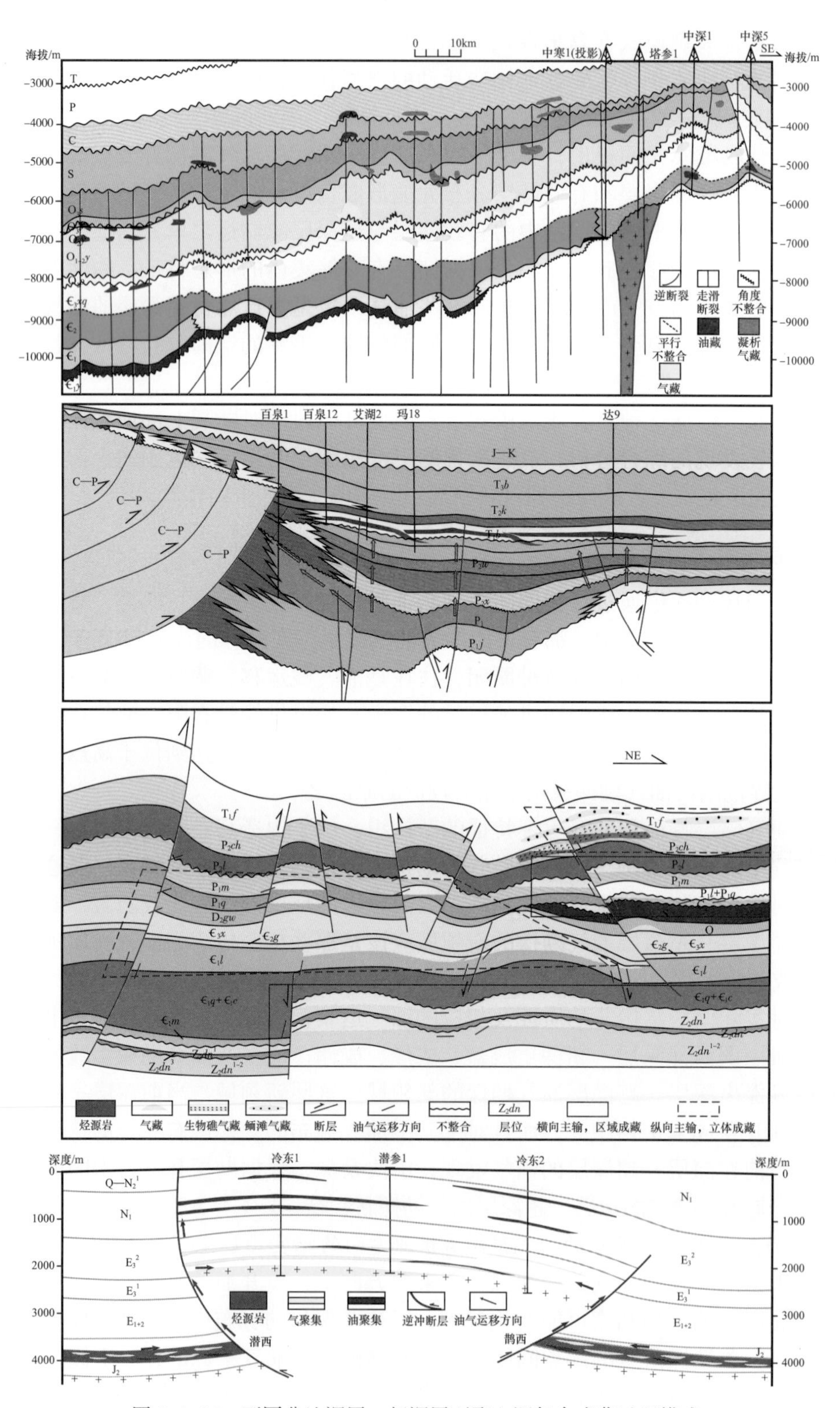

图 5-3-25　不同盆地深层—超深层下聚上调复合成藏过程模式

这类油气聚集的典型实例为哈德逊东河砂岩油气藏的勘探开发（孙龙德等，2009）。在原先发现哈德4背斜构造圈闭油藏的基础上，向着北方滚动勘探可以遇到较好的原油储量，而向南则没有发现。不断地向北滚动勘探虽然也常常遇到含油储层变薄、含油饱和度降低的情况，但继续向北仍会发生钻遇较厚的含油储层、含油饱和度较高的情况。目前的哈德逊油田是这样不断向北拓展的结果，油藏的特点是油水界面严重倾斜、含油饱和度变化大、油层厚度各井不一，钙质胶结隔夹层网状分布，造成储层流体流动不畅。在考虑东河砂岩储层具有结构非均质性的前提下建立储层模型，模拟分析了原油从北部乡3井区古油藏向HD113井—HD-4方向调整运移和聚集的过程。结果表明，正是由于储层结构非均质性的存在，形成了成藏油气的运移范围宽广、局部聚集、含油饱和度变化大的特征（图5-3-26）。

在已发现位于构造高点的油气藏向着供源方向的拓展方面，可预测勘探方向数目众多，因地而异。具体到不同的盆地，须从研究区深层—超深层油气形成、聚集和保存的角度，认识已发现含油气圈闭中油气的供源方向和模式，向着油气来源方向逐步推进。

2）下聚上调式复合成藏模式条件下的中深层调整型油气聚集

目前的研究发现，中国西部三大盆地中在超深层的古老层系往往发育优质的烃源岩层，如塔里木盆地的寒武系玉尔吐斯组、四川盆地震旦系和寒武系等。与这些超深层烃源岩层相关的有效储层大都形成了大面积分布的甜点式油气聚集。这些油气聚集的埋藏深度很大，油气的聚集程度又远弱于圈闭中的油气藏，因而也不可能是目前油气勘探的目标。当这些超深层储层中的油气聚集在断裂开启形成了与上覆中—深层的储层沟通，形成垂直运移通道，原先在超深层聚集的油气将可能漏失进入开启断裂裂缝或断裂带，并继续向上运移到中—深层断裂附近的空间部位。断层附近及断层上倾方向上都可形成广覆式连片叠置的油气聚集。

对这些领域进行认识和评判的一个重要前提是在超深层优质烃源岩层的内部及上下的有效储层，能够形成近源的油气运聚和大范围的油气汇集。因为断裂直接从烃源岩层中接受的排烃范围有限，运移量很小，没有与优质烃源岩关系密切的深层—超深层储层中油气的运聚，上覆中深层与断裂相关的储集空间中也不会存在调整上来的油气。断裂构造构成了与下部优质烃源岩相关储层中油气聚集的沟通，往往会在上部储层中形成一系列以断层为注入点的侧向大面积分布的油气聚集。

这类新领域主要包括准噶尔腹部侏罗系调整型油气聚集区，塔里木盆地台盆区碳酸盐岩层系及上覆志留系碎屑岩层系中的油气聚集。

3）深层—超深层斜坡带

深层—超深层斜坡带分布很广，目前一些盆地在斜坡带钻遇了油气，但都未能获得大型油气田发现，一般不是当前油气深层勘探的方向。但斜坡带埋藏深度相比烃源岩层凹陷要小一些，虽然储层中单个油气聚集个头较小，但这样的油气聚集的数量多、分布较为广泛，连片叠置，只要油气供源清楚，供源量大，油气聚集总量远超圈闭中油气聚集的量，勘探时的钻遇概率也非常大，可能会成为今后深层—超深层油气勘探的重要领域。但由于其聚集程度和聚集方式与传统认识的圈闭不同，即便勘探过程中钻遇了也很难确定和勾绘出聚集方式和范围，在开发过程中也会遇到产量不稳定、单井产量低、成本高等一系列问题，造成所谓的“井井见油、井井不流”的结果。这需要勘探、开发和工程紧密地结合，采用一体化的方式进行油气的勘探和开发，实现油气生产效益。

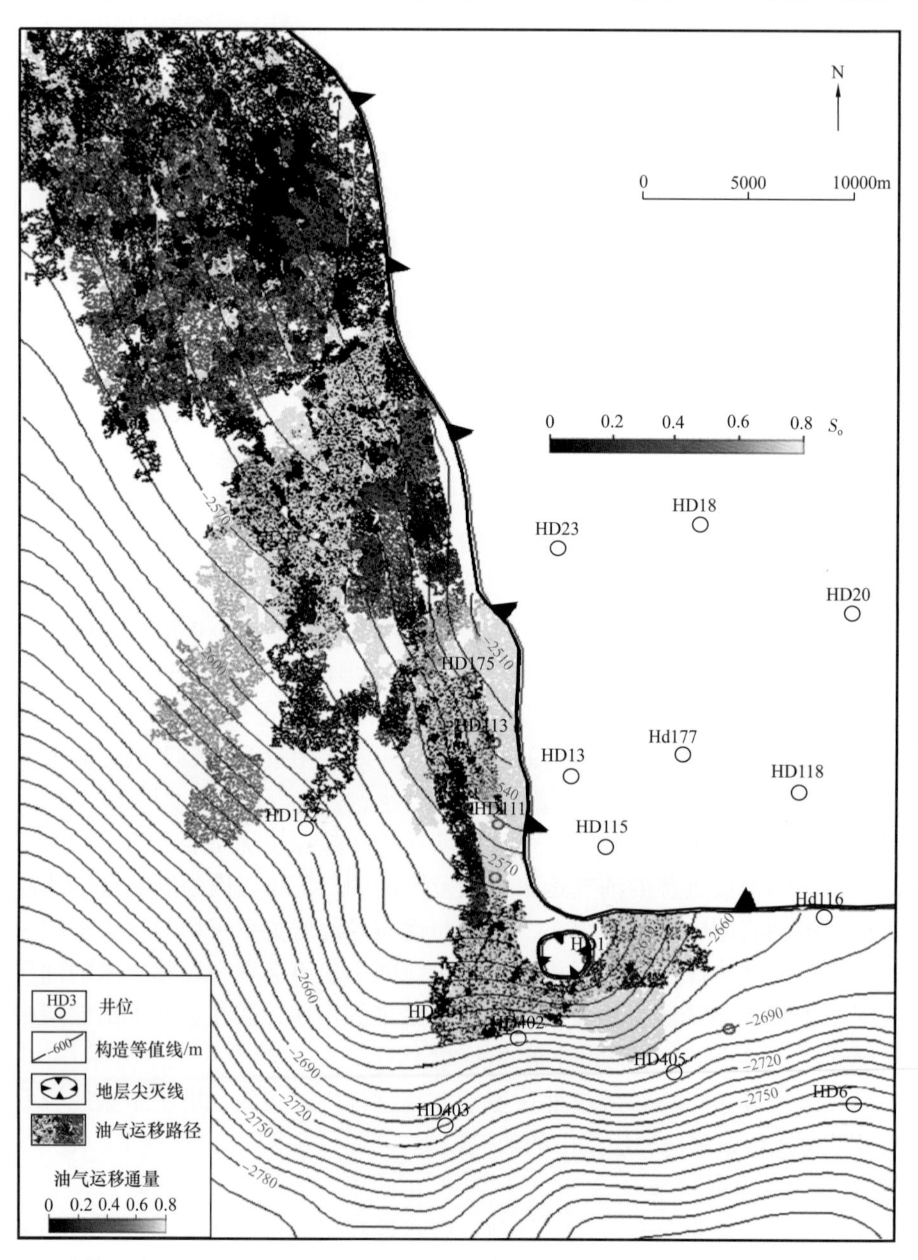

图 5-3-26 哈德逊油田东河砂岩储层结构非均质性模型条件原油从北部乡 3 井区古油藏向 HD113 井—HD-4 方向调整运移和聚集的模拟结果

莫西庄油田位于准噶尔盆地腹部 1 区块东北部，东侧紧邻莫北油田。2002 年 S1 井在侏罗系三工河组试油获得工业油流，之后陆续完钻了 S2-S7、S101-S108、S11 等 15 口探井和评价井，主要目的层为三工河组二段（J_1s_2），目前已上报探明地质储量约

3000×10^4t，控制地质储量约 800×10^4t。

根据对三工河组构造特征的分析可知，莫西庄构造为一个自北东向南西倾伏的斜坡带，上倾方向为东部。油藏的精细解剖分析表明，莫西庄油田 J_1s_2 含油储层具有非常复杂的油水关系，已有油气发现主要分布在 $J_1s_2^1$ 底部 10m 和 $J_1s_2^2$ 顶部 40m 范围的砂体内，油层集中在 $J_1s_2^2$ 的中部，上、下均不含油，油水层之间被隔夹层或薄的泥岩层所分隔。区内部分井区试采产能明显不足，反映出岩性油藏的特点，但实际上是多个独立小油藏交错叠加，其间存在隔夹层，总体表现为油层、干层、水层频繁互层的高含水油气藏。

这样的新领域包括库车坳陷三叠系湖盆范围之外的斜坡、侏罗系湖沼沉积之外的斜坡、塔里木盆地台盆区志留系及上覆各层系、阿满过渡带奥陶系碳酸盐岩与走滑断裂带断溶体相关的准层状缝洞储集体系、准噶尔盆地各坳陷二叠系湖盆之外的斜坡，柴达木盆地一里坪坳陷侏罗系湖盆的斜坡、赛什腾凹陷深层斜坡等。

4）*深层—超深层生烃洼陷内优质烃源岩层内部及上下有效储集层*

深层—超深层的生烃洼陷中心一般不是当前勘探的目标，主要原因是按照目前的石油地质学理论，这里可能会存在丰富的油气聚集，但都属于非常规的油气类型。在深层—超深层条件下，这样的油气赋存难以开发动用。但如果这样的油气富集层位因后期的抬升剥蚀，深度较浅，则有望成为重要的油气勘探开发领域，例如鄂尔多斯盆地中生界延长组下组合、准噶尔盆地吉木萨尔坳陷二叠系芦草沟组湖相页岩层系等。

通过对鄂尔多斯盆地陇东地区长 7_3 亚段湖相页岩层中致密砂岩储层的研究发现，即便对于公认的曾被埋藏得更深的储层致密地区，致密砂岩储集体的平均孔隙度 8.3%、平均渗透率 0.14mD，储层物性的非均质性仍然非常强，孔隙度最大值可达 17.93%，渗透率最大值可达 31.11mD。在这样的储层中油气仍然以非常规布局的方式分布，形成大小不一、油气饱和度变化极大的多个级别的甜点。

因此位于深层生烃凹陷中与优质烃源岩相关的储层有利于油气的充注和聚集，储层结构非均质性对于油气的分布与聚集程度具有重要的影响。在整体致密的条件下，物性相对较好的有效储集岩体提供了油气聚集的空间，油气在不同尺度相对集中构成了不同尺度的甜点，相互间存在一定程度的分隔。随着油气勘探开发及工程技术的提高，只要认识到位、技术先进、方法得当，位于深层生烃凹陷的油层和位于超深层的气层都可能实现开发效益，是今后值得注意的勘探新领域。

这类新领域包括玛湖深层二叠系优质烃源岩层分布区、准噶尔盆地昌吉坳陷侏罗系煤系烃源岩层分布区和二叠系优质烃源岩层分布区、鄂尔多斯盆地南部的上古生界天然气聚集区等。

第六章　深层—超深层油气探测技术与方法

“工欲善其事，必先利其器”。盆地深层—超深层油气地质理论认识和方法是随着油气勘探而不断深入的探讨过程。在此过程中，尽量利用先前的油气地质学及相关的技术方法。但深层—超深层的地质条件与中浅层毕竟存在明显的差异，所面临的探测、模拟、实验、测试等技术方法必然也要针对其专属性问题进行研发、改进和完善。本章介绍在这方面的部分进展。

第一节　生排烃实验仪器研发与应用

一、研发背景

自 20 世纪 80 年代起，生烃热模拟实验开始了从简单的研究加温过程中油气的产率的变化向在数理模型指导下的生烃动力学的研究方法的转变（Ungerer et al.，1987，1990；Tang et al.，1995；刘金钟等，1998）。深层烃源岩的特点是成熟度高、氢含量低，在深部地层中可能存在特殊条件下的水裂解供氢及深部无机供氢，从而使过熟的有机质与氢结合再次产生烃类。鉴于上述的二次生烃机理，亟须研制对应的模拟实验装置来再现碳—水—岩三相共存状态下可能的生烃过程。要完成上述目标，用常规的热模拟方法显然难以实现，就需要研发新的实验设备，而新实验设备功能需要满足深层地质特征的两个条件：（1）大型及较大型岩心样品在高温高压条件下的热模拟生烃实验及实时流体取样分析；（2）可容纳一定体积溶液的封闭式金管实验装置，其中可以充填矿物质、水溶液及一定压力的气体，从而精确地再现深层—超深层封闭环境中多相体系相互作用的生烃机理。为实现设备研发技术指标，在原有设备基础上，新研发出深层领域相应的生排烃实验设备及一些附属的实验产物分析设备。

二、岩石 CT 在流体存在下的在线测试附加装置

由于埋藏于地层中的岩石处在一定的温度和压力的条件下，并且在岩石孔隙中充满了有机酸等流体物质，这些酸性物质在长期作用下会对岩石的孔隙形态大小等产生影响，所以在常温常压且无流体的条件下取得的微孔隙的图像，与自然地层条件下的图像有较大的差异。为了更真实地反映自然地层条件下的微孔隙特征，设计制作了以下岩石 CT 在线加温加压微孔隙测量附加装置（图 6-1-1）。

该装置主要由样品筒、步进电机、流体增压泵、阀门及柔性连接细管等组成。圆柱形样品放置在金属制成的样品筒中，样品筒上部由压帽压住顶部密封锥，密封锥与样品筒的内壁边缘紧密接触保证了样品筒的密封。样品筒的上下两端绕有铠装加热丝，下部

装有温度测控探头，二者协同使样品筒保持一定的温度。因为加热丝与样品的中心位置有一定的距离，实验应用中，要用红外测温器实测 X 射线穿透位置的样品筒表面温度，与测控温度比较并加以校正。样品筒底部通过联轴器与步进电机连接，样品筒顶部与下部及阀门与流体增压泵之间用柔软管道连接，从而保证在样品筒旋转一定角度时，其他外围部件不受到拖拽牵拉。

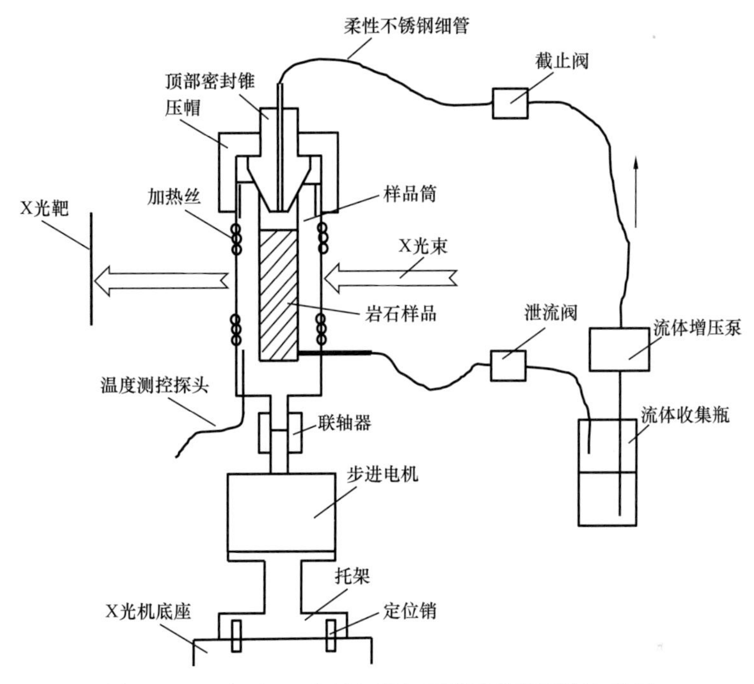

图 6-1-1 岩石 CT 在线加温加压微孔隙测量附加装置

该装置具有以下优点：

（1）可以较真实地模拟自然地质条件，取得更真实的岩石微孔隙信息；

（2）在不具备岩石 CT 的条件下，也可以单独进行岩石侵蚀作用的实验；

（3）结构小巧灵便，充分利用 CT 机原有样品台、定位销等，不需对 CT 机做任何改动，只需要在拍摄 CT 片时将托架放置在 CT 机底座上即可自然固定，拍摄结束后即时拿走，不额外占用机时。

利用该装置对鄂尔多斯石盒子组储层砂岩（王若谷等，2015）进行了微观孔隙的测试。样品制成外径 5.5mm、长 10mm 的柱体，分别进行无水和加水、常压和加压条件下的 CT 透视孔隙度显微观察。CT 仪器型号为 Thermo Fisher Avizo。

测试结果表明（表 6-1-1），即使用非常薄的容器，其对于 X 射线仍具有一定的阻挡衰减作用，相对于不加容器的空白实验来说，表现为噪声增大，清晰度略有下降。套管加水前后孔隙度、孔体积、孔径变化不大；套管加 20MPa 水后，相对大孔出现，孔隙度变大，可能与水力改造孔隙有关。以上结果暗示离线状态下实验室实测孔隙度会低估地质条件下储层孔隙度。

表 6-1-1 加水及加压条件下岩石 CT 对同一砂岩样品的测试结果表

实验序列	计算孔隙度 /%	图像质量	孔体积	V/SA
砂岩（空白实验）	2.56	好	对照	对照
砂岩—合金容器	1.83	一般	相对大孔体积消失	相对小孔径孔比例高
砂岩—合金容器—水（常压）	1.66	一般	加水前后几乎无变化	加水前后几乎无变化
砂岩—合金容器—水（20MPa）	2.63	一般	相对大孔体积出现	相对大孔径孔出现

三、开放式生烃动力学实验设备

黄金管实验中封闭的生烃条件适用于封闭的生烃体系，但有的地质条件为半开放或间歇开放的生烃环境。地热作用产生的油，可以通过岩石裂隙运移作用离开加热区域，从而避免或减弱油裂解生气效应；但因为黄金管是一个封闭的局限体系，热模拟产生的油无法及时排出，在较高的温度下，油发生裂解产生气体，导致实验产生的气体生成量明显高于地层中气体的实际生成量。针对这种开放式的地质条件，研发了开放式生烃动力学实验设备。

该装置采用一系列的真空储气管来收集与暂存不同热模拟温度下产生的气体。通过两条或两条以上的实验数据曲线就可以得到气体各组分的生烃动力学参数。该装置主要由样品加热室、储气管、真空电磁阀及气相色谱仪等部分组成（图 6-1-2）。实验开始前，对整个系统（包括储气管）抽真空。实验开始后，烃源岩（通常为干酪根）样品在加热室内按一定温度程序逐步升温加热，第一个温度区间内产生的气体在载气的推动下，通过电磁阀的切换，进入第一个储气管，并暂存在储气管内，然后第二温度区间的气体储存在第二个储气管，依此类推，直至达到最高的热解温度。热模拟过程停止后，利用在线连接的气相色谱仪依次对各储气管中的气体进行定性、定量分析，根据不同温度下气体的产率，结合生烃动力学软件即可计算出各气体组分的生烃动力学参数。

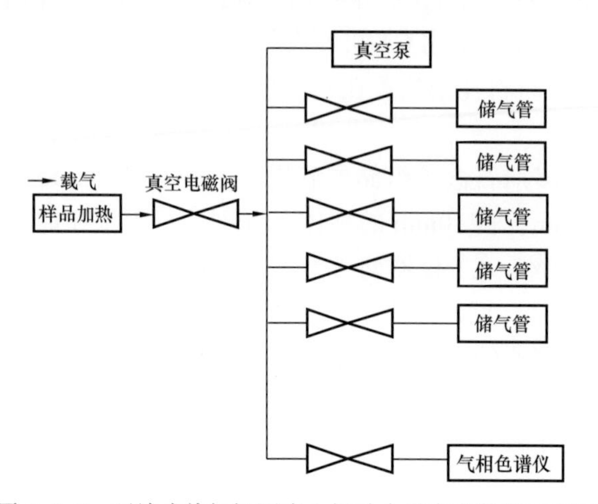

图 6-1-2 开放式热解烃源岩生烃动力学实验装置示意图

利用该设备对不同类型的干酪根做了生烃动力学测试分析（Liu et al., 2020）。图 6-1-3 中的样品为美国绿河页岩（Green River Shale）提取的干酪根，热解参数的 S_2 高达 460mg/g，为典型的湖相Ⅰ型干酪根。图 6-1-3 显示，在 470℃之前的区域，不同升温速率的曲线基本上呈平行的排列，说明在此温度区间内，没有发生油的裂解，甲烷基本上符合生烃动力学规律；而在温度大于 470℃之后，油发生裂解而产生甲烷，但是每次实验油裂解的程度不同，导致甲烷的最大产率大小不一，这种现象就是由低温阶段产生的油无法完全排出造成的。由于样品是手工装填，每次装填的数量、紧密程度都不同，造成排出油的数量不同，残留油裂解生成的气体数量也不同，难以得到重复的结果。

煤的实验数据如图 6-1-4 所示；C_{1-3} 生烃动力学参数如图 6-1-5 所示。

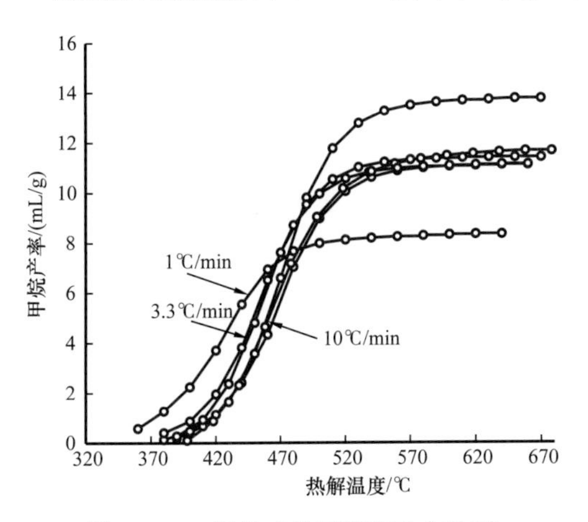

图 6-1-3 开放式热模拟实验方法对Ⅰ型干酪测试结果图

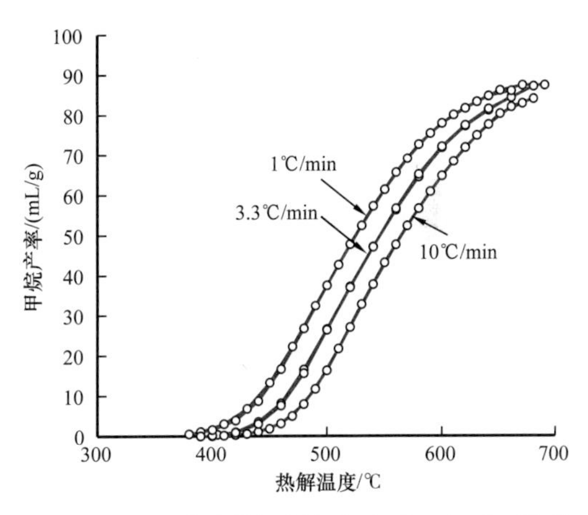

图 6-1-4 开放式热解研究方法对于山西二叠系煤的生烃热模拟的甲烷生成曲线

相对于封闭式黄金管的实验结果，干酪根的开放式生烃动力学研究方法由于尽量避免了油裂解产生气体及湿气裂解对甲烷的影响，从而更清晰地显示出天然气各烃类组分的生烃动力学的差异，即生成活化能 $CH_4 > C_2H_6 > C_3H_8$（图 6-1-5），而在封闭式黄金管的实验中，这样的规律往往受油裂解生气的影响而并不是完全成立。

以上实验说明，开放式热解生烃动力学实验设备对于生油量较低的煤或者Ⅲ型干酪根，具有实验便利及数据重复性好的特点。其生烃动力学参数也在合理的范围内，可直接应用于地层中天然气生成的计算。对于深层的成熟度样品来说，一般均不具有生油能力，仅剩余部分的生气潜力，因此，开放式生烃动力学实验装置是一种实用、有效的实验研究设备。

四、可填充气体、液体的大型黄金管热模拟实验设备

1. 高压封闭式黄金管热模拟设备研发要点

中科院广州地球化学研究所在黄金管热模拟实验设备及实验方法上进行了改进和创新，以此为基础建立了《黄金管热模拟生烃实验方法》的石油天然气行业标准，在国内各大学、研究机构的油气地球化学研究中得到广泛应用，研究内容涵盖了油气生成动力

学（Huang et al.，2019；Wang et al.，2020）及油的裂解动力学（Tian et al.，2010）、石油中金刚烷的生成及地质应用（Fang et al.，2013）、硫化氢的 TSR 生成机理（Xiao et al.，2019；Alexander et al.，2016）等多个领域。针对特殊要求，研发了适用于深层、超深层的样品，且能充填气、水等流体介质的黄金管热模拟实验设备，该设备具有工作温度高（≤700℃）、压力大（≤200MPa）、反应釜内容积大等特点。所谓大型黄金管是相对而言，常规的黄金管外径为 4mm，长度为 40mm；而大型黄金管外径可达 12mm，长度 100mm，其有效体积可达 16cm^3，这个体积可以充填足够的反应物质从而进行固—液—气三相体系的热模拟实验。

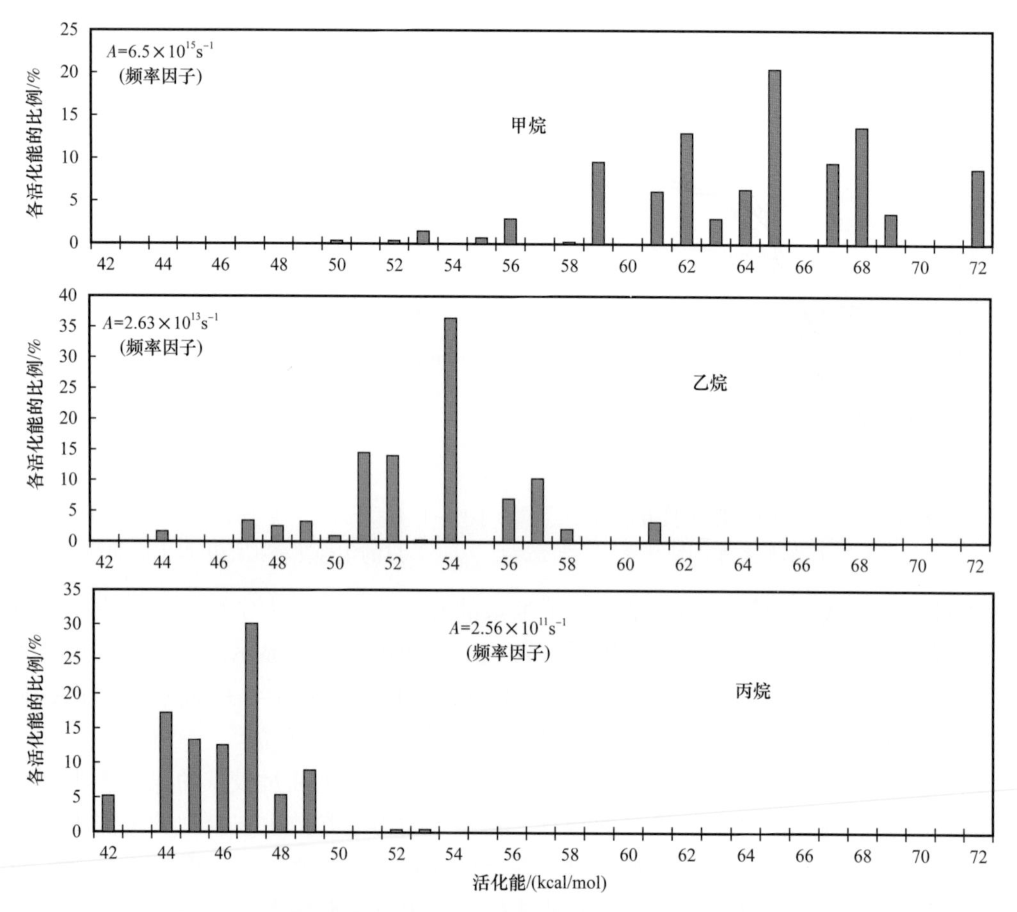

图 6-1-5　开放式热解研究方法对于山西二叠系煤的生烃动力学参数

2. 高温高压热模拟系统的基本结构与加压方式

高温高压黄金管热模拟实验系统基本结构如图 6-1-6 所示，相对应的实验模拟设备组合及外观如图 6-1-7 所示。该套实验模拟设备由加压、加温、自动取样、数据采集及控制等几大部件构成。

装有样品的黄金管放置在高压釜内，通过水泵向釜内加压，黄金管在水压下被压扁，从而间接地给样品施加压力。压力可以是恒定的，也可以根据要求在加热过程中变化，通常使用的恒定 50MPa 的压力。在未加热时，样品承受的压力即为黄金管壁承受的水压，但是当加热开始，有一定的油气产生时，黄金管内部的压力会抵消一部分外部的水压。由于黄金管的柔韧性，此时黄金管会发生一定程度的膨胀直到内外的压力平衡，因此，样品承受的压力始终与外部水压平衡。压力的实现如图 6-1-8 和图 6-1-9 所示。

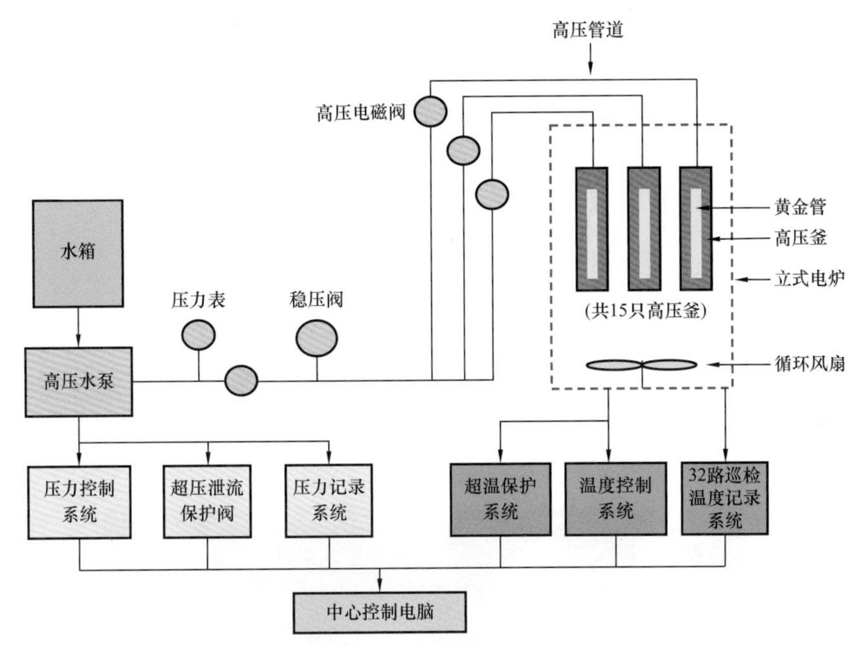

图 6-1-6 高温高压黄金管热模拟生烃动力学实验装置结构示意图

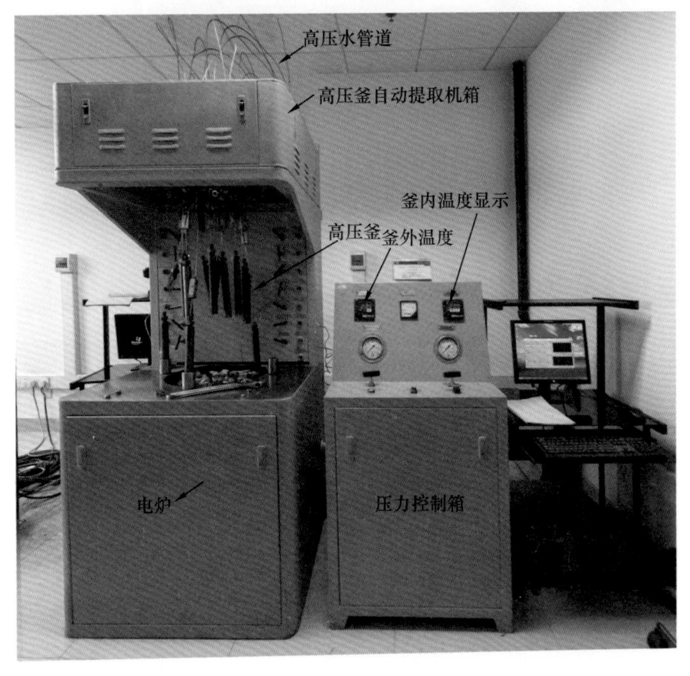

图 6-1-7 高温高压黄金管热模拟生烃动力学实验装置外形图

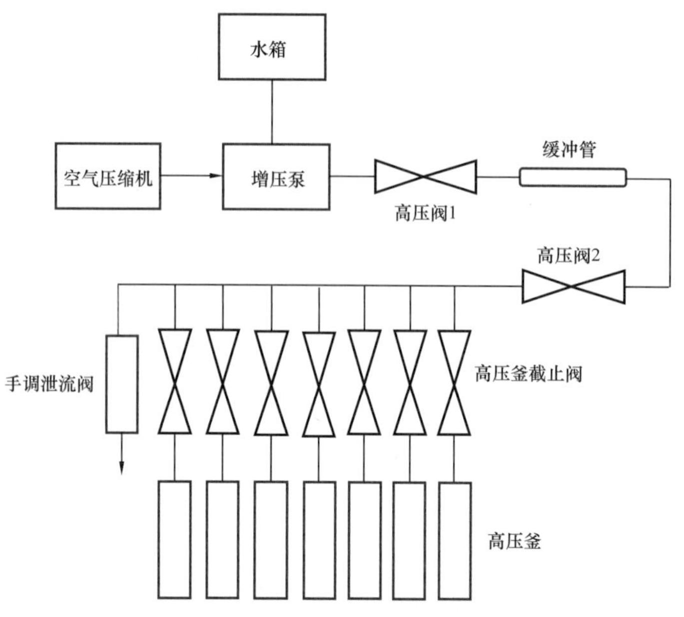

图 6-1-8　压力系统结构示意图

图 6-1-9　压力控制箱实物照片

气动增压泵把水箱里的水打到高压釜内，当室温时，压力达到设计数值时即停止动作，使压力保持在一个稳定值。因为需要压力的波动不大于1MPa，在增压泵与高压釜之间设置了一个缓冲管，增压泵先把水打入到缓冲管内，再通过图 7 中高压阀 1 和 2 的交替切换，把缓冲管里的水引入釜体。由于缓冲管的体积很小，一次引入釜体的水溶液体积受到限制，故压力波动可限制在 1MPa 之内。当电炉开始加热，釜内的压力增大，当压力超过设定压力 1MPa 时，泄流阀打开，排出少量的水，使压力下降至设定的压力点。

3. 黄金管中挥发性物质的填充

图 6-1-10 为焊接装置的示意图。主要部分为一个不锈钢皿，中间放置有金属的底座，底座上按行列钻孔，每个孔中垂直放置一根黄金管，一次共可以放置 20 根左右的黄金管。水杯的上沿有一个管道，氩气从该管道引入水杯。当充填挥发性试剂时，将水杯中放入水和冰块的混合物，使液面浸没黄金管的中部。打开氩气管道的开关，用定量注射器将试剂注入黄金管，用平口钳将黄金管顶部捏扁利于焊接，但要留有 0.5mm 左右的缝隙利于空气的排出。将水池上部的气体罩盖上，维持氩气流量约 1min，让氩气充分进入黄金管，使空气被排出。10min 后，加大氩气流量，将水池顶部的气体罩取下，将黄金管顶部的缝隙完全捏死，用氩弧焊将黄金管焊封。焊封应争取一次完成，时间不超过 1s。由于底部冰块的冷却作用，使溶剂的挥发作用降到很低，重量损失基本可以忽略。

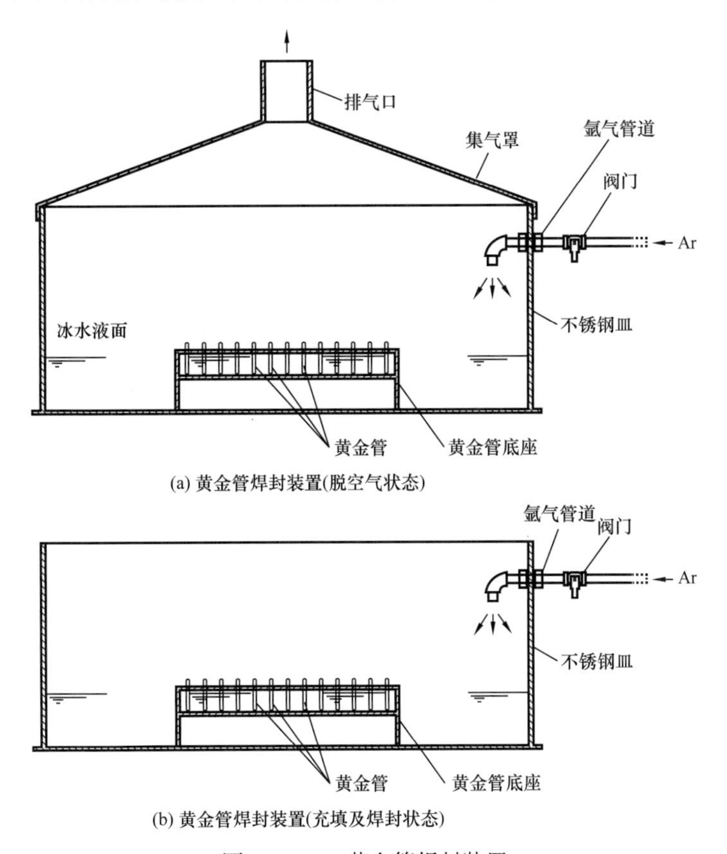

图 6-1-10 黄金管焊封装置

气体的封装及焊接采用如图 6-1-11 所示的装置。以充填正己烷 + 硫化氢为例，首先将正己烷注入黄金管，然后打开限流阀、排气阀、开关阀，让气体注入黄金管再从排气阀排出。维持一定的流量，使注入的气体逐步取代黄金管中的空气。约 2min 后，关闭排气阀，待压力表的数值稳定，启动驱动气缸，使平口台钳的钳口向中间移动夹住黄金管，然后移去黄金管顶部的密封盖，将平口钳以上部位的黄金管捏扁后即可焊封。

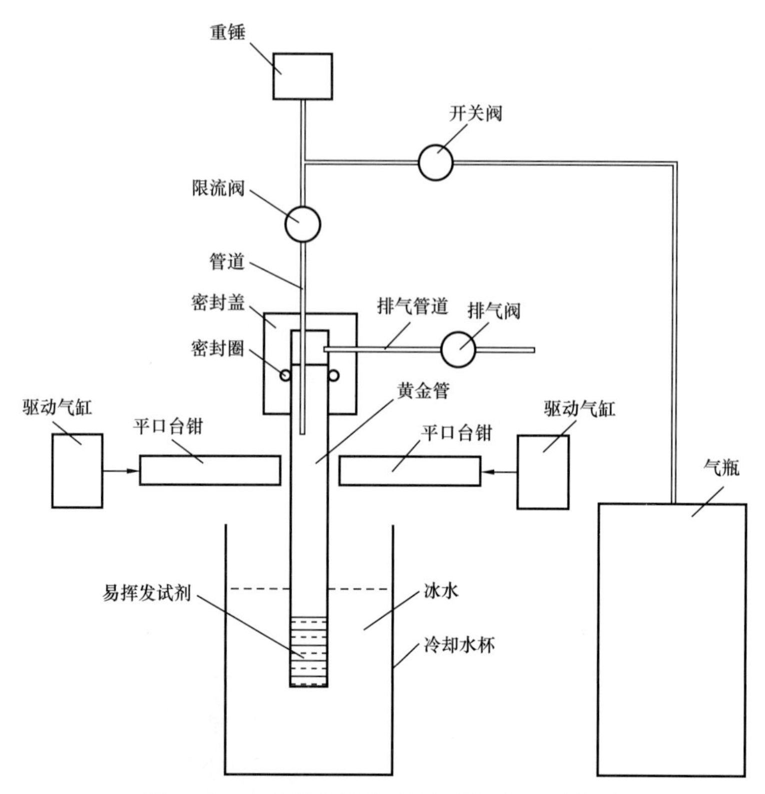

图 6-1-11　向黄金管中灌注气体的装置示意图

4. 黄金管中气体的同位素自动取样分析装置

出于实验成本的考虑，一般用一根黄金管同时完成气体成分、同位素、轻烃的收集和气相色谱分析及重烃的萃取定量等多项工作。目前采用的是气体成分为在线分析，而同位素是离线分析，即待气体成分分析完成后，用注射器抽取剩余的气体，注入同位素质谱中进行分析。由于同位素质谱对进样量的要求较高，通常只能通过尝试方法来确定样品的进样量。常规的分析中，要求 3 次重复实验的相对误差不高于 0.5‰，为了达到这个要求，往往需要反复进样多次，一个样品耗时 2h 以上。为了提高分析效率并提高样品分析的重复性，特意设计并制作了黄金管中气体的成分及同位素自动分析装置（图 6-1-12）。

该装置的功能是可以自动连续地对 10 个烃源岩生烃热模拟黄金管中的气体进行成分和碳同位素分析。含有气体的黄金管，在真空的气体释放室中被刺穿释放出气体，首先进行气体成分分析，分析软件根据对气体成分及各组分浓度的分析结果，为同位素质谱仪选择一个合适的分析方法，并将适量的样品气体注入同位素质谱仪进行烃类气体的同位素分析。使用乙炔作为内标，是因为在样品气中不含乙炔成分，而且在色谱图中可以与样品气中的其他组分很好地分开，通过将每次测定的乙炔同位素值与标准值的比较，可以评估同位素仪器的工作状态。一个黄金管分析完毕后，切换至下一个黄金管重复分析过程，最终完成对 10 个黄金管中气体的成分及碳同位素的自动分析。图 6-1-13 是一个干酪根样品所做的黄金管实验，用手工方法与自动方法所做的同位素数据对比。对样品的实际测试结果说明，自动分析的数据比手动分析的 $\delta^{13}C$ 轻 0.3‰左右，这正说明自动分析装置避免了手动分析的气体分馏导致同位素值逐步变重的现象。图中自动分析两次重复实验的相对误差不大于 0.3‰，因此，只需对气体样品做一次同位素分析即可，无需对样品做重复实验，可以使分析时间缩短到手工操作的 1/3。

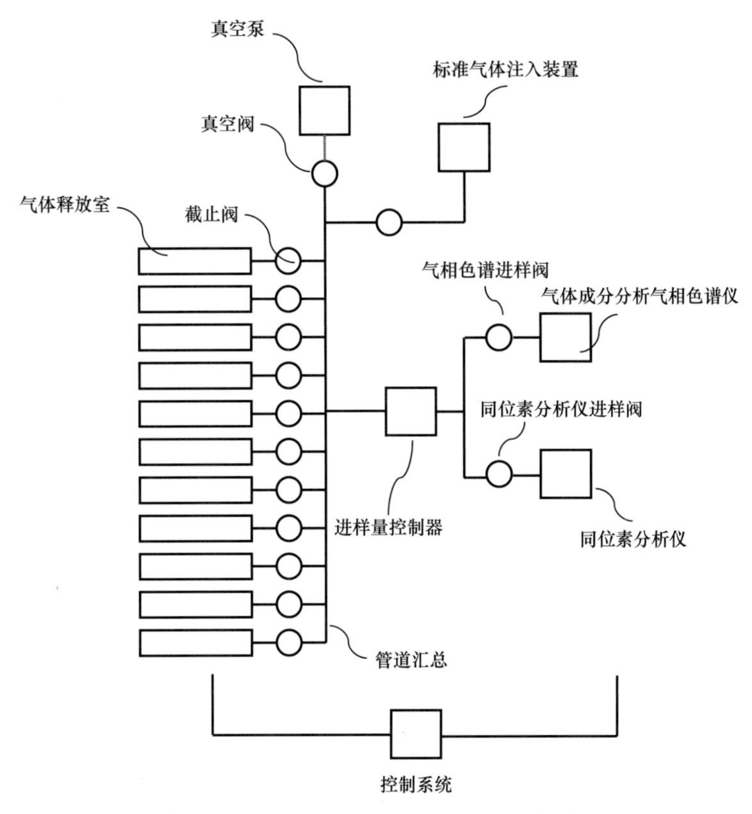

图 6-1-12 黄金管中气体成分和同位素的自动进样分析装置示意图

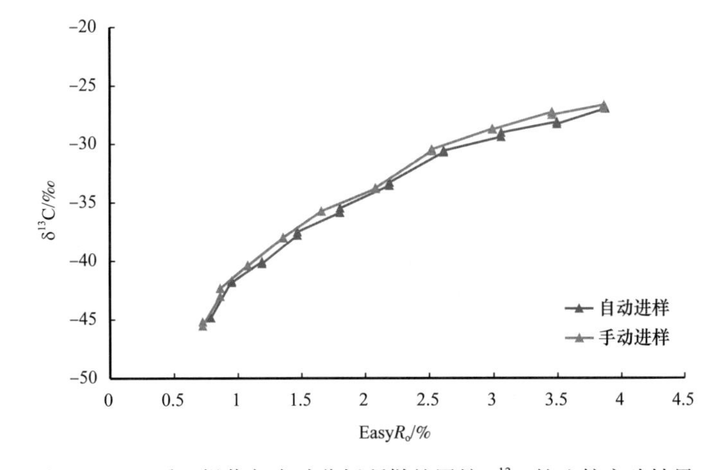

图 6-1-13 手工操作与自动分析所做的甲烷 $\delta^{13}C$ 的比较实验结果

五、高温高压体系下块状样品生—排烃热模拟实验装置

高温高压体系下块状样品生—排烃热模拟实验装置，所适用的样品不仅仅局限于块状，可以是块状、岩心或粉末样品（图 6–1–14）。

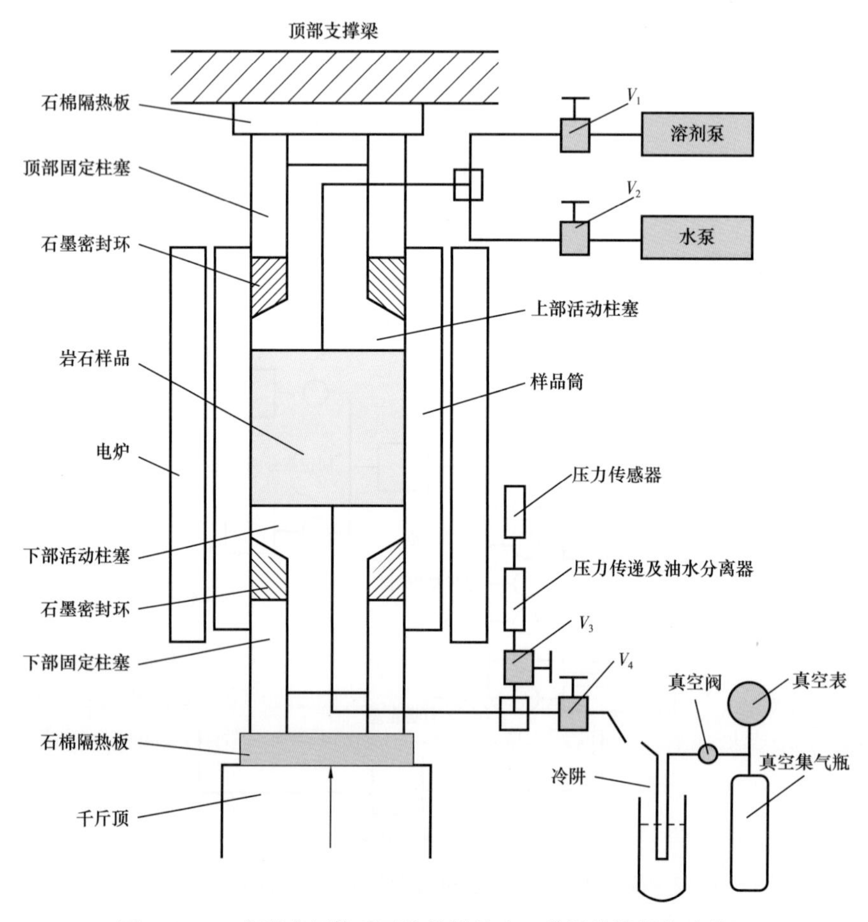

图 6–1–14　高温高压体系下块状样品生—排烃热模拟实验装置

该设备具有以下特点：（1）采用耐高温的非金属材料来制作密封环，可达到良好的密封效果，避免了气体的散失，密封环价格低廉，可以一次性使用，且容易从样品筒中取出，不会对反应釜内壁造成损伤；（2）对排出油和残留油进行分步原位清洗的方法，通过在线的溶剂泵对与反应釜连接的阀门、管道等进行清洗，减少了配件拆卸及重新安装发生泄漏的概率。油产物全程处于封闭环境中，避免了石油中挥发性组分的散失，清洗效率高，使用溶剂量只有传统方法的 1/3；（3）通过压力传递器来消除死体积，将阀门与反应釜进行一体式设计，尽量减小阀门与釜体之间的死体积；（4）设置专门的溶液空间，让水溶液与烃源岩样品充分反应，并可取得足够进行后续分析的溶液；（5）采用真空玻璃瓶来收集气体，即使系统有轻微的泄漏，也只是少量空气进入真空气体瓶中，并不影响对气体的定量分析；（6）采用抗腐蚀合金的反应釜及耐腐蚀的阀门、管道，使系统对于硫化氢的反应减少到最小，可有效地进行硫化氢的定量收集分析；

（7）通过采用适当的惰性固体物质对油样的固定作用，可以进行沥青、原油在封闭、开放及间歇开放条件下的裂解实验。通过以上的措施，使生—排烃实验设备的技术性能较传统方式有较大提高。利用该设备对鄂尔多斯延长组7段所做的研究，对于该页岩在一定条件下的生—排烃模式得出了新的认识（Ma et al.，2020a，b）。

第二节　叠合盆地深层构造—热演化恢复方法体系

由于地质历史漫长、构造运动复杂，叠合盆地往往经历了多期复杂热历史，这导致了叠合盆地深层烃源岩生烃过程的复杂性，并一定程度上制约了深层油气成藏规律的正确认识，是深层油气勘探尚未解决的重要问题之一（翟光明等，2012）。因此，开展叠合盆地深层构造—热演化研究就显得尤为重要。

叠合盆地深层构造—热演化研究必须针对盆地深层特殊的地热、地质特点，从不同研究尺度，有机结合不同的方法，达到有效恢复叠合盆地深层多期复杂热史的目的。在研究叠合盆地的构造热演化史的过程中，需要对每一地质历史时期的原型盆地做精细的分析，在盆地不同的演化阶段，主导控制因素可能不同，因而其所适用的盆地模型也各不相同。每一演化阶段盆地形成的大地构造位置、地球动力学背景、盆地类型、盆地性质、沉降历史都需要有较为清楚的认识，从而建立叠合盆地不同时期的盆地模型。

从研究对象或者尺度而言，以盆地为核心，对于特定地质时期（拉张减薄、逆冲推覆、前陆岩石圈挠曲等演化阶段），从岩石圈尺度开展研究。在研究的方式上，盆地尺度采用钻井或地表露头剖面的多温标耦合反演，岩石圈尺度采用特定成因类型盆地的构造—热演化模拟，即盆地尺度古温标热史恢复与岩石圈尺度构造—热演化模拟相结合。就地质过程而言，盆地内的沉积埋藏与抬升剥蚀，盆地下伏岩石圈的拉张减薄、挤压增厚、逆冲推覆及其相应的热效应均应得到重视，而这些过程的热效应在岩石圈尺度的构造—热演化模拟中可以得到充分考虑。盆地尺度古温标热史恢复与岩石圈尺度构造—热演化热史反演结合，不同封闭温度古温标耦合反演，这就构成了盆地热史恢复方法体系（图6–2–1）。

一、构造—热演化法

沉积盆地构造—热演化模拟是盆地模拟的主要内容之一，构造沉降史与基底热流演化史构成其两大核心研究内容。拉张模型在描述拉张盆地沉降和热流演化方面取得了极大的成功，实现了构造和热的完美结合（Jarvis et al.，1980；何丽娟，1999）。常用的伸展模型为非瞬时有限伸展模型（He et al.，2001；Chen et al.，2014）。在模型中假设岩石圈水平方向上的伸展导致垂向上的减薄，热的软流圈物质上涌补偿缺失的岩石圈，温度场随之升高，伸展结束后由于热衰减导致盆地进一步沉降。在做反演计算时，通过不断地调整伸展速率建立不同的沉降曲线，并与回剥得到的构造沉降曲线对比，在一定迭代次数内选取最佳的拟合即得到盆地的构造—热演化史。伸展过程中岩石圈的热演化主要受控于平流传热，而在伸展结束后岩石圈温度场的演化依赖于传导传热作用。

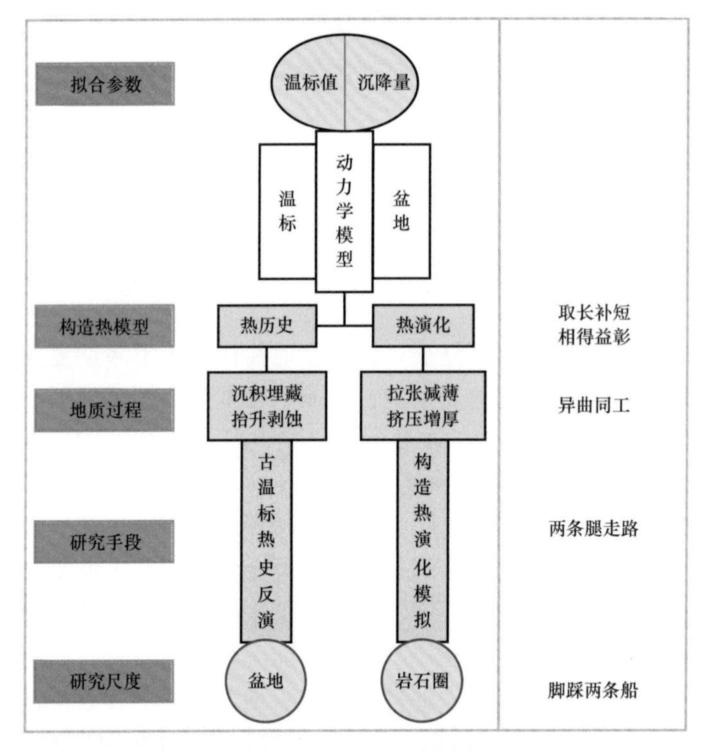

图 6-2-1 叠合盆地热史恢复方法体系

二、古温标热史反演法

叠合盆地深层—超深层烃源岩形成年代早（早古生代或更早），缺乏陆源高等植物镜质组，而且叠合盆地深层广泛发育碳酸盐岩地层，缺乏磷灰石、锆石等重矿物，导致目前最常用的古温标方法，如镜质组反射率、裂变径迹和（U–Th）/He 在应用于下古生界高演化海相层系热历史恢复时，均有着不同程度的局限性，因此，必须探索新的古温标和热史恢复方法来研究中国叠合盆地深层—超深层热历史。

1. 有效古温标遴选

古温度计种类众多，总体上可分为固体有机地化古温度计（如镜质组反射率 R_o、沥青反射率 R_b、干酪根热蚀变指数 TAI、岩石热解峰温 T_{max}、有机质自由基浓度、伊利石结晶度、岩石声发射等）、分子有机地化古温度计（如正构烃碳优势指数 CPI 或奇偶优势比 OEP、甾烷和萜烷的异构化比值）、矿物古温度计［如磷灰石 / 锆石裂变径迹、磷灰石 / 锆石（U–Th）/He、包裹体均一温度法、钾长石 $^{39}Ar/^{40}Ar$ 法等］及水—岩反应法（如 SiO_2 地球化学温标、二元同位素温标等）等四大类。

由于具有相对完善的动力学模型，镜质组反射率、磷灰石 / 锆石裂变径迹、磷灰石 / 锆石 / 榍石（U–Th）He、多种显微组分荧光变化和二元同位素等古温标成为开展叠合盆地深层构造—热演化研究中较为可靠的古温标。针对中国叠合盆地深层发育海相碳酸盐岩层系的特点，国内外学者遴选出多种有机质成熟度指标，如沥青反射率（王飞宇等，

2003）、镜状体反射率（刘祖发等，1999）、生物碎屑反射率（曹长群等，2000）、牙形石色变指数（祁玉平等，1998）、有机质自由基浓度（徐二社等，2008）、激光拉曼光谱（何谋春等，2004）和岩石热声发射（李佳蔚等，2011）等，这些成熟度指标都可以作为开展叠合盆地深层构造—热演化研究的补充温标（表 6-2-1），近年来它们在开展叠合盆地深层，特别是早古生界高、过成熟碳酸盐岩地区热史恢复中取得了重要进展（邱楠生等，2005；McCormack et al.，2007）。这些温标中，目前运用最为普遍的有沥青反射率、镜状体反射率和生物碎屑反射率，通常按照一定的经验关系式换算成等效镜质组反射率，然后直接应用有机质化学动力学模型（如 EasyR_o 模型）开展热史反演。总之，古温标种类繁多，但不是所有温标均可取自海相地层和（或）具备动力学模型。具体研究中，应根据研究区的实际地质情况，遴选出有效的古温标，这是开展叠合盆地深层热史恢复的基础。

表 6-2-1　叠合盆地深层构造—热演化研究常用古温标

可靠温标	补充温标
镜质组反射率（R_o）、沥青反射率（R_b）、镜状体反射率、生物碎屑反射率 —— 换算成 EasyR_o	牙形石色变指数
多种显微组分荧光变化（FAMM）	伊利石结晶度
磷灰石裂变径迹（AFT）	激光拉曼光谱
锆石裂变径迹（ZFT）	岩石声发射
磷灰石（U–Th）/He/（AHe）	自由基浓度
锆石（U–Th）/He/（ZHe）	伊利石 / 蒙皂石混层比
榍石（U–Th）/He/（SHe）	包裹体均一温度
二元同位素	

按照上述研究思路，针对四川、塔里木等叠合盆地深层—超深层地层特点，重点开展海相碳酸盐岩有机和无机组分受热效应研究及碳酸盐岩泥 / 砂质岩夹层中的矿物受热效应研究，遴选适用于深层—超深层古生代海相地层热史恢复的古温标。具体做法为：采集典型的样品（包括碳酸盐岩本身及与碳酸盐岩互层的泥质岩 / 砂质岩）进行无机和有机组分特征分析（包括实际地质条件下和热模拟试验条件下），分析这些组分在受热作用下的演化特征和机理，同时开展碳酸盐岩团簇同位素研究，以此建立研究碳酸盐岩热演化的有效古温标。利用泥岩和砂岩中的重矿物，包括磷灰石、锆石和榍石等矿物进行低温热年代学测试，同时借助于其对应封闭温度和相应动力学模型进行重点钻井的热史反演试验。

现有各种古温标应用于沉积盆地热史恢复时，各有优势和局限性。如最常用的镜质组反射率，可以记录的古温度范围最高超过 350℃，但只能记录最高古地温，无法记录达到最高古地温的时间；磷灰石裂变径迹可以记录最高古地温和达到最高古地温的地质时间，但其封闭温度仅为 110～125℃，无法恢复叠合盆地深层曾达到较高温度的目标层系的热历史；具有较高封闭温度的锆石裂变径迹（230℃）及锆石 U–Th/He（封闭温度：200℃）、榍石 U–Th/He（封闭温度：260℃）则可形成热年代学温标高温演化阶段热史重建的补充；具有较低封闭温度的磷灰石 U–Th/He（封闭温度：70℃）为精确认识抬升剥蚀晚期的热历史提供了可能。基于各类古温标的封闭温度和热力学特性，构建深层—超深层热史恢复的古温标组合（图 6-2-2）。

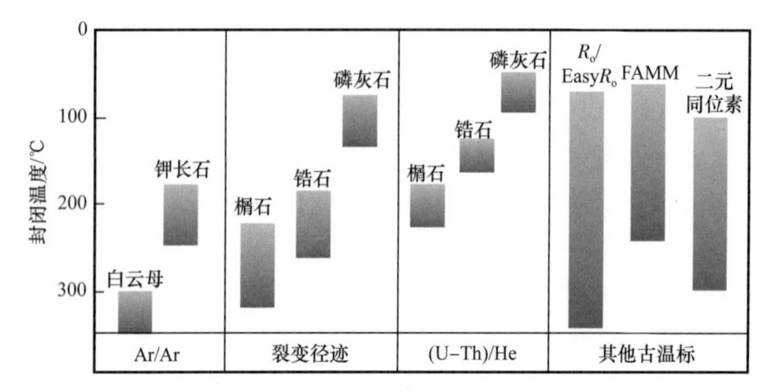

图 6-2-2　叠合盆地深层构造—热演化研究中不同封闭温度的古温标序列

2. 多期复杂热史恢复方法体系

叠合盆地深层热史恢复的流程，首先应系统收集、分析研究区现有古温标数据，如镜质组反射率、包裹体均一温度等，结合盆地构造演化阶段，寻找主要热事件达到的最高古地温和相应地质年代的信息。然后，根据古温标反映的热事件信息，制定针对的目标层位及其所处构造背景的具体热史恢复技术：在盆地尺度上，针对研究区各类温标特性的分析，遴选出可靠的、且能记录特定热事件信息的古温标，通过不同类型、不同封闭温度的古温标的有机结合，建立有效的古温标剖面，综合运用随机反演法、古地温梯度法、古热流法，对主要钻井的热历史进行恢复，恢复的过程中也需要根据不同钻井所反映出的不同的热史特征，实施有所侧重和差异的具体恢复措施；在岩石圈尺度上，针对特定热事件，建立合理的地质—地球物理模型，定量计算岩浆作用、岩石圈拉张减薄 / 挤压增厚、地幔柱等特定构造—热事件的热效应，并将数值模拟结果与古温标反演结果相互印证。最终，无论从盆地尺度还是岩石圈尺度上的热史恢复结果，均需彼此呼应且与实际地质资料，如构造沉降量、古温标值等相吻合。

精确热史恢复要求不同方法、多种温标、缜密的采样设计和多手段联合反演，以提高热史反演的精度。本研究基于有效古温标的遴选和叠合盆地热史恢复方法的框架体系，建立了多温标耦合反演热史的方法流程（图 6-2-3）。基于 R_o、磷灰石和锆石裂变径迹（AFT、ZFT）、磷灰石和锆石（U–Th）/He、伊利石结晶度等古温标，以精确的钻井分层、现今地温场、岩石热物性等为参数，采用低温热年代学模拟方法、古地温梯度法、古热流法，精细恢复盆地主要钻井的系统热历史或野外露头样品的温度史。裂变径迹的模拟采用多元动力学退火模型，和蒙特卡洛逼近法，（U–Th）/He 模拟采用 Drango Apatite（Farley，2000）模型等成熟的反演方法，运用 Thermodel for windows 2008、HeFTy、QTQt 等热史模拟软件。多种古温标和不同方法之间获得的热史路径和相互约束，使热史模拟的精度得到最大程度的保证。

多种古温标的联合反演和多种成因模型的构造—热演化数值模拟方法应用于盆地深层—超深层的热史恢复研究，取得了良好的效果。

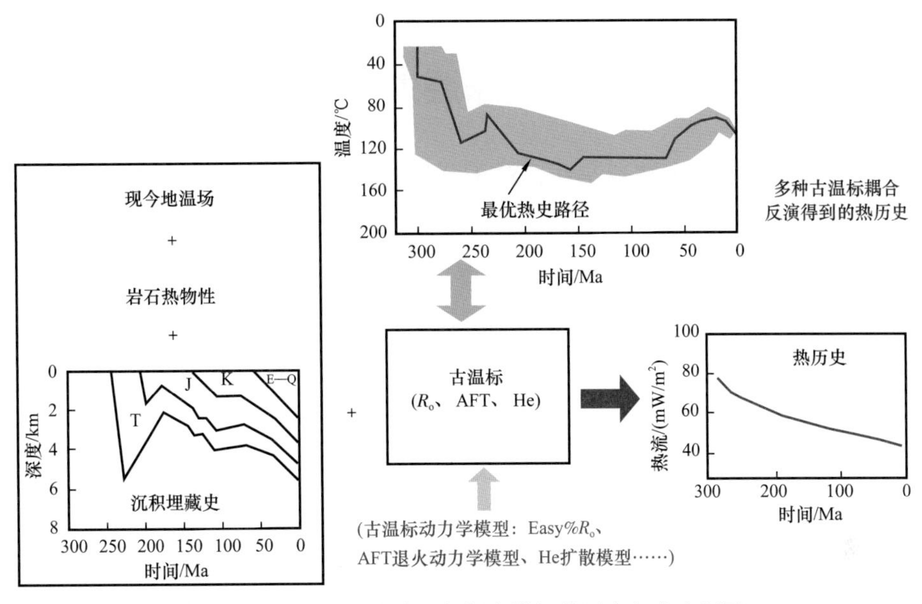

图 6-2-3 多方法多古温标耦合模拟热历史方法流程图

图 6-2-4 展示了对四川盆地不同地区代表钻井进行热史恢复的结果。四川盆地热历史可大致以 260Ma 为界分为两个阶段，即中二叠世末期（约 260Ma，如果按照早期二叠纪二分法，则为早二叠世末期）之前的热流增加阶段和之后的热流降低阶段。四川盆地最高古热流介于 60～124mW/m^2，最高古热流由峨眉山地幔柱中带（川西南地区）向外带（川中南部和川东南地区）、外带以外的川东北地区逐渐减小。盆地热流在约 90Ma 时降低至 40～70mW/m^2，川中、川南地区热流值较高，川东地区热流值较低，晚白垩世至现今，川东地区热流降低，川中、川南地区热流演化较平稳。综合对四川盆地构造—热演化特征的分析，古生代时期盆地热流升高并在中二叠世末期达到最高古热流的过程与岩石圈拉张减薄及峨眉山地幔柱活动和大规模玄武岩喷发有关。中二叠世以后，四川盆地缺乏大规模的岩浆活动，盆地热演化特征主要受控于三叠纪—早白垩世期间前陆盆地演化阶段的构造、沉积作用，以及晚白垩世以来大规模隆升剥蚀。

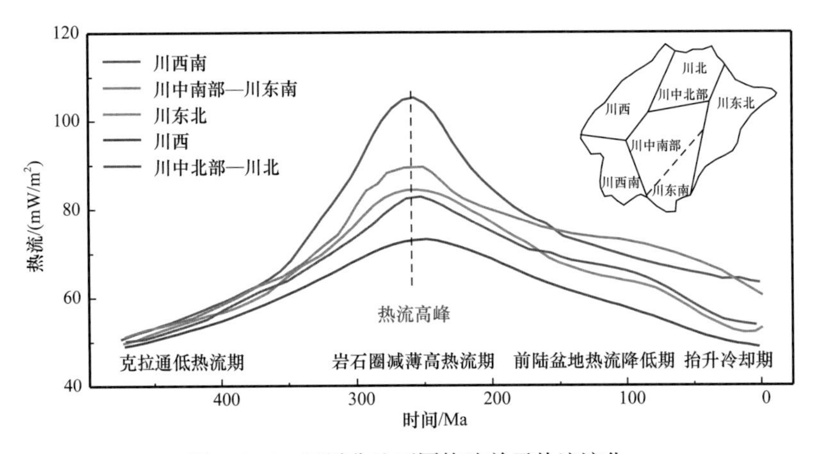

图 6-2-4 四川盆地不同构造单元热流演化

第三节　深层—超深层地层压力预测技术

盆地中的异常流体压力普遍存在，对于盆地中地层的构造变形、流体活动及油气运移等都起着重要的作用。而对于深层—超深层异常流体压力的存在及其预测，目前认识甚少，适合的压力预测方法更是缺乏，需要针对性地进行探索。

一、异常高压成因机制及影响因素

在沉积盆地的地质环境中，异常流体压力产生的机制有很多种，这些因素与地质作用、构造作用和沉积速度等有关。目前，被普遍公认的成因主要有沉积压实不均、水热增压、渗透作用、构造应力的挤压作用及由于开启断裂所造成的不同压力系统的地层之间的水动力连通。正常的流体压力体系可以看成是一个水利学的“开启”系统，即可渗透的、流体可以流通的地层，它允许建立或重新建立静水压力条件。与此相反，异常高压地层的压力系统基本上是“封闭”的，异常高压和正常压力之间有一个封闭层，它阻止了或限制了流体的流通。沉积物的压缩是由上覆沉积层的重力所引起的，随着地层的沉降，上覆沉积物重复的增加，下伏岩层逐渐被压实。如果沉积速度较慢，沉积层内的岩石颗粒就有足够的时间重新紧密地排列，并使孔隙度减小，孔隙中的过剩流体被挤出。如果是开放的地质环境，被挤出的流体就沿着阻力小的方向，或向着低压高渗透的方向流动，于是便建立了正常的静液压力环境。这种正常沉积压实的地层，随着地层埋藏深度的增加，岩石越致密，密度越大，孔隙度越小。但若沉积速度很快，岩石颗粒没有足够的时间去排列，孔隙内流体的排出受到限制，基岩无法增加颗粒与颗粒之间的压力，即无法增加它对上覆岩层的支撑能力。由于上覆岩层继续沉积，负荷增加，而下面基岩的支撑能力没有增加，孔隙中流体必然开始部分地支撑本来应由岩石颗粒所支撑的那部分上覆岩层压力，从而导致异常高压。

根据前人的研究，认为泥质岩欠压实、有机质降解生烃和构造挤压是最为常见、独立起作用或起主要作用的成因机制，而水热增压、渗透作用和矿物转变则是相对少见或相对次要、起辅助作用的成因机制。超压的形成受孔隙流体热膨胀、烃类生成、压实不均衡、构造作用等多种因素的影响，常见的超压成因主要有以下几种（樊洪海，2016）：

（1）欠压实：平衡压实过程是逐渐加载力学的过程，其应力—应变关系符合沉积加载曲线。平衡压实过程中，随上覆沉积物的继续沉积及埋深的增加，水被排出，沉积物逐渐被压实，地层孔隙压力为静水压力，垂直有效应力持续增加。如果某种原因（如沉积速率过快）使排水能力减弱或停止排水，继续增加的上覆沉积载荷的部分或全部将由孔隙流体承担，沉积物继续压实所需的载荷减小（与平衡压实比较），会出现不平衡压实情况。这种情况下，垂直有效应力不会在原来值的基础上减小，只是垂直有效应力增加速率比平衡压实情况小，或维持原值不变。因此，不平衡压实过程也是逐渐加载或停止加载维持原有载荷的力学过程，其应力—应变关系也符合沉积加载曲线。

（2）孔隙流体膨胀：非平衡压实是作用在有效封闭孔隙空间上外部载荷增加的结果，

与非平衡压实相反，孔隙流体膨胀超压成因机制是由于封闭孔隙空间内孔隙流体体积相对增加而产生的超压。由于沉积岩中的压实作用过程是不可逆过程，因此，封闭孔隙系统中任何的流体体积增加都会增加孔隙压力。与“欠压实”超压成因不同，孔隙流体膨胀超压与孔隙度异常无关，更难识别。理论上孔隙流体膨胀机制包括水热增压、烃类生成、黏土矿物脱水等。然而，并非所有这些机制都能产生大规模高强度超压。

（3）构造作用：局部和区域断层、褶皱、侧向滑动和滑脱、断块下降、底辟盐丘、泥丘运动及地震等构造活动所产生的水平挤压应力，与欠平衡压实一样会导致孔隙体积的降低，由于排水不完全而在泥质岩中产生超压或将泥质岩中的隙间水挤进相连储层（砂岩或碳酸盐岩），在其中形成超压。当构造抬升使地层被风化剥蚀时，上覆岩层压力降低，该过程也是卸载的过程，应力—应变关系符合卸载曲线。若构造抬升不破坏抬升前地层的封闭环境，垂直有效应力降低，而孔隙压力近似不变（保持抬升前深度的压力），或者由于单位深度温度降低引起的压力下降速率低于静水压力梯度，结果出现与抬升后所在较浅深度应有正常压力不相符的异常高压，这样便形成异常高压系统。构造应力的作用也会影响孔隙度的大小，这种复杂的压实情况很少有文献提及。

（4）压力传递：超压作为一个活跃的流体动力系统，其本身是不稳定的，在一定条件下会趋于平衡状态。因此，超压可以沿一定通道横向或纵向传递到较为封闭的常压地层。超压在封闭的连通多孔介质岩石中横向传递，其传递方式主要为沿着广泛分布的倾斜渗透性含水层的扩散，直到趋于静水压力梯度。在倾斜孤立多孔介质中，质心处（储层质量中心）的孔隙压力与周围泥岩的孔隙压力是平衡的。同样，超压也可以在较浅常压或低压封闭层和与之相连的超压封闭层发生垂向压力传递。这种流体流动将一直持续到达到平衡，压力传递速率取决于连接通道的渗透性，如断层、裂缝等和传递持续时间。在这种超压成因地层中，孔隙度将在最初常压或低压的封闭层中保持完整，其超压的大小是两个不同压力的流体动力系统中流体流动的函数。

除了上述几种增压机制外，还有矿物转换、渗透作用、浮力作用、煤炭脱水等，但其产生的超压分布局限且强度较弱。需要指出的是，超压具有非常复杂的成因机制，对某一特定的含油气盆地而言，超压形成往往是几种机制联合作用的结果，在某一时期可能以其中的某一种机制为主，但随着盆地的不断演化，亦可能以另一种机制为主。

二、常规压力预测技术

1. 等效深度法

等效深度概念的提出是基于这样的观点：黏土矿物在最初沉积时，含有大量的伴生水，当这些黏土矿物被压实成岩时，伴生水被挤出黏土层，而剩余的孔隙体积则与黏土矿物骨架上所受的压力有关。从理论上说，在不同深度下具有相同岩石物理性质（主要是孔隙度相同）的泥页岩骨架所受到的应力相等。对基于声波测井的等效深度法来说，就是指在不考虑温度影响的情况下，如果正常压实趋势线上某一点的声波时差与异常超压带上某一点的声波时差相等，则反映这两点孔隙结构或压实程度相同，两点具有等效性，与异常点声波时差值相同的点，在正常趋势线上对应的深度即为等效深度。

等效深度法对压实成因正常或异常的地层均是适用的，特点是可以计算异常地层压力的绝对值，且涉及的测井资料较少，在实际生产中应用较为广泛，其精度与正确的正常压实趋势线的建立密切相关。实际预测地层压力时，由于岩性的不同及不整合等原因导致压实情况差异较大，不能将压实趋势线任意地向下延伸，而应分段制作压实趋势线，否则会造成预测误差。

2. Bowers 法

Bowers 方法是由 Exxon 公司的 Bowers 于 1995 年提出来的。它系统考虑了泥岩欠压实及欠压实以外的所有其他影响异常压力的因素，并将其他因素用流体膨胀的概念统一起来。最终将产生异常压力的原因归结为两个因素：欠压实和流体膨胀。这个方法考虑异常超压是由欠压实和流体膨胀机制如水热增压作用、烃类成熟、黏土成岩作用及流体充注引起的，提出需要同时建立加载曲线与卸载曲线。

3. 经验关系法

所谓经验公式，就是利用先前钻井中可靠的实测压力资料，建立压力与各种压实曲线参数之间的经验关系来计算地层压力，所选用的参数通常是正常趋势值与观察值之间的差值或比值。是目前比较常用的一种预测地层压力的经验关系法，这种方法考虑了除压实作用以外其他高压形成机制的作用，并总结和参考了钻井实测压力与各种测井信息之间的关系，因而是一种比较实用的方法。

4. Fillippone 系列方法

通过对墨西哥湾等地区的地震、测井和钻井等多方面资料的综合研究，提出的一种不依赖于正常压实趋势线的地层压力计算方法。在对中国辽东湾西凹陷的压力测试资料分析发现，在异常压力幅度不太大的中浅层深度范围内，地层压力与速度呈对数关系。

5. 正常压实趋势法

此法是等效深度法的改进，其假设条件类似于等效深度法。它适用于各种测井数值（如电阻率、声波时差、密度、中子或自然伽马等），利用对于正常压实趋势线的偏差值估算异常压力。该方法可综合利用各种测井曲线，尤其是在声波时差曲线受到干扰或无法使用时，仍能较好地进行地层孔隙压力预测。同时，该方法包含了温度系数和地温梯度，可修正温度对各种测井数值的影响，对电阻率测井值的利用尤为有效。

6. Fan 简易法

沉积物的沉积压实过程是一种复杂的受力—变形过程，随着上覆沉积物的增加，颗粒骨架间的垂直有效应力增加，孔隙度减小，地层被压实，相应的声波传播速度增加。室内测试和现场资料分析都表明，对于泥质沉积物，垂直有效应力与声波速度有明显的函数关系。但这种函数关系是比较复杂的非线性关系。

研究表明，采用线性和指数组合的经验模型，可以更合理地描述泥质沉积物的声波速度与垂直有效应力的函数关系。该模型能够很好地反映泥质沉积物压实过程中声波速度随垂直有效应力的变化情况。当垂直有效应力较小时（沉积厚度较薄，上覆地层压力较小），速度随垂直有效应力增加较快，主要呈指数形式增加，这与沉积物压实初期孔隙度随深度减少较快相对应。随着垂直有效应力的进一步增加，速度与垂直有效应力的关系逐渐线性化，垂直有效应力越大，这种线性化的程度越高。当垂直有效应力达到一定程度时，速度随垂直有效应力增加趋势逐渐变缓，直至最后不再随垂直应力增加而增加，这时孔隙度已接近于零。该模型方法对于非欠压实成因机制形成的泥岩异常高压情况不适用，因为对于非欠压实成因的异常高压情况，其孔隙度与垂直有效应力的关系在原始加载过程中的情况不同，不能用统一速度模型来描述。

三、深层地层压力预测技术研究

1. 岩石物理的声—压相关性分析

在固定围压条件下，通过改变孔隙压力进行超声波实验，可获得不同有效压力下声波观测记录。对观测记录采用透射脉冲法可计算纵波速度（v_p）和横波速度（v_s），利用谱比法计算纵波衰减（Q_p）和横波衰减（Q_s）。图 6-3-1 为实验数据计算得到的 v_p 与 v_s 和 Q_p 与 Q_s 随有效压力变化曲线（Guo et al.，2009）。纵波和横波速度及纵波和横波衰减与有效压力变化之间呈现出明显的非线性变化趋势。随着有效应力的增大，纵波和横波速度开始增加很快，过了临界点后增加缓慢。与速度不同，Q_p 和 Q_s 对孔隙压力更为敏感，品质因子随有效应力增大而呈非线性增加，其变化程度比速度大得多。当孔隙压力由 5MPa 增加到 60MPa，Q_p 值的变化范围由 16.05 变化至 6.75，平均值为 11.45，而 Q_s 值从 15.99 变化至 11.70，平均值为 14.47。Q_p 的平均值比 Q_s 的低说明 P 波在饱和砂岩中的衰减比 S 波要大。当孔隙压力增大，Q_p 和 Q_s 均随有效应力的减小而减小，这个现象说明随着孔隙压力的增大，纵波和横波的衰减都增大了。但是 Q_p 减小的速率比 Q_s 大，说明纵波的衰减比横波的衰减更为敏感，该结果与已有的实验数据和观测结果及理论模型是吻合的。

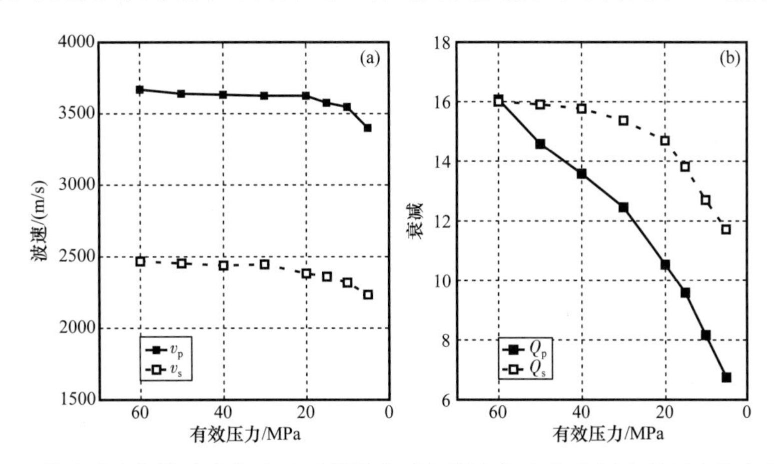

图 6-3-1 纵波速度与横波速度（a）及纵波衰减与横波衰减（b）随有效压力的变化曲线图（引自 Guo et al.，2009）

实验过程围压固定 60MPa，孔隙压由 0 增加到 60MPa

2. 声—压关系数值模拟

声—压关系的数值模拟研究主要基于声弹性理论。对于岩石骨架，不需考虑流体渗入所带来的各种效应，采用三阶弹性常数理论可进行较为完美的描述。根据 Winkler 等（2004）的研究成果，可简易地将干岩石骨架的速度平方值与应力关系表示为线性关系。三阶弹性常数理论已被证明与干岩石骨架的实验速度吻合良好（Johnson et al.，1989；贺玲凤等，2002）。

对于实际的多孔岩石，不同类型的流体渗入，可能对岩石骨架产生不同的弱化作用，流体的黏性不同，所产生的弱化机理也会有根本性差异。具体对于含水砂岩，流体的弱化作用体现为纵横波波速的微弱降低，即湿骨架的弹性特征本身就与干骨架存在差异，而且对于含水饱和的砂岩，实际上与孔隙水发生耦合作用的岩石骨架，是以一种被水弱化的状态存在的。

考虑到静水压力的实验条件，岩石骨架中的孔隙水以不可压流体的状态存在，因此可以忽略流体的非线性本构特征。在饱水砂岩中，流固耦合作用的双方为三阶弹性固体骨架与完全弹性流体，因此在同一压力下，用 Biot–Gassmann 理论描述线弹性速度部分，用三阶弹性常数理论描述非线性弹性速度部分，当压力增大的情况下，用固体骨架的三阶弹性常数描述饱水砂岩的非线性声弹性，而忽略流固耦合作用对三阶弹性常数的影响。基于以上论述，在低频段，孔隙含流体岩石的速度基于三阶弹性常数理论，采用固体岩石骨架与流体弹性模量耦合的形式（Biot，1973；巴晶，2013；Fu et al.，2020）。

图 6–3–2 为用于地震波模拟的层状地层模型及有限差分模拟的无预压力条件下的水平分量和垂直分量共炮点记录。长度和深度各 512m，中间激发地表接收，地震波模拟频率范围为 0～100Hz。图 6–3–2（c）和图 6–3–2（d）为在水平方向施以围压（＞40MPa）下的水平分量和垂直分量共炮点记录。可以看到，地层压力变化直接影响地震波的振幅与速度。一些波的到达时间提早，振幅变强，或者波形发生变化。如图 6–3–2（d）中 A 处直达波旅行时明显晚于图 6–3–2（b）BC 处地震波振幅有了较大的改变，D 处地震波组特征也具有明显的差异。然而，与同等级别的预压力条件下的野外观测数据相比，理论地震波模拟仍然低估了原始地层压力对声波传播的影响。

3. 测井资料声—压相关性分析

通过井资料声—压相关性的研究，理解千赫兹声—压响应机制，建立岩石弹性参数与压力相关性计算模型（经验模型）；重点开展井声属性敏感参数、敏感程度及其变化规律的研究，为压力异常横向预测奠定基础。通过声—压关系的测井资料研究，从实测资料评估压力预测的复杂性。

1）异常压力声波尺度化功率谱指数分析

功率谱估计是数字信号处理的主要内容之一，主要研究信号在频域中的各种特征，目的是根据有限数据在频域内提取被淹没在噪声中的有用信号，这是经典谱估计的最早提法，这种提法至今仍然被沿用，只不过现在是用快速傅里叶变换（FFT）来计算离散傅

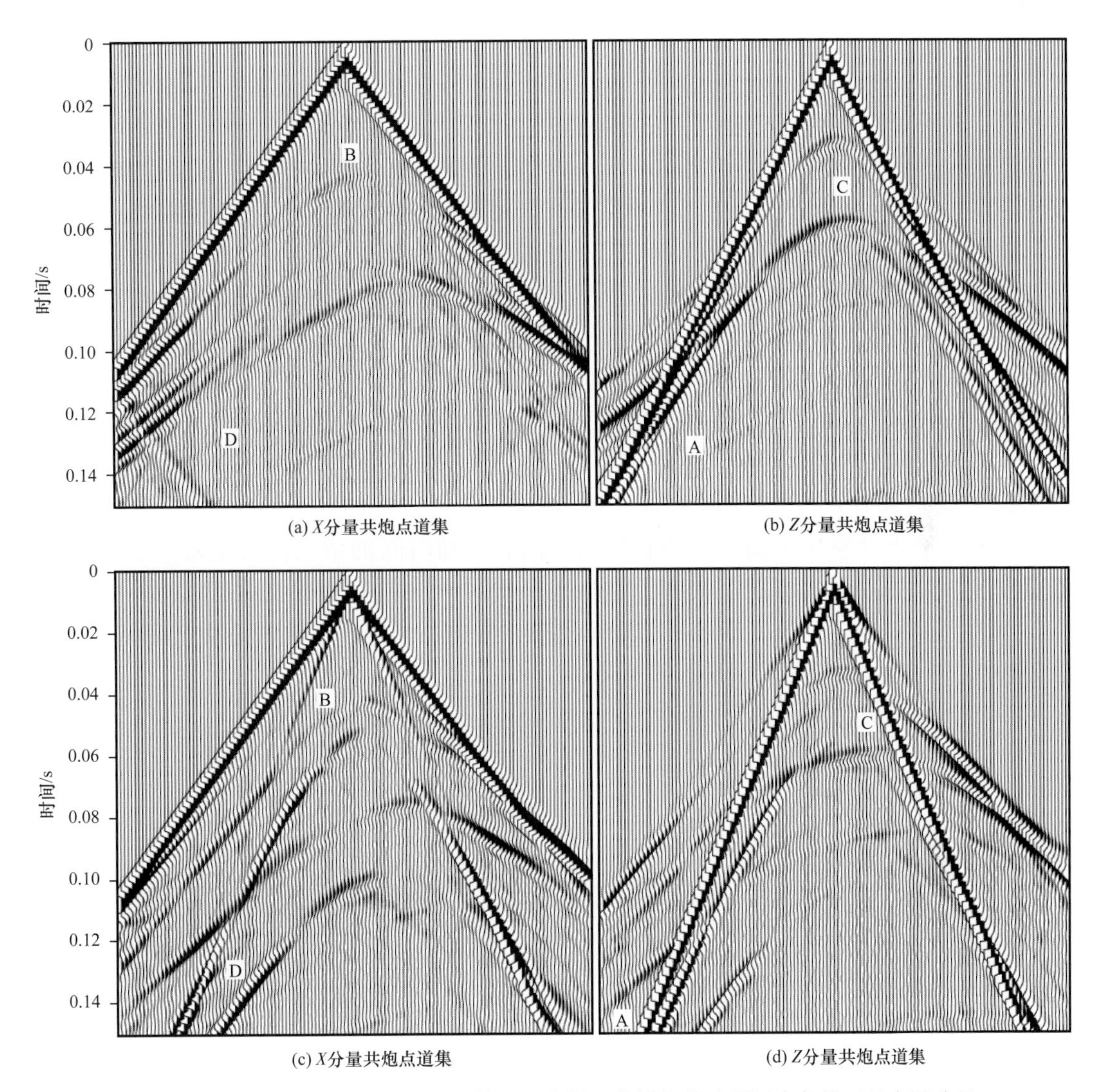

图 6-3-2 地震波模拟的层状地层模型及有限差分模拟的无预压力条件下的水平分量和垂直分量共炮点记录

里叶变换（DFT），用 DFT 的幅度平方作为信号中功率的度量。信号的功率谱 $P(f)$ 通常表示成频率的反 Power-Law 函数：

$$P(f)=Cf^{-\beta} \tag{6-3-1}$$

其中 C 为常数，表示单位长度内曲线的粗糙程度，谱指数 β 和 Hurst 指数 H 之间的关系：

$$\beta=2H+1 \tag{6-3-2}$$

通过功率谱的方法计算分形维数或者 H 指数，利用最小二乘法直线拟合双对数坐标系下的功率谱曲线：

$$\lg P(f)=\lg C+\beta \lg f \tag{6-3-3}$$

为了得到分形维数，通常先对原始数据做消除趋势处理，然后求功率谱。对信号两端加窗，然后做快速傅里叶变换，对振幅谱求平方就得到了功率谱。功率谱指数（α、β、δ）即 Hurst 指数是指功率谱曲线的斜率，可用于衡量介质的均匀程度，α 幅度越小，介质越不均匀（α 一般介于 1～3）。功率谱曲线自相关长度因子 β 是指功率谱曲线去掉趋势以后的分量，其相关函数最大值下降到 1/e 处的值，它反映谱曲线上下振动的频率。功率谱曲线均方根幅度值 δ，反映谱曲线上下振动的均方平均幅度。测井阻抗尺度化功率谱指数分析具体步骤：求出每口井的波阻抗，按照深度分组；对每个地层组的原始阻抗曲线进行低和中高频段分解，得到大 / 小尺度阻抗分量；对各个分频段曲线计算尺度频谱；对每个频谱曲线求斜率 α，自相关长度 β，均方差 δ；对所有井及地层计算的功率谱参数，进行压力异常相关性统计分析。

2）压力转换带声响应振幅衰减品质因子分析

声波在地下介质中传播时，随着传播距离和传播时间的增大，其视频率逐渐降低，能量发生一定的损耗。声波品质因子是描述介质对声波能量的吸收或衰减的一个参数，它与压力直接相关，但却很难可靠的计算出来，根据品质因子与衰减系数、阻抗和频率的关联性，提出另一种品质因子的计算公式：

$$Q=\frac{\pi f-\dfrac{\alpha^2 Z^2}{4\pi f}}{\alpha Z} \tag{6-3-4}$$

式中 Q——品质因子；
f——峰值频率；
α——衰减系数；
Z——阻抗。

具体计算步骤：计算品质因子，分析品质因子与压力系数之间的相关性，然后进行交会分析，得到反映井品质因子与地层压力系数的经验公式，最后反算地层压力系数，通过与实测地层压力系数比较，评估井中反算的精度和误差分布。

4. 非线性地震储层物性联合反演方法原理

采用非线性多级结构的 Robinson 地震褶积模型来进行反演。为了将 Caianiello 神经网络与地震褶积模型联系起来，可以构建多级结构的 Robinson 地震褶积模型：

$$x(t)=r(t)*b(t) \tag{6-3-5}$$

式中 *——褶积；
$x(t)$——地震道；
$r(t)$——反射系数；
$b(t)$——地震子波。

由于地下介质的复杂性，式（6-3-5）是比较理想化的形式。在实际地震资料处理中，是把地震子波作为一个全局滤波算子。Robinson 地震褶积模型可以定义为地震全子波到一系列地震基子波的多级分解，且每个分解阶段对应一个变换。例如，一个三级分解就可以表示成

$$x(t)=f_3\left(f_2\{f_1[r(t)*b_1(t)]*b_2(t)\}b_3(t)\right) \tag{6-3-6}$$

其中，$f_i(\cdot)(i=1,2,3)$ 是特定的变换，$b_i(\cdot)(i=1,2,3)$ 是多级地震子波。为了简便起见，所有的变换都是一样的。多级结构表达式近似代表了一系列子波对地层反射率的滤波处理过程。这种方法也适合于神经网络算法。

一般地，根据定义波阻抗与反射系数之间存在近似关系，如下所示：

$$r(t)\approx\frac{1}{2}\frac{\partial \ln z(t)}{\partial t} \tag{6-3-7}$$

在 Caianiello 神经网络中，将会使用两种变换 $f(\cdot)$：第一种变换是波阻抗 $z(t)$ 作为神经网络输入，地震道 $x(t)$ 作为神经网络输出，给出二者的映射关系。令 $\hat{z}(t)=\ln z(t)$，则地震道 $x(t)$ 可近似表示为

$$x(t)\approx f\left[\hat{z}(t)\right]*b(t) \tag{6-3-8}$$

其中，$f(\cdot)=\frac{1}{2}\frac{\partial}{\partial t}$，是一个差分变换。根据式（6-3-6），式（6-3-8）也可以分解成多级形式，每一级都是对地层对数波阻抗的滤波过程：

$$x(t)=f_3\left\{f_2\left[f_1\left\{f_0\left[\hat{z}(t)\right]*b_1(t)\right\}*b_2(t)\right]b_3(t)\right\} \tag{6-3-9}$$

第二种变换是第一种变换的逆变换，是地震道 $x(t)$ 作为神经网络输入，波阻抗 $z(t)$ 作为神经网络输出，给出二者的映射关系。那么 $z(t)$ 可表示为

$$z(t)=z_0\exp\left[2\int_0^t x(t)*a(t)\mathrm{d}t\right] \tag{6-3-10}$$

其中，z_0 是常数，$a(t)$ 表示地震反子波，是地震子波 $b(t)$ 的逆。从式（6-3-10）中可以看出，由 $x(t)*a(t)$ 得到的 $r(t)$ 也是频带有限的。Ghosh（2000）认为 $b(t)*a(t)$ 会产生带限的脉冲，并对这一现象作了定量描述。

确定一个指数变换：

$$f(\cdot)=\exp\left[2\int_0^t(\cdot)\mathrm{d}t\right] \tag{6-3-11}$$

利用式（6-3-11），令常数 $z_0=1$ 或以 z_0 归一化 $z(t)$，就可以将式（6-3-10）化成标准形式：

$$z(t)=f[x(t)*a(t)] \tag{6-3-12}$$

为适用于 Caianiello 神经网络，把式（6–3–12）写成多级近似关系式，每一级的输出都是对实际波阻抗的近似。在一定程度上利用合适的滤波可以减小声波测井的带宽，使之与地震数据达到一致。地震反子波是宽频带的，由于地震记录的频带是有限的，那么由此得到的频带也是有限的。可以对信息恢复的反过程进行重构：

$$z(t)=f_3\left[f_2\left\{f_1\left[x(t)*a_1(t)\right]*a_2(t)\right\}a_3(t)\right] \tag{6-3-13}$$

根据信息守恒，如果式中的 $z(t)$ 是宽频带，那么损失的地质信息一定是暗含在多级地震反子波 $a_i(t)$（i=1，2，3）中，否则该公式无效。要得到精确的地震反子波，唯一的途径就是结合测井和地震数据，因此，利用基于逆反演算子的反演过程重构损失的地质信息，从不同的分辨率尺度分析储层。通过上述方法反演可得到储层的弹性参数如阻抗、泊松比、拉梅常数、密度等。

5. 深度学习地层压力地震数据反演方法技术

随着机器学习算法的发展、硬件计算能力的提高及科研人员对神经网络方法的进一步研究，促成了深度学习近几年的飞速发展。深度学习学习样本与目标函数的非线性关系，使计算机本身能够分析并提取数据自身的深层次、非线性的高维特征，从而提升分类或预测的准确性。深度学习神经网络如图 6–3–3 所示，可分为正向传播（训练过程）和反向传播，对于多层神经网络，假设第 1—l 层共有 m 个神经元，则对于第 j 个神经元的输出：

$$a_j=\sigma\left(z_j^l\right)=\sigma\left(\sum_{k=1}^{m}w_{jk}^l a_k^{l-1}+b_j^l\right) \tag{6-3-14}$$

式中 w——权重系数；

b——偏置值。

其中 $\sigma(\cdot)$ 表示激活函数，那么第 l 层的输出可以用矩阵表示为

$$a^l=\sigma(z^l)=\sigma(w^l a^{l-1}+b^l) \tag{6-3-15}$$

式（6–3–14）和式（6–3–15）体现了正向传播过程，而反向传播则是将网络的输出与真实的误差从后向前传播的过程。假设损失函数定义为 L_2 范数的平方，真实值定义为 y，那么误差为

$$J=\frac{1}{2}\left\|aL-y\right\|_2^2 \tag{6-3-16}$$

利用梯度下降法迭代求解每一层的 w、b 的梯度，从最后一层开始，由于 $aL=\sigma(zL)=\sigma(w^L a^{L-1}+b^L)$，则损失函数变为：$J=\frac{1}{2}\left\|\sigma\left(w^L a^{L-1}+b^L\right)-y\right\|_2^2$，求解 w、b 的梯度：

$$\begin{cases}\dfrac{\partial J}{\partial w^L}=\dfrac{\partial J}{z^L}\dfrac{\partial z^L}{w^L}=\left(a^L-y\right)\sigma'\left(z^L\right)a^{L-1}\\[2ex]\dfrac{\partial J}{\partial b^L}=\dfrac{\partial J}{z^L}\dfrac{\partial z^L}{b^L}=\left(a^L-y\right)\sigma'\left(z^L\right)\end{cases} \tag{6-3-17}$$

将等式（6–3–17）中的公共部分（a^L-y）σ'（z^L），即第 L 层的未激活输出的梯度，先把它提出来，计作 $\delta^L=(a^L-y)\sigma'(z^L)$，根据前向传播过程，误差对第 l 层的未激活输出 z^L 的梯度 $\delta^l=\dfrac{\partial J}{z^L}=\dfrac{\partial J}{z^L}\dfrac{\partial z^L}{z^{L-1}}\cdots\dfrac{\partial z^{l+1}}{z^l}$，计算出了对第 l 层的未激活输出梯度 δ^l，那么很容易求得对该层参数 w、b 的梯度，因为 $z^l=w^la^{l-1}+b^l$，所以：

$$\begin{cases}\dfrac{\partial J}{\partial w^l}=\dfrac{\partial J}{\partial z^l}\dfrac{\partial z^l}{\partial w^l}=\delta^l a^{l-1}\\ \dfrac{\partial J}{\partial b^l}=\dfrac{\partial J}{\partial z^l}\dfrac{\partial z^l}{\partial b^l}=\delta^l\end{cases}\tag{6–3–18}$$

卷积神经网络（Convolutional Neural Networks, CNN）是现在最常用的深度学习模型，CNN 利用图像的二维区域结构，相邻区域的像素互相连接和高度相关性，且每个输出特征图是共享同一个权值特征，对局部的特殊特征信息进行分层抽象提取，并逐层表达。

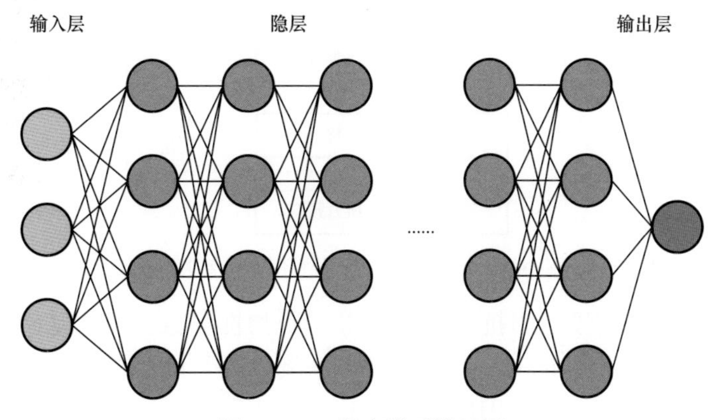

图 6–3–3 深度学习神经网

目前常见卷积神经网络的结构包括输入层、卷积层、池化层及全连接层。输入层都是以图片格式为单位，图片通常有单通道（即单一像素），以及三通道（RGB）格式的。卷积层的目的是获得数据的某些特征，为了得到不同的输出也即实现不同的特征提取，它借助不同的多个卷积核来与前一层的输出数据执行卷积操作，以便得到特征图谱。池化层可对提取到的特征信息进行降维，一方面使特征图变小，简化网络计算复杂度并在一定程度上避免过拟合的出现；另一方面进行特征压缩，提取主要特征。

四、靶区应用

1. 研究区基本地质特征

塔里木盆地是典型的叠合盆地，顺北油气田主体位于顺托果勒低隆起，东西向位于两坳陷之间，东邻满加尔凹陷，西接阿瓦提坳陷，东南延伸至古城墟隆起的顺南斜坡，其北连沙雅隆起，南接卡塔克隆起。顺托果勒低隆起褶皱变形弱，是塔里木盆地相对稳定的古构造单元。顺托果勒低隆起先后经历了加里东中期、海西期、印支期—燕山期及喜马拉雅期等多期复杂构造运动演化，形成了一系列不同级别、多期叠加、规模不等的断裂系统，为多期缝洞型储层发育和油气成藏富集提供了良好的地质条件。

2. 深层地层压力预测实例分析

对道集资料进行检查发现，收集的地震叠前道集存在道集资料的信噪比在目的层段整体偏低，道集不平现象比较突出，地震频带偏窄等主要问题。针对存在的问题，开展道集去噪处理，道集拉平处理及道集拓频处理等优化处理技术。经道集优化处理后，道集的信噪比明显提高，道集同相轴更平直，道集分辨率明显提高。在此基础上，设计了具体方法流程（图 6-3-4）。

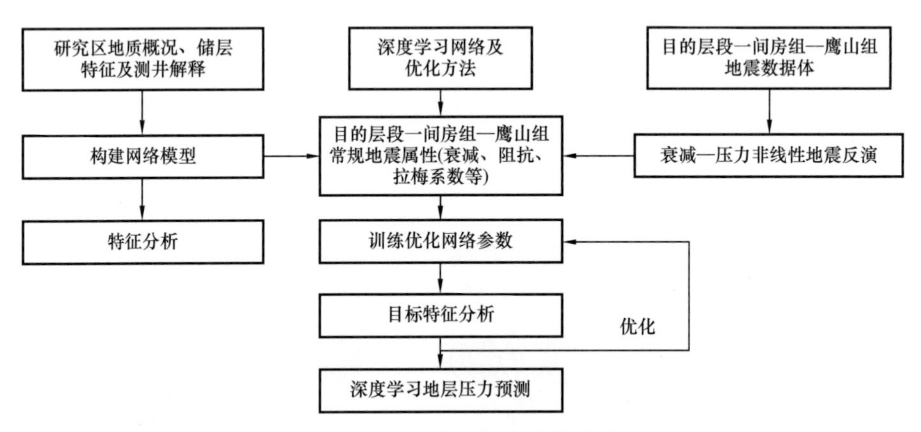

图 6-3-4 深度学习压力预测流程图

利用反演得到的如密度、阻抗、孔隙度等岩石物性参数。在此基础上利用深度学习获得目的层压力数据体。图 6-3-5 为一间房组—鹰山组目的层段提取的压力反演三维数据体。工区 SHB5-4、SHB5-3、SHB5、SHB5-2 压力系数反演结果分别为：1.125、1.025、1.04、1.01，与实测的 1.1、0.96、1.15、1.09 最大绝对误差为 0.11，最大相对误差为 10.1%。因此，预测压力系数在误差范围内是满足要求。

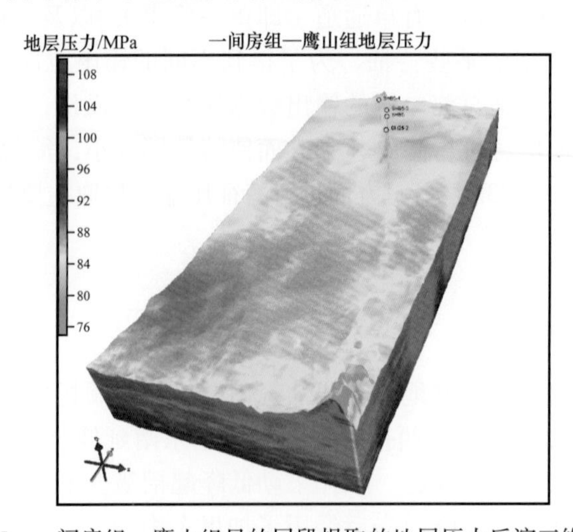

图 6-3-5 一间房组—鹰山组目的层段提取的地层压力反演三维数据体

第四节　深层—超深层地震资料黏性介质吸收处理技术

地震成像是识别地层界面、构造形态、烃源岩层和储层等的关键技术。而现行地震成像技术的分辨率远不能满足中国深层油气藏勘探开发需求。地震信息有效频带随反射深度逐渐变窄，频散严重，分辨率较低。在面对深层—超深层的探测技术中，提高地震成像分辨率一直是业界重要的追求目标。

一、技术背景

为提高地震成像的分辨率，前人已发展了许多地震资料处理方法，包括针对偏移成像叠加剖面的谱白化反褶积、非稳态反褶积、基于统计假设或测井资料的各类拓宽频带技术，以及反 Q 滤波等。谱白化可在有效频带内将振幅谱拉平，但其提高分辨率的效果较大程度上依赖于是否获取合适的参数；各类拓频技术是通过引入地震记录以外的信息提高地震方法的分辨率，尽管可获得更高的视分辨率，但其同时也需对地震数据基本频带进行提高信噪比的处理。此外，各类拓频技术使用的前提是地震记录的子波是时不变的，因此即使应用该类技术，也必须在预处理中首先补偿地震波的吸收衰减，实现地震子波的一致性。

非稳态反褶积（Mirko van der Baan，2012）是针对黏性介质吸收导致的地震分辨率降低而发展的提高分辨率方法，有较坚实的物理基础。但非稳态反褶积在估计空变的非稳态子波上存在较多困难，且一般不能同时实现频散校正。目前，非稳态反褶积仅在叠加剖面上能得到较好效果。稳定性和噪声放大是该方法实际应用中遇到的另一个问题。

反 Q 滤波（Wang，2003）可同时应用于叠前地震资料和叠后的偏移叠加剖面。这一方法是从补偿地震波幅值的黏性吸收出发，具有坚实的物理基础。但就用于叠前地震资料的反 Q 滤波而言，它忽略了地震波传播路径对幅值衰减的影响，因而当这一方法应用于非均匀 Q 值模型时存在较大误差；叠后资料的反 Q 滤波可处理层状 Q 值模型情况，但由于叠加过程已经将不同偏移距或者入射角的地震道相叠加，此时，应用反 Q 滤波方法是将存在不同程度吸收衰减的幅值做同一处理，因而并不能完全消除吸收衰减的影响。

就补偿地震波吸收衰减，进而提高地震成像的分辨率而言，在偏移成像过程中恢复地震波被衰减的高频成分是提高地震成像分辨率的关键。它可以真正地提高地震勘探方法对小断层和薄砂体的识别能力。然而这一补偿介质吸收的叠前成像技术面临着几个关键难点（Zhang et al.，2016，2013），是阻碍其在工业应用中获得实效的关键因素。首先是结合地震波传播过程补偿高频能量造成的信噪比降低问题，这一问题在中国西部地区尤其突出，因为这一地区资料在高频端信噪比本身就低，若对信号和噪声不加以区分，吸收补偿会使补偿后的地震剖面信噪比变得不可接受。这一现象与西部的近地表条件是密切相关的：由于近地表对地震波的吸收衰减严重，使地面接收到的地震记录、特别是其高频端的信噪比太低，严重制约了地震勘探的分辨率；其次，如何建立描述介质吸收衰减的 Q 模型，这是结合偏移过程进行地震波的吸收衰减补偿必须要解决的一个问题，也是制约这一技术路线是否能够实现的关键因素；最后，如何提高其计算效率也是制约该方法是否能够推广应用的“最后一公里”问题（刘伟等，2018）。

地震资料黏性介质吸收处理技术与方法主要包括黏性介质叠前时间偏移方法和黏性介质叠前深度偏移方法。前者在常规叠前时间偏移的基础上，通过引入一个新的描述黏性介质吸收的等效 Q 值参数，可实现沿地震波的传播路径补偿吸收衰减的目标，并通过引入补偿因子的光滑性阈值控制、快速常 Q 扫描 + 人机交互建立等效 Q 值场、结合稳相偏移方法压制偏移过程中的补偿噪声、基于 GPU 提高偏移计算的效率等多项技术方案，恢复地震波被衰减的高频成分。

就实际中遇到的部分地质目标而言，尽管地表复杂、断裂发育，但地层速度的横向变化并不是很剧烈，这就给叠前时间偏移的应用提供了可能性。叠前时间偏移方法恰可对这类断层较为复杂但速度横向变化不是很剧烈的地质构造进行较好成像。对于另一类介质，速度存在较强横向变化、地层呈现陡倾角等复杂勘探目标，黏滞介质 Q 叠前时间偏移方法中基于均方根速度的走时计算算法难以实现准确的反射波偏移成像，所得到的断层、断点的横向位置也与真实构造存在一些差异；仅基于等效 Q 值模型描述介质对地震波传播的吸收效应也存在一定的误差。因而，黏性介质 Q 叠前时间偏移技术不能满足针对这类复杂勘探目标开展提高分辨率的需求。黏性介质 Q 叠前深度偏移方法基于地层的层速度与层 Q 值考虑地震波传播和吸收衰减过程，它既能在偏移成像过程中恢复地震波传播被衰减的高频成分，又能较好地考虑地震波在复杂构造中的实际传播路径，实现准确的偏移归位，从而在地下介质存在较强的速度横向变化时也能提高地震成像的分辨率。但这一技术面临几个难题：层 Q 值模型建模、高频补偿噪声压制、计算量巨大，这些都是推广应用的关键障碍。针对层 Q 值模型建模、深度域空变偏移孔径压制高频补偿噪声、复走时表高精度计算及快速存取、GPU/CPU 高效协同计算等制约黏性介质叠前深度偏移成像技术工业化应用的关键难点开展了系列科研攻关，取得了多项专利技术。

二、补偿介质吸收叠前时间偏移技术

如图 6-4-1 所示，图中 S、G 和 I 点分别为炮点、检波点和成像点。I' 点为成像点 I 在起伏地表的投影点。过 I' 点且与基准面平行的直线与入射射线和反射射线相交于 S'、G' 点。炮点、检波点和成像点的相对于基准面的垂直单程时差分别为 ζ_s、ζ_g 和 ζ。

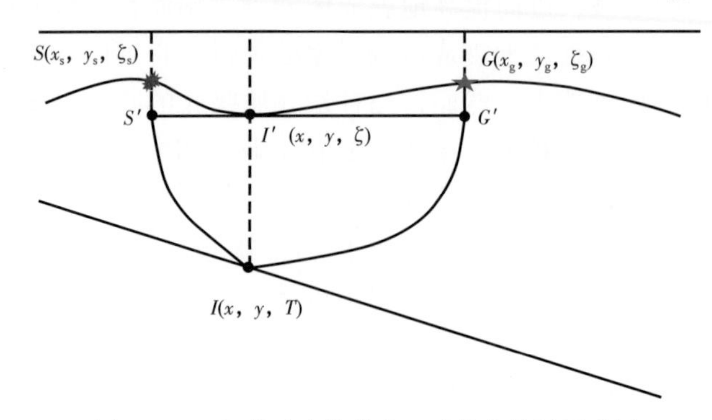

图 6-4-1　起伏地表炮检点、成像点位置示意图

若将单个地震道看作是仅有一个接收道的单炮记录，则其炮域偏移的炮点下行波场为

$$P_s(x,y,\omega,T)=S(\omega)\frac{\omega}{2\pi}\exp\left(\mathrm{j}\frac{\pi}{2}\right)\frac{T-\zeta}{\tau_s^2V_{\mathrm{rms}}^2}$$

$$\exp\left\{-\mathrm{j}\omega\left(\tau_s+\zeta-\zeta_s\right)\left[1-\frac{1}{\pi Q_{\mathrm{eff}}}\ln\left(\frac{\omega}{\omega_0}\right)\right]\right\}\exp\left[-\frac{\omega\left(\tau_s+\zeta-\zeta_s\right)}{2Q_{\mathrm{eff}}}\right] \tag{6-4-1}$$

反传波场为

$$P(x,y,\omega,T)=F(\omega)\frac{\omega}{2\pi}\exp\left(-\mathrm{j}\frac{\pi}{2}\right)\frac{T-\zeta}{\tau_g^2V_{\mathrm{rms}}^2}$$

$$\exp\left\{\mathrm{j}\omega\left(\tau_g+\zeta-\zeta_g\right)\left[1-\frac{1}{\pi Q_{\mathrm{eff}}}\ln\left(\frac{\omega}{\omega_0}\right)\right]\right\}\exp\left[-\frac{\omega\left(\tau_g+\zeta-\zeta_g\right)}{2Q_{\mathrm{eff}}}\right] \tag{6-4-2}$$

式中　x、y——成像点坐标；

T——垂直单程旅行时；

$S(\omega)$——震源信号的傅里叶变换；

V^2_{rms}——均方根速度，$V_{\mathrm{rms}}^2=\frac{1}{T}\sum_{l=1}^{n}v_l^2\Delta T_l$；

$\frac{1}{Q_{\mathrm{eff}}}$——即是引入的等效 Q 值，$\frac{1}{Q_{\mathrm{eff}}}=\frac{1}{T}\sum_{l=1}^{n}\frac{\Delta T_l}{Q_l}$；

τ_s 和 τ_g——分别是 S'、G' 至成像点 I 的走时，分别表示为

$$\tau_s=T\sqrt{1+p_s\frac{1}{\left(1+\alpha p_s+\beta p_s^2\right)^2}} \tag{6-4-3}$$

$$\tau_g=T\sqrt{1+p_g\frac{1}{\left(1+\alpha p_g+\beta p_g^2\right)^2}} \tag{6-4-4}$$

式中

$$p_s=\frac{\left(x-x_s\right)^2+\left(y-y_s\right)^2}{\left(V_{\mathrm{rms}}T\right)^2} \tag{6-4-5}$$

$$p_g=\frac{\left(x-x_g\right)^2+\left(y-y_g\right)^2}{\left(V_{\mathrm{rms}}T\right)^2} \tag{6-4-6}$$

当 α=0 和 β=0，式（6-4-3）和式（6-4-4）即退化为双平方根走时。无量纲参数 α 和 β 与均方根速度 V_{rms} 同样，仅是成像点（x，y，T）的函数，改变任一空间位置上的 α 和 β，仅影响该位置处大入（出）射角度的偏移同相轴的聚焦。

实际上没法知道准确的 $S(\omega)$，而现行处理流程中的反褶积处理，可以认为已剔除了

$S(\omega)[\omega/(2\pi)]\exp(j\pi/2)$ 这些有关震源子波的影响。因此忽略震源子波的影响，应用反褶积成像条件，可得单道数据的成像结果也即脉冲响应为

$$I(x,y,T)=\left(\frac{\tau_s}{\tau_g}\right)^2\int F(\omega)\omega\exp\left(-j\frac{\pi}{2}\right)\exp\left\{j\omega\left(\tau_s+\tau_g+2\zeta-\zeta_s-\zeta_g\right)\left[1-\frac{\ln(\omega/\omega_0)}{\pi Q_{eff}}\right]\right\}$$
$$\exp\left[\frac{\omega}{2Q_{eff}}\left(\tau_s+\tau_g+2\zeta-\zeta_s-\zeta_g\right)\right]d\omega \tag{6-4-7}$$

式中，$(\tau_s/\tau_g)^2$ 是成像权系数，它补偿了地震波的球面扩散影响。这一成像公式表明，成像点处的等效 Q 值唯一决定该点的成像幅值。因此，就可以采用类似于确定均方根偏移速度的方法，用扫描方式来确定该点的等效 Q 值。

式（6-4-7）中的 $\exp\left[\frac{\omega}{2Q_{eff}}\left(\tau_s+\tau_g+2\zeta-\zeta_s-\zeta_g\right)\right]$ 是补偿地震波幅值吸收衰减的补偿因子。忽略黏性，当 Q_{eff} 趋于无穷大时，该式退化为与常规叠前时间偏移方法相同的形式：

$$I(x,y,T)=\left(\frac{\tau_s}{\tau_g}\right)^2 f'\left(\tau_s+\tau_g+2\zeta-\zeta_s-\zeta_g\right) \tag{6-4-8}$$

式中，$f'(t)$ 即是该地震道的一阶导数。

当 Q_{eff} 不随时间深度和水平位置变化，若假设

$$G(\omega,\tau)=F(\omega)\omega\exp\left(-j\frac{\pi}{2}\right)\exp\left(\frac{\omega\tau}{2Q_{eff}}\right)\exp\left[-j\omega\tau\frac{\ln(\omega/\omega_0)}{\pi Q_{eff}}\right] \tag{6-4-9}$$

则式（6-4-7）可写为

$$\begin{aligned}I(x,y,T)&=\left(\tau_s/\tau_g\right)^2\int G\left(\omega,\tau_s+\tau_g+2\zeta-\zeta_s-\zeta_g\right)\exp\left[j\omega\left(\tau_s+\tau_g+2\zeta-\zeta_s-\zeta_g\right)\right]d\omega\\&=\left(\tau_s/\tau_g\right)^2 g\left(\tau_s+\tau_g+2\zeta-\zeta_s-\zeta_g\right)\end{aligned} \tag{6-4-10}$$

由式（6-4-9）可知，$g(t)$ 恰好是该地震道的反 Q 滤波结果。式（6-4-10）表明，“反 Q 滤波 + 叠前时间偏移”是补偿吸收衰减的偏移方法在均匀 Q 值情况下的特例。这为应用扫描方法快速建立等效 Q 值模型提供了理论基础。首先应用“反 Q 滤波 + 叠前时间偏移”进行黏弹介质 Q 叠前时间偏移的常 Q 场扫描计算，得到预先给定的 Q 值系列对应的偏移剖面簇，然后将这些剖面簇与常规偏移结果（对应于 Q 值无穷大）集合起来，对于用户选择的每一分析时窗，均可提供不同等效 Q 值对应的（常 Q 场）QPSTM 剖面、频谱分析信息、高截止频率信息等。对于油井资料的分析时窗，还可综合合成地震记录信息进行等效 Q 值与高截止频率的估计与设置。用户可综合这些信息，进行分析时窗处等效 Q 值的拾取与设置。

当 $\tau_s+\tau_g$ 较大或 Q_{eff} 较小时，此时补偿因子 $\exp\left[\frac{\omega}{2Q_{eff}}\left(\tau_s+\tau_g+2\zeta-\zeta_s-\zeta_g\right)\right]$ 趋于无穷大，式（6–4–7）存在稳定性问题。为此提出了一个保持计算稳定的成像方法，即对补偿因子的大小做光滑性阈值控制。

补偿因子的光滑性阈值控制就是使补偿因子的数值不超过给定的阈值，但其数值的变化又是光滑的。定义一个新函数 ϕ（η）在式（6–4–7）中取代 $\exp\left[\frac{\omega}{2Q_{eff}}\left(\tau_s+\tau_g+2\zeta-\zeta_s-\zeta_g\right)\right]$，令

$$\phi(\eta)=\begin{cases}\exp(\eta), & \eta\leqslant\ln G\\ G\left[1-\ln G-2.5(\ln G)^2\right]+G\left(1+5\ln G\right)\eta-2.5G\eta^2, & \ln G<\eta\leqslant\ln G+0.2\\ 1.1G, & \eta>\ln G+0.2\end{cases}$$

（6–4–11）

式中，$\eta=\omega\left(\tau_s+\tau_g+2\zeta-\zeta_s-\zeta_g\right)/\left(2Q_{eff}\right)$；$G$ 为给定的阈值。

由式（6–4–10）可知，为了得到合适的等效 Q 值，采用扫描 Q 的方法，对可能存在区间内以 $1/Q$ 等间距地选取等效 Q 值。首先对叠前数据进行反 Q 滤波，进而进行常规叠前时间偏移处理，这一流程处理结果可作为最终的等效 Q 值扫描评判依据。因此，等效 Q 值扫描、确定工作可以稳定、快速地进行。

设计了如下模型展示介质吸收对地震波传播的影响及在偏移中考虑介质吸收的必要性，该模型所采用的纵波速度模型如图 6–4–2 所示，融合了特殊岩性体、陡倾断裂、速度反转、缝洞体等地质要素的综合地震地质模型。其中缝洞体为高速背景中的低速体，缝洞 1 的位置的坐标为（0.45km，1.0km），几何尺寸为 9.375m×9.375m，层速度为

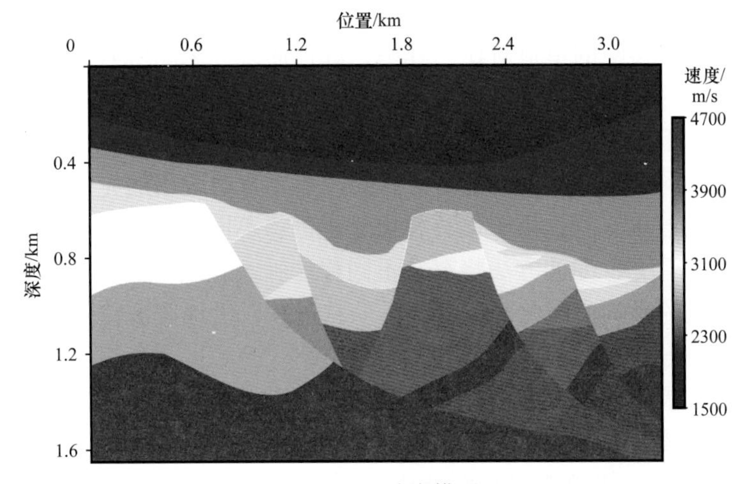

图 6–4–2　速度模型

2500m/s；缝洞 2 的位置的坐标为（0.7km，1.1km），几何尺寸为 15.625m×6.25m，层速度为 2700m/s；缝洞 3 的位置的坐标为（0.95km，1.24km），几何尺寸为 6.25m×6.25m，层速度为 2400m/s。为进一步测试黏滞吸收对地震波场的影响，还需要建立层 Q 值模型。根据纵波速度与 Q 值的经验关系式 $Q \approx 3.156 v_{\mathrm{p}}^{2.2} \times 10^{-6}$，建立了如图 6-4-3 所示的层 Q 值模型。对于 3 个缝洞体，分别设置其 Q 值为 138、144 和 134，缝洞体的 Q 值均低于周围 Q 值。

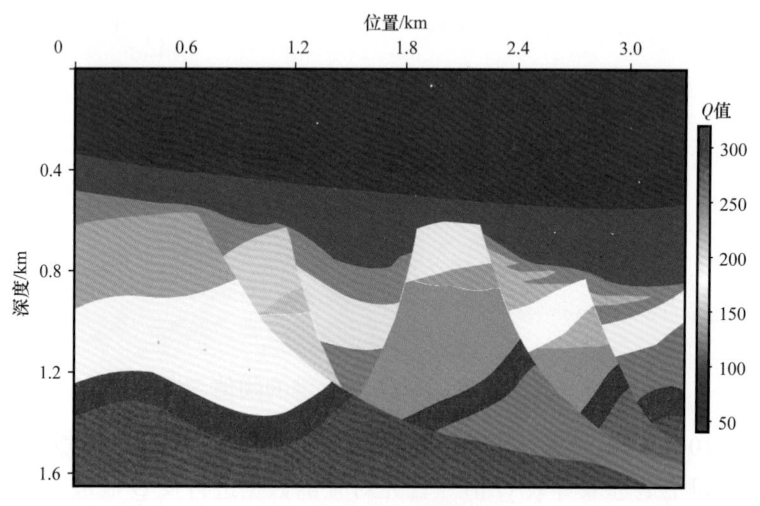

图 6-4-3　层 Q 值模型

将炮点的置于水平位置 0.2km 处，检波器置于地表，并采用双边接收的方式，最大偏移距为 3.3km。为了使炮记录左右两侧检波器数量相同，在模拟时，对模型进行了扩边处理。我们采用主频为 30Hz 的雷克子波作为震源进行模拟，采样间隔为 1ms，最大记录时间为 3s。图 6-4-4 给出了忽略和考虑介质吸收作用影响得到的单炮记录，可以明显观察到介质的吸收作用导致的振幅衰减及相位畸变。为更清晰的比较介质吸收对地震波振幅及相位的影响，抽出不同偏移距的单道地震记录进行对比。图 6-4-5、图 6-4-6 分别展示了近偏移距及远偏移距的单道对比。其中，红色曲线为忽略吸收的地震记录，而绿色曲线为考虑了吸收的地震记录。考察可见，黏性吸收会导致地震波的振幅衰减，相位发生畸变，并且传播距离越远，这种影响越明显。因此，不同偏移距的地震记录受介质吸收作用的影响是不同的。由此可以推断：目前工业界普遍应用的先做常规叠前时间偏移再做 Q 吸收补偿的技术流程，由于偏移叠加过程已将不同偏移距或者入射角的地震道相叠加，此时，再应用反 Q 滤波方法将存在不同程度吸收衰减的幅值做同一处理，并不能完全消除吸收衰减的影响。因此，结合叠前偏移过程，沿地震波传播路径恢复地震波被衰减的高频成分才是提高地震成像分辨率的关键。

图 6-4-7（a）展示的常规叠前时间偏移方法处理结果中，受介质吸收作用影响，偏移剖面存在如下问题：同相轴频率成分不够丰富、串珠状反射成像不够清晰、深层速度反转构造分辨困难、陡倾断裂断面波成像不够聚焦、特殊岩性体刻画不够精细。而图 6-4-7（b）展示的补偿介质吸收叠前成像方法成像结果中，由于消除了介质吸收的影

响，偏移剖面具有如下特点：同相轴频率成分丰富、串珠状反射成像清晰、深层速度反转构造分辨清楚、陡倾断裂断面波成像聚焦、特殊岩性体刻画精细。

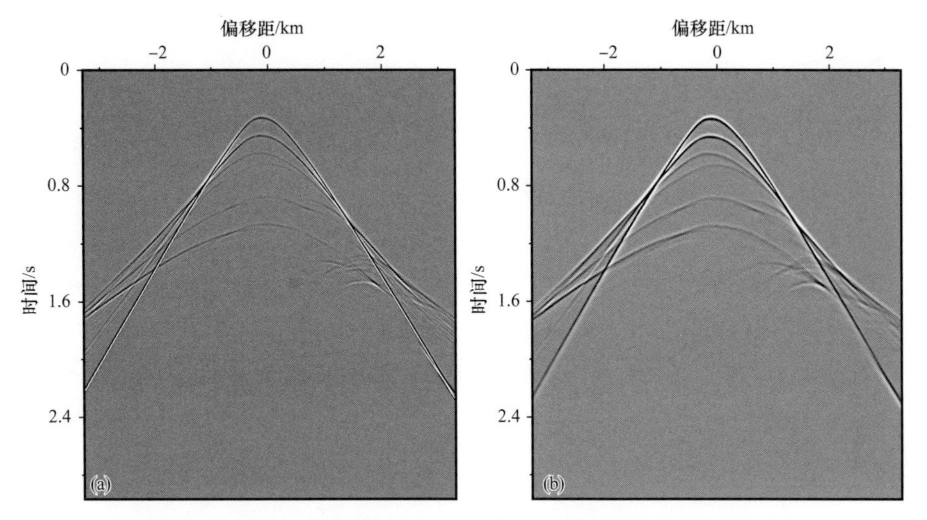

图 6-4-4　忽略（a）和考虑（b）介质吸收影响得到的正演单炮记录

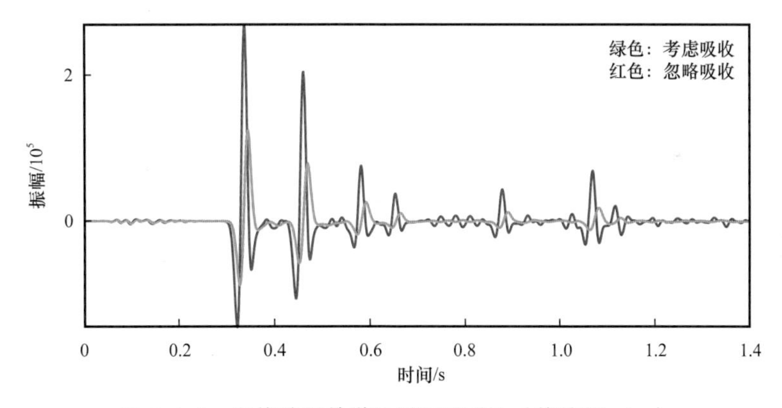

图 6-4-5　近偏移距单道地震记录对比（偏移距：0m）

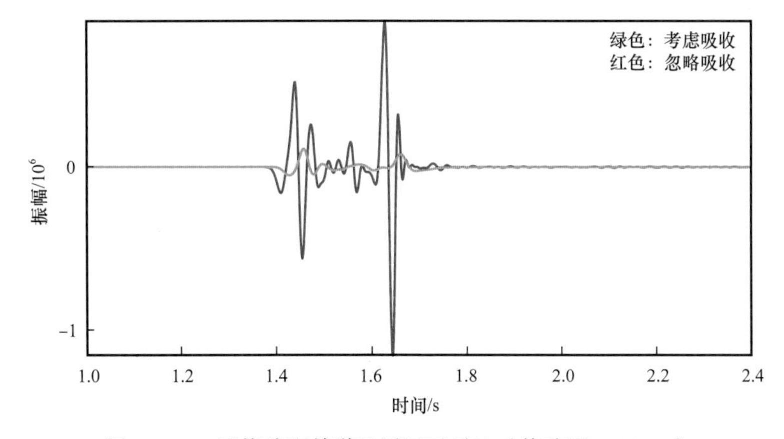

图 6-4-6　远偏移距单道地震记录对比（偏移距：2325m）

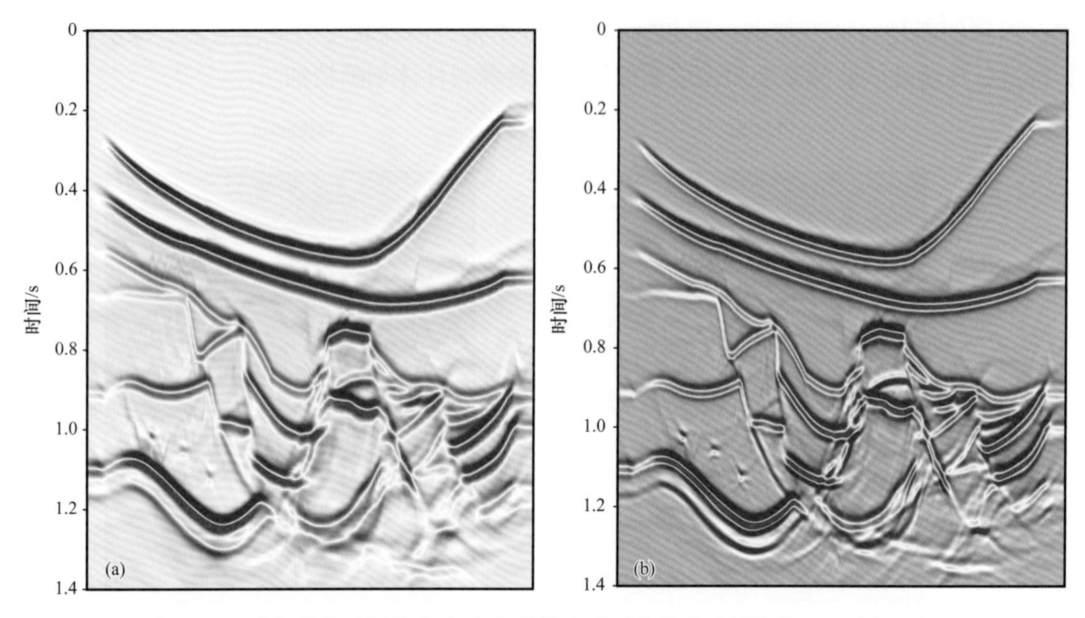

图 6-4-7　常规叠前时间偏移（a）与补偿介质吸收叠前时间偏移（b）剖面对比

补偿介质吸收叠前成像偏移技术可更好地发挥单点高密度采集数据的优势。将其应用于塔里木盆地顺中某井区油田资料，与商业软件处理结果对比，结果如图 6-4-8 所示。考察分析可知，研制技术处理剖面频谱展宽 8～10Hz，主频由 18Hz 提升至 22Hz（提高 20%），断溶体与周边地层接触关系，以及断溶体次生断裂刻画更为精细。

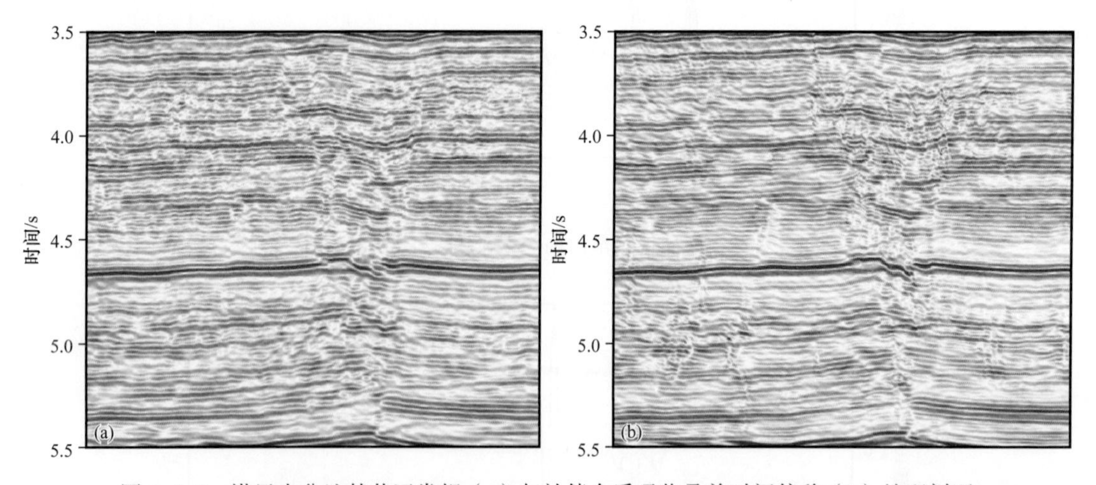

图 6-4-8　塔里木盆地某井区常规（a）与补偿介质吸收叠前时间偏移（b）处理剖面

三、补偿介质吸收叠前深度偏移技术

对于深层—超深层勘探目标，介质速度存在强的横向变化，构造也较为复杂，地层陡倾。此种情况下，补偿吸收衰减的叠前时间偏移方法中，基于均方根速度和等效 Q 值参数的走时计算算法难以实现正确的反射波偏移成像，所得到的断层、断点的横向位置也与真实构造存在一些差异。而补偿吸收衰减的叠前深度偏移方法基于地层的层速度与

层 Q 值考虑地震波传播和吸收衰减过程，它既能在偏移成像过程中恢复地震波传播被衰减的高频成分，又能较好的考虑地震波在复杂构造中的实际传播路径，实现准确的偏移归位，从而在深层—超深层构造存在较强的速度横向变化时也能提高地震成像的分辨率。

由于深度域地层层 Q 值建模需利用地震信号随频率变化的幅值，因此很难采用类似于深度域层速度建模的方法进行层 Q 值建模。现行主要方法是利用透射波的信息求取，即利用上行波的 VSP 测井资料或者井间资料根据主频移动、频谱形状等信息确定地层层 Q 值。但在实际地震勘探中，井资料总是有限的，难以建立非均匀的层 Q 值模型。此外，Q 值还是一个与地震信号主频相关的变量，将依据 VSP 测井或者井间透射资料得到的层 Q 值模型应用到反射地震资料时，因为地震反射波与透射波主频的不同，还需进一步进行校正。因此，从应用的角度看，直接利用反射地震资料估计地层层 Q 值更加具有实际意义。

就应用反射地震资料进行层 Q 值建模而言，目前方法存在的首要问题是其建立的是时间域的地层等效 Q 值模型，而并不能给出深度域的层 Q 值模型。等效 Q 值反映了地层层 Q 值的低频特征，一般在横向、纵向缓慢变化时，这一参数可服务于时间域的算法如反 Q 滤波和补偿介质吸收叠前时间偏移；对于在深度域进行的补偿介质吸收叠前深度偏移算法来讲，现行做法通常是简单对时间域的地层等效 Q 值进行反演，再应用时深转换得到深度域的地层层 Q 值模型。由于在地层等效 Q 值求取过程中没有注意进行物理合规性检查，反演的稳定性存在很大问题。

我们提出了一种利用反射地震资料确定深度域地层层 Q 值的方法。该方法利用补偿介质吸收叠前时间偏移对一组事先基于地震叠前资料频谱分析确定的地层等效 Q 值序列进行枚举偏移计算，以物理合规规则为约束，根据实际局部补偿介质吸收叠前时间偏移地震剖面集合在时间域与频率域的分辨率提高效果来确定合适的地层等效 Q 值。利用成像射线将已知深度域地层层速度模型转换至时间域，基于目标线典型 CDP 处由地层等效 Q 值反演得到的时间域地层层 Q 值与同样位置处的层速度值，结合岩石物理研究，建立起二者之间的伴随关系，依据这一关系借助时间域地层层速度模型得到时间域地层层 Q 值模型，随后在利用目标线典型 CDP 处由地层等效 Q 值反演得到的时间域地层层 Q 值对其修正后，再次应用成像射线将其转换得到深度域地层层 Q 值模型。这一深度域层 Q 值模型建立流程具体包括：

（1）常 Q 扫描道集计算：通过目标工区的叠前地震数据计算地层等效 Q 值序列对应的补偿介质吸收叠前时间偏移剖面集合和常规叠前时间偏移剖面。

（2）基于步骤（1）得到的补偿介质吸收叠前时间偏移剖面集合，拾取目标线的目标 CDP 处不同时窗处的等效 Q 值，并应用插值算法确定所有时间采样的等效 Q 值。

（3）基于所述目标 CDP 处所有时间采样的等效 Q 值，应用公式：

$$\begin{cases} Q_{\mathrm{int}\,T}(x,y,t_i)=\mathrm{d}t\,/\left[t_i\times\mathrm{d}t\,/\,Q_{\mathrm{eff}}(x,y,t_i)-t_{i-1}\times\mathrm{d}t\,/\,Q_{\mathrm{eff}}(x,y,t_{i-1})\right] \\ t_i\,/\,Q_{\mathrm{eff}}(x,y,t_i)-t_{i-1}\,/\,Q_{\mathrm{eff}}(x,y,t_{i-1})>0 \end{cases} \tag{6-4-12}$$

得到所述目标 CDP 处所有时间采样的时间域的层 Q 值。

（4）将深度域层速度模型利用成像射线转换为时间域层速度模型。

（5）利用步骤（3）得到的层 Q 值及其与步骤（4）得到的时间域层速度模型中对应位置处的层速度值建立目标工区时间域层 Q 值与层速度值之间的伴随关系。

（6）基于步骤（4）得到的时间域层速度模型、步骤（3）得到的层 Q 值和步骤（5）得到的时间域层速度值与层 Q 值的伴随关系确定所述目标工区的时间域层 Q 值模型。

（7）将时间域层 Q 值模型利用成像射线转换为深度域层 Q 值模型。

补偿介质吸收叠前深度偏移技术相比上节介绍的补偿介质吸收叠前时间偏移技术，二者的本质不同就在于前者基于深度域层速度模型和层 Q 值模型，利用波前重建方法求取复走时表进行偏移计算；而后者使用均方根速度和等效 Q 值，解析计算偏移过程中的走时。需要指出的是，对于 Kirchhoff 积分型叠前深度偏移中复走时表的计算，有不少学者已经进行过研究，我们的主要创新之处在于针对单点高密度采集数据如何给出复走时表的高效优化存储算法，这一复走时表优化存储算法可在保持补偿介质吸收叠前深度偏移成像精度的同时使得利用 GPU 算法对补偿介质吸收叠前深度偏移进行加速计算成为可能，而计算效率正是制约补偿介质吸收叠前深度偏移技术工业应用的关键瓶颈。

如前所述，为在速度横向变化剧烈、构造复杂的勘探目标区实现大地对地震波的吸收补偿，需要在 Kirchhoff 叠前深度偏移实现流程中引入与地震波传播路径有关的等效 Q 值，这一等效 Q 值与地震波自炮点至成像点，再至检波点的传播路径上的所有层 Q 值有关。因此，这一补偿介质吸收 Kirchhoff 叠前深度偏移技术中，要得到正确的偏移幅值，除需事先计算并存储走时表外，还需额外存储一个等效 Q 值表。然而，对于具有高覆盖次数的高空间、时间采样密度地震数据，如单点高密度采集数据，其走时表与等效 Q 值表所需存储量巨大，并且与其覆盖次数是呈正相关的。与之形成鲜明对比的是，GPU 卡的主要特点是擅长计算，其存储量非常有限。目前，采用 CPU 读取走时表和等效 Q 值表，再通过 CPU–GPU 之间的通信，以解决利用 GPU 进行偏移幅值计算时的走时表、等效 Q 值表需求的策略，会大幅降低 GPU 并行计算的计算效率，使得利用 GPU 对单点高密度采集数据进行补偿介质吸收 Kirchhoff 叠前深度偏移处理时的计算效率低下。有鉴于此，提出了一种基于数据优化方法的补偿介质吸收积分法叠前深度偏移方法，其关键是图 6–4–9 给出的复走时表数据优化方法。运用该优化方法，可以实现以较小的走时表和等效 Q 值表逼近原先较大的走时表和等效 Q 值表，在满足计算精度的条件下，大大减少对 GPU 的存储需求，使得利用 GPU 进行补偿介质吸收的 Kirchhoff 积分法叠前深度偏移技术并行计算的效率大幅提高。

在实际偏移实施过程中，若将单个地震道看作是仅有一个接收道的单炮记录，则在黏弹性介质中，炮域偏移的反传波场可表示为

$$P^U(x,y,\omega,z)=F(\omega)\frac{\omega}{2\pi}\exp\left(-\mathrm{j}\frac{\pi}{2}\right)\frac{\tau_g z}{r_g^3}\exp\left\{\mathrm{j}\omega\tau_g\left[1-\frac{1}{\pi Q_g}\ln\left(\frac{\omega}{\omega_0}\right)\right]\right\}\exp\left(\frac{\omega\tau_g}{2Q_g}\right) \tag{6-4-13}$$

式中 x，y，z——成像点的三维坐标；

τ_g——成像点沿射线路径至检波点的走时，这一走时与常规叠前深度偏移计算中的走时是相同的；

$F(\omega)$——频率域的地震道；

r_g——成像点至检波点的直线距离；

Q_g——因为研究新引入的检波点处射线路径相关的等效 Q 值，其计算是与走时表正演计算的射线路径相联系的：

$$\frac{1}{Q_g}=\frac{1}{\sum_{i=1}^{n}\Delta t_i}\sum_{i=1}^{n}\frac{\Delta t_i}{q_i}=\frac{1}{\tau_g}\sum_{i=1}^{n}\frac{\Delta t_i}{q_i} \tag{6-4-14}$$

式中　Δt_i——射线传播路径上各层介质所用单程旅行时；

q_i——该层介质的 Q 值；

n——射线传播路径上含的层数；

τ_g——所述的成像点沿射线路径至检波点的走时，$\tau_g=\sum_{i=1}^{n}\Delta t_i$。

这一参数描述了地震波沿射线路径自成像点至检波点的吸收衰减效应。

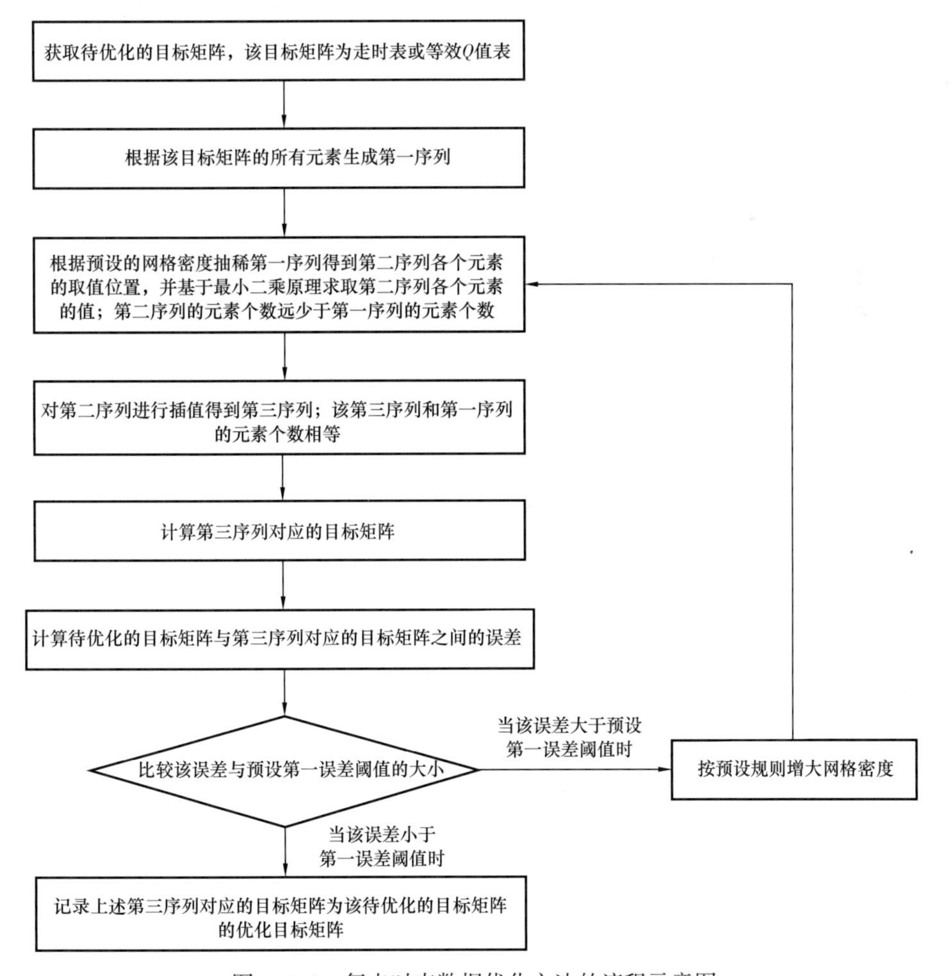

图 6-4-9　复走时表数据优化方法的流程示意图

炮域偏移的炮点下行波场为

$$P^{D}(x,y,\omega,z)=S(\omega)\frac{\omega}{2\pi}\exp\left(\mathrm{j}\frac{\pi}{2}\right)\frac{\tau_{\mathrm{s}}z}{r_{\mathrm{s}}^{3}}\exp\left\{-\mathrm{j}\omega\tau_{\mathrm{s}}\left[1-\frac{1}{\pi Q_{\mathrm{s}}}\ln\left(\frac{\omega}{\omega_{0}}\right)\right]\right\}\exp\left(-\frac{\omega\tau_{\mathrm{s}}}{2Q_{\mathrm{s}}}\right) \tag{6-4-15}$$

$$\frac{1}{Q_{\mathrm{s}}}=\frac{1}{\sum_{i=1}^{n}\Delta t_{i}}\sum_{i=1}^{n}\frac{\Delta t_{i}}{q_{i}}=\frac{1}{\tau_{\mathrm{s}}}\sum_{i=1}^{n}\frac{\Delta t_{i}}{q_{i}} \tag{6-4-16}$$

式中 τ_{s}——自炮点沿射线路径至成像点的走时，这一走时与常规叠前深度偏移计算中的走时也是相同的；

r_{s}——炮点到成像点的直线距离；

S（ω）——震源信号的傅里叶变换；

Q_{s}——炮点处射线路径相关的等效 Q 值。

实际上无法知道准确的 S（ω），而现行处理流程中的反褶积处理，可以认为已剔除了 S（ω）[ω/（2π）] exp（jπ/2）这些有关震源子波的影响。因此忽略震源子波的影响，应用反褶积成像条件，可得单道数据的成像结果（即脉冲响应）为

$$\begin{aligned}I(x,y,z)=&\frac{\tau_{\mathrm{g}}r_{\mathrm{s}}^{3}}{\tau_{\mathrm{s}}r_{\mathrm{g}}^{3}}\int F_{n}(\omega)\omega\exp\left(-\mathrm{j}\frac{\pi}{2}\right)\\&\exp\left[\mathrm{j}\omega(\tau_{\mathrm{s}}+\tau_{\mathrm{g}})-\left(\frac{\tau_{\mathrm{s}}}{Q_{\mathrm{s}}}+\frac{\tau_{\mathrm{g}}}{Q_{\mathrm{g}}}\right)\frac{\ln(\omega/\omega_{0})}{\pi}\right]\exp\left[\frac{\omega}{2}\left(\frac{\tau_{\mathrm{s}}}{Q_{\mathrm{s}}}+\frac{\tau_{\mathrm{g}}}{Q_{\mathrm{g}}}\right)\right]\mathrm{d}\omega\end{aligned} \tag{6-4-17}$$

式中，$\frac{\tau_{\mathrm{g}}r_{\mathrm{s}}^{3}}{\tau_{\mathrm{s}}r_{\mathrm{g}}^{3}}$ 是成像权系数，它补偿了地震波的球面扩散影响。将所有地震道的成像结果按偏移距大小进行分选和累加，即可得到三维成像空间的偏移结果。

第五节 深层—超深层综合地球物理研究技术

深层—超深层油气由于埋藏深，经历过多期的演化，构造复杂。对深层—超深层油气探测，由于地下结构复杂及深度增大造成的各类地球物理信号衰减，难以有效识别地下的精确构造特征。目前提高地震勘探深度及精度和开展重磁电震综合地球物理研究是开展深层—超深层地球物理探测的两个主要方向。以综合地球物理研究为例，通过重磁等开展区域性深部结构特征研究并进一步通过电磁方法和地震方法提高对深层精细结构的探测能力，可以有效提高对深层—超深层结构及储层特征的识别。结合地质认识，采用重、磁、电、震等多种资料，开展综合地球物理研究，是解决盆地深层—超深层油气勘探理论的必然要求。本节重点介绍深层—超深层研究中非地震方面为主的综合地球物理研究技术与方法。

一、综合地球物理研究指导思想

早在20世纪80年代，刘光鼎院士（1989）提出了“一、二、三、多”的综合地质地球物理研究思想，指出坚持以板块大地构造理论为指导，抓住岩石物性和地质—地球物理模型两个环节，加强地质与地球物理、定性解释与定量解释、正演与反演的紧密结合，通过信息的多次反馈逐步加深对地质、地球物理信息的认识，有效克服反演问题的多解性，得到合理的解释结果。

针对深层—超深层综合研究，以此为指导着重加强以下3个方面的研究工作。

1. 岩石物理性质研究与地质—地球物理模型建立

岩石物理性质是联系地质与地球物理的纽带，是进行地球物理正、反演和综合解释的基础。通过岩石物性的研究可以建立地层界面与物性界面的联系，根据深层—超深层复杂地质环境的认识和岩石物性的研究可以建立相应的地质—地球物理模型，为深层—超深层地层结构及其分布特征等研究提供地质和地球物理学的支撑。

2. 深层—超深层地层格架的建立

深层—超深层油气赋存区一般处于埋深大、构造复杂的区域，受区域性构造活动及其演化影响大。其深部结构与浅部结构相互影响，相互制约，深部基底结构与浅部沉积建造覆盖等共同反映了地质历史时期构造的综合作用。因此在深层—超深层研究中亦需要遵循“区域约束局部、深层制约浅层”这一原则的指导。重磁异常场为叠加场，是地下不同构造层（物性层）产生异常的综合反应。因此，在深层—超深层地层格架研究中可通过对深浅构造层不同的重磁效应考虑分别剥离浅部沉积层及深部地层的重磁效应，进而为深层—超深层研究提供参考和约束。在成熟的盆地勘探区，浅部沉积层结构可以通过地震资料清晰地给出，其异常特征可通过正演获得，对深部，包括深层—超深层油气潜在目标层及区域莫霍面等结构引起的异常则需要通过研究位场异常场分离的方法提取深部不同关注目标的异常响应特征，并用于其结构的反演。

3. 深层—超深层结构特征综合分析

以非地震方法为主的深层—超深层研究的主要目标是研究其构造特征，通过对深部结构及其物性特征的综合认识，结合油气地质、地震等高精度资料提高对深层—超深层油气潜力的认识。由于地球物理的多解性，在综合分析中需要加强：

（1）先验知识的应用：对研究区的地质认识和地球物理资料掌握情况最终体现到深层—超深层结构模型的建立和重磁正反演过程中。先验知识的应用增强了对反演结果的约束，对形成合理的反演结果起到了很好的约束和修正作用。

（2）地球物理技术方法的综合应用：多解性是地球物理反演的固有问题，反演过程中需要对解不断优化，反演问题最终表述为若干约束条件下的目标函数求解。在本文研究中对不同的构造层求解使用了地震、重、磁等方法，并将反演结果交互应用到其他处理和反演环节，在总体上把握对地层格架的认识。在研究过程中注重平面和剖面研究的结合，从钻井信息、剖面结构与平面反演等构成点、线、面3个层次的认识，从不同角度验证对比反演结果，增加反演结果的可靠性。

（3）认识的再深化与反馈系统：深层—超深层的深入认识是一个不断深化的过程，需要与地震等其他研究对比、综合，并在实际研究中不断优化处理反演参数的选取，不断反馈，最终获取合理的深层—超深层结构认识。

二、综合地球物理研究技术路线

在综合地球物理研究思想的指导下，针对深层—超深层中深部结构研究目标，结合重磁等非地震信息开展综合地球物理研究，同地震技术互补与结合，提高对深层结构的认识，为深层—超深层油气探测提供基础。以岩石物性为基础，在中、浅层地震成像、电法深层探测结果等控制约束下，综合利用重、磁等技术提取盆地深层构造特征（基底、断裂），与地震、电法、地质等资料交互反馈，获取深层—超深层结构特征及其性质，为开展深层—超深层油气综合预测提供重要支撑。图6-5-1为本研究的技术路线图。

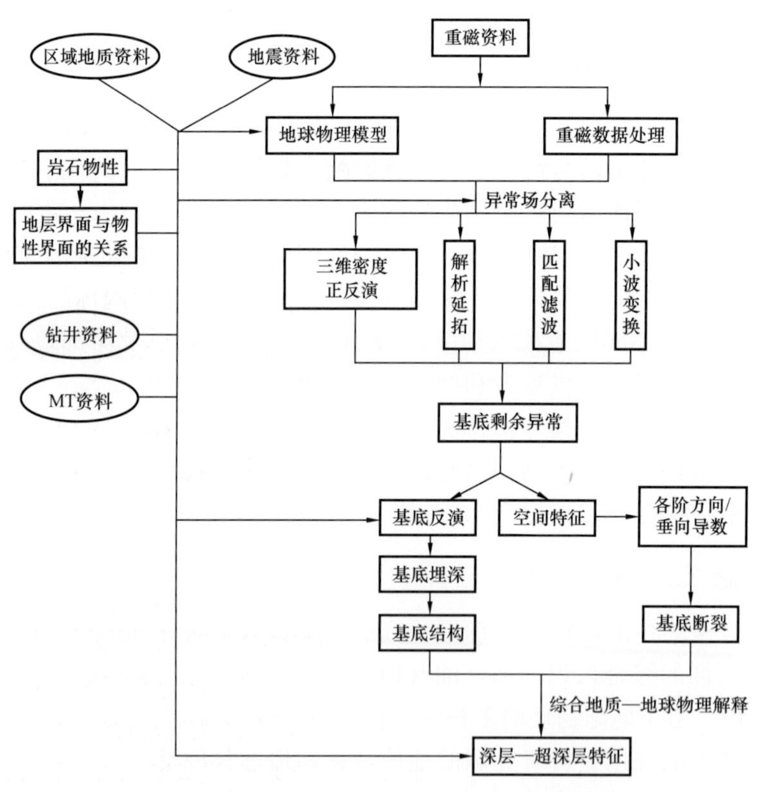

图6-5-1　深层—超深层结构研究技术路线图

三、重磁异常数据处理与反演

1. 重磁异常场分离

重磁异常是地下所有地质体引起的重磁响应叠加的综合反映，因此针对深层—超深层结构研究，其重要工作之一是从总异常中分离提取出与深部目标结构相对应的重磁异常响应特征，即重磁异常的分离。位场分离方法众多，如重磁异常解析延拓、滤波、小波分析等。

解析延拓法向上延拓有利于相对突出深部异常特征；而向下延拓相对突出了浅部异常特征。通过上、下延拓处理，可以达到异常分离的效果。滤波类方法可以结合重磁异常的频谱分析，通过不同的滤波器进行异常滤波，通常低频部分信号可用于表征深部构造引起的异常特征，如补偿圆滑滤波法、正则化滤波法等对分离重磁异常信号、消除高频干扰具有较好的效果（管志宁等，1991）。小波变换分析是近年来常用于重磁异常场分析的方法，其具有多尺度分析的优点，通过小波母函数的伸缩和平移，实现对信号的时频局部化分析，具有自适应性的时频窗口和多尺度分析的特点，在位场数据处理中得到了广泛的应用（杨文采等，2001；徐亚等，2006）。

2. 断裂信息提取

利用重磁观测资料划分断裂带，特别是深大断裂带对区域基底结构及构造特征研究具有重要作用。断裂体系的重磁异常特征也具有多样性，断裂识别标志主要包括线性异常带、线性梯度带、异常特征的分界线、异常的错动、等值线的规则性扭曲、异常等值线疏密突变带或异常宽度突变带、串珠状异常等。为了突出和提取断裂体系的重磁异常特征，通常对重磁异常进行特征增强处理以识别异常边界，常用的方法包括水平方向导数、总水平导数、解析信号振幅、倾斜角法、倾斜角总水平导数等各种基于导数计算的综合方法，还包括小子域滤波、Radon 变换域处理等特征增强方法。

根据对重磁异常数据的各类处理，选取可反映深部异常特征及断裂信息的低通滤波异常、向上延拓异常、方向导数及倾斜角等处理结果进行综合分析，对深部断裂体系进一步结合区域异常场（低通滤波、带通滤波结果等）的二次处理（包括方向导数、总梯度模、倾斜角等）综合进行断裂体系分布特征分析。

3. 深部结构反演

重磁的位势属性使得重磁异常具有体积效应，即实测的重磁异常包含了测点以上、以下及周围所有物质的重磁效应。结合地震勘探等已知信息可以利用正演方法对浅部地层的重磁响应特征予以消除，这类处理通称为剥皮法。而对更深层如莫霍面等地球内部主要密度界面的重力响应特征亦可通过其他方法获得的莫霍面结构进行正演剥离其异常，或通过滤波等方法消除莫霍面等密度异常结构的重磁响应。通过以上处理获得与研究目标层相关的重力异常，亦称为剩余重磁异常。

利用剩余重力异常，结合岩石物性特征，可以进一步利用 Parker 界面反演方法对目标界面埋藏深度进行反演计算。

若密度或磁性界面其上下密度差为 σ，磁化强度差为 J，为简单起见，设 J 的方向垂直向下。经过一系列推导，可以导出以下计算重磁异常的正演公式：

$$\Delta g(u,v) = -2\pi f\sigma\left[\mathrm{e}^{-HS}\sum_{n=1}^{\infty}\frac{S^{n-1}}{n!}(\tilde{h}^{n})\right] \tag{6-5-1}$$

$$\Delta Z(u,v) = 2\pi J\left[\mathrm{e}^{-HS}\sum_{n=1}^{\infty}\frac{S^{n}}{n!}(\tilde{h}^{n})\right] \tag{6-5-2}$$

式中 f——引力常数；

H——平均深度；

S——径向频率。

上式表示，当给定了平均深度 H 及平均深度上的起伏 h（ζ，η），取泰勒展开式有限项数 n 为 3～8，就可以计算出 $\tilde{h}^n$ 和 Δg（u，v），利用快速傅里叶变换即可得到空间域的重磁异常值 Δg（x，y，0）与 ΔZ（x，y，0）。

对重磁界面正演计算公式，稍做一下变化，就可以当作反演迭代公式。表示为

$$\tilde{h}^{i+1} = \frac{\mathrm{e}^{HS}}{-2\pi f\sigma}\Delta\tilde{g} + \sum_{n=2}^{\infty}\left[\tilde{h}(i)^{n}\right]\cdot\frac{(-s)^{n-1}}{n!} \tag{6-5-3}$$

$$\tilde{h}^{i+1} = \frac{\mathrm{e}^{HS}}{-2\pi JS}\Delta\tilde{Z} + \sum_{n=2}^{\infty}\left[\tilde{h}(i)^{n}\right]\cdot\frac{(-s)^{n-1}}{n!} \tag{6-5-4}$$

上述讨论适用于单界面情况，如果还存在另一个下底面，那么给出了下底面的平均深度，上述单界面的正演公式就可以推广到双界面。实际计算中，无论是重磁上界面还是下界面，都是先把观测值减去平均值，再用它来计算界面的起伏，通常所说界面的深度，实际上是把平均深度加上计算的界面起伏深度得到的。可以看出，界面反演仍有赖于重磁异常分离获得剩余重磁异常的准确度。

四、四川盆地深层—超深层研究

1. 四川盆地重磁异常场特征

在四川省布格重力异常图（1∶100 万）和四川盆地布格重力异常图（1∶50 万）等基础图件基础上对四川盆地重力异常数据进行了综合汇编，获得了四川盆地地区布格重力异常图（图 6-5-2）。根据自然资源部航空物探遥感中心测量的航磁异常数据对四川盆地磁异常进行汇编，获得了该区域磁异常图，并根据该区地磁倾角从 34°到 50°，偏角为 −1.66° ±0.6°，采用变倾角化极处理，形成化极磁异常图（图 6-5-3）。

四川盆地地区布格重力异常值介于 −545～−16mGal，最大值位于大足地区内，盆地西部总体异常减小，与向西及西南方向进入青藏高原有关。盆地内部变化幅度相对较小，盆地东北部及东南呈现明显的重力高区，盆地的西北和西南主要呈现为向西减小的异常陡变梯度带。该地区航磁异常总体在 −550～500nT，总体磁场面貌以正负相间、北东向展布的条带状磁异常为特征，这种磁场面貌反映出了盆地的构造特征，其中条带状正磁异

常多是基底的反映，异常多表现为宽缓的条带状，强度多为100～400nT。盆地周边变化剧烈的高磁异常特征与盆地周边出露的火山岩及基性岩体有关。负的磁异常变化区总体与基底坳陷有关，反映较厚的沉积层分布。对原始航磁数据做化极处理后，化极磁异常总体变化趋势相同，磁异常特征总体向北移动。雅安至巴中一带北东向强磁异常带及大足、石柱强磁异常特征仍较为明显。化极磁异常由于消除了斜磁化影响对反映基底性质及基底断裂等具有更准确的参考作用。

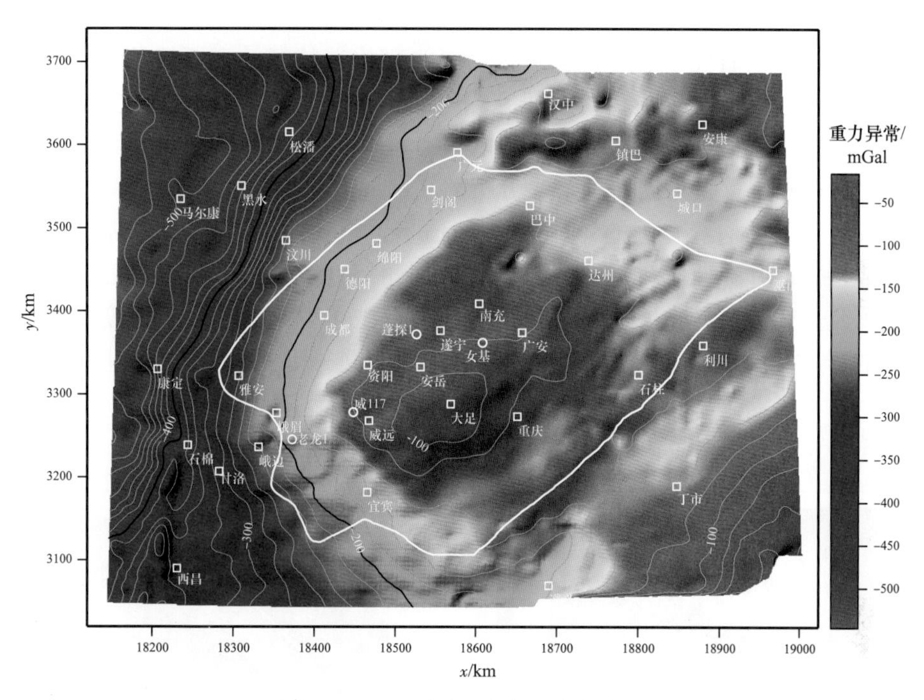

图6-5-2 四川盆地布格重力异常图

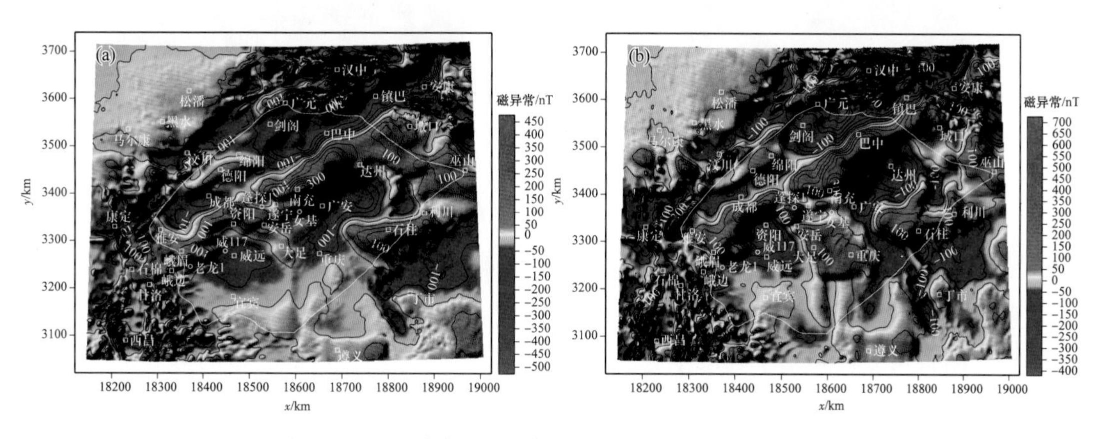

图6-5-3 四川盆地磁异常（a）及化极磁异常（b）图

2. 岩石物理性质

综合四川盆地及周边沉积岩、变质岩、火山岩露头、沉积盖层等密度、磁化率研究资料，对四川盆地及周边地区总体岩石物理性质的认识如下：

四川盆地地区地壳存在 4 个主要的密度界面：中生界的白垩系与侏罗系地层界面，三叠系中上统密度界面，寒武系与震旦系地层界面和莫霍面。

四川盆地沉积层大部分地层为无磁或弱磁，局部分布的二叠系火山岩具有一定磁性，中—古元古界的岩浆岩、基性火山岩和深变质的结晶基底具有强磁性。

3. 深部断裂体系分布研究

在深层—超深层研究中，深部断裂体系是深部构造特征的重要反映，也是进行基底划分及基底性质研究的重要依据，对研究深—浅构造作用关系具有重要意义。重磁处理结果为判别断裂体系分布提供了重要的依据。由于重磁异常综合反映了不同深度的场源信息。因此，在原始重磁数据处理结果分析的基础上，结合对深部断裂体系的研究需求，进一步提取与中深层构造有关的异常信号特征进行分析。这里对重力异常进一步提取带通滤波异常特征，并在此基础上进行导数、倾斜角等计算，辅助进行基底（深部）断裂体系分布研究。化极磁异常除深部磁源体外主要反映了以结晶基底、深变质基底等高磁性地质体的异常信息，因此对其低通滤波结果进行进一步处理获取与基底有关的信号特征。

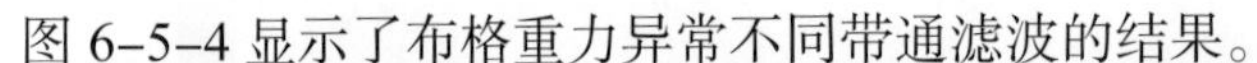
图 6-5-4 显示了布格重力异常不同带通滤波的结果。

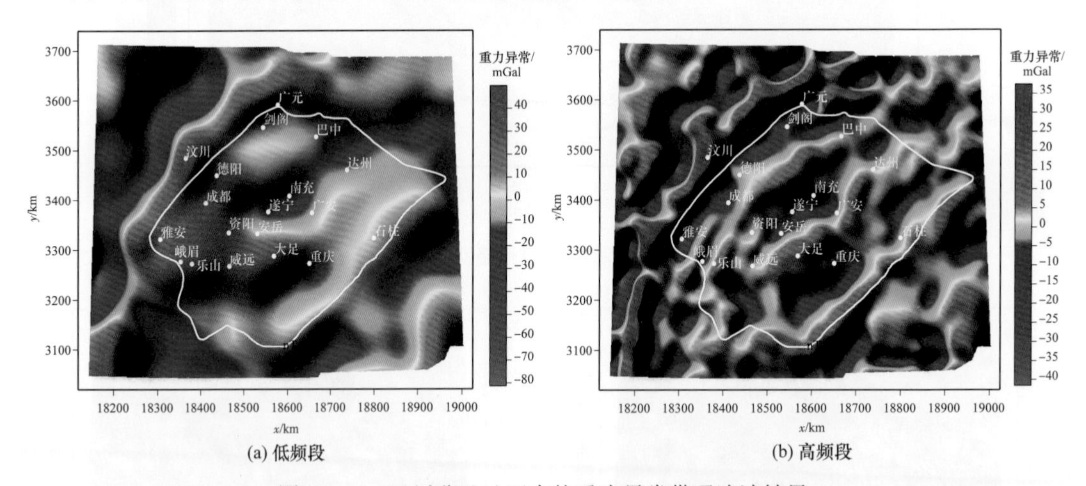

图 6-5-4 四川盆地地区布格重力异常带通滤波结果

可以看出偏向低频段的带通滤波其异常变化形态及尺度更为平缓，对进一步提取深部信息较为有利。对滤波波长段 120～300km 的布格重力异常带通滤波结果进行求导、总梯度模、倾斜角等计算用于辅助基底断裂分析。同样，根据化极磁异常的低通滤波结果，对 60km 波长为截止波长的低频滤波结果进一步进行求导、总梯度模、倾斜角等计算可以对深部高磁响应特征的异常进行增强，为断裂分布及基底结构分析提供重要参考依据。图 6-5-5 显示了对该低频滤波计算总梯度模及倾斜角异常。

根据对四川盆地重磁异常数据的各类处理，选取可反映深部异常特征及断裂信息的低通滤波异常、向上延拓异常、方向导数及倾斜角等处理结果进行综合分析，对深部断裂体系进一步结合对区域异常场（低通滤波、带通滤波结果等）的二次处理（包括方向导数、总梯度模、倾斜角等）综合进行断裂体系分布特征分析。综合上述结果，在四川盆地地区厘定基底断裂 22 条（表 6-5-1），根据异常特征及地质资料，确定一级断裂 6 条（F_1—F_6），二级断裂 16 条（图 6-5-6）。

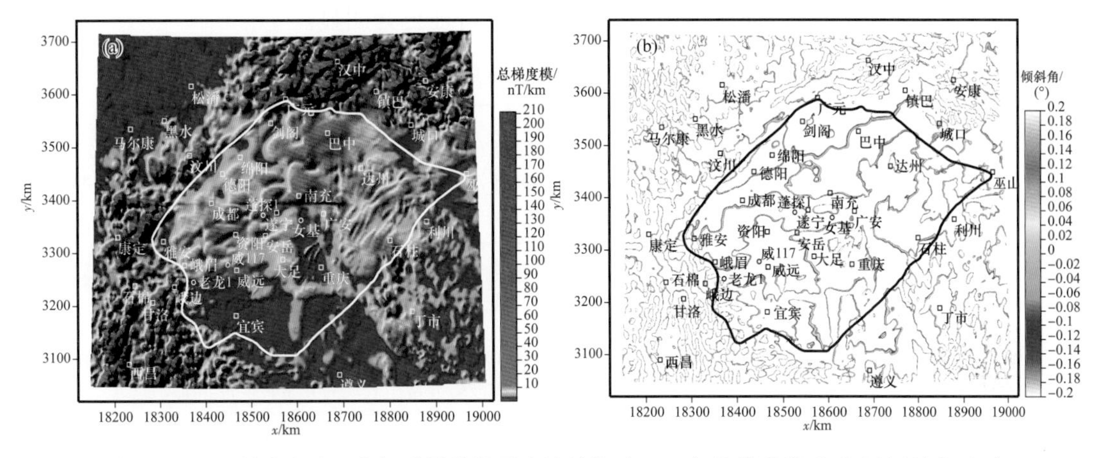

图 6-5-5　四川盆地地区化极磁异常低通滤波异常（60km）总梯度模（a）及倾斜角（b）

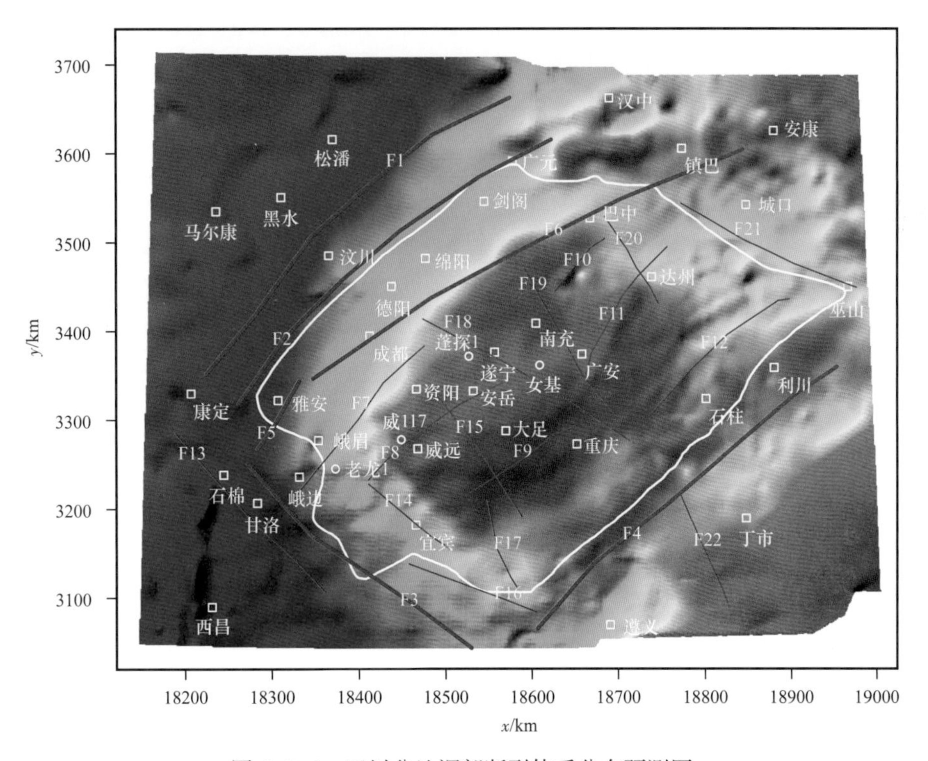

图 6-5-6　四川盆地深部断裂体系分布预测图

4. 基底结构特征

结合岩石物性分析认为四川盆地基底具有明显的磁异常响应特征。磁异常是地下各种介质磁性的综合反映。为了得到磁性基底埋深，首先需要进行磁异常的分离，得到反映基底磁性特征的磁异常。利用多种处理技术对化极磁异常进行了处理，这里采用了巴特沃斯滤波低通滤波的异常分离结果。基于谱分析显示的特征，选取合适的参数，主要消除浅部磁性体产生的干扰，得到研究区的区域磁异常（即剩余磁异常）（图 6–5–7），该异常可基本反映基底信息，提取的区域磁异常分区特征更为明显。

表 6–5–1　四川盆地地区断裂信息表

断裂编号	名称	重磁异常特征
F_1	龙门山断裂 –1	重力梯度带、磁异常转换带 / 梯度带；上延重磁异常及低频滤波异常中主要表现为大规模梯级异常带
F_2	龙门山断裂 –2	重力梯度带、磁异常转换带 / 梯度带；上延重磁异常及低频滤波异常中主要表现为大规模梯级异常带，断裂 F_1、F_2 为龙门山断裂带
F_3	汉源—绥江—筠连—威信断裂	重力异常梯级变化带，在上延及低频重力异常中亦表现为梯度带；磁异常表现为异常过渡带，在 200km 滤波磁异常中表现为异常转换带 / 梯级带
F_4	齐岳山断裂	重力异常梯级带、磁异常转换带；上延重磁异常具梯度带变化特征
F_5	荥经—名山断裂	磁异常局部梯级带，在低频重力异常的总水平倒数中呈现明显的峰值带，低频重力异常及低频化极磁异常中为梯度带，并呈现与 F_6 相连的趋势，推出 F_5 与 F_6 属同一断裂带
F_6	龙泉山—三台—巴中—安康断裂	磁异常梯级带，在异常上延及低频滤波结果中有明显的梯级带特征，异常倾斜角等呈明显等零值带
F_7	乐山—简阳断裂	磁异常梯级带、重力异常高值带，在重力低频滤波总水平导数、化极磁异常低频滤波总水平导数均限制为峰值带
F_8	犍为—安岳断裂	低频重力异常转换带，对应导数计算结果具有明显带峰值异常；化极磁异常低频滤波带总水平导数明显分割断层两侧异常特征
F_9	华蓥山断裂 –1	重力异常分区转换带，在低频及中低频滤波重力异常中显示其南侧与北侧具有较明显梯级带特征
F_{10}	蓬安—平昌断裂	磁异常梯级带、重力异常梯级带
F_{11}	华蓥山断裂 –2	重力异常峰值带，其两侧重力异常明显为低值；断裂带对应重力异常高值区，与 F_9 同属华蓥山断裂带，受 F_8 影响，断裂带出现错断
F_{12}	石柱北断裂	磁异常转化带分区线、重力异常低值带，在低频滤波重磁异常导数异常显示为明显峰值带，两侧重磁异常特征具有较明显的变化
F_{13}	石棉—永善断裂	磁异常转换带，该断裂西侧以低值异常为主，东侧异常高；化极磁异常低频滤波总水平导数显示西侧异常带以近南北向为主要特征，东侧以北东向为主要特征，异常转换特征明显
F_{14}	江安断裂	重力异常转换带，东侧异常高，西侧异常低
F_{15}	资阳—荣昌断裂	磁异常梯度带

续表

断裂编号	名称	重磁异常特征
F_{16}	珙县—古蔺断裂	重力异常梯度带，对应低频重力异常滤波结果呈近东西向梯级带，对应高值异常带特征明显
F_{17}	赤水断裂	重力异常梯级带，低频滤波及上延重力异常中梯级带特征明显
F_{18}	遂宁—长寿断裂	磁异常转换带，明显分割东西两侧磁异常，上延及低频滤波化极磁异常中对应明显的磁异常转换带，在重力低频滤波异常中对应断裂两侧具有明显的重力异常差异，西侧高，东侧低
F_{19}	阆中—广安—长寿断裂	低频滤波重力异常中该断裂两侧异常有明显差异，为异常转换带，西侧以低值异常为主；在低频重力异常总水平梯度中有明显峰值带
F_{20}	巴中—达州断裂	重力异常转换带，中低频滤波重力异常显示 F_{20} 与 F_{19} 夹持区重力异常高，两侧重力异常低
F_{21}	万源—巫山断裂	边界断裂带，重磁异常呈转换带特征，在低频滤波化极磁异常为高值峰带，重力异常在北侧以低值为主，西南侧以北东向变化带为主
F_{22}	武陵—德江断裂	磁异常梯级带，推测与 F_{18} 为同一断裂带，被 F_4 切割

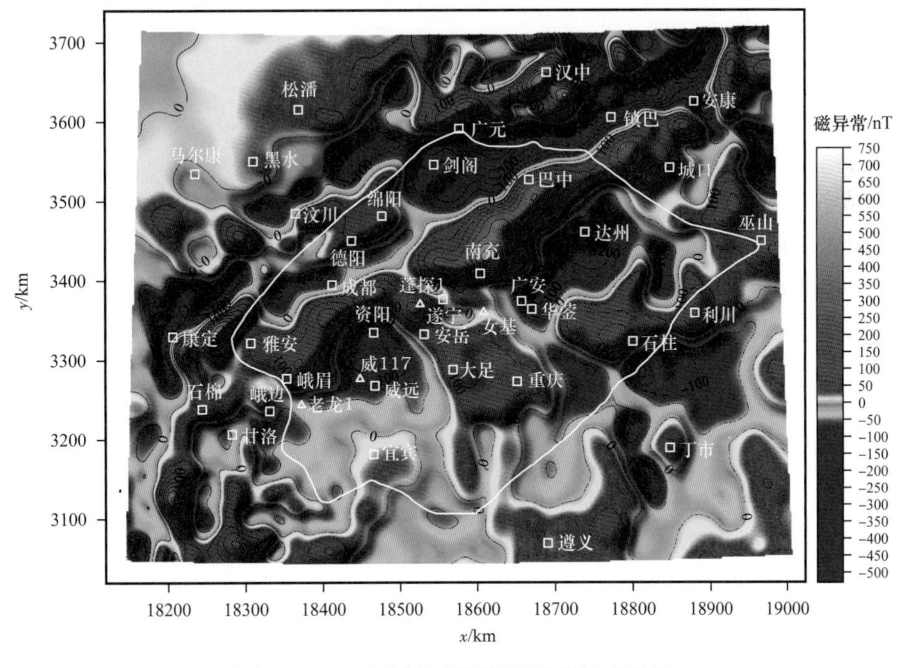

图 6-5-7 四川盆地及周缘区域化极磁异常

采用 Parker 界面反演方法计算了磁性基底埋深特征。为了避免基底磁性特征差异带来的误差，在实际工作中根据磁异常特征进行了分区，将两个强磁异常区块进行了单独反演，得到四川盆地磁性基底深度图［图 6-5-8（a）］。结合四川盆地地震探测资料（王海燕等，2007）进行了反演约束及结果对比，综合分析认为该结果较合理。

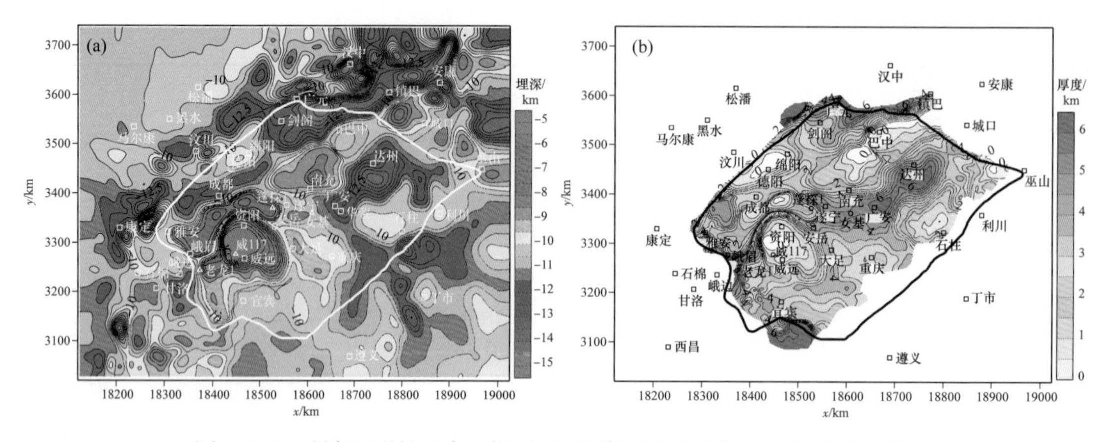

图 6-5-8 研究区磁性基底埋深（a）及前震旦系残余厚度（b）分布图

四川盆地地区磁性基底深度在 4～16km 之间，盆地内磁性基底深度 7～15km，与前人得到的结果有一定的相似性，大致反映了四川盆地磁性基底“三分”的传统认识。盆地基底在西北部为北东向条带状结构，埋深较大；盆地东北部基底埋深大，基底凹陷占主导地位。盆地中部北东向条带结构特征明显，埋深浅，威远地区主要是弱磁性花岗岩区，反演有一定误差。东部盆地基底块状结构特征明显。磁性基底深度表明，现今的盆地基底主要显示为 NE 走向隆坳相间的排列格局。

5. 深层—超深层构造综合解释

结合岩石物性分析，四川盆地地区磁性基底与前震旦系底界相当。该地区地震资料对浅层结构具有良好的揭示，结合地震资料可对该地区深层—超深层构造特征及深部地层进行综合分析与解释。利用磁性基底与地震资料获得的震旦系埋深可以计算前震旦系地层的残余厚度特征［图 6-5-8（b）］。从该结果可以看出，四川盆地地区前震旦系分布不均匀，整体呈现带状和团块状特征。其中邛崃—成都—三台—阆中一带有一定厚度，平均 2km 以上。高磁异常带（眉山—简阳、西充—南部）则分布一个薄层，局部缺失。威远—资阳一带局部缺失。广安—开江一带前震旦系厚度较大，是研究区残余厚度最大的区域。合江、重庆、石柱等地有一定的残余地层厚度。残余厚度分布也为深层—超深层油气有利区带分析提供参考依据。

另一方面，基底构造及其性质对深层—超深层构造背景具有重要的研究意义，结合以上成果对四川盆地深部基底性质开展综合分析。四川盆地的基底是上扬子克拉通板块的一部分，对于基底岩性分区，前人普遍将其分为川西、川中、川东三大基底岩性区。结合地震资料、MT 资料、钻遇基底的钻井资料、视磁化率计算结果等，划分了盆地基底的岩性。从整体上划分为 3 个岩性区，局部范围的高磁带和低磁区块进行了细分，主体上川西区划分为黄水河群：代表了一类沉积变质，显示为大面积的弱磁特征。在龙门山褶皱带上分布黄水河群，康滇地轴上分布昆阳群、会理群，由碎屑岩、碳酸盐岩及火山喷发岩组成，在晋宁运动后受挤压形成褶皱带；川中地区划分为康定群：为一套中、基性火山岩组成的深变质岩和基性—超基性岩侵入体，具备强磁特性；川东地区划分为板溪群：复理石弱变质的板岩，平缓的弱磁特征。

其中的岩性分布表现为：（1）中基性杂岩，分布于彭县—德阳—绵阳一带，具备中强磁性。根据四川省地质志（以下简称“地质志”）所述，彭灌杂岩分布于安县、汶川、彭县、灌县（现为都江堰市）一带，主要是一套混合岩化的变质岩和混合岩。其原岩是基性、中基性火山岩，夹碳酸盐岩和碎屑岩。彭灌杂岩更多地保留了原岩特征，混合岩化程度偏低。（2）中基性火山岩，主要分布于两个区块，简阳—乐至以北一带，垫江—石柱一带，具备高磁性特征。（3）基（超基）性火山岩：主要分布于西充—南部—仪陇一带，具备强磁性特征。（4）花岗侵入岩：主要分布于威远—资中—内江一带，典型的弱磁异常带。本区具有明显的低磁化率特征。从已有地震资料上可以看出，威远震旦系以下存在大面积的花岗岩侵入。同时，该区的几口钻遇基底的钻井的岩心资料显示，钻遇的基岩分别是花岗岩 / 花岗闪长岩、花岗岩夹薄层辉绿岩、黑云母石英闪长岩。

因此，根据研究区重磁反演及综合解释，四川盆地及周缘基底结构主要分为 3 个部分（图 6-5-9），分别为川东基底区、川中基底区和川西基底区。其中川西基底区主体位于龙门山断裂带与汉源—绥江—筠连—威信断裂之间，基底以黄水河群为主，由碎屑岩、碳酸盐岩及火山喷发岩组成，在晋宁运动后受挤压形成褶皱带；在彭县—德阳—绵阳一

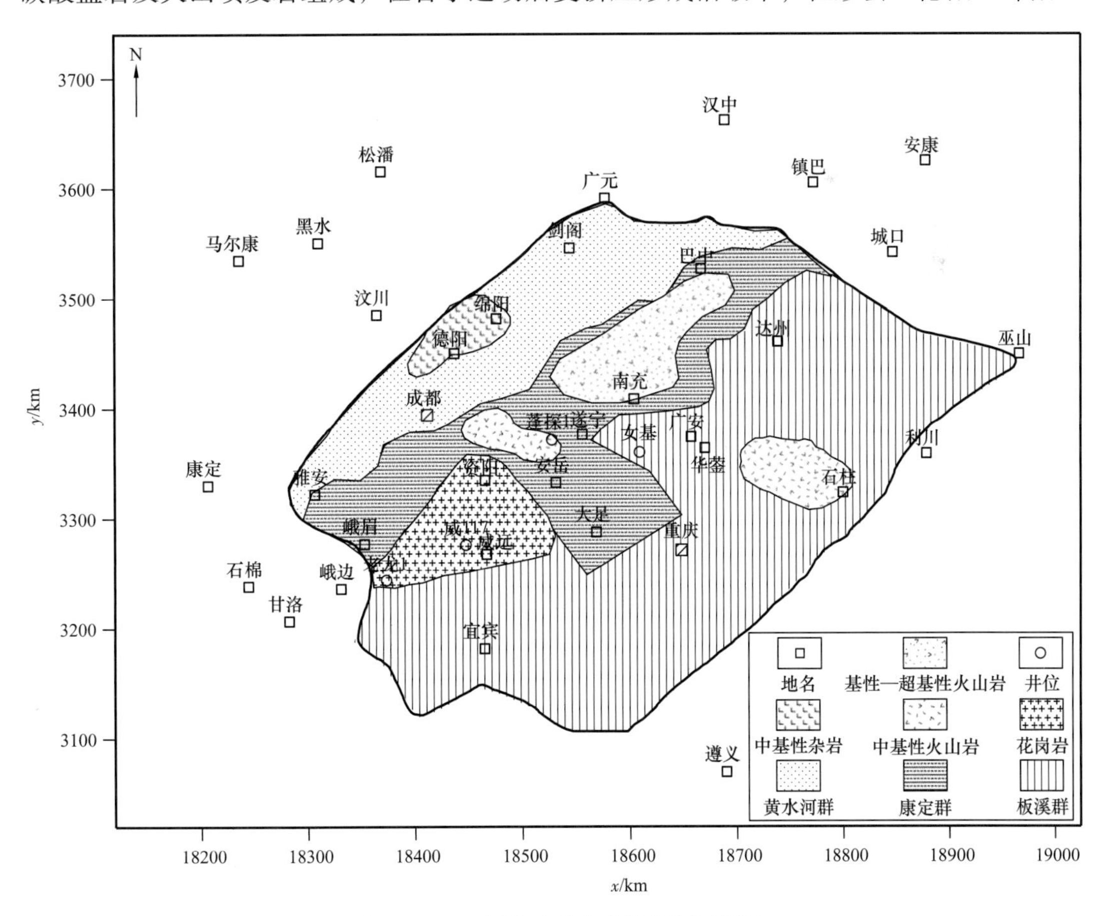

图 6-5-9 四川盆地基底岩性推测区划图

带为中基性杂岩，主体是一套混合岩化的变质岩和混合岩；川中基底区主体位于汉源—绥江—筠连—威信断裂与华蓥山断裂带之间，基底以康定群为主，表现为强磁性，为一套中、基性火山岩组成的深变质岩，发育基性火山岩，对应该地区北东向高磁异常带；川西基底区主体为华蓥山断裂带与齐岳山断裂之间的区域，基底以板溪群为主，在石柱局部区域为中基性火山岩区。

第七章　中国含油气盆地深层油气分布与资源评价

油气资源评价是确定油气勘探方向，制定勘探规划部署方案的重要基础，也是一项长期性的基础研究课题（郭秋麟等，2016）。而深层—超深层正在成为未来油气勘探的主要方向与重要接替领域，需要系统性获取深层油气地质认识，研究油气资源分布与富集规律，明确中国深层油气资源潜力与资源分布，进一步明确深层—超深层领域油气勘探方向与勘探领域，为中国“十四五”及中长远油气勘探战略规划编制提供科学依据。

第一节　深层油气资源评价方法与技术

与中浅层相比，油气地质条件有特殊性：深层资源气多油少，成烃、成藏历史复杂；储层成因复杂，多期成岩叠加，储层总体致密；高温高压、流体相态及分布关系复杂。一些制约油气基础机理问题悬而未决，主要有：（1）生烃方面，有机质成熟度高，烃源岩生烃潜力、油气资源规模难评价；（2）储层方面，经历多期成岩改造，储层非均质性强，规模储层保存机制、分布规律认识不清，预测难度大；（3）成藏方面，油气多期充注、多期调整改造，油气分布规律认识不清，油气分布预测难。因此也在评价技术方法上体现出一些难点，亟待开展科研攻关。现有的油气资源评价方法和技术大多数基本上都是针对中浅层而设计的，不能直接用于深层—超深层领域油气资源评价，存在诸多不适应、不适用、不客观性。

一、现有方法的不适用性

统计法的基本原理是基于大量油气藏数据和大量油气勘探发现数据进行趋势统计或数学模型拟合，然后进行油气发现过程或储量增长过程的预测，并最终确定油气资源总量的一种梳理统计预测方法（Attanasi D et al.，2002；郭秋麟等，2015）。目前，统计法主要包括油气藏发现过程模型法、油气藏规模序列法、广义帕莱托分布法、发现率趋势、勘探效益分析法和老油田储量增长预测法等方法（Carvajal-Ortiz H et al.，2015；郭秋麟等，2019b）。

以上方法采用的勘探数据基本来自中浅层，只有少量来自深层勘探成果。因此，存在两方面不足：（1）已有的统计模型不一定适用于深层；（2）深层发现油气较少，基于单一评价单元的数据难以建立具有统计意义的数学模型。

基于刻度区解剖的油气资源丰度类比法在中国石油第三次和第四次油气资源评价中发挥着重要的作用。2003 年，中国石油第三次油气资源评价建立了 123 个类比刻度区库；

2013 年至2016 年，中国石油第四次油气资源评价完善和新建立共 218 个刻度区，包括国内 190 个和国外 28 个。这些刻度区除了少量属于深层领域外（位于塔里木盆地等），其他的刻度区基本上属于中浅层领域，因此多数不能直接用于深层油气资源评价。

不能直接采用中浅层刻度区的原因是深层与中浅层的油气主控因素存在差别，具体表现为：（1）对于深层烃源岩条件，存在高温、高压、烃源岩高演化特点；（2）对于深层储层条件，裂缝发育程度和有效储层体积占比，是重要的评价指标；（3）对于深层盖层条件，总体比中浅层好；（4）对于深层匹配条件，侧向输导体系、侧向运移距离较重要。

成因法是一种特殊的基于体积估算资源量的评价方法，也有人称之为体积生成法或地球化学物质平衡法，即通过对烃源岩中烃类的生成量、排出量和吸附量、运移量及散失损耗量等计算，确定油气藏中的油气聚集量。它的准确性和可靠性主要依赖对生烃、运移和聚集等主要石油地质问题的全面理解及对地球化学参数的正确选取。

影响对深层地质问题的认识及评价参数正确取值的因素包括：（1）深层数据较少、烃源岩处于高温、高压、高演化阶段，生烃实验数据较少，而且数据的可靠程度相对较低；（2）油气运移和聚集过程复杂，油气藏往往经历更长的地质时期，易受到破坏然后再多次成藏；（3）现有的产烃率模板在高演化阶段数据点较少，可信程度较差；（4）根据生烃总量，按运聚系数换算资源量时，由于深层的油气运聚系数变化范围更大，取值难度更大。

二、深层油气资源评价方法

为进一步在深层油气资源评价工作中提高适应性和针对性，在深层油气资源评价方法体系上开展了大量工作，包括成因法、类比法和统计法等基本方法和综合评价方法，涉及常规与非常规油气资源评价对象，基本能够满足深层油气资源评价的需求，并研发了具有完全自主知识产权的“深层油气资源评价软件系统”。

深层油气资源评价具有以下特点：（1）统计数据来自深层的油气藏；（2）刻度区选自深层已知探区；（3）地质成藏研究，考虑高温、高压等深层特征；（4）生烃潜力研究，突出高演化、过成熟等特点；（5）产烃率分析测试，强调开放系统与封闭系统联合使用；（6）生气量计算，区分干酪根直接产气与裂解气；裂解气计算，区分古油藏裂解气和分散石油裂解气等。针对深层特点，建立了基于深层刻度区解剖的资源丰度类比法、突出高演化特点的成因法和以统计为主的综合评价法等常规油气资源评价方法；非常规油气评价方法主要增加致密油气混相小面元法。

建立的深层常规油气资源评价方法有6种，非常规油气资源评价方法有4种（表7-1-1）。

1. 基于深层刻度区解剖的资源丰度类比法

基于本节之前提及的 218 个刻度区的解剖成果，中国石油第四次油气资源评价建立了类比评价标准。本次资源评价新建立 40 多个深层油气刻度区。深层刻度区的建立为深层油气资源类比评价奠定了基础。

表 7-1-1　深层常规与非常规油气资源评价方法体系一览表

资源类型	方法（大类）	方法数量（种）	评价方法	评价对象
常规油气	类比法	6	（1）基于深层刻度区解剖的资源丰度类比法	石油、天然气
	成因法		（2）突出高演化特点的成因法 （3）基于输导体系网格系统的油气运聚模拟技术	
	统计法		（4）以统计为主的综合评价法 （5）蒙特卡洛方法	
	综合法		（6）油气资源空间分布预测技术	
非常规油气	成因法	4	（1）致密油气混相小面元法	致密油、页岩油 致密砂岩气
	类比法		（2）资源丰度类比法	致密油 致密砂岩气 页岩油、页岩气
	统计法		（3）快速评价法 （4）蒙特卡洛方法	致密油 致密砂岩气 页岩油、页岩气

考虑到之前既有刻度区主要来自中浅层领域，对深层高温、高压、高演化、多期成藏的复杂地质条件不太适用，因此需要修改并形成新的类比评价标准。关键技术主要有两部分，一是深层油气成藏主控因素（参数体系）的确定；二是深层油气资源丰度类比评价标准的建立。

深层烃源岩条件与中浅层相比，主要区别有：（1）高温、高压、烃源岩高演化；（2）深层数据较少，评价参数需要简化；（3）成熟度 R_o 偏高，有机质丰度 TOC 偏小，标准需要修改。根据以上特点，将原来（中浅层）11 项参数体系简化为 5 项，即烃源岩厚度、有机碳含量、有机质类型、成熟度 R_o 和烃源面积系数。其中，烃源面积系数代替原来的供烃面积系数，相应地修改了 R_o 和 TOC 的评价标准。

深层储层条件与中浅层相比，主要问题是：未考虑裂缝的作用，也缺少描述有效储层体量的参数。根据以上特点，将原来（中浅层）5 项参数保留 3 项，删除 2 项，补充 2 项，即裂缝发育程度和储层面积系数。相应地修改了储层孔隙度的评价标准。

深层盖层条件与中浅层相比，主要问题是未考虑是否超压地层和盖层以上不整合运动次数的影响。因此，将原来（中浅层）3 项参数扩充为 5 项参数，补充了地层压力系数和不整合个数 2 项参数。相应地修改了盖层厚度的评价标准。

深层圈闭条件与中浅层相比，没有显著的差异，因此保留原来的 3 个参数。

深层匹配条件与中浅层相比，主要问题是：未考虑侧向输导体系、侧向运移距离情况。因此，将原来（中浅层）2 项参数扩充为 4 项参数，补充了侧向输导体系和侧向运移距离 2 项参数。

在方法流程上，如果某一评价区（预测区）和某一高勘探程度区（刻度区）有类似的成油气地质条件，那么它们的油气资源丰度也具有可比性。资源丰度类比法（也称地质类比法），是一种通过对比已知区（如刻度区）地质条件，估算未知区地质资源量的方法。选择合适的类比刻度区是类比评价的关键。刻度区是类比参照标准的地质单元，是指以相似地质单元的地质类比和资源评价参数研究为主要目的而进行系统解剖研究的地质单元。

根据类比评价标准，将刻度区成藏地质条件分 5 类（烃源岩条件、储层条件、盖层与保存条件、圈闭条件、配套条件）22 小项参数逐一进行评估与定量评价，并按 5 大成藏条件的风险概率计算方法得到刻度区的地质评价值（Risk–cal）。

在完成刻度区与评价区地质评价的基础上，计算相似系数的过程如下。

（1）确定参数权重：

依次确定各大类（烃源岩条件、储层条件、盖层与保存条件、圈闭条件、配套条件）内部小项参数的权重。例如：烃源岩条件的 5 项参数，分别赋予 0.2、0.3、0.1、0.2、0.2；圈闭条件 3 项参数，分别赋予 0.2、0.4、0.4。各项参数权重值可根据实际情况适当修改。

（2）计算相似系数：

计算公式如下：

$$\alpha = \text{Risk–obj}/\text{Risk–cal} \tag{7–1–1}$$

式中 α——评价区与刻度区的相似系数；

Risk–obj——评价区地质条件评价值；

Risk–cal——刻度区地质条件评价值。

2. 突出高演化特点的成因法

深层成因法与中浅层相比，最大的差别在于深层数据较少，烃源岩处于高温、高压、高演化阶段。由于评价区数据较少，需要通过大范围的统计来建立深层烃源岩高演化的生烃潜力模板，编制烃源岩评价的关键参数曲线（Peters K E et al.，2016；郭秋麟等，2019a），然后再根据模板和曲线确定所需的评价参数。成因法计算油气资源量的基本原理是，根据统计数据和研究经验估算油气运聚系数，根据干酪根生烃机理计算生油气量，然后将二者相乘得到油气聚集量。由于油气运聚系数的统计（或计算）是来自油气地质资源量（商业聚集量），因此这里用“油气运聚系数”计算得出的聚集量等价于商业聚集量，即相当于地质资源量。

利用突出高演化特点的成因法，有效解决了高熟条件下烃源岩生烃潜量评价问题，建立了针对高熟烃源岩的生烃模型，包含碳恢复系数、有机碳下限、转化率、产烃率、降解率和原始有机孔等重要曲线图版，提出了基于成因机制的资源量计算方法，为认识深层油气资源规模提供了科学途径：

1）石油聚集量计算

在深层，多数烃源岩生油后经历过高温。在高温下，多数石油会发生裂解并转化为天然气。因此，除了在干酪根不断生成石油使石油量不断变多之外，石油发生裂解却让石油量不断减少。也就是说，在地质历史过程中液态烃（石油）量是在不断变化的。

生油量计算公式如下：

$$M_{oil}=10^{-7}\times S\times h\times\rho\times \mathrm{TOC}\times C_f\times Y_{oil} \tag{7-1-2}$$

式中　M_{oil}——生油量，10^8t；

S——生油岩面积，km^2；

h——生油岩厚度，m；

ρ——生油岩密度，t/m^3；

TOC——生油岩中有机碳含量百分比，%；

C_f——有机碳恢复系数；

Y_{oil}——产油率，mg/g。

石油资源量计算公式如下：

$$Q_{oil}=M_{oil}\times f_{运聚} \tag{7-1-3}$$

式中　Q_{oil}——石油资源量（聚集量），10^8t；

M_{oil}——生油量，10^8t；

$f_{运聚}$——石油运聚系数。

2）天然气聚集量计算

天然气与石油相比，聚集量计算更加复杂。因为深层天然气来源至少有 3 种，即干酪根降解气、古油藏裂解气和分散石油裂解气。

生气量计算公式如下：

$$G_{open}=10^{-4}\times S\times h\times\rho\times \mathrm{TOC}\times C_f\times Y_{open} \tag{7-1-4}$$

$$G_{close}=10^{-4}\times S\times h\times\rho\times \mathrm{TOC}\times C_f\times Y_{close} \tag{7-1-5}$$

式中　G_{open}——开放体系下的生气量，10^8m^3；

G_{close}——封闭体系下的生气量，10^8m^3；

S——生气源岩面积，km^2；

h——生气源岩厚度，m；

ρ——生气源岩密度，t/m^3；

TOC——生气源岩中有机碳含量百分比，%；

C_f——有机碳恢复系数；

Y_{open}、Y_{close}——分别为开放体系下和封闭体系下的产气率，m^3/t。

天然气资源量计算——直接计算法，聚集量计算公式如下：

$$Q_{gas}=G_{close}\times k_{gas} \tag{7-1-6}$$

式中　Q_{gas}——天然气资源量（聚集量），10^8m^3；

G_{close}——封闭体系下的生气量，10^8m^3；

k_{gas}——天然气运聚系数。

天然气资源量计算——分类计算法，是指将古油藏裂解气与其他气分开计算的一种方法，适用于对古油藏比较了解的条件。

古油藏裂解气量的计算公式如下：

$$G_{paleo}=（G_{close}-G_{open}）\times p \quad （7-1-7）$$

式中 G_{paleo}——古油藏裂解气量，10^8m^3；

p——古油藏裂解气占总裂解气的百分比。

天然气聚集量计算公式如下：

$$Q_{gas}=G_{paleo}\times k_{paleo}+（G_{close}-G_{paleo}）\times k_{gas} \quad （7-1-8）$$

式中 Q_{gas}——天然气资源量（聚集量），10^8m^3；

k_{paleo}——古油藏裂解气的运聚系数；

k_{gas}——其他天然气的运聚系数。

3. 以统计为主的综合评价方法

根据评价方法的特点，制定了以储量丰度计算为主，有效圈闭面积及含油气面积等类比评价为辅的技术路线，并以此构建了一种深层油气资源评价新方法，其技术要素主要包括：（1）通过类比估算评价区的圈闭面积；（2）通过类比估算圈闭成藏的风险；（3）计算有效圈闭面积，即可成藏的圈闭面积；（4）根据评价区的7个地质要素，进行类比评价和统计分析，获得储量丰度；（5）计算评价区的地质资源量。新方法综合了统计法和类比法的特点，既解决了刻度区不足的问题，又解决了评价区的油气藏数据满足不了统计要求的难题，能更好地适应中国现阶段深层勘探的现状。应用案例示范了新方法的使用流程，展示了新方法的评价结果，验证了新方法的适用性和有效性。方法的提出对深层油气资源潜力的评价可起到积极推动作用。

核心步骤包括5步，具体如下：

（1）建立资源评价刻度区数据库：通过类比确定评价区的圈闭面积系数（按层统计并累加，故也称层圈闭面积系数），并计算圈闭总面积或层圈闭面积。

（2）计算评价区的圈闭成藏风险：基于各油田历年钻探成功率数据通过类比确定圈闭钻探的成功率，并计算有效圈闭总面积，即成藏圈闭的总面积。

（3）分析含油气面积：通过类比确定成藏圈闭的平均含油气面积系数，并计算总含油气面积。

（4）明确地质要素关系：基于已知油藏的统计数据，建立油气探明储量丰度与储层岩性、有效储层厚度、有效孔隙度、含气饱和度、埋深、圈闭类型和所属盆地7个地质要素的关系。

（5）获取资源评价结果：根据评价区的7个地质要素，开展类比评价和统计分析，获得储量丰度（或资源丰度），并计算评价区的地质资源量。

关键参数包括圈闭面积系数、圈闭成藏风险（或圈闭钻探成功率）、有效圈闭的含油气面积系数等。层圈闭面积计算方法有2种：

一是根据刻度区数据库的圈闭面积系数计算，其公式为

$$A_{trap}=A_{total}\cdot f_{trap} \quad （7-1-9）$$

二是根据类比相似区的圈闭个数和平均圈闭面积估算，其公式为

$$A_{trap}=A_{av} \cdot k_{trap} \tag{7-1-10}$$

有效圈闭（或成藏圈闭）面积的计算公式为

$$A_{trap\_hc}=A_{trap} \cdot P_{risk} \tag{7-1-11}$$

含油气面积的计算公式为

$$A_{hc}=A_{trap\_hc} \cdot f_{hc} \tag{7-1-12}$$

地质资源量的计算公式为

$$Q=A_{hc} \cdot E \tag{7-1-13}$$

三、深层油气资源评价软件系统

深层油气勘探程度较低，油气资源评价认识不够深入，深层油气资源评价软件系统还未定型。因此评价深层油气资源潜力、规模及分布等，存在较大技术难度。为了高效准确地开展评价，在研究中新开发了“深层油气资源评价软件系统 DeepRAS”工作平台及特色配套技术，其中“深层油气资源评价软件系统 DeepRAS v1.0”是基于现阶段深层地质认识和资源评价方法的成果形成的，包括成因法、类比法和统计法等基本方法和综合评价方法，评价对象涉及常规与非常规油气资源。深层油气资源评价软件系统 DeepRAS v1.0 已登记软件著作权并推广到各油田公司。目前，已完成 DeepRAS v2.0 软件研发并登记了软件著作权，以进一步满足深层油气资源评价的主要需求。

1. 深层油气资源评价软件系统整体构架

深层油气资源评价系统由深层常规油气资源评价和非常规油气资源评价两大部分构成（图 7-1-1）。其中，深层常规油气资源评价部分包括资源丰度类比法、多因素综合评价法、成因法和蒙特卡洛法 4 个子系统；非常规油气资源评价部分包括致密油气混相小面元法、资源丰度类比法和快速评价法 3 个子系统。

2. 深层油气资源评价软件系统主要功能

深层油气资源评价系统（DeepRAS v2.0），包含系统自带的功能模块，还有一些未集成进来的模块。未集成的模块分布在“HyRAS”和“BASIMS”两个大型软件中，如果需要使用，可以直接启动这两个软件系统。目前 DeepRAS v2.0 中主要功能模块有“资源丰度类比法”“多因素综合评价法”“成因法”“蒙特卡洛法”和“致密油气混相小面元法”5 大块。

1）资源丰度类比法（常规油气）评价子系统功能

用于评价深层常规石油和天然气资源，包括类比标准定义、刻度区参数评估、评价区参数评估、类比计算等 8 个软件模块，能够完成地质类比参数分级标准确定、刻度区类比参数评估与打分、评价区类比参数评估与打分、刻度区查询、数据提取，类比计算、结果显示等主要功能（表 7-1-2、图 7-1-2）。

图 7-1-1 深层油气资源评价软件系统结构图

表 7-1-2 资源丰度类比法（常规油气）评价模块及功能

软件模块	主要功能特点
工区管理	新建工程、选择工程、工程管理
数据输入	评价区、刻度区数据输入
类比标准定义	地质类比参数分级标准确定
刻度区参数评估	刻度区类比参数评估
评价区参数评估	评价区类比参数评估
类比计算	刻度区查询、数据提取，类比计算、结果显示
数据库管理	评价区、刻度区数据库的管理
公共模块	分布算法等共用算法函数

2）多因素综合评价法评价子系统功能

用于评价深层常规石油和天然气资源，特点是基于大量统计数据，为用户提供大量类比数据资料。基于中国含油气盆地中超过3500m深的834个油藏和368个气藏的数据，统计确定影响储量丰度的7种主要因素——盆地特性、圈闭类型、储层岩性、孔隙度、含油气饱和度、储层厚度和埋深，提出一种统计与类比相结合的深层油气资源综合评价方法，包括：（1）建立计算资源丰度的多因素类比模型和多项式拟合模型；（2）基于中国石油资源评价刻度区数据库和中国石油各探区历年探井钻探成功率数据资料，类比得到评价单元的圈闭面积系数、钻探成功率、有效圈闭面积和圈闭含油面积系数等关键参数，并估算出评价单元的含油面积。新方法既解决了资源丰度类比法存在的刻度区不足问题，也解决了统计法存在的评价单元油气藏资料不足的难题（图7-1-3）。

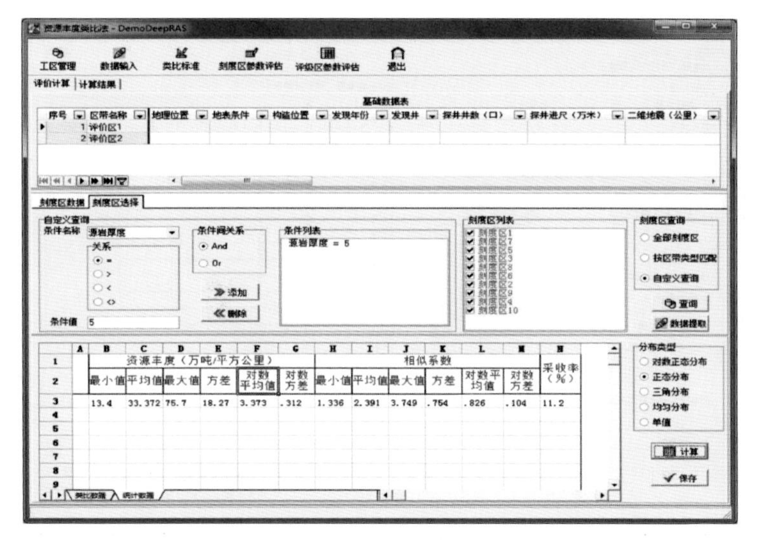

图 7-1-2　资源丰度类比法（常规油气）评价子系统图

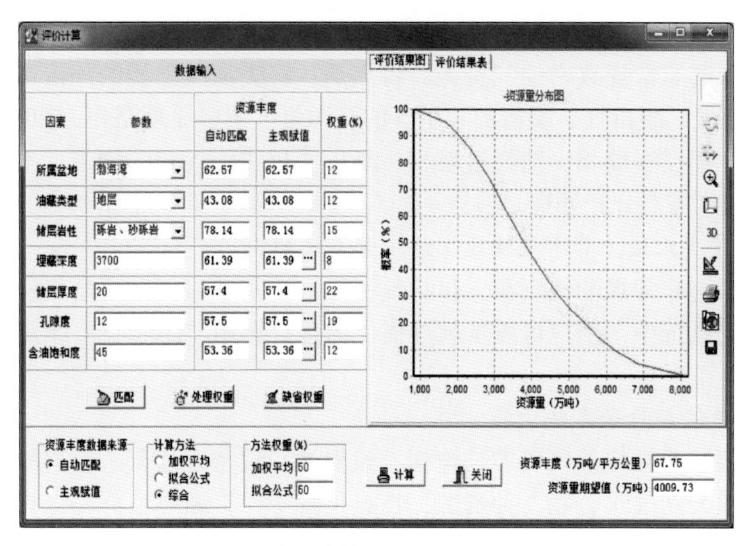

图 7-1-3　多因素综合评价法评价子系统图

3）成因法评价子系统功能

用于评价深层常规石油和天然气资源，特点是：生气量的计算，区分干酪根直接产气与裂解气；裂解气的计算，区分古油藏裂解气和分散石油裂解气等。由于油气运聚系数的统计（或计算）是来自油气地质资源量（商业聚集量），因此这里用“油气运聚系数”计算得出的聚集量等价于商业聚集量，即相当于地质资源量（一般情况下是指在现有技术条件下未来30年内能够开采出来的地质资源量）（图 7-1-4）。

4）蒙特卡洛法评价子系统功能

用于评价深层常规石油、天然气和凝析油、凝析气资源，特点是：将凝析油、凝析气资源单独分开计算。主要原理是评价参数采用蒙特卡洛法随机抽样，得到随机分布的资源量。

图 7-1-4　成因法评价子系统图

5）致密油气混相小面元法评价子系统功能

用于评价深层非常规致密油气资源，特点是：解决油气混相的评价难题，能分别计算出石油、天然气、凝析气、凝析油和干气的资源量。主要原理是在 3500m 以下的深层，油气类型复杂，存在石油相、油气过渡相、凝析气相和干气相的相带。不同相带资源量的计算参数不同，需要分开处理。

6）资源丰度类比法（非常规油气）评价子系统功能

用于评价深层非常规油气资源，包括致密油、致密砂岩气和页岩气资源评价，该模块暂时没集成到系统中，用户可以从软件提供的接口调用“HyRAS”系统中相应的软件模块。

7）快速评价法评价子系统功能

用于评价深层非常规油气资源，包括：致密油、致密砂岩气、页岩气、煤层气、油砂矿、油页岩和天然气水合物 7 种资源，特点是将 7 种资源单独分开计算。主要原理是评价参数采用蒙特卡洛法随机抽样，得到随机分布的资源量。

四、深层油气资源经济评价方法、标准与案例

深层油气资源由于具有勘探开发技术难度大、投资规模大、风险高的特点，在经济评价中应对风险的考量体现更充分，将风险理念贯穿于深层油气资源评价的全过程。本节从风险等级出发，分别建立了适用于低勘探区的“基于多指标综合评分的资源经济性评价法”（以下简称“多指标法”）和适用于高勘探区的“基于蒙特卡洛模拟的贴现现金流模型”。由于目前深层油气勘探领域以低勘探程度为主，因此，在评价工作思路选择上以多指标法为主。

1. 多指标法内涵与标准

综合采用文献研究法和德尔菲法，初步构建深层油气田多指标综合评价指标体系，

由 4 个一级指标，12 个二级指标和 38 个三级指标组成。借助 SPSS20 统计分析软件，选择主成分分析法提取的公因子，同时也可利用碎石图辅助确定公因子的数量。公因子累计解释程度最好超过 80%，实际操作中只需要确保累计解释程度不低于 50% 即可。七个公因子分别是：技术可采储量、圈闭类型、岩性、地形地貌、直井单井产能、井深、技术进步，分别反映地质、地面、技术、单井等因素的影响。根据筛选的关键指标，构建评价体系，通过德尔菲法及模糊层次评价法求出其权重，建立经济评价参数标准（表 7–1–3）。

表 7–1–3　各指标的经济评价参数标准

指标	权重	指标分级标准			
		75～100	50～75	25～50	0～25
技术可采储量 / 10^6t 油当量	0.3032	＞20	2～20	0.2～2	＜0.2
圈闭类型	0.1472	背斜	断背斜，断块	地层	岩性
岩性	0.0836	膏盐岩、泥膏盐	厚泥岩	泥岩	脆泥岩、泥质砂岩
地形地貌	0.0922	平原（相对高差＜100m）	丘陵、低山盆地或平坝（100m＜相对高差＜200m）	高山盆地或平坝（200m＜相对高差＜300m）	戈壁、沙漠、岩溶地貌（相对高差＞300m）
直井单井产能 / t/d	0.1837	＞30	20～30	20～10	＜10
井深 /m	0.1381	＜3500	3500～4500	4500～5500	＞5500
技术进步	0.0520	总评在 3 年内形成的成熟技术	总评在 3～5 年形成的成熟技术	总评在 5～8 年形成的成熟技术	总评在 8～10 年形成的成熟技术

其次，求出拟合方程。依据该经济评价参数标准，利用给定的高勘探区经济数据求出项目净现值和经济得分的拟合方程为：$Y=413.2X-25135$，$R^2=0.968$。最后根据拟合方程求出净现值 y 为 0 时的经济得分，求出临界值的经济得分。计算低勘探程度区项目的预测净现值，从而将经济性等级分为：高经济区（$y>y_2$）、次经济区（$y_1<y<y_2$）及非经济区（$y<y_1$）。当 $Y=0$ 时，$X=60.83$，即净现值 y 为 0 时的得分为 60.83，当得分低于该值时，项目风险较大，不可行。新垦 4 井区净现值为负值概率较大，与多指标综合体系得分（57.83，小于临界值）结论一致，验证了指标体系的科学性（表 7–1–4）。

2. 多指标法应用案例

案例选取了 12 个低勘探区的深层油气田，通过对全国 12 个区块的相关数据进行测算，验证理论模型。

表 7-1-4 高勘探区项目的净现值及经济得分计算表

序号	油田名称	井深 / m	净现值 / 万元			标准偏差	变异系数	峰度	得分
			平均值	最大值	最小值				
1	滨海 48X1 井区	4328.1	6008.03	18828.09	2307.08	1655.76	0.2756	5.55	61.73
2	张 28X2 井区	4600	2349.55	11853.94	−1822.49	1259.78	0.5362	4.28	61.88
3	西南龙岗井区	6530	466088.77	1193840.08	−197623.58	187423.57	0.4021	2.89	71.59
4	轮西 1 井区	5900	3497.85	13191.26	−6433.39	2528.69	0.7229	2.88	60.97
5	新垦 4 井区	6996	−70696.09	359594.58	−544925.43	112998.92	−1.60	2.91	57.83

根据这些区块的技术可采储量、圈闭类型等相关指标数据，计算每个区块的综合经济评分，拟合求出每个区块的净现值，再通过建模与定级实例，得到多指标综合评价体系拟合图（图 7-1-5），并给出结论。

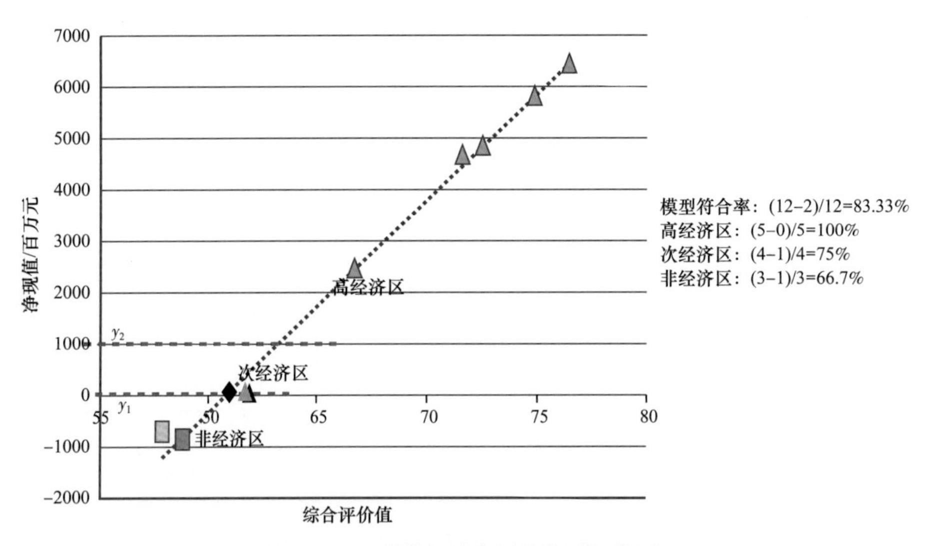

图 7-1-5 多指标综合评价体系拟合图

高经济区（$P>66$）：净现值大于 1000 百万元，有 5 个探明储量区；

次经济区（P 为 60～66）：净现值为 10 百万～1000 百万元，有 4 个探明储量区；

非经济区（$P<60$）：净现值小于 10 百万元，有 3 个探明储量区。

3. 基于蒙特卡洛模拟的贴现现金流量评价体系

高勘探程度区采用基于蒙特卡洛模拟的贴现现金流量评价体系。高勘探程度是指处于开发阶段，具有详细的开发方案部署，对资源量的把握程度较高的区块。

对于高勘探程度区，构建基于蒙特卡洛模拟的贴现现金流模型，相比于传统的贴现现金流量法，最大的区别在于输入变量（如油价）不再是确定的数值，而是某一种分布函数，由此得出的最终累计净现值也不再是确定的数值，而是与概率相对应的一系列数值，从而确定风险。基于蒙特卡洛的贴现现金流量模型依然符合传统模型的一般特征，只是在现金流入和现金流出的计算上有些不同。以 NPV 和 PI 为例的计算公式如下：

$$NPV=\sum_{t=1}^{n}\left\{[I_g+I_o-(E_m+E_f+C_o+T\&S)](1-T)+DT\right\}(1+r)^{-t} \tag{7-1-14}$$

PI 计算公式为

$$PI=\sum_{t=0}^{n}\frac{CI_t}{(1+r)^t}/\sum_{t=0}^{n}\frac{CO_t}{(1+r)^t} \tag{7-1-15}$$

式中 I_g——天然气销售收入分布；

I_o——石油销售收入分布；

E_m——管理费用；

E_f——财务费用；

C_o——操作成本分布；

$T\&S$——税金及附加分布；

T——所得税税率；

D——累计折旧分布；

r——基准贴现率；

PI——现值指数；

CI_t——第 t 年现金流入；

CO_t——第 t 年现金流出。

油气产量、油气销售价格、操作成本、建设投资（包括钻井成本和地面设施成本）及折现率等是影响油田开发项目经济效益的主要因素。投资、建设期、产量、价格、成本、项目寿命期、残值、折现率及外部汇率等是主要的不确定性因素。借鉴前人研究成果，将油气产量、油气价格、钻井成本、地面设施成本、操作成本等因素作为经济评价中的主要风险因素。风险因素分布函数及参数的确定优先采用历史数据拟合的方法，其次借鉴文献资料中预测模型并结合德尔菲法。根据案例中的油气价格、油气产量等分布函数，借助 Crystal ball 风险模拟软件，模拟 500000 次得出净现值累计概率分布图。

第二节　刻度区解剖与资源评价参数体系

随着中浅层油气资源探明与开发程度的不断提高，深层领域油气资源已经成为中国目前及未来油气工业上游可持续发展的重要方向（周世新等，1999）。对中国深层—超深层油气资源开展基于油气地质学、数据科学等多学科交叉的综合性科学评价，确保提高深层油气资源评价的一致性与客观性，是明确深层油气富集规律的重要理论与实证基础，对提高资源勘探开发成效具有重要意义，对国民经济和相关学科两个方面发展也具有重要价值。

一、不同岩性领域典型深层油气藏解剖思路与流程

基于研究需要，油气藏解剖目的多样化，为揭示成藏富集主控因素、阐明油气富集规律，解剖目的是直接服务于资源评价，通过解剖获取相关参数，以满足资源评价的需求。

典型深层油气藏解剖流程以静态刻画、动态模拟为思路，构建了“三模型一过程”的典型深层油气藏解剖流程，即由地质模型—储层模型—油气藏模型—成藏过程所组成，通过模型或过程的建立，输出（获取）资源评价关键参数与信息（包括基础地质评价参数和关键类比参数）（图 7-2-1）。

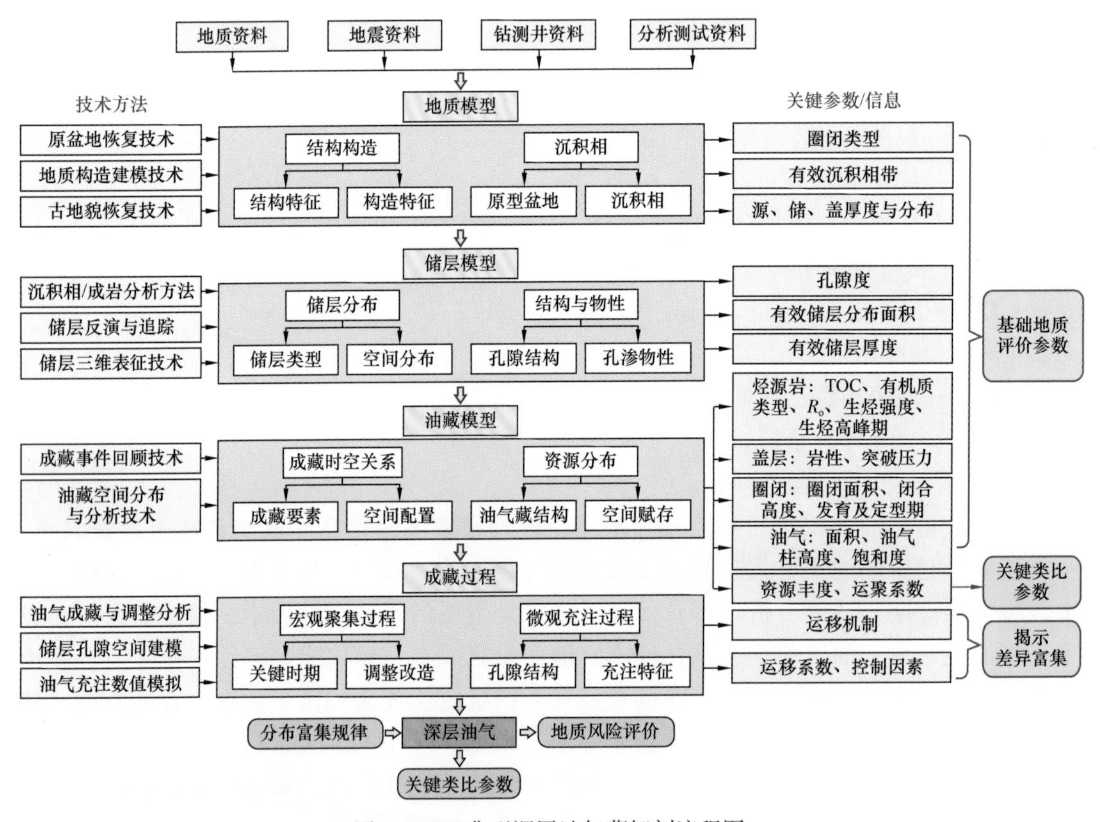

图 7-2-1　典型深层油气藏解剖流程图

二、不同岩性领域典型深层油气藏解剖

基于不同岩性领域典型深层油气藏解剖，获取基础地质评价参数和关键类比参数；建立深层典型油气藏基础资料库，为资源评价提供类比参照标准，对系统建立深层油气资源评价关键参数，认识深层油气资源潜力，制定深层油气资源发展战略，指导深层油气的勘探开发具有现实意义。

1. 碳酸盐岩油气藏——以四川盆地普光气藏为例

受控于古老海相克拉通盆地的发育，大量的深层油气藏均为碳酸盐岩油气藏，储

层类型丰富，如礁滩型、白云岩型、缝洞型、古岩溶型（赵文智等，2009；何治亮等，2016）。

以普光气藏为例，其位于川东断褶带东北段双石庙—普光NE向构造带上的一个鼻状构造内。普光构造带整体为与逆冲断层相关的NNE走向大型长轴断背斜型构造。气藏特征主要含气层段为下三叠统飞仙关组及上二叠统长兴组，储层厚度较大，储层类型为孔隙—裂缝型，气藏埋藏深度大，飞仙关组气藏中部埋深大于4980m，天然气成熟度高，H_2S含量高，为一常温、常压、高含H_2S气藏。

1）地质模型

早三叠世飞仙关组沉积期与晚二叠世长兴组沉积期为连续沉积，飞仙关组沉积期基本继承了长兴组沉积期沉积格局。与长兴组沉积期不同的是，由于飞仙关组沉积期开始发生海退，原深水海槽区逐渐被充填，至飞仙关组沉积中后期成为浅水碳酸盐岩沉积区，浅水台地相区则分化为碳酸盐岩蒸发台地和碳酸盐岩开阔台地。与长兴组沉积期有相同的情况是环绕海槽发育台地边缘斜坡相，但是该沉积时期台地边缘类型发生一些改变，北东侧依然为镶边台地，而南东侧，表现为缓坡台地边缘类型。

古构造上，海槽北缘受正断层控制，表现为较高角度斜坡，呈现为镶边台地，长兴组生物礁相沿台地边缘呈带状分布，生物礁类型为台缘礁、岸礁、点礁，礁体规模不大，但是厚度大。至三叠纪飞仙关组沉积期，海槽逐渐萎缩，台缘处发育礁滩相，其分布面积较为广泛。

2）储层模型

普光主体主要发育孔隙和裂缝两种储集空间类型（马永生等，2007），以孔隙为主，裂缝不发育。储层孔隙包括两种类型，一种是与溶蚀有关的溶孔、溶洞等，类型丰富，占绝对优势，溶孔中又以晶间溶孔和晶间溶蚀扩大孔、鲕模孔、粒内溶孔为主；另一种是与溶蚀无关的晶间孔。

普光气田由于台地边缘坡度陡，礁滩为垂向叠置沉积，基本未发生明显的侧向迁移。由于是礁滩储层，因此储层在空间上的分布受控于礁滩发育与分布，长兴组生物礁以垂向加积为主，侧向迁移为辅，可细分为横向并列式、横向迁移式、单个点礁式。生物礁形成过程中，固结不完全、抗浪能力差的造礁生物会形成面积较小、透镜状礁间滩，从而导致储层厚度空间分布的差异，通过对38口井储层的统计显示，有效储层厚度为214.0~609.5m。

飞仙关组白云岩中鲕粒白云岩、中—粗晶白云岩物性最好，是重要的两种岩石类型，平均孔隙度分别达到9.7%、8.37%，平均渗透率为1.83mD、11.06mD。

长兴组中以海绵礁白云岩、砾屑白云岩物性较好，平均孔隙度分别达到9.5%、9.55%，平均渗透率分别达到4.57mD、6.31mD；鲕粒白云岩、细粉晶白云岩尽管孔隙度较高，分别达到15.8%、9.74%，但渗透率却较低，反映储层孔隙之间连通性差。整体上，普光气藏孔隙度范围为2%～29%，平均为7.6%，渗透率主要为0.1～50mD。

3）气藏模型

普光地区海相烃源岩按岩性可分为泥质岩、碳酸盐岩和煤系3种；按发育层位可分为下寒武统（$€_1$）、下志留统（S_1）和二叠系（P）3套烃源岩。志留系烃源岩主要为其下统的盆地相黑色页岩和深灰色泥岩，烃源岩厚度变化在500～1000m之间，为川东北地区区域性烃源岩，剩余有机碳含量0.4%～3.85%。志留系、二叠系烃源岩分别于晚三叠世、中侏罗世早期达到生油高峰，于印支—早燕山早期形成最初的岩性油藏。志留系、二叠系烃源岩分别于中、晚侏罗世达到生气高峰。同时，在早燕山期埋深达到6300m左右时，其内部的原油开始热裂解，并一直持续到K_2（燕山晚期）。当其埋深达到大约8300m时，即地温达到近215℃的时候裂解完毕。

普光地区具有两套优质区域盖层：巨厚的陆相泥质岩与致密砂岩组合、中—下三叠统雷口坡组及嘉陵江组上部的膏盐类盖层，均具有较好的天然气封盖条件。普光气藏圈闭类型为构造—岩性复合圈闭，圈闭高度为490～800m，平均为645m。圈闭发育于中燕山期，定型于喜马拉雅期。

中侏罗世中晚期，志留系和二叠系烃源岩均已达到成熟阶段开始大量生油，第一期油充注，形成早期的岩性油藏；第二期是天然气充注期，主体从侏罗纪末期到早白垩纪末期，次要从早白垩世末期到晚白垩世中晚期，普光北东向构造定型，早期岩性油藏裂解成气原地充注和部分志留系、二叠系烃源岩干酪根裂解气混合充注；第三期属于天然气调整充注期，新近纪初北西向受大巴山构造控制的构造叠加，天然气调整充注成藏定位。

普光构造带整体表现为西南高北东低、西翼陡东翼缓的与逆冲断层有关的北北东走向的大型长轴断背斜型构造。普光气藏埋藏深度大，飞仙关组气藏中部埋深大于4980m，天然气成熟度高。普光构造西侧受北东向普光—东岳寨逆冲断层控制，北侧与东侧受构造线控制，南部受沉积相变带控制，是一受构造与相变线共同控制的构造—岩性复合型圈闭。即普光气藏整体受制于构造与礁滩储层。

4）成藏过程

将普光气藏成藏过程归纳为四个阶段：印支—燕山早期（T—J_{1-2}）古原生岩性油藏阶段；燕山中期（J_3—K_1）构造—岩性复合古气藏阶段；燕山晚期（K_2）构造—岩性复合气藏形成阶段；喜马拉雅期（R—Q）气藏调整改造定型阶段。通过CT扫描，建立起储层的微观孔缝结构，并将其数字化。结合天然气充注的压力，模拟天然气充注。模拟结果显示，天然气充注存在优势通道，在充注的过程中，同时向低势能区回注。

5）资源评价关键参数

基于以上气藏解剖，获取普光气藏的关键参数体系，包括孔隙度、含气面积、圈闭高度、储层厚度、含气饱和度等，计算出P50资源量为$8037.4\times10^8m^3$，地质资源丰度为$7.27\times10^8m^3/km^2$（表7-2-1）。

表7-2-1 四川盆地普光气田资源评价关键参数一览表

孔隙度/%	含气面积/km^2	圈闭高度/m	储层厚度/m	平均含气饱和度/%	探明地质储量/10^8m^3	地质储量丰度/$10^8m^3/km^2$	可采系数/%	地质资源丰度/$10^8m^3/km^2$
2.0～29.0（平均7.52）	126.58	490～800（平均645）	214～609.5	90.0	4121.73	32.56	73.9	7.27

2. 火山岩油气藏——以准噶尔盆地金龙 10 井区油气藏为例

金龙 10 井区位于准噶尔盆地西部隆起中拐凸起，东接玛湖凹陷、达巴松凸起，北邻克百断裂带，西接红车断裂带，南与盆 1 井西凹陷、沙湾凹陷相连。油气藏主体位于中拐凸起，主要受断裂控制，低部位受油水界面、气水界面控制。

1）地质模型

中拐凸起长约 80km，宽约 40km，面积约 3200km^2，总体形态为一个向东南倾的宽缓巨型鼻状构造。凸起北翼平缓，以斜坡向玛湖凹陷过渡；南翼由于受红 3 井东断裂的影响，导致了断裂两盘二叠系—三叠系发生明显的落差和侏罗系的挠曲（何登发等，2005）。控制凸起构造形态的边界断裂主要为逆断裂，断裂走向主要为近东西向和近南北向。金龙 10 井区块是在区域构造背景影响下，在石炭纪末期形成的古凸起，石炭系现今构造形态整体表现为轴部向东南倾的鼻状构造，西高东低，局部发育断鼻、断背斜。金龙 10 井区块石炭系主要发育两组断裂，一组断裂走向为近东西向，另一组断裂走向为近南北向。南北走向断裂切割东西走向断裂，将金龙 10 井区块石炭系分割形成多个断块圈闭。对火山岩岩相剖面和平面展布特征进行研究，剖面上岩相以溢流相和爆发相为主，油层主要发育在溢流相和爆发相。平面上以金龙 10 井和红 018 井为中心，分别发育爆发相，周边发育溢流相。

2）储层模型

金龙 10 井区块石炭系储层孔隙类型以溶孔和裂缝为主。从荧光薄片来看，储集空间无论是基质孔隙还是裂缝，均表现为含油的特征。金龙 10 井区块石炭系储层岩性主要为玄武安山岩和火山角砾岩，油层主要发育于溢流相和爆发相，非均质性较强；油层孔隙度 6.39%，渗透率 0.40mD，孔喉结构为偏细歪度细孔喉，储集空间主要为溶蚀孔和裂缝。

3）油气藏模型

中拐地区的主要烃源岩为石炭系和二叠系。下石炭统滴水泉组有机质丰度较高的地区在五彩湾、北三台地区，有机质类型主要为Ⅱ$_2$—Ⅲ型。下二叠统风城组（P_1f）及中二叠统下乌尔禾组（P_2w）为主力烃源岩层，风城组有机碳含量在 0.14%～32.35% 之间，平均为 2.91%，主要分布在 0.5%～1% 之间，属于较好的烃源岩。风城组烃源岩在三叠纪开始生油，侏罗纪大量生油，也生成少量天然气，早白垩世进入大量生气阶段，也生成少量石油。古近纪以来，以生成高成熟天然气为主，生油作用十分微弱。下乌尔禾组烃源岩主要生油期为侏罗纪—白垩纪，在白垩纪进入生烃高峰期，古近纪以后主要生气。发育 4 套稳定的区域盖层，中二叠统下乌尔禾组、上三叠统白碱滩组、下侏罗统三工河组及下白垩统吐谷鲁群。同时每套地层中发育了一些局部盖层。

石炭系与风城组烃源岩在三叠纪末期开始生油，形成三叠纪末期—早中侏罗世的第一次油气聚集。早白垩世的稳定沉降，二叠系烃源岩主体进入生油高峰，其内形成异常高压，孕育了早白垩世末期—晚白垩世的主要成藏期。新生代石炭系及二叠系烃源岩已进入高成熟—过成熟阶段，开始大量生气。喜马拉雅运动造成挠曲沉降与埋藏，导致天然气的重铸与油气藏的调整。

金龙10井区块位于中拐凸起石炭系南部古潜山，受断裂控制，形成断块油气藏，各油气藏高度为110～440m，其中金龙121井断块油藏高度最大，达440m，金龙125井断块气藏高度最小，为110m。受南北向断层及东西断层的联合作用，金龙10井区南东倾伏的鼻状构造被切割成多个断块，形成断块油气藏。以南北向的金龙15井西断层将金龙10井区分为两个构造带：西部的断凸带和东部的古隆带。

4）成藏过程

金龙10、金龙2油藏为3期幕式成藏，侧向垂向双向调整，油气成藏关键时期为三叠纪末期—侏罗纪初和早白垩世末期。

第一成藏期：早中侏罗世，风城组的成熟油气向金龙地区运移，于石炭系火山岩中聚集；

第二成藏期：白垩纪，二叠系下乌尔禾组生油岩进入生油高峰期，二叠系风城组烃源岩在晚白垩世时期进入生气高峰，近源侧向运移、垂向调整成藏；

第三成藏期：古近纪晚期—第四纪，昌吉凹陷急剧挠曲沉降，腹部地区向南掀斜，二叠系生成的天然气向上向北调整。

5）资源评价关键参数

基于气藏解剖，获取金龙10气藏关键参数，包括孔隙度、含油面积、圈闭高度等，计算出P50资源量为2764.72×10^4t，地质资源丰度为77.93×10^4t/km^2（表7-2-2）。

表7-2-2 准噶尔盆地中拐地区金龙10井油藏资源评价关键参数一览表

孔隙度/%	含油面积/km^2	圈闭高度/m	储层厚度/m	平均含油饱和度/%	P50资源量/10^4t	地质资源丰度/10^4t/km^2
4.5～15.9（平均6.39）	23.51	100～630（平均306.25）	214～609.5	54.62	2764.72	77.93

3. 碎屑岩油气藏——以塔里木盆地库车坳陷克深气藏为例

在深层碎屑岩中，选取典型油气藏为库车坳陷克深气藏，该气藏资料较为丰富，且位于山前冲断带，具有一定的典型性。

1）地质模型

克拉苏构造带是库车前陆盆地前陆冲断带的主体，位于拜城凹陷与北部单斜带之间（曾庆鲁等，2020）。该区油气成藏条件优越，发育优质储层、五套烃源岩、多条逆冲油源断层、成群成带的构造圈闭、优质的膏盐盖层，晚期大量生气并晚期成藏，储层主要分布在库姆格列木组底砾岩（$E_{1-2}km$）、巴什基奇克组（K_1bs）和巴西盖组（K_1bx），储层相对低孔低渗，油气藏类型从圈闭成因上看主要为构造型油气藏，主要是完整背斜型、断背斜型油气藏。在大北地区断裂破碎部位存在断块型油气藏，油气藏具有明显的边底水特征。从相态类型上，该区油气藏主要为干气藏，但含少量的凝析油。克拉苏构造带油气藏具有异常高压的特征，其中克拉区带压力系数达到2.0～2.21，克深区带的压力系数也达到1.54～1.83。

库车坳陷是发育于塔里木盆地北部南天山山前的中—新生代沉积坳陷，受南天山强烈隆升过程中产生的垂向剪切力与斜向挤压力双重作用，盆地内形成了一系列强烈变形冲断构造（傅彦等，1999；谢会文等，2012）。由于古近系盐岩层存在，冲断变形表现出明显的分层特征：盐上以盐岩层内滑脱形成的逆冲断层及相关褶皱构造为主，而盐下则表现为一系列切穿基底的逆冲断层和滑脱于中生界层内的逆冲叠瓦断层及其相关褶皱。

库车前陆冲断带深层呈“多层楼”构造样式，大型构造成排成带展布（赵政璋等，2011；蔚远江等，2019）。以克拉苏断层为界，可划分为北部克拉构造带与南部克拉苏深层构造带两个次级构造单元。克拉苏深层构造带构造样式主要表现为受克拉苏断层与拜城北断层共同夹持的楔形断块。受滑脱面的影响，楔形块体内发育一系列相同倾向的逆冲断层，其间夹持着背斜构造，构成逆冲叠瓦冲断构造。

中生代以来，库车前陆盆地总体呈现北山南盆的古地理格局，控制了沉积相带的展布。白垩系巴什基奇组由北向南依次为冲积扇、扇三角洲或辫状河三角洲、滨浅湖沉积体系。冲积扇及扇三角洲（或辫状河三角洲）垂向上表现为多期扇体间互叠置，横向上表现为多个扇体交互镶嵌，形成的冲积扇—扇三角洲（或辫状河三角洲）复合体直接进入湖盆，构成了白垩系规模巨大的砂体。其中扇三角洲（或辫状河三角洲）前缘相带分布最广，涵盖了库车前陆冲断带北部单斜带以南的广大地区。克拉苏构造带整体处于三角洲前缘近端相带，微相类型以水下分流河道、河口坝为主，其中水下分流河道微相占绝对优势。白垩系巴什基奇克组沉积横向稳定、砂体连续性好，泥岩薄且不连续，顶部被剥蚀，总体呈东厚西薄趋势，厚度41.5～361m，一般大于200m，砂地比70%左右。储层总体上表现出大面积连片分布特点。

2）储层模型

储层主要的孔隙组合为溶蚀孔—残余原生粒间孔，占储集空间总量的50%～90%，其次为微孔隙和构造缝。裂缝发育，多为高角度缝—高角度斜交缝、网状缝，其次为平行缝，以中缝、微细缝为主。

储层总体上表现出大面积连片分布的特点。优质储层平面上主要分布在主扇体水下分流河道的断裂带、构造背斜核部。深层主扇体部位有效储层厚度大，一般达60～200m，优质储层厚度一般为120～180m。

库车前陆冲断带深层储层孔隙度主要分布在6.0%～9.0%之间，渗透率主要为0.1～1.0mD，属于低孔低渗储层，但裂缝非常发育，改善了储层的渗滤性能。

3）油气藏模型

库车坳陷主要烃源岩为三叠系和侏罗系烃源岩，分布范围达1.2×10^4～$1.4\times10^4km^2$。三叠系—侏罗系烃源岩厚度800～1000m。烃源岩有机质类型以Ⅲ型为主。烃源岩有机质丰度较高，侏罗系泥质烃源岩TOC为0.40%～37.36%，三叠系泥质烃源岩TOC为0.4%～10.1%。库车坳陷烃源岩的成熟度也较高，侏罗系、三叠系烃源岩处于成熟—高成熟阶段外（王招明，2014）。

库车前陆盆地克拉苏构造带古近系膏盐岩、膏泥岩层基本覆盖全区，厚度较大，是该区大中型高压气田封盖和保存的关键条件。库车前陆冲断带深层呈“多层楼”构造样式，大型构造成排成带展布。冲断带盐下深层共发现33个大型构造圈闭，总面积1544km^2，平均单个圈闭面积47km^2，最大圈闭面积165km^2。

库车组沉积前，克深2构造的北部出现了逆冲断裂，逆冲作用不大。库车组沉积期（距今5.3Ma），盐下断裂形成，此时北部的克拉2断背斜初具规模，但是克深2出现了逆冲断层。库车组沉积末期（距今2.3Ma），克深2构造形成，背斜圈闭形成。库车组沉积期构造运动形成的盐下断裂是天然气运移的高效输导体系，天然气在强大的剩余压力差作用下，快速充注成藏。需要特别说明的是天然气快速充注成藏之前，无早期油充注，所以克深2大气田为晚期一次充注。从圈闭形成时间分析，克深2大气田的成藏时间晚于大北1大气田，大约在距今2.3Ma形成。

4）成藏过程

康村组沉积早中期：该时期坳陷呈北低南高的单斜，北部冲断带深层三叠系烃源岩已广泛进入生油阶段，而侏罗系煤系烃源岩基本上尚处于未熟—低熟阶段。因此该时期主要形成湖相油藏。此时，库车坳陷北部局部构造也开始形成雏形，盐下只发育1～2条油源断裂和极少量圈闭；膏盐岩盖层处于2000m左右，具有物性和压力封闭双重机制，缺少断裂破坏，盖层分布稳定，原油主要沿盐下砂体或不整合而向南斜坡运移，少量汇聚于北部冲断带古构造圈闭内。因此，该时期形成的油藏主要分布于库车坳陷的南北边缘地区。

康村组沉积晚期—库车组沉积早中期：库车坳陷三叠系—侏罗系烃源岩普遍达到成熟阶段，坳陷北部甚至达到高成熟演化阶段，因而该期排烃量较大，以形成凝析气藏为主，是库车油气系统凝析油气藏形成的主要时期。

库车组沉积晚期—西域组沉积期：普遍达到高—过成熟阶段，形成高成熟贫凝析油的凝析气藏（东部）和过成熟干气藏（中西部）为主。而库车组沉积中晚期以来，构造强烈挤压，形成大冲断带和盐下大量构造圈闭；同时，侏罗系烃源岩大规模生烃，地层推覆叠置使最大成熟中心位于大冲断带下部，达到高—过成熟的生干气阶段。气源断裂沟通气源层和储集体，高效强充注，形成多个大型气田。

5）资源评价关键参数

基于以上气藏解剖，获取克深气藏的关键参数体系，计算出P50资源量为30196.5×10^{8}m^3，地质资源丰度为6.32×10^{8}m^3/km^2（表7-2-3）。

表7-2-3　库车坳陷克深气藏资源评价关键参数一览表

孔隙度/%	含气面积/km^2	圈闭高度/m	储层厚度/m	平均含气饱和度/%	可采系数/%	运聚系数/%	P50资源量/10^{8}m^3	地质资源丰度/10^{8}m^3/km^2
6.0～8.0（平均6.79）	1544	200～696	60～120	52.41～82.95（平均67.82）	66.4	3.1	30196.45	6.32

三、分领域构建深层资源评价参数体系

研究将深层参数体系按岩性分为3类，其中针对碎屑岩，碎屑岩深层油气资源分布相对较广，其主要赋存于东部渤海湾盆地及塔里木盆地库车坳陷等地区，对应的成盆动

力类型既有会聚背景的前陆盆地背景，也有拉张背景下的断陷盆地。

1. 深层碎屑岩油气资源评价参数体系

在对评价参数开展深入分析的基础上，对于碎屑岩型深层油气资源，有效储层发育程度、保存条件与圈闭发育条件均是高资源丰度的重要影响因素。结合当前深层油气勘探实践，就储层厚度、盖层以上不整合个数两项参数的权重值进行了调整，将原圈闭条件中的评价参数由生储盖配置关系，优化为圈闭面积系数，提高了评价中的定量化程度，并继而建立了优化后的地质风险分级评价打分参考标准（表 7-2-4）。

表 7-2-4 碎屑岩型深层油气地质风险分级评价打分参考标准表

条件类型	参数名称	原权值	现权值	评价系数			
				4	3	2	1
烃源条件	烃源岩厚度 /m	0.3	0.3	＞1000	1000～500	500～250	＜250
	有机碳含量 /%	0.2	0.2	＞3	3～2	2～1	＜1
	有机质类型	0.1	0.1	Ⅰ型	Ⅱ$_1$—Ⅱ$_2$型	Ⅱ$_2$型	Ⅲ型
	成熟度 R_o/%	0.1	0.1	成熟	高熟	过熟	未熟
	供烃方式	0.03	0.03	汇聚流	平行流	发散流	线性流
	输导条件	0.02	0.02	储层 + 断层	储层	断层	不整合
	生烃强度 /（$10^4 t/km^2$）	0.25	0.25	＞1000	1000～500	500～250	＜250
储层条件	储层沉积相	0.4	0.25	河流三角洲	水下扇 湖底扇	河流	冲积扇
	储层厚度 /m	0.25	0.4	＞100	100～70	70～20	＜20
	储层孔隙度 /%	0.2	0.2	＞20	20～10	10～5	＜5
	储层埋深 /m 西部	0.15	0.15	4500～5000	5000～5500	5500～6000	＞6000
	储层埋深 /m 东部			3500～4000	4000～4500	4500～5000	＞5000
盖层条件	盖层厚度 /m	0.25	0.2	＞500	500～200	200～100	＜100
	盖层岩性	0.2	0.2	膏盐岩 泥膏岩	厚层泥岩	泥岩 砂质泥岩	脆泥岩 砂质泥岩 砂岩
	断裂破坏程度	0.25	0.2	无破坏	轻微破坏	中等破坏	严重破坏
	盖层以上不整合数	0.3	0.4	0	1～2	3～4	≥5
配套条件	圈闭面积系数 /% （生储盖配置关系）	1.0		＞40	40～30	30～10	＜10
				自生自储	下生上储	上生下储	异地生储

2. 深层碳酸盐岩油气资源评价参数体系

在对评价参数开展深入分析的基础上，对海相碳酸盐岩典型深层油气资源进行研究，研究认为烃源岩质量（类型）、生烃强度、储层厚度及圈闭发育条件对高资源丰度有重要影响；并就有机质类型、生烃强度、储层厚度 3 项参数的权重值进行了调整，同时将原圈闭条件中的评价参数由生储盖配置关系优化为圈闭面积系数，提高了评价中的定量化程度，并继而建立了优化后的地质风险分级评价打分参考标准（表 7-2-5）。

表 7-2-5　碳酸盐岩型深层油气地质风险分级评价打分参考标准表

条件类型	参数名称	原权值	现权值	评价系数			
				4	3	2	1
烃源条件	烃源岩厚度 /m	0.2	0.1	＞1000	1000～500	500～250	＜250
	有机碳含量 /%	0.2	0.1	＞3	3～2	2～1	＜1
	有机质类型	0.12	0.32	Ⅰ型	Ⅱ$_1$—Ⅱ$_2$ 型	Ⅱ$_2$ 型	Ⅲ型
	成熟度 R_o/%	0.1	0.1	成熟	高熟	过熟	未熟
	供烃方式	0.04	0.04	汇聚流	平行流	发散流	线性流
	输导条件	0.04	0.04	储层 + 断层	储层	断层	不整合
	生烃强度 /（10^4t/km^2）	0.3	0.3	＞1000	1000～500	500～250	＜250
储层条件	储层沉积相	0.2	0.2	颗粒滩	混积潮坪	蒸发	盐湖
	储层厚度 /m	0.4	0.5	＞100	100～70	70～20	＜20
	储层孔隙度 /%	0.3	0.2	＞30	30～20	20～10	＜10
	储层埋深 /m	0.1	0.1	4500～5000	5000～5500	5500～6000	＞6000
盖层条件	盖层厚度 /m	0.3	0.3	＞500	500～200	200～100	＜100
	盖层岩性	0.2	0.2	膏盐岩 泥膏岩	厚层泥岩	泥岩 砂质泥岩	脆泥岩、砂质泥岩、砂岩
	断裂破坏程度	0.2	0.2	无破坏	轻微破坏	中等破坏	严重破坏
	盖层以上不整合数	0.3	0.3	0	1～2	3～4	≥5
配套条件	圈闭面积系数 /%（生储盖配置关系）	1.0		＞40	40～30	30～10	＜10
				自生自储	下生上储	上生下储	异地生储

3. 深层火山岩 / 变质岩油气资源评价参数体系

在对评价参数开展深入分析的基础上，对深层火山岩 / 变质岩型深层油气资源的研究认为近火口相对气藏发育较利，成熟度、生烃强度、保存条件及圈闭发育条件影响资源丰度；进一步结合当前深层油气勘探实践，就有机质成熟度的权重值进行了调整，同时将原圈闭条件中的评价参数由生储盖配置关系，优化为圈闭面积系数，提高了评价中的定量化程度，并继而建立了优化后的地质风险分级评价打分参考标准（表 7-2-6）。

表 7-2-6　深层火山岩 / 变质岩型深层油气地质风险分级评价打分参考标准表

条件类型	参数名称		原权值	现权值	评价系数			
					4	3	2	1
烃源条件	烃源岩厚度 /m		0.2	0.2	>1000	1000～500	500～250	<250
	有机碳含量 / %	泥质	0.3	0.2	>3	3～2	2～1	<1
		煤系			>40	40～20	20～2	<2
	有机质类型		0.06	0.06	Ⅰ型	Ⅱ$_1$—Ⅱ$_2$型	Ⅱ$_2$型	Ⅲ型
	成熟度 /%		0.1	0.2	成熟	高熟	过熟	未熟
	供烃方式		0.04	0.04	汇聚流	平行流	发散流	线性流
	输导条件		0.1	0.1	储层 + 断层	储层	断层	不整合
	生烃强度 /（10^4t/km^2）		0.2	0.2	>1000	1000～500	500～250	<250
储层条件	储层沉积相		0.4	0.4	火口区	近火口区	远火口区	
	储层厚度 /m		0.3	0.3	>100	100～70	70～20	<20
	储层孔隙度 /%		0.25	0.25	>30	30～20	20～10	<10
	储层埋深 / m	中西部	0.05	0.05	4500～5000	5000～5500	5500～6000	>6000
		东部			3500～4000	4000～4500	4500～5000	>5000
盖层条件	盖层厚度 /m		0.3	0.2	>500	500～200	200～100	<100
	盖层岩性		0.15	0.1	膏盐岩 泥膏岩	厚层泥岩	泥岩 砂质泥岩	脆泥岩、砂质泥岩、砂岩
	断裂破坏程度		0.3	0.3	无破坏	轻微破坏	中等破坏	严重破坏
	盖层以上不整合数		0.25	0.4	0	1～2	3～4	≥5
配套条件	圈闭面积系数 /%（生储盖配置关系）		1.0		>40	40～30	30～10	<10
					自生自储	下生上储	上生下储	异地生储

第三节　中国深层常规油气资源评价

本次深层—超深层油气资源评价，主要还是跟随中国油气勘探进展与勘探实际需求开展，做到与时俱进，满足油气勘探开发实际，同时有能够有效指导勘探开发实践。具体做法：一是从油气资源经济性考虑主要还是针对中国陆上主要含油气盆地的深层—超深层领域。二是不同以往，分为常规油气与非常规油气，分开进行评价；非常规油气仅包含致密油气（致密油、致密砂岩气）和页岩油气（页岩油、页岩气）。三是评价的深度界限依据实际客观地质条件，中国东部和西部存在明显差异，按东部热盆、西部冷盆进行划分；自鄂尔多斯盆地（含鄂尔多斯盆地）以东，3500m以深为深层和中浅层的分界，4500m以深为超深层和深层的分界；自四川盆地（含四川盆地）以西，4500m以深为深层和中浅层的分界，6000m以深为超深层和深层的分界。

评价范围涉及中国陆上主要含油气盆地的深层领域，并不包含海域（黄海海域、东部海域、南海海域）与青藏高原诸含油气盆地（羌塘、可可西里、伦坡拉、措勤、比如等）；评价范围包括陆上东、中、西部主要含油气盆地32个；基本涵盖中国陆上主要的含油气盆地；评价主要含油气盆地深层—超深层成藏下组合；涉及地质层位：前—中元古界、震旦系（Z）、寒武系（€）、奥陶系（O）、石炭系（C）、二叠系（P）、三叠系（T）、侏罗系（J）、白垩系（K）、古近系（E）。

评价基本原则主要为以下几项：

（1）以盆地为评价单元，进行整体评价（均包含中国石油、中国石化、中国海油、延长油田、地方公司勘查矿权区）。

（2）深层油气资源评价方法，类比法为主，成因法与统计法为辅；成因法盆地模拟总生烃量实现总体把控，由具体刻度区类比参数、相似系数计算资源量。

（3）深层资源评价—地质认识总结主要立足下组合，资源评价主要立足区带与层系，按照区带汇总层系，层系汇总盆地的原则进行盆地总资源油气汇总。

（4）深层与中浅层资源量深度域分割，主要是依据中国东部热盆、中部温盆、西部冷盆客观地质条件进行切割，按照3500m、4500m、6000m的中浅层、深层、超深层界线进行切割；具体切割分配主要是依照深层领域有效储集体占比进行。

一、深层常规石油资源评价结果

1. 深层常规石油地质资源总量

常规石油总资源量766.17×10^8t，已探明地质储量330.11×10^8t；其中深层领域内常规石油资源量189.47×10^8t，已探明地质储量39.80×10^8t，深层常规石油探明率约为21.01%，从常规石油地质资源上来看，深层—超深层部分地质资源占据了约1/4（表7-3-1、表7-3-2）。

表7-3-1 常规石油地质资源量分深度领域统计表

深度领域	探明地质储量/10^8t	地质资源量/10^8t
中浅层	290.31	576.70
深层	30.14	130.24
超深层	9.67	59.23
深层—超深层小计	39.81	189.47
合计	330.12	766.17

表 7-3-2　深层常规石油地质资源量分盆地分层系统计表　　单位：10^8t

层位	渤海湾	塔里木	准噶尔	柴达木	吐哈	酒泉	河套	层系合计
Q								
N	19150	10292	2607					32049
E	615177	11112		12401			5451	644141
K		73371	16000			16313.60	4090	109774.6
J		9212	37477	5983				52672
T		10753	18164		5338			34255
P			144697	6007	9070			159774
C		22807	63585					86392
D								
S		16746						16746
O		492716						492716
€		60950						60950
PT	205241							205241
盆地合计	839568	707959	282530	24391	14408	16313.60	9541	总计 1894709.6

2. 深层—超深层领域常规石油资源分布

评价结果表明，深层—超深层领域常规石油地质资源量为 189.47×10^8t，七大含油气盆地深层—超深层领域石油地质资源量为 185.45×10^8t，占比达到 98.9%；深层—超深层领域剩余常规石油总地质资源量为 146×10^8t，主要分布于渤海湾、塔里木、准噶尔、柴达木四大盆地（图 7-3-1）。

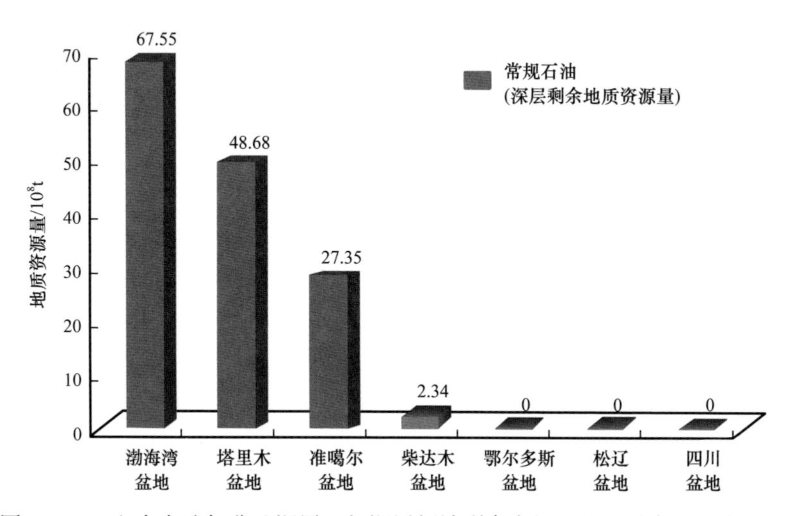

图 7-3-1　七大含油气盆地深层—超深层领域剩余常规石油地质资源量直方图

二、深层常规天然气资源评价结果

1. 深层常规天然气地质资源总量

常规天然气总资源量为 $41.37\times10^{12}m^3$，已探明地质储量 $7.08\times10^{12}m^3$。其中深层领域内常规天然气资源量 $28.33\times10^{12}m^3$，已探明地质储量 $3.74\times10^{12}m^3$，深层常规天然气探明率约为 13.19%，从常规天然气地质资源上来看，深层—超深层部分地质资源占比超过 2/3（表 7–3–3、表 7–3–4）。

表 7–3–3 常规天然气地质资源量分深度领域统计表

深度领域	探明地质储量 /$10^{12}m^3$	地质资源量 /$10^{12}m^3$
中浅层	3.34	13.04
深层	2.57	16.72
超深层	1.16	11.61
深层—超深层小计	3.73	28.33
总计	7.07	41.37

表 7–3–4 深层常规天然气地质资源量分盆地分层系统计表 单位：10^8m^3

层位	松辽	渤海湾	百色	四川	鄂尔多斯	塔里木	准噶尔	柴达木	河套	层系合计
Q										
N						1699		434		2133
E		4067	200			4760	1200	317	1604	12148
K	16186					17762	1200		1198	36346
J						1918	4035	6956		12909
T				5590		184	378			6152
P	1134					62	1344			2540
C				12542		107	1768			14417
D										
S				788		549				1337
O				304	15011	7621				22936
€				26488		2335				28823
PT		3792		23689						27481
盆地合计	17320	7859	200	69401	15011	36997	9925	7707	2802	总计 167222

2. 深层—超深层领域常规天然气资源分布

评价结果，深层—超深层领域常规天然气地质资源量为 $28.33\times10^{12}m^3$，七大含油气盆地深层—超深层领域石油地质资源量为 $28.03\times10^{12}m^3$，占比达到 98.9%；深层—超深层领域剩余常规天然气总地质资源量为 $24.3\times10^{12}m^3$，主要分布于塔里木、四川、准噶尔、鄂尔多斯、松辽、柴达木、渤海湾六大盆地（图 7-3-2）。

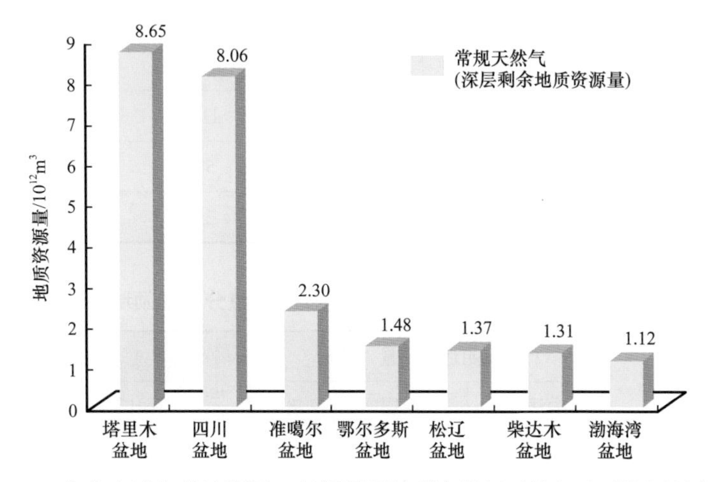

图 7-3-2　七大含油气盆地深层—超深层领域剩余常规天然气地质资源量直方图

三、七大重点含油气盆地评价结果

1. 松辽盆地

1）常规石油

评价结果表明，松辽盆地常规石油资源量为 116.12×10^8t，其中已探明地质储量共计 74.50×10^8t，均位于中浅层领域。

2）常规天然气

评价结果表明，松辽盆地常规天然气资源量为 $2.53\times10^{12}m^3$，其中已探明地质储量共计 $0.44\times10^{12}m^3$。中浅层领域资源量约 $7976.40\times10^8m^3$，其中探明地质储量约 $878.58\times10^8m^3$。深层领域内天然气资源量 $1.73\times10^{12}m^3$，截至 2019 年年底已探明地质储量 $3557.10\times10^8m^3$。深层常规天然气在层系上主要集中于白垩系和二叠系，其中白垩系深层常规天然气资源又以东部断陷带和西部断陷带分布为主，地质资源量分别为 $8049.45\times10^8m^3$ 和 $8137.00\times10^8m^3$，目前已经探明地质储量分别为 $2612.43\times10^8m^3$ 和 $944.67\times10^8m^3$，二叠系深层常规天然气资源主要位于古中央隆起带，地质资源量 $1133.50\times10^8m^3$（表 7-3-5、表 7-3-6）。

2. 渤海湾盆地

1）常规石油

评价结果，渤海湾盆地常规石油地质资源量为 330.96×10^8t，其中已探明常规石油地质储量 151.58×10^8t。中浅层领域中常规石油地质资源量约 247×10^8t，其中探明地质储量约 135.18×10^8t。深层—超深层领域内常规石油资源量 83.96×10^8t，已探明地质储量 16.40×10^8t。其中深层领域内，常规石油资源量 77.73×10^8t，截至 2019 年年底已探明地质储量 16.10×10^8t；超深层领域内，常规石油资源量 6.23×10^8t，已探明地质储量 0.31×10^8t。

表 7-3-5　松辽盆地石油地质资源量分深度领域统计表

资源类型	探明地质储量 /10^8t			地质资源量 /10^8t		
	中浅层	深层	超深层	中浅层	深层	超深层
常规石油	74.50			116.12		
页岩油	0.10			57.66		
致密油	5.57			25.52		

表 7-3-6　松辽盆地常规天然气地质资源量分深度领域统计表

一级构造单元	层系	探明地质储量 /10^8m^3			地质资源量 /10^8m^3		
		中浅层	深层	超深层	中浅层	深层	超深层
盆地上部	K	451.89			1120.00		
东部断陷带		269.09	2612.43		6130.40	8049.45	
西部断陷带		157.60	944.67		726.00	8137.00	
古中央隆起带	P					1133.50	
合计		878.58	3557.10		7976.40	17319.95	

深层领域常规石油集中分布于古近系和前古近系，古近系深层—超深层常规石油地质资源量达 61.51×10^8t（深层 59.26×10^8t、超深层 2.25×10^8t），截至 2019 年年底已探明地质储量 11.67×10^8t；前古近系深层—超深层常规石油地质资源量达 20.52×10^8t（深层 16.55×10^8t、超深层 3.97×10^8t），截至 2019 年年底已探明地质储量 4.60×10^8t。黄骅坳陷内深层—超深层常规石油探明地质储量相对较多，达 4.27×10^8t，次之为济阳坳陷和渤中坳陷，分别达 3.74×10^8t 及 3.71×10^8t；从地质资源量的情况来看，深层—超深层常规石油资源在济阳坳陷和渤中坳陷内最大，分别达 24.53×10^8t 及 19.31×10^8t，其中深层常规石油资源（含超深层）相对在渤中坳陷古近系中富集程度最高，达到 20.65×10^8t，在盆地深层—超深层常规石油资源中占 24.60%，占坳陷古近系资源量的 38.96%（表 7-3-7）。

2）常规天然气

评价结果表明，渤海湾盆地常规天然气资源量 2.49×$10^{12}m^3$，其中已探明地质储量共计 0.59×$10^{12}m^3$。中浅层领域中资源量约 1.23×$10^{12}m^3$，其中探明地质储量约 0.45×$10^{12}m^3$。深层—超深层领域内非常规常规天然气资源量 1.26×$10^{12}m^3$，截至 2019 年年底已探明地质储量 0.14×$10^{12}m^3$。其中深层领域内地质资源量 0.79×$10^{12}m^3$，已探明地质储量 1119.37×10^8m^3；超深层领域内常规天然气资源量 0.47×$10^{12}m^3$，已探明地质储量

$263.99\times10^8m^3$。从勘探层次上看，深层常规天然气（含超深层常规天然气资源）在层系上主要集中于前古近系内，资源量达 $0.84\times10^{12}m^3$（表 7–3–8）。

表 7–3–7　渤海湾盆地常规石油地质资源量分深度领域分层单元统计表　　单位：10^4t

单元	中浅层			深层			超深层		
	N	E	前古近系（K—AR）	N	E	前古近系（K—AR）	N	E	前古近系（K—AR）
辽河坳陷	9851	239867	57453		34063	42134		2185	24068
冀中坳陷	5640	136135	55531		37013	19852		2720	12660
黄骅坳陷	69043	170805	38856		81261	247		5665	
济阳坳陷	72340	653180	107370		146580	46530			
昌维坳陷		8500	3500						
临清坳陷	7200	85500			21500	9500			
渤中坳陷	206060	323580	25260		206550	38750			
辽河湾坳陷	92525	86385	15500	19150	65640	8500		12000	3000
合计	462659	1703952	303470	19150	592607	165513		22570	39728

表 7–3–8　渤海湾盆地常规天然气地质资源量分深度领域分层单元统计表　　单位：10^8m^3

单元	中浅层			深层			超深层		
	N	E	前古近系（K—AR）	N	E	前古近系（K—AR）	N	E	前古近系（K—AR）
辽河坳陷	12.02	1142.89	61.16		35.82	18.45			22.17
冀中坳陷		623.80	233.68		415.46	339.67		72.70	1951.12
沧县隆起									
黄骅坳陷	480.38	1643.14	1.15		1185.92	1913.47		57.85	2642.19
埕宁隆起									
济阳坳陷	240.00	650.00	220.00		520.00	320.00			
昌维坳陷		180.00							
临清坳陷		780.00			350.00				
渤中坳陷	720.00	2540.00	880.00		1560.00	1200.00			
辽河湾坳陷	210	960	750						
合计	1662.4	8519.83	2145.99		4067.20	3791.59		130.55	4615.48

一级构造单元，黄骅坳陷内探明地质储量相对较大，为 $520.97\times10^8m^3$（其中深层 $408.83\times10^8m^3$、超深层 $112.14\times10^8m^3$），其次为渤中坳陷，探明常规天然气资源 $508.59\times$

10^8m^3。地质资源量的情况来看，深层—超深层常规天然气资源量在黄骅坳陷相对最大，达到 $5799.43\times10^8m^3$，次之为渤中坳陷（$2778.95\times10^8m^3$）与冀中坳陷（$2760.00\times10^8m^3$）。相较而言，深层常规天然气（含超深层常规天然气资源）在黄骅坳陷前古近系深层领域中比较富集，达 $1913.47\times10^8m^3$，在盆地深层—超深层常规天然气资源中占 15.18%，占坳陷前古近系资源量的 18.13%。

3. 四川盆地

1）常规石油

研究认为，四川盆地上构造层白垩系—侏罗系内主要赋存非常规石油资源；故将四川盆地侏罗系层系所发现的石油地质储量与资源量均划归非常规致密油或页岩油。

2）常规天然气

盆地常规天然气资源共计 $14.33\times10^{12}m^3$，其中深层—超深层常规天然气资源 $9.68\times10^{12}m^3$。深层常规天然气资源量 $6.94\times10^{12}m^3$，其中探明地质储量 $1.28\times10^{12}m^3$；超深层常规天然气资源量 $2.74\times10^{12}m^3$，其中探明地质储量 $0.34\times10^{12}m^3$。在深层—超深层常规天然气资源中，寒武系资源量达的 $3.29\times10^{12}m^3$，其次为震旦系，资源量 $2.80\times10^{12}m^3$，以及二叠系与石炭系，分别为 $1.38\times10^{12}m^3$（二叠系为超深层资源量）和 $1.28\times10^{12}m^3$（石炭系为深层与超深层常规天然气资源量之和）。

探明地质储量：四川盆地中浅层探明 $0.93\times10^{12}m^3$，深层领域探明 $1.28\times10^{12}m^3$，超深层领域探明 $0.34\times10^{12}m^3$。其中在深层领域，探明主体部分位于川中隆起带寒武系（$4403.83\times10^{12}m^3$）和震旦系（$5223.36\times10^{12}m^3$），超深层领域探明主体部分位于川西坳陷带二叠系（$2712\times10^{12}m^3$）。

地质资源量：四川盆地中浅层常规天然气地质资源量 $4.65\times10^{12}m^3$，深层领域常规天然气地质资源量 $6.94\times10^{12}m^3$，超深层领域常规天然气资源量 $2.74\times10^{12}m^3$。其中，在深层领域，资源主体位于川中隆起带寒武系（$2.14\times10^{12}m^3$）和震旦系（$1.78\times10^{12}m^3$），其次为川东高陡构造带（$1.20\times10^{12}m^3$）。在超深层领域，资源则主要分布在川东高陡构造带的寒武系（$4712.65\times10^8m^3$）和震旦系（$2035.50\times10^8m^3$），川西坳陷带二叠系（$9475.63\times10^8m^3$）与川北坳陷带二叠系（$4299.98\times10^8m^3$）（表 7-3-9、表 7-3-10、图 7-3-3）。

表 7-3-9 四川盆地（深层）常规天然气地质资源量一级构造分层统计表 单位：10^8m^3

单元	深层									
	K	J	T	P	C	D	S	O	€	Z
川东高陡构造带					11982.14		752.25	248.24		
川南低陡构造带									5068.04	5876.16
川西坳陷带			4300.24							
川北坳陷带			1289.75							
川中隆起带					559.66		36.21	55.77	21419.57	17813.12
合计			5589.99		12541.8		788.46	304.01	26487.61	23689.28

表 7-3-10 四川盆地（超深层）常规天然气地质资源量按深度分层统计表 单位：10^8m^3

单元	超深层									
	K	J	T	P	C	D	S	O	€	Z
川东高陡构造带									4712.65	2035.50
川南低陡构造带										
川西坳陷带				9475.63			25.38	8.38	495.23	531.43
川北坳陷带			2558.99	4299.98	285.14		83.40	27.52	1157.58	1736.88
川中隆起带										
合计			2558.99	13775.61	285.14		108.78	35.90	6365.46	4303.81

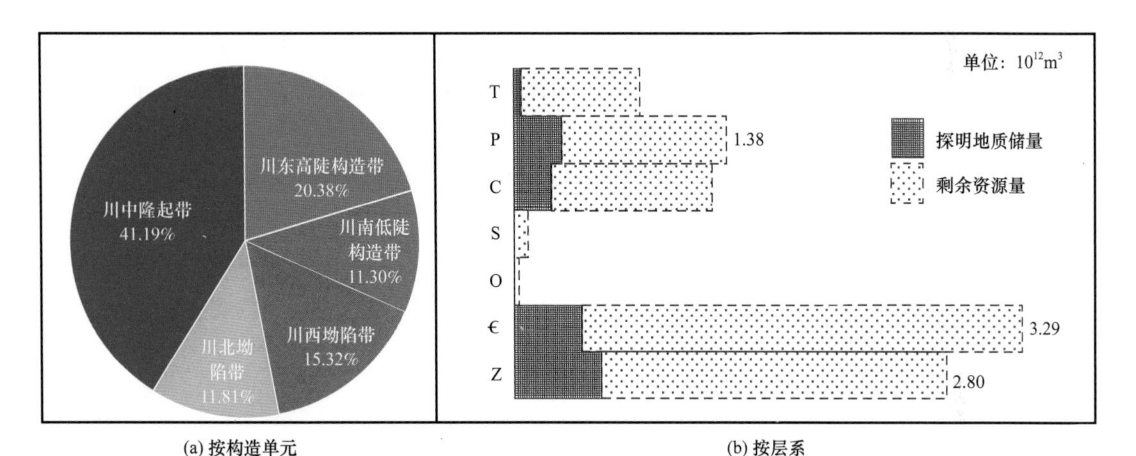

(a) 按构造单元 (b) 按层系

图 7-3-3 四川盆地常规天然气地质资源量分布特征

4. 鄂尔多斯盆地

1）常规石油

盆地常规石油资源主要在侏罗系直罗组、延安组和三叠系延长组中赋存；盆地常规石油资源主要赋存于中浅层，深层—超深层领域富集较少，故本次对盆地常规石油深层资源不做评价。

2）常规天然气

盆地内常规天然气评价对象集中于奥陶系，其中总地质资源量达 $2.99\times10^{12}m^3$，其中已经探明地质储量 $8887.51\times10^8m^3$。3500m 以浅的资源量为 $1.41\times10^{12}m^3$，其中已探明地质储量 $7810.3\times10^8m^3$；3500m 以深的深层—超深层领域内，地质资源量约 $1.58\times10^{12}m^3$，其中在 3500～4500m 的深层领域，资源量总量为 $1.50\times10^{12}m^3$，探明地质储量达 $1077.2\times10^8m^3$，在 4500m 以深的超深层领域，资源量为 $832.3\times10^8m^3$。层系上，深层—超深层常规天然气资源主要分布于奥陶系马家沟组马五 ^{5} 亚段—马五 ^{6} 亚段及克里摩里组，其中马五 ^{5} 亚段资源量相对富集，总资源量达 $0.34\times10^{12}m^3$，马五 ^{4} 亚段次之，资源量为

$0.23\times10^{12}m^3$，深层—超深层资源约占奥陶系资源量总量的 51.34%。

5. 塔里木盆地

1）常规石油

盆地常规石油资源总量巨大，地质资源量为 75.06×10^8t，其中中浅层常规石油资源量仅 4.26×10^8t，大部分常规石油资源集中于深层—超深层领域内，其中深层领域资源量 29.81×10^8t，超深层资源量总计 40.99×10^8t。截至 2019 年年底探明地质储量共计 22.84×10^8t，其中中浅层 0.73×10^8t、深层领域 12.90×10^8t、超深层领域 9.21×10^8t，深层—超深层领域总计 22.12×10^8t，占据探明储量的主体地位。

层系上，常规石油资源当前集中分布于盆地奥陶系，其总资源量达 49.87×10^8t。深层—超深层常规石油地质资源量达到 49.27×10^8t，其中深层资源量 19.86×10^8t、超深层资源量 29.41×10^8t。其次为盆地白垩系和寒武系，其中白垩系深层领域常规石油资源量 3.0×10^8t，超深层领域常规石油资源量 4.34×10^8t，深层—超深层常规石油地质资源量总计 7.34×10^8t；寒武系深层领域常规石油资源量 0.95×10^8t，超深层领域常规石油资源量 5.14×10^8t，深层—超深层常规石油地质资源量总计 6.09×10^8t（表 7-3-11）。

表 7-3-11　塔里木盆地常规石油资源量分深度领域分层系统计表

层系	探明地质储量 /10^4t			地质资源量 /10^4t		
	中浅层	深层	超深层	中浅层	深层	超深层
N	2776.7	777.82		11110.01	8311.86	1980.59
E	221.97	3963.91		2043.75	8763.32	2348.51
K		4739.91	444.63	2099.81	30012.92	43357.93
J	346	1278.94		12577.9	5314.92	3896.64
T		6305.97		545.62	10753.32	
P						
C	3907.8	12464.3	582	6165.38	18656.58	4150.27
D						
S		2775.33		1658.95	8203.86	8541.78
O		96187.78	91106.24	5938.56	198589.33	294126.4
€		541.62		451.96	9498.83	51451.06
合计	7252.47	129035.58	92132.87	42591.94	298104.94	409853.18

塔里木盆地 9 个一级构造单元，塔北隆起为相对最重要的深层—超深层领域探明常规石油地质储量区，探明地质储量总计达 17.84×10^8t。其中，深层领域内探明的储量主要在塔北隆起和塔中隆起奥陶系，探明地质储量分别达 7.47×10^8t 和 2.14×10^8t；在超深层

领域，常规石油探明地质储量主要也在奥陶系，其中塔北隆起最多，达到 7.60×10^8t，其次是北部坳陷和塔中隆起奥陶系，分别为 9902.77×10^4t 和 5214.72×10^4t。

塔里木盆地 9 个一级构造单元中 N—€ 10 个层系均有分布，塔北隆起奥陶系深层常规石油资源占据突出地位。塔北隆起深层—超深层常规石油资源量 39.58×10^8t，在全盆常规石油资源中占比达 55.91%，其中深层领域奥陶系资源量 16.19×10^8t、超深层领域奥陶系资源量 17.03×10^8t。其次为库车坳陷、北部坳陷和塔中隆起：库车坳陷白垩系深层领域常规石油资源量 1.36×10^8t，超深层资源量 1.25×10^8t；北部坳陷主要为超深层领域中的常规石油资源量，达 9.32×10^8t，在坳陷 4500m 以深的常规资源中占 89.19%；塔中隆起常规石油资源量 8.82×10^8t，其中深层—超深层领域总计 8.03×10^8t（其中深层资源量 3.46×10^8t、超深层资源量 4.57×10^8t），以奥陶系为主，坳陷奥陶系深层—超深层常规石油资源量达 6.23×10^8t，占坳陷常规石油资源量的 70.67%。

2）常规天然气

针对塔里木盆地深层—超深层领域常规天然气资源的评价结果表明，盆地该领域内地质资源量达 $10.15\times10^{12}m^3$，截至 2019 年年底已探明地质储量达 $1.50\times10^{12}m^3$，剩余资源规模巨大。其中深层领域资源量 $3.70\times10^{12}m^3$，已探明地质储量 $0.71\times10^{12}m^3$，超深层领域内资源量 $6.45\times10^{12}m^3$，其中已探明地质储量 $0.79\times10^{12}m^3$，探明程度较低。

在不同层系内，深层—超深层常规天然气资源分布相对较广，主要分布在白垩系、奥陶系和寒武系。其中，白垩系深层—超深层常规天然气资源量达 $4.62\times10^{12}m^3$（深层常规天然气资源量 $1.78\times10^{12}m^3$、超深层常规天然气资源量 $2.84\times10^{12}m^3$），占盆地白垩系常规天然气总资源量的 88.21%；奥陶系深层—超深层常规天然气资源量达到 $1.64\times10^{12}m^3$（深层常规天然气资源量 $0.76\times10^{12}m^3$、超深层常规天然气资源量 $0.88\times10^{12}m^3$），占盆地奥陶系常规天然气总资源量的 91.20%；寒武系深层—超深层常规天然气资源量达到 $2.88\times10^{12}m^3$（深层常规天然气资源量 $0.23\times10^{12}m^3$、超深层常规天然气资源量约 $2.65\times10^{12}m^3$），占寒武系常规天然气总资源量的 99.43%。盆地一级构造单元与层系上，常规天然气资源分布较广，评价结果表明，在盆地 9 个单元中，库车坳陷为相对最重要深层—超深层领域探明常规天然气储量区，已探明地质储量总计达 $1.21\times10^{12}m^3$（截至 2019 年年底）。其中，深层领域内探明的储量主要分布于库车坳陷的古近系，探明地质储量达 $1752.18\times10^8m^3$；超深层资源资则主要位于库车坳陷白垩系，探明地质储量达 $7263.75\times10^8m^3$。其次为塔中隆起奥陶系，其深层领域天然气探明地质储量达到 $3555.59\times10^8m^3$，超深层领域内探明地质储量 $384.98\times10^8m^3$（表 7-3-12）。

塔里木盆地 9 个一级构造单元中 N—€ 10 个层系均有分布，并以库车坳陷、塔北隆起、塔中隆起及西南坳陷 4 个构造单元为主，深层常规天然气地质资源量分别达 $4.50\times10^{12}m^3$、$1.56\times10^{12}m^3$、$1.90\times10^{12}m^3$ 和 $1.19\times10^{12}m^3$。在全盆常规天然气地质资源量占比较高，达 78%。库车坳陷白垩系是相对最重要的深层—超深层常规天然气资源富集层系，其中深层天然气资源量 $1.58\times10^{12}m^3$、超深层常规天然气地质资源量 $2.31\times10^{12}m^3$；其次为塔中隆起寒武系，以超深层为主，常规天然气地质资源量 $1.08\times10^{12}m^3$；在塔北隆起寒武系内，也以超深层为主，常规天然气地质资源量达 $1.00\times10^{12}m^3$；西南坳陷内深层—超深层常规天然气资源分布相对在层系上比较分散，在白垩系、寒武系及奥陶系等层系均存在资源赋存，占坳陷天然气地质资源量的 80.25%。

表 7-3-12 塔里木盆地常规天然气地质资源量分深度领域分层系统计表

层系	探明地质储量 /10^8m^3			地质资源量 /10^8m^3		
	中浅层	深层	超深层	中浅层	深层	超深层
N	573.69	63.57		2967.40	1699.30	436.53
E	46.35	2611.26		386.63	4759.56	127.65
K	3286.73	262.83	7263.75	6168.83	17761.66	28412.71
J				3227.53	1918.15	
T		181.45			183.56	
P					61.66	246.63
C	675.82	105.23		710.70	106.69	
D						
S				709.97	549.20	
O	128.20	3843.22	682.67	1586.07	7620.56	8815.61
€		16.37		163.61	2334.74	26444.05
合计	4710.79	7083.93	7946.42	15920.74	36995.08	64483.18

6. 准噶尔盆地

1）常规石油

评价表明，盆地常规石油地质资源量共计 92.41×10^8t，其中已探明地质储量 31.48×10^8t。中浅层资源量 64.16×10^8t，其中已探明地质储量 30.58×10^8t（截至 2019 年年底），大部分探明储量集中在中浅层领域内。深层—超深层领域内，地质资源量共计 28.25×10^8t，其中深层领域资源量达 17.19×10^8t、超深层资源量达 11.06×10^8t，占盆地内常规石油资源的 30.57%，探明地质储量约 0.90×10^8t，探明率相对较低，仅为 3.2%。层系上，盆地深层—超深层常规石油资源在二叠系资源量最大，达到 14.47×10^8t，占层系资源量的 53.01%；其次为石炭系，资源量为 6.36×10^8t，占层系资源量的 44.63%；以及侏罗系资源量 3.75×10^8t（占层系资源量的 20.07%）。在深层常规石油资源相对富集的二叠系和石炭系内，二叠系深层常规石油资源量达 8.81×10^8t、石炭系资源量达 3.93×10^8t，二叠系超深层常规石油资源量达 5.66×10^8t、石炭系资源量达 2.43×10^8t。

一级构造单元上，目前探明地质储量上相对在西部隆起比较集中，可达 21.92×10^8t，深层—超深层常规石油探明地质储量达 0.29×10^8t（位于隆起带石炭系，其中深层领域探明地质储量 1488×10^4t、超深层领域探明地质储量 1400×10^4t）；陆梁隆起探明地质储量共

计 2.51×10^8t，其中深层—超深层常规石油探明地质储量达 0.38×10^8t（位于隆起带石炭系，均为深层领域内），以及中央坳陷带侏罗系，深层常规石油探明地质储量达 2059×10^4t。地质资源量方面，目前盆地常规石油地质资源量以西部隆起为主，总量达 41.95×10^8t，主要分布于中浅层，其中深层—超深层常规石油资源量 5.94×10^8t；中央坳陷带内常规石油资源量达 34.05×10^8t，深层—超深层领域内常规石油资源量 17.67×10^8t。此外，北天山山前坳陷常规石油资源量达到 6.59×10^8t，深层—超深层领域内常规石油资源量 3.44×10^8t。一级构造单元对应层系方面，中央坳陷二叠系深层常规石油资源量达 6.84×10^8t，超深层常规石油资源量 4.70×10^8t，占盆地深层—超深层常规石油资源量的 40.84%；石炭系深层常规石油资源量达 1.29×10^8t，超深层常规石油资源量 0.86×10^8t。西部隆起带中二叠系深层常规石油资源量达 1.45×10^8t，超深层常规石油资源量 0.96×10^8t；石炭系深层常规石油资源量 1.95×10^8t，超深层常规石油资源量 1.56×10^8t，占全盆超深层常规石油资源的 64.62%（表 7–3–13）。

表 7–3–13 准噶尔盆地常规石油地质资源量分深度领域分层系统计表

层系	探明地质储量 /10^4t			地质资源量 /10^4t		
	中浅层	深层	超深层	中浅层	深层	超深层
N	15837.12			48558.91	2606.96	
E						
K	10658.96			44744.99	10157.22	5842.78
J	83173.15	2236.50		149263.84	20886.25	16590.84
T	91269.47			191843.11	10898.15	7265.44
P	65946.19			128247.66	88058.37	56638.98
C	38933.32	5325.51	1400.00	78892.84	39299.72	24285.14
合计	305818.21	7562.01	1400.00	641551.35	171906.67	110623.18

2）常规天然气

盆地常规天然气资源量共计 $3.24\times10^{12}m^3$，其中已探明地质储量 $0.17\times10^{12}m^3$，主要集中在中浅层领域。深层—超深层常规天然气资源量达 $2.31\times10^{12}m^3$，其中深层领域内资源量 $0.99\times10^{12}m^3$，超深层领域常规天然气资源量 $1.32\times10^{12}m^3$。

深层—超深层常规天然气资源主要赋存于侏罗系中，资源量达到 $1.17\times10^{12}m^3$，其中深层领域（4500～6000m）中资源量 $4035.10\times10^8m^3$，超深层领域（>6000m）中，常规天然气资源量达 $7682.15\times10^8m^3$。其次为盆地石炭系，其中深层领域常规天然气资源量 $1767.81\times10^8m^3$，超深层领域内常规天然气资源量 $2552.72\times10^8m^3$，共计 $0.43\times10^{12}m^3$，占盆地石炭系资源量的 56.50%。深层—超深层领域常规天然气探明地质储量主要分布在中央隆起侏罗系，为 $119.20\times10^8m^3$，此外其他已探明地质储量均位于小于 4500m 的中浅层。

地质资源量上，盆地深层常规天然气分布相对集中，主要在北天山山前坳陷侏罗系，

地质资源量达 $3730.85\times10^8m^3$，占深层领域常规天然气资源的 37.59%，次之为古近系（$1200.00\times10^8m^3$）和白垩系（$1200.04\times10^8m^3$）；在超深层常规天然气方面，资源也主要分布在富气的北天山山前坳陷侏罗系，资源量达 $7682.15\times10^8m^3$，其次为白垩系，资源量达 $1500\times10^8m^3$。此外，在西部隆起、中央坳陷及陆梁隆起石炭系，超深层常规天然气资源也有分布，资源量总计达 $2552.72\times10^8m^3$（表 7-3-14）。

表 7-3-14 准噶尔盆地常规天然气地质资源量分深度领域分层单元统计表 单位：10^8m^3

单元	深层						超深层				
	E	K	J	T	P	C	K	J	T	P	C
西部隆起					407.20	157.00				234.80	88.00
中央坳陷			304.25	158.47	930.61	807.46			104.75	801.38	1510.07
陆梁隆起					6.00	644.35				4.00	954.65
东部隆起						159.00					
北天山山前坳陷	1200.00	1200.04	3730.85	219.88			1500.00	7682.15	344.00		
合计	1200.00	1200.04	4035.10	378.35	1343.81	1767.81	1500.00	7682.15	448.75	1040.18	2552.72

7. 柴达木盆地

1）常规石油

盆地常规石油资源量评价结果为 29.59×10^8t，其中深层领域常规石油资源量 2.44×10^8t。层系上古近系深层常规石油资源量 1.24×10^8t、侏罗系资源量 0.598×10^8t、二叠系资源量 0.60×10^8t，分别占层系常规石油资源量的 9.85%、64.47%、74.41%，深层常规石油资源规模上以古近系占比较大。截至 2019 年年底，已探明的盆地深层常规石油主要分布在西部坳陷二叠系，探明地质储量达 1034.34×10^4t，占坳陷常规石油探明地质储量的 1.65%。深层领域中常规石油资源在西部坳陷古近系相对规模较大，资源量评价结果达 9326.38×10^4t；盆地北缘断块带中，古近系深层常规石油资源量 3074.32×10^4t，侏罗系资源量达 5983.09×10^4t，二叠系资源量达 3886.66×10^4t，占断块带常规石油资源总量的 24.86%（表 7-3-15）。

表 7-3-15 柴达木盆地常规石油地质资源量分深度领域分层单元统计表 单位：10^4t

单元	中浅层							深层						
	N	E	K	J	T	P	C	N	E	K	J	T	P	C
西部坳陷	133360.00	99033.62							9326.38				2120.00	
三湖坳陷														
北缘断块带	8244.37	14498.81		3297.90		2065.65	11000.00		3074.32		5983.09		3886.66	
合计	141604.37	113532.43		3297.90		2065.65	11000.00		12400.70		5983.09		6006.66	

2）常规天然气

盆地常规天然气地质资源量 $3.09\times10^{12}m^3$，其中深层—超深层领域常规天然气地质资源量 $1.31\times10^{12}m^3$（深层领域资源量 $0.77\times10^{12}m^3$、超深层领域资源量 $0.54\times10^{12}m^3$），以侏罗系为主。层系内深层—超深层常规天然气地质资源量达 $0.92\times10^{12}m^3$，占层系内常规天然气总资源量的 80.30%，侏罗系深层常规天然气地质资源量 $6955.85\times10^{8}m^3$、超深层常规天然气地质资源量为 $2244.83\times10^{8}m^3$。盆地深层—超深层常规天然气资源主要集中在北缘断块带侏罗系，占断块带常规天然气资源总量的 75.69%；在盆地深层—超深层常规天然气资源中占 70.31%，在深层—超深层领域集中赋存特征比较突出（表 7–3–16）。

表 7–3–16 柴达木盆地常规天然气地质资源量分深度领域分层系统计表

层系	探明地质储量 /10^8m^3			地质资源量 /10^8m^3		
	中浅层	深层	超深层	中浅层	深层	超深层
Q	2897.74			9193.70		
N	16.79			2834.00	434.00	3134.00
E	140.27			2799.50	316.50	
K						
J	850.50			2256.82	6955.85	2244.83
P						
C				696.79		
合计	3905.30			17780.81	7706.35	5378.83

第四节 中国深层非常规油气资源评价

本次油气资源评价主要是针对中国陆上主要含油气盆地的深层领域，将非常规油气分为致密油、致密砂岩气、页岩油、页岩气 4 种类型进行评价。鄂尔多斯盆地（含鄂尔多斯盆地）以东，3500m 为深层和中浅层分界，4500m 为超深层和深层的分界；四川盆地（含四川盆地）以西，4500m 为深层和中浅层的分界，6000m 为超深层和深层分界。

一、深层非常规石油资源评价结果

1. 页岩油

非常规页岩油地质资源量 $290.94\times10^{8}t$，其中深层—超深层地质资源量 $55.47\times10^{8}t$，占比 19.07%（表 7–4–1、图 7–4–1）。

表 7-4-1 非常规石油地质资源量分深度分资源类型统计表

深度领域	探明地质储量 /10^8t		地质资源量 /10^8t	
	页岩油	致密油	页岩油	致密油
中浅层	9.25	49.68	235.47	130.16
深层	0.25	0.97	54.85	6.63
超深层			0.63	
深层—超深层小计	0.25	0.97	55.48	6.63
总计	9.50	50.65	290.95	136.79

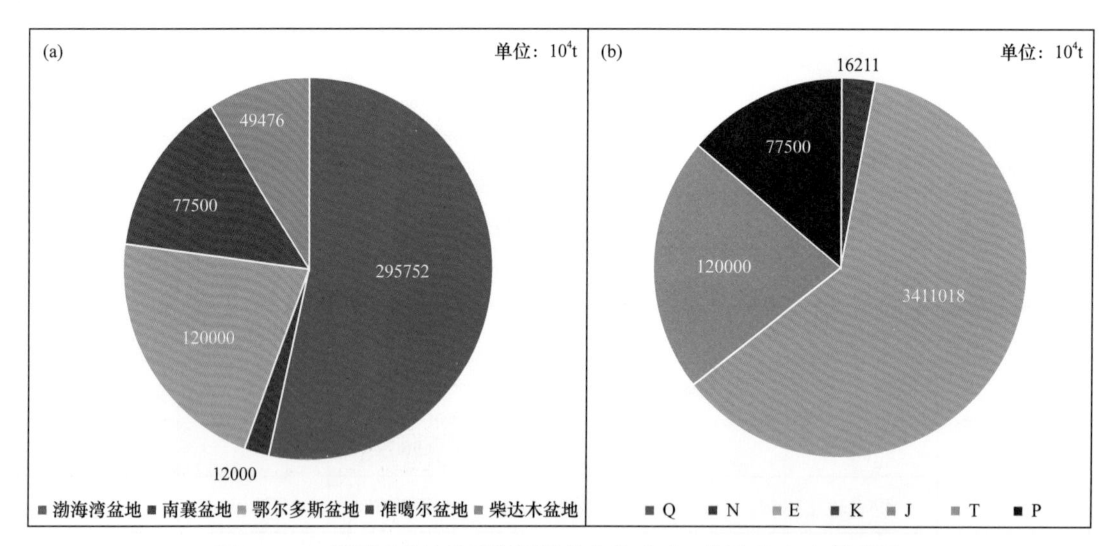

图 7-4-1 深层页岩油地质资源量分盆地（a）、分层系（b）饼状图

2. 致密油

非常规致密油地质资源量 136.80×10^8t，其中深层—超深层地质资源量 6.63×10^8t，占比 4.85%。

二、深层非常规天然气资源评价结果

1. 页岩气

非常规页岩气地质资源量 51.95×10^{12}m^3，其中深层—超深层地质资源量 20.04×10^{12}m^3，占比 38.58%（表 7-4-2、图 7-4-2）。

2. 致密砂岩气

非常规致密砂岩气地质资源量 23.15×10^{12}m^3，其中深层—超深层地质资源量 4.51×10^8t，占比 19.48%，深层致密砂岩气地质资源量分盆地分层系统计见表 7-4-3。

表 7-4-2 非常规天然气地质资源量分深度领域统计表

深度领域	探明地质储量 /$10^{12}m^3$		地质资源量 /$10^{12}m^3$	
	页岩气	致密砂岩气	页岩气	致密砂岩气
中浅层	1.81	5.47	31.91	18.64
深层		0.17	20.04	4.38
超深层				0.12
深层—超深层小计		0.17	20.04	4.50
总计	1.81	5.64	51.95	23.14

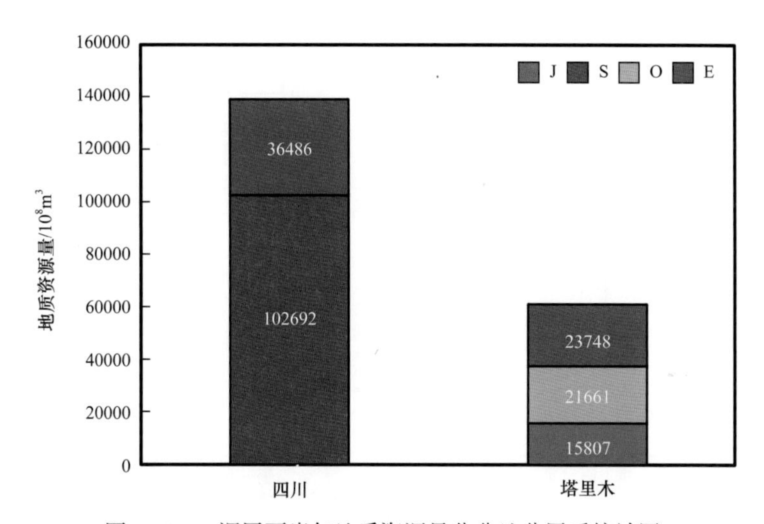

图 7-4-2 深层页岩气地质资源量分盆地分层系统计图

表 7-4-3 深层致密砂岩气地质资源量分盆地分层系统计表 单位：10^8m^3

层位	松辽	伊通	渤海湾	南华北	南襄	鄂尔多斯	塔里木	柴达木	吐哈	伊犁	层系合计
Q											
N											
E		2342	3116		500			1261			7219
K	18289			3200							21489
J							11485		1200		12685
T											
P						993				1450	2443
C						9					9
合计	18289	2342	3116	3200	500	1002	11485	1261	1200	1450	总计 43845

三、七大重点含油气盆地评价结果

针对中国陆上松辽、渤海湾、四川、鄂尔多斯、塔里木、准噶尔、柴达木七大重点含油气盆地，面向非常规页岩油、页岩气、致密油和致密砂岩气四类非常规资源开展针对性资源评价，获得深层（大于6000m超深层无经济价值，暂不评价）油气资源评价结果（图7-4-3）。

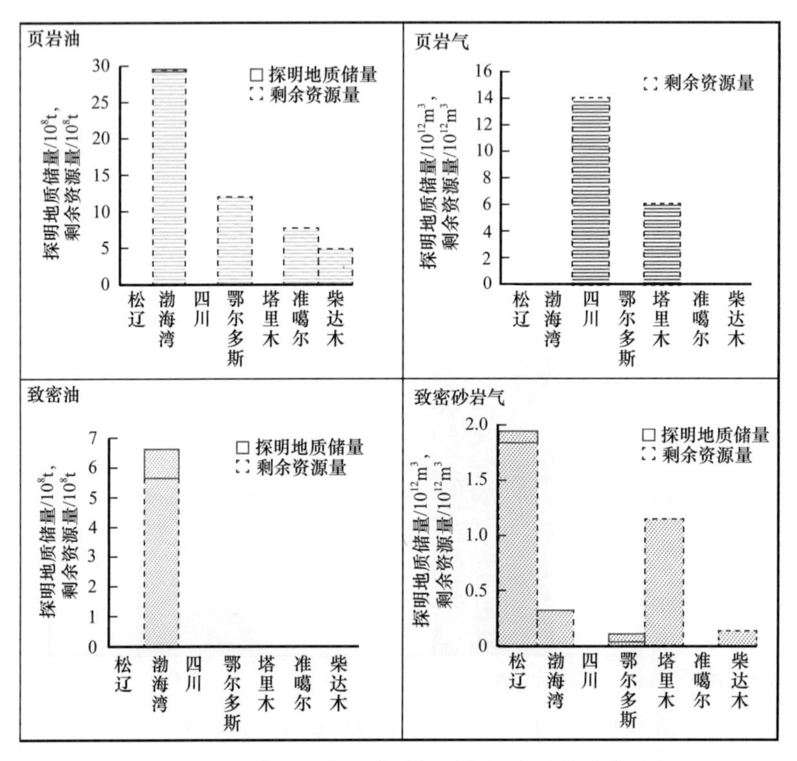

图7-4-3 重点盆地深层非常规油气资源总体分布特征

1. 松辽盆地

1）页岩油

评价结果表明，松辽盆地非常规页岩油资源量为57.66×10^8t，其中已探明地质储量共计1014.38×10^4t，均位于中浅层领域。

2）致密油

评价结果表明，松辽盆地非常规页岩油资源量为25.52×10^8t，其中已探明地质储量共计5.57×10^8t，均位于中浅层领域。

3）页岩气

研究认识，盆内深层领域页岩气资源赋存较少，本次未予评价。

4）致密砂岩气

评价结果，松辽盆地非常规致密砂岩气资源量2.21×10^{12}m^3，其中已探明地质储量共计0.11×10^{12}m^3；中浅层领域中资源量约2700×10^8m^3，其中探明地质储量约

$102.52\times10^8m^3$。深层—超深层领域内致密砂岩气资源量约 $1.95\times10^{12}m^3$，深层致密砂岩气地质资源量 $1.83\times10^{12}m^3$，超深层致密砂岩气资源量 $1154\times10^8m^3$，目前已探明地质储量 $1007.32\times10^8m^3$，探明储量集中在深层领域。深层非常规致密砂岩气在层系上主要集中于白垩系，以东部断陷带和西部断陷带分布为主，地质资源量分别为 $11044.48\times10^8m^3$ 和 $8398\times10^8m^3$（其中西部断陷带深层致密砂岩气资源量 $7244\times10^8m^3$、超深层致密砂岩气资源量 $1154\times10^8m^3$），已探明地质储量分别为 $532.14\times10^8m^3$（东部断裂带深层）和 $475.18\times10^8m^3$（西部断裂带深层）（表 7–4–4）。

表 7–4–4　松辽盆地非常规致密砂岩气地质资源量分深度领域统计表

一级构造单元	层系	探明地质储量 /10^8m^3			地质资源量 /10^8m^3		
		中浅层	深层	超深层	中浅层	深层	超深层
盆地上部	K						
东部断陷带		102.52	532.14		2700	11044.48	
西部断陷带			475.18			7244	1154
古中央隆起带							
合计		102.52	1007.32		2700	18288.48	1154

2. 渤海湾盆地

1）页岩油

评价结果表明，渤海湾盆地非常规页岩油资源量 79.55×10^8t，其中已探明地质储量共计 2.63×10^8t；中浅层领域中资源量约 49.97×10^8t，其中探明地质储量约 2.38×10^8t。深层—超深层领域内非常规页岩油资源量 29.58×10^8t，已探明地质储量 0.25×10^8t。其中深层领域内，非常规页岩油资源量 28.95×10^8t，已探明地质储量 0.25×10^8t；超深层领域内，非常规页岩油资源量 0.63×10^8t。从勘探层次上看，深层非常规页岩油在层系上主要集中于古近系内。

一级构造单元，深层页岩油集中探明于黄骅坳陷古近系内，探明地质储量达 2515.10×10^4t，就深层非常规页岩油地质资源量而言，其主分布于古近系（28.95×10^8t），其中包括冀中坳陷（3.42×10^8t）、黄骅坳陷（14.86×10^8t）、济阳坳陷（9.6×10^8t）和临清坳陷（1.7×10^8t）（图 7–4–4）。

2）致密油

评价结果表明，渤海湾盆地非常规致密油资源量 10.95×10^8t，其中已探明地质储量共计 1.28×10^8t；中浅层领域中资源量约 4.32×10^8t，其中探明地质储量约 0.31×10^8t。深层—超深层领域内非常规致密油资源量 6.63×10^8t，已探明地质储量 0.97×10^8t，均集中于深层领域。从勘探层次上看，深层非常规致密油在层系上主要集中于古近系内。

进一步从层系与构造单元复合的角度来看，深层致密油集中探明于黄骅坳陷古近系内，探明地质储量达 9679.44×10^4t，就深层非常规致密油地质资源量而言，主要分布在黄骅坳陷古近系（6.63×10^8t）。

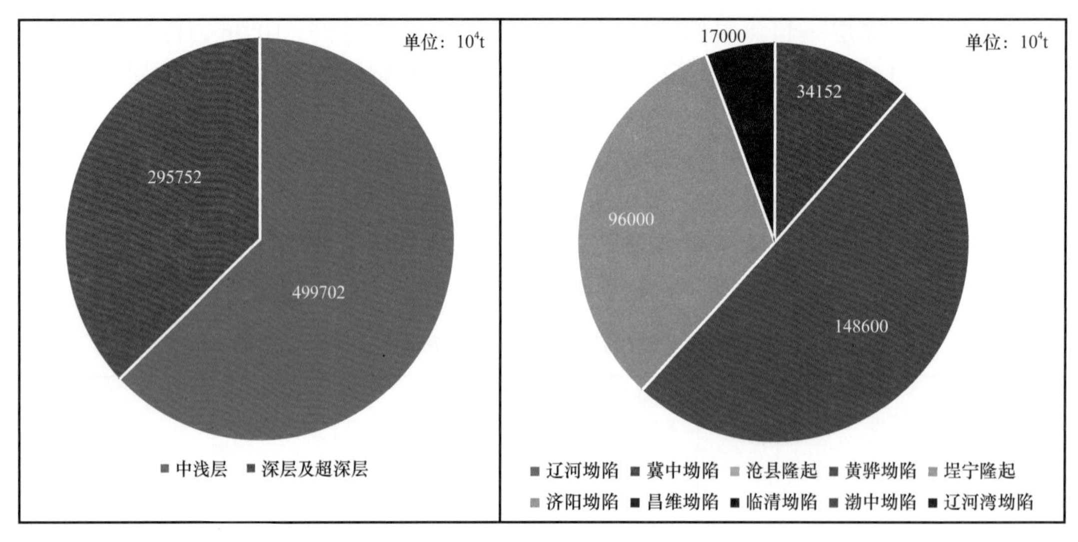

图 7-4-4 渤海湾盆地非常规深层页岩油地质资源量分布特征图

3）页岩气

研究认为，渤海湾盆地深层领域页岩气资源较少，经济价值较低，未予评价。

4）致密砂岩气

评价结果表明，渤海湾盆地非常规致密砂岩气资源相对集中分布在辽河坳陷和黄骅坳陷古近系沙河街组中，深层—超深层非常规致密砂岩气资源量达 $3174.29\times10^8m^3$，已探明地质储量 $80.01\times10^8m^3$。其中，深层非常规致密砂岩气资源量 $3116.04\times10^8m^3$，已探明地质储量 $58.69\times10^8m^3$；超深层致密砂岩气资源量 $58.25\times10^8m^3$，已探明地质储量 $21.32\times10^8m^3$。

一级构造单元，目前深层—超深层致密砂岩气资源主要集中在辽河坳陷，其总资源量达 $2471.60\times10^8m^3$，占盆地致密砂岩气资源的 58.37%，已探明深层—超深层领域致密砂岩气资源位于黄骅坳陷，占盆地致密砂岩气已探明地质储量的 76.95%。

3. 四川盆地

1）页岩油

盆地非常规页岩油资源主要赋存于侏罗系中浅层，而大于 4500m 深层—超深层领域非常规页岩油资源较少，认为经济价值较低，故本次不列入评价。

2）致密油

盆地非常规页岩油资源主要赋存于侏罗系中浅层，而大于 4500m 深层—超深层领域非常规页岩油资源较少，认为经济价值较低，故本次不列入评价。

3）页岩气

评价结果表明，四川盆地内页岩气资源量为 $44.03\times10^{12}m^3$，其中深层领域内资源量为 $13.92\times10^{12}m^3$，探明页岩气储量集中分布在中浅层，达 $1.81\times10^{12}m^3$。深层页岩气其分布在志留系—奥陶系及寒武系，其中前者资源量达 $10.27\times10^{12}m^3$，后者资源量为 $3.65\times10^{12}m^3$（图 7-4-5）。

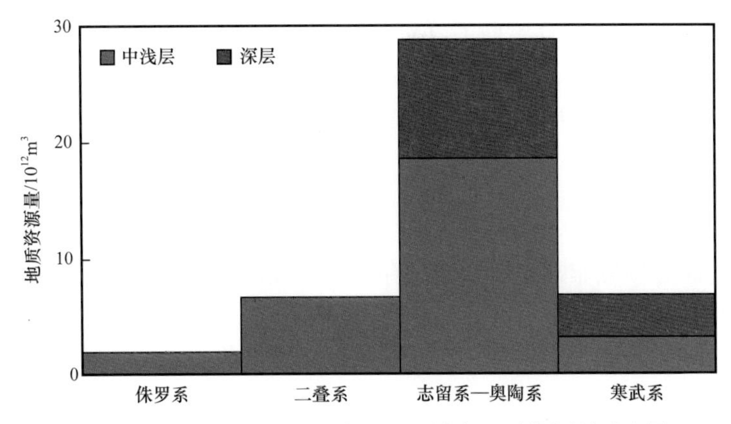

图 7-4-5 四川盆地中浅层与深层页岩气地质资源量对比图

按一级构造单元及层系，盆地深层页岩气资源主要分布于川东高陡构造带和川南低陡构造带的志留系—奥陶系，川东高陡构造带志留系—奥陶系深层页岩气资源量达 $5.10\times10^{12}m^3$，川南低陡构造带志留系—奥陶系深层页岩气资源量达 $5.16\times10^{12}m^3$。其次为川中隆起带和川南低陡构造带寒武系，深层页岩气资源量前者达 $1.79\times10^{12}m^3$，后者达 $1.23\times10^{12}m^3$。

4）致密砂岩气

盆地非常规致密砂岩气资源均分布于三叠系和侏罗系致密砂岩储层中，但就实际勘探而言，在埋深大于 4500m 的深层—超深层领域，并未获得有价值或经济效益的发现，其资源评价的价值不大，故本次暂时不做评价，或认识很少。

4. 鄂尔多斯盆地

1）页岩油

盆地非常规页岩油资源主要在西缘冲断带—天环坳陷—伊陕斜坡中的延长组长 7 段内，其中探明地质储量达 4.60×10^8t，地质资源量达到 52.50×10^8t。探明储量均集中在中浅层领域，深层—超深层领域中，页岩油资源量达 12×10^8t，均在 3500～4500m 深层领域中赋存。

2）致密油

盆地非常规致密油资源主要在西缘冲断带—天环坳陷—伊陕斜坡中的延长组长 6 段及长 8 段内，勘探实际证实，盆地常规油主要赋存于中浅层，深层—超深层领域富集较少，故本次对于盆内深层—超深层领域常规石油资源不做评价。

3）页岩气

盆地非常规页岩气资源主要赋存于三叠系延长组长 7 段烃源岩中，是中国陆相泥页岩段页岩气类型的一种。但在勘探实际中于 3500m 以上尚未获得良好发现，经济价值也较低，故对于深层—超深层领域评价价值并不大。

4）致密砂岩气

评价表明，盆地致密砂岩气资源量共计 $13.32\times10^{12}m^3$，共探明地质储量 $4.09\times10^{12}m^3$。其中，浅层致密砂岩气资源量 $13.22\times10^{12}m^3$，共探明地质储量 $4.04\times10^{12}m^3$；深层—超深层领域，致密砂岩气资源量共计 $1001.96\times10^8m^3$，探明地质储量 $591.57\times10^8m^3$。

层位上，深层—超深层致密砂岩气资源集中于 3500～4500m 的山西组，其资源量达到 $982.42\times10^8m^3$，占盆地深层—超深层致密砂岩气资源量的 98.04%。其下的太原组和本溪组资源量分别为 $10.64\times10^8m^3$ 及 $8.90\times10^8m^3$，其余层组相对较少。

5. 塔里木盆地

1）页岩油

塔里木盆地深层领域非常规页岩油赋存较少，经济价值较小，故本次不做评价。

2）致密油

塔里木盆地深层领域非常规页岩油赋存较少，经济价值较小，故本次不做评价。

3）页岩气

盆地内页岩气资源量共计 $7.92\times10^{12}m^3$，其中深层领域内页岩气资源量 $6.12\times10^{12}m^3$，主要集中分布于库车坳陷东部阳霞凹陷的侏罗系煤系地层中泥页岩和塔东隆起寒武系的海相页岩中；前者深层页岩气资源量 $1.58\times10^{12}m^3$，后者深层页岩气资源量 $4.54\times10^{12}m^3$。

4）致密砂岩气

盆地内致密砂岩气资源量共计 $1.23\times10^{12}m^3$，其中深层领域内页岩气资源量 $1.15\times10^{12}m^3$，主要集中分布于库车坳陷东部阳霞凹陷的侏罗系砂岩储集体中。

6. 准噶尔盆地

1）页岩油

评价结果表明，盆地页岩油资源主要分布于二叠系，其资源总量达 41.50×10^8t，截至 2019 年年底，总计探明地质储量 2546×10^4t（集中分布在东部隆起的中浅层）。深层领域内，资源量共计 7.75×10^8t，主要分布于中央坳陷（3.50×10^8t）和东部隆起（4.25×10^8t）。

2）致密油

盆地深层领域非常规致密油赋存较少，经济价值较小，故本次不做评价。

3）页岩气

盆地深层领域非常规页岩气赋存较少，经济价值较小，故本次不做评价。

4）致密砂岩气

盆地深层领域非常规致密砂岩气赋存较少，经济价值较小，故本次不做评价。

7. 柴达木盆地

1）页岩油

柴达木盆地页岩油资源量评价结果为 20.80×10^8t，其中探明地质储量 6603.31×10^4t，均集中于中浅层领域。深层领域内资源量 4.95×10^8t，其中新近系资源量 1.62×10^8t，古近系资源量 3.33×10^8t，在盆地西部坳陷集中分布。

2）致密油

盆地非常规致密油资源主要赋存于中浅层，深层—超深层领域非常规致密油资源较少，经济价值较低，故不做评价。

3）页岩气

盆地非常规页岩气资源总体分布较少，而深层—超深层领域页岩气资源更少，经济价值更低，故不做评价。

4）致密砂岩气

盆地深层致密砂岩气资源以在西部坳陷古近系中赋存为主，其地质资源量 $1261.00\times10^8m^3$，整体位于深层领域。

第五节　深层油气资源潜力与分布规律

一、深层油气资源潜力

本次主要评价中国陆上除海域与青藏高原之外的 32 个含油气盆地，评价结果：常规石油地质资源量 766.17×10^8t，其中深层—超深层常规石油与非常规页岩油资源量分别占到总地质资源量的 1/4、1/5。常规天然气地质资源量 $41.37\times10^{12}m^3$，页岩气地质资源量 $51.95\times10^{12}m^3$，致密砂岩气地质资源量 $23.15\times10^{12}m^3$，其中深层—超深层地质资源量 4.51×10^8t，占比 19.48%；深层—超深层常规天然气与非常规页岩气资源量分别占到总量的 2/3、1/5。深层—超深层领域常规油气与非常规油气资源总体探明率均较低，尚具有较大的资源与勘探潜力，油气勘探前景广阔。

1. 深层石油

常规 / 非常规石油资源，在中国松辽、渤海湾、鄂尔多斯、准噶尔、柴达木、塔里木、四川七大重点含油气盆地中呈现相对集中分布的特征。其中，中浅层石油已探明地质储量达 326.87×10^8t、占比 93.60%，资源量达到 842.50×10^8t、占比 89.41%；深层—超深层石油资源体现更为突出，深层石油探明储量 31.08×10^8t、占比 99.11%，深层资源量达 187.45×10^8t、占比 97.77%，超深层石油探明储量 9.67×10^8t、占比 100%，超深层资源量达 58.90×10^8t、占比 98.41%。

探明地质储量方面，深层—超深层领域具有探明石油地质储量的盆地为渤海湾、塔里木、准噶尔、柴达木和酒泉盆地，平均探明率 16.54%，重点盆地平均探明率 24.36%，探明率最高为塔里木盆地 31.24%，最低为柴达木盆地 1.4%（图 7–5–1）。

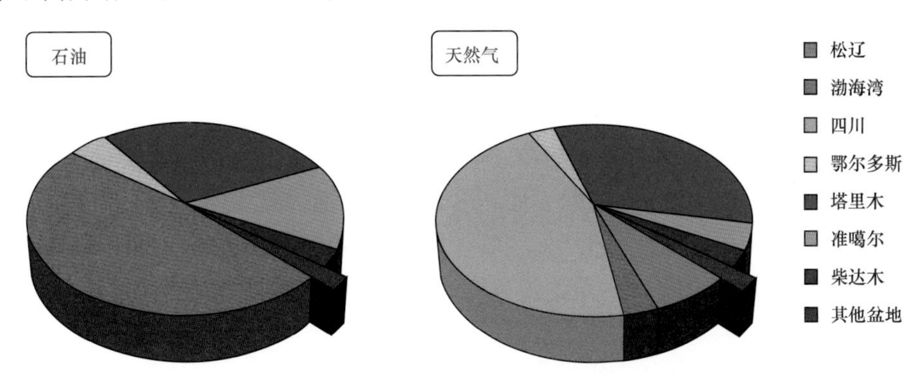

图 7–5–1　中国深层—超深层常规 / 非常规油气资源总体分布特征饼状图

2. 深层天然气

常规/非常规天然气资源，中国松辽、渤海湾、鄂尔多斯、准噶尔、柴达木、塔里木、四川七大重点含油气盆地中呈现相对集中分布的特征。其中，中浅层天然气已探明地质储量达 $10.54 \times 10^{12} m^3$，占比 99.28%；资源量达 $61.95 \times 10^{12} m^3$，占比 97.42%。深层—超深层天然气资源体现也比较突出。其中，深层天然气探明地质储量为 $2.74 \times 10^{12} m^3$、占比 100%，资源量达 $39.98 \times 10^{12} m^3$、占比 97.42%；超深层天然气探明地质储量为 $1.17 \times 10^{12} m^3$、占比 100%，资源量达 $11.73 \times 10^{12} m^3$、占比 100%。

探明地质储量，深层—超深层天然气资源主要分布在松辽、渤海湾、塔里木、四川、准噶尔、鄂尔多斯等盆地，平均探明率 7.39%，重点盆地平均探明率 7.55%，松辽盆地最高 12.42%，准噶尔盆地最低 0.51%（图 7-5-1）。

二、深层油气富集规律与主控因素

深层油气经历多期调整改造，油气如何分布与富集，关系到勘探方向的选择和有利勘探区带的评价。深层油气成藏与分布有其复杂性，多期构造运动能够对油气成藏起着破坏与改造的作用。规模源灶中心控制深层大油气田的形成，构造—岩相古地理背景对成藏要素起着重要的控制作用。

1. 深层油气分布源控性

所谓源控性，就是叠合盆地各个油气富集层系形成的油气藏主体都分布在有效源灶地域之内或与源灶密切联系的范围之内（张光亚等，2015）。中国叠合含油气盆地发育两种类型烃源灶：一是干酪根型烃源灶，即烃源岩有机质（干酪根）热裂解作用形成的烃源灶；另一类是液态烃裂解型烃源灶，即古油藏或者滞留于烃源岩内尚未排出的分散液态烃，在高—过成熟阶段由液态烃裂解而形成的烃源灶，以成气作用为主。勘探实践证实，两类烃源灶都可以规模供烃，都是高效烃源灶。目前叠合含油气盆地各层系发现的油气，主要受这两类烃源灶控制。两类烃源灶具有相互依存关系，干酪根型烃源灶是基础，液态烃裂解型烃源灶是干酪根型烃源灶衍生产物。干酪根型烃源灶不仅生油，也生气，成烃时间偏早；液态烃裂解型烃源灶以生气为主，成气时间偏晚。对于大油气田，特别是碳酸盐岩大气田，通常是两类烃源灶共同供烃的结果。

2. 深层碳酸盐岩发育 3 类成藏模式及古隆起、古台缘、古断裂带油气富集

深层碳酸盐岩发育 3 类油气成藏模式：（1）隆起斜坡区岩溶储层大面积成藏模式，受隆起斜坡带岩溶储层控制，似层状大面积分布，地层油气藏为主；（2）潜山风化壳岩溶储层大面积成藏模式，受风化壳储层控制，沿侵蚀基准面呈薄层状大面积分布；（3）礁滩储层大范围成藏模式，断层 + 不整合为运移通道，侧向运移 + 垂向运移，岩性油气藏为主，带状大范围分布。

长期发育的大型古隆起、古斜坡是油气富集最重要的场所，这是普遍规律。古隆起、古斜坡对油气的控制作用，除形成大型构造、岩性或地层圈闭外，古隆起及斜坡背景对

油气运移的“吸纳”作用、对大型储集体发育与分布的控制作用，均利于油气大面积成藏（朱光有等，2009；李凌等，2013；朱光有等，2018）。如塔里木盆地的塔北、塔中隆起及斜坡区发现的大型碳酸盐岩油气田，四川盆地川中古隆起发现的震旦系—寒武系大气田及鄂尔多斯盆地发现的上古生界苏里格大气田等，都受古隆起或古斜坡背景控制。古台缘带是碳酸盐岩礁滩储层发育的有利部位，随着台缘带的演化与消亡，后期叠加发育大型河湖三角洲沉积，礁滩储层与碎屑岩砂岩储层叠置发育，加上台缘带断裂沟通，可以多层系大面积成藏。断裂不仅是油气运移的重要通道，长期发育的古断裂一方面可以形成破碎带，另一方面利于深部热液活动，使储层物性得以改善，成为油气运移聚集的有利部位。如塔里木盆地塔中地区、塔北南缘哈拉哈塘地区发现的碳酸盐岩油气藏均与断裂活动有关。

1）三大盆地已发现油气藏油气分布受古隆起及斜坡控制

围绕古隆起、古斜坡进行油气勘探，是三大克拉通盆地下组合碳酸盐岩油气勘探长期实践中的重要认识进展（马永生，2007；赵文智等，2007）。塔里木盆地塔中、塔河、哈拉哈塘、英买力、和田河等油气田即是典型实例，主力产层主要为一间房组、鹰山组、良里塔格组，油气探明地质储量 37.08×10^8t 油当量，三级储量 51.76×10^8t 油当量，主力油源为寒武系（图 7–5–2）。

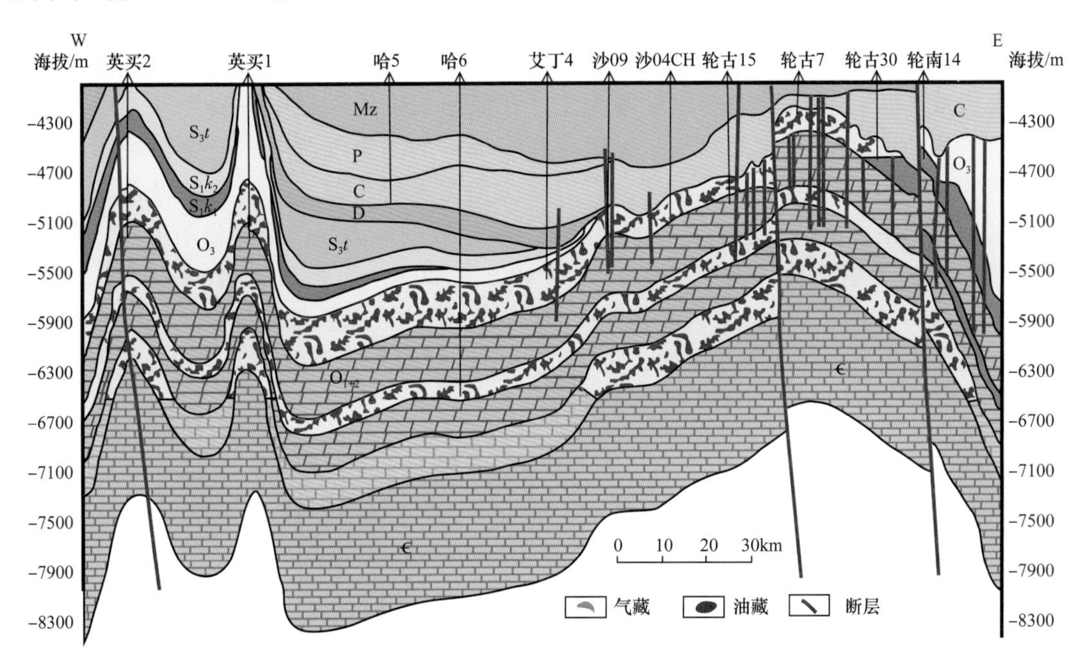

图 7–5–2　塔里木盆地古隆起塔北地区油气成藏剖面图

2）古台缘带控制礁滩型大油气田分布

如四川盆地龙岗台缘带，勘探已发现二叠系—三叠系礁滩、三叠系雷口坡组碳酸盐岩风化壳、三叠系须家河组等多套含气层系（朱光有等，2010）。以开江—梁平及蓬溪—武胜海槽台缘带礁滩大气区为例说明，受高能环境控制，形成五个台缘带礁滩体，礁体个数 68 个，面积 5500km^2，滩体分布面积 3.0×10^4km^2，成藏特点表现为“一礁、一滩、一藏”特点，沿台缘带呈串珠状分布，台缘带整体含气，储量丰度 $4\times10^8\sim40\times10^8$m^3/km^2。

3）古断裂带控制油气富集

断裂不仅是油气运移的重要通道，长期发育的古断裂一方面可以形成破碎带，另一方面深部热液活动，使得储层物性得以改善，成为油气运移聚集的有利部位。如塔里木盆地塔中地区、塔北南缘哈拉哈塘地区发现的碳酸盐岩油气藏均与断裂活动有关。

3. 前陆冲断带深层碎屑岩成藏模式及下组合构造圈闭发育带油气富集情况

前陆冲断带深层碎屑岩发育叠瓦、双重、走滑冲断 3 种构造成藏模式（贾承造等，2008；田军，2019；孙秀建等，2018）：盐下叠瓦构造带成藏模式（库车克深）：断裂沟通叠瓦构造圈闭与下伏源灶，区域膏岩封盖；滑脱背斜带成藏模式（准南乌奎）：多滑脱构造圈闭与下部源灶叠置，近源下组合有利；盆缘古隆起冲断带成藏模式（柴达木牛东）：油气侧向运移，冲断带古构造圈闭聚集，晚期构造稳定是关键。

1）源灶规模

源灶叠置，冲断带上覆于生烃中心，生排烃晚，有利于深层碎屑岩大面积成藏。塔里木盆地库车坳陷是一个以中—新生代陆源碎屑沉积发育为主的前陆坳陷，最大埋深超过 8000m。侏罗系和三叠系是该区主力烃源层。其中三叠系以湖相泥岩为主，顶部夹有碳质泥岩；侏罗系则是沼泽—湖泊相含煤沉积，煤层主要发育在阳霞组及克孜勒努尔组，厚 6～29m，最厚 66m；侏罗系煤系烃源岩在库车坳陷广泛分布，厚度大，具有高的有机质丰度，有机质类型以Ⅲ型为主，在热演化生烃过程中主要产气，进入中高演化阶段后生成了大量的天然气，无疑是库车坳陷的主力气源岩。三叠系烃源岩以湖相泥岩为主，也有高的有机质丰度，有机质类型为Ⅲ与Ⅱ型，与侏罗系煤系烃源岩类似，以生气为主，特别是进入中高演化阶段后，生成的气态烃产率明显增加。三叠系和侏罗系烃源岩叠置发育，两套烃源岩总厚 400～1700m，面积 $2.16\times10^4 km^2$，生气强度 350×10^8～$400\times10^8 m^3/km^2$，生气量达 $204\times10^{12} m^3$。源灶被垛叠置，集中供烃；冲断带叠加在生烃中心之上，源灶厚度增加 3～5 倍。另外，烃源岩的生排烃主要在晚新生代，断裂沟通，天然气持续高效充注（图 7-5-3）。

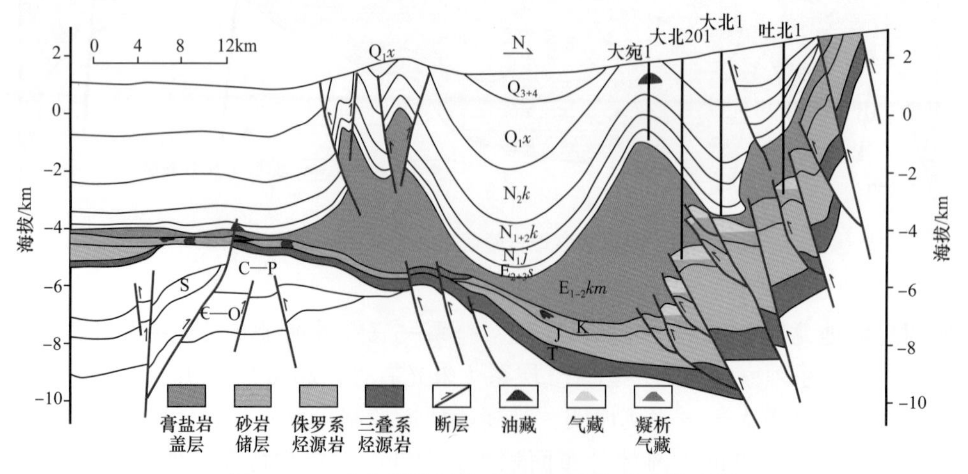

图 7-5-3 库车坳陷源灶叠置与天然气成藏模式图

对于库车坳陷来说，由于三叠系和侏罗系气源岩与白垩系储气层之间受到白垩系舒善河组、侏罗系喀拉扎组和齐古组巨厚泥岩的遮挡作用，三叠系和侏罗系气源岩生成排出的天然气只有通过断裂进行输导，才能完成其在白垩系储层中的跨层聚集。根据库车坳陷典型构造天然气成藏条件研究，总结出库车坳陷断裂输导天然气具有4种成藏模式，即由盐下断裂和穿盐断裂（不连接圈闭）构成的输导天然气成藏模式、仅由盐下断裂构成的输导天然气成藏模式、由盐下断裂和圈闭顶部突破断裂构成的输导天然气成藏模式和仅由穿盐断裂构成的输导天然气成藏模式。

2）储层连续

三角洲砂岩大面积发育，晚期快速埋藏有利储层保持。以库车坳陷克拉苏冲断带白垩系巴什基奇克组为例，在巴什基奇克组第二段沉积时期，构造活动相对较弱，古地貌相对平坦。物源主要来自北部天山，并向盆内延伸。丰富的沉积物供给，较强的水动力环境，使三角洲不断由北部山前向盆地内延伸，在研究区内形成了大规模的朵状砂体。北部多个物源出口形成了一系列由辫状河道组成的辫状河三角洲平原，而非单一辫状河流形成的沉积体系；沉积物总厚度最大可超过300m，砂体厚度较大。三角洲前缘砂体纵向叠置、横向连片，储层厚达200～400m，面积约$1.8\times10^4km^2$。另外，长期浅埋、晚期快速深埋岩利于原生孔的保持，加之构造活动裂缝发育，结果是埋深6000～8000m仍发育有效储层，孔隙度5%～10%。

3）圈闭完整

盐下冲断构造发育，膏盐层顶封侧堵，圈闭完整。在库车组沉积中晚期南天山强烈造山作用下，该构造段形成大规模逆冲推覆构造，尤其是盐下层一系列基底卷入及盖层滑脱逆冲断层形成了成排成带展布的背斜构造，为油气的强充注提供了圈闭基础。逆冲叠瓦构造5～10排，空间内鳞片状分布，圈闭数量多。由于膏盐层顶封侧堵，构造圈闭完整好，形成克拉2背斜、克深断背斜等有效圈闭。

4）盖层有效

厚层膏盐岩优质盖层大面积分布，高强度封堵（徐振平等，2012；杨华等，2010）。根据膏盐岩脆塑性的演化和逆冲断裂的发育，库车前陆盆地膏盐岩层的破裂与封闭及形成的断裂与盖层组合在时空有序分布，控制了油气运聚的差异。以克拉苏断裂带为界，克拉苏富气构造带的北部克拉区带古近系膏盐岩一般埋藏较浅，以脆性变形为主，且逆冲断裂长期活动，形成了断穿型断盖组合，圈闭多数失利。南部的克深区带在天然气大规模成藏期埋藏深度较大，呈塑性，晚期新产生的断层难以对其形成实质性的破坏，形成未穿型断盖组合，具备形成大型气田的条件。而紧临克拉苏断裂带上、下盘的圈闭，介于二者之间，膏盐岩层早期破裂、晚期封闭，形成隔断型断盖组合，大北地区膏盐岩盖层埋深远超过3000m，盖层封闭形成时间为库车早中期，捕获并聚集了早期少量原油和晚期大量的天然气。由南向北，克拉苏构造带依次发育未穿型、隔断型和断穿型断盖组合。冲断带西部古近系膏盐岩厚500～3500m；东部新近系膏盐岩厚500～2000m，总面积达$1.9\times10^4km^2$，膏盐岩突破压力高达15～20MPa，3000m以下膏盐岩完全塑性，断层无法切穿，封堵性更强。

4. 深层火山岩发育岩性、地层两类圈闭促进规模成藏和近源富集

充足的油源供给是火山岩成藏的必要条件，中国发育火山岩的主要陆相含油气盆地如松辽、渤海湾、准噶尔盆地，火山岩层系与沉积层系交互，形成有利的火山—沉积层序成藏组合。因此，深层火山岩具有近源成藏的特点，一般可以形成岩性及地层两类油气藏，均可规模分布（迟唤昭等，2019；刘宝鸿等，2020）。火山岩油气藏的形成也必须具备生、储、盖、运、圈、保的条件及其在时空上的有利配置，只是其成藏规律和分布更具特殊性。目前发现的火山岩油气藏类型多样，以构造—岩性地层油气藏为主。如松辽盆地徐家围子断陷火山岩油气藏为多个气藏叠置，无统一气水界面，气层连通性差，气柱高度超出构造幅度，为岩性气藏（图7-5-4）。

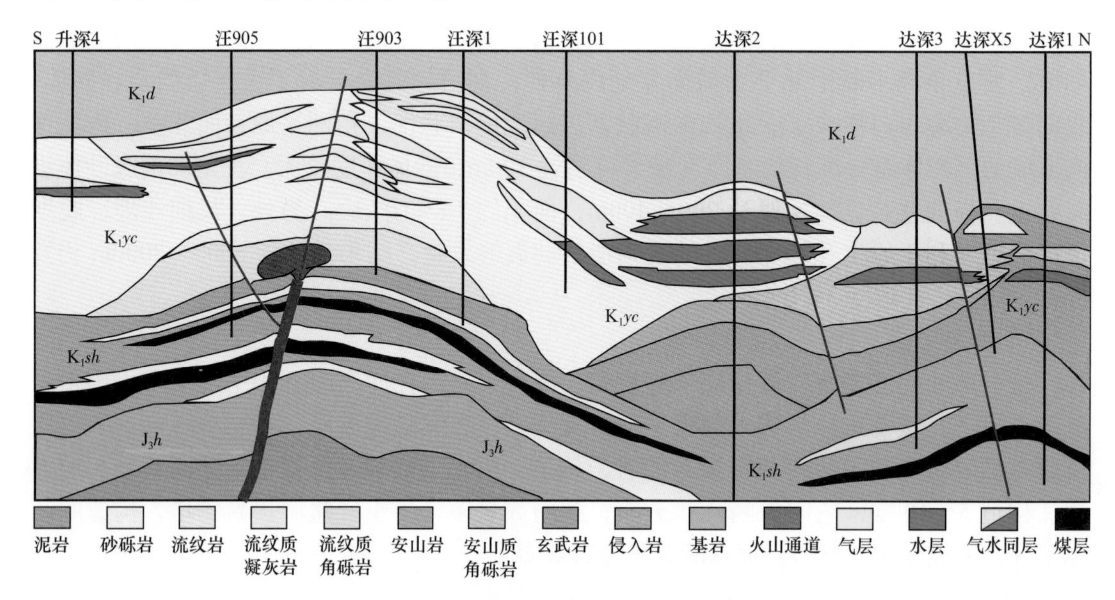

图7-5-4 松辽盆地徐家围子火山岩气藏剖面

三、深层油气勘探领域与有利区带

明确深层有利勘探区带和目标评价的关键参数，基于烃源条件、触及条件、盖层条件、圈闭条件、保存条件、成藏要素匹配关系等6方面关键地质参数的定量评价，梳理四川、准噶尔、塔里木、鄂尔多斯、渤海湾、松辽、柴达木等盆地的深层油气勘探领域。

1. 有利区带优选评价技术思路

重点含油气盆地深层油气资源有利区带的优选工作，在方法设计上主要从两个方面考虑，表现为既考虑资源潜力的大小，也考虑了地质风险的高低，通过潜力与风险的有机结合，实现对不同盆地不同区带的油气勘探有利性的科学梳理。因此，在获得重点含油气盆地深层油气资源规模及分布的基础上，针对有利区带优选，还需要引入风险评价的概念，在考虑油气类型差异，构建有利区带风险评价标准的基础上，将地质风险根据标准进行量化，对评价区带开展风险分析，结合资源规模、地质条件、勘探风险等要素，

获取综合性的区带评价结果，为有利区带优选排序提供合理依据，从而实现研究目标。

针对石油和天然气，分别建立了深层领域有利区带地质风险评价标准，其依托地质条件，利用地质类比为技术手段，涵盖了地理条件、资源基础、地质条件和勘探风险4项因素，进一步针对不同因素，合理设置具体参数，如区带面积、地表条件、资源丰度、储集体岩性、储层孔隙度、勘探工程难度等，其中重点评价指标包括了面积、剩余资源、丰度、烃源、储集物性、勘探风险6项。并根据当前认识，对以上4项因素赋予了不同权重，设置了在不同参数取值条件下的得分分段，从而在地质因素到地质参数两个层次，利用评价参数得分分段和不同地质因素对应权重，实现对某一区带深层油气资源勘探开发地质风险具体量化表征（表7–5–1、表7–5–2）。

表7–5–1　深层石油资源区带地质风险评价标准一览表

参数类型	项目	评价参数分值				权重
		1.00～0.75	0.75～0.50	0.50～0.25	0.25～0.70	
地理条件	面积 /km^2	＞10000	10000～5000	5000～1000	＜1000	0.10
	地表条件（地形与交通）	草原、平原	戈壁、黄土塬	沙漠、低山	高原、高山	
资源基础	资源丰度 /（$10^4t/km^2$）	＞100	100～50	50～10	＜10	0.30
	剩余地质资源量 /10^8t	＞5.0	5.0～2.5	2.5～0.5	＜0.5	
	资源埋深 /m	—	3500～4500	4500～6000	＞6000	
地质条件	有机质丰度 /%	＞2.0	2.0～1.0	1.0～0.5	＜0.5	0.50
	储集体岩性	砂岩、砂砾岩	碳酸盐岩	火成岩	变质岩	
	储层孔隙度 /%	＞12	12～8.0	8.0～5.0	5.0～2.0	
	封盖层岩性	盐岩、膏泥岩	泥岩、泥灰岩	粉砂质泥岩	致密岩性	
	成藏匹配关系	多期	同期	之后	之前	
勘探风险	油源供给程度	充足	中等	较低	不足	0.10
	勘探工程难度	较小	中等	较大	十分难	

2. 有利区带优选评价结果

基于关键地质参数评价，梳理出六大盆地39个重点勘探领域带。主要包括四川盆地裂陷槽边缘（德阳—安岳、开江—梁平）、古隆起周缘颗粒滩（龙王庙组、洗象池组、栖霞组—茅口组）；塔里木盆地塔北隆起带，寒武系盐下、盐上组合；鄂尔多斯盆地东部奥陶系盐下组合、中新元古界—下寒武统；松辽盆地中央古隆起基岩潜山、南部深层火山岩、下白垩统砂砾岩；渤海湾盆地前古近系潜山，古近系、石炭系—二叠系碎屑岩；塔里木盆地库车山前冲断带、塔西南山前带；准噶尔南缘冲断带；四川盆地川西山前海相多层系；四川盆地大巴山—米仓山前；鄂尔多斯西缘冲断带（秦岭海台缘）等。综合分析认为，深层海相碳酸盐岩、前陆冲断带下组合、大型岩性地层是近期重点盆地深层油气勘探的重点方向（表7–5–3）。

表 7-5-2　深层天然气资源区带地质风险评价标准一览表

参数类型	项目	评价参数分值				权重
		1.00～0.75	0.75～0.50	0.50～0.25	0.25～0.70	
地理条件	面积 /km^2	＞10000	10000～5000	5000～1000	＜1000	0.10
	天然气与工业基地	100km 之内	250km 之内	500km 之内	500km 之外	
资源基础	资源丰度 /（$10^8m^3/km^2$）	＞100	100～50	50～10	＜10	0.30
	剩余地质资源量 /10^8m^3	＞5000	5000～2000	2000～1000	＜1000	
	资源埋深 /m	—	3500～4500	4500～6000	＞6000	
地质条件	有机质丰度 /%	＞2.0	2.0～1.0	1.0～0.5	＜0.5	0.50
	储集体岩性	砂岩、砂砾岩	碳酸盐岩	火成岩	变质岩	
	储层孔隙度 /%	＞12	12～8.0	8.0～5.0	5.0～2.0	
	封盖层岩性	盐岩、膏泥岩	泥岩、泥灰岩	粉砂质泥岩	致密岩性	
	成藏匹配关系	多期	同期	之后	之前	
勘探风险	油源供给程度	充足	中等	较低	不足	0.10
	勘探工程难度	较小	中等	较大	十分难	

表 7-5-3　重点盆地深层油气勘探三大重点领域一览表

领域	类型	区带	石油剩余地质资源量 /10^4t	天然气剩余地质资源量 /10^8m^3	盆地
深层海相碳酸盐岩	碳酸盐岩	川中德阳—安岳裂陷内震旦系—寒武系丘滩		15962.20	四川
		川中古隆起北斜坡—川北多层系		12400.00	
		德阳—安岳裂陷西侧灯影组岩溶		8500.00	
		川中古隆起东斜坡—川东多层系		7200.00	
		蜀南地区震旦系—寒武系多层系		6400.00	
		大巴山山前冲断带震旦系—寒武系		5250.00	
		鄂西裂陷西侧震旦系—寒武系有利区		4960.00	
		塔北隆起南部岩溶有利区	78470.00	3200.00	塔里木（台盆区）
		塔中隆起北斜坡岩溶有利区	17500.00	4500.00	
		温宿—柯坪凸起岩溶有利区	10000.00	2700.00	
		麦盖提斜坡岩溶有利区	7500.00	3600.00	

续表

领域	类型	区带	石油剩余地质资源量 / 10^4t	天然气剩余地质资源量 / 10^8m^3	盆地
深层海相碳酸盐岩	碳酸盐岩	榆林—靖边奥陶系礁滩叠合体		10136.20	鄂尔多斯
		鄂尔多斯盆地南部台缘多层系		7690.00	
		鄂尔多斯盆地西部台缘多层系		5450.00	
前陆冲断带下组合	前陆盆地	秋里塔格构造带砂岩（K）	13350.00	9750.00	塔里木（库车与塔西南）
		柯克亚—柯东构造带（K）	14200.00	6350.00	
		南缘中段下组合（K–J）	14480.00	11990.00	准噶尔
大型岩性地层	火山岩	徐家围子断陷		3120.50	松辽
		莺山—双城断陷		1790.00	
		长岭伏双大构造带		1235.00	
		德惠断陷		1245.67	
		克拉美丽—阜东火山岩（C）		3615.00	准噶尔
		条湖—马朗凹陷石炭系火山岩（C）	10760.00		三塘湖
	基岩、潜山	阿尔金山前构造带基岩（Mz）		4240.00	柴达木
	碎屑岩	廊固凹陷河西务	4742.60		渤海湾
		束鹿凹陷束鹿西斜坡	3730.00		
		武清凹陷大孟庄	3540.60		
		深县凹陷深西—何庄	2105.21		
		前进—荣胜堡构造带	8315.00		
		静安堡构造带	6390.00		
		大平房—葵花岛构造带	7411.00		
		歧口凹陷滨海斜坡带	45400.00		
		沧东凹陷斜坡带	18680.00		
		南堡凹陷南斜坡	18179.00		
		玛湖二叠系砂砾岩（P_{2-3}）	100300.00		准噶尔
		冷北斜坡区侏罗系（J）		3454.00	柴达木
		鲁克沁弧形带砂砾岩（T—P）	25000.00		吐哈
源内页岩层系	陆相页岩油	玛湖凹陷页岩油（P_1f）	113500.00		准噶尔
		环英雄岭构造带古近系页岩油（E）	201400.00		柴达木

3. 有利区带勘探重点攻关方向

1）深层海相碳酸盐岩

深层海相碳酸盐岩增储潜力 $1.2\times10^{12}m^3$ 以上，近期应瞄准四川、塔里木、鄂尔多斯三大盆地的川中德阳—安岳裂陷内震旦系—寒武系丘滩、榆林—靖边奥陶系、塔中隆起北斜坡岩溶、塔北隆起南部岩溶等有利勘探区带重点攻关。

2）前陆冲断带下组合

前陆冲断带下组合的现实领域包括克拉—克深、博孜—大北、英雄岭构造带等；接替领域包括南缘中西段下组合、中秋—东秋、川西北等；探索领域包括塔西南山前、大巴山前、准西北掩伏带等。近期应瞄准准噶尔南缘中段下组合（K—J）、塔里木秋里塔格构造带砂岩及柯克亚—柯东构造带白垩系开展重点攻关。

3）大型岩性地层

大型岩性地层领域涵盖松辽、渤海湾、准噶尔、柴达木、吐哈、三塘湖五大盆地20个有利区带，剩余深层资源以油为主，未来增储潜力 19.5×10^8t。近期应该瞄准准噶尔盆地玛湖二叠系砂砾岩（支东明等，2018）、渤海湾盆地歧口凹陷滨海斜坡带、沧东凹陷斜坡带、吐哈盆地鲁克沁弧形带砂砾岩（T—P）等开展重点攻关（图7-5-5、图7-5-6）。

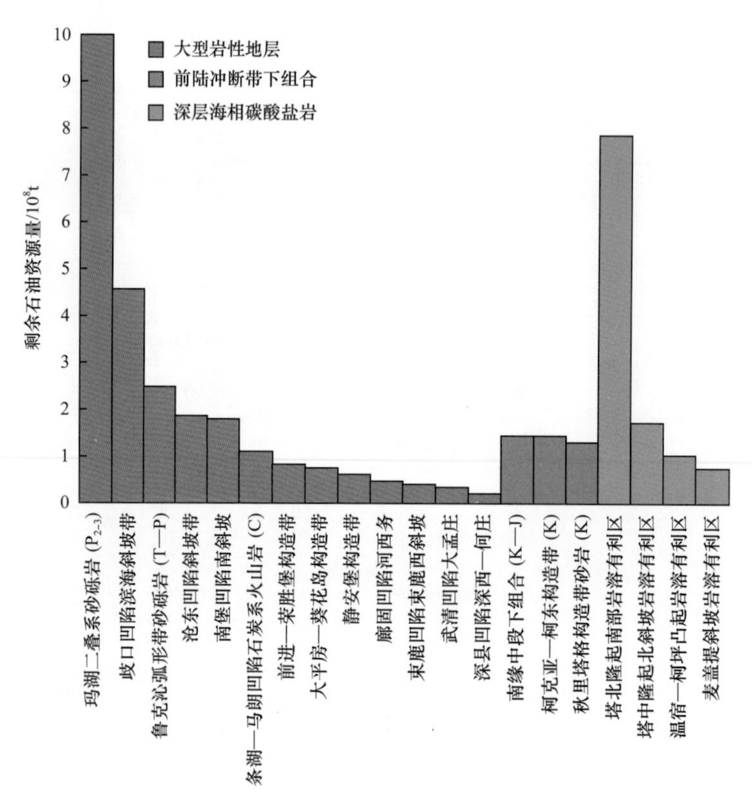

图7-5-5 三大领域（岩性地层、前陆冲断带、碳酸盐岩）深层有利区剩余石油资源直方图

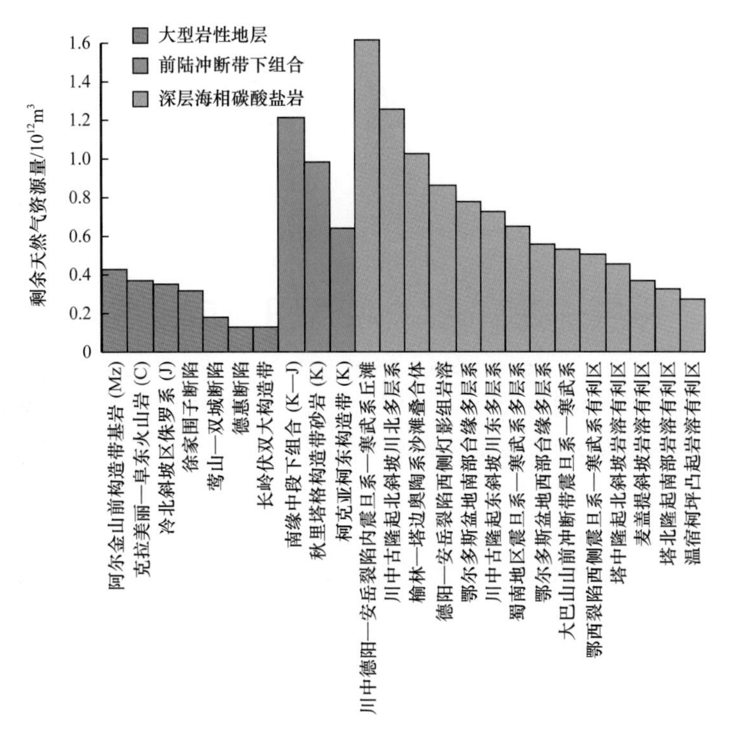

图 7-5-6　三大领域（岩性地层、前陆冲断带、碳酸盐岩）深层有利区剩余天然气资源直方图

第八章　深层—超深层油气勘探实践

第一节　深层—超深层大油气田形成条件与勘探方向

克拉通盆地深层—超深层古老含油气系统具有发育年代老、时间跨度大、含油气层系多等特点。这些特点决定了其油气成藏过程复杂，经历了多期复杂构造运动的改造，且烃源岩普遍处于高—过成熟阶段，主生烃期相对较早，大油气田形成及持久保存要求条件苛刻，通过系统梳理总结，认为深层—超深层古老层系大油气田形成条件包括以下四点，即优质源灶是大油气田形成的物质基础，复合输导是油气运聚的关键途径，岩性圈闭群是油气大面积规模富集必要条件，继承性古隆起、构造枢纽带和走滑断裂带是大油气田有利分布区。

一、优质源灶是古老层系大油气田形成的物质基础

四川、塔里木盆地勘探实践及研究均表明，深层—超深层古老含油气系统油气成藏仍遵循“源控论”，源灶的规模和品质对大油气田形成的控制作用比中浅层表现得更为明显，这主要是由于古老含油气系统往往经历了多期构造活动，具有跨构造期成藏的特点，长期油气散失和破坏作用十分显著。因此规模、优质的烃源岩对深层大油气田的形成至关重要，是弥补漫长地质过程中油气大量散失后仍能规模成藏的物质基础。

优质源灶是深层—超深层古老层系大油气田形成的物质基础，主要有3个方面的内涵：（1）烃源岩品质的优越性。元古宇—下古生界烃源岩有机质类型好，基本都为Ⅰ—Ⅱ$_1$型有机质，但有机质丰度差别大，要具备大规模生烃的能力，就要求发育高TOC的优质烃源岩段，并且厚度和分布范围有规模。（2）源储配置的有效性。只有近邻供烃中心或由断裂、不整合构成的高效输导体系沟通的规模优质储层，才能形成规模油气藏，保证在经历漫长地史过程仍有较高的油气充满度。（3）源灶类型的多样性和生烃时限的接替性。高有机质丰度的海相烃源岩在“生油窗”可生成大量原油，部分运移至储层中聚集形成古油藏，部分则滞留在烃源层内形成源内滞留液态烃，另有一部分分散在运移通道内形成源外分散液态烃；不同赋存状态的液态烃在高演化阶段裂解大量生气，可在晚期对气藏持续供气，有利于气藏的持续保存。

1. 克拉通深层—超深层古老层系发育多套优质烃源岩

四川盆地南华系—下古生界发育大塘坡组、陡山沱组、下寒武统麦地坪组—筇竹寺组和上奥陶统五峰组—下志留统龙马溪组4套优质烃源岩，为四川盆地深层—超深层古老层系大油气田形成奠定了物质基础（表8-1-1）。大塘坡组优质烃源岩厚0～30m，平均

TOC 高达 2.53%，主要分布在渝东南—鄂西和贵州一带，在四川盆地内南华纪裂陷区也可能发育；陡山沱组优质烃源岩厚 0～80m，平均 TOC 高达 2.91%，主要分布在川西北、川东北及鄂西地区；筇竹寺组优质烃源岩厚数米至 290m 不等，在中上扬子地区广泛分布；五峰组—龙马溪组优质烃源岩厚度主要在 5～90m 之间，分布在川东、蜀南、川北至鄂西广大地区。

表 8-1-1 三大克拉通盆地中新元古界—下古生界烃源岩发育特征统计表

盆地	层系		TOC/%	有机质成熟度 /%	烃源岩厚度 / m	TOC＞2.0% 优质烃源岩厚度 /m	生气强度 / $10^8m^3/km^2$	主要分布地区
四川	上奥陶统—下志留统	五峰组—龙马溪组	0.5～9.9/2.28	2.0～4.0	15～250	5～90	10～110	川东、蜀南、川北及鄂西地区
	下寒武统	筇竹寺组	0.5～8.49/1.95	1.84～5.0	150～450	2～290	20～160	全盆地
		麦地坪组	0.52～4.00/1.68	2.23～2.42	50～100	3～60	10～40	裂陷区
	震旦系	灯三段	0.50～4.73/0.87	3.16～3.21	5～30		6～12	川中—川北
		陡山沱组	0.50～14.17/2.91	2.08～3.82	5～250	0～80	5～50	川西北、川东北及鄂西地区
	南华系	大塘坡组	0.5～8.5/2.53	2.2～4.6	20～90	0～30	5～20	渝东南—鄂西，盆内裂陷区可能发育
塔里木	奥陶系	黑土凹组 / 萨尔干组	0.5～7.62/2.39	1.2～3.5/2.5	25～50	10～30		塔东
	下寒武统	玉尔吐斯组	0.5～20	1.3～4.0/2.7	10～160	5～100		阿瓦提—满西、麦盖提、满加尔
	震旦系	水泉组 / 育肯沟组	0.5～3.67	1.21～4.0	预测厚度 30～150m			盆地东部
	南华系	阿勒通沟组、特瑞爱肯组	0.5～2.0		预测厚度 100～300m			盆地东部
鄂尔多斯	长城系		0.2～0.95	2.0～3.0	预测厚度 30～100m		5～10	盆地西部、南部

注：0.5～9.9/2.28 为“数值范围 / 平均值”。

塔里木盆地中新元古界—下古生界主要发育下寒武统玉尔吐斯组 / 西大山组和奥陶系黑土凹组 / 萨尔干组两套优质烃源岩。玉尔吐斯组烃源岩预测厚度在 10～160m 之间，优质烃源岩厚 5～100m，主要分布在阿瓦提—满西、麦盖提、满加尔 3 个沉积凹陷。黑土凹组 / 萨尔干组烃源岩厚 25～50m，优质烃源岩厚 10～30m，分布局限，主要分布在满加尔凹陷和塔西北部分地区。南华系、震旦系在盆地外围露头区少量样品 TOC 达 2.0% 以上，预测在盆地内部南华系—震旦系裂陷区可能发育优质烃源岩。鄂尔多斯盆地内桃 59、济探 1 井揭示长城系发育暗色泥页岩，但分析结果显示其 TOC 整体不高，是一套潜在烃源岩，在长城系裂陷中心区可能发育 TOC 较高的泥岩烃源岩。

2. 筇竹寺组优质源灶控制川中万亿立方米大气区形成

1）筇竹寺组厚层优质烃源岩为川中大气区形成奠定基础

下寒武统麦地坪组—筇竹寺组烃源岩是上扬子地区发育厚度最大、分布范围最广的一套优质烃源岩，是四川盆地震旦系—寒武系安岳大气田的主力气源岩（杜金虎等，2016；魏国齐等，2015）。筇竹寺组发育德阳—安岳裂陷区、川北苍溪—通江、川东北城口—镇巴和鄂西裂陷区等 4 个规模优质源灶（图 8–1–1），灯影组和龙王庙组储层沥青点基本位于或紧邻筇竹寺组优质源灶分布。这些沥青点反映震旦系—寒武系曾存在 5 个大型古油藏群，即川中古隆起区、蜀南—川东南、川北—陕南和鄂西裂陷两侧古油藏群，而筇竹寺组 4 大规模优质源灶则控制了上述 5 个大型古油藏群发育与展布。川中安岳特大型大气田则位于川中古隆起大型古油藏分布区范围内，目前在灯二段、灯四段和龙王庙组天然气已累计探明地质储量约 $1.15\times10^{12}m^3$，形成了万亿立方米大区。在川中古隆起北斜坡，蓬探 1 井在灯二段，角探 1 井在寒武系沧浪铺组、二叠系茅口组测试均获得高产工业气流，围绕川北优质源灶，古隆起北斜坡有望形成又一个万亿立方米大气区。

川中安岳大气田的形成得益于德阳—安岳裂陷区和川北苍溪—通江两大优质源灶双向供烃的贡献。德阳安岳裂陷区内高石 17 井、蓬探 1 井揭示麦地坪组—筇竹寺组烃源岩厚 200～450m，TOC 大于 2.0% 的优质烃源岩厚 100～250m，是邻区 3～4 倍；累计生气强度在中心区可达 60×10^8～$160\times10^8m^3/km^2$，是邻区 2～3 倍。川北地区筇竹寺组烃源岩厚 150～400m，优质烃源岩厚 100～200m，累计生气强度在中心区可达 50×10^8～$100\times10^8m^3/km^2$。高石梯—磨溪地区地质历史时期长期处于继承性发育的川中古隆起构造高部位，是油气运移的指向区，同时又紧邻两大优质源灶，烃源条件得天独厚。

2）良好的源储组合关系保障油气高效充注

规模优质的源灶为安岳特大型气田的形成提供了物质基础，而良好的源储配置关系又为油气的高效充注提供保障。在川中古隆起高部位，筇竹寺组可向灯影组双向供烃，具体表现为两种形式：平面上表现为油气由西、北两个方向高石梯—磨溪地区灯影组、龙王庙组储层运聚；垂向上裂陷内筇一段巨厚优质烃源岩与灯影组台缘丘滩储层侧向直接对接，油气侧向运移进入灯二段、灯四段储层并通过顶部不整合面和高孔渗层侧向远距离运移，进而在灯影组大面积成藏。在裂陷区和台地内（灯影组沉积时期为台地）筇二段优质烃源岩既可向下伏灯四段供烃，同时也可通过断裂、微裂缝等向上覆沧浪铺组和龙王庙组等颗粒滩储层供烃。

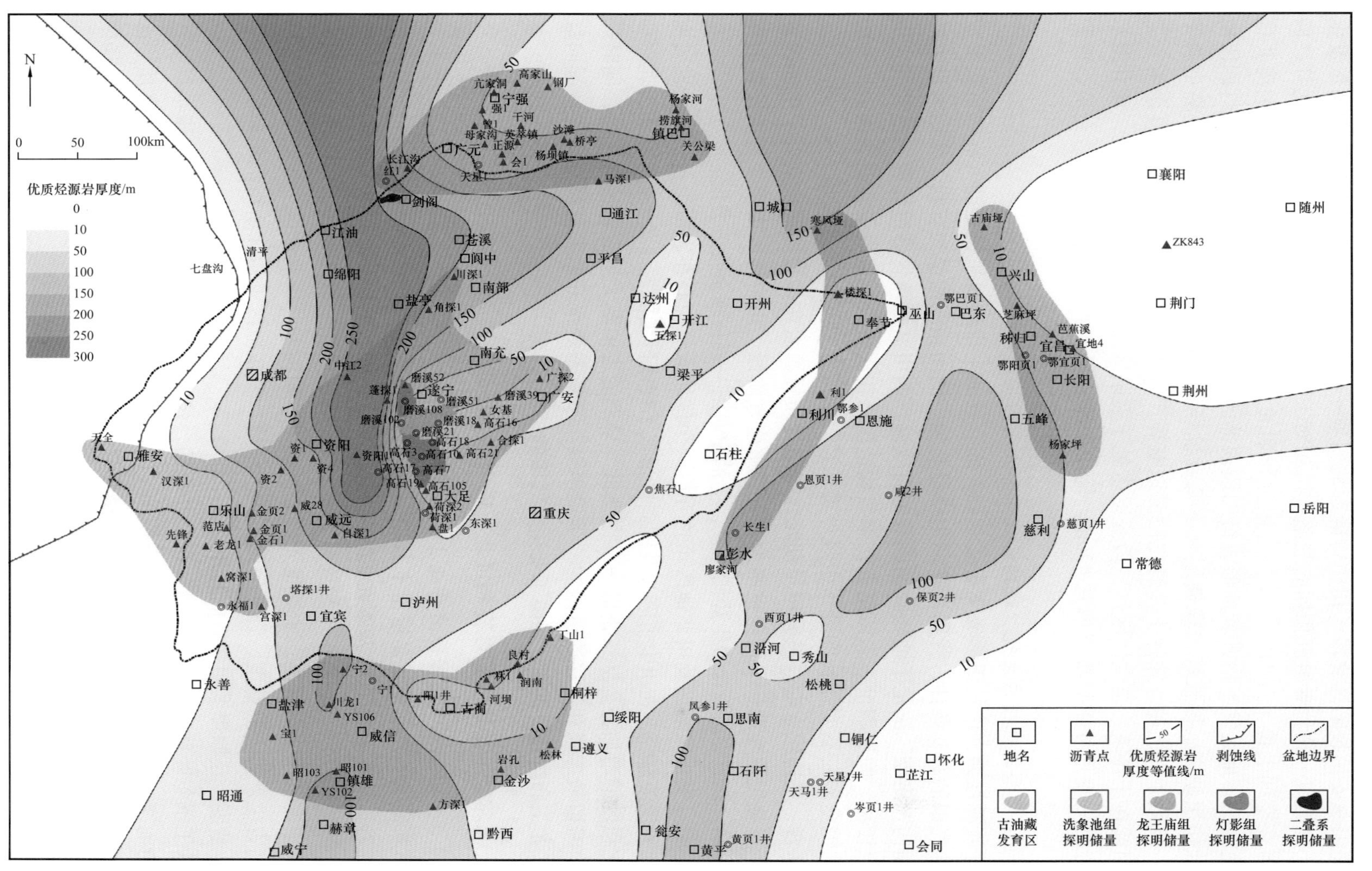

图 8-1-1 四川盆地筇竹寺组优质烃源岩厚度与震旦系—寒武系已发现气田、古油藏叠合图

德阳—安岳裂陷区北段（川中古隆起北斜坡—川北），灯二段、灯四段台缘带发生迁移，灯四段—筇竹寺组沉积期的裂陷范围相对于灯二段沉积期明显扩大，因此灯二段丘滩体在空间上位于灯四段—筇竹寺组沉积期的裂陷内。灯影组沉积末期的桐湾Ⅱ幕运动使上扬子地区发生抬升剥蚀形成灯四段顶部的不整合面，裂陷区灯三段—灯四段由于侵蚀作用缺失，导致灯二段储层与下寒武统烃源岩直接接触，形成源内包裹型源储组合，成藏条件优越。蓬探1井灯二段测试获高产气流，解释气层厚度达120余米，主要原因就在于蓬莱—金堂地区灯二段丘滩带处于裂陷区筇竹寺组优质源灶区，该井揭示筇竹寺组—麦地坪组烃源岩厚达470m，优质烃源岩厚200余米，油气供给充足，近源成藏。

3）多类型源灶接力生气、晚期充注保障大气田持续保持

优质源灶为大油气田形成奠定了基础，而有效的生排烃时机也是油气高效富集形成大型油气田的必要条件，特别是晚期生排烃与油气圈闭相匹配最为有利。晚期大量生烃与晚期构造定型，决定了油气晚期成藏的有效性。四川盆地筇竹寺组烃源岩尽管进入生烃门限较早，晚奥陶世—志留纪末在多数构造区已初次生烃，但由于海西期构造抬升的影响，泥盆纪—石炭纪长期处于生烃停滞阶段，直至二叠纪时再次深埋发生二次生烃。总体来看，奥陶纪末期—三叠纪早期筇竹寺组优质烃源岩在多数地区长期处于生油窗范围内；三叠纪中晚期—早白垩世则为大量裂解生气阶段，川中地区由于受持续发育的古隆起影响，筇竹寺组烃源岩生烃则更晚，生油窗时限一直持续至晚三叠世。

德阳—安岳裂陷区及川北地区筇竹寺组两个优质源灶中心在志留纪—早三叠世时期生成的大量液态烃，在川中古隆起及围斜区形成了规模巨大的古油藏（群）；随着埋深和热演化程度的增加，至早三叠世—早白垩世，早期的古油藏大量裂解形成气藏，同时烃源岩内滞留液态烃和运移通道内的“半聚半散”型液态烃也开始大量裂解，并持续向灯影组、龙王庙组储层供气，保障了安岳大气田的持续保存。

3. 玉尔吐斯组优质源灶控制塔北、塔中两个十亿吨级大油气区形成

1）玉尔吐斯组优质烃源岩存在3个厚度中心

下寒武统玉尔吐斯组是塔里木盆地深层—超深层古老层系分布最广、品质最优的一套烃源岩，单井平均TOC基本在2.0%以上，厚度在数米至数十米不等（图8-1-2）。轮探1、旗探1、塔东2、塔东1和英东2等5口井显示柯坪—塔北地区玉尔吐斯组烃源岩有机质丰度比塔东地区高；主微量元素分析结果表明柯坪—塔北地区玉尔吐斯组沉积环境为高古生产力、高盐度、强还原的半局限环境，塔东地区玉尔吐斯组沉积环境为古生产力、盐度、还原程度相对略低的开阔海洋环境。

基于玉尔吐斯组沉积环境的认识，井震结合建立玉尔吐斯组烃源岩受控于半局限浅海且与前寒武裂陷槽密切相关的地质模型（图8-1-3、图8-1-4）。玉尔吐斯组优质烃源岩发育在半局限浅海中，裂陷槽中心处烃源岩厚度有所增加，边部减薄。半局限—局限环境的可能原因是奇格布拉克组台缘带高地貌的障壁作用，玉尔吐斯组烃源岩主要分布在震旦系顶地貌低部位，局部潟湖相区烃源岩发育条件最好。

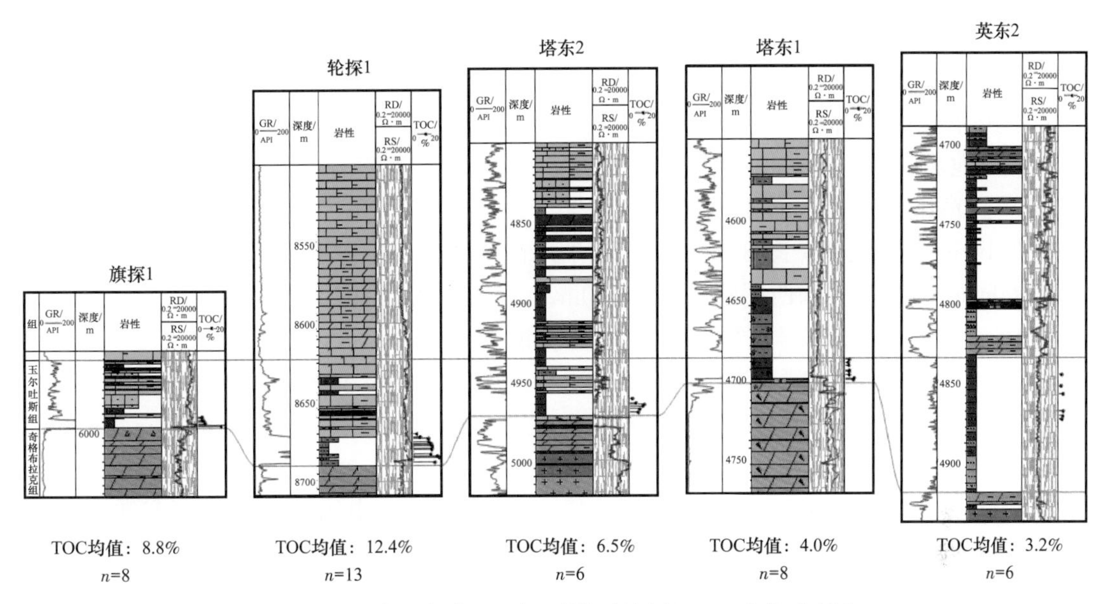

图 8-1-2 塔里木盆地玉尔吐斯组烃源岩 TOC 连井对比图

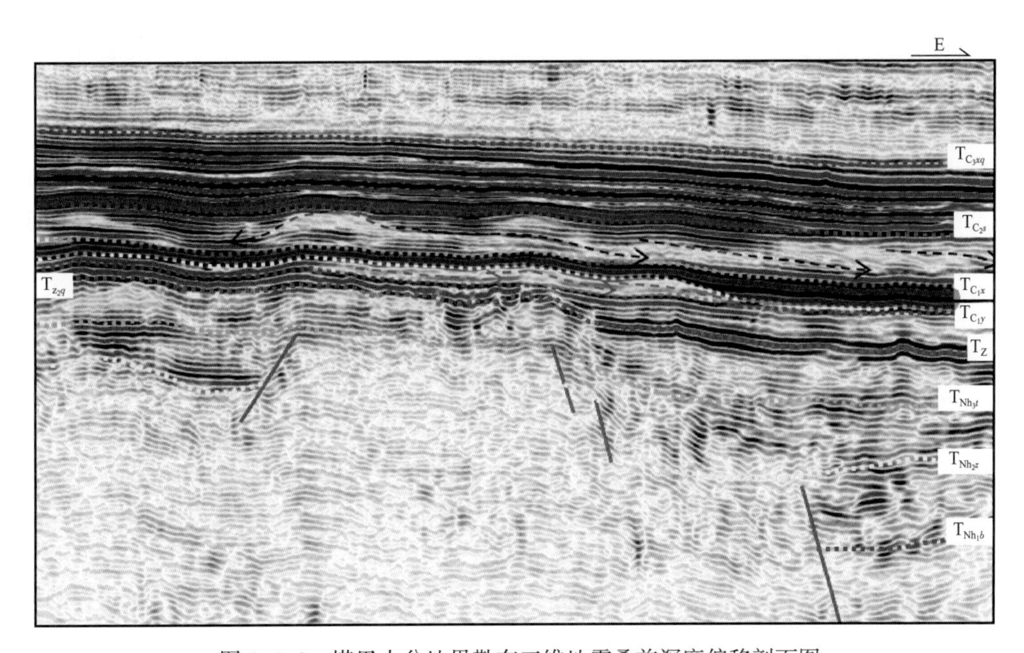

图 8-1-3 塔里木盆地果勒东三维地震叠前深度偏移剖面图

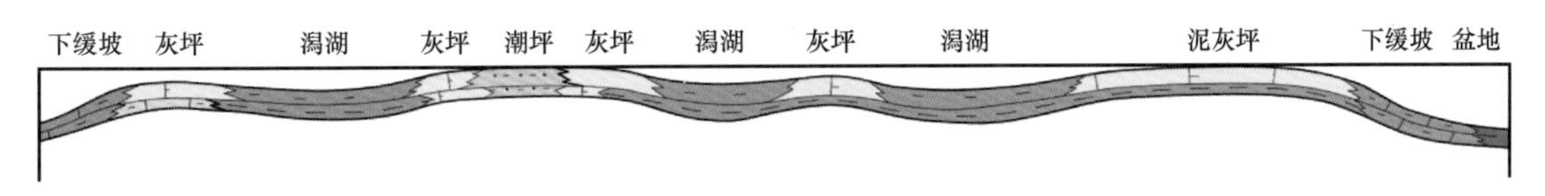

图 8-1-4 塔里木盆地玉尔吐斯组沉积模式图

塔里木盆地内玉尔吐斯组烃源岩厚度分布范围长期以来一直是勘探研究的重点与难点，果勒东地区叠前深度偏移高精度三维地震资料显示玉尔吐斯组在盆地西部厚度并不均匀，呈现出两个特点：一是玉尔吐斯组加厚区对南华系裂陷槽具有一定的继承性；二是在震旦系丘滩体之上玉尔吐斯组减薄，在上震旦统丘滩体间玉尔吐斯组加厚，据此建立了玉尔吐斯组解释模型。基于玉尔吐斯组新的发育环境地质模型指导和精细的二维、三维地震解释，进一步刻画了玉尔吐斯组烃源岩分布。玉尔吐斯组烃源岩分布面积达 $30.5\times10^4km^2$，主要分布于阿瓦提—满西、麦盖提与满加尔三大沉积凹陷，预测区域厚度在 10～160m 之间（图 8-1-5）。在满加尔凹陷区预测玉尔吐斯组优质烃源岩厚度在 10～100m；阿瓦提—满西凹陷厚 10～160m，大于以往认为的 10～30m；塔西南坳陷厚度在 10～30m，但该坳陷烃源岩落实程度还较低。

2）玉尔吐斯组优质源灶控制塔中、塔北两个 10 亿吨级大油气区形成与展布

塔里木盆地深层古老层系已发现油气田主要集中于奥陶系，主要分布在塔北古隆起和塔中古隆起，形成了塔北、塔中两个十亿吨级大油气区。在塔北地区，中国石油已探明地质储量分别为原油 4.37×10^8t、天然气 $846.6\times10^8m^3$；中国石化在塔河和顺北地区原油探明地质储量为 14.5×10^8t；在塔中地区中国石油已提交探明地质储量分别为原油 2.19×10^8t、天然气 $3941\times10^8m^3$，落实三级储量 9.20×10^8t 油当量。除上述两大油气区外，巴楚凸起斜坡区还发现了和田河、玉北等中小型油气田。

从奥陶系已发现油气田和玉尔吐斯组烃源岩分布来看，塔北、塔中两大油气区形成与分布受控于满加尔和阿瓦提—满西两大优质源灶。塔北大油气区直接坐落于玉尔吐斯组优质源灶之上，玉尔吐斯组生成的油气通过走滑断裂垂向运移至奥陶系多个储层段富集，形成了一系列的风化壳岩溶油气藏和断溶体油气藏。塔中大油气区则紧邻满加尔和阿瓦提—满西两大优质源灶，坳陷区优质烃源岩生成的油气首先通过不同级次走滑断裂垂向运移至奥陶系储层中，再通过多期的不整合面侧向运移至塔中古隆起的高部位聚集。

3）玉尔吐斯组优质源灶控制寒武系盐下油气富集成藏

寒武系盐下肖尔布拉克组、吾松格尔组储层含油气性同样与玉尔吐斯组优质烃源岩展布密切相关，目前寒武系盐下已钻 21 口探井，其中获得工业油气流的轮探 1 井、柯探 1 井均位于玉尔吐斯组烃源岩发育区；中深 1 井则紧临玉尔吐斯组生烃中心；柯坪—巴楚隆起上由于玉尔吐斯组烃源岩不发育，该地区钻探的 14 口井在寒武系盐下领域均未获发现（图 8-1-5）。

轮探 1 井在寒武系盐下测试获原油 $133.46m^3/d$、天然气 $4.87\times10^4m^3/d$，取得寒武系盐下勘探重大突破。该井玉尔吐斯组黑色页岩厚约 26m，TOC 平均为 3.6%，烃源岩品质好，生产的油气通过裂缝或孔渗层运移至上覆的肖尔布拉克组、吾松格尔组白云岩储层中聚集成藏［图 8-1-6（a）］，中寒武统含膏盐岩地层对油气起到良好的封盖作用。柯坪地区柯探 1 井（京能）在盐下吾松格尔组测试折算日产气 $40\times10^4m^3$，尽管该井未钻穿玉尔吐斯组，但该地区露头剖面显示玉尔吐斯组发育优质烃源岩，厚度在 20～30m 之间，TOC 分布在 2.0%～20.0% 之间。玉尔吐斯组生成的天然气通过断裂和孔渗层运移至盐下白云岩中聚集，但由于该井位于盆地边缘，构造较为复杂并且保存条件较差，圈闭中天然气充注度不高，可能为遭受破坏的残余气藏［图 8-1-6（b）］。

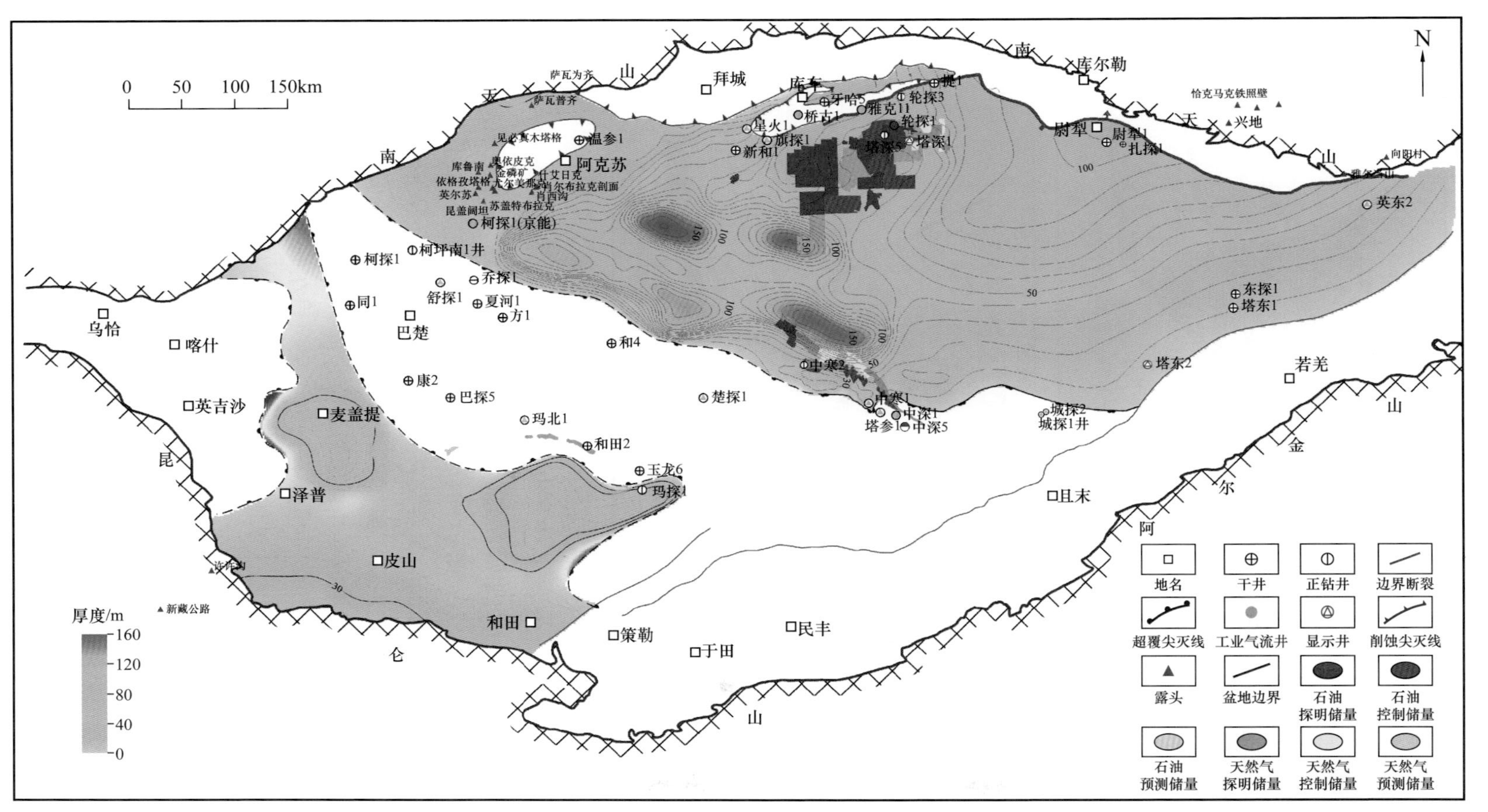

图 8-1-5　塔里木盆地玉尔吐斯组烃源岩厚度与震旦系—奥陶系已发现油气田叠合图

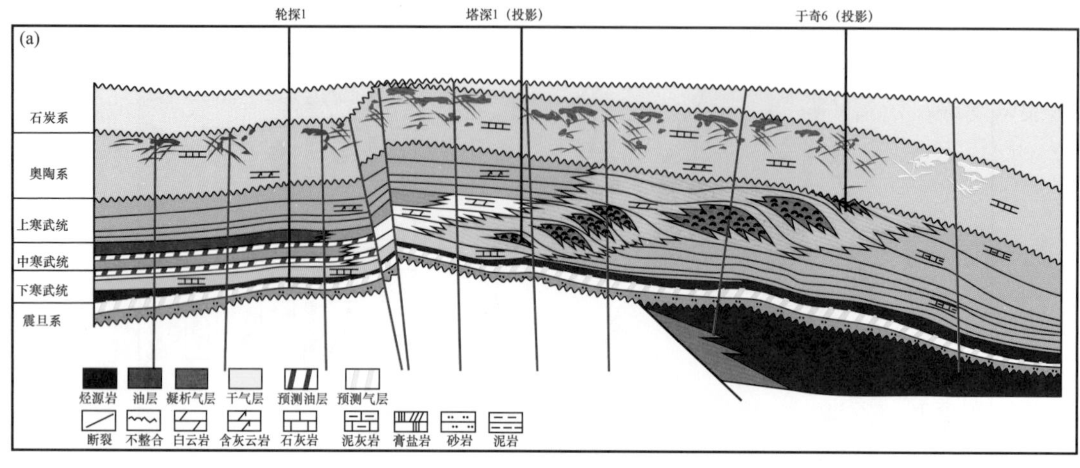

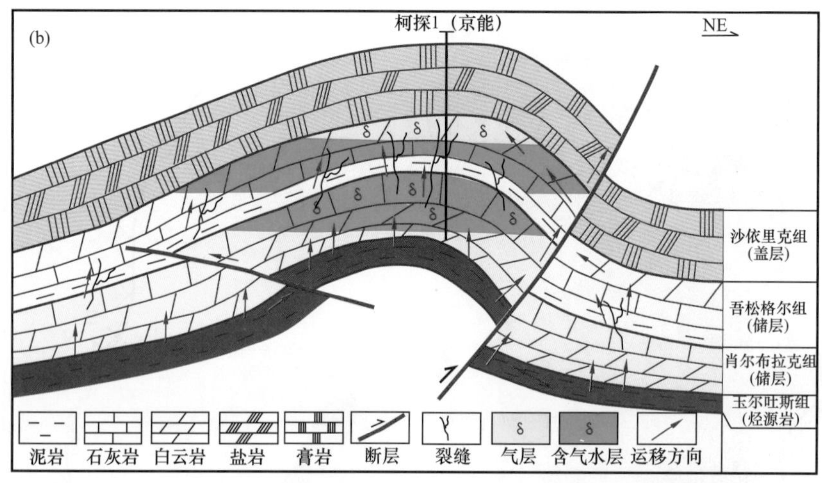

图 8-1-6 塔里木盆地轮探 1 井、柯探 1 井寒武系盐下成藏模式图

塔中隆起中深 1 井在寒武系盐下累计产油 110m^3，中深 5 井累计产油 74.95m^3，上述两口井虽未钻遇玉尔吐斯组烃源岩，但塔中地区紧邻满加尔和阿瓦提—满西两大源灶，坳陷区优质烃源岩生成的油气可通过断裂和孔渗层复合输导侧向运移至隆起区聚集成藏。中深 1 井更靠近北部的烃源岩发育区，离油气输送通道近，优先接受充注；而中深 5 井圈闭高点海拔略高，但远离源灶，后期源—储通道不畅造成充注效果较中深 1 井差。中深 1 井阿瓦塔格组和中深 5 井吾松格尔组为低成熟湿气，天然气甲烷碳同位素小于 −44.7‰，凝析油碳同位素偏轻，是玉尔吐斯组烃源岩在低—中成熟阶段的产物；中深 1C 井、中深 1 井肖尔布拉克组为过成熟干气，天然气甲烷碳同位素重于 −42.5‰，凝析油碳同位素偏重，可能属于玉尔吐斯组烃源岩高—过成熟阶段的产物。

二、复合输导是油气运聚的关键途径

1. 通源断裂和裂缝是输导体系的核心

断裂系统是含油气盆地重要的成藏要素，对圈闭形成、油气成藏具有多重控制作用，国内塔里木盆地已发现多个“断溶体”大油气田。四川盆地中西部地区海相层系主要可见3类断裂：同沉积断裂为晚期发育的近南北、北西向多组断裂，主要发育于德阳—安岳裂陷周缘；走滑（张扭性）断裂主要发育于川中—北斜坡区及威远—资阳地区，发育北东向、近东西向及北西向3个方向断裂，分布范围不同；冲断前缘逆断层主要发育于龙门山前、大巴山前冲断带及前陆凹陷地区。

川西坳陷北段垂向输导系统以印支期—喜马拉雅期形成的逆冲断层为主，主要包括北川—映秀断裂（F_2）、马角坝断裂（F_3）及隐伏断裂的构造特征，以及主干隐伏断裂—①号断裂。F_2、F_3和①号断裂产状较为一致，倾向为北西向，走向为北东—南西向。从龙门山北段构造特征来看，前山带以逆冲推覆变形为主，地面出露泥盆系基底地层，自北西往南东方向依次发育青川断裂、北川—映秀断裂、马角坝断裂及①号、②号、⑩号断裂等大型逆冲推覆断裂，这些断裂成为沟通寒武系烃源岩与上古生界储层的通源断裂。

川西北部地区位于震旦系—早寒武统的裂陷分布区内，区内发育多套烃源岩，具有良好的生烃潜力。龙门山地区发育的通源断裂（①号、②号、⑩号）在烃源岩的生烃高峰期（印支期）处于活动的状态，为油气从深层向浅层运移提供了烃源通道（图8-1-7），使上古生界储层与下古生界优质烃源岩沟通，这些作为烃源通道的通源断裂是控制油气成藏的重要条件。

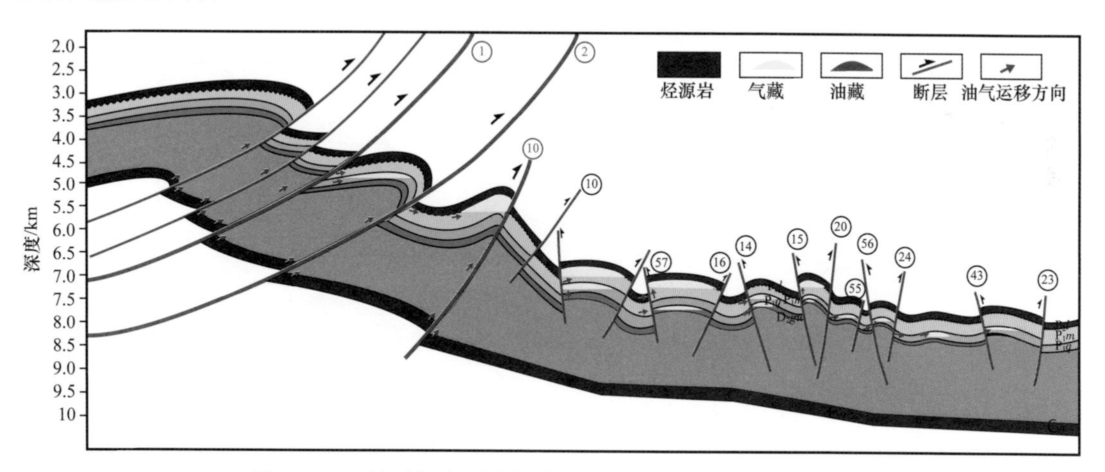

图8-1-7　川西北地区泥盆系—二叠系油气运移成藏模式图

四川盆地中西部地区二维、三维地震剖面均显示广泛发育一套走滑断裂系统，部分断裂自震旦系断至二叠系，部分只错断局部地层。该套走滑断裂剖面上主要表现为高陡直立断层、花状构造、“Y”形与反“Y”形断层三种构造样式；平面上主要表现为线性延伸、雁列状、斜列状、羽状4种构造样式。在磨溪—高石梯地区断裂带走向以南北向、北西—南东向、北东—南西向、东西向为主（图8-1-8），同时存在大型花状断裂、平行或斜交高角度走滑断裂和伴生帚状断裂，断裂均以高角度为主，部分近似直立，走滑花状特征明显。

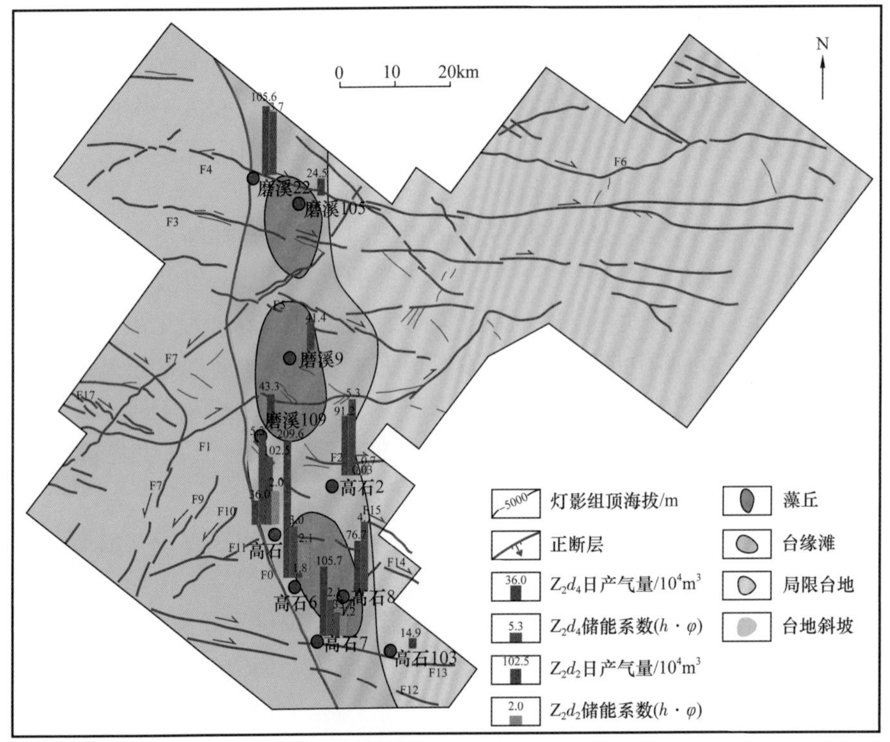

(a) 灯影组断层与油气井叠合图

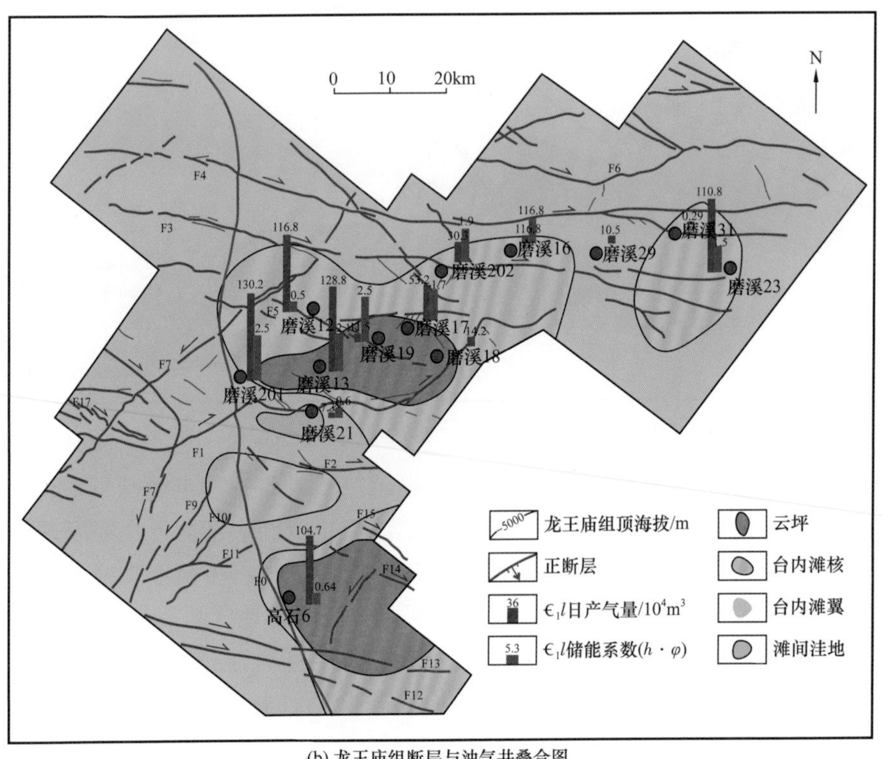

(b) 龙王庙组断层与油气井叠合图

图 8-1-8 高磨地区深层—超深层古老层系输导体与油气叠合平面分布图

川中地区走滑断裂的发育对于该区天然气成藏具有重要的意义，一方面，区内广泛发育的断层沟通了烃源岩与震旦系灯影组、寒武系龙王庙组及二叠系多套源储组合，下寒武统优质烃源岩生产的油气沿断裂垂向运移，形成川中地区震旦系—古生界多层系含气的局面。另一方面断层的发育有助于改善储层物性，断层作用产生的裂缝不仅有利于提高储层渗透性，而且有利于大气淡水向下淋滤形成溶蚀孔洞，或酸性热液流体沿断裂上涌导致裂缝扩溶。龙王庙组断裂伴生的高角度裂缝发育，这些高角度裂缝改善了储层整体渗流能力，提升了孔渗性，而高产气井的分布也与储层的孔渗密切相关。不同级次的断裂切割不整合面与高孔渗层，在三维空间可形成网状复合输导系统，对油气的运移与富集高产至关重要，目前的钻井也证实了这一点，高磨地区大量钻井在震旦系—寒武系获得高产工业气流，这些产气井的分布与断裂关系密切，震旦系灯影组主要产气井均分布在贯穿南北的 F0 大断裂台地一侧。

2. 不整合和高孔渗层控制横向输导

灯二段和灯四段顶面发育区域性不整合面，其中以灯四段在盆地西部和南部的大范围缺失最具代表性，藻云岩叠加岩溶作用形成高效输导层，油气通过不整合面与孔隙层横向运输，并在适宜的圈闭中聚集成藏。高石 19 井—磨溪 22 井连井剖面显示灯四段气柱高度可达 659m（图 8-1-9），成藏规模之大离不开不整合的贡献。磨溪 202 井和磨溪 16 井日产天然气 $30\times10^4m^3$ 和 $11\times10^4m^3$，连井地震波阻抗反演剖面显示井间龙王庙组储层孔隙层的输导性很好。除此之外，磨溪 8 井、磨溪 19 井和磨溪 10 井连井地震孔隙度反演剖面也证明了孔隙层连通性好的特点。其中，磨溪 8 井和磨溪 10 井日产天然气可达 $100\times10^4m^3$ 以上，孔隙层的连通性为油气的输导提供了良好的条件。川中磨溪主体构造龙王庙组钻井测试成果充分证明了孔隙层的连通性对于油气输导的提升效果。

栖霞组顶部优质孔隙层与茅口组顶部不整合面在川西北地区分布稳定，为油气侧向大范围、长距离运移的良好通道。这也是川西北上古生界最主要的横向输导系统。油气经过断层进入不整合面与孔隙层，并在有利圈闭区聚集成藏。例如：栖霞组白云岩储层厚度越大，横向输导性更好，日产气量更高。因此，不整合与孔隙层的横向输导性是控制油气成藏规模与成藏部位的核心（图 8-1-10）。双鱼石地区泥盆系观雾山组几口主要探井多位于潮间泥藻坪相带，水体能量较低，泥质含量相对较高，造成储层孔隙度相对较低、非均质性强，并且储层厚度相对较薄，导致观雾山组储层横向输导性较差，产量普遍不高。

3. “横向主输、区域成藏，纵向主输、立体成藏”输导体系模式

四川盆地震旦系—三叠系，以及塔里木盆地震旦系—奥陶系海相层系输导系统及对油气充注成藏的控制作用，总体上表现为“横向主输、区域成藏，纵向主输、立体成藏”的特点（图 8-1-11）。当区域性的不整合面或大面积分布的高渗透层作为优势运移通道时，油气通常侧向远距离运移，跨区域大面积成藏，四川盆地灯二段、灯四

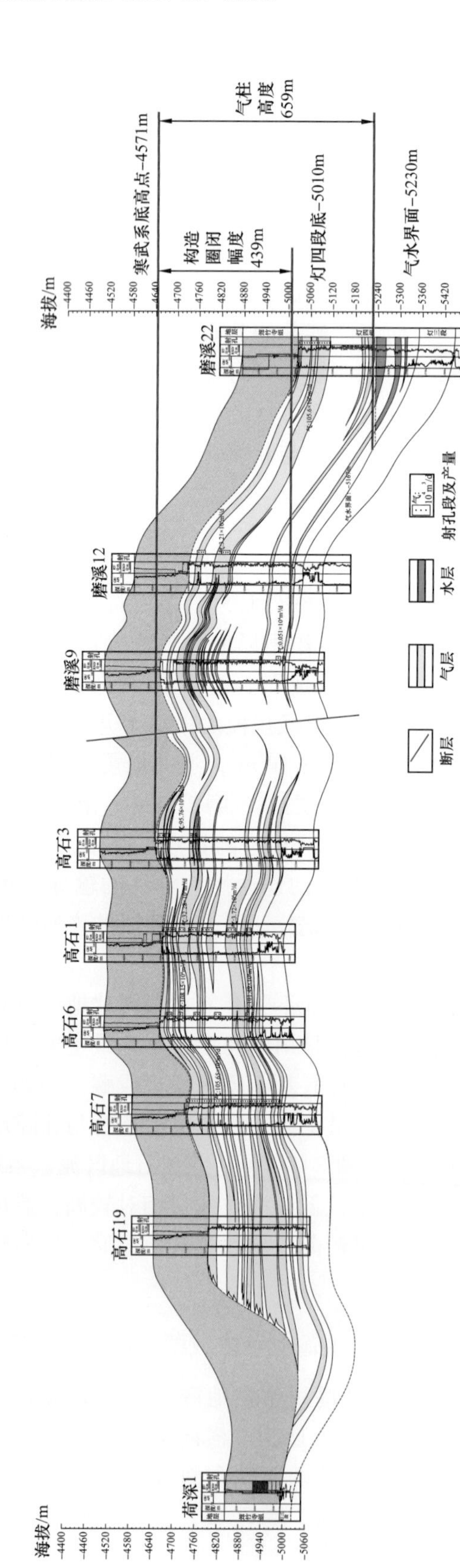

图 8-1-9　高石梯—磨溪地区高石 19 井—磨溪 22 井灯四段气藏剖面图

段气藏和塔里木盆地塔北隆起南斜坡奥陶系不同时期风化壳型岩溶油气藏聚即为此类。当不同性质的断裂作为油气运移优势通道时，则垂向远距离运移，跨构造层多层系立体成藏，如川中地区寒武系—二叠系各层位气藏，塔里木盆地阿满过渡带奥陶系断溶体油气藏。

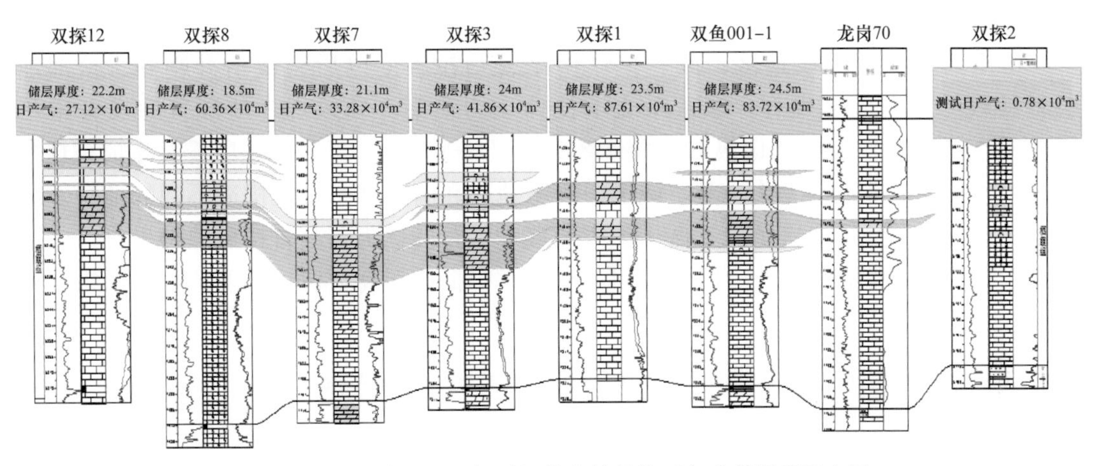

图 8-1-10 双鱼石地区栖霞组横向输导体系与成藏规模叠合图

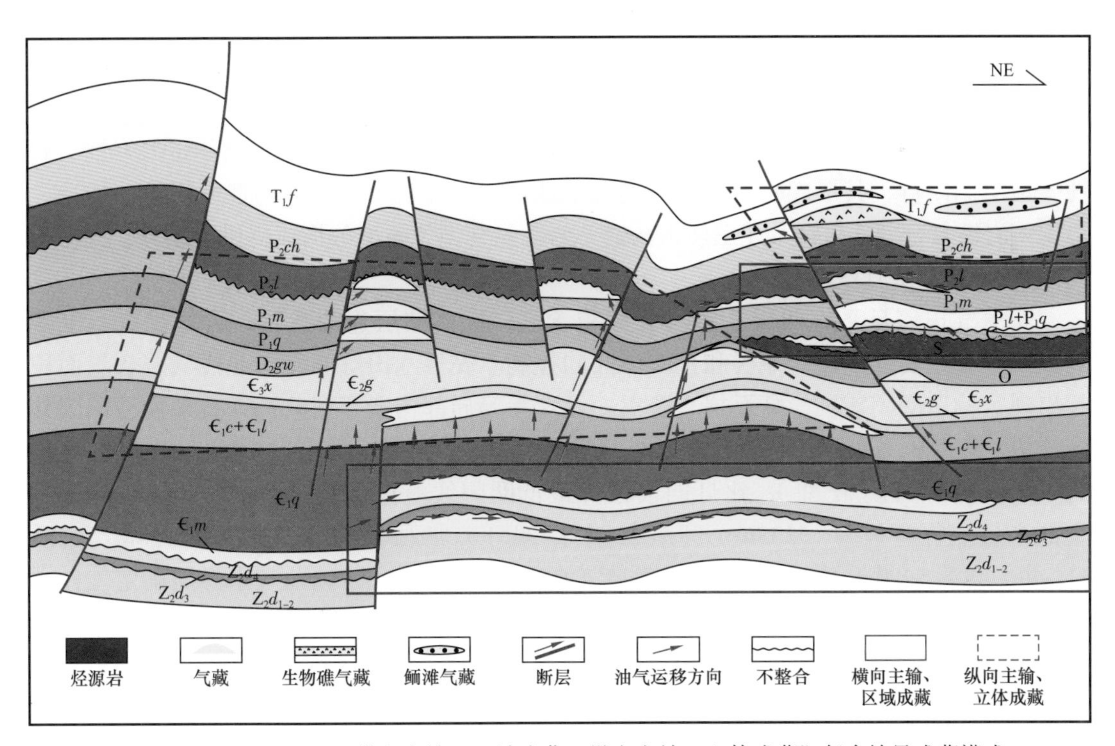

图 8-1-11 四川盆地“横向主输、区域成藏，纵向主输、立体成藏”复合输导成藏模式

现今纵横向输导体系的逸散性是控制油气藏持续保存的关键。高石梯—磨溪地区震旦系气藏为常压气藏，灯四段压力系数 1.06～1.14，灯二段压力系数 1.10 左右；龙王庙组气藏现今实测压力系数 1.53～1.69，现今仍处于超压状态。该地区主要的区域盖层为

下寒武统筇竹寺组泥岩，二叠系栖霞组、茅口组、龙潭组及长兴组部分超高压地层及中、下三叠统嘉陵江组和雷口坡组含高压膏盐岩层段；且茅口组二段至嘉陵江组二段，地层压力系数普遍在2.0以上，为超高压层段。高石梯—磨溪地区灯影组及龙王庙组油气从古至今成藏和保存都十分理想，其核心条件便是该区地层的岩性封盖和多级压力封盖的特性，即纵向输导体系无逸散性。

相比高石梯—磨溪地区，威远地区由于喜马拉雅期以后构造抬升剧烈、核部地层剥蚀较严重且断裂发育，寒武系之上流体压力泄漏，导致现今地层普遍发育常压（0.9～1.2）。威远—资阳地区纵向输导体系有很强的逸散性，导致该地区震旦系成藏规模小，而寒武系以上地层无法成藏。威远—资阳地区和高石梯—磨溪构造不同的地层多级压力和岩性封盖特性决定了该二区域油气成藏和保存的优劣，其直接反映结果是，威远构造灯影组气藏仅有约$400 \times 10^8 m^3$储量，成藏率很低；而高石梯—磨溪地区灯影组和龙王庙组气藏探明储量已超$1.1 \times 10^{12} m^3$，成藏效率极高。

三、岩性圈闭群是油气大面积规模富集必要条件

四川盆地、塔里木盆地勘探实践与已发现气藏特征解剖显示，深层—超深层古老含油气系统大油气田多具有岩性、构造—岩性、地层—岩性气藏的特征，岩性圈闭群是深层—超深层油气大面积规模富集的必要条件。

1. 四川盆地川中震旦系—寒武系气藏实例

川中古隆起持续发育的构造背景下，震旦系—寒武系形成了大面积分布的岩性、岩性—地层圈闭群，其形成时间早、后期继承性演化，为现今灯影组构造—岩性、构造—地层—岩性复合型气藏群及龙王庙组构造—岩性复合型气藏群的形成提供了条件。

1）安岳高磨灯四段气藏

安岳气田震旦系灯四段上亚段大面积含气，优质储层连片发育，含气性好，气藏的聚集分布主要受构造、地层和丘滩体共同控制。安岳气田灯四段上亚段气藏含气面积超出现今构造圈闭范围，高石梯、磨溪、龙女寺等局部构造存在共圈，震顶构造圈闭共圈线为–5010m，圈闭幅度达429m，共圈面积达$4471.5km^2$，实钻井气层底界最低海拔为–5239.5m（磨溪52井），比灯四段顶界最低圈闭线海拔–5010m低129.6m；测试证实的产层底界海拔为–5238m（磨溪52井），低于灯四段顶界最低圈闭线128m。磨溪111井、磨溪52井和磨溪22井综合确定气水界面为–5230m，以此气水界面确定气柱高度为560m，大于构造圈闭幅度（见图8–1–9）。以此气水界面圈定含气有利区，预测可达$7500km^2$，大于构造共圈面积，因此安岳气田灯四段气藏属于构造背景下的大型构造—地层—岩性复合圈闭气藏，古隆起、不整合面、丘滩体共同控制了天然气的聚集成藏与展布。

2）古隆起斜坡区蓬莱—中江灯二段气藏

蓬莱—中江地区位于川中古隆起北部斜坡带，同时也处于灯四段沉积期—早寒武世沉积期德阳—安岳裂陷范围内，目前有蓬探1井和中江2井钻遇灯二段，处于勘探初期。

蓬探1井钻遇前震旦系苏雄组火山岩，表明乐山—龙女寺古隆起北部斜坡带存在刚性火山岩基底，由于地层的应力作用，刚性基底周旁的塑性地层发生错动，在灯二段沉积期发育北西、北东向两组断层，形成系列垒堑结构、在断块高部位灯影组丘滩体发育，形成多个不同规模丘滩储集体。地震反射特征显示台缘丘滩带灯二段时差200ms，存在厚薄变化，灯二段顶界中等波峰反射，内部杂乱、丘状、亚平行反射；在丘滩体间存在台洼，灯二段时差160ms，灯二段顶界强波峰反射，内部下凹反射，与丘滩体存在较大的地震反射特征差异。同沉积断层形成古地貌洼地，相对高差达到50～100m。在灯二段沉积期，台洼内为较深水环境，表现出下凹的地震反射沉积特征，在丘滩体间发育岩性致密带，通过断控台洼致密带的封堵，形成多个独立的大型构造—岩性气藏。

蓬探1井测井解释灯二段气水界面海拔高度为–5539m，中江2井测井解释灯二段气水界面海拔高度为–6346m，二者气水界面海拔高差782.5m，没有统一的气水界面，具有典型的岩性气藏特征（图8–1–12）。蓬莱—中江地区灯二段气藏总体上具有北低南高的构造特征，受气水界面和断层等构造因素控制，上倾方向受岩性边界（台缘带、岩性致密带）封堵，为构造—岩性气藏。

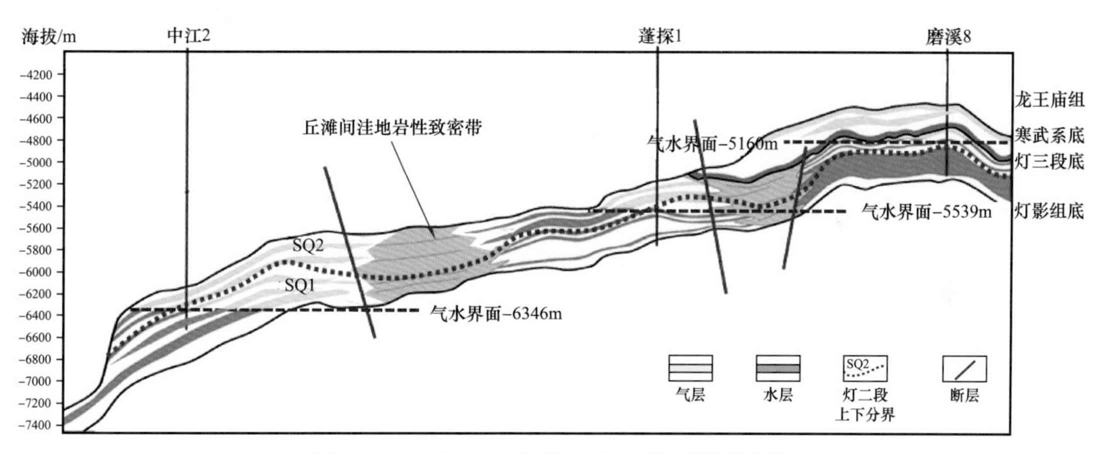

图8–1–12 蓬莱—中江地区灯二段气藏模式图

3）寒武系龙王庙组气藏

川中古隆起龙王庙组颗粒滩带呈环带状规模展布，目前已发现磨溪、龙女寺、高石梯3个气藏。磨溪区块龙王庙组气藏含气面积805.26km^2，获工业气井20口，提交探明地质储量达4403.83×10^{8}m^3（图8–1–13），属特大型气藏，也是中国已发现的最大单体整装海相特大型气藏。该气藏气层低于最低构造圈闭线，气藏的范围不局限于构造范围；在气藏西侧，存在岩性封堵带，储层逐渐变差而形成岩性遮挡。该区块龙王庙组气藏属于不含底水、边水，局部有封存水，气藏类型为构造背景下的岩性气藏。高石梯地区构造格局为西高东低的单斜背景，局部发育构造高点。根据压力资料和气水分布关系，该区龙王庙组表现出明显的岩性气藏群特征。各井地层压力折算到相同海拔，存在较大差距，气水关系较复杂，为单斜背景下发育的岩性气藏群。龙女寺区块龙王庙组气藏中部埋深超过磨溪地区的4647.6m，气藏类型为构造背景下的岩性气藏。

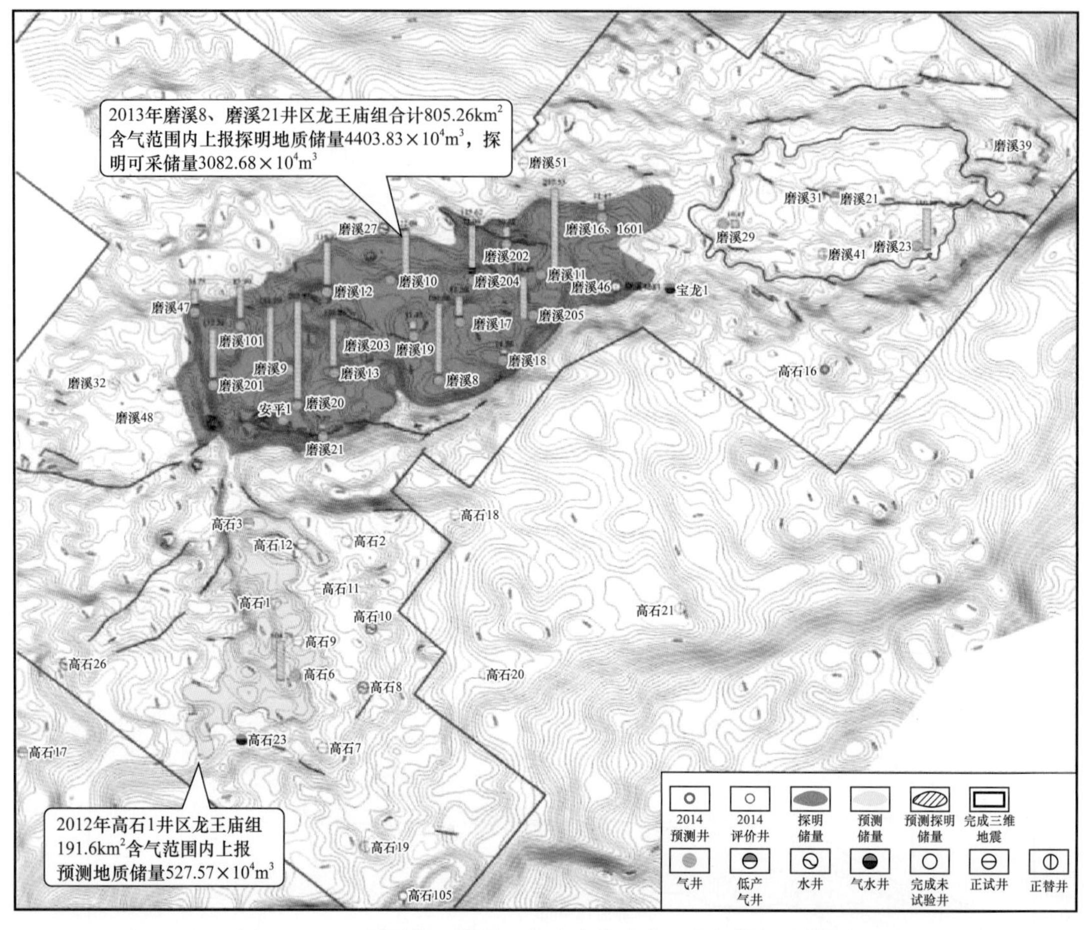

图 8-1-13 高石梯—磨溪—龙女寺构造龙王庙组勘探成果图

2. 塔里木盆地塔北—塔中岩性圈闭群大油气田实例

1）断控油藏石油地质特征

塔里木盆地在台盆区已发现了轮南—塔河风化壳型油田和塔中礁滩体—风化壳型凝析气田，是中国最大的海相碳酸盐岩油田与凝析气田。前期研究建立了风化壳与礁滩体的准层状“层（相）控”油藏模型。近年开发实践与研究表明，前期发现的塔北与塔中奥陶系油气藏异常复杂，不是简单的层状油气藏，高产稳产井大多处于沿断裂破碎带分布的甜点缝洞体储层。同时，勘探开发领域不断向凹陷区、超深层延伸，已突破古隆起控油与准层状层（相）控油气圈闭的理论认识，在北部凹陷沿一系列走滑断裂带的奥陶系碳酸盐岩不断获得新发现。碳酸盐岩油气沿断裂带富集、不受局部构造高点控制，具有多期成藏、早期充油、晚期注气的油气成藏规律。走滑断裂破碎带的多期活动既控制了有效的输导体系，也控制了甜点缝洞体储层的发育与分布，从而控制了有效油气圈闭的形成与分布，以及油气的富集程度。沿走滑断裂带发现的油气地质储量逾 10×10^8t 油当量，是全球发现的最大超深走滑断裂断控碳酸盐岩油气田，并在塔北隆起—北部凹陷—

塔中隆起形成 50×10^8t 地质资源规模的隆坳连片大油气区，成为超深油气战略发展的新领域。

塔北隆起—北部坳陷—塔中低凸起地区走滑断裂发育，形成相互连接、分布面积达 $9\times10^4km^2$ 的走滑断裂系统。塔中—北部坳陷以北东向单剪走滑断裂为主，塔北南斜坡则以北东、北西两组纯剪走滑断裂为主。纵向上，走滑断裂主要分布在寒武系—奥陶系碳酸盐岩中，正向压扭构造发育，向上以继承性的张扭构造为主，部分向上断至志留系—中泥盆统、石炭系—二叠系及古近系（焦方正等，2017；杨海军等，2020）。走滑断裂平、剖面组合可以形成线性构造、雁列 / 斜列构造、花状构造、马尾构造、“X”形共轭构造、拉分构造和辫状构造等多种走滑构造。

塔里木盆地碳酸盐岩断控型油气藏主要分布在中奥陶统一间房组及中—下奥陶统鹰山组，中—上奥陶统碳酸盐岩主要为开阔台地、台地边缘相石灰岩，向下逐渐过渡到白云岩，原生孔隙几乎消失殆尽，以次生溶蚀孔隙为主，是经历多期成岩作用、构造作用叠加改造形成的复杂次生储集系统（杜金虎等，2010）。一间房组—鹰山组二段脆性碳酸盐岩在走滑断裂多期活动过程中形成的破碎带，经后期流体溶蚀改造作用形成洞穴、孔洞等有利储集体，断裂控储特征明显（图 8-1-14），平面上主要表现为以斑点状沿大型走滑断裂呈条带状分布，地震剖面上缝洞体储层垂直走滑断裂呈串珠状分布，沿走滑断裂呈板状分布，非均质性极强。

(a) 野外照片

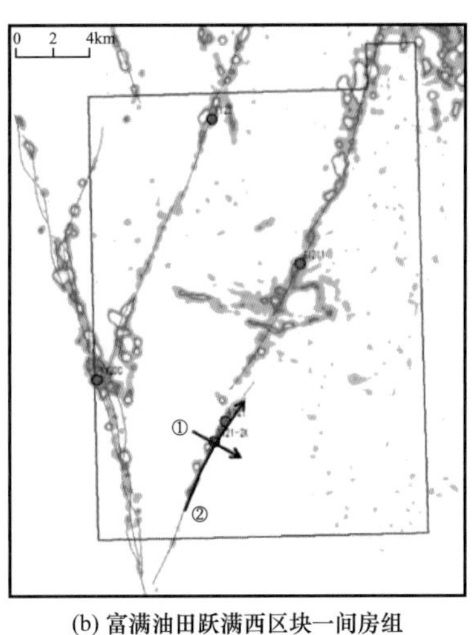

(b) 富满油田跃满西区块一间房组振幅变化率储层预测属性

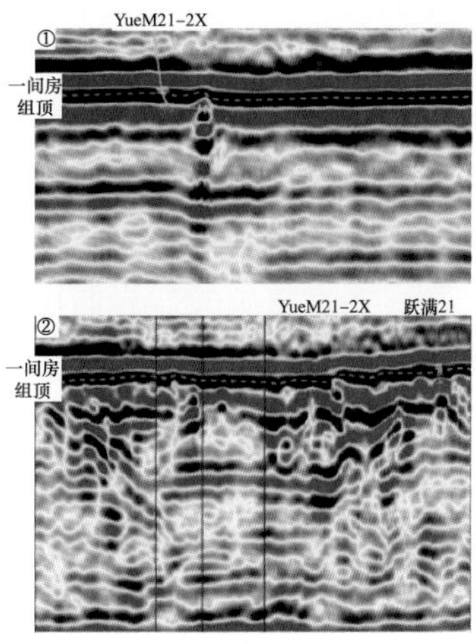

(c) 地震剖面图

图 8-1-14 塔里木盆地柯坪地区（西克尔）一间房组露头剖面

2）断控型碳酸盐岩岩性圈闭特征

结合塔里木盆地勘探开发最新地质资料及成果可知，塔里木盆地走滑断裂带奥陶系碳酸盐岩圈闭，不同于储盖分明、遮挡受控岩层弯曲与断层封闭的常规断控圈闭。

（1）沿断裂破碎带发育的次生孔、洞、洞穴与裂缝组成的强非均质储层。由于经历极强的构造—成岩作用，塔里木盆地奥陶系碳酸盐岩形成极低孔隙度（$<5\%$）与渗透率（<0.5mD）的基质储层，局部沿断裂带破碎带发育的极高孔隙度（$>8\%$）与渗透率

（>1mD）的缝洞体储层，组成特殊的二元储层单元。礁滩体优质储层主要是沿断裂带分布的遭受断裂作用与岩溶作用改造的缝洞体，走滑断裂破碎带发育部位的风化壳岩溶残丘储层更为发育。同时，在长期的深埋藏期间，沿断裂破碎带埋藏岩溶与热液岩溶储层发育。造成储层纵横向变化大，物性变化大，孔渗相关性差。

（2）盖层与遮挡条件特殊。上奥陶统主力储盖组合发育，同时在上奥陶统良里塔格组中下部、下奥陶统鹰山组与蓬莱坝组等碳酸盐岩内幕也发育圈闭并有油气发现，周缘的致密碳酸盐岩构成圈闭的盖层和遮挡，纵横向变化大，没有明显的层位性。此外，沿断层核部位也有一系列的油气发现，断层的封闭性不同于砂泥岩侧向对接与遮挡，断层遮挡的作用也不显著。盖层与遮挡条件有一定的相对性，随成岩作用的变化而发生较大的改变。

（3）圈闭空间分布复杂。走滑断裂破碎带具有复杂的三维结构与空间分布，并造成储集体及其连通性复杂。通过大量的断控圈闭地震描述，大多数断控圈闭具有复杂的三维形态，极少有规则的圈闭边界形态。同时，生产动态数据表明圈闭内部缝洞体连通性复杂，在一定压差下可以实现缝洞体的连通，其连通性具有相对性。

（4）受控于走滑断裂破碎带的结构与分布。走滑断裂断控圈闭一般不是依靠走滑断层面封堵，而是以致密的碳酸盐岩物性封堵为主，受控于断裂破碎带的成岩作用。走滑断裂带在多期断裂作用下，形成平面宽度逾 3km 的大型断裂破碎带。断裂破碎带形成裂缝型储层，同时大气淡水、埋藏热液与油气充注酸性水沿破碎带形成大量的溶蚀孔洞、洞穴，组成多种类型储层。多类型储层控制的碳酸盐岩圈闭空间分布复杂、边界难以界定，同时单个圈闭小、油气产量递减快，组合成圈闭群，形成一系列小型油气藏的复合体。

3）断控型碳酸盐岩圈闭分类

碳酸盐岩储集空间类型一般划分为孔、洞、洞穴、裂缝等 4 种类型，根据储集空间类型，通常将碳酸盐岩储层划分为裂缝型、孔隙型、孔洞型、洞穴型及其复合型储层类型。基于塔里木盆地碳酸盐岩圈闭主要受控于走滑断裂和储层的空间分布，将断控碳酸盐岩圈闭划分为断控裂缝型、断控孔隙型（礁滩型、白云岩）、断控溶洞型（风化壳岩溶残丘）及断控复合型等 4 种类型（图 8-1-15）。

断控裂缝型圈闭在致密岩石中较发育，其基质孔隙度极低，储集空间主要为断裂破碎带的裂缝，也称为裂缝型圈闭。裂缝一般沿断裂带条带状分布，由断层核部向破碎带外边界逐渐降低。裂缝的发育受控于断裂破碎带的发育程度，断裂破碎带的规模越大，裂缝越发育。同时在微小断层及其交会部位，断层转折部位及应力集中部位等裂缝较发育。这种类型圈闭的孔隙度低、渗透率极高，油气产量高，但递减快，在克拉通盆地内部尚未发现大型裂缝型油气藏［图 8-1-15（a）］。

断控孔隙型圈闭在礁滩体相带与白云岩中较发育，受控于其存在一定的基质孔隙，在断裂发育过程中，沿断裂破碎带的先存孔隙有利于大气淡水、埋藏流体的溶蚀，形成沿破碎带的选择性溶蚀孔隙，孔隙度可达 3%～8%，并呈层状大面积分布。在断裂作用下，沿断裂破碎带隆升部位形成断控孔隙型圈闭。这类圈闭可能以致密碳酸盐岩遮挡，但多以岩层褶皱变形遮挡为主。这类圈闭孔隙中的流体分布复杂，重力分异不明显，缺乏统一的油气水界面，形成致密油气藏，但局部裂缝、孔洞发育的甜点部位会出现油水分异。这类圈闭含油气面积较大，储层连通性较好，但裂缝发育程度较低，表现出油气产量相对较低但可以长时间的稳产，如塔中Ⅰ号凝析气藏［图 8-1-15（b）］。

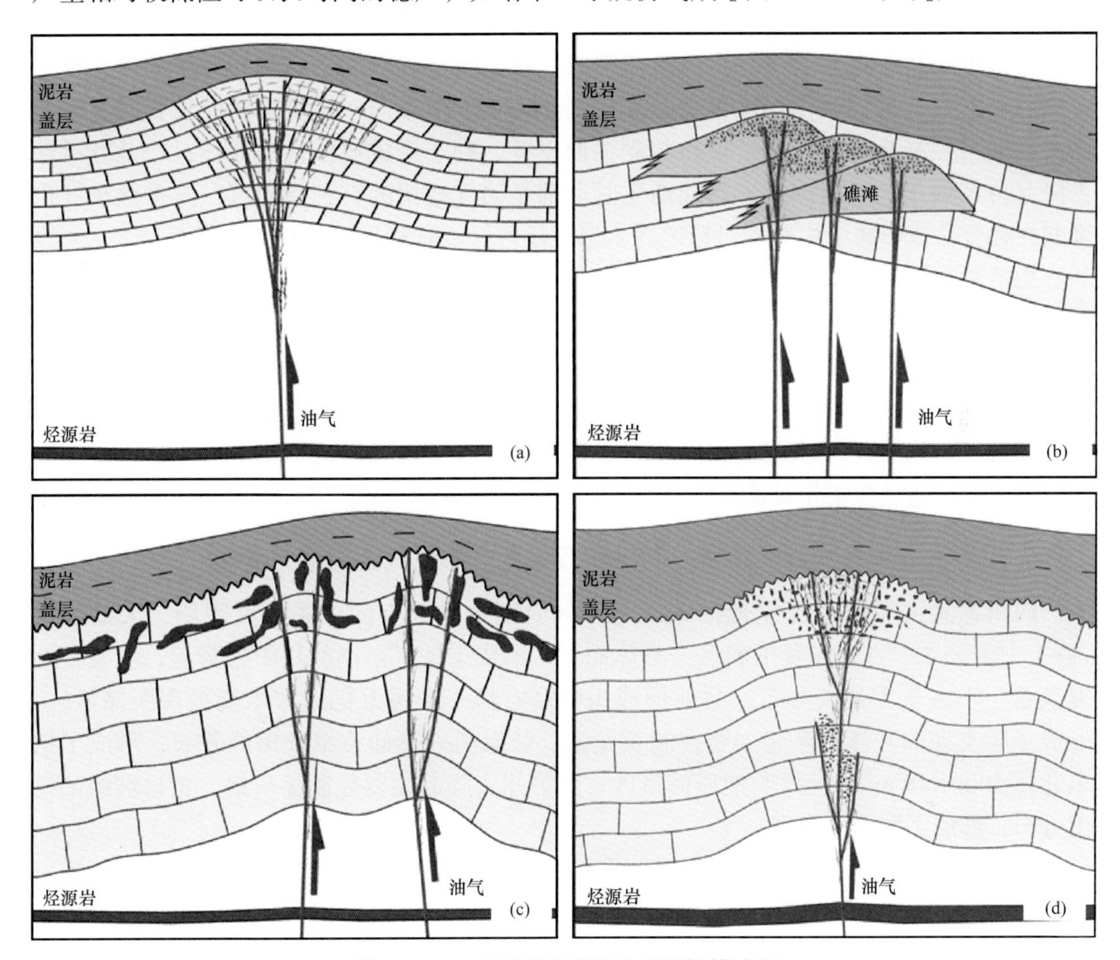

图 8-1-15　典型断控碳酸盐岩圈闭模式图

断控溶洞型圈闭以洞穴型储层为主，裂缝欠发育，周缘致密岩层为盖层与遮挡，断层对储层的控制与遮挡作用较小。断控溶洞型圈闭通常位于风化壳岩溶残丘部位，或是断裂破碎带的暗河部位。这类圈闭中孔隙与裂缝不发育，以洞穴为主，圈闭规模较小。未完全充填洞穴中，往往具有很高的孔隙度与极高的渗透率，油气水界面相对统一，控制油气范围小，以管流渗流为主，动态表现为相对定容特征。断控溶洞型圈闭中油气产量高，稳产时间受控洞穴的规模影响，产量递减快［图 8-1-15（c）］。

由于断裂带储层类型复杂多样，往往由多种类型储层的复合，构成断控复合型圈闭。这类圈闭通常位于断裂破碎带与岩溶风化壳、礁滩体相带的叠合部位，储集空间发育孔、洞、洞穴与裂缝的多重孔隙组合，形成复杂的储层连通关系，并造成圈闭空间形态极不规则。大多圈闭中流体分布复杂，连通缝洞体与洞穴中具有明显油气水的分异，形成常规的底水油气藏；连通性差或有分隔的缝洞体中油水界面可能不一致，而孔洞型储层中可能没有明显的油水分异。这类圈闭油气产出复杂多变，甚至出现流体性质的变化［图 8-1-15（d）］。

四、继承性古隆起、构造枢纽带和走滑断裂带是大油气田分布区

大型古隆起一直是油气勘探的重点对象，在叠合盆地深层—超深层，继承性发育的古隆起对油气富集控制作用尤为显著，主要体现在 3 个方面：一是继承性发育的古隆起在沉积期可控制高能沉积相带展布与剥蚀面发育，利于形成规模优质储层；二是继承性古隆起持续处于构造高部位，不同地质时期都是油气运聚的有利指向区；三是继承性古隆起在叠合盆地中属于构造相对稳定区，保存条件好，有利于油气藏持久保存。

构造枢纽带是指盆地演化过程中对盆地构造格局或者沉积格局的形成与演化起关键作用的构造带。一般而言，构造枢纽带多呈线状或条状分布，形式多样，可以是断裂带，也可以是古隆起轴部及其延伸部分，甚至可以是不同时期构造"跷跷板"运动的平衡点，而这一平衡点构造变形相对较弱。构造枢纽带可以分为四类：克拉通—前陆型构造枢纽、同沉积期型构造枢纽、跷跷板型构造枢纽、继承性古隆起型构造枢纽。构造枢纽带在叠合盆地多期改造过程中相对稳定，有利于油气聚集与保存。

1. 川中古隆起与构造枢纽带控制安岳万亿立方米大气区形成与展布

四川盆地海相层系已发现油气田与不同时期古隆起空间关系研究表明，大油气田（群）大多分布于古隆起及围斜区。具体而言，形成于加里东期的川中古隆起，主要控制震旦系—下古生界油气分布，目前形成川中高石梯—磨溪万亿立方米规模探明储量区。形成于印支期的开江古隆起主要控制黄龙组、长兴组—飞仙关组气田群分布，形成了川东北超 $5000\times10^8m^3$ 规模探明地质储量区；而泸州古隆起主要控制茅口组、雷口坡组油气田分布，形成了蜀南气田群。

四川盆地灯影组顶界古构造演化显示，川中古隆起在加里东期—喜马拉雅期持续发育，尽管不同地质时期构造高点有所迁移，但川中地区在不同地质时期一直位于构造高部位和构造枢纽带（图 8-1-16）。四川盆地总体上具有桐湾运动时期东高西低—加里东期—海西期西高东低—印支期—喜马拉雅期南高北低的古构造格局，但是川中地区始终处于相对稳定区，早期有利于流体运聚，晚期保存条件好，是安岳大气田形成及保持的关键。

从震旦系顶面构造演化也可以看出川中构造枢纽带的典型特征，虽然古隆起经历了多期构造的叠加，从桐湾期到喜马拉雅期古隆起轴部由北向南迁移，但高磨地区继承性发育、稳定性强，在资阳地区早期为古隆起高部位，喜马拉雅期为斜坡带；威远地区早期为斜坡带，喜马拉雅期为构造高部位。灯影组顶界面不同时期构造流线模拟结果表明，川中构造枢纽带不同地质时期均是筇竹寺组生成油气的有利运聚指向区，是盆地内油气聚集最有利地区，在主生油期（晚二叠世—早中三叠世）形成了规模巨大的古油藏；晚期各类液态烃裂解形成在古隆起区和枢纽带形成安岳大气田，而古隆起北斜坡具备岩性圈闭勘探潜力。盆地周缘远离构造枢纽带的地区，多期构造活动，特别是喜马拉雅运动对油气藏破坏改造严重，油气藏完全破坏。

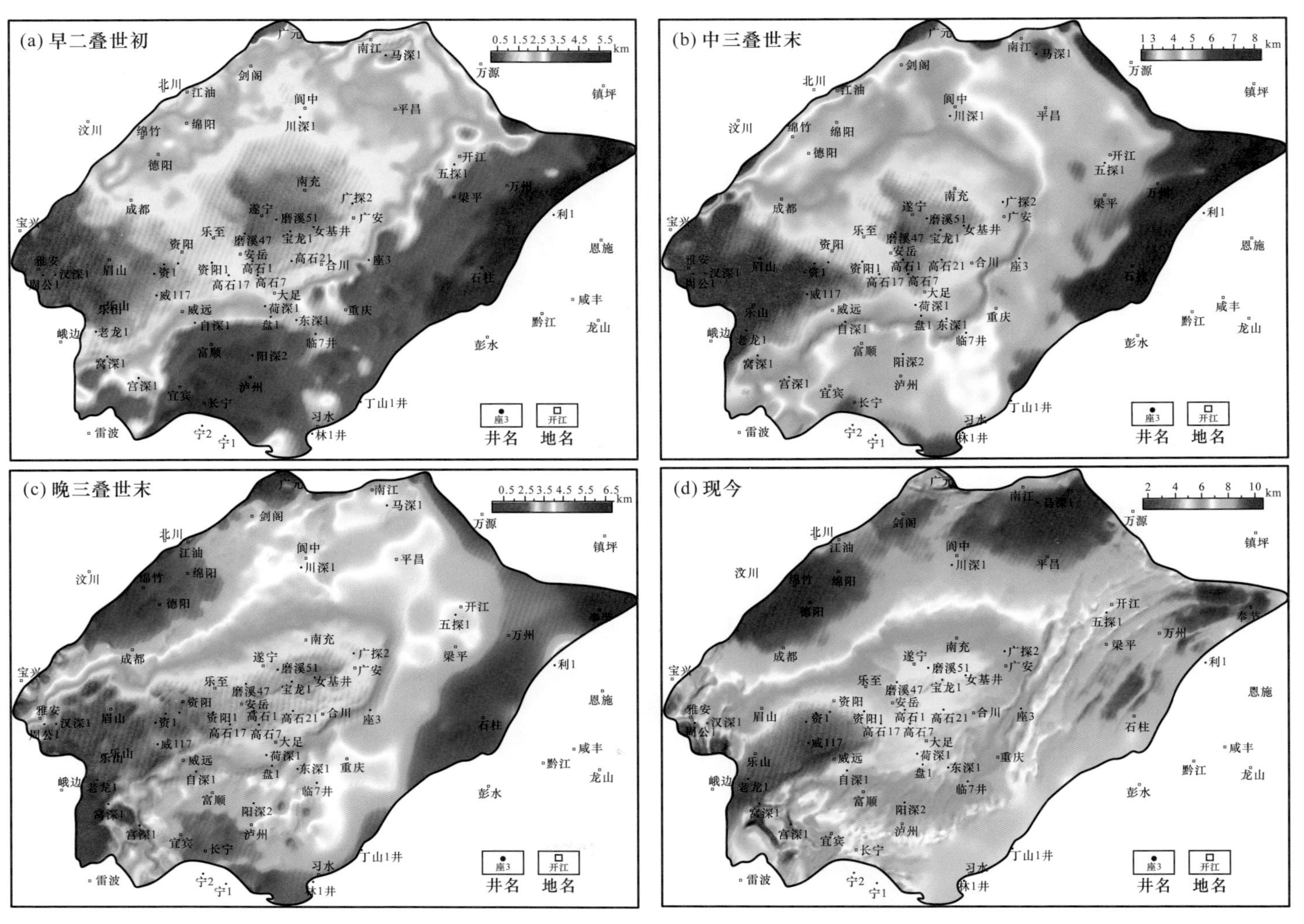

图 8-1-16　四川盆地震旦系灯影组顶界面关键构造期古构造图（据姜华，2014）

2. 塔里木盆地3类古隆起控制两个十亿吨级大油气区分布

塔里木盆地下寒武统顶面不同地质时期古构造恢复显示盆地发育继承型、残余型和迁移型3类古隆起，继承型的塔中—巴东古隆起和残余型塔北古隆起及围斜区，控制了塔中、塔北两个十亿吨级的大油气区的形成展布（图8-1-17）；迁移型的巴楚—麦盖提（塔西南）古隆起，目前发现了玉北、和田河等工业油气田，但尚未发现大油气区，迁移型古隆起由于不同时期构造高点发生迁移，可能油气调整或破坏作用更明显，不利于油气持续充注和后期保存。

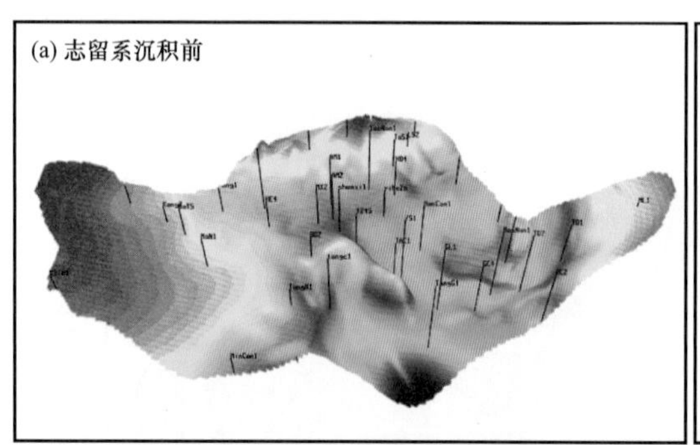

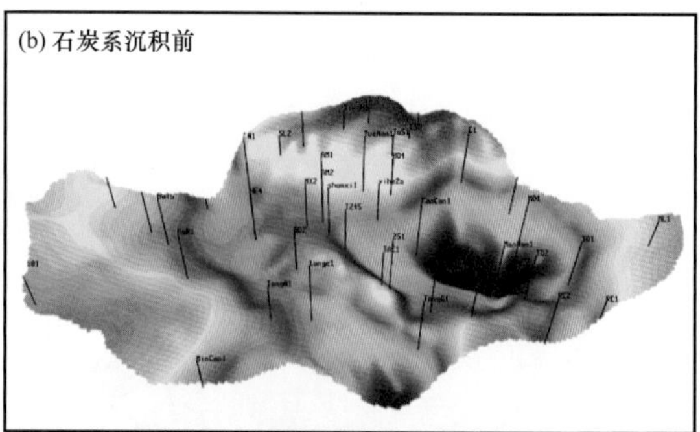

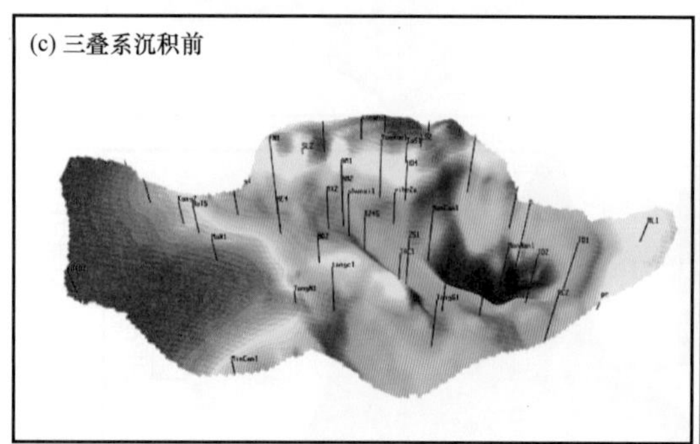

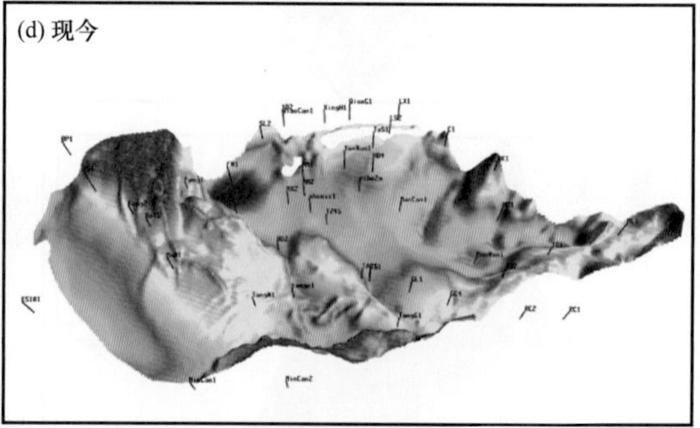

图8-1-17 塔里木盆地下寒武统顶面不同地质时期古构造图

3. 塔中—塔北走滑断裂带控制奥陶系油气田富集高产

塔中、塔北深层大油区不同级次走滑断裂密集发育，对奥陶系油气田高产井具有明显控制作用（图8-1-18）。

目前塔北—塔中通过地震解释识别的发育走滑断裂70条，其中Ⅰ级断裂25条（延伸长度大于100km），相干特征明显，断穿基底或寒武系，纵向分层明显，多期活动；Ⅱ级断裂45条（延伸长度小于100km），相干特征清晰，断穿寒武系或基底，纵向有分层性，多期活动。走滑断裂对台盆区奥陶系油气富集成藏发挥双重建设作用，一是岩溶发育有利场所，二是油气运移优势通道。玉尔吐斯组烃源岩生成的大量油气纵向上沿走滑断裂运移富集，断层断到哪儿，油气就运聚到哪儿，高产井分布与断裂密切相关。

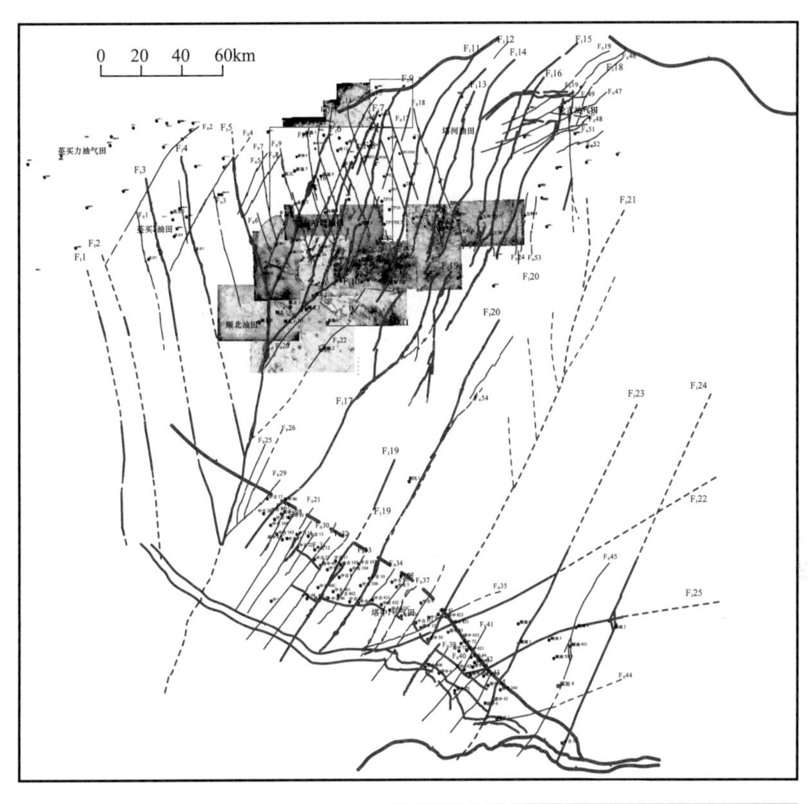

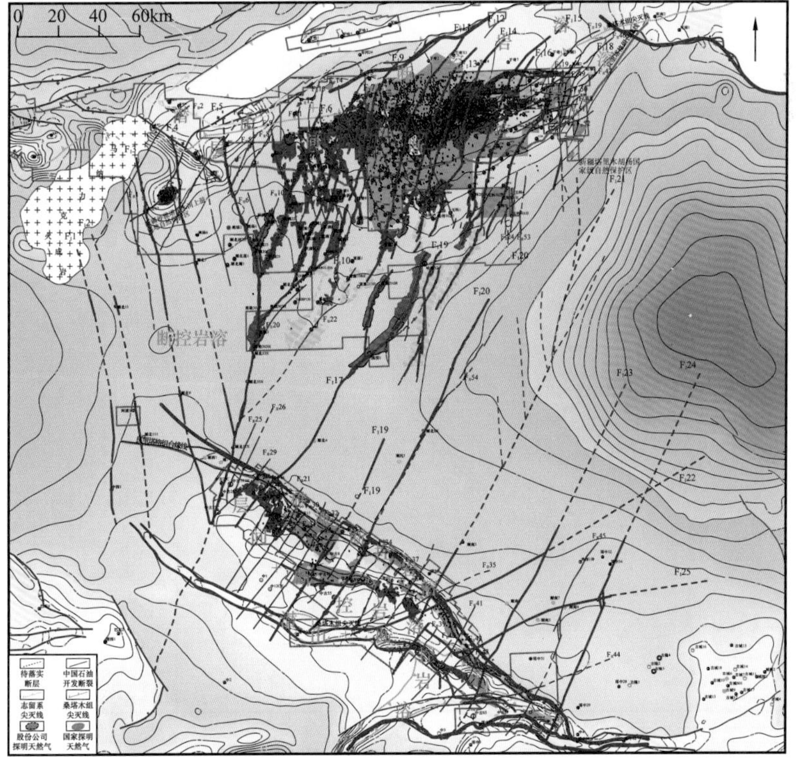

图 8-1-18 塔中—塔北地区 I 级走滑断裂与已发现油气田关系图

哈拉哈塘油田北东向断裂控储、控藏、控富特征明显，高产 / 高效井集中分布；而塔中油气分布与Ⅰ号断裂带和北东向走滑断裂密切相关。在哈拉哈塘地区，断裂控制区内高效 / 有效井 141 口，其中 115 口在北东向断裂上，高效井距离油源断裂一般小于 1.5km；北西向断裂 15 条，断裂活动弱，受断裂影响存在高效、有效井 36 口，多数井稳产能力较差。走滑断裂不同段对油气富集具有差异化控制作用，拉分段储层连通性好、断溶体规模大，油气富集高产；挤压段储层横向连通性欠佳，高产井占比低。

五、三大克拉通盆地五大复式含油气系统是深层—超深层勘探方向

勘探实践证实，古裂陷与古隆起是克拉通盆地深层—超深层古老层系十分重要的成藏地质单元，二者通常控制着优质烃源岩与规模储层和古、今圈闭的发育展布，围绕古裂陷周缘和古隆起及围斜区往往是大型油气田的有利分布区。

1. 四川盆地两大复式含油气系统是深层—超深层勘探方向

四川盆地震旦系—下古生界存在两大主要勘探方向（图 8-1-19）：（1）盆地中西部德阳—安岳裂陷震旦系—二叠系复式含油气系统：该含油气系统以德阳—安岳古裂陷内筇竹寺组优质源灶和川中古隆起及周缘为核心，是持续探索大中型气田的重要领域和区带。该含油气系统内不同区带在烃源、储层等条件与安岳气田基本类似，最大的差别在于油气成藏过程中经历了较大幅度的构造调整，成藏过程的构造圈闭继承性较差，以寻

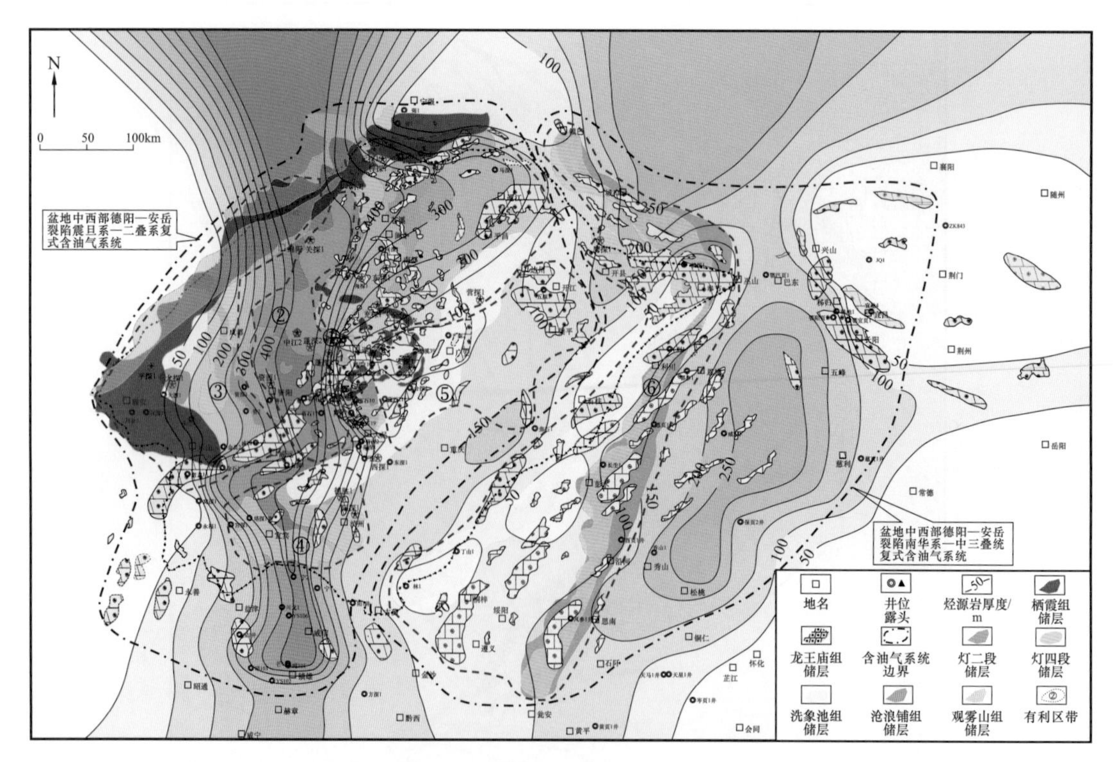

图 8-1-19 四川盆地深层—超深层震旦系—古生界有利勘探区带综合评价图

找大中型的岩性、构造—岩性、构造—地层圈闭为主。（2）盆地东部鄂西裂陷南华系—三叠系复式含油气系统：鄂西古裂陷边缘及达州—开江古隆起周缘震旦系灯影组二段和四段、寒武系龙王庙组上段、沧浪铺组和洗象池组、上古生界黄龙组和长兴组、三叠系飞仙关组等多个层系发育丘滩、颗粒滩相白云岩储层；鄂西古裂陷内筇竹寺组、陡山沱组、大塘坡组优质烃源岩发育，川东—鄂西龙马溪组优质烃源岩广泛分布；该地区处于川东—鄂西高陡构造带，现今构造圈闭众多，是构造—岩相圈闭气藏群的重要勘探方向。

2. 塔里木盆地两大复式含油气系统是深层—超深层勘探方向

塔里木盆地存在北部坳陷南华系—志留系及塔西南坳陷震旦系—石炭系两个复式含油气系统（图 8-1-20）。通过油气分布规律分析和已发现油气藏解剖，建立了塔里木盆地台盆区深层膏、盐、走滑断裂耦合下的脉冲式成藏模式（图 8-1-21）。在膏岩盖层区，由于盖层突破压力低，油气以连续调整为主，深层能否成藏取决于补给和散失的关系。如塔中东部地区盖层以膏岩为主，奥陶系及碎屑岩甲烷碳同位素变化 -50‰～-37‰，反映了多期充注的特征。在盐岩盖层区，由于盖层突破压力高，构造活动期幕次调整，石炭系以后充注的油气大量保存。如塔中Ⅱ区盐岩盖层厚，奥陶系天然气甲烷碳同位素偏轻约 -45‰，以海西期成藏为主；塔中Ⅲ区盐岩盖层更厚，奥陶系甲烷碳同位素很轻，约 -50‰，以加里东期成藏为主。

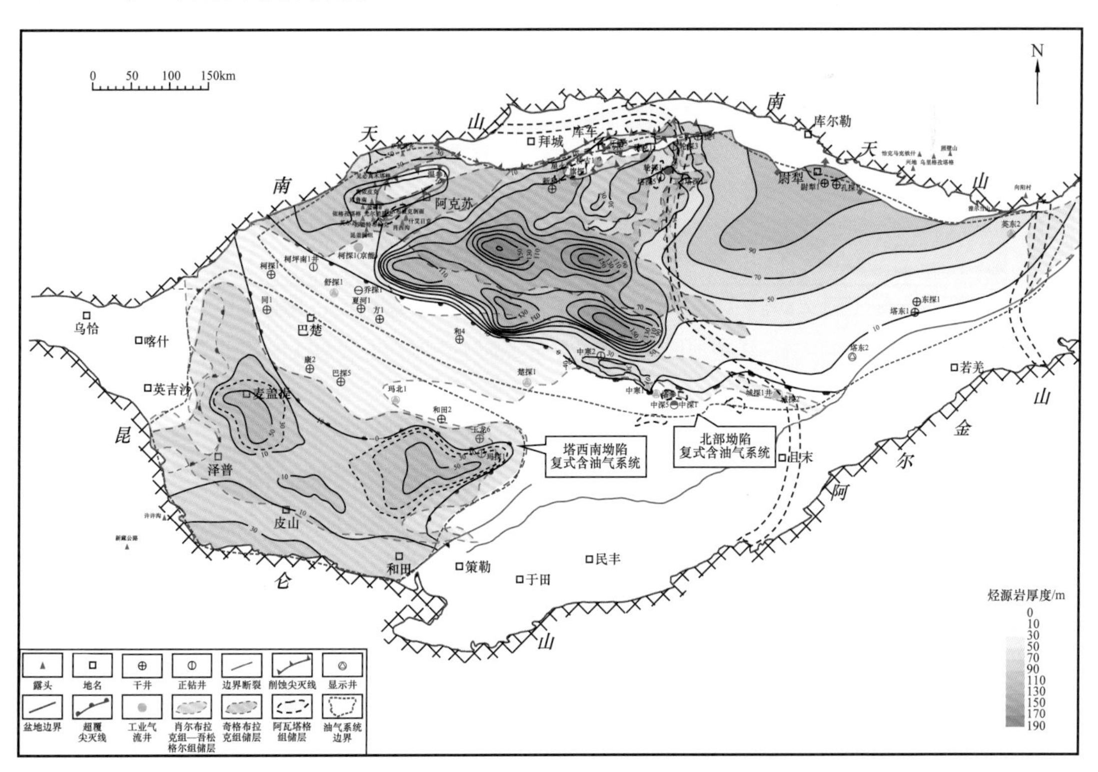

图 8-1-20 塔里木盆地复式含油气系统分布图

据此，确定了塔里木盆地台盆区深层总体勘探思路，即逼近烃源岩，寻找岩性、构造—岩性油气藏。具体来说，就是对于寒武系盐下勘探领域，要寻找构造稳定区和膏盐分布区，在靠近烃源岩的地区寻找储层有利丘滩体，在远离烃源岩的地区要寻找油源断裂附近的岩性 / 构造圈闭；对于寒武系盐上勘探领域，要围绕沟通油源的走滑断裂 / 大型逆冲断裂寻找岩性、构造油气藏。

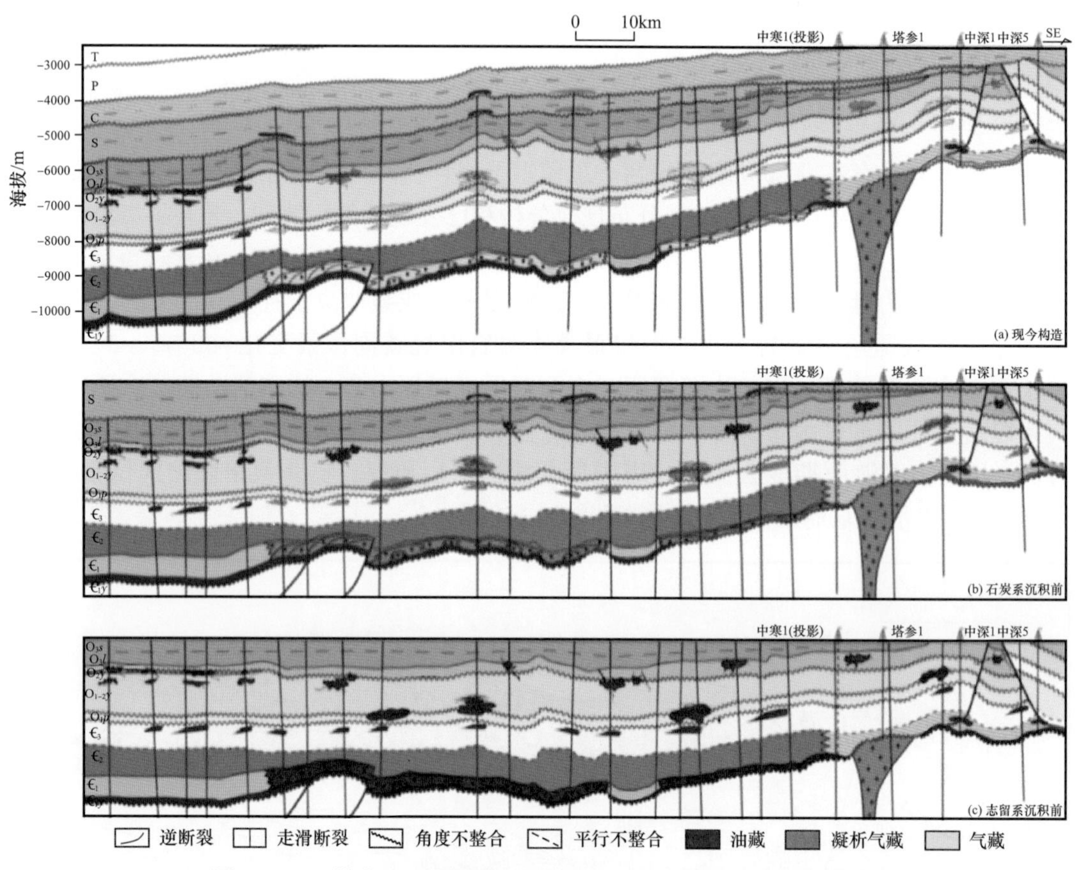

图 8-1-21　塔中地区深层碳酸盐岩北西—南东向脉式成藏模式图

3. 鄂尔多斯盆地中新元古界潜在复式含油气系统勘探方向

鄂尔多斯盆地中新元古代总体处于拉张环境，在区域拉张的构造背景下发育的一系列裂陷，由北向南依次发育贺兰、定边、晋陕和豫陕 4 个大的裂陷槽。各裂陷槽内长城系厚度多在 2000～3000m 之间，纵向延伸 250～300km，宽 50～100km，裂陷槽之间的槽间凸起上长城系厚度则明显较薄，多在 1000m 以内，形成凹凸相间的沉积格局（图 8-1-22）。元古宇裂陷槽可能发育有效的烃源层，局部凸起区中—新元古界及元古宇顶部的风化壳可成为天然气聚集的有利部位，形成元古宇自生自储源储配置关系。位于北部的定边裂陷槽和西南部的晋—陕裂陷槽及邻区，是元古宇最有可能获得突破的勘探领域和方向。

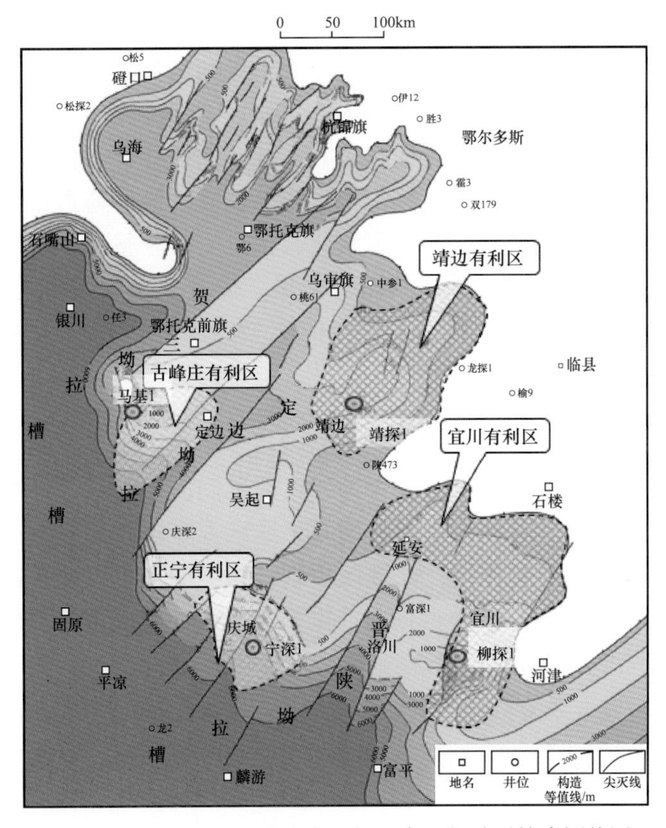

图 8-1-22 鄂尔多斯盆地中—新元古界长城系综合评价图

第二节 深层—超深层有利勘探区带优选

一、四川盆地深层—超深层震旦系—古生界有利勘探区带

1. 有利勘探区带划分原则

1）以古裂陷优质源灶为核心的成藏地质单元叠合区

四川盆地震旦系—下古生界勘探实践表明，古裂陷是十分重要的成藏地质单元，其周缘是大中型气田分布的主要区带之一。在该类区带中，古裂陷控制了优质烃源岩、大面积规模储层两大成藏要素，形成了侧向对接的源储配置模式，对源、储、藏均有重要控制作用，是关键控藏地质单元。古裂陷与其他控藏地质单元、现今构造叠合，控制了大中型气田的分布。若古裂陷周缘的台缘带丘滩体叠加了古侵蚀面的溶蚀改造，则更有利于发育台缘优质储层；若古裂陷周缘在油气生成期位于古隆起区，则有利于古油藏聚集成藏，在继承性稳定演化的古隆起区，古今构造变形调整小，古油藏原位裂解，利于形成大气藏；构造变形较强区，形成构造、构造—岩性圈闭气藏。构造平缓区，以岩性、构造—岩性圈闭气藏为主。

2）以古隆起为核心的成藏地质单元叠合区

这里的古隆起是指发育同沉积期水下古隆起，后期历经多期构造运动抬升隆起，形成的大型古隆起。古隆起控制大面积展布的厚层储层、大型圈闭两大成藏要素，是气田形成的关键。这类古隆起与其他成藏地质单元、现今构造叠合，控制了大中型气田的分布。若与古裂陷叠合，则烃源条件优越；若古隆起控制的储层与古侵蚀面叠合，则储集条件更为优越；若古隆起后期继承性稳定演化，构造变形调整小，则油气聚集和保存更为有利；现今构造变形较强区，形成构造—地层、构造—岩性圈闭气藏；构造平缓区，以构造背景下的岩性圈闭气藏为主。这类区带中，发育的大型古隆起对储层与油气聚集条件有利，需要重点关注的是烃源条件。

2. 有利勘探区评价与优选

通过对四川盆地下古生界两大复式含油气系统不同区带成藏条件对比，综合考虑裂陷槽展布、优质源灶发育、有利储集相带展布、继承古隆起与构造枢纽带、输导体系与圈闭类型等对油气富集的控制作用，开展区块划分与优选，在两大复式油气系统内评价优选 6 个有利区带（表 8-2-1），并根据目前勘探现状及油气成藏条件优劣，划分为现实区带、待突破区带和准备区带 3 个层次。

表 8-2-1 四川盆地震旦系—下古生界有利区带统计表

油气系统	有利勘探区带	面积/ km^2	天然气资源/ 10^8m^3	成藏有利条件	区带层次
盆地中西部	川中古隆起北斜坡—川北多层系	10000	12400	紧邻德阳—安岳裂陷和川北筇竹寺组两大优质源灶；震旦系台缘丘滩、寒武系环古隆起多期规模滩带，台缘丘滩相岩溶储层，厚度大，孔洞发育；处于川中古隆起围斜区，构造整体稳定；发育早期岩性圈闭群；走滑断裂—不整合—孔渗层复合输导	现实区带
	德阳安岳裂陷内丘滩	19000	24450	位于筇竹寺组优质源灶与继承性古隆起叠合区；灯二段丘滩储层厚度大；发育岩性圈闭群	
	德阳安岳裂陷西侧灯影组	7500	8500	紧邻德阳—安岳裂陷区优质源灶，灯二段、灯四段台缘、台内丘滩储层发育；位于川中古隆起区，后期经历强烈褶皱变形，大型构造—地层—岩性圈闭发育；断裂—不整合面复合输导	突破区带
	蜀南多层系	11000	6400	位于德阳安岳筇竹寺组优质源灶区和蜀南龙马溪组优质源灶区；发育多套丘滩、颗粒滩储层，灯影组岩溶残丘发育；继承性古隆起围斜区，今构造—岩性圈闭群发育；断裂—不整合面复合输导	
	川中—川东多层系台内丘滩	12000	7200	发育筇竹寺组和龙马溪组两套优质烃源岩，构造枢纽带构造稳定；发育大型构造—地层—岩性圈闭群	
盆地东部	鄂西裂陷西侧多层系	19000	10210	发育 4 套优质烃源岩，多套丘滩 / 颗粒滩储层；加里东期发育川东古隆起，后期经历强烈构造变形，构造—岩性圈闭群发育，多期断裂—不整合复合输导	准备区带

1）盆地中西部德阳—安岳裂陷震旦系—二叠系复式含油气系统优选5个有利勘探区带

（1）川中古隆起北斜坡—川北多层系：该有利区带勘探面积超过10000km^2，预测震旦系—寒武系天然气资源量约12400×10^{8}m^3，是深层—超深层现实勘探区带。区带内已证实发育下寒武统、五峰组—龙马溪组两套优质源灶，以及灯二段、灯四段、沧浪铺组、洗象池组、栖霞组和茅口组等多套白云岩规模储层；处于川中古隆起斜坡区，构造相带稳定，构造背景下的岩性圈闭群发育，有利油气聚集和保存；发育走滑断裂—不整合—孔渗层复合输导体系，油气可高效运聚。主要风险在于岩性圈闭的上倾封堵有效性，储层发育的非均质性。

（2）德阳—安岳裂陷区灯影组丘滩：该有利区带勘探面积超过19000km^2，预测震旦系—寒武系天然气资源量约24450×10^{8}m^3，也是深层—超深层一个现实勘探区带。成藏有利条件一是裂陷内下寒武统优质烃源岩厚度大；二是灯二段丘滩储层厚度大，物性好；三是源储配置佳，灯二段储层处于筇竹寺组优质源灶内；四是处于川中古隆起及围斜区，岩性圈闭群发育。主要风险同样在于岩性圈闭上倾封堵有效性和储层发育的非均质性。

（3）德阳—安岳裂陷西侧台缘带：该区带有利勘探面积约7500km^2，预测灯影组天然气资源量约8500×10^{8}m^3，属于勘探待突破区带。该区带紧邻德阳—安岳裂陷区优质源灶，源储配置好；灯二段、灯四段台缘、台内丘滩储层大面积发育分布；位于川中古隆起区，后期经历强烈褶皱变形，大型构造—地层—岩性圈闭发育；多期断裂、不整合面复合输导。勘探主要风险在于该区带因后期构造改造较强烈，圈闭的有效性和保存条件较差。

（4）蜀南多层系有利区带：该区带有利勘探面积约11000km^2，预测震旦系—寒武系天然气资源量约6400×10^{8}m^3，勘探属于待突破区带。区带内发育麦地坪组—筇竹寺组、五峰组—龙马溪组两套优质源灶和灯二段、灯四段、洗象池组、栖霞组和茅口组等多套丘滩、颗粒滩规模储层；处于川中古隆起斜坡区，现今构造发育，形成系列构造—岩性圈闭群。主要风险在于圈闭的形成与烃源岩生烃演化匹配，以及后期保存条件。

（5）川中—川东多层系台内丘滩：该区带有利勘探面积约12000km^2，预测震旦系—寒武系天然气资源量约7200×10^{8}m^3，属于勘探待突破区带。有利条件一是发育筇竹寺组、龙马溪组两套优质烃源岩；二是发育灯二段、灯四段、龙王庙组和洗象池组等多套规模储层；三是处于古隆起高部位或构造枢纽带，构造稳定；四是发育大型构造—地层—岩性圈闭群。主要风险在于筇竹寺组优质烃源岩厚度薄、龙马溪组优质烃源岩在川中分布局限、厚度小，源灶的充分性有待进一步落实。

2）盆地东部鄂西裂陷复式含油气系统优选一个有利勘探区带

鄂西裂陷复式含油气系统平面上横跨川东—鄂西地区，处于复杂构造区，深层—超深层古老层系勘探程度低，因此将鄂西海槽西侧整体作为一个有利区带看待。有利成藏条件包括：发育大塘坡组、陡山沱组、筇竹寺组和龙马溪组4套优质烃源岩，烃源条件好；发育灯影组二段和四段、龙王庙组、洗象池组、桐梓组、黄龙组和长兴组等多套丘滩/礁滩相储层；发育加里东期大巴山古隆起、川东古隆起；处于高陡构造带，构造—岩性圈闭群发育；寒武系高台组发育厚层膏盐岩区域盖层。主要勘探风险因素在于构造复杂，深层地震资料品质差，圈闭落实程度低；断裂极其发育，后期保存条件较差。该区带有利勘探面积约 19000km^2，预测震旦系—寒武系天然气资源量约 10210×10^8m^3，属于准备区带。

二、塔里木盆地深层—超深层震旦系—奥陶系有利勘探区带

通过油气分布规律分析和已发现油气藏解剖，建立了塔里木盆地台盆区深层膏、盐、走滑断裂耦合下的脉冲式成藏模式。在该模式指导下，评价优选出塔里木盆地台盆区深层五大有利勘探区带，其中现实区带两个，即塔北隆起南斜坡震旦系—寒武系丘滩带和塔中隆起北斜坡寒武系—下奥陶统丘滩带；突破区带两个，即轮南—古城寒武系—志留系坡折带和阿瓦提凹陷周缘断裂带；准备区带一个，即麦盖提斜坡寒武系盐下丘滩带（图 8–2–1）。

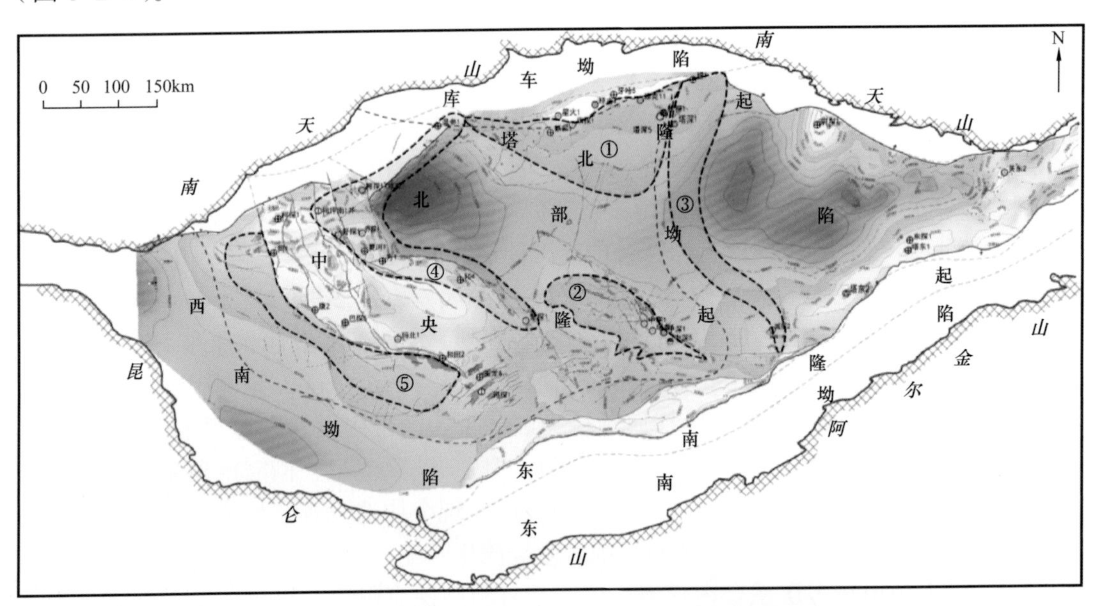

图 8–2–1 塔里木盆地台盆区深层有利勘探区带分布图

① 塔北隆起南斜坡震旦系—寒武系丘滩带；② 塔中隆起北斜坡寒武系—下奥陶统丘滩带；③ 轮南—古城寒武系—志留系坡折带；④ 阿瓦提凹陷周缘断裂带；⑤ 麦盖提斜坡寒武系盐下丘滩带

1. 塔北隆起南斜坡震旦系—寒武系丘滩带

塔北隆起南斜坡下寒武统玉尔吐斯组优质烃源岩已经由星火 1、旗探 1 等钻井证实，并经地震标定和追踪解释后被认为在本区广泛分布。紧邻玉尔吐斯组烃源岩发育震旦系奇格布拉克组滩相白云岩—寒武系玉尔吐斯组泥页岩盖层和下寒武统滩相白云岩—中寒武统膏盐岩盖层两套优质储盖组合。轮探 1 井的成功表明，塔北隆起南斜坡震旦系—寒武系丘滩带是塔里木盆地台盆区深层最现实的勘探区带之一。

塔里木盆地震旦系与寒武系之间是一个区域性不整合界面，上震旦统奇格布拉克组发育一套受沉积相带和风化壳岩溶作用共同控制的白云岩储层，储层岩石类型主要为岩溶角砾白云岩、藻凝块白云岩，储集空间类型以沉积原生孔和表生溶蚀孔洞为主，储层类型以孔洞型、裂缝—孔洞型为主。储层孔隙度不小于 5% 的占 20.2%，孔隙度在

2.5%～4.5% 之间的占 19.1%；渗透率不小于 0.1mD 的占 23%，渗透率为 0.01～0.10mD 的占 60.6%；总体属于中—低孔、中—低渗储层。

通过地震相分析结合钻井资料，预测震旦系奇格布拉克组发育 3 个丘滩带，即新玉丘滩带、塔河丘滩带和外围槽缘丘滩带，面积分别为 3657km^2、7614km^2 和 6754km^2，总面积 18025km^2（图 8-2-2），估算资源量天然气 21900×10^8m^3、凝析油 15.3×10^8t。通过古地貌恢复、地震相刻画和厚度成图，落实了轮南、塔北西部两个重点区的油气资源潜力，其中轮南三维区东部发育岩性圈闭 8 个，总面积 155.6km^2；塔北西部震旦系奇格布拉克组刻画出 10 个高能滩体，面积 1800km^2，刻画出 21 个丘滩体，面积 590km^2。

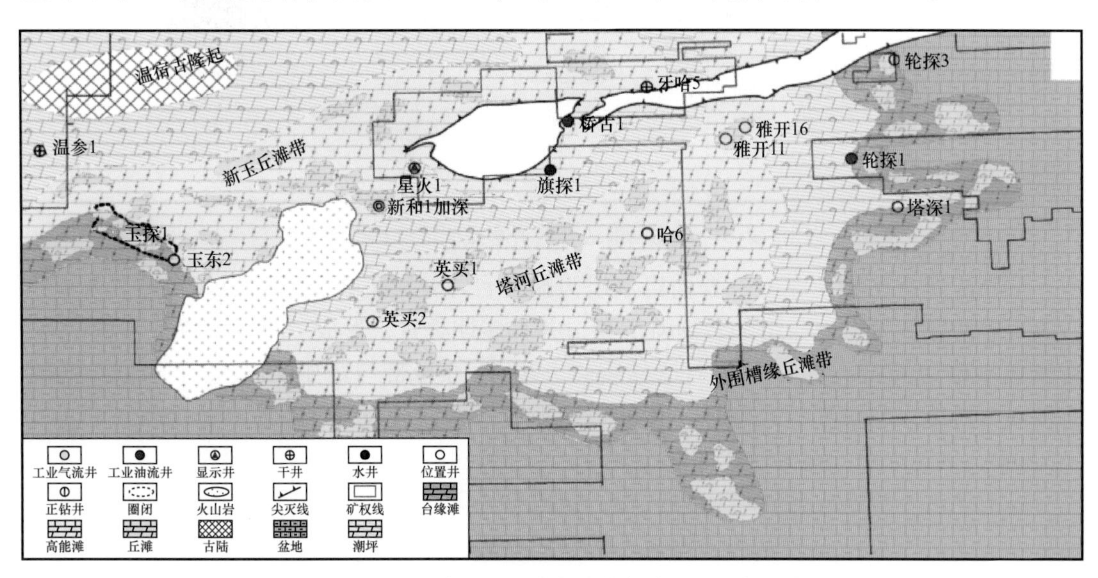

图 8-2-2 塔北隆起震旦系奇格布拉克组沉积相平面图

塔里木盆地下寒武统肖尔布拉克组、吾松格尔组发育台地相白云岩储层。下寒武统肖尔布拉克组—吾松格尔组沉积期，塔北隆起沉积古地貌西高东低，在海退背景下，由缓坡向弱镶边台地—陆棚沉积模式转变。下寒武统有利的丘滩带呈北宽南窄的三角形，预测总面积 3800km^2（图 8-2-3）。

2. 塔中隆起北斜坡寒武系—下奥陶统丘滩带

塔中隆起是塔里木盆地加里东期就已形成的一个继承性古隆起，成藏条件优越，目前已在中上奥陶统、志留系、石炭系发现众多油气藏。研究发现塔中隆起北斜坡寒武系—下奥陶统发育碳酸盐岩丘滩带，并且已有中深 1、中古 70、中古 71 等井获得油气发现，是台盆区深层勘探的又一个现实区带。

塔中地区前寒武系 / 寒武系为大范围角度不整合，西部发育明显的南华系裂陷槽，受早期裂陷槽和拉张断裂控制，玉尔吐斯组烃源岩具有大面积分布、在裂陷区和拉张断裂附近加厚的特点。中寒 1 井玉尔吐斯组发育 36m 厚具近岸沉积特点的砂泥岩互层，岩心样品 TOC 为 0.16%～0.73%、平均 0.47%（n=18），岩屑样品 TOC 为 0.01%～9.23%、平均 1.2%（n=49），证实具有成为烃源岩的条件。

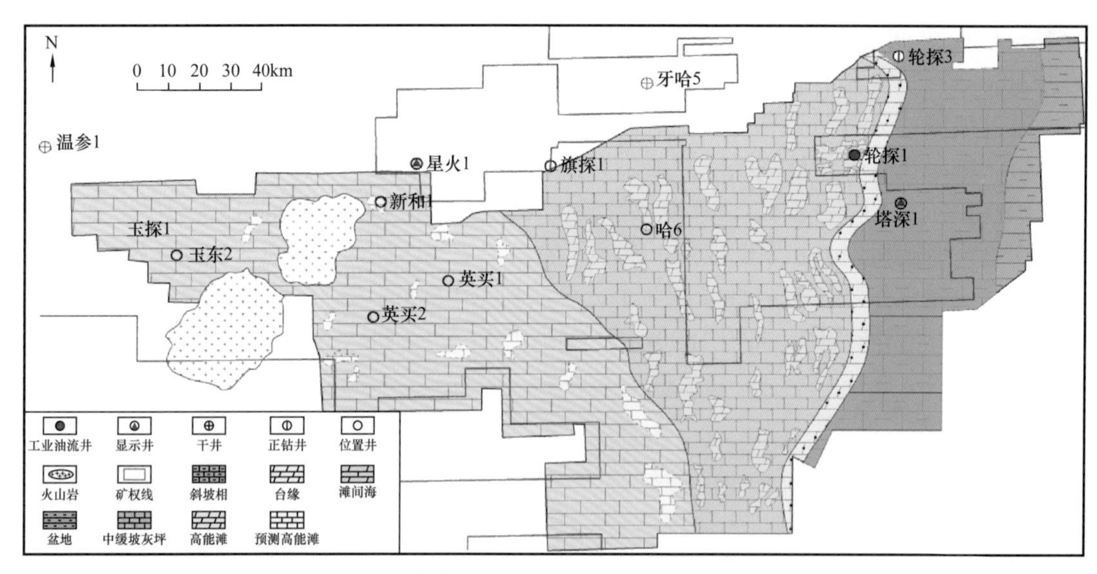

图 8-2-3 塔北三维地震区下寒武统沉积相平面图

下寒武统肖尔布拉克组—吾松格尔组为缺乏台缘建隆的碳酸盐岩缓坡台地，发育类似四川盆地寒武系龙王庙组的台内滩沉积，并且多期叠置，形成“小丘大滩”沉积格局。丘滩体呈准层状分布，具有侧向迁移特点，塔中10号带与塔中40号带下寒武统振幅能量弱，可能发育障壁型丘滩体，预测塔中地区下寒武统发育3个有利丘滩带，总面积3520km^2，估算天然气资源量达8000×10^{8}m^3。

塔中地区下奥陶统包括鹰山组三段、四段和蓬莱坝组，岩性从鹰山组三段、四段的石灰岩为主向下逐渐过渡到蓬莱坝组下段的白云岩为主。塔中奥陶系碳酸盐岩储层以层间岩溶为特征，储层发育位置纵向受层间不整合界面控制，横向上受古地貌控制，同时走滑断裂对储层具有重要的改造作用。基于鹰山组三段、四段古岩溶地貌恢复，集合地震储层预测和断裂系统刻画，预测塔中北斜坡鹰山组三段、四段储层发育有利区总面积7600km^2，发现圈闭显示19个，总面积972km^2，天然气资源量3500×10^{8}m^3，推动了中古70、中古71井上钻并获得重大发现。

塔中地区蓬莱坝组沉积古地貌呈西高东低、南高北低格局。高部位为地表塌陷溶蚀带，暴露时间相对较长，溶塌洞穴与岩溶角砾发育，储层纵向多个塌陷带叠置，横向连片分布。低部位为混合水径流溶蚀带，位于潮间带，具有间歇性暴露特点，发育潮道、局部暗河等。根据古地貌和储层预测结果，将塔中地区蓬莱坝组划分为潮坪相、云质滩相和灰质滩相3种沉积相（图8-2-4），优质储层主要发育在云质滩相。结合上覆致密灰岩盖层评价，在塔中中西部发现塔中10和塔中45两个平台区为蓬莱坝组勘探有利区，落实了有利圈闭7个，总面积1230km^2，资源量天然气2050×10^{8}m^3、凝析油4100×10^{4}t，并据此论证上钻了中蓬1井。

3. 轮南—古城寒武—志留系坡折带

轮南—古城坡折带是发育在塔西碳酸盐岩大台地背景下的寒武系—志留系继承性坡

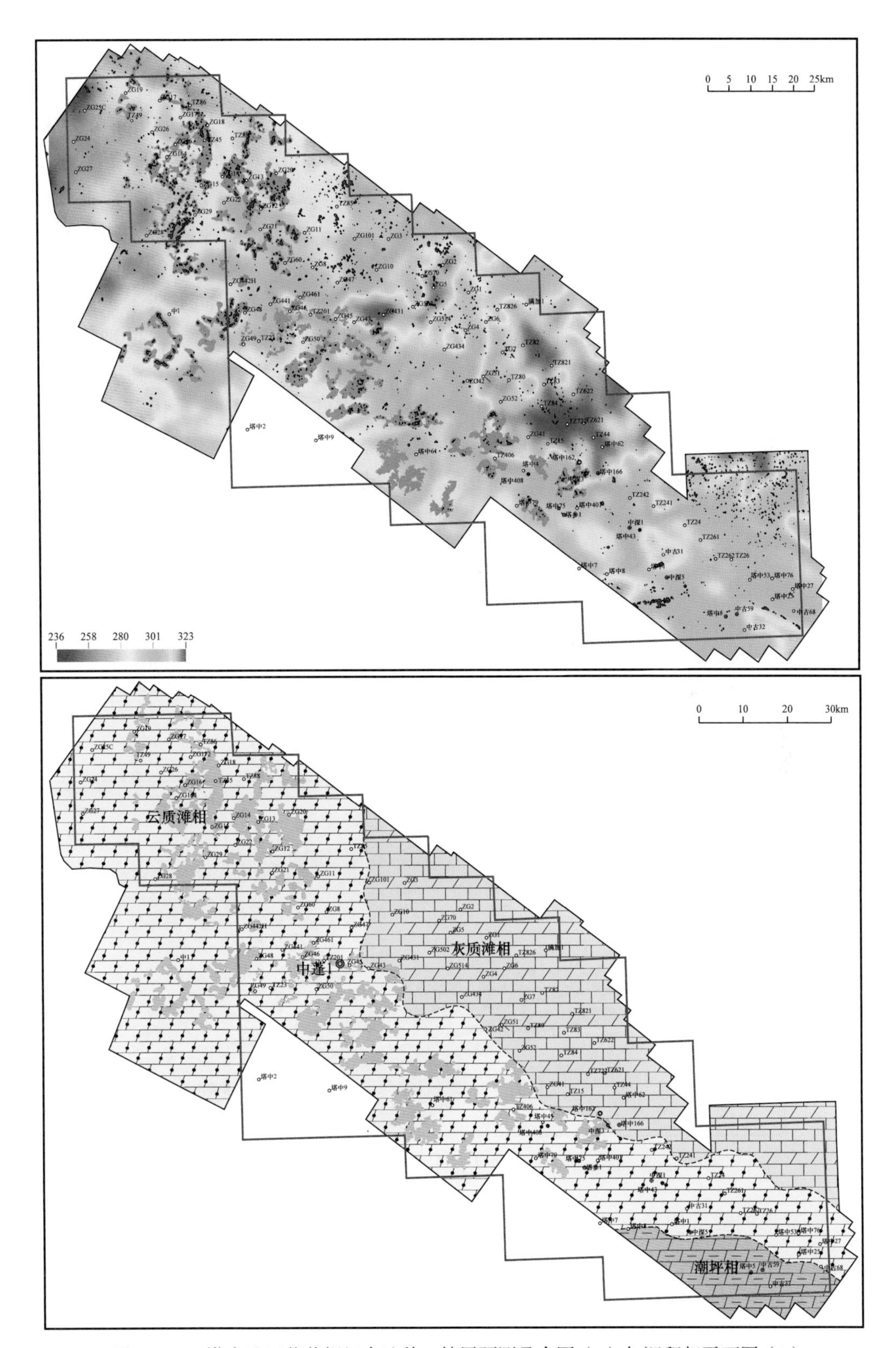

图 8-2-4 塔中地区蓬莱坝组古地貌、储层预测叠合图（a）与沉积相平面图（b）

折带，其构造—沉积演化受控于塔北、塔中古隆起的构造演化，经历了早古生代海相、晚古生代早期海陆过渡相、晚古生代晚期和中新生代陆相的演化历程，从寒武系至第四系，各层系发育比较齐全。依据宽度、走向、厚度，可以将轮南—古城坡折带分为 3 段，自北向南分别为轮南段、满参段与古城段。轮南段宽约 80km，呈南北走向，寒武系发育巨厚碳酸盐岩台地边缘礁滩体，志留系发育“丘形体”；满参段宽约 40km，呈北西—南东走向，寒武系台缘礁滩发育规模变小；古城段宽 28km，寒武系礁滩体规模明显变小。

轮南—古城坡折带最早发源于南华纪裂谷发育时期，经历了震旦纪的坳陷沉积、寒武纪—奥陶纪碳酸盐岩台地沉积和早志留世碎屑岩沉积，在近南北向形成了碳酸盐岩沉积时期的条带状台地边缘礁滩沉积和志留系低位域三角洲沉积。轮南—古城坡折带具有十分优越的石油地质条件，首先该区多期寒武系—奥陶系碳酸盐岩台缘高能相带以前积—加积的方式在空间上叠置，台缘高能礁滩—丘滩相储层和镶边台地内部蒸发岩或低能环境致密碳酸盐岩可以组成比较好的储盖组合，志留系坡折带也可以形成高能砂体。其次，在寒武系—奥陶系台缘带向海一侧可以发育较好的多套斜坡—盆地相烃源岩，这些烃源岩在台缘带进积的情况下可以与上覆台缘带有利储层形成很好的纵向叠置关系。最后，该区已经发现数条北东—南西走向的走滑断裂，它们是塔北—塔中已经明确的主干油源走滑断裂向满加尔凹陷方向的延伸部分，可以作为油气向上运聚、调整的有效通道。因此，轮南—古城坡折带靠近烃源岩，储盖组合发育，加上断裂纵向沟通作用，形成横向源储交叉，纵向断裂调整的网状成藏模式（图 8-2-5），利于油气的运移、聚集及成藏，是有利的勘探区带。

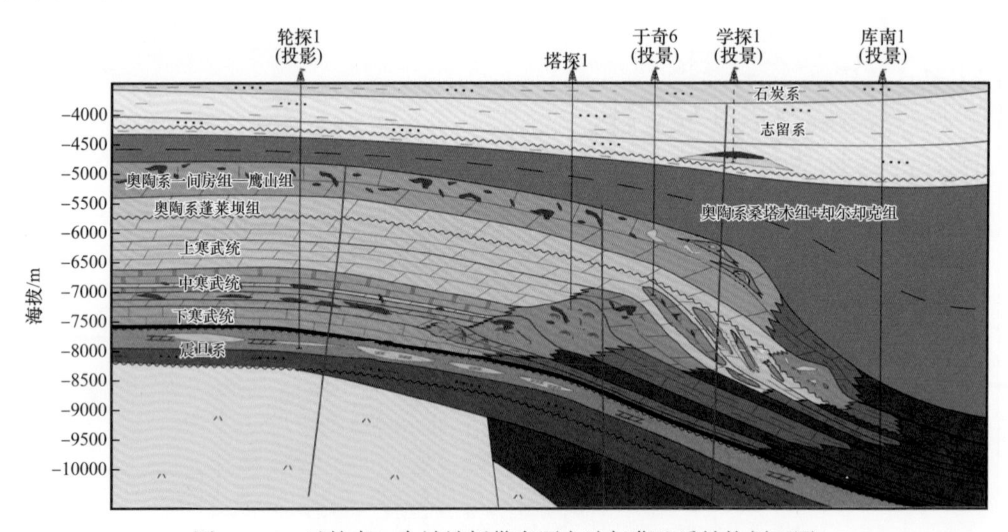

图 8-2-5　过轮南—古城坡折带东西向油气藏地质结构剖面图

4. 阿瓦提凹陷周缘构造带

阿瓦提凹陷位于北部坳陷西部，是一个前寒武纪以来持续发育的负向构造单元，发育下寒武统玉尔吐斯组和中上寒武统萨尔干组、印干组等多套烃源岩，具有较大的生烃潜力。凹陷周缘喀拉玉尔滚、沙井子、吐木休克等断裂构造带及马纳火成岩相关构造带从寒武系—奥陶系到三叠系发育多套碳酸盐岩和碎屑岩储盖组合，也发育众多圈闭，具备基本的油气成藏地质条件。2019 年，中国地调局油气中心新苏地 1 井和京能公司柯探 1 井相继在志留系柯坪塔格组和寒武系盐下白云岩见到工业气流，再一次展现了阿瓦提凹陷周缘构造带的勘探潜力。近年来对阿瓦提凹陷及其周缘重点开展了地震采集处理攻关、深部地质结构解释、烃源岩解释追踪、走滑断裂刻画和成藏模式构建等工作，发现和梳理了寒武系盐下、奥陶系灰岩和志留系碎屑岩圈闭和圈闭显示 24 个，总面积 2090km^2，推动上钻了吐木 1 井，储备了玉古 1 等重点目标。

5. 麦盖提斜坡寒武系盐下丘滩带

麦盖提斜坡寒武系盐下丘滩带是一个逐渐引起重视的勘探区带。近年来，基于新采集的二维地震大剖面和已有的地震格架剖面解释，逐渐明确了塔西南地区发育两支南华纪裂谷，分别为泽普裂陷槽和玉龙裂陷槽，并初步认为两个裂陷槽控制了寒武纪的构造沉积古地理格局，并建立了麦盖提斜坡寒武系“古凹控烃、古低梁—古斜坡控滩”的沉积模式。寒武纪继承性发育两个控制玉尔吐斯组烃源岩分布的生烃凹陷，而凹陷周边的古隆起或古高地为下寒武统白云岩丘滩体的发育提供了古地貌背景（图 8–2–6）。再加上中寒武统广泛分布的膏盐岩，就构成了较好的生储盖组合。因此，麦盖提斜坡寒武系盐下白云岩石油地质条件变好，勘探前景可期。初步预测麦盖提斜坡寒武系盐下白云岩埋深小于 9000m，有利勘探面积 4600km^2，通过二维、三维地震资料识别出丘滩体面积 2700km^2，预测天然气资源量 1.3×10^{12}m^3，在两个凹陷之间的古低梁带初步确定了麦探 1 风险勘探目标。

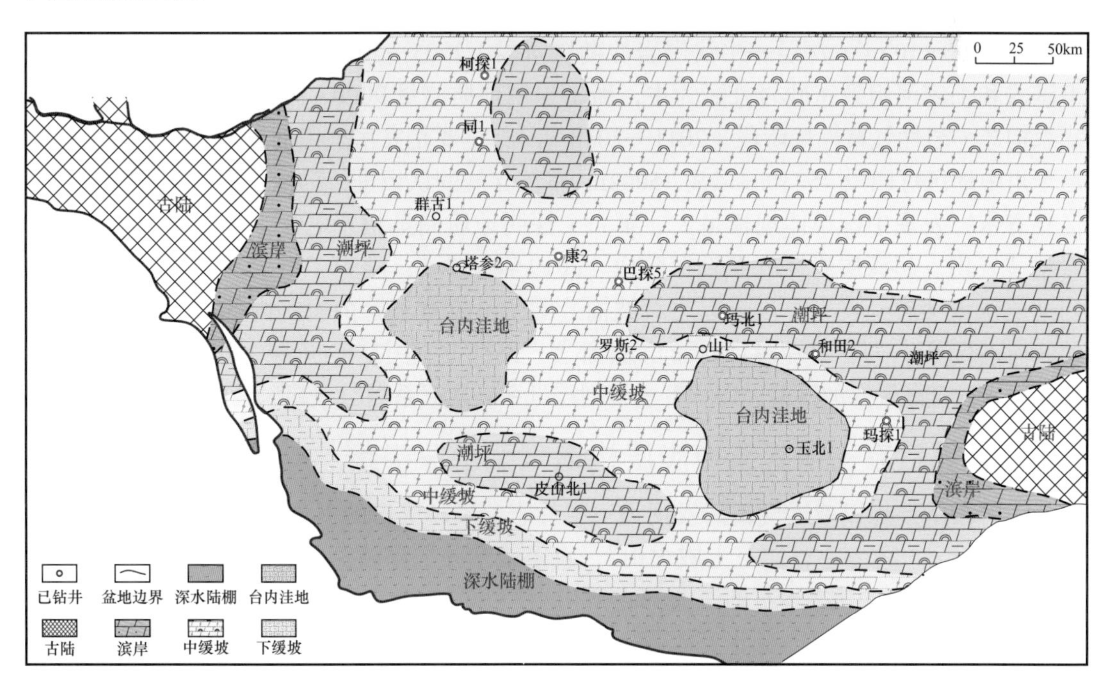

图 8–2–6 塔西南地区下寒武统肖尔布拉克组沉积相平面图

三、鄂尔多斯盆地中新元古界有利区带

通过对鄂尔多斯盆地深层中新元古界层位标定及解释，落实中新元古界地层展布和构造特征，恢复不同时期原型盆地，预测长城系泥岩及潜在烃源岩分布，分析碳酸盐岩和砂岩储层的岩性及物性特征，最终确定了构造条件有利、临近有效烃源岩及储层物性相对较好等条件为长城系有利区综合评价标准。位于北部的定边和西南部的晋—陕裂陷槽内，是最有可能在元古宇勘探获得突破的勘探领域。据此评价中—新元古界深层有利勘探区4个，勘探面积42800km^2，其中靖边有利区勘探面积13900km^2、宜川有利区勘探面积18000km^2、古峰庄有利区勘探面积5400km^2、正宁有利区勘探面积5500km^2，针对四个有利区分别提出了靖探1、柳探1、马基1和宁探1等4个风险目标（见图8-1-22）。

第三节　四川盆地深层—超深层勘探实践

四川盆地的油气勘探历经了70余年的勘探历程，大致可分为5个阶段：中浅层裂缝型构造气藏勘探阶段（1953—1977年），在川南及川西南发现了一批碳酸盐岩缝洞型气藏，以及卧龙河、威远、中坝等裂缝—孔隙型整装构造气藏，发现天然气探明储量$1600\times10^8m^3$。中浅层孔隙型构造气藏勘探阶段（1978—2004年）：其中1978年—1994年主要是川东石炭系高陡构造勘探，发现了大池干、五百梯等一批孔隙型构造气藏，探明地质储量$2500\times10^8m^3$；1995—2004年，主要针对川东北飞仙关组孔隙型构造气藏，先后发现了渡口河、铁山坡、罗家寨、普光等一系列构造及构造—岩性气田，累计探明地质储量超$6000\times10^8m^3$。深层—中浅层岩性勘探阶段（2005—2010年）：以长兴组—飞仙关组礁滩和须家河组致密砂岩气藏为主，新增探明地质储量$9000\times10^8m^3$。深层震旦系—寒武系构造—岩性气藏勘探阶段（2011—2018年）：主要是安岳气田的发现和整体探明，立足于川中地区灯四段-5230m以浅7500km^{2}整体含气的认识进行勘探，提交三级储量超万亿立方米，发现中国单体规模最大、第一个探明地质储量超万亿立方米的特大型碳酸盐岩整装气田。超深层岩性气藏勘探阶段（2019年至今）：随着"十三五"攻关取得一系列地质认识突破，在川中古隆起北斜坡构造圈闭不发育和台内裂陷内部原来认为的勘探禁区内进行了针对灯二段及灯四段的勘探部署，蓬探1、中江2、角探1井等获气，拉开了超深层岩性气藏勘探的序幕。以下着重解剖震旦系—寒武系深层—超深层勘探实践及启示。

一、震旦系—寒武系中浅层构造气藏勘探实践

该阶段的勘探以威远气田的发现为主要标志，威远气田的发现历程曲折，从1940年至1964年历经24年，曾"三上威虎山"，直至威基井加深钻探在震旦系获工业气流，才得以发现。1965—1967年石油工业部在四川组织开气找油大会战，在威远完成震旦系探井18口，获气井12口，三年基本探明震旦系气藏，探明含气面积216km^2，地质储量$400\times10^8m^3$，发现中国第一个大型海相整装气田。威远气田以震旦系灯影组为主要目的层，气藏类型为构造气藏，气藏具统一底水，充满度低，仅为圈闭的25%。威远气田的

发现极大地拓宽了勘探视野，激发了勘探者们的信心，拉开了四川盆地震旦系天然气勘探的序幕。受威远气田发现的启发，形成了以地表构造为指引寻找油气圈闭的思想，依据这一思想，20 世纪 70 年代初期，四川石油管理局以震旦系为目的层，对盆地周边的大两会、曾家河及长宁等面积较大、埋藏较浅的地面背斜构造开展钻探工作，钻探了会 1、曾 1、强 1、宁 1、宁 2 等 5 口井，但由于保存条件较差，均产水。

二、深层震旦系—寒武系构造—岩性气藏勘探实践

1. 古—今构造叠合区持续探索

盆地边缘地表构造勘探经历一系列失利之后，调整勘探思路，开始探索古—今构造叠合区，发现四川盆地中部存在加里东期古隆起，轴部有雅安、乐山、南充 3 个高点，分别残留震旦系、下寒武统、中—上寒武统，称之为乐山—龙女寺古隆起，乐山—龙女寺古隆起的勘探由此拉开序幕。

1976 年 2 月完成的基准井—女基井取得良好勘探效果，取得了侏罗系到基底完整的地层剖面，证实乐山—龙女寺古隆起向川中延伸，并且在灯影组试油获气 $1.85\times10^4m^3/d$；初步认识到古隆起对震旦系油气富集可能有控制作用，但是围绕乐山—龙女寺古隆起周边地区，选择构造圈闭实施了自深 1、窝深 1、老龙 1、宫深 1 等 4 口探井，不同程度产水，勘探效果不理想。

20 世纪 80 年代后期，大量地震勘探工作在盆地全面展开，为进一步认识古隆起及控油气作用创造了有利的条件，通过深入研究逐渐形成了对古隆起的系统性认识：（1）古隆起以鼻状横亘于盆地的中西部，西高东低，主高点在雅安、乐山一带，轴线东端次高点在遂宁至龙女寺一带，面积达 $6.25\times10^4km^2$；（2）古隆起顶部和上斜坡是油气富集的有利区，其东高点区获气的可能性更大；（3）古隆起区发现了高石梯、安平店、磨溪、盘龙场、龙女寺等一批震旦系潜伏构造圈闭。

1990 年完成的总公司大气田招标项目研究成果指出古隆起地区发育印支期古圈闭，提出了资阳—资中、高石梯—磨溪等勘探目标。针对资阳古圈闭震旦系先后实施探井 7 口，初期完成的资 1、资阳 3 井获得工业气流，但是其后的资 2、资 4、资 5、资 6 井的均产水。资阳圈闭最终共完成探井 7 口，获工业气井 3 口、干井 1 口、水井 3 口，获得天然气控制储量 $102\times10^8m^3$，资阳的勘探实践证实了资阳古圈闭气藏的存在，但是这类气藏在后期的构造演化过程中随古圈闭的消亡而解体，具有很强的复杂性。

1994—1998 年间通过两轮国家科技项目攻关，进一步论证了古隆起的形成演化，并对威远—川中地区震旦系岩溶地貌进行了系统刻画，进一步指出古隆起顶部及上斜坡带是油气聚集的有利区，根据攻关成果，对高石梯构造实施了科学探井高科 1 井。高科 1 井于 1999 年 7 月完钻，灯影组油气显示良好，测井解释含气层 8 层，厚 31.2m，含水层 1 层，厚 5.6m；灯四段中测产气 $0.7\times10^4m^3/d$，因灯二段测井解释储层较薄，录井显示较差，当时认为威远气田灯二段以产水为主，决定只对灯四段试油，最终因工程事故试油失败。这期间还对古隆起西段周公山、东段安平店及下斜坡的盘龙场等构造进行了钻探，

在灯影组均发现白云岩孔洞型储层。周公1、盘龙1产水，安平1井灯影组显示良好，测井解释气层厚46.3m，后因尾管固井事故，仅获微气。

2000年以来，通过对古隆起区持续的研究探索，认为寒武系优质烃源岩广覆式分布毋庸置疑，并发现震旦系灯影组暗色藻白云岩、灯三段黑色泥岩及下伏的陡山沱组泥页岩也具有生烃能力；从威远到龙女寺，海拔落差超2000m，横跨近200km的广大区域内，钻井在灯影组均见到良好白云岩孔洞型储层，并不同程度见到气层，特别是位于古隆起东段的高科1井、安平1井、女基井油气显示良好，均未见水，高科1、安平1井由于工程事故试油未成功；且多轮地震资料处理解释都表明该区现今构造圈闭多、规模大。

2. 川中古—今构造叠合区勘探突破

2009年12月，基于储层预测最新研究成果，部署实施了风险探井高石1、磨溪8、螺观1。其中高石1井位于川中古隆起高石梯构造高部位，钻探目的是为探索震旦系—寒武系的含油气性，部署依据主要有4点：一是烃源条件好，筇竹寺组是主要烃源岩；二是高石梯构造震旦系顶面圈闭面积大；三是位于龙王庙组、灯二段、灯四段岩溶储层叠合发育区；四是长期处于古今构造高部位叠合区，有利于油气聚集成藏。

2011年6月17日，高石1井完钻，测井解释震旦系灯影组白云岩储层厚度达275.9m，其中灯四段气层厚度132.62m，灯二段气层厚度66.17m；储层岩性以藻云岩为主，为裂缝—溶洞型、裂缝—孔隙型储层。7月至9月，相继完成高石1井灯二段、灯四段试油，其中灯二段获得测试产量$102.14\times10^4m^3/d$，灯四下亚段、灯四上亚段分别获得产量$3.73\times10^4m^3/d$、$32.28\times10^4m^3/d$。高石1井震旦系获高产工业气流，是继威远之后古隆起区勘探40多年来的又一具有历史性意义的重大发现，不仅打破了威远气田“独生子”的宿命，更展示了震旦系巨大的勘探开发潜力，指明了四川盆地油气勘探新的主攻领域。

2012年，磨溪8井钻遇寒武系龙王庙组白云岩孔隙性储层，测试产气$190.68\times10^4m^3/d$，发现了安岳气田龙王庙组气藏。在高石梯—磨溪构造先后发现磨溪、龙女寺、高石6井区3个富集区块，气藏含气面积$805.26km^2$，寒武系龙王庙组气藏总体上具有西高东低，南北两翼南陡北缓的特征。实钻气藏最高点在磨溪9井，海拔–4226.3m，实钻气藏最低点在磨溪16井，海拔–4458.3m，气藏高度为232m，气藏中部埋深为4647.6m，属深层气藏。

3. 川中古—今构造叠合区快速增储上产

阶段钻探结果认为，龙王庙组发育多个构造背景下的岩性气藏。安岳龙王庙组气藏西部受地层剥缺和岩相变化控制为岩性边界，低部位含水；气藏东部与磨溪16井区间发育岩性致密带，分隔气藏；气藏北部储层较为发育，总体为单斜，向北构造逐渐降低，低部位发育边水，气水界面海拔为–4385m；气藏南部以磨溪①号断层为界，与磨溪21分隔为两个不同压力系统的气藏。

灯二段气藏受构造圈闭控制，属于具有底水的构造—地层圈闭气藏。高石梯潜伏构造和磨溪潜伏构造同属乐山—龙女寺古隆起东倾没端的局部构造，两个构造在震旦系灯二段顶界各自独立形成圈闭，灯二段上部含气，下部普遍含水，磨溪区块、高石梯区块各自具有相对统一的气水界面，磨溪构造震旦系灯二段气藏总体上具有西高东低，中部高南北低的特征，灯二段气水界面 –5167.5m，高石梯构造灯二段气水界面 –5159.2m。

灯四段大面积含气，灯四段下部含水，气水界面为 –5230m，以此气水界面确定气柱高度，为 590m，大于构造圈闭幅度，高石梯—磨溪—龙女寺灯四段整体含气，气藏外围构造低部位含水。

2017 年以来，立足于安岳气田灯四段 7500km^2 大气区整体含气的基本认识，明确台内超 6000km^2 未探明区为下一步深化评价勘探重点。基于台内区气层薄、产能低的特点，结合当时勘探程度，台内整体评价应由西部台缘带向东部台内区逐渐推进，分步、分区开展精细评价，优选评价区，通过工艺井试验，提高单井产量，推动储量有效升级，逐步实现安岳气田灯四段气藏的整体探明。2019 年，高石 118 井、高石 125 井灯四段测试分别获 $109.45\times10^4m^3/d$、$56.63\times10^4m^3/d$ 的高产工业气流。证实川中台内区块具备储量升级基础。根据该钻探成果及认识，后续部署评价井 12 口，目前完井测试 10 口，平均测试产量 $55\times10^4m^3/d$，较直井提高 10 倍，新增台内探明储量约 $1700\times10^8m^3$，实现了安岳震旦系台内规模增储。

2019 年针对龙女寺区块灯四段提出的磨溪 129H 重点预探井测试获 $14\times10^4m^3/d$ 高产工业气流，证实距德阳—安岳古裂陷 60km 外的台内区仍具有规模勘探潜力，开辟了一个新的 $10^{11}m^3$ 级规模增储新区块。截至 2020 年底高磨地区灯影组累计提交三级储量超 $8000\times10^8m^3$，其中探明地质储量超 $6000\times10^8m^3$。

三、震旦系深层—超深层岩性气藏勘探

1.“十三五”突破性地质认识

四项理论认识与技术成果对四川盆地震旦系深层—超深层岩性气藏勘探部署起到了重要指导作用。

（1）地质—地球物理结合精细评价预测四川盆地筇竹寺组古老烃源岩分布，发现了筇一段与筇二段优质烃源岩广泛分布于古隆起北斜坡阆中—通江地区，夯实了资源基础。

筇竹寺组是四川盆地震旦系—寒武系主力烃源岩层，该套古老烃源岩在盆地内埋深大，钻揭的探井少且分布不均，取心少且不连续，地震资料品质差。受上述因素的影响，以往对该套烃源岩评价预测主要依靠露头剖面资料和极有限的钻井资料，盆地内无井 / 稀井区烃源岩厚度分布多靠推测，缺乏测井和地震资料约束，落实程度低。以往常将该套烃源岩笼统地作为一个整体对待，未分层段、分层次刻画，尤其是缺乏对高 TOC 的优质烃源岩段（TOC＞2.0%）进行精细刻画，导致优质源灶分布不清，制约了资源潜力评价与勘探部署。

针对无井 / 稀井区筇竹寺组烃源岩评价预测难题，利用地质与地球物理多维度资料挖掘优质烃源岩分布信息，形成了一套基于地质建模、测井评价和地震反演的烃源岩地质—地球物理综合评价预测技术。综合利用露头、钻井、测井和地震资料，分层段、分

层次精细刻画了筇竹寺组烃源岩分布。筇一段优质烃源岩在盆地内主要分布在裂陷区，厚度在50～250m之间不等，在台内区筇一段缺失；筇二段优质烃源岩在裂陷区和台内广泛分布，厚度在5～50m之间不等，突破了以往“台内区不发育优质烃源岩”的认识，坚定了台内勘探信心。筇一段和筇二段优质烃源岩在川中古隆起北斜坡阆中—通江地区广泛分布，累计厚度主要在100～250m之间，生烃强度主要在40×10^8～$120\times10^8m^3/km^2$之间；井震结合落实了新的规模源灶面积约$3.8\times10^4km^2$，夯实了太和万亿立方米大气区资源基础，提升了震旦系—寒武系天然气资源潜力，预测结果为区带评价和角探1、蓬探1等风险目标优选提供了有力支撑，并已被钻头结果所验证。

（2）提出了川中古隆起北斜坡灯影组发育断控多期多阶台缘带，具备形成岩性圈闭群的条件，提出富微生物有机质丘滩＋溶蚀作用＋早期云化“三元”控储地质认识。

中上扬子克拉通震旦纪—寒武纪经历分异性台地到统一性台地的沉积演化历史，其中震旦纪—早寒武世早期为分异性台地，沧浪铺组沉积晚期开始转变为统一性台地。震旦纪陡山沱组沉积期，台内裂陷与古高地并存，上扬子与中扬子之间发育鄂西海槽，德阳—安岳裂陷初具雏形。震旦纪灯影组沉积期台地构造分异继续增强，中、上扬子发育两大裂陷与多个孤立台地，表现为“三隆两坳”格局。灯影组沉积早期大规模海侵，构造分异进一步增强，德阳—安岳裂陷、鄂西海槽持续发育，灯影组沉积晚期裂陷内继续发育，德阳—安岳裂陷南北联通，鄂西海槽相通，形成多个孤立台地（图8-3-1）。筇竹寺组沉积期拉张作用强烈，沉积细粒碎屑岩，以陆棚沉积为主，发育优质烃源岩。早寒武世中—晚期构造背景发生转变，沧浪铺组沉积期裂陷衰亡，德阳—安岳裂陷被填平补齐，鄂西海槽残余，盆地西缘持续抬升，西高东低，逐渐从陆棚演变为大型缓坡台地沉积环境，最终转换为统一台地，龙王庙组沉积期发育缓坡碳酸盐岩台地。

建立了小克拉通两类台缘沉积模式。碳酸盐岩台地在分异性沉积阶段，可发育被动大陆边缘型台缘与台内裂陷边缘型台缘两类台缘。岩相古地理恢复结果表明，在灯影组沉积期，中上扬子台地发育德阳—安岳裂陷和鄂西裂陷两大台内裂陷，台内裂陷与台地过渡带具明显的台缘带和边界断裂，裂陷区与邻区的地层、沉积差异显著，裂陷两侧台缘带丘滩复合体发育，厚度大，以发育微生物格架白云岩和颗粒白云岩为特征，是规模储层发育的有利相带。小克拉通台内裂陷的发现、裂陷发育鼎盛期两类台缘沉积模式的建立，揭示了台内同样可发育规模储层，与裂陷区发育的厚层优质烃源岩侧向对接构成良好成藏组合，有利于成藏。

提出灯影组富微生物有机质丘滩＋溶蚀作用＋早期云化“三元”控储地质认识。高初始孔隙度和高微生物有机质含量是微生物白云岩储层发育的物质基础。两类溶蚀作用是灯影组优质储层的关键，一是受地质界面（沉积暴露面、层间岩溶面、大型不整合面）控制的表生岩溶作用是灯影组优质储层的主要贡献者；二是微生物有机质早期降解、晚期热解生酸有利于孔隙的生成和保存。微生物促进早期白云石化，有利于碳酸盐岩储层孔隙的保存，原白云石沉淀实验、白云岩有序度特征与U–Pb定年结果揭示灯影组微生物白云岩属早期低温原白云石沉淀，早期白云石化有利于沉积期孔隙很好地保存，成为现今重要储集空间。

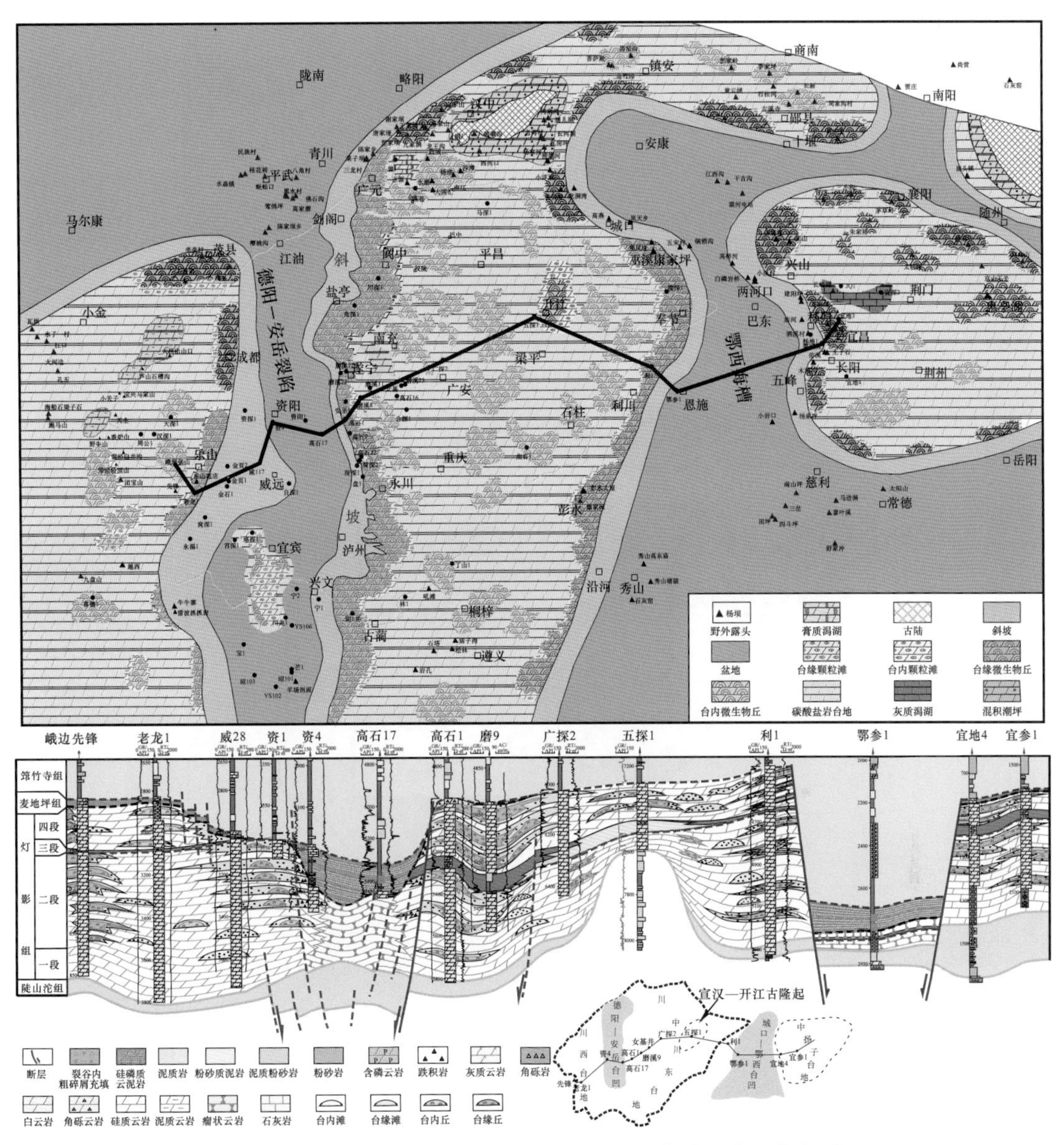

图 8-3-1 四川盆地灯影组三段—四段沉积期镶边台地分布图

（3）提出了川中古隆起北斜坡灯影组发育断控多期多阶台缘带，可形成大型岩性圈闭群。

对川中古隆起北斜坡灯影组台缘带进行精细刻画，提出德阳—安岳裂陷早期受大型同沉积断裂控制，形成似双断裂陷，呈现北西向展布小裂陷；裂陷晚期受断层控制作用较弱，东侧台缘带断裂发育，西侧断裂不发育，形成东陡西缓似箕状裂陷。裂陷演化控制了灯影组台缘带的多期多阶展布，具体表现为灯二段、灯四段台缘带自遂宁地区向北逐渐分异，灯二段丘滩相储集体向裂陷内延伸。其中灯四段台缘带发育 4 个独立规模丘滩体，面积 4340km²；灯二段发育宝林—八角场、蓬莱—金堂、盐亭—绵阳三排丘滩体，总面积 7100km²，受断裂控制，总体向裂陷内延伸（图 8-3-2）。灯二段这种断控向裂陷内延伸的多阶台缘丘滩体被致密带分割，可形成一系列岩性圈闭群，勘探潜力巨大。

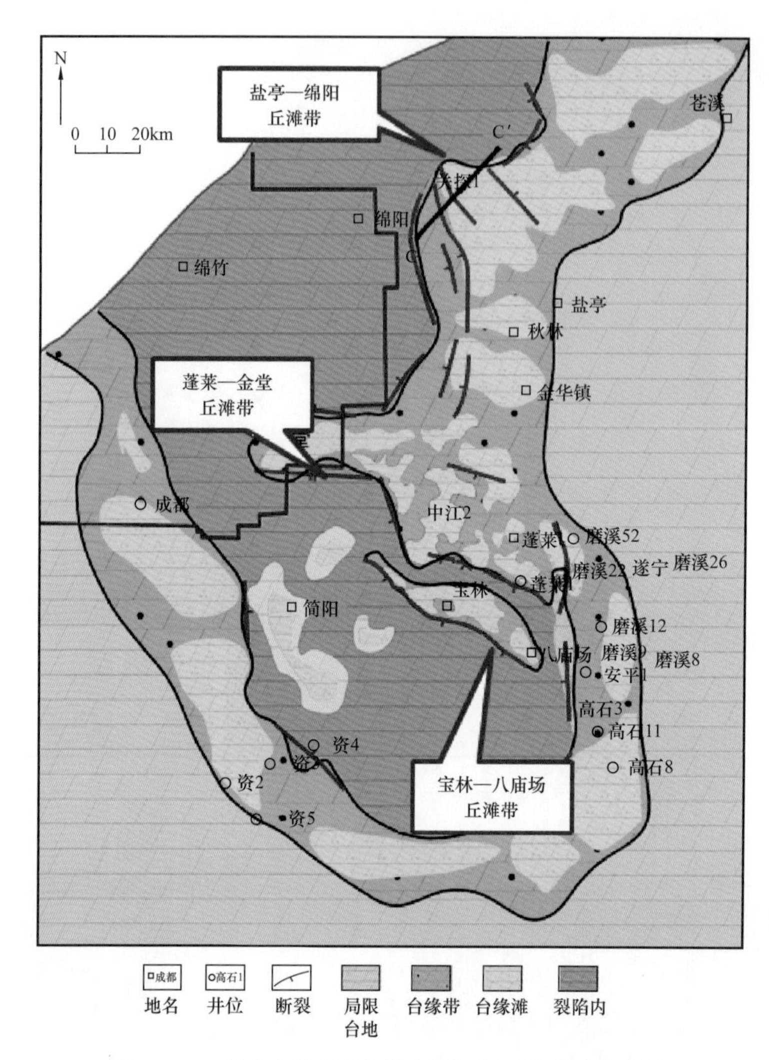

图 8-3-2　川中古隆起北斜坡断裂与灯二段滩体分布图

（4）揭示了川中古隆起北斜坡震旦系天然气富集主控因素与分布规律，指出川中古隆起北斜坡灯影组是万亿立方米级大气区的有利方向，助推勘探由古隆起高部位向斜坡区、裂陷区拓展。

裂陷演化控制着灯影组微生物岩气藏发育两类有利源储组合：源内包裹型，如裂陷区灯二段气藏；旁生侧储型，如高磨地区灯影组气藏。近源优势聚集、复合输导系统、继承性古隆起与构造枢纽带，岩性圈闭群联合控制灯影组油气规模成藏与持续保存。

① 优质源灶（TOC＞2.0%）是大油气田形成的物质基础，天然气近源优势聚集。筇竹寺组厚层优质烃源岩为川中大气区形成奠定基础，德阳—安岳裂陷内优质烃源岩厚100～250m。良好的源储组合关系保障油气高效充注，北斜坡灯影组两期台缘带被筇竹寺组优质烃源岩包裹，源储匹配比高磨地区更好，有利油气充注；古油藏与分散液体烃、高—过成熟干酪根多类型源灶接力生气、晚期充注保障大气田持续保存。

② 复合输导是油气运聚的关键途径，由不整合面—高孔渗层—断裂（裂缝）组成的

复合输导体系，是油气优势通道。不整合和高孔渗层是控制油气成藏规模的核心，灯影组顶面是区域不整合面，藻云岩叠加岩溶作用形成高效输导层，油气通过不整合面与孔隙层横向运输，并在适宜的圈闭中聚集成藏。走滑断裂横向连通源灶、台缘与台内丘滩体，形成断控圈闭油气富集有效成藏，大川中地区主要为张扭性走滑断裂，平面上可有效将裂陷优质烃源岩、台缘与台内丘滩体联络成一体，油气远距离运移成藏；纵向上沟通多套源储、油气多层系立体成藏。

③ 岩性圈闭群是深层油气规模富集与保存的必要条件，川中古隆起及北斜坡灯影组大型丘滩体岩性圈闭群发育，钻探证实发育单斜背景上的岩性气藏，具有气层厚度大、单井储量丰度高的特点，德阳—安岳裂陷内的蓬莱—中江灯二段气藏即为此类气藏。

④ 继承性古隆起与围斜、构造枢纽带是深部油气最有利的富集区。川中地区一直处于继承性发育的古隆起区和构造枢纽带，早期有利于流体运聚，晚期保存条件好，一直是油气运移的有利指向区，油气由坳陷区生烃中心向古隆起及斜坡区远距离运移，跨构造单元成藏。

在上述认识指导下，全盆地评价优选了6个有利勘探区带，总面积$7.8\times10^4km^2$，地质资源量$6.9\times10^{12}m^3$，其中现实区带2个、突破区带3个、准备区带1个（具体见本章第二节）；其中4个有利区带位于川中古隆起北斜坡，面积$4.85\times10^4km^2$，地质资源量$5.2\times10^{12}m^3$。明确川中—川西北地区为灯影组万亿立方米级大气区勘探主攻方向，助推了勘探由古隆起高部位构造气藏向斜坡区和裂陷区岩性气藏群拓展。

2. 蓬探1井证实裂陷区和斜坡区发育岩性气藏群，开拓了勘探新领域

蓬探1井地理位置位于四川省遂宁市大英县天保镇蓬莱潜伏构造高部位，是部署在德阳—安岳裂陷与川中古隆起北斜坡叠合区，以震旦系灯影组为主要目的层的风险探井，主要探索裂陷主力烃源灶区灯影组储层发育情况及含气性（赵路子，2020），并可兼探下二叠统滩相岩溶储层和长兴组礁滩储层含气性。该井部署实施主要基于以下地质认识与有利条件：

（1）位于优质源灶区内，烃源条件优越。蓬莱潜伏构造位于德阳—安岳裂陷生烃中心，发育下寒武统麦地坪组—筇竹寺组巨厚烃源岩，地震反演预测烃源岩按厚度在200～350m，累计生气强度达40×10^8～$100\times10^8m^3/km^2$，烃源条件优越。

（2）同沉积断层控制的多阶台缘带发育，储层条件好。裂陷北段二维、三维地震资料显示在蓬莱—金堂、盐亭—绵阳等地区灯二段可识别出多条正断层。蓬莱—金堂地区发育多排断层，整体呈近东西向断块横卧在裂陷内，预测蓬莱—金堂丘滩带面积$1720km^2$，宝林—八庙场丘滩带面积$230km^2$。其中，蓬莱—金堂地区灯二段丘滩带上发育6个丘滩体，面积$764km^2$；蓬莱三维地震区丘滩体面积$210km^2$（图8-3-3）。

（3）滩间海致密层的侧向遮挡，构造—岩性圈闭群发育。高磨地区灯二段勘探证实丘滩体之间的滩间海岩性致密，为丘滩体圈闭提供侧向封堵条件；蓬莱三维地震区地震属性及地震相表明，蓬莱丘滩体上倾方向具有明显变化，岩相存在差异，丘滩体上倾方向存在致密层，地震相为平行发射，推测为滩间海沉积的泥晶云岩，形成良好的侧向封堵，因此可发育构造背景下的岩性圈闭。

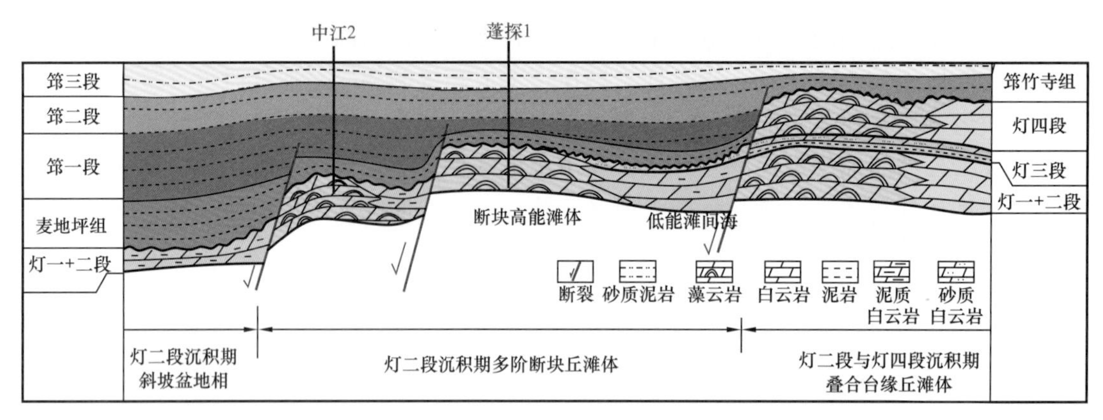

图 8-3-3　德阳—安岳裂陷内灯影组丘滩体分布模式图

（4）构造圈闭落实程度较高，圈闭规模大，成藏条件好：川中二维地震和蓬莱三维地震综合解释，构造圈闭落实可靠；蓬莱构造蓬探 1 井构造圈闭面积 90km^2，幅度 200m，上倾方向发育断裂和岩性变化带，可以形成断层与岩性封堵，成藏与保存条件良好。

蓬探 1 井钻探结果显示德阳—安岳裂陷区灯二段储层条件与含气性良好。灯二段测井解释储层段 22 层，孔隙度大于 2.0% 的层段 20 层，累计厚度 259.7m，孔隙度为 2.2%～4.5%，平均值为 3.32%。其中，5827.6～5851.9m 及 5856.5～5872.9m 井段为相对高孔段，孔隙度分别为 4.5%、4.2%。岩心孔隙度（柱塞样）1.08%～14.53%，平均孔隙度 3.6%，平均渗透率 3.6mD。储层岩性主要为泡沫绵层白云岩、凝块白云岩、藻砂屑白云岩和藻叠层白云岩。主要储集空间为溶洞、溶孔和溶缝。蓬探 1 井钻探过程中，灯二段显示良好，见多次气测异常、气侵，其中气测异常 4 层共 17m、气侵 2 层共 24m。测井解释气层厚度 107.6m，差气层厚度 11.6m（图 8-3-4），含气水层厚度 50m，水层厚度 105.8m，气水界面为 −5550m。2020 年 5 月 4 日在灯二段测试获日产天然气 $121.98\times10^4m^3$，展示了裂陷区和古隆起北斜坡灯二段巨大勘探潜力（赵路子，2020）。

中江 2 井同样位于德阳—安岳裂陷区内灯二段蓬莱—金堂丘滩带上，原设计勘探目的层为二叠火山岩。在蓬探 1 井灯二段获得重大突破之后，通过对该井资料系统分析，及时对临近的中江 2 井加深至灯二段，揭示不同丘滩体之间气水界面关系和气藏性质。中江 2 井灯二段测井解释有效储层 100.6m，平均孔隙度 3.24%，解释气层 48.7m。

处于古隆起北斜坡的蓬探 1 井测井解释灯二段水层顶界海拔为 −5552.50m，气层底部海拔 −5528.11m，气水界面明显低于高石梯—磨溪主体地区灯二段气藏，表明与主体区非同一气藏。中江 2 井测井解释灯二段水层顶界海拔 −6322.5m，气层底部海拔 −6322.5m，相对于蓬探 1 井气水界面低了近 800m，二者没有统一的气水界面，具有典型的岩性气藏特征。蓬莱—中江地区灯二段气藏总体上具有北低南高的构造特征，受气水界面和断层等构造因素控制，上倾方向受岩性边界（台缘带、岩性致密带）封堵，为构造—岩性气藏。蓬探 1 井、中江 2 井气勘探突破表明，在德阳—安岳裂陷区和川中古隆起斜坡区，灯影组发育系列构造—岩性气藏群，勘探潜力巨大。

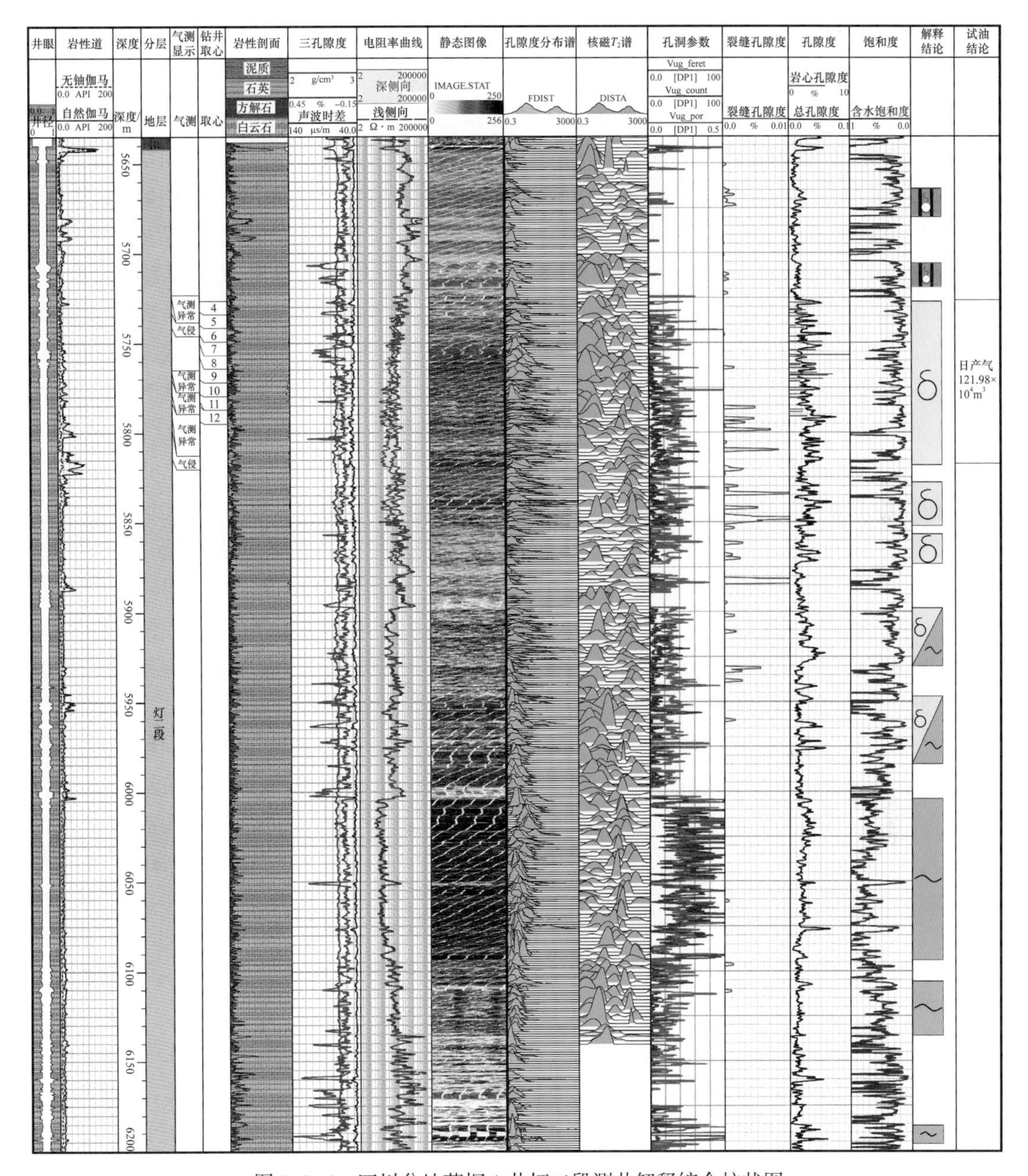

图 8-3-4　四川盆地蓬探 1 井灯二段测井解释综合柱状图

蓬探 1 井和中江 2 井灯二段获得重要发现，对深化认识德阳—安岳裂陷形成演化及灯影组油气成藏富集规律、指导裂陷区勘探部署等方面具有重要意义。

（1）深化了德阳—安岳裂陷形成演化的认识。有关德阳—安岳克拉通内裂陷形成演化及成因的研究成果颇多，但认识分歧较大。从形成时间看，有学者认为裂陷形成于晚震旦世灯影组沉积期，并在早寒武世早期继承性发育（魏国奇，2015；杜金虎，2016）；有学者认为形成于早寒武世早期（刘树根，2013）。从“裂陷”形成机制看，有的认为是克拉通盆地内部发生的、受同沉积断裂控制的“克拉通内裂陷”（邹才能，2014；魏国奇，

2015）；有的认为是克拉通内凹陷，称之为“拉张槽”（刘树根，2013）；有的认为是桐湾期大规模岩溶作用的形成“侵蚀谷”（汪泽成，2014）；有的强调震旦纪基底断裂多幕堑垒式背景下，河流下切侵蚀，叠加形成“拉张侵蚀槽”（李忠权，2015）。基于蓬探1井和中江2井钻揭地层及地震资料，显示该裂陷形成始于早震旦世陡山沱组沉积期，发展于晚震旦世灯影组沉积期—早寒武世筇竹寺组沉积期，消亡于早寒武世中晚期。晚震旦世灯影组沉积期，裂陷经历两期演化，早期（灯一段＋灯二段沉积期）断层发育、活动强，以双断作用为主，形成了蓬莱—金堂断垒构造带。灯二段沉积末期桐湾运动Ⅰ幕，海平面下降，灯二段遭受剥蚀、淋滤作用，导致灯二段上部岩溶储层发育。到灯三段＋灯四段沉积期，裂陷继承性发育，但东侧断层发育、西侧断层不发育，形成东陡西缓箕状裂陷，但裂陷范围较早期明显扩大，表现为向盆地南部及东部进一步扩展延伸。桐湾运动Ⅱ幕，导致灯四段剥蚀殆尽（赵路子，2020）。

（2）创建了断控型台缘带新模式，发展了深层古老碳酸盐岩沉积理论认识。灯影组优质储层主要发育在台地边缘相带（罗冰，2015；周进高，2015；斯春松，2015）。以往基于高石梯—磨溪地区解剖研究，认为灯影组台缘带受控于裂陷边界大断裂，且灯二段与灯四段叠置发育。该认识制约了裂陷内勘探部署。蓬探1井和中江2井揭示以灯四段边界断裂所确定的裂陷区，灯二段发育多排同沉积断层，断块掀斜作用导致同一断块的沉积古地貌差异，高部位发育丘滩体（可称之为断控型台缘带），低部位以滩间海沉积为主，由此形成了多阶台缘带分布的格局。

（3）揭示了裂陷区和古隆起斜坡区发育岩性圈闭气藏群，拓展了勘探领域。基于以往认识，裂陷内丘滩体不发育，不是勘探有利区。蓬探1井和中江2井钻探结果证实裂陷内灯二段发育断控型多期多阶台缘丘滩体，侧向致密带封堵，可以形成构造—岩性圈闭或岩性圈闭气藏群，是下步勘探的重点领域。成果认识助推四川盆地灯影组勘探由古隆起高部位向斜坡区、裂陷区拓展，裂陷区蓬莱—金堂、盐亭—绵阳丘滩带是下一步勘探的重点区带。

3. 勘探启示

（1）大型古裂陷、古隆起周缘坳陷区控制了震旦系、寒武系优质生烃中心展布。

古裂陷、古坳陷受同沉积断裂或差异升降控制，在海平面上升期形成了安静、滞留、缺氧、还原的沉积环境，有利于富有机质泥页岩的沉积，形成区域分布的生烃凹陷。德阳—安岳古裂陷为区域拉张背景下，受同沉积断裂控制，在晚震旦世—早寒武世形成了克拉通内裂陷。裂陷由川西海盆向盆地内近北西—南东向延伸，裂陷内下寒武统对灯影组沉积期裂陷填平补齐，地层厚度大，发育麦地坪组和筇竹寺组厚层优质烃源岩，烃源岩厚300～450m，有机碳含量平均值大于2%，这两套烃源岩累计生气强度高达100×10^8～$180\times10^8m^3/km^2$，为非裂陷区的4倍以上，为震旦系—寒武系深层—超深层勘探奠定了烃源基础。

（2）大型古裂陷边缘、古隆起高部位控相，叠加古侵蚀面岩溶，控制了规模层状白云岩孔隙型储层展布。

古裂陷边缘处于浅水碳酸盐岩工厂与深水沉积过渡带，水动力条件较强，古地貌较高，具备形成粗结构、多孔碳酸盐岩的沉积环境，是生物丘滩沉积发育区，有利于白云岩孔隙型储层大面积连片发育；同沉积期水下古隆起控制区域沉积相带展布，古隆起高部位为浅水高能沉积区，有利于颗粒滩沉积和准同生期岩溶发育。乐山—龙女寺古隆起在早寒武世沧浪铺组沉积期已具雏形，龙王庙组沉积期发展为同沉积水下古隆起，古隆起高部位龙王庙组颗粒滩白云岩储层广泛分布。而环古隆起斜坡区颗粒滩发育程度和白云石化程度降低，主要为含膏盐岩斜坡—潟湖沉积；古侵蚀面是长期、高强度岩溶作用发育面，对其下伏有利相带多孔碳酸盐岩溶蚀改造，储层岩溶孔、洞、缝更加发育。桐湾运动发育两期古侵蚀面，溶蚀改造灯二段、灯四段储层；加里东运动形成了川中龙王庙组颗粒滩叠加岩溶作用的溶孔、溶洞白云岩储层。

（3）古裂陷、古隆起、古侵蚀面联合现今构造控制震旦系、寒武系多类型规模圈闭的形成、匹配不同成藏要素组合。

古裂陷、古隆起、古侵蚀面联合现今构造可形成多种类型圈闭（圈闭群）；古裂陷内深水环境沉积的泥页岩，或碳酸盐岩台地滩间海致密带侧向封堵，是大型地层—岩性圈闭群形成的关键；古隆起为大型正向构造单元，控制了大型构造圈闭的发育；区域性的古侵蚀面有利于发育大型地层或构造—地层—岩性复合圈闭。

（4）大型地质单元内圈闭继承性演化是天然气规模聚集的关键。

对于构造平稳区，古今圈闭继承性稳定发展，天然气规模高效聚集，是大气田最有利的分布区，由于古油气藏的形成受控于古裂陷、古隆起、古侵蚀面等大型成藏地质单元，这一过程实际上是大型成藏地质单元内古圈闭历经后期构造变形、调整，最终控制了现今气藏的分布。

第四节　塔里木盆地深层—超深层勘探实践

一、“十三五”勘探成果

“十二五”末，形成库车、塔北、塔中三大油气富集区，中国石油探区累计 23.50×10^8t 油当量。进入“十三五”，立足库车山前、塔北隆起带、塔中隆起带三大“阵地战”不断实施资源战略，强化深层—超深层油气勘探，推进技术创新，在库车前陆山前碎屑岩领域博孜、中秋构造带不断获得新进展；在台盆区碳酸盐岩领域寒武系盐下、斜坡区断溶体不断获得新突破；尤其是台盆区碳酸盐岩领域轮探 1 井与满深 1 的重大突破具有典型意义。随着台盆区大面积三维地震采集、处理、解释及储层预测、烃类检测技术的逐渐成熟，控压钻井技术、大型分段酸化压裂技术、碳酸盐岩储层预测与缝洞单元雕刻技术的应用与发展，准层状油气藏的地质认识逐步深化，带来了塔里木油田碳酸盐岩油气勘探的持续突破，实现了塔里木油田油气储量持续稳步增长，特别是勘探开发一体化实现了碳酸盐岩油藏整体评价、规模上产增储。

“十三五”期间，塔里木盆地油气勘探总体任务是继续坚持三大阵地战，大力实施储量增长高峰期工程；加大区域甩开预探力度，积极准备第四个阵地战。台盆区深层—超深层勘探取得丰硕成果，中国石油在塔中和塔北隆起深层—超深层持续拓展，新发现满深1、轮探1、中深1等8个油气藏，新增三级地质储量 15×10^{8}t。

二、轮探1发现实例

1. 轮探1井部署上钻依据

（1）源储盖有利配置，继承稳定古隆起，锁定轮南区带。

轮南下寒武统缓坡型台缘礁滩位于玉尔吐斯组优质烃源岩之上，毗邻南华系—下震旦统裂陷槽烃源岩，属于近源，油气源充足（朱光有等，2020）。野外露头（肖尔布拉克剖面、苏盖特布拉克剖面、昆盖阔坦剖面）与钻孔资料（星火1井、新柯地1井）揭示下寒武统玉尔吐斯组是西部台地内一套重要烃源岩。前人针对野外剖面的玉尔吐斯组进行有机碳含量测定，其含量可达7%～14%，局部区域可高达22.39%，新柯地1井钻揭玉尔吐斯组烃源岩26m，TOC分布在2%～29%之间，钻揭震旦系泥岩60m，TOC分布在0.3%～1.0%之间。

下寒武统为缓坡碳酸盐岩台地沉积模式，表现为“小礁大滩”的特点（杨海军等，2020a），储层受岩性与暴露溶蚀双重作用控制，发育优质白云岩储层。围绕满西台内洼地大面积分布颗粒白云岩，塔中—巴楚一线代表中缓坡台内丘滩亚相，塔北地区代表中缓坡台内丘滩和中—下缓坡亚相，轮南地区主要处于中缓坡台内滩分布范围。通过对苏盖特布拉克露头群7条剖面与建模研究，发现下寒武统台缘礁盖及礁前、礁后滩皆发育良好储层。储层岩性以结晶白云岩、藻云岩及颗粒白云岩为主；储集空间类型以藻架孔、晶间溶孔、溶蚀孔洞等原生孔隙为主；储层孔隙度平均值5.5%（测试样品数 $n=55$）。连井储层对比表明下寒武统储层在巴楚隆起—塔中隆起横向上表现出稳定分布特征，受岩溶、暴露影响。震旦系奇格布拉克组可能发育优质的白云岩储层，受控于风化壳岩溶作用，储层大面积发育。

中寒武统膏盐湖、膏云坪、泥云坪亚相均可作为优质盖层，泥质白云岩、膏质白云岩、石膏岩封盖能力强。塔西台地内中寒武统阿瓦塔格组下部发育一套蒸发岩，沙依里克组下部发育一套蒸发岩，共同构成了下寒武统白云岩储层的优质盖层。

轮南低凸起为继承性古隆起，是油气运聚的有利指向区。轮南低凸起形成于寒武纪，构造平台形成于海西期，长期接受油气充注。下寒武统烃源岩加里东、海西末期生油，喜马拉雅期西油东气，轮南寒武系存在早油晚气多期充注，成藏与保存条件有利（图8-4-1）。

（2）建立礁滩体模型，锁定轮南西部中寒武统白云岩礁滩体。

塔深1井钻至下寒武统吾松格尔组，通过地震合成记录标定，利用资料品质好的OGS-800二维测线，把下寒武统顶界、中寒武统顶界、上寒武统顶界引至三维地震工区，识别出哈拉哈塘—塔河于奇地区下寒武统吾松格尔组—上寒武统发育6期垂向加积型为主的礁丘建隆。即下寒武统肖尔布拉克组为第Ⅰ期，吾松格尔组礁滩体为第Ⅱ期，中寒武统礁滩体为第Ⅲ、Ⅳ期，上寒武统礁滩体为第Ⅴ、Ⅵ期。对于台内滩相解释方案重点参考美国二叠盆地和古城地区沉积模式来完成。塔深1井钻井揭示寒武系—奥陶系以白云岩为主，发育多套储层，盖层欠发育，多层油气显示，表明基本成藏条件有利，缺乏优质盖层是未规模油气聚集的主要原因。以塔深1井失利原因为启示，通过地震相分析认为轮南西部发育阿瓦塔格组膏岩层，可构成有利盖层，锁定轮南西部有利区。

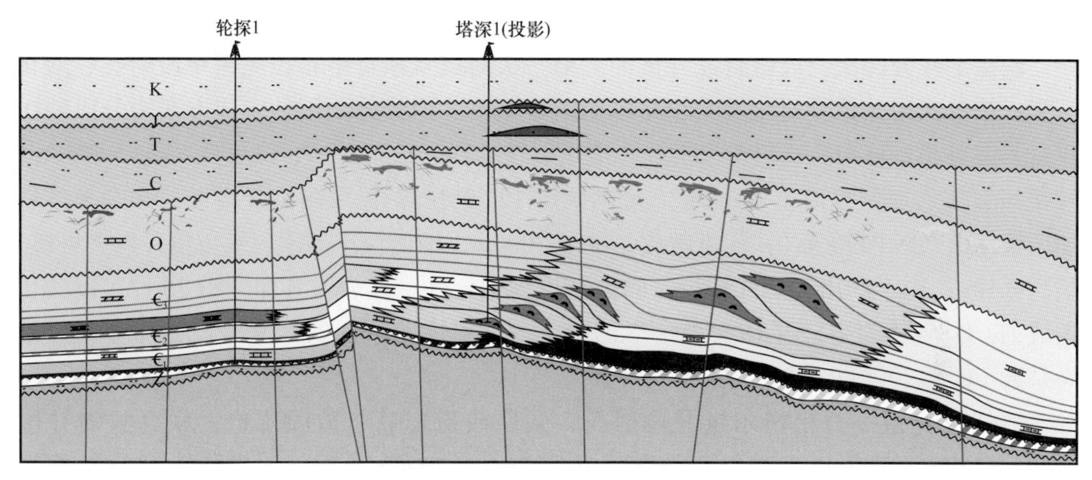

图8-4-1　塔北隆起轮南地区寒武系—奥陶系碳酸盐岩油气成藏模式示意图

2015年塔里木油田优选轮西—轮南地区350km^{2}三维地震数据对寒武系盐下礁滩体进行针对性处理，主要由2000年采集的轮南11三维地震数据、2008年采集的轮南2三维地震数据及1998年采集的轮南8三块三维地震数据组成，处理资料品质得到较好提升，礁滩体成像更加清晰，满足轮探1井井位部署的要求。以丘滩体模型为指导对该三维地震数据进行地震解释、断裂刻画与储层反演工作，优选有局部构造背景、反演储层有利区、中寒武统石膏分布区，部署轮探1风险探井。

2. 轮探1井发现情况

1）钻探概况

轮探1井位于塔里木盆地塔北隆起轮南低凸起，钻探目的是探索轮南下寒武统白云岩与震旦系储盖组合的有效性及含油气性，突破寒武系盐下丘滩体白云岩新类型，开辟轮南油气勘探新领域。轮探1完钻井深8882m，完钻层位为震旦系。

轮探1井在钻进过程中震旦系—中寒武统见良好油气显示，共发现气测异常65m/29层，主要集中在4个层段，分别是震旦系齐格布拉克组上部、下寒武统吾松格尔组、玉尔吐斯组与中寒武统沙依里克组。沙依里克组见气测异常10m/6层，钻井液密度1.4g/cm^3，最大全烃由0.48%上涨至5.64%，其中C_1含量由0.24%上涨至2.86%，组分全，录井综合解释为油层；测井解释差油气层19m/4层。吾松格尔组见气测异常5m/2层，钻井液密度1.44g/cm^3，最大全烃由0.42%上涨至2.84%，其中C_1含量由0.26%上涨至1.58%，组分全，录井综合解释为油层；测井解释差油气层5m/2层。玉尔吐斯组见气测异常22m/5层，钻井液密度1.44g/cm^3，最大全烃由4.03%上涨至14.59%，其中C_1含量由2.87%上涨至 10.83%，组分全，录井综合解释为气层，测井解释认为是高含铀的烃源岩层。震旦系奇格布拉克组见气测异常 12m/6 层，钻井液密度 1.44g/cm^3，最大全烃由 2.58% 上涨至 15.23%，其中 C_1 含量由 1.68% 上涨至 12.95%，组分全，录井综合解释为差气层；测井解释差气层 9m/2 层（图 8–4–2）。

2）测试情况

轮探 1 井分两次三段进行完井试油。第一次对震旦系奇格布拉克组单段射孔、酸化压裂；第二次对沙依里克组与吾松格尔组组合试油，但具体采用的实施方案为分段酸压改造。震旦系奇格布拉克组单段射孔、酸压改造与联合放喷求产，深度段 8737～8750m。酸化压裂挤入地层总液量 473.1m^3，最高泵压 122.9MPa，停泵测压降缓慢，开井求产后油压快速由 70MPa 降至 0；气举敞放，举深 3000m，油压快速落零，气微量，点火可燃，焰高 0.5m；由于产出天然气较少，测试结论为不定性。地表取气样分析 20 件，以酸化生成的 CO_2 气体为主，占 18.55%～77.29% 不等；甲烷气体占 21.07%～72.22% 不等，干燥系数（C_1/C_{1+}）约 0.988，属于干气气藏。

沙依里克组—吾松格尔组分段射孔、酸压改造与联合放喷求产，联合放喷井段 7940～8260m。沙依里克组射孔与酸压井段 7940～7996m，酸化压裂注入井筒总液量 660m^3，泵压 125MPa，停泵测压降 15min 仅从 74.2MPa 下降至 72MPa，表明压力扩散缓慢，储层偏致密。吾松格尔组射孔与酸压井段 8203～8260m，注入井筒总液量 1160m^3，泵压 122.1MPa，停泵测压降 30min，油压由 73.6MPa 下降至 53.5MPa，表明压力扩散快，储层物性好。测试结论：10mm 油嘴，油压 11.714MPa，日产油 134m^3，日产气 45917m^3。

根据酸压效果分析，轮探 1 井出油层位为吾松格尔组，产层段测井温度 162℃，根据关井压力估算为 90.8MPa，为正常温压系统。吾松格尔组气油比 340，地表取样天然气干燥系数（C_1/C_{1+}）约 0.8；非烃气体中 N_2 含量占 2.6%～3.0%，H_2S 为 1590～1730mg/m^3；原油 20℃密度 0.8192g/cm^3，50℃密度 0.7952g/cm^3，黏度 2.158mPa·s，含蜡量 11.2%～11.6%，含硫量 0.25%～0.27%，属于正常轻质原油。PVT 分析结果显示临界压力 19.03MPa、临界温度 358.2℃；临界凝析压力 38.76MPa，临界凝析温度 388.4℃；油藏温度小于临界温度，为原油流体特征；C_1+N_2 为 61.16%，$C_{2-6}+CO_2$ 为 14.55%，C_{7+} 为 24.29%，三角相图中落于挥发油范围。

3. 勘探启示与意义

（1）首次在台盆区中寒武统盐下吾松格尔组白云岩获得工业油气流。

轮探 1 井出油层位为中寒武统沙依里克组 + 吾松格尔组白云岩，其上覆盖了阿瓦塔格组蒸发相膏岩，为一套优质储盖组合。储层沙依里克组 + 吾松格尔组为台缘控制的台内局限—半局限丘滩相白云岩，具备一滩一藏含油气特征，为原生油气藏。在轮南—古城地区发育南北长 430km，东西宽 16～36km 的台缘带，总面积 $1.3\times10^4km^2$，中国石油矿权范围内面积 2000km^2。轮探 1 井沙依里克组 + 吾松格尔组岩性圈闭面积 147km^2，资源量分别为油 2990×10^4t、气 $3150\times10^8m^3$。

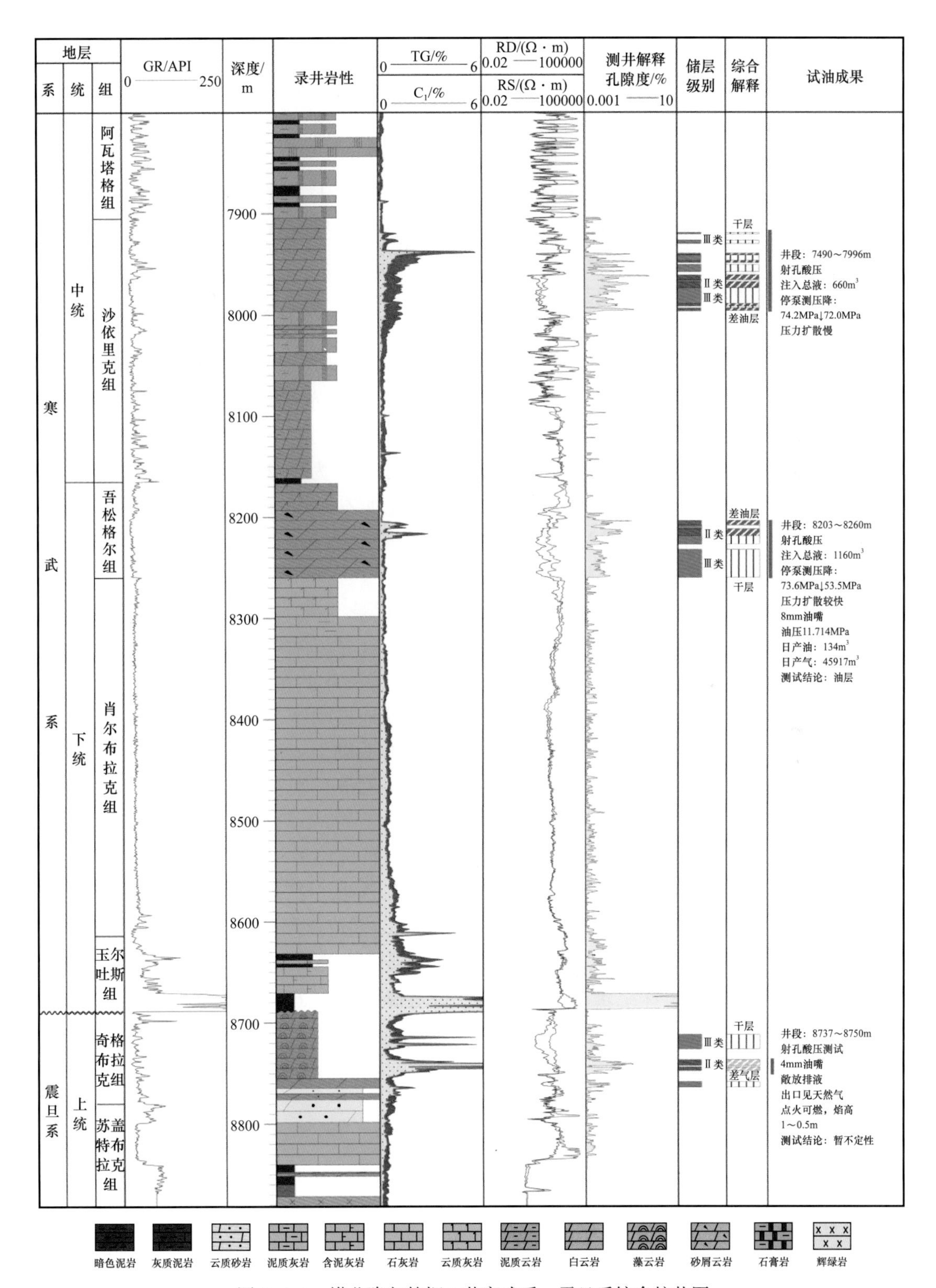

图 8-4-2 塔北隆起轮探 1 井寒武系—震旦系综合柱状图

轮探1井的工业发现对塔里木盆地寒武系盐下勘探意义重大。首先，轮探1井的工业发现坚定了寒武系盐下勘探信心，寒武系盐下近30年来钻孔20余口，绝大多数失利，中深1井发现后再钻探的10余口井相继失利，寒武系之下到底有没有成藏条件已经受到质疑，轮探1井适时发现，打破质疑，坚定这一战略方向。其次，轮探1井钻揭良好烃源岩，围绕生烃中心是下步勘探的战略方向。最后，轮探1井带来两个战略启示，一是紧邻膏盐岩之下的储层值得重视；二是轮探1井震旦系发现苗头，可能有更广阔的勘探领域。

（2）刷新了世界克拉通盆地超深油藏深度纪录。

轮探1井下寒武统油层深度8200～8260m，是全球最深的克拉通油藏。全球范围内超深油气勘探工作集中在被动陆缘、前陆、克拉通和裂谷盆地四大领域；被动陆缘最深的是墨西哥湾盆地深水区K2油田，埋深达8713m；前陆盆地最深的为巴布亚盆地Agogo油气田，埋深8591m；克拉通盆地最深的油田为意大利Pedealpine Homocline的Villafortuna/Trecate油田，埋深达7846m，最深的气田为四川盆地川东北气矿，埋深8060m；裂谷盆地世界最深的为奥地利维也纳盆地Zistersdorf Ubertief 1气田，深度8566m。塔里木盆地温度梯度相对较低，喜马拉雅晚期快速深埋，原油裂解时间不够，是8200m超深层依然能够保存液态烃的主要原因。

（3）井深刷新了亚洲纪录，打破了7项工程亚洲纪录。

轮探1井完钻井深8882m刷新了亚洲井深纪录。世界超深井—特深井钻井技术始于20世纪90年代，俄罗斯于1992年创造了12262m的特深井世界纪录，德国于1994年钻成一口9107m特深井。亚洲深井纪录一直在塔里木盆地被刷新，中国石化西北油田分公司塔深1井于2006年成功钻至井深8408m，当年被誉为陆上亚洲第一深井；2018年顺北蓬1井完钻井深达8450m打破亚洲纪录；轮探1井8882m再次打破了亚洲井深纪录，创造了新的亚洲之最。

轮探1井还创造亚洲陆上最深井7项工程纪录：① 完钻井深8882m，创造亚洲陆上最深井纪录；② 取心深度8649.5m，创造亚洲陆上最深取心纪录；③ 测井井深8877m，创造亚洲陆上最深测井纪录；④ 7in套管下深8860m，创造亚洲陆上7in套管最深下深纪录；⑤ 射孔井深8750m，创造亚洲陆上最深射孔纪录；⑥ 完井管柱下深8744.42m，创造亚洲陆上完井管柱最深下深纪录；⑦ 机械分层改造深度8253.69m，创造亚洲陆上机械分层改造最深纪录。

三、满深1井发现实例

1. 满深1井部署上钻依据

1）成藏地质条件优越

满深区块奥陶系油藏是哈拉哈塘大型奥陶系油藏的组成部分，与英买力、塔河、轮古奥陶系油藏同源，油气主要来源于寒武系海相烃源岩（杨海军等，2020b）。满深区块邻近满加尔生烃凹陷，该凹陷寒武系烃源岩在奥陶纪末进入生烃门限，晚加里东期—海西期达到生烃高峰，晚喜马拉雅期快速深埋，进入高成熟阶段，现今仍处于生油高峰，生烃量大。满深区块目的层奥陶系一间房组经历了多期岩溶作用控制储层大面积准层状发育。地层整体被抬升、暴露形成多期大规模不整合面岩溶，其中以加里东中期层间岩溶最为关键，在一间房组顶部及内幕形成了大量的溶蚀孔洞、洞穴，为后期岩溶叠加改造奠定基础。加里东中期及以前形成的多组断裂和裂缝系统，为岩溶作用提供了渗滤通道，溶蚀沿断裂及其缝网进行，并以断裂为核心向周围溶蚀扩大形成断溶体。上覆桑塔木组暗色泥岩约 1000m，形成良好的封盖条件。

哈拉哈塘地区奥陶系一间房组为碳酸盐岩岩溶缝洞型油藏，中晚加里东期的多期暴露溶蚀形成了大规模的岩溶缝洞型储集体，同期构造运动形成的北东、北西向走滑断裂既是岩溶的管道也是油气运聚的通道，晚加里东—海西期、喜马拉雅期是主力生烃期和主要的成藏期，油气成藏过程具有较好的匹配性。

满深区块所处的满西低梁斜坡部位，是油气运聚的有利指向区，同时工区紧邻满加尔生烃凹陷，油气充注强度大，区块内满深 1 深大走滑断裂沟通寒武系烃源岩，成为本区的油源断裂，油气沿油源断裂运移至储集体成藏。邻区果勒、富源Ⅱ区块钻探井已证实奥陶系油藏呈整体含油、局部富集的特征。满深 1 井区一间房组处于满深 1 油源断裂带压扭段高部位，岩溶储层发育，成藏条件有利。

哈拉哈塘南部主要发育线性走滑断裂，断层形成时间早，以中加里东期为主，之后断裂活动弱，使晚加里东—海西期、喜马拉雅期成藏的奥陶系油藏基本没有破坏；目前已钻井证实一间房组出油井多位于主干走滑断裂破碎带中，表明断层封闭性好，因此油藏保存条件好。

2）断裂控藏的断控岩溶成藏模式

塔里木盆地奥陶系碳酸盐岩主要发育潜山岩溶、层间岩溶、礁滩岩溶和断控岩溶等 4 种不同的岩溶储层类型（图 8-4-3）。近年来埋藏更深的北部坳陷断控油气藏是勘探的重点，走滑断裂是断控油气藏成藏的关键，满深 1 井的部署就是针对此种类型油气藏。

（1）断裂平面分段。走滑断裂的分布与性质在平面上具有分段性，通过区域构造成图与断裂要素分析，大型走滑断裂在横向上变化大，由多区段多种类型样式构成，形成复杂的差异性构造带，出现明显的分段性，通常由直立线性构造带—花状堑垒带—发散马尾带 / 羽状构造带组合而成。根据组合样式和应力性质，满深区块走滑断裂平面可分为 3 段，南段表现为强压扭特征，地震剖面上表现为正花状，形成局部构造高点；北段以拉分为主，表现为明显地堑特征；中段为压扭向张扭过渡，表现为弱压扭的特征。满深区块断裂整体活动较强，断裂破碎带较宽，有利于油气充注成藏。

（2）断裂纵向分层。走滑断裂纵向上分层特征明显，主要形成寒武纪—奥陶纪、志留纪—二叠纪两大构造层的不同断裂系统，局部大型走滑断裂持续活动，在三叠纪—古近纪形成一套断裂系统。寒武纪—奥陶纪主要为纯剪走滑断裂应力场，受控纯剪作用，该期断裂垂向断距较小，平面位移不大。志留纪—二叠纪主要为线性构造、半花状构造，多为继承性发育，向下与早期走滑断裂合并，但发生性质转换，从压扭转向张扭，局部改造早期的断垒带。三叠纪—古近纪断裂沿早期大型走滑断裂发育带局部活动，形成雁列构造，向下收敛合并与主断裂带重合。通过断裂精细解释，满深区块奥陶系碳酸盐岩发育一条大型北东向主干走滑断裂，纵向上断裂主要受两期构造运动控制，有利于加里东期—海西期油气充注，三叠纪—古近纪活动较弱或停止。

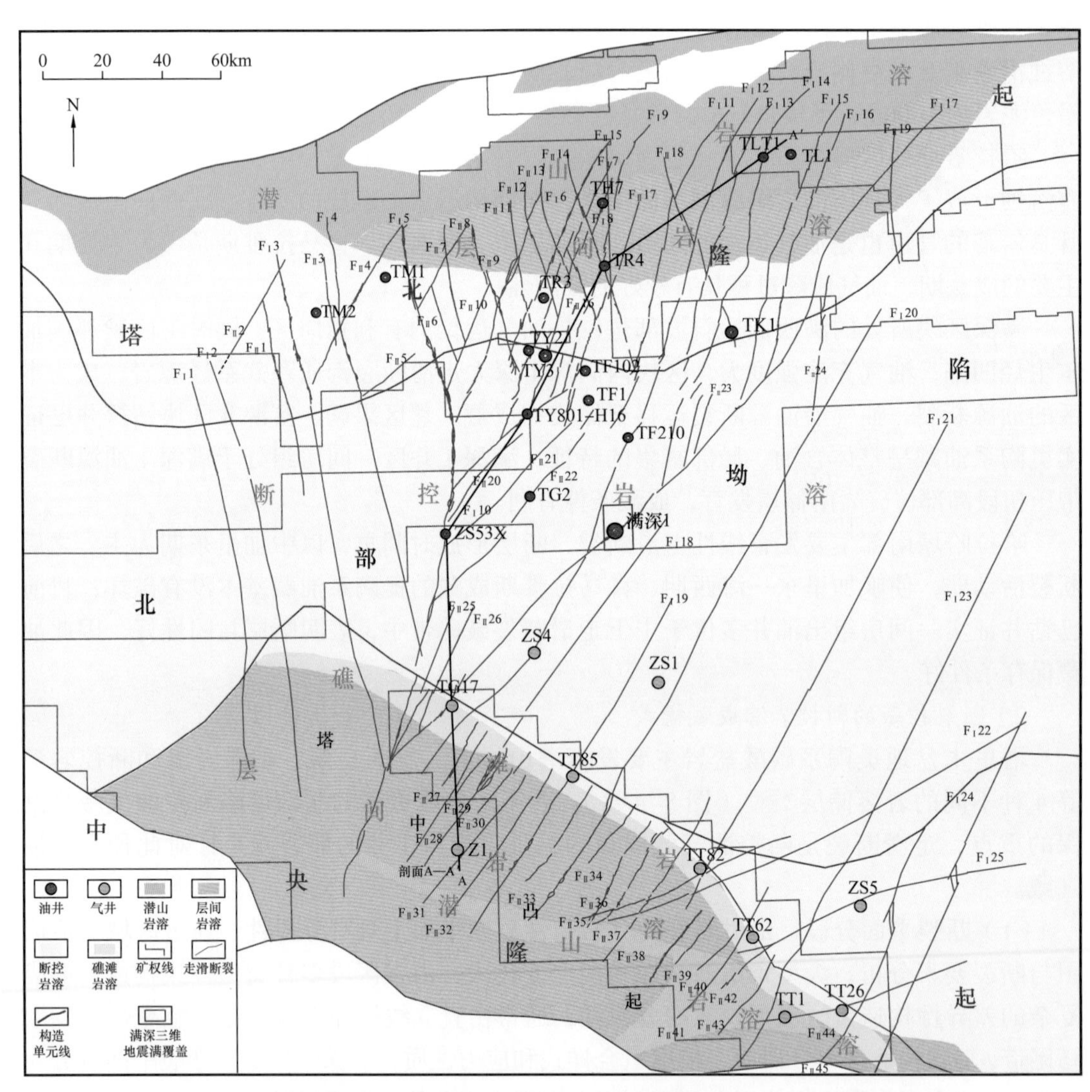

图 8-4-3 塔北隆起、北部坳陷、塔中凸起下古生界碳酸盐岩岩溶类型分布图

（3）断裂控制油气富集。平面上油气主要沿断裂带分布：油气主要受缝洞系统控制，而断裂带及其周缘破碎带是缝洞体储层最发育的地区，目前断裂带上 80% 的井均获高产油气流，远离断裂带单井生产效果变差。纵向上油气沿断裂带多层段分布：局部断裂向上断至中生代，断裂活动的强度明显减弱，分布也局限，但也可能形成碎屑岩油气藏。油气纵向分布与断裂断开层位密切相关，奥陶系顶部断裂最为发育，油气显示与发现集中在奥陶系碳酸盐岩。

2. 满深 1 井发现情况

1）钻探概况

满深 1 井于 2019 年 8 月 6 日开钻，2020 年 3 月 16 日完钻，完钻井深 7665.62m，完钻层位奥陶系一间房组，钻揭一间房组垂深 74m。

满深 1 井在下组合奥陶系一间房组 7519.22～7519.74m、7569.68～7570.94m、7664.29～7664.71m 分别发生放空，累计放空 3 段 2.2m，累计漏失 2259.68m^3 钻井液，表明钻遇优质储层。满深 1 井在钻进过程中奥陶系一间房组见良好油气显示，共发现气测异常 58.3m/13 层，其中 7663～7665m 气测显示最好，最大全烃由 64.66% 上涨至 92.68%，C_1 含量由 22.72% 上涨至 46.51%，C_2 含量由 2.74% 上涨至 8.58%，组分全，钻井液池槽面见条带状油花，鱼籽状气泡，钻井液密度由 1.2g/cm^3 降低至 1.13g/cm^3。一间房组录井解释油气同层 79m/3 层，差气层 19m/4 层。测井解释油气层 25.3m/5 层，差油层 29m/5 层（图 8–4–4）。

2）测试情况

满深 1 井对奥陶系一间房组 7509.5～7665.62m 酸化压裂改造后，放喷求产。酸化压裂挤入地层总液量 700m^3，最高泵压 100MPa，停泵测压降 20min，油压从 24.2MPa 降低至 20.2MPa，表明压力扩散较快，储层物性好。测试结论：10mm 油嘴，油压为 40MPa，折日产油 624m^3，折日产气 37.13×10^4m^3。

3）油气藏类型

满深 1 井奥陶系一间房组地面原油密度 0.7936g/cm^3，黏度 1.3589mPa·s，含蜡量 12.3%，胶质 + 沥青质 0.18%，含硫量 0.13%，为低黏度、低含硫、高含蜡的轻质原油。天然气组分以烃类气体为主，其中甲烷含量占 82.41%，乙烷含量占 5.89%，非烃气体含量较低，氮气含量占 3.27%，二氧化碳含量占 3.77%，气体高含硫化氢，硫化氢含量高达 4767mg/m^3，天然气干燥系数为 0.89，具有典型的湿气特征。该井测试期间气油比 567～620m^3/m^3，结合原油密度小于 0.80g/cm^3 的特点，初步判断油气藏类型为挥发性油藏。

3. 勘探启示与意义

1）断控油气藏井位部署思路具有一定的指导意义

以走滑断裂破碎带野外露头为基础，结合单井钻探情况，建立了走滑断裂破碎带“三元”结构模式（断层核、裂缝孔洞段和基岩段）。根据断裂带不同部位、样式、性质、级别及断控碳酸盐岩油气藏地质特征，明确了超深断控碳酸盐岩“定带、定段、定井、定型”的四定高效井位部署思路：（1）定带：主干断裂储量丰度远大于分支断裂。在地面、地下一体化的基础上，根据区块断裂认识围绕主干断裂快速建产；（2）定段：同一断裂带不同段，油气富集程度差异较大，拉张段、挤压段断裂活动强储层规模较大，油气富集，平移段次之；（3）定井：经过不断的探索总结出断控碳酸盐岩高产井特征即：主干油源断裂、局部构造高、纵向连通范围广；（4）定型：以断裂破碎带“三段式”地质模型为基础，利用水平井钻穿整个破碎带，提高储层钻遇率。满深 1 井按此思路进行部署获得高产油气流，是塔里木油田超深断控碳酸盐岩勘探的重要实践。

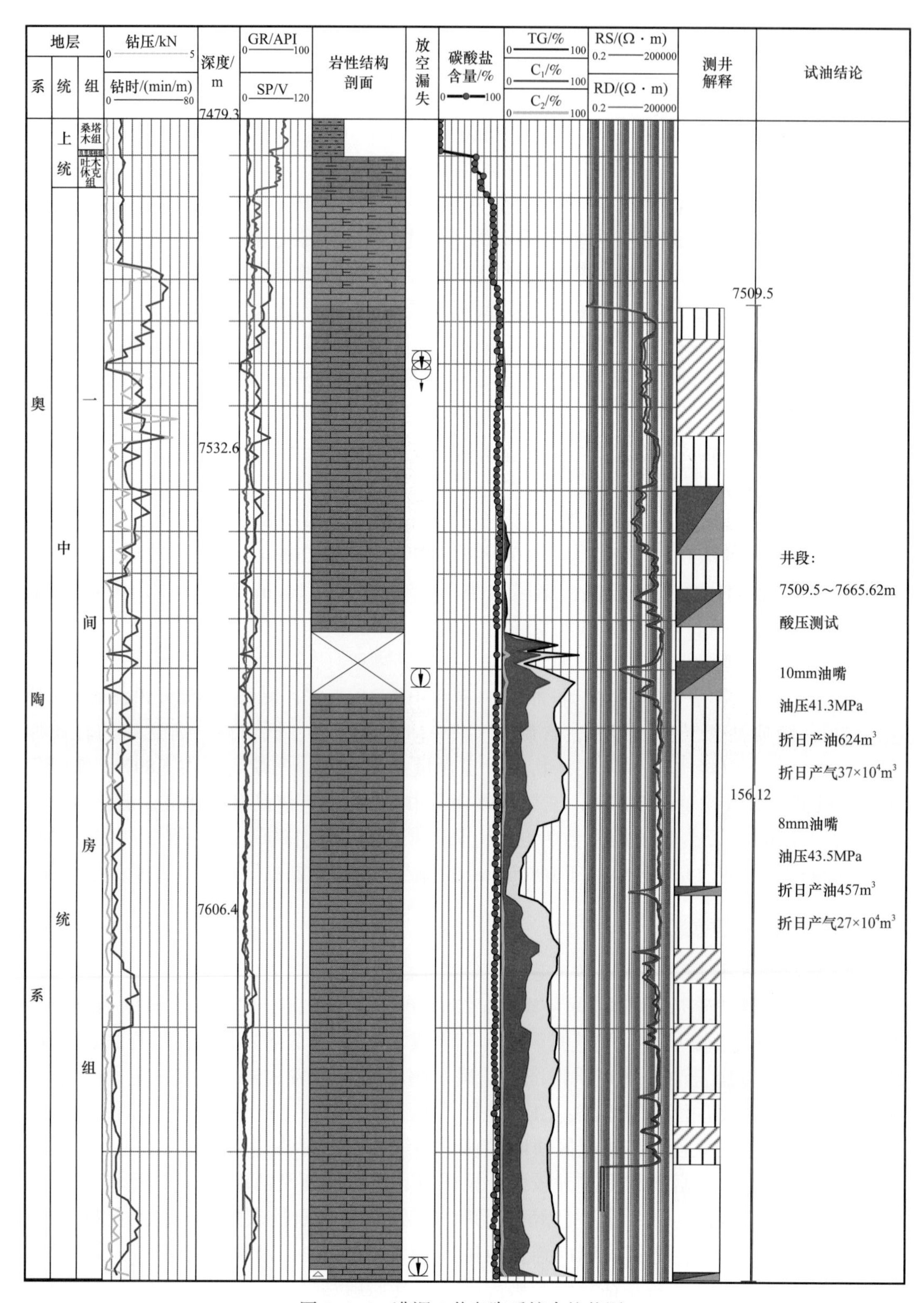

图 8-4-4　满深 1 井奥陶系综合柱状图

2）碳酸盐岩立体树状成藏模式显示上寒武统—下奥陶统勘探潜力

满深 1 井的发现揭示了走滑断裂体系对源上远程油气输导的重要作用，解放了上寒武统—下奥陶统的大面积勘探领域，上寒武统—下奥陶统具备规模成藏的 4 个有利条件：（1）上寒武统—下奥陶统具备发育规模性储层的岩性岩相物质基础；上寒武统以白云岩为主，下奥陶统以白云岩 / 石灰岩互层特征为主，沉积环境为大面积颗粒滩发育环境，具有有利的可溶岩发育环境。（2）多期层间不整合是形成准层状大面积分布的规模碳酸盐岩非均质性储层的必要条件。（3）构造破裂作用是造成储层局部变好的重要建设性成岩作用。（4）走滑断裂分层输导、复式成藏。走滑断裂具有平面分段、纵向分层、树状结构特点，不整合面作为构造变形薄弱面与走滑断裂具备耦合匹配条件，即分支断裂终端大多集中在不整合面上，构成多期岩溶储层空间油气充注的关键要素。断裂向下断至寒武系，向上断至下奥陶统的主干断裂及活动至下奥陶统的分支断裂是下一步的勘探方向。

结　语

一、结论

本专著总结了深层—超深层多种烃源全程成烃—多期运聚复合成藏油气地质理论新认识，概括出中国盆地深层—超深层的油气藏形成分布规律：多种烃源、全程生烃；储层相控，裂—缝沟通；规模运聚、近源优先，低位广布、高点富集。高温高压条件控制着烃源岩生烃全过程，改造了储层物性，导致了异于传统认识的油气运聚成藏机制，使深层—超深层的油气藏相对于盆地中浅层既有继承性因素，又有新生性特色。

（1）盆地多层结构决定深层—超深层油气地质条件。中国大陆是由三大克拉通和四条造山带构成的，含油气盆地就坐落在这些克拉通和造山带之上，决定了中国主要盆地具有多层结构，控制着深层—超深层的油气地质条件。根据中国大陆的大地热流实测值，可以把中国陆上的含油气盆地划分为冷盆（$<65mW/m^2$）和热盆（$>65mW/m^2$）。盆地的热状态直接影响着深层—超深层烃源岩的成烃演化，冷盆的地温梯度低，会把生油窗下限温度所处的深度压到5000m以下，有利于油气在深层—超深层的保存。对岩石圈流变学特征的研究表明，中国陆上含油气盆地（无论是热盆还是冷盆）的深层—超深层都处于脆性变形深度范围内（从小于8km到小于13km），在应力作用下产生断裂（构造应力）和裂缝（构造应力和流体压裂），改善储层性能，利于沟通烃源，为深部油气运移提供通道，有助于油气运移成藏。这从理论上揭示出中国陆上盆地油气勘探可延伸至更大深度。研究表明，中国陆上的古老克拉通盆地经历了多期构造改造，改变了深层—超深层的温度—应力场，改变了原型盆地的油气地质条件，这些改变使烃源岩经历了新的生烃过程，使储层经历了强烈改造，导致深层—超深层的油气藏发生多期调整和晚期成藏，在深层—超深层形成了油气勘探新领域、新类型。

（2）深层—超深层的生排烃过程以多种烃源全程生烃为特征。在盆地的深层—超深层具有多种烃源，赋存在烃源岩体系和储层体系中，其种类包括干酪根、源内残留油、煤、固体沥青、源外储层原油等，所生成的油气类型为轻质油、凝析油（气）、湿气和干气，完全不同于盆地中浅层形成的正常油（气）。轻质油（凝析油）全过程生烃模式的建立，揭示出深层（R_o介于1.2%～2.0%）以轻质油和凝析油为主，超深层（$R_o>2.0\%$）以湿气和干气为主。不同类型有机质生烃总潜力存在差异，但不同类型干酪根演化到高成熟度阶段（$R_o>1.20\%$）后并完全排油的晚期生气潜力趋同，深层—超深层完全具备形成大—中型油气田的物质条件。

（3）提出盆地深层—超深层碳酸盐岩与碎屑岩规模性储集体的成储机理。指出深层储层的非均质性主要受沉积单元结构控制，对中浅层具有明显的继承性，并且指出无论是碳酸盐岩储层还是碎屑岩储层，在深埋过程中都受到了高温、高压和流体的改造。在深埋过程中断裂和裂缝的产生为流体活动提供了优势通道。烃源岩和储层内的烃—水—岩相互作用，经热硫酸盐还原、水解歧化等反应形成了深层—超深层中的含有机酸流体，为储层的改造提供了物质基础。这些含烃—酸的流体活动优先沿断裂、裂缝流动，导致储层中矿物的溶蚀和沉淀作用，进而改变了储层的孔隙度和渗透率，使深层—超深层储层受到改造。这一改造过程使碳酸盐岩和碎屑岩储层的物性表现出明显的继承性和改造性，碳酸盐岩储层中的易溶矿物更多，因此改造效果更加强烈和明显。

（4）提出深层—超深层多期运聚复合成藏模式。储层结构非均质性特征在深层—超深层更加突出，油气运移和聚集方式与传统认识完全不同。碎屑岩和碳酸盐岩储层的结构非均质性明显受到沉积相的控制，在深埋中被继承下来，这种结构非均质性一方面使深层—超深层的油气分布更加分散，另一方面避免了油气大规模破坏。在深层—超深层环境中，断裂—裂缝造成了储集体间的连通，使储集体和输导体在深层—超深层具有同体异工特点，在多期构造活动中，断裂、裂缝的幕式开启为油气运聚提供了有效通道，而在构造静止期，储集体不再充当输导体的角色。本书建立的深层—超深层多期运聚复合成藏模式可以概述为：多期成藏，源导共控，规模运聚，近源优先，低位广布，高点富集。这一新模式突破了探高点、找圈闭的传统观念，指出从高点向下到斜坡带和生烃洼陷，都是深层—超深层的勘探新领域。

研发的深层—超深层油气实验—探测—评价系列技术包括：

（1）实验技术：攻克 2 项核心技术，研发 4 项配套技术。有针对性研发的深层高温高压生排烃动力学模拟装置确保客观评价深层生烃潜力，获取了一系列深层生烃动力学参数，指导了不同富油气凹陷标准产烃图版建立，确保了资源评价的准确性。

（2）探测技术：攻克 5 项核心技术，研发 5 项配套技术。深层—超深层高分辨率成像、信号弱补偿、多次波压制配套适用技术，深层—超深层地震资料处理解释一体化规范流程等，使深层资料处理和成像得到明显改善，提升了地质认识，有效指导了勘探实践。

（3）评价技术：攻克 2 项核心技术，研发 7 项配套技术。从解决针对性与适用性问题入手，构建深层常规资源评价方法 6 种，非常规资源评价方法 3 种，满足大规模及快速评价要求。同时，研发了相对应的评价技术平台，形成了深层油气资源评价特色技术。这些深层油气资源评价方法和特色技术已经在国内众多单位得到成功应用。

（4）基于对深层—超深层油气成藏理论新认识和探测新技术方法，全面评价了深层油气资源勘探领域，指出了有利区带。

中国陆上深层—超深层常规—非常规油气资源非常丰富，常规石油地质资源量 189.47×10^8t，占比 24.73%；常规天然气地质资源量 $28.33\times10^{12}m^3$，占比 68.48%；深层—超深层资源以天然气占主导。页岩油地质资源量 55.47×10^8t，占比 19.07%；致密油地质资源量 6.63×10^8t，占比 4.85%；页岩气地质资源量 $20.04\times10^{12}m^3$，占比 38.58%；致密砂岩气地质资源量 $4.51\times10^{12}m^3$，占比 19.48%。

梳理出六大盆地 17 个重点勘探领域带。主要包括四川盆地裂陷槽边缘（德阳—安岳、开江—梁平）、古隆起周缘颗粒滩（龙王庙组、洗象池组、栖霞组—茅口组）；塔里木盆地塔北隆起带，寒武系盐下、盐上组合；鄂尔多斯盆地东部奥陶系盐下组合、中新元古界—下寒武统；松辽盆地中央古隆起基岩潜山、南部深层火山岩、下白垩统砂砾岩；渤海湾盆地前古近系潜山、古近系、石炭系—二叠系碎屑岩；塔里木盆地库车山前冲断带、塔西南山前带；准噶尔南缘冲断带；四川盆地川西山前海相多层系；四川盆地大巴山—米仓山前；鄂尔多斯西缘冲断带（秦岭海台缘）等。综合分析认为，深层海相碳酸盐岩、前陆冲断带下组合、大型岩性地层是近期重点盆地深层油气勘探的重点方向。

二、趋势与展望

（1）深层—超深层资源巨大，是中国油气勘探未来重要的拓展领域。

通过“十一五”“十二五”“十三五”的勘探探索和持续攻关，中国在深层—超深层油气勘探领域取得了重大突破和巨大的成效，已发现的深层—超深层油气资源量分别占中国油气总资源量的1/4和2/3。随着勘探理论、探测技术和钻井工程技术的不断进步，深层—超深层相当一部分非常规油气资源量也可经济有效动用。而深层—超深层勘探新领域、新层位和新的油气类型的不断发现和印证也将不断地扩大深层—超深层油气资源量的发现和动用，深层—超深层必将能够成为中国油气生产的重要接替领域。

（2）深层勘探与开发的前提仍然是基础地质研究工作。

中国深层—超深层油气勘探发现和生产的过程表明，深层—超深层地质问题复杂，各项工作难度很大，传统的油气勘探理论和技术方法很不适应，相关的油气地质理论认识进步和探测技术研发对于提高勘探成功率、确保开发成效起到了十分重要的作用。但总体而言，中国各大含油气盆地深层—超深层受资料和认识程度所限，基础研究较为薄弱，仍然面临深层有效烃源岩落实难度大、深层烃源岩生烃潜力不明、不同勘探领域深层油气成藏过程与空间分布难以把握、深层油气勘探方向与富集规律不清等问题，需要今后持续的攻关。

中国盆地深层—超深层具有多旋回构造、多期构造改造和深部埋藏等特征。构造是一切认识的前提，而构造的落实程度，离不开地震物探技术进步（高分辨、高频率、高保真、保振幅、叠前深度偏移、偏移归位成像），必须地震先行。建议强化地震攻关与地震部署：一是强化针对盆地深层结构格架线地震部署，提高盆地整体深层结构、构造格架、构造演化认识；二是强化山前冲断带地震攻关与部署，强化重点区带部署，明确断裂组合、构造样式、构造演化；三是落实构造（目标），优化钻井地质与工程设计，支撑风险钻探，减少勘探风险，提高钻探成功率。

烃源是油气资源形成的源头，也是深层—超深层勘探领域探索的导向。我们已经认识到深层—超深层古老层位中烃源类型与传统认识存在很大的不同，仅考虑干酪根形式有机母质的烃源岩评价远不能解释目前已发现的油气资源量和油气类型。中新元古代成烃生物以低等浮游藻类、细菌等为主，种属相对单调，地层中有机质以有机酸盐和分散可溶有机质赋存的可能性更大，中新元古界也确实存在包含有机酸盐和分散可溶有机质的岩层。但目前对中新元古界碳酸盐岩层系有机酸盐的赋存状态、丰度、生烃潜力及地球化学特征尚未开展研究；对分散可溶有机质的成烃潜力也不够重视；另外无机成因油气源的可能性随着勘探深度的拓展也逐步加大，但对其成为重要供烃源的研究还远远不够。因而，今后需要在深层—超深层领域展开全来源全过程理论认识的研究，提出可利用的参数体系，还需要生烃与供烃效率的定时定量化研究，以达到对深层—超深层生烃潜力的可靠评估。

在深层—超深层高温高压条件下，地下流体相态、物理性质随温压条件而变化，储层岩石物性、润湿性、界面张力也发生重大变化，非均质性极强，很大程度上影响着油气运移成藏过程的发生。在具有结构非均质性的储层中，油气的运移、聚集与传统认识相差很大。深层—超深层输导层中油气运聚非均匀性的认识对于传统石油地质学中基本石油地质要素、地质作用和地质过程的理解带来很大的冲击，需要重新审视油气地质学的一些基本要素和地质作用的概念和内涵，认识储层的有效性、内部结构及油气赋存方式，厘定深层—超深层条件下盖层的作用效率及其完整性，讨论圈闭与油气藏的关系，深入分析油气藏的保存、调整和再次运聚成藏的动力学过程。

深层勘探配套技术，面对深层—超深层对于地质体刻画更深、更准、更细的需求。从目前国内外油气探测技术的进步而言，地质—地球物理综合探测技术无疑是现实可行的、可大幅度提高超深层盆地结构、构造形态和沉积地层特征刻画准确度的有力工具。随着新一代数字检波器自主国产化的到来，单点高密度地震数据采集将大范围推广应用，由此带来的超大数据体的处理、解释、成像技术将是下一步深层—超深层地球物理技术攻关的重中之重。能够大幅度提升计算效率的新型计算工具、综合地质—地球物理—地球化学、兼顾勘探—开发—工程的人工智能分析评价技术将是下一步深层—超深层油气研究的重要内容。

（3）目前面向深层—超深层油气勘探已形成的理论、技术、方法经实践实证有效，可以在更多的盆地推广。

中国陆上深层—超深层领域常规与非常规油气资源丰富，资源与勘探潜力巨大，但相比中浅层勘探开发难度也较大，成本也较高，其研究程度与勘探程度均较低。四川、塔里木、鄂尔多斯盆地是中国深层—超深层常规天然气领域勘探潜力最大的 3 个主力盆地；渤海湾、准噶尔、柴达木盆地是中国深层—超深层常规石油、非常规页岩油领域勘探潜力最大的含油气盆地。为了更加客观地评价深层—超深层的油气资源量与资源潜力，建议始终如一地坚持油气资源战略，从基础入手，应进一步强化松辽、渤海湾、鄂尔多斯、四川、塔里木、准噶尔、柴达木七大含油气盆地结构、深层有效烃源岩落实与空间分布、深层油气成藏与组合模式研究工作，持续不断延续性开展上古生界与下古生界、碎屑岩与碳酸盐岩、前陆与台盆区、盐上与盐下深层常规与非常规油气资源评价工作，进一步明确勘探方向及主要勘探领域、主要勘探目的层资源潜力与勘探潜力，支撑部署与规划决策。

参考文献

巴晶，2013. 岩石物理学进展与评述［M］. 北京：清华大学出版社.

白国平，曹斌风，2014. 全球深层油气藏及其分布规律［J］. 石油与天然气地质，35（1）：19–25.

蔡春芳，梅博文，马亭，等，1997. 塔里木盆地流体—岩石相互作用研究［M］. 北京：地质出版社.

曹长群，尚庆华，方一亭，2000. 探讨笔石反射率对奥陶系—志留系烃源岩成熟度的指示作用［J］. 古生物学报，39（1）：151–156.

曹瑞成，陈章明，1992. 早期探区断层封闭评价方法［J］. 石油学报，13（1）：33–37.

陈汉林，杨树锋，厉子龙，等，2009. 塔里木盆地二叠纪大火成岩省发育的时空特点［J］. 新疆石油地质，30（2）：179–182.

陈汉林，杨树锋，王清华，等，2006. 塔里木板块早—中二叠世玄武质岩浆作用的沉积响应［J］. 中国地质，33（3）：545–552.

陈世加，张纪智，姚泾利，等，2012. 鄂尔多斯盆地华庆地区长 8 油藏局部油水分布复杂成因分析［J］. 石油实验地质，34（3）：281–284.

陈元千，1987. 确定气井绝对无阻流量的简单方法［J］. 天然气工业，7（1）：59–63.

迟唤昭，董福湘，薛晓刚，等，2019. 松辽盆地南部地区营城组典型火山机构地质特征［J］. 吉林大学学报（地球科学版），49（6）：1649–1657.

戴金星，倪云燕，秦胜飞，等，2018. 四川盆地超深层天然气地球化学特征［J］. 石油勘探与开发，45（4）：588–597.

戴金星，夏新宇，洪峰，2002. 天然气地学研究促进了中国天然气储量的大幅度增长［J］. 新疆石油地质，23（5）：357–365.

杜金虎，2015. 古老碳酸盐岩大气田地质理论与勘探实践［M］. 北京：石油工业出版社.

杜金虎，汪泽成，邹才能，等，2016. 上扬子克拉通内裂陷的发现及对安岳特大型气田形成的控制作用［J］. 石油学报，37（1）：1–16.

杜金虎，周新源，李启明，等，2021. 塔里木盆地碳酸盐岩大油气区特征与主控因素［J］. 石油勘探与开发，38（6）：652–661.

杜金虎，邹才能，徐春春，等，2014. 川中古隆起龙王庙组特大型气田战略发现与理论技术创新［J］. 石油勘探与开发，41（3）：268–277.

樊洪海，2016. 异常地层压力分析方法与应用［M］. 北京：科学出版社.

高锐，李朋武，李秋生，等，2001. 青藏高原北缘碰撞变形的深部过程——深地震探测成果之启示［J］. 中国科学（D 辑：地球科学），31（S1）：66–71.

管志宁，安玉林，1991. 区域磁异常定量解释［M］. 北京：地质出版社.

郭秋麟，陈宁生，刘成林，等，2015. 油气资源评价方法研究进展与新一代评价软件系统［J］. 石油学报，36（10）：1305–1314.

郭秋麟，米敬奎，王建，等，2019a. 改进的烃源岩生烃潜力模型及关键参数模板［J］. 中国石油勘探，24（5）：661–669.

郭秋麟，武娜，闫伟，等，2019b. 深层天然气资源评价方法［J］. 石油学报，40（4）：383–394.

郭秋麟，谢红兵，黄旭楠，等，2016. 油气资源评价方法体系与应用［M］. 北京：石油工业出版社.

郭旭升，胡东风，刘若冰，等，2018. 四川盆地二叠系海陆过渡相页岩气地质条件及勘探潜力［J］. 天然气工业，38（10）：11–18.

郝芳，邹华耀，姜建群，2000. 油气成藏动力学及其研究进展［J］. 地学前缘，7（3）：11–21.

何登发，翟光明，况军，等，2005. 准噶尔盆地古隆起的分布与基本特征［J］. 地质科学，40（2）：248–261.

何登发，李德生，王成善，等，2017. 中国沉积盆地深层构造地质学的研究进展与展望［J］. 地学前缘，24（3）：219–233.

何海清，范土芝，郭绪杰，等，2021. 中国石油"十三五"油气勘探重大成果与"十四五"发展战略［J］. 中国石油勘探，26（1）：17–30.

何丽娟，1999. 辽河盆地新生代多期构造热演化模拟［J］. 地球物理学报，42（1）：62–68.

何谋春，吕新彪，刘艳荣，2004. 激光拉曼光谱在油气勘探中的应用研究初探［J］. 光谱学与光谱分分析，24（11）：1363–1366.

何治亮，金晓辉，沃玉进，等，2016. 中国海相超深层碳酸盐岩油气成藏特点及勘探领域［J］. 中国石油勘探，21（1）：3–14.

何治亮，金晓辉，沃玉进，等，2016. 中国海相超深层碳酸盐岩油气成藏特点及勘探领域［J］. 中国石油勘探，21（1）：3–14.

贺玲凤，刘军，2002. 声弹性技术［M］. 北京：科学出版社.

侯加根，刘钰铭，徐芳，等，2008. 黄骅坳陷孔店油田新近系馆陶组辫状河砂体构型及含油气性差异成因［J］. 古地理学报，10（5）：459–464.

贾承造，1997. 中国塔里木盆地构造特征与油气［M］. 北京：石油工业出版社.

贾承造，2005. 中国中西部前陆冲断带构造特征与天然气富集规律［J］. 石油勘探与开发，32（4）：9–15.

贾承造，2012. 关于中国当前油气勘探的几个重要问题［J］. 石油学报，33（S1）：6–13.

贾承造，赵政璋，杜金虎，等，2008. 中国石油重点勘探领域——地质认识、核心技术、勘探成效及勘探方向［J］，石油勘探与开发，35（4）：385–396.

姜华，汪泽成，杜宏宇，等，2014. 乐山—龙女寺古隆起构造演化与新元古界震旦系天然气成藏［J］. 天然气地球科学，25（2）：192–200.

焦方正，2017. 塔里木盆地顺托果勒地区北东向走滑断裂带的油气勘探意义［J］. 石油与天然气地质，38（5）：831–839.

焦贵浩，罗霞，印长海，等，2009. 松辽盆地深层天然气成藏条件与勘探方向［J］. 天然气工业，29（9）：28–31.

焦养泉，李 祯，1995. 河道储层砂体中隔挡层的成因与分布规律［J］. 石油勘探与开发，22（4）：78–81.

金凤鸣，侯凤香，焦双志，等，2016. 断陷盆地断层—岩性油藏成藏主控因素—以饶阳凹陷留 107 区块为例［J］. 石油学报，37（8）：987–995.

金之钧，刘全有，云金表，等，2017. 塔里木盆地环满加尔凹陷油气来源与勘探方向［J］. 中国科学：地球科学，47（3）：310–320.

雷刚林，谢会文，张敬洲，等，2007. 库车坳陷克拉苏构造带构造特征及天然气勘探［J］. 石油与天然气地质，28（6）：816–820.

雷刚林，谢会文，张敬洲，等，2007. 库车坳陷克拉苏构造带构造特征及天然气勘探［J］. 石油与天然气地质，28（6）：816–820.

李东旭，2015. 塔里木大火成岩省地幔柱成因的沉积学证据［D］. 杭州：浙江大学.

李佳蔚，李忠，邱楠生，等，2016. 塔里木盆地石炭—二叠纪异常热演化及其对深部构造—岩浆活动的指示［J］. 地球物理学报，59（9）：3318–3329.

李佳蔚，邱楠生，梅庆华，等，2011. 利用热声发射技术测量岩石最高古温度的探索［J］. 地球物理学报，54（11）：2898–2905.

李剑，佘源琦，高阳，等，2019. 中国陆上深层—超深层天然气勘探领域及潜力［J］. 中国石油勘探，24（4）：403–417.

李凌，谭秀成，曾伟，等，2013. 四川盆地震旦系灯影组灰泥丘发育特征及储集意义［J］. 石油勘探与开发，40（6）：666–673.

李阳，薛兆杰，程喆，等，2020. 中国深层油气勘探开发进展与发展方向［J］. 中国石油勘探，25（1）：45–57.

李勇，陈才，冯晓军，等，2016. 塔里木盆地西南部南华纪裂谷体系的发现及意义［J］. 岩石学报，32（3）：825–832.

李忠，2016. 盆地深层流体—岩石作用与油气形成研究前沿［J］. 矿物岩石地球化学通报，35（5）：807–816.

李忠，陈景山，关平，2006. 含油气盆地成岩作用的科学问题及研究前沿［J］. 岩石学报，22（8）：2113–2122.

李忠，李佳蔚，张平童，等，2016. 深层碳酸盐岩关键构造—流体演变与成岩—成储——以塔中奥陶系鹰山组为例［J］. 矿物岩石地球化学通报，35（5）：827–838.

李忠，刘嘉庆，2009. 沉积盆地成岩作用的动力机制与时空分布研究若干问题及趋向［J］. 沉积学报，27（5）：837–848.

李忠，刘嘉庆，2009. 沉积盆地成岩作用的动力机制与时空分布研究若干问题及趋向［J］. 沉积学报，27（5）：837–848.

李忠，刘嘉庆，2009a. 沉积盆地成岩作用的动力机制与时空分布研究若干问题及趋向［J］. 沉积学报，27（5）：837–848.

李忠，罗威，曾冰艳，等，2018. 盆地多尺度构造驱动的流体—岩石作用及成储效应［J］. 地球科学，43（10）：168–180.

李忠，罗威，曾冰艳，等，2018. 盆地多尺度构造驱动的流体—岩石作用及成储效应［J］. 地球科学，43（10）：3498–3510.

李忠，彭守涛，2013. 天山南北麓中—新生界碎屑锆石 U–Pb 年代学记录、物源体系分析与陆内盆山演化［J］. 岩石学报，29（3）：739–755.

李忠，张丽娟，寿建峰，等，2009. 构造应变与砂岩成岩的构造非均质性——以塔里木盆地库车坳陷研究为例［J］. 岩石学报，25（10）：2320–2330.

李忠，张丽娟，寿建峰，等，2009b. 构造应变与砂岩成岩的构造非均质性——以塔里木盆地库车坳陷研究为例［J］. 岩石学报，25（10）：12–22.

李忠权，刘记，李应，等，2015. 四川盆地震旦系威远—安岳拉张侵蚀槽特征及形成演化［J］. 石油勘探与开发，42（1）：26–33.

李宗银，姜华，汪泽成，等，2014. 构造运动对四川盆地震旦系油气成藏控制作用［J］. 天然气工业，34（3）：23–30.

林景晔，童英，王新江，2007. 大庆长垣砂岩储层构造油藏油水界面控制因素研究［J］. 中国石油勘探，12（3）：13–16.

刘宝鸿，张斌，郭强，等，2020. 辽河坳陷东部凹陷深层火山岩气藏的发现与勘探启示［J］. 中国石油勘探，25（3）：33–43.

刘光鼎，1989. 论综合地球物理解释原则与实例［M］. 北京：学术书刊出版社.

刘金钟，唐永春，1998. 用干酪根生烃动力学方法预测甲烷生成量之一例［J］. 科学通报，43（10）：1187–1191.

刘绍文，王良书，贾承造，等，2008. 中国中西部盆地区岩石圈热—流变学结构及其对前陆盆地成因演化的意义［J］. 地学前缘，15（3）：113–122.

刘树根，孙玮，罗志立，等，2013. 兴凯地裂运动与四川盆地下组合油气勘探［J］. 成都理工大学学报（自然科学版），40（5）：511–520.

刘伟，张剑锋，2018. 黏弹性叠前时间偏移：陡倾角构造成像与实际应用［J］. 地球物理学报，61（2）：707–715.

刘志宏，卢华复，贾承造，等，2001. 库车再生前陆盆地的构造与油气［J］. 石油与天然气地质，22（4）：297–303.

刘忠宝，2006. 塔里木盆地塔中地区奥陶系碳酸盐岩储层形成机理与分布预测［D］. 北京：中国地质大学（北京）.

刘祖发，肖贤明，傅家谟，等，1999. 海相镜质体反射率用作早古生代烃源岩成熟度指标研究［J］. 地球化学，28（6）：580–588.

卢华复，贾东，陈楚铭，等，1999. 库车新生代构造性质和变形时间［J］. 地学前缘，6（4）：215–221.

吕延防，陈章明，陈发景，1995. 非线性映射分析判断断层封闭性［J］. 石油学报，16（2）：36–41.

罗冰，杨跃明，罗文军，等，2015. 川中古隆起灯影组储层发育控制因素及展布［J］. 石油学报，36（4）：416–426.

罗威，2018. 库车坳陷克深地区巴什基奇克组砂岩构造成岩作用及其对储层形成分布的制约［D］. 北京：中国科学院大学.

罗晓容，张立宽，付晓飞，等，2016. 深层油气成藏动力学研究进展［J］. 矿物岩石地球化学通报，35（5）：876–889.

罗晓容，张立宽，雷裕红，等，2016. 储层结构非均质性及其在深层油气成藏中的意义［J］. 中国石油勘探，21（1）：28–36.

罗晓容，张立宽，雷裕红，等，2016b. 储层结构非均质性及其在深层油气成藏中的意义［J］. 中国石油勘探，21（1）：28–36.

罗晓容，张刘平，杨华，等，2010. 鄂尔多斯盆地陇东地区长 8^1 段低渗油藏成藏过程［J］. 石油与天然气地质，31（6）：770–778.

罗晓容，周路，史基安，等,2014. 中国西部典型叠合盆地油气成藏动力学研究［M］. 北京：科学出版社.

罗志立，1998. 四川盆地基底结构的新认识［J］. 成都理工学院学报，25（2）：85–92.

马达德，袁莉，陈琰，等，2018. 柴达木盆地北缘天然气地质条件、资源潜力及勘探方向［J］. 天然气地球科学，29（10）：1486–1496.

马永生，2007. 中国海相油气勘探［M］. 北京：地质出版社.

马永生，蔡勋育，郭彤楼,2007. 四川盆地普光大型气田油气充注与富集成藏的主控因素［J］. 科学通报，52（S1）：149–155.

毛亚昆，钟大康，李勇，等，2016. 库车前陆冲断带白垩系中—深层砂岩储层孔渗关系及控制因素［J］. 中国矿业大学学报，45（6）：1184–1192.

潘荣，朱筱敏，刘芬，等，2018. 库车坳陷克拉苏冲断带深部巴什基奇克组致密储层孔隙演化定量研究［J］. 地学前缘，25（2）：159–169.

庞雄奇，周新源，鄢盛华，等，2012. 中国叠合盆地油气成藏研究进展与发展方向——以塔里木盆地为例［J］. 石油勘探与开发，39（6）：649–656.

漆立新，2016. 塔里木盆地顺托果勒隆起奥陶系碳酸盐岩超深层油气突破及其意义［J］. 中国石油勘探，21（3）：38–51.

祁玉平，祝幼华，尹玲，等，1998. 牙形刺色变指标与镜质体反射率关系探讨［J］. 微体古生物学报，15（2）：114–118.

邱建华，2017. 准噶尔南缘新生代逆冲褶皱带几何学和运动学［D］. 杭州：浙江大学.

邱楠生，李慧莉，金之钧，2005. 沉积盆地下古生界碳酸盐岩地区热历史恢复方法探索［J］. 地学前缘，12（4）：561–567.

邱楠生，刘雯，徐秋晨，等，2018. 深层—古老海相层系温压场与油气成藏［J］. 地球科学，43（10）：3511–3525.

任荣，管树巍，吴林，等，2017. 塔里木新元古代裂谷盆地南北分异及油气勘探启示［J］. 石油学报，38（3）：255–266.

石彦，1999. 塔里木盆地深部地质结构和盖层构造分析［M］. 北京：地质出版社.

寿建峰，张惠良，沈扬，2007. 库车前陆地区吐格尔明背斜下侏罗统砂岩成岩作用及孔隙发育的控制因素分析［J］. 沉积学报，25（6）：869–875.

寿建峰，张惠良，沈扬，等，2006. 中国油气盆地砂岩储层的成岩压实机制分析［J］. 岩石学报，22（8）：2165–2170.

斯春松，郝毅，周进高，等，2014. 四川盆地灯影组储层特征及主控因素［J］. 成都理工大学学报（自然科学版），41（3）：266–273.

宋文海，1996. 乐山—龙女寺古隆起大中型气田成藏条件研究［J］. 天然气工业，16（S1）：13–26.

孙龙德，江同文，徐汉林，等，2009. 塔里木盆地哈得逊油田非稳态油藏［J］. 石油勘探与开发，36（1）：62–67.

孙龙德，邹才能，朱如凯，等,2013. 中国深层油气形成、分布与潜力分析［J］. 石油勘探与开发,40（6）：641–649.

孙秀建，杨巍，白亚东，等，2018. 柴达木盆地基岩油气藏特征与有利区带研究［J］. 特种油气藏，25（6）：49–54.

陶国秀，2005. 储层非均质性所形成的非常规油藏［J］. 河南石油，19（5）：4–6.

田军，2019. 塔里木盆地油气勘探成果与勘探方向［J］. 新疆石油地质，40（1）：1–11.

田军，王清华，杨海军，等，2021. 塔里木盆地油气勘探历程与启示［J］. 新疆石油地质，42（3）：272–282.

汪新，王招明，谢会文，等，2010. 塔里木库车坳陷新生代盐构造解析及其变形模拟［J］. 中国科学（地球科学），40（12）：1655–1668.

汪泽成，姜华，王铜山，等，2014. 四川盆地桐湾期古地貌特征及成藏意义［J］. 石油勘探与开发，41（3）：305–312.

汪泽成，赵文智，胡素云，等，2017. 克拉通盆地构造分异对大油气田形成的控制作用——以四川盆地震旦系—三叠系为例［J］. 天然气工业，37（1）：9–23.

王超，刘良，车自成，等，2009. 塔里木南缘铁克里克构造带东段前寒武纪地层时代的新限定和新元古代地壳再造：锆石定年和 Hf 同位素的约束［J］. 地质学报，83（11）：1647–1656.

王飞宇，张水昌，张宝民，等，2003. 塔里木盆地寒武系海相烃源岩有机成熟度及演化史［J］. 地球化学，32（5）：461–468.

王海燕，高锐，卢占武，等，2007. 四川盆地深部地壳结构—深地震反射剖面探测［J］. 地球物理学报，60（8）：2913–2923.

王剑，2000. 华南新元古代裂谷盆地沉积演化［M］. 北京：地质出版社.

王剑，等，2000. 华南新元古代裂谷盆地沉积演化——兼论与 Rodinia 解体的关系［M］. 北京：地质出版社.

王若谷，李文厚，廖友运，等，2015. 鄂尔多斯盆地子洲气田上古生界山西组、下石盒子组储集层特征对比研究［J］. 地质科学，50（1）：249–261.

王若谷，李文厚，廖友运，等，2015. 鄂尔多斯盆地子洲气田上古生界山西组、下石盒子组储集层特征对比研究［J］. 地质科学，50（1）：249–261.

王铁冠，龚剑明，2018. 中国中—新元古界地质学与油气资源勘探前景［J］. 中国石油勘探，23（6）：1–9.

王延章，林承焰，董春梅，等，2006. 夹层及物性遮挡带的成因及其对油藏的控制作用——以准噶尔盆地莫西庄地区三工河组为例［J］. 石油勘探与开发，33（3）：319–321.

王招明，2014. 塔里木盆地库车坳陷克拉苏盐下深层大气田形成机制与富集规律［J］. 天然气地球科学，25（2）：153–166.

王招明，2014. 塔里木盆地库车坳陷克拉苏盐下深层大气田形成机制与富集规律［J］. 天然气地球科学，25（2）：153–166.

王招明，谢会文，陈永权，等，2014. 塔里木盆地中深 1 井寒武系盐下白云岩原生油气藏的发现与勘探意义［J］. 中国石油勘探，19（2）：1–13.

王忠楠，2019. 鄂尔多斯盆地南部富黄探区延长组低渗—致密砂岩储层润湿性与油气成藏意义研究［D］. 北京：中国科学院大学.

蔚远江，杨涛，郭彬程，等，2019. 前陆冲断带油气资源潜力、勘探领域分析与有利区带优选［J］. 中国石油勘探，24（1）：46–59.

蔚远江，杨涛，郭彬程，等，2019. 中国前陆冲断带油气勘探、理论与技术主要进展和展望［J］. 地质学报，93（3）：545–564.

魏国齐，贾承造，李本亮，等，2002. 塔里木盆地南缘志留—泥盆纪周缘前陆盆地［J］. 科学通报，47（S1）：44–48.

魏国齐，贾东，杨威，等，2018. 四川盆地构造特征与油气［M］. 北京：科学出版社.

魏国齐，沈平，杨威，等，2013. 四川盆地震旦系大气田形成条件与勘探远景区［J］. 石油勘探与开发，40（2）：129–138.

魏国齐，王志宏，李剑，等，2017. 四川盆地震旦系、寒武系烃源岩特征、资源潜力与勘探方向［J］. 天然气地球科学，28（1）：1–13.

魏国齐，杨威，杜金虎，等，2015. 四川盆地高石梯—磨溪古隆起构造特征及对特大型气田形成的控制作用［J］. 石油勘探与开发，42（3）：257–265.

魏国齐，杨威，杜金虎，等，2015. 四川盆地震旦纪—早寒武世克拉通内裂陷地质特征［J］. 天然气工业，35（1）：24–35.

吴富强，鲜学福，2006. 深部储层勘探、研究现状及对策［J］. 沉积与特提斯地质，26（2）：68–71.

吴林，管树巍，任荣，等，2016. 前寒武纪沉积盆地发育特征与深层烃源岩分布——以塔里木新元古代盆地与下寒武统烃源岩为例［J］. 石油勘探与开发，43（6）：905–915.

吴林，管树巍，杨海军，等，2017. 塔里木北部新元古代裂谷盆地古地理格局与油气勘探潜力［J］. 石油学报，38（4）：375–385.

谢会文，李勇，漆家福，等，2012. 库车坳陷中部构造分层差异变形特征和构造演化［J］. 现代地质，26（4）：682–690.

徐春春，沈平，杨跃明，等，2014. 乐山—龙女寺古隆起震旦系—下寒武统龙王庙组天然气成藏条件与富集规律［J］. 天然气工业，34（3）：1–7.

徐二社，邱楠生，秦建中，等，2008. 沉积盆地有机质自由基热演化特征及其作为古温标的探索［J］. 地质学报，82（3）：413–419.

徐亚，郝天珧，周立宏，等，2006. 位场小波变换研究进展［J］. 地球物理学进展，21（4）：1132–1138.

徐振平，谢会文，李勇，等，2012. 库车坳陷克拉苏构造带盐下差异构造变形特征及控制因素［J］. 天然气地球科学，23（6）：1034–1038.

许海龙，2012. 乐山—龙女寺古隆起构造演化及其对震旦系成藏的控制［D］. 北京：中国地质大学（北京）.

许宏龙，刘建，龚刘凭，等，2015. 双河油田 438 块构造油藏油水界面差异分布的主导因素［J］. 海洋地质前沿，31（7）：42–46.

杨春梅，刘卫东，梁忠奎，2009. 渤海湾盆地中、浅层非典型油气藏的非均质控油作用［J］. 特种油气藏，16（3）：18–22.

杨海军，陈永权，田军，等，2020a. 塔里木盆地轮探 1 井超深层油气勘探重大发现与意义［J］. 中国石油勘探，25（2）：62–72.

杨海军，邓兴梁，张银涛，等，2006b. 塔里木盆地满深 1 井奥陶系超深断控碳酸盐岩油气藏勘探重大发现及意义［J］. 中国石油勘探，25（3）：13–23.
杨海军，邬光辉，韩剑发，等，2020. 塔里木克拉通内盆地走滑断层构造解析［J］. 地质科学，55（1）：1–16.
杨华，付金华，包洪平，2010. 鄂尔多斯地区西部和南部奥陶纪海槽边缘沉积特征与天然气成藏潜力分析［J］. 海相油气地质，15（2）：1–13.
杨树锋，陈汉林，董传万，等，1996. 塔里木盆地二叠纪正长岩的发现及其地球动力学意义［J］. 地球化学，25（2）：121–128.
杨树锋，陈汉林，冀登武，等，2005. 塔里木盆地早—中二叠世岩浆作用过程及地球动力学意义［J］. 高校地质学报，11（4）：504–511.
杨树锋，厉子龙，陈汉林，等，2006. 塔里木二叠纪石英正长斑岩岩墙的发现及其构造意义［J］. 岩石学报，22（5）：1405–1412.
杨树锋，余星，陈汉林，等，2007. 塔里木盆地巴楚小海子二叠纪超基性脉岩的地球化学特征及其成因探讨［J］. 岩石学报，23（5）：1087–1096.
杨文采，施志群，侯遵泽，2001. 离散小波变换与重力异常多重分解［J］. 地球物理学报，44（4）：534–541.
杨文采，王家林，钟慧智，等，2012. 塔里木盆地航磁场分析与磁源体结构［J］. 地球物理学报，55（4）：1278–1287.
袁海锋，徐国盛，王国芝，等，2009. 川中地区震旦系油气成藏过程的相态演化与勘探前景［J］. 成都理工大学学报（自然科学版），36（6）：662–668.
翟光明，王世洪，何文渊，2012. 近十年全球油气勘探热点趋向与启示［J］. 石油学报，33（S1）：14–19.
曾庆鲁，莫涛，赵继龙，等，2020. 7000 m 以深优质砂岩储层的特征、成因机制及油气勘探意义——以库车坳陷下白垩统巴什基奇克组为例［J］. 天然气工业，40（1）：38–47.
张宝民，张水昌，边立曾，等，2007. 浅析中国新元古—下古生界海相烃源岩发育模式［J］. 科学通报，52（S1）：58–69.
张光亚，马锋，梁英波，等，2015. 全球深层油气勘探领域及理论技术进展［J］. 石油学报，36（9）：1156–1166.
张辉，2008. 镜质组反射率抑制、裂变径迹演化与高成熟有机质有机碳含量恢复动力学研究［D］. 广州：中国科学院广州地球化学研究所.
张健，张传林，李怀坤，等，2014. 再论塔里木北缘阿克苏蓝片岩的时代和成因环境：来自锆石 U–Pb 年龄、Hf 同位素的新证据［J］. 岩石学报，30（11）：3357–3365.
张立宽，罗晓容，廖前进，等，2007. 断层连通概率法定量评价断层的启闭性［J］. 石油天然气地质，28（2）：181–190.
张荣虎，曾庆鲁，王珂，等，2020. 储层构造动力成岩作用理论技术新进展与超深层油气勘探地质意义［J］. 石油学报，41（10）：1278–1292.
张涛，闫相宾，2007. 塔里木盆地深层碳酸盐岩储层主控因素探讨［J］. 石油与天然气地质，28（6）：745–754.

张同钢，储雪蕾，张启锐，等，2003. 陡山沱期古海水的硫和碳同位素变化［J］. 科学通报，48（8）：850–855.

张小莉，查明，王鹏，2006. 单砂体高部位油水倒置分布的成因机制［J］. 沉积学报，24（1）：148–152.

赵路子，汪泽成，杨雨，等，2020. 四川盆地蓬探1井灯影组灯二段油气勘探重大发现及意义［J］. 中国石油勘探，25（3）：1–10.

赵文智，胡素云，刘伟，等,2015. 论叠合含油气盆地多勘探“黄金带”及其意义［J］. 石油勘探与开发. 2015，42（1）：1–12.

赵文智，汪泽成，姜华，等，2020. 从古老碳酸盐岩大油气田形成条件看四川盆地深层震旦系的勘探地位［J］. 天然气工业，40（2）：1–10.

赵文智，汪泽成，张水昌，等，2007. 中国叠合盆地深层海相油气成藏条件与富集区带［J］. 科学通报，52（S1）：9–18.

赵文智，王兆云，王红军，等,2006. 不同赋存状态油裂解条件及油裂解型气源灶的正演和反演研究［J］. 中国地质，33（5）：952–965.

赵文智，张光亚，王红军，2005. 石油地质理论新进展及其在拓展勘探领域中的意义［J］. 石油学报，26（1）：1–7.

赵文智，朱光有，张水昌，等，2009. 天然气晚期强充注与塔中奥陶系深部碳酸盐岩储集性能改善关系研究［J］. 科学通报，54（20）：3218–3230.

赵贤正，周立宏，蒲秀刚，等，2018. 断陷盆地洼槽聚油理论的发展与勘探实践——以渤海湾盆地沧东凹陷古近系孔店组为例［J］. 石油勘探与开发，45（6）：1092–1101.

赵政璋，杜金虎，邹才能，等，2011. 大油气区地质勘探理论及意义［J］. 石油勘探与开发，38（5）：513–522.

赵宗举，罗家洪，张运波，等，2011. 塔里木盆地寒武纪层序岩相古地理［J］. 石油学报，32（6）：937–948.

郑孟林，樊向东，何文军，等，2019. 准噶尔盆地深层地质结构叠加演变与油气赋存［J］. 地学前缘，26（1）：22–32.

支东明，曹剑，向宝力，等，2016. 玛湖凹陷风城组碱湖烃源岩生烃机理及资源量新认识［J］. 新疆石油地质，37（5）：499–506.

支东明，唐勇，郑孟林，等，2018. 玛湖凹陷源上砾岩大油区形成分布与勘探实践［J］. 新疆石油地质，39（1）：1–8.

钟大康，朱筱敏，王红军，2008. 中国深层优质碎屑岩储层特征与形成机理分析［J］. 中国科学（D辑：地球化学），35（S1）：11–18.

周进高，姚根顺，杨光，等，2015. 四川盆地安岳大气田震旦系—寒武系储层的发育机制［J］. 天然气工业，35（1）：36–44.

周路，王丽君，罗晓容，等，2010. 断层连通概率计算及其应用［J］. 西南石油大学学报（自然科学版），32（3）：11–18.

周世新，王先彬，妥进才，等，1999. 深层油气地球化学研究新进展［J］. 天然气地球科学，6：9–15.

周稳生，2016. 四川盆地重磁异常特征与深部结构［D］. 南京：南京大学.

周新桂，孙宝珊，谭成轩，等，2000. 现今地应力与断层封闭效应［J］. 石油勘探与开发，27（5）：127–13.

朱光有，曹颖辉，闫磊，等，2018. 塔里木盆地 8000m 以深超深层海相油气勘探潜力与方向［J］. 天然气地球科学，29（6）：755–772.

朱光有，陈斐然，陈志勇，等,2016. 塔里木盆地寒武系玉尔吐斯组优质烃源岩的发现及其基本特征［J］. 天然气地球科学，2016，27（1）：8–21.

朱光有，闫慧慧，陈玮岩，等，2020. 塔里木盆地东部南华系—寒武系黑色岩系地球化学特征及形成与分布［J］. 岩石学报，36（11）：3442–3462.

朱光有，张水昌，2009. 中国深层油气成藏条件与勘探潜力［J］. 石油学报，30（6）：793–802.

朱光有，张水昌，张斌，等,2010. 中国中西部地区海相碳酸盐岩油气藏类型与成藏模式［J］，石油学报，31（6）：871–878.

朱文斌，葛荣峰，舒良树，等，2017. 塔里木克拉通北缘前寒武纪构造岩浆事件与地壳演化［M］. 北京：科学出版社.

邹才能，杜金虎，徐春春，等，2014. 四川盆地震旦系—寒武系特大型气田形成分布、资源潜力及勘探发现［J］. 石油勘探与开发，41（3）：278–293.

邹志文，斯春松，杨梦云，2010. 隔夹层成因、分布及其对油水分布的影响——以准噶尔盆地腹部莫索湾莫北地区为例［J］. 岩性油气藏，22（3）：66–70.

Aitken C M，Jones D M，Larter S R，2004. Anaerobic hydrocarbon biodegradation in deep subsurface oil reservoirs［J］. Nature，431（7006）：291–294.

Alexander M，Geoffrey S E，Ward S A，et al.，2016. Study of thermochemical sulfate reduction mechanism using compound specific sulfur isotope analysis［J］. Geochimica et Cosmochimica Acta，188：73–92.

Allan J R，Matthews R K，2010. Isotope signatures associated with early meteoric diagenesis［J］. Sedimentology，29：797—817.

Allen U S，1989. Model for hydrocarbon migration and entrapment within faulted structures［J］. AAPG Bulletin，70（7）：803–811.

Amthor J E，Friedman G M，1992.Early–to late–diagenetic dolomitization of platform carbonates：Lower Ordovician Ellenburger Group，Permian Basin，West Texas［J］.Extractive Metallurgy of Nickel Cobalt & Platinum Group Metals，75（3）：67–83.

Anderson R，Flemings P，Losh S，et al.，1994. Gulf of Mexico growth fault drilled，seen as oil，gas migration pathway［J］. Oil & Gas Journal，92（23）：97–104.

Attanasi D，Charpentier R R，2002. Comparison of two probability distributions used to model sizes of undiscovered oil and gas accumulations：does the tail wag the assessment［J］.Mathematical Geology，34（6）：767–777.

Audra P，D'Antoni–Nobecourt J–C，Bigot J Y，2010. Hypogenic caves in France. Speleogenesis and morphology of the cave systems［J］. Bull. Soc. géol. Fr，181（4）：327–335.

Baceta J I，Wright V P，Beavington–Penney S J，et al.，2007. Palaeohydrogeological control of palaeokarst macro–porosity genesis during a major sea–level lowstand：Danian of the Urbasa–Andia plateau，Navarra，

North Spain [J] . Sedimentary Geology，199 (3–4) : 141–169.

Barth T，Riis M，1992. Interactions between organic acids anions in formation waters and reservoir mineral phases [J] . Organic Geochemistry，19 (4) : 455–482.

Behar F，Lorant F，Mazeas L，2008. Elaboration of a new compositional kinetic schema for oil cracking [J] . Organic Geochemistry，39 (6) : 764–782.

Behar F，Vandenbroucke M，Teermann S C，et al.，1995. Experimental simulation of gas generation from coals and a marine kerogen [J] . Chemical Geology，126: 247–260.

Biot M A，1973. Nonlinear and semilinear rheology of porous solids [J] . Journal of Geophysical Research，78 (23), 4924–4937.

Bjørlykke K，1993. Fluid flow in sedimentary basins [J] . Sedimentary Geology，86 (1) : 137–158.

Bloch R S，Bonnell L，Lander R，et al.，2002. Anomalously high porosity and permeability in deeply buried sandstone reservoirs : Origin and predictability [J] . AAPG Bulletin，86 (2) : 301–328.

Bloch S，Lander R H，Bonnell L，2002. Anomalously high porosity and permeability in deeply buried sandstone reservoirs : Origin and predictability [J] . AAPG Bulletin，86 (2) : 301–328.

Borgund A E，Barth T，1994. Generation of short–chain organic–acids from crude oil by hydrous pyrolysis [J] . Organic Geochemistry，21 (8–9) : 943–952.

Bouvier J D，Kaars—sijpesteijn C H，DF kluesner，et al.，1989. Three dimensional seismic interpretation and fault sealing investigations，Nun River Field，Nigeria [J] . AAPG Bulletin，73 (1) : 1397–1414.

Boyd D T，2006. Oklahoma’s oil and gas industry and the global forces controlling it [J] . Oklahoma City Geological Society，56: 145–154.

Budd D A，Gaswirth S B，Oliver W L，2002. Quantification of Macroscopic Subaerial Exposure Features in Carbonate Rocks [J] . Journal of Sedimentary Research，72 (6) : 917–928.

Burgreen–Chan B，Graham S A，2018. Petroleum system modeling of the East Coast Basin，Hawke Bay，New Zealand [J] . AAPG Bulletin，102 (4) : 587–612.

Cai C F，He W X，Jiang L，et al.，2014. Petrological and geochemical constraints on porosity difference between Lower Triassic sour–and sweet–gas carbonate reservoirs in the Sichuan Basin [J] . Marine and Petroleum Geology，56: 34–50.

Cai C F，Worden R H，Bottrell S H，et al.，2003. Thermochemical sulphate reduction and the generation of hydrogen sulphide and thiols mercaptans) in Triassic carbonate reservoirs from the Sichuan Basin，China[J]. Chemical Geology，202 (1–2), 39–57.

Cao B F，Luo X R，Zhang L K，et al.，2017. Diagenetic evolution of deep sandstones and multiple–stage oil entrapment : a case study from the Lower Jurassic Sangonghe Formation in the Fukang sag，central Junggar Basin (NW China) [J] . Journal of Petroleum Science and Engineering，152: 136–155.

Carothers W W，Kharaka Y K，1978. Aliphatic acid anions in oil–field waters : Implications for origin of natural gas [J] . AAPG Bulletin，62 (12) : 2441–2453.

Carvajal–Ortiz H，Gentzis T. 2015，Critical considerations when assessing hydrocarbon plays using Rock–Eval pyrolysis and organic petrology data : Data quality revisited [J] . International Journal of Coal

Geology, 152: 113–122.

Chen B, Chen C, Kaban M K, et al., 2013.Variations of the effective elastic thickness over China and surroundings and their relation to the lithosphere dynamics [J] . Earth and Planetary Science Letters, 363: 61–72.

Chen J, Xu J, Wang Q, et al., 2020. The main generation stage of organic acids during source–rock maturation : Implications for reservoir alteration in deep strata [C] . IOP Conf. Ser. : Earth Environ. Sci., 600: 012002.

Chen J, Xu J, Wang S S, et al., 2021. Dissolution of different reservoir rocks by organic acids in laboratory simulations : Implications for the effect of alteration on deep reservoirs [J] . Geofluids, ID6689490.

Chen L, Berntsson F, Zhang Z, et al., 2014. Seismically constrained thermo–rheological structure of the eastern Tibetan margin : Implication for lithospheric delamination [J] . Tectonophysics, 627: 122–134.

Connan J, Le Tran K, Van Der Weide B, et al., 1975. Alteration of Petroleum in Reservoirs [J] . 9th World Petroleum Congress.

Connolly C A, Walter L M, Baadsgaard H, et al., 1990. Origin and evolution of formation waters, Alberta Basin, Western Canada Sedimentary Basin .1. Chemistry [J] . Applied Geochemistry, 5 (4) : 375–395.

Dan B, 2013. Carbonate Reservoirs Porosity Evolution and Diagnesis in a Sequence stratigraphic Framework [J] . Marine and Petroleum Geology, 19 (10) : 1295–1296.

Deng Q, Wang H, Wei Z, et al., 2021. Different accumulation mechanisms of organic matter in Cambrian sedimentary successions in the western and northeastern margins of the Tarim Basin, NW China [J] . Journal of Asian Earth Sciences, 207: 104660.

Dickey P A, Fajardo I, Collins A G, 1972. Chemical composition of deep formation waters in southwestern Louisiana [J] . AAPG Bulletin, 56 (8) : 1530–1533.

Doblas M, 1998. Slickenside kinematic indicators [J] . Tectonophysics, 295 (1–2) : 187–197.

Dutton S P, Loucks R G, Day–Stirrat R J, 2012. Impact of regional variation in detrital mineral composition on reservoir quality in deep to ultradeep lower Miocene sandstones, western Gulf of Mexico [J] . Marine and Petroleum Geology, 35 (1) : 139–153.

Ehrenberg S N, Nadeau P H, 2005. Sandstone vs. carbonate petroleum reservoirs : A global perspective on porosity–depth and porosity–permeability relationships [J] . AAPG Bulletin, 89 (4) : 435–445.

England W A, Mann A L, Mann D M, 1991. Migration from source to trap [M] . IEEE.

Erdmann M, Horsfield B, 2006. Enhanced late gas generation potential of petroleum source rocks via recombination reactions : Evidence from the Norwegian North Sea [J] . Geochimica Et Cosmochimica Acta 70, 70 (15) : 3943–3956.

Fang C C, Xiong Y Q, Li Y, et al., 2013. The origin and evolution of adamantanes and diamantanes in petroleum [J] . Geochimica et Cosmochimica Acta, 120: 109–120.

Farley K A, 2000. Helium diffusion from apatite General behavior as illustrated by Durango fluorapatite [J] . Journal of Geophysical Research Almosphere, 105 (B2) : 2903–2914.

Fisher J B, 1987. Distribution and occurrence of aliphatic acid anions in deep subsurface waters [J] .

Geochimica et Cosmochimica Acta，51（9）：2459–2468.

Fisher J B，Boles J R，1990. Water–rock interaction in Tertiary sandstones，San Joaquin basin，California，U.S.A.：Diagenetic controls on water composition［J］. Chemical Geology，82（1–2）：83–101.

Fossen H，Bale A，2007. Deformation bands and their influence on fluid flow［J］. AAPG Bulletin，91（12）：1685–1700.

Fowler W A J，1970. Pressure，hydrocarbon accumulation，and salini–ties–Chocolate Bayou field，Brazoria County，Texas［J］. Journal of Petroleum Technology，22（2）：411–423.

Frolov S V，Akhmanov G G，Bakay E A，et al.，2015. Meso–Neoproterozoic petroleum systems of the Eastern Siberian sedimentary basins［J］. Precambrian Research，259：95–113.

Fu L Y，Fu B Y，Sun W，et al.，2020. Elastic wave propagation and scattering in prestressed porous rocks［J］. Science China Earth Sciences，63：1309–1329.

Gai H F，Xiao X M，Cheng P，et al.，2015. Gas generation of shale organic matter with different contents of residual oil based on a pyrolysis experiment［J］. Org. Geochem，78（57）：69–78.

Gai H，Tian H，Cheng P，et al.，2018. Influence of retained bitumen in oil–prone shales on the chemical and carbon isotopic compositions of natural gases：Implications from pyrolysis experiments［J］. Marine and Petroleum Geology，101：148–161.

Gai H，Tian H，Xiao X，2018. Late gas generation potential for different types of shale source rocks：Implications from pyrolysis experiments. International Journal of Coal Geology，193，16–29.

Gale J F W，Laubach S E，Olson J E，et al.，2014. Natural fractures in shale：A review and new observations［J］. AAPG Bulletin，98（11）：2165–2216.

Gale J，Lander R H，Reed R M，et al.，2010. Modeling fracture porosity evolution in dolostone［J］. Journal of Structural Geology，32（9）：1201–1211.

Ge R，Zhu W，Wilde S A，et al.，2014. Neoproterozoic to Paleozoic long–lived accretionary orogeny in the northern Tarim Craton［J］. Tectonics，33（3）：302–329.

Ghabezloo S，Sulem J，Guédon S，et al.，2009. Effective stress law for the permeability of a limestone［J］. International Journal of Rock Mechanics and Mining Sciences，46：297–306.

Ghosh S K，2000. Limitations on impedance inversion of band–limited reflection data［J］. Geophysics，65（3）：951–957.

Gibson R G，1994. Fault–zone seals in siliciclastic strata of the Columbus Basin，offshore Trinidad［J］. AAPG Bulletin，78（9）：1372–1385.

Gregg J M，Laudon P R，Woody R E，et al.，1993. Porosity evolution of the Cambrian Bonneterre Dolomite，south–eastern Missouri，USA［J］. Sedimentology，40（6）：1153–1169.

Gregg J M，Shelton K L，2012. Mississippi Valley–type mineralization and ore deposits in the Cambrian–Ordovician Great American Carbonate Bank. AAPG Memoir，98：161–185.

Grotzinger J，Al–Rawahi Z，2014. Depositional facies and platform architecture of microbialite–dominated carbonate reservoirs，Ediacaran–Cambrian Ara Group，Sultante of Oman［J］. AAPG Bulletin，98（8）：1453–1494.

Guo M Q, Fu L Y, Ba J, 2009. Comparison of stress-associated coda attenuation and intrinsic attenuation from ultrasonic measurements [J]. Geophysical Journal International, 178: 447-456.

Han Y J, Mahlstedt N, Horsfield B, 2015. The Barnett Shale: compositional fractionation associated with intraformational petroleum migration, retention, and expulsion [J]. AAPG Bulletin, 99 (12): 2173-2202.

Hanor J S, Workman A L, 1986. Distribution of dissolved volatile fatty acids in some Louisiana oil field brines [J]. Applied Geochemistry, 1 (1): 37-46.

He L J, L P Xiong, J Y Wang, 2001. Tectono-thermal modeling of the Yinggehai Basin, South China Sea [J]. Science in China (Series D: Earth Sciences), 44 (1): 7-13.

Heydari, Ezat, 1997. The role of burial diagenesis in hydrocarbon destruction and H_2S accumulation, Upper Jurassic Smackover Formation, Black Creek Field, Mississippi [J]. AAPG Bulletin, 81: 26-45.

Hill R J, Tang Y, Kaplan I R, 2003. Insights into oil cracking based on laboratory experiments [J]. Organic Geochemistry, 34 (12): 1651-1672.

Hill R J, Zhang E, Katz B J, et al., 2007. Modeling of gas generation from the Barnett Shale, Fort Worth Basin, Texas [J]. American Association of Petroleum Geologists Bulletin, 91 (4): 501-521.

Hooper E C D, 1991. Fluid migration along growth faults in compact sediments [J]. Journal of petroleum geology, 14: 161-180.

Horsfield B, Schenk H J, Mills N, et al., 1992. An investigation of the in-reservoir conversion of oil to gas: compositional and kinetic findings from closed-system programmed-temperature pyrolysis [J]. Organic Geochemistry, 19: 191-204.

Huang W K, Zeng L F, Pan C C, et al., 2019. Petroleum generation potentials and kinetics of coaly source rocks in the Kuqa Depression of Tarim Basin, northwest China [J]. Organic Geochemistry, 133: 32-52.

Irwin H, Curtis C, Coleman M, 1977. Isotopic evidence for source of diagenetic carbonates formed during burial of organic-rich sediments [J]. Nature, 269: 209-213.

Isaksen G H, Curry D J, Yeakel J D, 1998. Controls on the oil and gas potential of humic coals [J]. Organic Geochemistry, 29 (1): 23-44.

James N P, Choquette P W, 1988. Paleokarst [M]. New York: Springer-Verlag.

Jamison W R, 2016. Fracture system evolution within the Cardium sandstone, central Alberta Foothills folds [J]. AAPG Bulletin, 100 (7): 1099-1134.

Jarvie D M, 2012. Shale resource systems for oil and gas: part 2—shale-oil resource systems [J]. Shale Reservoirs-Giant Resources for the 21st Century: AAPG Memoir, 97: 89-119.

Jarvis G T, McKenzie D P, 1980. Sedimentary basin formation with finite extension rates [J]. Earth and Planetary Science Letters, 48: 42-52.

Jia W, Wang Q, Liu J, et al., 2014. The effect of oil expulsion or retention on further thermal degradation of kerogen at the high maturity stage: A pyrolysis study of type Ⅱ kerogen from Pingliang shale, China [J]. Organic Geochemistry, 71: 17-29.

Jiang G, Hu S, Shi Y, et al., 2019. Terrestrial heat flow of continental China Updated dataset and tectonic implications [J] . Tectonophysics，753：36–48.

Jiang G，Li W，Rao S，et al.，2016. Heat flow，depth–temperature，and assessment of the enhanced geothermal system (EGS) resource base of continental China [J] . Environ mental Earth Sciences，75 (22)：1–10.

Jiang L，Worden R H，Cai C F，et al.，2014. Dolomitization of Gas Reservoirs：The Upper Permian Changxing and Lower Triassic Feixianguan Formations，Northeast Sichuan Basin，China [J] . Journal of Sedimentary Research，84 (10)：792–815.

Jiang L，Worden R H，Cai C F，et al.，2018a. Diagenesis of an evaporite–related carbonate reservoir in deeply buried Cambrian strata，Tarim Basin，northwest China [J] . AAPG Bulletin，102 (1)：77–102.

Jiang L，Worden R H，Yang C B，2018b. Thermochemical sulphate reduction can improve carbonate petroleum reservoir quality [J] . Geochimica Et Cosmochimica Acta，223：127–140.

Johnson P A，Shankland T J，1989. Nonlinear generation of elastic waves in granite and sandstone：Continuous wave and travel time observations [J]. Journal of Geophysical Research：Solid Earth，94 (B12)，17729–17733.

Kelemen S R，Walters C C，Ertas D，et al.，2006. Petroleum expulsion Part 2：Organic matter type and maturity effects on kerogen swelling by solvents and thermodynamic parameters for kerogen from regular solution theory [J] . Energy & Fuels，20：301–308.

Kharaka Y K，Ambats G，Thordsen J J，1993. Distribution and significance of dicarboxylic acid anions in oil field waters [J] . Chemical Geology，107 (3)：499–501.

Kharaka Y K，Law L M，Carothers W W，et al.，1986. Role of organic species dissolved in formation waters from sedimentary basins in mineral diagenesis [M] . Oklahoma：SEPM Special Publication.

Kharaka Y K，Maest A S，Carothers W W，et al.，1987. Geochemistry of metal–rich brines from central Mississippi Salt Dome basin，U.S.A [J] . Applied Geochemistry，2 (5–6)：543–561.

Killops S D，1998. Predicting generation and expulsion of paraffinic oil from vitrinite–rich coals [J] . Organic Geochemistry，29：1–21.

Klimchouk A，2009. Morphogenesis of hypogenic caves [J] . Geomorphology，106 (1–2)：100–117.

Klimchouk A，2012. Speleogenesis，Hypogenic [M] . Chennai：Elsevier.

Larter S，Wilhelms A，Head I，et al.，2003. The controls on the composition of biodegraded oils in the deep subsurface—part 1：biodegradation rates in petroleum reservoirs [J] . Organic Geochemistry，34 (4)，601–613.

Laubach S E，Eichhubl P，Hilgers C，et al.，2010. Structural diagenesis [J] . Journal of Structural Geology，32 (12)：1866–1872.

Laubach S E，Lander R H，Criscenti L J，et al.，2019. The role of chemistry in fracture pattern development and opportunities to advance interpretations of geological materials [J] . Reviews of Geophysics，57 (3)：1065–1111.

Laubach S E，Olson J E，Gale J F W，2004. Are open fractures necessarily aligned with maximum horizontal stress [J] . Earth and Planetary Science Letters，222 (1)：191–195.

Lei Y H, Luo X R, Wang X Z, et al., 2015. Characteristics of silty laminae in Zhangjiatan Shale of southeastern Ordos Basin, China : implications for shale gas formation [J]. AAPG Bulletin, 99 (4): 661–687.

Li D, Yang S, Chen H, et al., 2014. Late Carboniferous crustal uplift of the Tarim plate and its constraints on the evolution of the Early Permian Tarim Large Igneous Province [J]. Lithos, 204: 36–46.

Liang D, Zhang S, Chen J, et al., 2003. Organic geochemistry of oil and gas in the Kuqa depression, Tarim Basin, NW China [J]. Organic geochemistry, 2003, 34 (7): 873–888.

Liao Y, Zheng Y, Pan Y, et al., 2015. A method to quantify C_1–C_5 hydrocarbon gases by kerogen primary cracking using pyrolysis gas chromatography [J]. Organic Geochemistry, 79: 49–55.

Liu J Z, Weng C, Li Y, et al., 2020. Study on gas yields and generation kinetics of a type I kerogen sample by open and confined pyrolysis [J]. IOP Conference Series : Earth and Environmental Science, 600 (1): 012020.

Lohmann K C, 1988. Geochemical patterns of meteoric diagenetic systems and their application to studies of paleokarst, Paleokarst [M]. Springer, Berlin.

Lorant F, Behar F, 2002. Late generation of methane from mature kerogens [J]. Energy & Fuels, 16: 412–427.

Loucks R G, 1999. Paleocave carbonate reservoirs : Origins, burial–depth modifications, spatial complexity, and reservoir implications [J]. AAPG Bulletin : 1795–1834.

Lu H, Howell D G, Jia D, et al., 1994. Rejuvenation of the Kuqa Foreland Basin, Northern Flank of the Tarim Basin, Northwest China [J]. International Geology Review, 36 (12): 1151–1158.

Luo X R, 2012. Simulation and characterization of pathway heterogeneity of secondary hydrocarbon migration [J].AAPG Bulletin, 95 (6): 881–898.

Luo X R, Hu C Z, Xiao Z Y, et al., 2015. Effects of carrier bed heterogeneity on hydrocarbon migration [J]. Marine and Petroleum Geology, 68: 120–131.

Luo X R, Zhou B, Zhao S X, et al., 2010. Quantitative estimates of oil losses during migration, Part I : the saturation of pathways in carrier beds [J]. Journal of Petroleum Geology, 30 (4): 375–387.

Ma W J, Hou L H, Luo X, et al., 2020.Generation and expulsion process of the Chang 7 oil shale in the Ordos Basin based on temperature–based semi–open pyrolysis : Implications for in–situ conversion process [J]. Journal of Petroleum Science and Engineering, 190: 107035.

Ma W J, Hou L H, Luo X, et al., 2020a.Generation and expulsion process of the Chang 7 oil shale in the Ordos Basin based on temperature–based semi–open pyrolysis : Implications for in–situ conversion process [J]. Journal of Petroleum Science and Engineering, 190: 107035.

Ma W J, Xia L, Tao S Z, et al., 2019. Modified pyrolysis experiments and indexes to re–evaluate petroleum expulsion efficiency and productive potential of the Chang 7 shale, Ordos Basin, China [J]. Journal of Petroleum Science and Engineering, 186: 106710.

Ma W, Luo X, Tao S, et al., 2019.Modified pyrolysis experiments and indexes to re–evaluate petroleum expulsion efficiency and productive potential of the Chang 7 shale, Ordos Basin, China [J].Journal of

Petroleum Science and Engineering，186：106710.

Machel H G，2004. Concepts and models of dolomitization：a critical reappraisal [M] . Geological Society，London.

Machel H G，Krouse H R，Sassen R，1995. Products and distinguishing criteria of bacterial and thermochemical sulfate reduction [J] . Applied Geochemistry，10（4）：373–389.

Mahlstedt N，Horsfield B，2012. Metagenetic methane generation in gas shales I. Screening protocols using immature samples [J] . Marine and Petroleum Geology，31（1），27–42.

Makowitz A，Lander R H，Milliken K L，2006. Diagenetic modeling to assess the relative timing of quartz cementation and brittle grain processes during compaction [J] . AAPG Bulletin，90（6）：873.

Mazzullo S J，2004. Overview of porosity evolution in carbonate reservoirs [J] . Kansas Geological Society Bulletin，79（1–2）：22–29.

McBride E F，Milliken K L，Cavazza W，et al.，1995. Heterogeneous Distribution of Calcite Cement at the Outcrop Scale in Tertiary Sandstones，Northern Apennines，Italy [J] . AAPG Bulletin，79：1044–1063.

McCormack Niall，Clayton Geoff，Fernandes Paulo，2007. The thermal history of the Upper Palaeozoic rocks of southern Portugal [J] . Marine and Petroleum Geology，24（3）：145–150.

McNeil R I，Bement W O，1996. Thermal stability of hydrocarbons：Laboratory criteria and field examples[J]. Energy & Fuels，10：60–67.

Means J L，Hubbard N，1987. Short–chain aliphatic acid anions in deep subsurface brines – a review of their origin，occurrence，properties，and importance and new data on their distribution and geochemical implications in the Palo Duro Basin，Texas [J] . Organic Geochemistry，11（3）：177–191.

Melezhik V A，Gorokhov M，Fallick A E，et al.，2002. Isotopic stratigraphy suggests Neoproterozoic ages and Laurentian ancestry for high–grade marbles from the north–central Norwegian Caledonides [J] . Geological Magazine，139（4），375–393.

Mirko van der Baan，2012. Bandwidth enhancement：Inverse Q filtering or time–varying Wiener deconvolution [J] . Geophysics：Journal of the Society of Exploration heophysicists，77：133–142.

Mitchell T M，Faulkner D R，2012. Towards quantifying the matrix permeability of fault damage zones in low porosity rocks [J] . Earth and Planetary Science Letters，（339–340）：24–31.

Moore C H，2013. Carbonate reservoirs：Porosity and diagenesis in a sequence stratigraphic framework：Newnes[M] .

Morad S，Al–Ramadan K，Ketzer J M，et al.，2010. The impact of diagenesis on the heterogeneity of sandstone reservoirs：a review of the role of depositional facies and sequence stratigraphy [J] . AAPG Bulletin，94（8）：1267–1309.

Morad S，Ketzer J M，Ros L F D，2000. Spatial and temporal distribution of diagenetic alterations in siliciclastic rocks：implications for mass transfer in sedimentary basins [J] . Sedimentology，47（S1）：95–120.

Morris A，Ferrill D A，Henderson D B，1996. Slip–tendency analysis and fault reactivation [J] . Geology，24（3）：275–278.

Mylroie J E，Carew J L，2003. Karst development on carbonate islands [J] . Speleogenesis and Evolution of Karst Aquifers.

Nabighian M N，1972. The analytic signal of two-dimensional magnetic bodies with polygonal cross-section：its properties and use for automated anomaly interpretation [J] . Geophysics，37：780-786.

Palmer A N，2011. Distinction between epigenic and hypogenic maze caves [J] . Geomorphology，134（1-2）：9-22.

Pepper A S，Corvi P J，1995. Simple kinetic models of petroleum formation. Part Ⅲ：Modelling an open system [J] . Marine and Petroleum Geology，12（4）：417-452.

Peters K E，2016. Petroleum generation kinetics Based on One-vs. multiple-heatingramp open-system pyrolysis [J] . AAPG Bulletin，2016，100（4）：690-694.

Petrash D A，Bialik O M，Bontognali T R R，et al.，2017. Microbially catalyzed dolomite formation：From near-surface to burial [J] . Earth-Science Reviews，171：558-582.

Pranter M J，Sommer N K，2011. Static connectivity of fluvial sandstones in a lower coastal-plain setting：An example from the Upper Cretaceous lower Williams Fork Formation，Piceance Basin，Colorado [J] . AAPG Bulletin，95（6）：899-923.

Rezende M F，Pope M C，2015. Importance of depositional texture in pore characterization of subsalt microbialite carbonates，offshore Brazil [M] . Geological Society，London，Special Publications.

Rezende M F，Tonietto S N，Pope M C，2013. Three-dimensional pore connectivity evaluation in a Holocene and Jurassic microbialite head [J] . AAPG Bulletin，97（11）：2085-2101.

Rothman D H，1985. Nonlinear inversion，statistical mechanics，and residual statics estimation [J] . Geophysics，50（12）：2784-2796.

Rothman D H，1986. Automatic estimation of large residualstatics corection [J] . Geophysics，51（2）：337-346.

Saller A H，2004. Palaeozoic dolomite reservoirs in the Permian Basin，SW USA：Stratigraphic distribution，porosity，permeability and production [M] . Geological Society London Special Publications.

Seewald J S. 2001. Aqueous geochemistry of low molecular weight hydrocarbons at elevated temperatures and pressures：Constraints from mineral buffered laboratory experiments [J] . Geochimica et Cosmochimica Acta，65（10）：1641—1664.

Seewald J S，2003. Organic-inorganic interactions in petroleum producing sedimentary basins [J] . Nature，426（6964）：327-333.

Shi H，Luo X R，Li X，et al.，2017. Effects of mix-wet porous mediums on gas flowing and one mechanism for gas migration [J] . Journal of Petroleum Science & Engineering，152：60-66.

Słowakiewicz M，Tucker M E，Pancost R D，et al.，2013. Upper Permian（Zechstein）microbialites：Supratidal through deep subtidal deposition，source rock，and reservoir potential [J] . AAPG Bulletin，97（11）：1921-1936.

Smith D A，1980. Sealing and nonsealing faults in Lousiana Gulf Coast Salt Basin [J] . AAPG Bulletin，64（1）：145-172.

Stahl W J，1978. Source rock—crude oil correlation by isotopic type-curves［J］. Geochim Et Cosmochim Et Acta，42（10）：1573–1577.

Surdam R C，Boese S W，Crossey L J，1984. The chemistry of secondary porosity［J］. AAPG Memoir，37（2）：127–149.

Surdam R C，Jiao Z S，Macgowan D B，1993. Redox reactions involving hydrocarbons and mineral oxidants：a mechanism for significant porosity enhancement in sandstones［J］. AAPG Bulletin，77（9）：1509–1518.

Swart P K，Oehlert A M，2018. Revised interpretations of stable C and O patterns in carbonate rocks resulting from meteoric diagenesis［J］. Sedimentary Geology，364：14–23.

Sweeney J J，Burnham A K，1990. Evaluation of a simple model of vitrinite reflectance based on chemical kinetics［J］. AAPG Bulletin，10（10）：1559–1570.

Taghavi A A，Mørk A，Emadi M A，2006. Sequence stratigraphically controlled diagenesis governs reservoir quality in the carbonate Dehluran Field，southwest Iran［J］. Petroleum Geoscience，12（2）：115–126.

Tahata M，Ueno Y，Ishikawa T，et al.，2013. Carbon and oxygen isotope chemostratigraphies of the Yangtze platform，South China：decoding temperature and environmental changes through the Ediacaran［J］. Gondwana Research，23（1）：333–353.

Tang Y C，Behar F，1995. Rate constants of n-alkanes generation from type kerogen in open and closed pyrolysis systems［J］. Energy & Fuels Alstracts，36（3）：507–512.

Tang Y，Jenden PD，Nigrini AA，et al.，1996.Modeling early methane generation in coal［J］. Energy & Fuels，10（3）：659–671.

Taylor T R，Giles M R，Hathon L A，et al.，2010. Sandstone diagenesis and reservoir quality prediction：Models，myths，and reality［J］. AAPG Bulletin，94：1093–1132.

Tian H，Xiao X M，Wilkins R W T，et al.，2010. Genetic origins of marine gases in the Tazhong area of the Tarim basin，NW China：Implications from the pyrolysis of marine kerogens and crude oil［J］. International Journal of Coal Geology，80：17–26.

Tian H，Xiao X，Wilkins R W T，et al.，2012. An experimental comparison of gas generation from three oil fractions：Implications for the chemical and stable carbon isotopic signatures of oil cracking gas［J］. Organic Geochemistry，46：96–112.

Tian H，Xiao X，Yang L，et al.，2009. Pyrolysis of oil at high temperatures：Gas potentials，chemical and carbon isotopic signatures［J］. Chinese Science Bulletin，54（7）：1217–1224.

Tissot B P，Welte D H，1984. Petroleum formation and occurrence，2nd edition［M］. Springer-Verlag：Berlin.

Tissot B P，Welte D H，1984. Petroleum formation and occurrence［M］. New York：Springer-Verlag Berlin Heidelberg.

Tonietto S，Pope M C，2013. Diagenetic evolution and its influence on petrophysical properties of the Jurassic Smackover Formation thrombolite and grainstone units of Little Cedar Creek Field，Alabama［J］. Gulf

Coast Association of Geological Societies，22：68–84.

Ungerer P，1990.State of the art of research in kinetic modeling of oil formation and expulsion［J］. Organic Geochemistry，16（3）：1–25.

Ungerer P，Behar F，Villalba M，et al.，1988. Kinetic modelling of oil cracking［J］. Organic Geochemistry 13：857–868.

Ungerer P，Pelet R，1987.Extrapolation of the kinetics of oil land gas formation from laboratory experiments to sedimentary basins［J］. Nature，327（6117）：52–54.

Vandeginste V，Swennen R，Allaeys M，et al.，2012. Challenges of structural diagenesis in foreland fold–and–thrust belts：A case study on paleofluid flow in the Canadian Rocky Mountains West of Calgary［J］. Marine and Petroleum Geology，35：235–251.

Vasseur G，Luo X R，Yan J Z，et al.，2013. Flow regime associated with vertical secondary migration［J］. Marine and Petroleum Geology，45（4）：150–158.

Wahlman G P，Orchard D M，Buijs G J，2013. Calcisponge–microbialite reef facies，middle Permian lower Guadalupian），northwest shelf margin of Permian Basin，New Mexico［J］. AAPG Bulletin，97（11）：1895–1919.

Walderhaug O，1996. Kinetic modeling of quartz cementation and porosity loss in deeply buried sandstone reservoirs［J］. AAPG Bulletin，80（5）：731–745.

Wang C，Liu Y，Wang S，et al.，2015. Recognition and tectonic implications of an extensive Neoproterozoic volcano–sedimentary rift basin along the southwestern margin of the Tarim Craton，northwestern China［J］. Precambrian Research，257：65–82.

Wang J，1996. Geothermics in China［M］. Seismological Press，241–245.

Wang J，Li Z，2003. History of Neoproterozoic rift basins in South China：implications for Rodinia break–up［J］. Precambrian Research，122（1）：141–158.

Wang Q，Jia W，Yu C，et al.，2020. Potential of light oil and condensates from deep source rocks revealed by pyrolysis of type Ⅰ/Ⅱ kerogens after oil generation and expulsion［J］. Energy & Fuels，34：9262–9274.

Wang Y H，2003. Quantifying the effectiveness of stabilized inverse Q filtering［J］. Geophysics，68（1）：337–345.

Wang Y，Chen L，Yang G，et al.，2021. The late Paleoproterozoic to Mesoproterozoic rift system in the Ordos Basin and its tectonic implications：Insight from analyses of Bouguer gravity anomalies［J］. Precambrian Research，352：105964.

Wang Y，Wang Z，Zhao C，et al.，2007. Kinetics of hydrocarbon gas generation from marine kerogen and oil：implications for the origin of natural gases in the Hetianhe Gasfield，Tarim Basin，NW China［J］. Journal of Petroleum Geology，30（4）：339–356.

Wang Z N，Luo X R，Liu K Y，et al.，2021. Impact of chlorites on the wettability of tight oil sandstone reservoirs in the Upper Triassic Yanchang Formation，Ordos Basin，China［J］. Science China（Earth Sciences），64（6）：951–961.

Wang Z R, Hu P, Gaetani G, et al., 2013. Experimental calibration of Mg isotope fractionation between aragonite and seawater [J] . Geochimica et Cosmochimica Acta, 102: 113–123.

Waples D W, 2000. The kinetics of in–reservoir oil destruction and gas formation : constraints from experimental and empirical data, and from thermodynamics [J] . Organic Geochemistry, 31 (6), 553–575.

Wierzbicki R, Dravis J J, Al–Aasm I, et al., 2006. Burial dolomitization and dissolution of Upper Jurassic Abenaki platform carbonates, Deep Panuke reservoir, Nova Scotia, Canada [J] . AAPG Bulletin, 90 (11): 1843–1861.

Wilkinson M, Haszeldine R S, Fallick A E., 2006. Hydrocarbon filling and leakage history of a deep geopressured sandstone, Fulmar Formation, United Kingdom North Sea [J] . AAPG Bulletin, 90 (12): 1945–1961.

Winkler K W, 2004. Nonlinear acoustoelastic constants of dry and saturated rocks [J] . Journal of Geophysical Research (Solid Earth), 109 (B10), B10204.

Worden R H, Oxtoby N H, Smalley P C, 1998.Can oil emplacement prevent quartz cementation in sandstones ? [J] . Petroleum Geoscience, 4 (2) : 129–137.

Worden R H, Smalley P C, 1996. H_2S–producing reactions in deep carbonate gas reservoirs : Khuff Formation, Abu Dhabi [J] . Chemical Geology, 133 (1–4) : 157–171.

Worden R H, Smalley P C, Cross M M, 2000. The Influence of Rock Fabric and Mineralogy on Thermochemical Sulfate Reduction : Khuff Formation, Abu Dhabi [J] . Journal of Sedimentary Research, 70 (5) : 1210–1221.

Worden R H, Smalley P C, Cross M M, 2000. The Influence of Rock Fabric and Mineralogy on Thermochemical Sulfate Reduction : Khuff Formation, Abu Dhabi [J] . Journal of Sedimentary Research, 70 (5) : 1210–1221.

Wu L L, Liao Y H, Fang Y X, et al., 2012. The study on the source of the oil seeps and bitumens in the Tianjingshan structure of the northern Longmen Mountain structure of Sichuan Basin, China [J] . Marine and Petroleum Geology, 37 (1) : 147–161.

Xiao Q L, Sun Y G, He S, et al., 2019. Thermal stability of 2–thiadiamondoids determined by pyrolysis experiments in a closed system and its geochemical implications [J] . Organic Geochemistry, 130: 14–21.

Xue Y A, Deng Y H, Wang D Y, et al., 2019. Hydrocarbon accumulation conditions and key exploration and development technologies for PL 19–3 oilfield [J] . Petroleum Research, 4 (1) : 29–51.

Yang S, Chen H, Li Z, et al., 2013. Early Permian Tarim Large Igneous Province in northwest China [J] . Science China–Earth Sciences, 56 (12) : 2015– 2026.

Yang Y, Liu M, 2002. Cenozoic deformation of the Tarim plate and the implications for mountain building in the Tibetan plateau and the Tian Shan [J] . Tectonics, 21 (6) : 9–1–9–17.

Yu J, Li Z, 2017. An improved cylindrical surface fitting–related method for fault characterization [J] . Geophysics, 82 (1) : 1–10.

Yu X, Yang S, Chen H, et al., 2017. Petrogenetic model of the Permian Tarim Large Igneous Province [J] . Science China-Earth Sciences, 60 (10): 1805–1816.

Zhang F, Dilek Y, Cheng X, et al., 2019. Late Neoproterozoic–early Paleozoic seismic structure–stratigraphy of the SW Tarim Block (China), its passive margin evolution and the Tarim–Rodinia breakup [J] . Precambrian Research, 334: 105456.

Zhang J, Li Z, Liu L, et al., 2016. High–resolution imaging : An approach by incorporating stationary–phase implementation into deabsorption prestack time migration [J] . Geophysics, 81: S317–S331.

Zhang J, Wu J, et al., 2013. Compensation for absorption and dispersion in prestack migration : An effective Q approach [J] . Geophysics, 78 (1), S1–S14.

Zhang L K, Luo X R, Vasseur G, 2011. Evaluation of geological factors in characterizing fault connectivity during hydrocarbon migration : Application to the Bohai Bay Basin [J] .Marine and Petroleum Geology, 28 (9): 1634–1647.

Zhang L, Luo X, Liao Q, et al., 2010. Quantitative evaluation of synsedimentary fault opening and sealing properties using hydrocarbon connection probability assessment [J] . AAPG Bulletin, 94 (9): 1379–1399.

Zhang P W, Liu G D, Cai C F, et al., 2019. Alteration of solid bitumen by hydrothermal heating and thermochemical sulfate reduction in the Ediacaran and Cambrian dolomite reservoirs in the Central Sichuan Basin, SW China [J] . Precambrian Research, 321: 277–302.

Zhang S, Zhang B, Zhu G, et al., 2011. Geochemical evidence for coal–derived hydrocarbons and their charge history in the Dabei Gas Field, Kuqa Thrust Belt, Tarim Basin, NW China [J] . Marine and Petroleum Geology, 28 (7): 1364–1375.

Zhang Y, Pe–Piper G, Piper D J W, 2015. How sandstone porosity and permeability vary with diagenetic minerals in the Scotian Basin, offshore eastern Canada : Implications for reservoir quality [J] . Marine and Petroleum Geology, 63: 28–45.

Zhao W, Zhang S, Wang F, et al., 2005. Gas systems in the Kuche Depression of the Tarim Basin : source rock distributions, generation kinetics and gas accumulation history [J] . Organic Geochemistry, 36: 1583–1601.

Zhou X, Zeng Z, Liu H, 2011. Stress–dependent permeability of carbonate rock and its implication to CO_2 sequestration [J] .Life Sciences, 2011.

Zhu G Y, Wang T S, Xie Z Y, et al., 2015. Giant gas discovery in the Precambrian deeply buried reservoirs in the Sichuan Basin, China : Implications for gas exploration in old cratonic basins [J] . Precambrian Research, 262: 45–66.

Zhu G, Chen F, Wang M, et al., 2018. Discovery of the lower Cambrian high–quality source rocks and deep oil and gas exploration potential in the Tarim Basin, China [J] . American Association of Petroleum Geologists Bulletin, 2018, 102: 2123–2151.

Zhu G, Zhang Z, Zhou X, et al., 2019. The complexity, secondary geochemical process, genetic mechanism and distribution prediction of deep marine oil and gas in the Tarim Basin, China [J] . Earth–

Science Reviews，198（10）：102930.

Zhu M Y，Zhang J M，Yang A H，2007. Integrated Ediacaran（Sinian）chronostratigraphy of South China［J］. Palaeogeography Palaeoclimatology Palaeoecology，254（1–2）：7–61.

Zou C，Du J，Xu C，et al.，2014. Formation，distribution，resource potential，and discovery of Sinian–Cambrian giant gas field，Sichuan Basin，SW China［J］. Petroleum Exploration and Development，41，306–325.